★ 本书配有教学课件、教学视频、习题答案等配套资源，同时赠送 PW13 仿真软件（50 节点版本）及案例。

★ "电力系统稳定性分析与仿真""电力系统分析"在线课程登陆网址：www.xueyinonline.com。如果需要开课，请联系教材作者孙淑琴，邮箱 sunsq@ jlu.edu.cn 给您授权即可使用。

21 世纪电力系统及其自动化系列教材

电力系统分析

第 2 版

孙淑琴　李　昂　李再华　编著

机械工业出版社

本书共分8章，主要包括电力系统基础知识、电力系统各元件稳态参数及模型、电力系统稳态分析及计算、有功功率及频率调整、无功功率及电压调整、电力系统暂态分析及计算、电力系统稳定性分析计算。全书自第3章开始，利用电力网络经典案例，将潮流、短路、暂态稳定性分析等计算机解法的规范化表达及详细计算过程进行了例举，读者可以通过这些案例的计算过程，编写计算程序，进而掌握课程的基本理论，学会分析问题及解决问题的方法。

本书可以作为电气工程、电力系统等专业的教学用书，同时也可供从事电力系统工作的工程技术人员和相关专业人员参考。

本书配有免费电子课件，欢迎选用本书作教材的老师登录 www.cmpedu.com 注册下载，或发邮件到 jinacmp@163.com 索取。

图书在版编目（CIP）数据

电力系统分析/孙淑琴，李昂，李再华编著. —2版. —北京：机械工业出版社，2018.10（2025.7重印）

21世纪电力系统及其自动化系列教材

ISBN 978-7-111-60968-1

Ⅰ.①电… Ⅱ.①孙… ②李… ③李… Ⅲ.①电力系统-系统分析-高等学校-教材 Ⅳ.①TM711

中国版本图书馆 CIP 数据核字（2018）第 217276 号

机械工业出版社（北京市百万庄大街22号 邮政编码100037）
策划编辑：吉 玲 责任编辑：吉 玲 张莉萍 刘丽敏
责任校对：张晓蓉 封面设计：张 静
责任印制：刘 媛
北京富资园科技发展有限公司印刷
2025年7月第2版第9次印刷
184mm×260mm・20.75印张・561千字
标准书号：ISBN 978-7-111-60968-1
定价：49.80元

电话服务　　　　　　　　　　网络服务
客服电话：010-88361066　　　机 工 官 网：www.cmpbook.com
　　　　　010-88379833　　　机 工 官 博：weibo.com/cmp1952
　　　　　010-68326294　　　金 书 网：www.golden-book.com
封底无防伪标均为盗版　　　　机工教育服务网：www.cmpedu.com

序

电力系统是关系国计民生和国家能源安全的重要基础设施,覆盖数百万平方公里,设备数量数以百亿计,电能以光速在电力系统中传输,发电、输电、用电实时动态平衡,是人类制造的规模最大的动态系统,其运行特性十分复杂,保障电力系统的安全高效运行极具挑战性。

电力系统分析理论是掌握电力系统运行特性、保障电力系统安全高效运行的基础理论,也是电力系统(电气工程)及其自动化专业的核心课程。

该书在修订过程中参考了国内电力系统稳态分析、暂态分析的经典教材,并结合西方相关教材的特点、优秀理念和系统分析思想,阐述了电力系统的基础知识、电力元件稳态参数及模型、电力系统稳态运行分析计算、电力系统有功功率及频率调整、电力系统无功功率及电压调整、电力系统故障分析计算和电力系统稳定性分析等基础理论。内容比较全面,也有自己的特色。

该书的作者具有丰富的教学和工程实践经验,在全面介绍电力系统的组成、原理、特性,及其控制方法和技术等基础知识的同时,还较多地考虑了电力系统的实际情况。因此,在帮助学习和理解电力系统分析理论方面,有望取得良好的效果。

电力系统是专业知识积淀浓厚的行业,新技术的应用也很广泛,既包括电力系统本身的新技术,也包括计算机、通信、控制、电子、机械、材料、人工智能等其他专业的众多新技术。因此,希望读者能够用继承和发扬的态度来学习,为电力系统的发展不断补充新的思想、新的科学、新的技术、新的方法。目前我们正处在新一代电力系统形成和发展的重要阶段,电力系统将向清洁低碳、安全高效的综合能源系统转型。新一代电力系统的发展,需要我们大家的一致努力。希望此书能够给大家带来开卷之益。

中国电力科学研究院 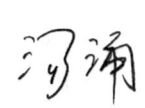

前言

自本书第1版出版以来，电力工程科学和技术发展较快，尤其计算机在电力系统仿真分析、调度控制等方面应用广泛而深入的情况下，电力市场化改革也对电网安全提出了新的要求。十多年来，我在吉林大学讲授"电力系统分析"课程，教材第1版的出版得益于授课心得、国内外教材的优秀理念和系统分析思想。当时由于教学课时有限，第1版编写时精简了教材内容，教材使用的六年中也发现了部分内容有所缺失。本书再版时进行了更为全面、系统、精细的计算和分析，期望本书可以作为电气工程（电力系统）相关专业的教学用书和国内电力行业工作者的参考书籍。

针对本书的全部知识点，本书作者制作了在线课程视频，将知识目标、能力目标、情感价值观目标等进行了有机融入。在知识传授和能力培养的过程中，帮助学生塑造正确的世界观、人生观、价值观，希望通过本课程的学习，将学生培养成为德智体美劳全面发展的社会主义建设者和接班人。

本书共分8章，在结构、形式及内容上主要参考国内电力系统稳态分析、暂态分析等经典中文教材，结合了西方相关教材的特点、优秀理念和系统分析思想，主要阐述电力系统基础知识、电力系统各元件稳态参数和模型、电力系统稳态分析及计算、电力系统暂态分析及计算、电力系统稳定性分析及计算等几部分。其中第1章中增加了中国电力工业发展历史和负荷曲线等内容；第2章中丰富了变压器模型部分内容；第3章中增加了静态安全分析部分内容；第4章中增加了有功功率经济分配部分内容；第5章中增加了无功功率负荷优化部分内容；第6章中增加了三相对称短路计算的计算机求解部分例题及习题；第7章中修订了对称分量法的部分表述，丰富了电力系统元件序网络和序参数等内容，增加了不对称故障计算机求解部分例题及习题；第8章中替换了暂态稳定性分析计算部分内容，增加了计算机求解例题及习题。全书自第3章开始围绕典型例题，分别展示了电力网络潮流、短路以及暂态稳定性分析规范化计算机解法的详细求解过程，使学生通过这几部分例题的求解过程就能自行编写计算程序，验证教材中的基本理论及计算方法。希望通过对这些基础性例题的求解，帮助读者掌握分析问题和解决问题的方法，启发读者去创新、开发新的应用领域。

为了便于读者使用，书中增加了一些研究分析型习题，全部习题的解答、各章节重点难点及经典案例的计算机仿真部分内容将在与本书配套的《电力系统分析学习指导与案例数值计算》中给出。

中国电力科学研究院的李再华老师是本书再版的合作者，他主要从事电力系统分析和软件开发工作，参与修订了本书第1章、第4章和第8章，并且仔细地阅读了部分章节的书稿，精炼了一些内容的文字表述。在此对李再华老师表示感谢。

感谢我的学生鲁宇，在第1版教材出版时就曾协助整理过部分文字，本次又参与了第4章部分内容的文字整理工作。

在本门课程授课之初，我曾求助于本科阶段的老师和同学们，他们的指导和帮助，使我逐渐理清了"电力系统分析"课程的重难点以及授课方法。教材第1版出版后我也曾请母校的老师们协助审阅，他们提出了一些意见和建议，但更多的是鼓励，在此我要感谢他们。

本书第1版被很多学校电气工程专业选作教材或参考书，并多次重印。在教材再版之初我曾与这些学校的教师们联系，并征求修订意见，得到了很多对修订教材的支持和建议的回复，在此对各位同仁表示感谢。

本人在吉林大学主讲这门课程十余年，听课学生数千，他们提出的问题和与我的讨论都对我启发很大，他们对知识的渴求与热情和勇于探索的创新精神，给予了我不竭的动力和强有力的支持，使我有信心修订本书。他们在校期间完成的毕业论文、课程设计报告等对本书再版有很大的帮助，部分学生为本书的修订提供了教学反馈并协助收集资料、绘制图表、整理例题及习题答案等。在此对十多年来陪伴在我身边的学生们表示感谢。

我还要感谢吉林大学仪器科学与电气工程学院的领导，为我提供了良好的教学与科研环境，他们对本书的修订给予了支持和信任，使我能够顺利地完成本书的再版工作。

感谢汤涌教授为本书作序，感谢易俊和郑超，他们仔细审阅了全部书稿，并提出了宝贵意见和修改建议。

在本书编写过程中参照了书后"参考文献"中所列书目，查阅了国内电力设计院的电力设计规程等相关资料，在此对原作者表示衷心感谢！

本书修订获得了"吉林大学'十三五'规划教材"项目经费的支持，在此对学校提供经费支持表示感谢。

我愿意与阅读本书的教师们共同探讨"为什么教、教什么、怎么教"的问题，也希望与身为学生的你讨论"为什么学、学什么、怎么学"的问题。希望通过本课程教与学的互动活动，师生之间能实现教学相长、成就彼此，尽自己所能，为国家和社会主义经济建设贡献力量。

由于作者水平有限，书中难免有不妥之处，恳请广大读者和同仁批评指正。

Email：sunsq@jlu.edu.cn

孙淑琴
于吉林大学地质宫

教与学中的为什么

目 录

序
前言
第1章 绪论 …………………………………… 1
  1.1 电力系统概述 ………………………… 1
    1.1.1 电力工业在国民经济中的地位 …… 1
    1.1.2 电力工业的历史及发展方向 ……… 1
    1.1.3 我国古代对电和磁的认识及近现代
          电力工业的发展 ………………… 2
    1.1.4 电力系统的基本参数 …………… 3
  1.2 电力系统运行应满足的基本要求 …… 5
    1.2.1 电力系统运行的特点 …………… 5
    1.2.2 电力系统运行的基本要求 ……… 5
    1.2.3 电力系统的负荷曲线 …………… 6
  1.3 电力系统接线方式和电压等级 ……… 7
    1.3.1 电力系统的接线方式 …………… 7
    1.3.2 电力系统的电压等级 …………… 9
    1.3.3 电力系统不同电压等级的适用
          范围 ……………………………… 10
    1.3.4 电力系统中性点接地方式 ……… 11
  1.4 电气工程学科和电力系统分析课程 … 13
    1.4.1 电气工程学科 …………………… 13
    1.4.2 电力系统分析课程的内容 ……… 14
    1.4.3 计算机在电力系统运行与规划中的
          应用 ……………………………… 14
  本章小结 ……………………………………… 15
  习题 …………………………………………… 15
第2章 电力系统各元件稳态参数及
      模型 …………………………………… 16
  2.1 同步发电机数学模型及运行特性 …… 16
    2.1.1 同步发电机稳态数学模型 ……… 16
    2.1.2 原动机调节效应 ………………… 19
    2.1.3 励磁调节效应 …………………… 21
    2.1.4 同步发电机接入系统 …………… 22
    2.1.5 同步发电机的运行范围 ………… 23
  2.2 电力线路的参数及数学模型 ………… 24
    2.2.1 电力线路的基本结构 …………… 24
    2.2.2 电力线路的参数 ………………… 25
    2.2.3 电力线路的数学模型 …………… 28
  2.3 电力变压器的参数与数学模型 ……… 34
    2.3.1 理想变压器 ……………………… 34
    2.3.2 实际双绕组变压器 ……………… 36
    2.3.3 三绕组变压器 …………………… 39
    2.3.4 自耦变压器 ……………………… 42
    2.3.5 变压器的Ⅱ形等效电路 ………… 44
    2.3.6 电抗器的参数和等效电路 ……… 45
  2.4 负荷的运行特性及数学模型 ………… 46
  2.5 电力网络的数学模型 ………………… 47
    2.5.1 多电压等级网络中参数及变量的
          归算 ……………………………… 47
    2.5.2 标幺制 …………………………… 51
    2.5.3 多电压等级电力网络标幺值等效
          电路 ……………………………… 56
    2.5.4 具有非标准电压比变压器时的电力
          网络等效电路 …………………… 59
  本章小结 ……………………………………… 63
  习题 …………………………………………… 63
第3章 电力系统稳态分析计算 …………… 65
  3.1 潮流计算的基本原理 ………………… 65
    3.1.1 潮流计算的基本物理量 ………… 65
    3.1.2 潮流计算的数学模型 …………… 66
    3.1.3 潮流计算的约束条件 …………… 68
  3.2 电力网络潮流计算的手算解法 ……… 68
    3.2.1 电压降落与功率损耗的计算 …… 68
    3.2.2 辐射形电力网络的潮流计算 …… 72
    3.2.3 远距离输电线路的潮流分布 …… 79
  3.3 复杂电力网络潮流计算的计算机解法 … 83
    3.3.1 导纳矩阵的形成 ………………… 83
    3.3.2 高斯-塞德尔法 …………………… 87
    3.3.3 牛顿-拉夫逊法 …………………… 92
    3.3.4 快速分解法 ……………………… 108
    3.3.5 直流法 …………………………… 113
  3.4 静态安全分析 ………………………… 117
    3.4.1 概述 ……………………………… 117
    3.4.2 静态安全指标体系 ……………… 118
    3.4.3 静态安全分析工作流程 ………… 119
  本章小结 ……………………………………… 120
  习题 …………………………………………… 120
第4章 电力系统有功功率及频率
      调整 …………………………………… 124
  4.1 有功功率的平衡 ……………………… 124

4.1.1 有功功率电源与备用容量 …………… 124
4.1.2 有功功率平衡及各类发电厂
（机组）的合理组合 …………… 127
4.2 频率调整的必要性 …………………… 128
4.3 电力系统的频率特性 ………………… 129
4.3.1 发电机组自动调速系统工作
原理 …………………………… 129
4.3.2 发电机组的有功功率—频率静态
特性 …………………………… 130
4.3.3 有功负荷的频率静态特性 ……… 131
4.4 频率调整 ……………………………… 132
4.4.1 频率的一次调整 ………………… 132
4.4.2 频率的二次调整 ………………… 134
4.4.3 主调频厂的选择 ………………… 135
4.4.4 互联系统的频率调整 …………… 135
4.5 有功功率的经济分配 ………………… 140
4.5.1 火电厂间有功功率负荷的经济
分配 …………………………… 140
4.5.2 水火电厂间有功功率负荷的经济
分配 …………………………… 144
本章小结 …………………………………… 149
习题 ………………………………………… 149

第5章 电力系统无功功率及电压调整 ……… 151

5.1 无功功率平衡 ………………………… 151
5.1.1 电力系统中的无功功率电源 …… 151
5.1.2 电力系统中的无功功率负荷及无功
功率损耗 ……………………… 153
5.1.3 电力系统中的无功功率平衡 …… 154
5.2 电压调整的必要性 …………………… 155
5.2.1 电压偏移对用电设备的影响 …… 156
5.2.2 无功功率与节点电压的关系 …… 157
5.2.3 负荷分类及其对电压影响的
控制 …………………………… 158
5.3 电压管理与电压调整 ………………… 158
5.3.1 电压中枢点的概念 ……………… 159
5.3.2 电压中枢点的电压偏移和调压
方式 …………………………… 159
5.3.3 电压调整的方法 ………………… 161
5.4 无功功率负荷的经济分配 …………… 168
5.4.1 等微增率准则的应用 …………… 168
5.4.2 无功功率补偿的经济配置 ……… 172
本章小结 …………………………………… 174
习题 ………………………………………… 174

第6章 电力系统对称故障分析计算 ……… 176

6.1 短路的基本知识 ……………………… 176
6.1.1 短路的原因、类型及危害 ……… 176
6.1.2 计算短路电流的基本目的 ……… 177
6.2 无限大功率电源供电系统的三相
短路 …………………………………… 178
6.2.1 无限大功率电源的概念 ………… 178
6.2.2 无限大功率电源供电电路突然
三相短路的暂态过程 …………… 179
6.2.3 短路冲击电流和短路全电流
有效值 ………………………… 181
6.2.4 短路容量 ……………………… 183
6.3 同步发电机突然三相短路的物理过程及
短路电流分析 ………………………… 184
6.3.1 同步发电机在空载情况下突然三相
短路的物理过程 ………………… 184
6.3.2 无阻尼绕组同步发电机空载时的
突然三相短路电流 ……………… 186
6.3.3 无阻尼绕组同步发电机负载时的
突然三相短路电流 ……………… 188
6.3.4 有阻尼绕组同步发电机的突然
三相短路电流 ………………… 189
6.3.5 自动调节励磁装置对短路电流的
影响 …………………………… 191
6.4 电力系统三相短路的实用计算 ……… 193
6.4.1 短路电流实用计算的基本假设与
基本任务 ……………………… 193
6.4.2 起始次暂态电流的计算 ………… 194
6.4.3 应用叠加原理计算电力系统三相
短路 …………………………… 198
6.4.4 任意时刻三相短路电流的计算 …… 200
6.5 计算机计算复杂系统短路电流周期分量
起始值的原理 ………………………… 202
6.5.1 基本原理 ……………………… 202
6.5.2 利用节点阻抗矩阵计算的方法 … 203
6.5.3 利用节点导纳矩阵计算的方法 … 209
6.5.4 短路点在线路上任意处的计算
方法 …………………………… 211
本章小结 …………………………………… 213
习题 ………………………………………… 214

第7章 电力系统不对称故障分析
计算 …………………………………… 215

7.1 对称分量法 …………………………… 215
7.1.1 不对称短路后电力网络的特点 … 215
7.1.2 对称分量法的概念 ……………… 216
7.1.3 对称分量法在电力系统不对称
短路分析中的应用 ……………… 218
7.2 电力系统元件的序参数及序网络 …… 221
7.2.1 阻抗负荷的序网络及序参数 …… 221
7.2.2 发电机的序网络及序参数 ……… 223

  7.2.3 电动机的序网络及序参数 ………… 225
  7.2.4 变压器的序网络和序参数 ………… 226
  7.2.5 输电线路的序网络及序参数 ……… 233
  7.2.6 电缆线路的序网络及序参数 ……… 237
 7.3 电力系统的序网络 …………………… 237
 7.4 简单不对称短路故障分析 …………… 241
  7.4.1 单相接地短路 …………………… 243
  7.4.2 两相短路 ………………………… 247
  7.4.3 两相接地短路 …………………… 248
  7.4.4 正序等效定则 …………………… 251
 7.5 不对称短路时网络中电流和电压的
   分布 …………………………………… 255
  7.5.1 不对称短路时网络中电流和
    电压的分布计算和规律 ………… 255
  7.5.2 对称分量经变压器后的相位
    变化 ……………………………… 256
 7.6 不对称短路时运算曲线的应用 ……… 261
 7.7 电力系统非全相运行的分析 ………… 262
  7.7.1 单相断线 ………………………… 263
  7.7.2 两相断线 ………………………… 264
 7.8 不对称故障的计算机算法 …………… 264
  7.8.1 不对称故障的通用边界条件 …… 264
  7.8.2 计算机计算不对称故障的数学
    描述 ……………………………… 265
  7.8.3 计算机计算程序原理框图 ……… 273
 本章小结 …………………………………… 274

习题 …………………………………………… 274
第 8 章 电力系统的稳定性分析计算 … 276
 8.1 电力系统稳定的概念 ………………… 276
  8.1.1 静态稳定 ………………………… 277
  8.1.2 暂态稳定 ………………………… 278
  8.1.3 动态稳定 ………………………… 279
  8.1.4 电力系统稳定运行的基本要求 … 280
 8.2 同步发电机的机电特性 ……………… 280
  8.2.1 同步发电机的转子运动方程 …… 280
  8.2.2 发电机的电磁转矩和功率 ……… 282
 8.3 电力系统的静态稳定分析 …………… 283
  8.3.1 单机—无穷大系统的静态稳定 … 283
  8.3.2 小扰动法分析电力系统的静态
    稳定 ……………………………… 285
  8.3.3 多机系统的静态稳定近似分析 … 289
  8.3.4 提高系统静态稳定性的措施 …… 292
 8.4 电力系统的暂态稳定分析 …………… 294
  8.4.1 基本假定 ………………………… 294
  8.4.2 简单电力系统的暂态稳定分析 … 294
  8.4.3 暂态稳定计算的数学原理 ……… 300
  8.4.4 暂态稳定计算模型选择与描述 … 303
  8.4.5 暂态稳定性计算算法推导 ……… 304
  8.4.6 提高系统暂态稳定性的措施 …… 316
 本章小结 …………………………………… 321
 习题 ………………………………………… 321
参考文献 ………………………………………… 323

第1章
绪论

本章提要

电力工业是国民经济及社会发展的支柱产业,在国民经济中占有重要地位,它的发展是社会进步和物质文化及生活现代化的需要。本章主要讲述电力系统的基本知识,内容有电力工业的地位、历史及发展方向,电力系统的基本参数、组成,电力系统运行的基本要求,电力系统的电压等级等。

1.1 电力系统概述

1.1.1 电力工业在国民经济中的地位

电能是一种十分重要的二次能源,它通常是由蕴藏于自然界中的煤、石油、水力、天然气、核燃料、风能、太阳能等一次能源转换而来的。同时,电能也可以方便地转换为机械能、光能、热能、化学能等其他形式的能量供人们使用。电能的生产和使用具有其他能源不可比拟的优点,它转换效率高、输送距离长、控制灵活、生产成本低、环境污染小。因此,电能已成为工业、农业、交通运输、国防科技及人民生活等各方面不可缺少的能源。

电力工业的发展水平是一个国家经济发达程度的重要标志。电力工业在我国国民经济中占有十分重要的地位,是国民经济重要的基础工业,也是国民经济发展战略中的重点和先行产业。电力工业的发展必须优先于其他工业部门,其建设和发展的速度必须高于国民经济生产总值的增长速度,只有这样,国民经济各部门才能够快速而稳定地发展,这是社会的进步、综合国力的增强和人民物质文化生活现代化的需要。"社会要发展,电力要先行",可以看出电能在国民经济和人民日常生活中的作用。

1.1.2 电力工业的历史及发展方向

19世纪上半叶电磁学的蓬勃发展为电气技术的兴起奠定了理论基础,而电能的应用则促进了工业化国家生产力的飞速发展。1820年,丹麦科学家奥斯特(Hans Christian Oersted)通过实验证实了电流的磁效应;1821年,英国科学家法拉第(Michael Faraday)提出了电磁能转化为机械能的可行性;1831年,法拉第发现了电磁感应定律,并建立了第一座发电机原型。在这些发现的基础上,很快出现了多种重要电气设备,其中有代表性的有:1831年,美国发明家亨利(Joseph Henry)发明的直流电动机;1870年,比利时工程师格拉姆(Gramme)发明直流发电机;1873年,德国工程师阿特涅(Artemis)发明的交流发电机;1879年,美国发明家爱迪生(Thomas Alva Edison)发明的电灯;1888年,南斯拉夫裔美国发明家特斯拉(Nikola Tesla)发明的交流电动机。初期的电力线路使用的主要是100~400V低压直流电。由于输电电压低,输送的距离不可能远,输送的功率也不可能很大。

1875年,巴黎北火车站建成世界上第一座火电厂,为附近照明供电。1879年,美国旧金山实验电厂开始发电,是世界上最早出售电力的电厂。但是这时候输电距离很短。1882年9月,德国工程师米勒(Oskar von Miller)和法国工程师德波列茨(Marcel Deprez)首先实现了较高压的直流输电,将位于密士巴赫(Miesbach)煤矿的蒸汽机发出的电能输送到57km外的慕尼黑(Munich),用以驱动水泵运转。采用的电压为直流1500~2000V,输送功率首端为2.5kW,末端为1.5kW,效率为60%。随着生产力的发展,要求增大输送功率与输送距离,提高输送效率,这就要求提高输电电压,而发电机电压因技术和材料等限制不可能很高,且直流高压输电与用户低压用电之间存在着难以克服的矛盾,使得当时的直流输电制遇到很大的挑战。几乎与此同时,1882年10月,法国工程师高兰德(Lucien Gauland)和英国工程师吉布斯(John Gibbs)制成了第一台3000V/100V的二次发电机(带变压器功能的发电机),1883年又制成一台容量约5kV·A的二次发电机在伦敦郊外一个小型电工展览会上展出表演;1885年,匈牙利工程师布拉什(O. T. Blathy)等三人研究出封闭磁路的单相变压器,由此实现了单相交流输电。1885年,美国企业家威斯汀豪斯(George Westinghouse)首先在匹兹堡(Pittsburgh)建立交流电网。1889年,俄国工程师先后发明了三相异步电动机、三相变压器和三相交流制。1891年,德国工程师米勒主持展出了最早的输电系统,奠定了近代三相交流输电技术的基础。三相交流制的优越性很快显示出来,使运用三相交流制的发电厂迅速发展,而直流制不久便被淘汰。

由于实际运行中发现受端系统在缺乏多电源支持的情况下非常薄弱,逐渐出现了多电源点的互联运行,从而形成了早期的互联电网。随着输电电压、输送距离和输送功率的不断提高,更大规模的电力系统不断涌现。从电网的经济性角度看,互联技术的发展所带来的效应是明显的,如将多个小电网连成大型互联电网后,有利于不同地区间的电力平衡和经济调度,有利于安排机组的检修和事故备用容量,有利于充分利用廉价的水电资源,有利于实现负荷点的多路供电以提高供电可靠性等,并有利于提高系统的抗冲击能力,提高系统的供电质量。

自19世纪80年代开始有了输电工程以来,已有130多年的历史。近代电力系统的面貌已今非昔比,旧貌换新颜。电力系统不仅在输电电压、输送距离、输送功率等方面有了千百倍的增长,而且在电源构成、负荷成分、运行控制技术等方面也有很大变化。不仅有燃烧煤、石油、天然气等利用化学能的火力发电厂,利用水能的水力发电厂,利用核能的原子能发电厂,也有利用风能、太阳能、潮汐能、地下热能、生物质能等的发电厂。在负荷成分方面,不仅有电动机、电灯,还有相当比重的空调装置、电热装置、整流装置、储能装置等,负荷特性差别很大。

20世纪60年代以来,以电子技术(控制、通信和计算机技术)引入电力系统为标志,使其在运行管理上实现高度自动化。如今,不仅组成电力系统的各主要环节都配备有日益数字化的测量、保护、控制装置,而且不少电力系统还配有用以管理全系统运行的数字计算机系统。这种计算机系统,称为能量管理系统。它与电力系统联机,具有持续不断监视、控制后者的功能。

更值得一提的是,为解决远距离交流输电问题,工程师又转向直流输电,从而进一步提高输送能力。如今的直流输电电压已超过±800kV,输电距离已超过2000km,输送功率已超过8000MW,与百年前米勒和德波列茨的实验相比,已有霄壤之别。

1.1.3 我国古代对电和磁的认识及近现代电力工业的发展

众多古籍和文物证明,早在4700多年前的轩辕黄帝时代,我们的祖先就发现了磁并制造了指南车。战国时代制成了司南用于航海,并有"指南微偏不全南也"的科学论断,后经阿拉伯人和波斯商人传入欧洲。3000多年前的我国殷商时期,甲骨文中就有了"雷"及"电"的形声字。西周初期,在青铜器上就已经出现加雨字偏旁的"電"字。春秋时期,《管子》

一书中就有关于雷电和磁石的记载。东汉时期的王充在《论衡》一书中提到利用摩擦生电识别琥珀真假的方法，并举例说明雷电和摩擦电是一致的，驳斥了雷电是"天公发怒"的迷信之说。三国和南北朝时期，古籍中就出现过"避雷室"，说明当时我国已经有了避雷装置。古代对电的记载和研究应用，丰富了人们对电的认识，近代电学正是在对雷电及摩擦生电的记载和认识的基础上发展起来的。但是我国在近代自然科学方面逐渐落后于西方发达国家，电力工业发展的初期完全靠引进，技术方面受制于人。

清光绪五年（1879年）5月28日，英国工程师毕晓浦（J. D. Bishop）在上海租界乍浦路开办电厂，以7.46kW蒸汽机为动力，带动自激式直流发电机发电，这是我国土地上正式发电的第一座电厂。1888年12月，清政府工部为修葺北京西苑（今中南海），在仪銮殿（今怀仁堂）西墙外安装了1套容量为15kW的发电机组，成立西苑电灯公所，供清宫廷照明用电。同时，清朝军机处神机营机器制造局在河北张家口开设龙烟铁矿，建自备电厂，容量20kW，用于照明。1890年，清宫廷在颐和园安装了1套15kW直流发电机组，成立颐和园电灯公所，供园内照明用电。1894年，在河北北宁铁路矿山工厂内安装了1套40kW直流发电机组。这些设施于1900年毁于八国联军。

我国第一座水电站是云南昆明的石龙坝水电站，位于昆明市郊的螳螂川上，是我国最早兴建的水电站。石龙坝水电站是清光绪三十四年（1908年）由昆明商人王筱斋为首招募商股、集资筹建的，1910年7月开工，1912年4月发电，安装两套单机容量240kW的水轮机组，用22kV输电线路向32km外的昆明市供电。1931年以后，日本侵占我国东北三省，为了大量生产军需物资，在东北多地建立了电力系统，主要包括：①东北中部电力系统，以丰满水电厂为中心，采用154kV输电线路，连接沈阳、抚顺、长春、吉林和哈尔滨等地区；②东北南部电力系统，以水丰水电厂为中心，采用220kV和154kV输电线路，连接大连、鞍山、丹东、营口等地区；③东北东部电力系统，以镜泊湖水电厂作为中心，采用了110kV输电线路，连接鸡西、牡丹江、延边等地区。此外，中国较大的电力系统还有冀北电力系统，以77kV输电线路连接北京、天津、唐山等地区。

1949年中华人民共和国成立时，全国发电装机容量1849MW，年发电量约43亿kW·h，居世界第25位。1952年我国建设的第一套高温高压热电机组位于黑龙江富拉尔基热电厂，单机容量只有2.5万kW。到1978年改革开放前，我国电网的最高电压等级是1972年6月6日建成投产的西北电网——刘家峡—天水—关中的330kV交流输电线路，其余都是220kV或110kV以下的电网。

1949年以后，尤其是改革开放以来，我国的电力工业有了很大的发展。截至2016年年底，我国全口径发电装机容量16.5亿kW，年发电量5.99万亿kW·h，均居世界第一位。全国火电装机10.5亿kW、水电装机3.3亿kW、并网风电装机1.5亿kW、并网太阳能发电装机容量7742万kW、核电装机3364万kW，创造了多项世界之最。未来电网的发展方向是建设以特高压电网为骨干网架（通道），以输送清洁能源为主导，全球互联的坚强智能电网，适应各种分布式电源接入需要，能够将风能、太阳能、海洋能等清洁能源输送到各类用户，是服务范围广、配置能力强、安全可靠性高、绿色低碳的全球能源配置平台。

1.1.4 电力系统的基本参数

电力系统主要由发电厂、输电线路、配电系统及负荷组成，通常覆盖广阔的地域。发电厂将原始能源转换为电能，经过输电线路送至配电系统，再由配电线路把电能分配给负荷（用户），由上述四个部分组成的统一整体叫作电力系统。发电机将机械能转换为电能，输电线连接发电厂与配电系统以及与其他系统实现互联。配电系统连接由输电线供电的局域内的所有单个负荷。电力负荷包括电灯、电热器、电动机（异步电动机、同步电动机等）、整流器、变频器、电池或其他装置，在这些设备中电能又将转换为光能、热能、机械能、化学能等。

由此可见，广义的电力系统应该是由锅炉、反应堆、汽轮机、水轮机等动力源，发电机等生产电能的设备，变压器、电力线路等变换、输送、分配电能的设备，电动机、电热炉、电灯等各种消耗电能的设备，以及测量、保护、控制装置乃至能量管理系统所组成的统一整体，是一个庞大而复杂的整体。电力系统中，由变压器、电力线路等变换、输送、分配电能设备所组成的部分常称为电力网络，如图1-1所示。

电力系统
基本概念

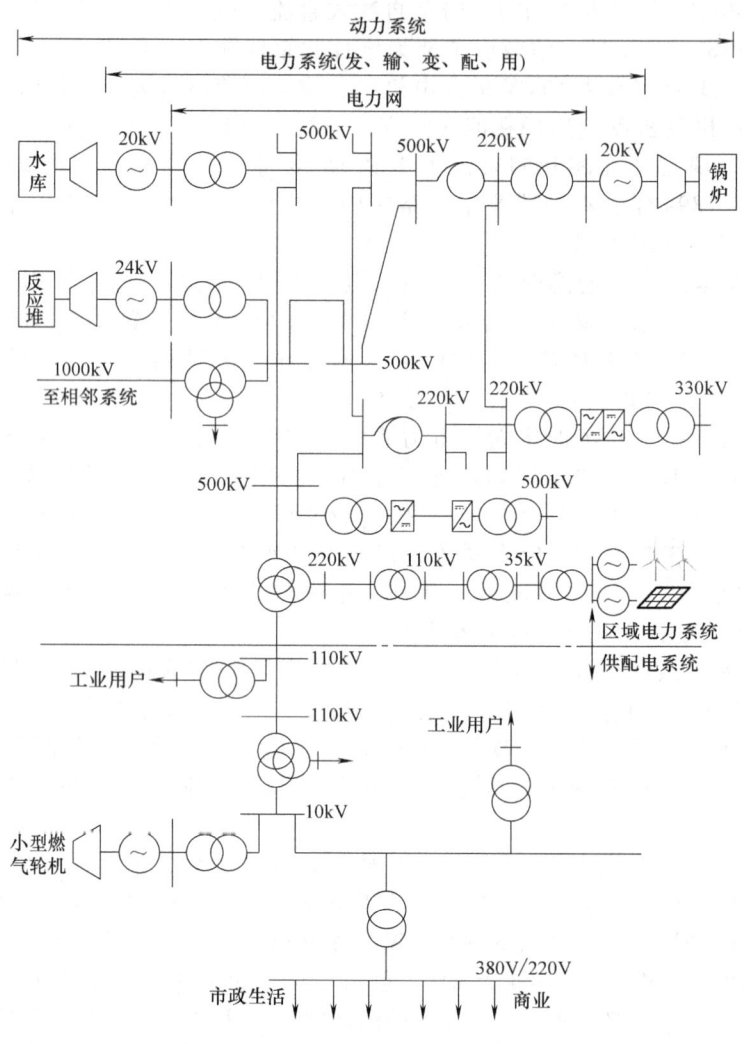

图1-1 电力系统和电力网示意图

电力系统可以用一些基本参量进行描述，简述如下：

1）总装机容量。电力系统的总装机容量指该系统中实际安装的发电机组额定有功功率的总和，标准单位有千瓦（kW）、兆瓦（MW）、吉瓦（GW）等，但通常也可以采用万千瓦、亿千瓦等。

2）年发电量。电力系统的年发电量指系统中所有机组全年发电量的总和，标准单位有千瓦时（kW·h）、兆瓦时（MW·h）、吉瓦时（GW·h）、太瓦时（TW·h），口语中常以度计，1度＝1kW·h。

3) 最大负荷。最大负荷指规定时间（一天、一月或一年）内电力系统总有功功率负荷的最大值，单位有千瓦（kW）、兆瓦（MW）、吉瓦（GW），也可以采用万千瓦、亿千瓦等。

4) 年用电量。年用电量指接在系统上所有用户全年所用电能的总和。

5) 额定频率。按国家标准规定，我国所有交流电力系统的额定频率均为50Hz。国外电力系统额定频率有50Hz或60Hz两种。美国、加拿大、墨西哥、巴西和韩国等采用60Hz，日本则同时采用50Hz和60Hz。历史上曾出现频率为25Hz以水电为主的电力系统，现在已经被淘汰。

6) 电压等级。电压等级包括交流电力系统发展过程中制定的一系列额定电压，包括输电网额定电压和配电网额定电压。最高电压等级是反映电力系统建设和运行水平的重要参数。所谓最高电压等级，是指电力系统中最高电压等级电力线路的额定电压，以千伏（kV）计。2009年1月，我国国家电网投运了当时世界最高电压等级的1000kV输电工程。民用电压等级也是电力系统的一个重要基本参量。我国和大部分国家或地区的民用电压采用220V，美国、加拿大、日本、我国台湾采用110V，还有的国家或地区是两种兼有，如我国香港和古巴采用110V和220V、沙特和越南采用127V和220V、印度尼西亚采用127V和240V。

1.2 电力系统运行应满足的基本要求

1.2.1 电力系统运行的特点

电力系统运行的特点有：

1) 电与国民经济各个部分之间的关系都很密切。

2) 电力系统的各种暂态过程非常短促，当电力系统受到扰动后，由一种状态过渡到另一种运行状态的时间非常短。

3) 电能难以大量储存。即电能的生产、输送、分配及消费几乎是同时进行的，在任一时刻，发电机发出的电能等于负荷消费的电能（在发电机容量允许范围内）。

4) 对电能质量（电压和频率）的要求十分严格，偏离规定值过多时，将导致产生废品、损坏设备，甚至出现从局部范围到大面积停电。

由于以上特点，电力系统的运行必须安全、稳定、可靠。

1.2.2 电力系统运行的基本要求

根据电能生产、输送、消费的特殊性，对电力系统运行有如下三点基本要求：

1. 保证供电的可靠性

对用户供电的中断将会使生产停止，人民的生活秩序、生活质量受到影响，甚至会危及人身、设备的安全，造成严重后果。但是在某种特殊情况下，当电力系统无法满足全部负荷的需要时，应有选择性地保证重要用户的供电。根据供电可靠性分类，电力负荷分为三级。

（1）一级负荷

对一级负荷中断供电，将可能造成生命危险、设备损坏、破坏生产过程、使大量产品报废，给国民经济造成重大损失，使市政生活发生混乱。

（2）二级负荷

对二级负荷停止供电，将造成大量减产、交通停顿、使城镇居民生活受到影响等。

（3）三级负荷

不属于一、二级负荷的其他负荷，如工厂的附属车间、小城镇、农村的非重要负荷等。

2. 保证良好的电能质量

电能质量包含电压质量、频率质量和波形质量三个方面。电压质量和频率质量一般都以偏移是否超过给定值来衡量，我国规定，220V单相供电电压的允许偏移量是额定值的-10%~+7%，额定频率是50Hz，允许的偏移量为±0.2~±0.5Hz。波形质量则以畸变是否超过给定值来衡量，所谓畸变率（或正弦波形畸变率），是指各次谐波有效值二次方和的方均根值与基波有效值的百分比。给定的允许畸变率常因供电电压等级而异，例如，以380V、220V供电时为5%，以10kV供电时为4%等。所有这些质量指标，都必须采取一些手段予以保证。

对于电压和频率质量的保证，我国电力行业早有要求，并将其作为考核电力系统运行质量的重要内容之一。在当前条件下，为保证电能质量，需要增加系统电源的有功功率备用、动态无功功率，合理调配用电、节约用电，提高系统的自动化水平。保证波形质量，就是指限制系统中电流、电压的谐波，关键在于限制各种换流装置、电热炉、电力机车、空调等非线性负荷向系统注入的谐波电流，或改进换流装置的设计、装设滤波器、限制不符合要求的非线性负荷等的接入等。

3. 保证系统运行的经济性

电能的生产规模很大，消耗的一次能源在国民经济一次能源中的比重约为40%，并将不断增长，而且电能在转换、输送、分配时的损耗绝对值也相当可观。因此，降低每生产1kW·h电能所消耗的能源和降低转换、输送、分配时的损耗，具有重要意义。煤耗率和线损率是考核电力系统运行经济性的重要指标，所谓煤耗率，是指煤生产1kW·h电能所消耗的标准煤重，以g/kW·h为单位，而标准煤则是含热量为29.31MJ/kg的煤。所谓线损率或网损率，是指电力网络中损耗的电能与向电力网络供应电能的百分比。

为保证系统运行的经济性，应开展系统经济运行工作，使各发电厂所承担的负荷合理分配，在保证安全、优质供电的前提下，将单一电力系统联合组成联合电力系统，可以提高供电可靠性，减少备用容量，可更合理地调配用电，降低联合系统的最大负荷，提高发电设备利用率，减小系统中发电设备的总容量，可更合理地利用系统中各种类型的发电厂，从而提高运行的经济型。同时，由于个别负荷在系统总负荷中所占比重的减小，其波动对系统电能质量的影响也将减小。

1.2.3 电力系统的负荷曲线

负荷曲线是电力系统中负荷随时间变化的曲线，按负荷性质可分为有功负荷曲线和无功负荷曲线，按时间可分为日负荷曲线、月负荷曲线、年负荷曲线等。负荷曲线是电力系统调度控制和规划设计的重要依据。电力系统的负荷涉及众多用户，负荷特性各异，不同用户的用电情况可以不同，且事先很难确知在什么时间、什么地点发生多大变化。因此，电力系统的负荷变化带有随机性。负荷曲线用于记录负荷随时间变化的情况，并据此研究负荷变化的规律。部分负荷曲线实例如图1-2所示。

根据全年的日负荷曲线可以得到以下信息：

1）年最大负荷：全年中负荷最大的半小时的平均功率，因此年最大负荷也称为半小时最大负荷。

2）平均负荷：电力负荷在一年或一段时间内平均消耗的功率，也就是电力负荷在某时间内消耗的电能除以时间的值。

3）负荷系数：用电负荷的平均负荷与最大负荷的比值。

4）年最大负荷利用小时数：一个假想的时间，在此时间内，电力负荷按年最大负荷持续运行所消耗的电能，恰好等于该电力负荷全年消耗的电能。计算公式：年最大负荷利用小时数=年用电量/年最大负荷。

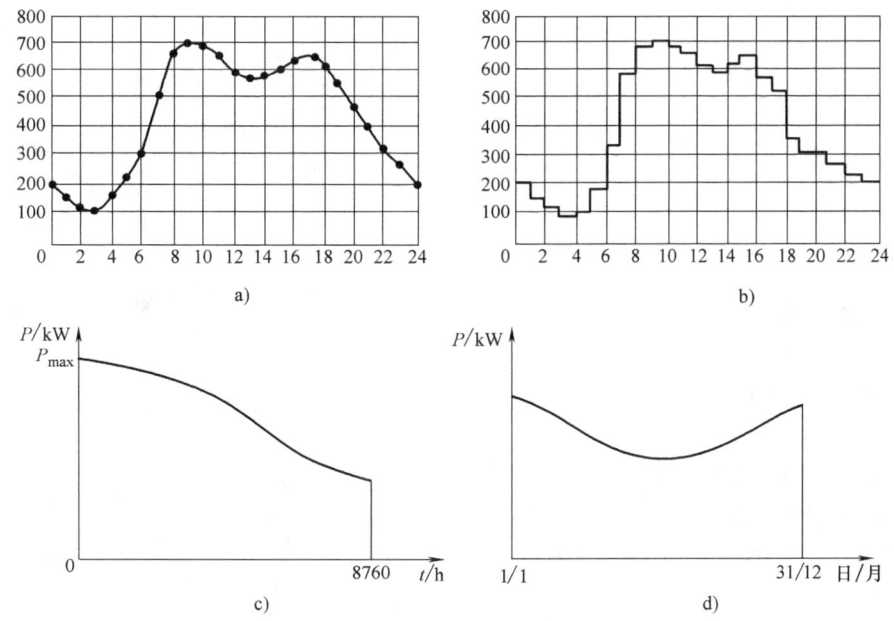

图 1-2 电力系统负荷曲线示意图
a）折线形日负荷曲线 b）阶梯形日负曲线 c）年负荷持续时间曲线 d）年每日最大负荷曲线

1.3 电力系统接线方式和电压等级

1.3.1 电力系统的接线方式

电力系统接线图是电力系统整体性质的图形表示，分为地理接线图与电气接线图。地理接线图是在地理图上布点布线，可与地理图较好地吻合，显示系统中发电厂、变电站的地理位置，电力线路的路径，以及它们之间的连接形式。因此，由地理接线图可获得对该系统的宏观印象。但是地理接线图的地理特性决定其不同区域天然具有不同的疏密程度，而实际上人们往往更关注电网的稠密部分；而且在地理接线图上难以表示主要发电机、变压器、线路等的联系，这时则需要阅读电气接线图。电气接线图一般表示为单线电气接线图，显示电力系统的各个能量变换元件、能量输送元件的连接，显示出组成电力系统主体设备（发电机、变压器、母线、断路器、电力线路等）的概貌。因此，由电气接线图可获得对该系统的更细致了解。实际应用时，一般将地理接线图与电气接线图相结合，可以了解整个系统中发电厂、变电站、电力线路、负荷等的相对位置及电气连接形式。图 1-3 是某电网的地理接线图。

电力系统的接线方式按供电可靠性分为有备用接线方式和无备用接线方式两种。无备用接线方式是指负荷只能从一条路径获得电能的接线方式，根据形状，可分为单回路放射式、干线式和链式网络，如图 1-4 所示。有备用接线方式是指负荷至少可以从两条路径获得电能的接线方式，可分为双回路的放射式、干线式、链式、环式和两端供电网络，如图 1-5 所示。

无备用接线的主要优点在于简单、经济、运行操作方便，主要缺点是供电可靠性差，并且在线路较长时，线路末端电压往往偏低，因此这种接线方式不适用于一级负荷占很大比重的场合。但在一级负荷的比重不大，并可为这些负荷单独设置备用电源时，仍可采用这种接线。这种接线方式之所以适用于二级负荷是由于架空电力线路已广泛采用自动重合闸装置，而自动重合闸的成功率相当高。

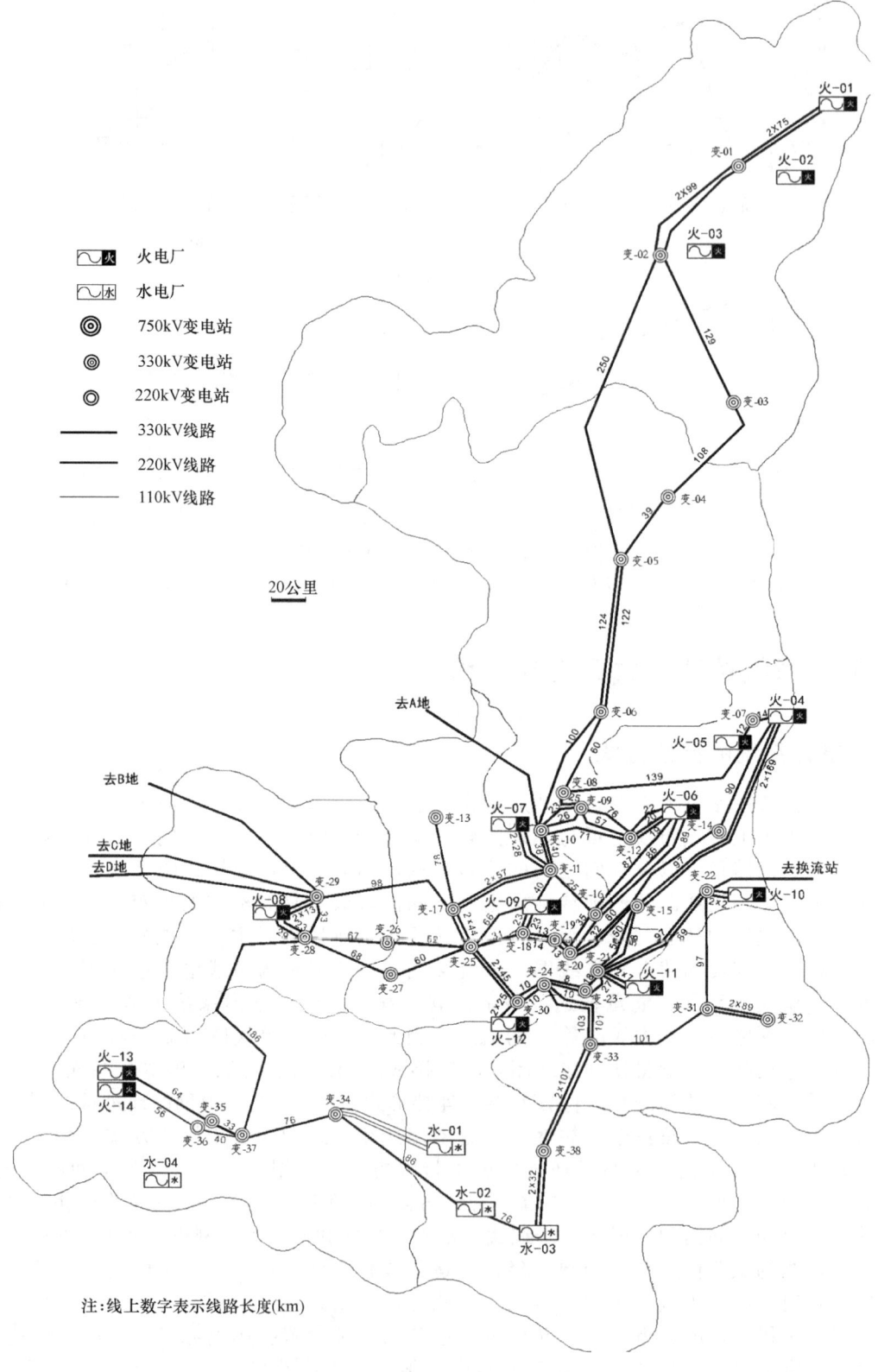

图 1-3　电力系统地理接线图示例

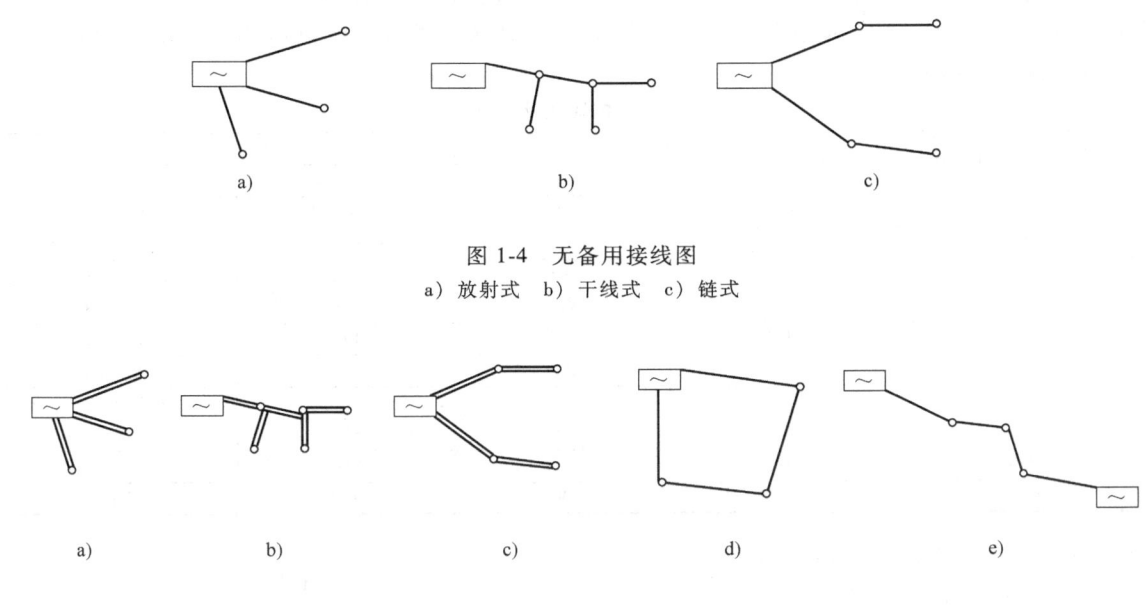

图 1-4　无备用接线图
a）放射式　b）干线式　c）链式

图 1-5　有备用接线图
a）放射式　b）干线式　c）链式　d）环式　e）两端供电网

有备用接线的主要优点在于供电可靠性高，供电电压质量高。有备用接线中，双回路的放射式、干线式和链式接线的缺点是不够经济；环式网络的供电可靠性和经济性都较好，但其缺点是运行调度复杂，并且故障时的电压质量差；两端供电网络很常见，供电可靠性高，采用这种接线的先决条件是必须有两个或两个以上独立电源，并且各电源与各负荷点的相对位置又决定了这种接线的合理性。

可见，接线方式的选择要经技术经济比较后才能确定。所选的接线方式在满足安全、优质、经济的指标外，还应保证运行灵活和操作方便、安全。

1.3.2　电力系统的电压等级

电力系统由多个层次的电压等级组成，这些不同的电压等级是由国家规定的标准电压，又称额定电压。在电力系统中，各部分电压等级之所以不同，是因为三相功率正比于线电压及线电流（$S=\sqrt{3}UI$）。当输送功率一定时，输电电压越高，则输送电流越小，因而所用导线截面积越小，从而线路投资越小；但电压越高对绝缘的要求越高，杆塔、变压器、断路器的绝缘投资也越大。综合考虑这些因素，对于一定的输送功率和输送距离应有一个最合理的线路电压，但从设备制造角度考虑，为保证生产的系列性，又不应任意确定线路电压。另外，规定的标准电压等级过多也不利于电力工业的发展。我国国家标准规定的高压交流送电电压为 6kV、10kV、35kV、（66kV）、110kV、（154kV）、220kV、330kV、500kV、750kV 和 1000kV（其中 66kV 和 154kV 为历史上遗留下来的将被限制发展的电压等级），见表 1-1。因而，选择电力线路电压时，只能选用国家规定的电压等级。直流输电的电压等级目前还没有严格的额定数值，但是从设计制造的经济性角度来说有额定数值。

现将表 1-1 中用电设备、线路与变压器的额定电压之间的关系说明如下：

经线路输送功率时，当输电功率小于自然功率时，沿线电压分布一般呈拱形，线路中间电压高于两端；当输电功率大于自然功率时，沿线电压分布一般呈 U 形。对于无功支撑较少的末端，往往是始端电压高于末端。如图 1-6 所示，沿线段 ab 的电压分布可能如直线 U_a-U_b

所示。从而,图中用电设备 1~6 的端电压各不相同。所谓线路的额定电压 U_N 实际上就是线路的平均电压 $(U_a+U_b)/2$,而各用电设备的额定电压取值与线路额定电压相等,使各用电设备能在接近额定电压的情况下运行。

表 1-1　额定电压等级　　　　　　　　　　　　(单位:kV)

用电设备额定线电压	线路线电压		变压器线电压	
	首端	末端	一次绕组	二次绕组
3	3.15	3	3 或 3.15	3.15 或 3.3
6	6.3	6	6 或 6.3	6.3 或 6.6
10	10.5	10	10 或 10.5	10.5 或 11.0
35	37	35	35	37 或 38.5
110	115	110	110	115 或 121
220	230	220	220	230 或 242
330	345	330	33	345 或 363
500	525	500	500	525 或 550
750	775	750	750	775 或 800
1000	1050	1000	1000	1050

由于用电设备的容许电压偏移一般为 ±5%,而沿线路的电压降落一般为 10%,这就要求线路始端电压为额定值的 105%,以使其末端电压不低于额定值的 95%。发电机往往接在线路始端,因此,发电机的额定电压为线路额定电压的 105%。

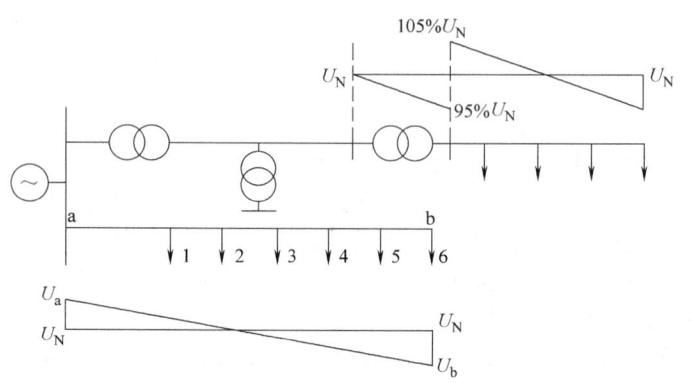

图 1-6　电力网中的电压分布

变压器一次侧接电源,相当于用电设备,二次侧向负荷供电,又相当于发电机。因此变压器一次额定电压应等于用电设备额定电压(直接和发电机相连的变压器一次电压应等于发电机额定电压),二次电压应较线路额定电压高 5%。但又因变压器二次电压规定为空载时的电压,而额定负荷下变压器内部的电压降落约为 5%,为使正常运行时变压器二次电压较线路额定电压高 5%,变压器二次额定电压应较线路额定电压高 10%。只有漏抗很小的、二次侧直接与用电设备相连的和电压特别高的变压器,其二次额定电压才只需比线路额定电压高 5%。

某一实例网络图如图 1-7 所示,各母线及变压器一次电压、二次电压标于图中。

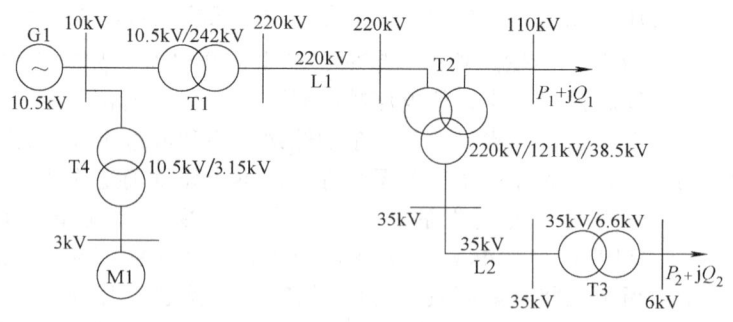

图 1-7　电力系统中各元件额定电压

1.3.3　电力系统不同电压等级的适用范围

额定电压等级中相邻电压等级差之比不宜过小,根据经验,110kV 以下的电压级差应超过 3 倍，如 110kV、35kV、10kV；110kV 以上的电压差则以 2 倍左右为宜，如 110kV、220kV、500kV。因此，其他各级电压都有其适用范围，3kV 限于工业企业内部采用，10kV 是最常用的城乡配电电压，当负荷中高压电动机比重很大时采用 6kV 配电，35kV 用于中等城市或大工业企业内部供电，也用于农村网，110kV 既用于中小电力系统的主干线，也用于大电力系统的二次网络；220kV、330kV、500kV 多半用于大电力系统的主干线。显然，这种划分不是绝对的，也不是一成不变的。例如，在农业用电负荷较重的地区就以 110kV 作农村网络电压；随着容量的增大，大电力系统主干线电压等级进一步提高后，330kV、220kV 就可能退而为二次网络电压。表 1-2 提供了不同电压等级交流架空线路的输送功率与输送距离的经验值。

表 1-2 架空线路的电压与输送功率、输送距离

线路电压/kV	输送功率/MW	输送距离/km
0.38	0~0.2	0~3
3	0.1~1.0	1~6
6	0.1~1.2	3~15
10	0.1~3	3~20
35	2~20	20~50
110	3~50	20~150
220	50~500	50~300
330	200~1000	100~600
500	500~1500	150~800
750	1000~3000	200~1500
1000	1500~5000	300~2000

1.3.4 电力系统中性点接地方式

电力系统的中性点指星形联结的变压器或发电机的中性点。这些中性点接地方式是一个很重要的综合性问题，它不仅涉及电网本身的安全可靠性、过电压绝缘水平的选择，而且对通信干扰、人身安全有重要影响。电力系统中性点接地方式是一个涉及供电的可靠性、过电压与绝缘配合、继电保护、通信干扰、系统稳定诸多方面的综合技术问题，这个问题在不同的国家和地区，不同的发展水平可以有不同的选择。

中性点运行方式主要分两类：直接接地和不接地。直接接地系统供电可靠性低。因这种系统中一相接地时，出现了除中性点外的另一接地点，构成了短路回路，接地相电流很大，为了防止损坏设备，必须迅速切除接地相甚至三相。不接地系统供电可靠性高，但对绝缘水平要求也高。因这种系统中一相接地时，不构成短路回路，接地相电流不大，不必切除接地相，但这时非接地相的对地电压却升高为相电压的 $\sqrt{3}$ 倍。在电压等级较高的系统中，绝缘费用在设备总价格中占相当大的比重，降低绝缘水平带来的经济效益很显著，一般就采用中性点直接接地方式，而以其他措施提高供电可靠性。反之，在电压等级较低的系统中，一般就采用中性点不接地方式以提高供电可靠性。在我国，一般来说，220kV 及以上的系统采用中性点直接接地方式，110kV 系统根据电网实际情况选择中性点接地方式，66kV 以下的系统采用中性点不接地方式。

属于中性点不接地方式的还有中性点经消弧线圈接地。所谓消弧线圈，就是电抗线圈。比较图 1-8 和图 1-9 可理解消弧线圈的功能。由图 1-8 可见，由于导线对地有电容，中性点不接地系统中一相接地时，接地点接地相电流属容性电流。而且随网络的延伸，这电流也愈益增大，以致完全有可能使接地点电弧不能自行熄灭并引起弧光接地过电压，甚至发展成严重的系统性事故。为避免发生上述情况，可在网络中某个中性点处装设消弧线圈，如图 1-9 所示。

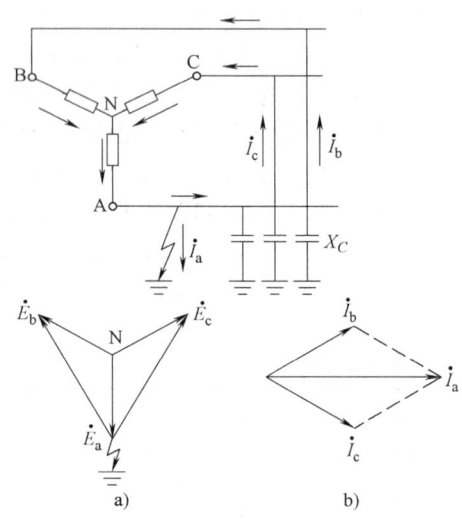 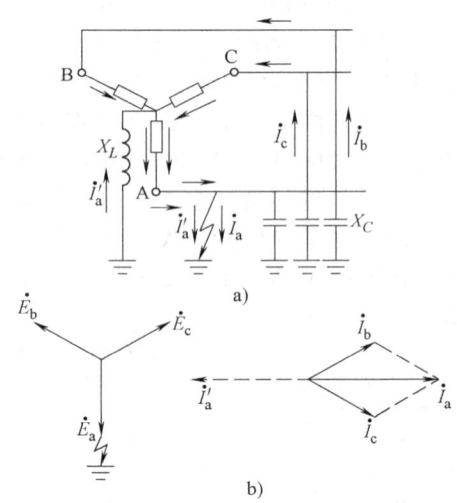

图 1-8 中性点不接地时的一相接地　　　　　图 1-9 中性点经消弧线圈接地时的一相接地
　a）电流分布　b）电动势、电流相量关系　　　　　a）电流分布　b）电动势、电流相量关系

由图可见，由于装设了消弧线圈，构成了另一回路，接地点接地相电流中增加了一个感性电流分量，它和装设消弧线圈前的容性电流分量相消，减小了接地点的电流，使电弧易于自行熄灭，提高了供电可能性。一般认为，对 3~66kV 网络，容性电流超过下列数值时，中性点应装设消弧线圈：3~6kV 网络，30A；10kV 网络，20A；35~110kV 网络，10A。

城乡配电网主要指 10kV、35kV、110（66）kV 三个电压等级的电网，在电力系统中量大面广，占有重要的地位。在过去，由于配电网比较小，主要采用不接地或经消弧线圈接地，一般来说运行情况是良好的，在 20 世纪 80 年代中后期，有些配电网的中性点采用了经低电阻接地或高电阻接地方式，近 30 多年来各种不同形式的自动跟踪补偿的消弧线圈开始在配电系统中运行。

各种中性点接地方式和装置都有一定的适用范围和使用条件，为此，采用不同的中性点接地方式是很正常的。我国城乡电网正在加快建设与改造的速度，中性点接地方式对于电网的发展是重要的技术问题，引起了多方面的关注和重视。

1. 中性点不接地系统

如果三相电源电压是对称的，则电源中性点的电位为零，但是由于架空线排列不对称而换位又不完全等原因，使各相对地导纳不相等，则中性点将会产生位移电压。一般情况位移电压不超过电源电压的 5%，对运行的影响不大。当中性点不接地配电网发生单相接地故障时，非故障的两相对地电压将升高，由于线电压仍保持不变，对用户继续工作影响不大。

单相接地时，当接地电流大于 10A 而小于 30A 时，有可能产生不稳定的间歇性电弧，随着间歇性电弧的产生将引起幅值较高的弧光接地过电压，其最大值不会超过 3.5 倍相电压，对于正常设备有较大的绝缘裕度，应能承受这种过电压，对绝缘较差的设备、线路上的绝缘弱点和绝缘强度很低的旋转电机有一定威胁，在一定程度上对安全运行有影响。由于中性点不接地配电网的单相接地电流很小，对邻近通信线路、信号系统的干扰小，这是这种接地方式的一个优点。

2. 中性点经电阻接地

有些配电网发展很快，城市中心区大量敷设电缆，单相接地电容电流增长较快，虽然装了消弧线圈，但由于电容电流较大，且运行方式经常变化，消弧线圈调整困难，还由于使用了一部分绝缘水平低的电缆，为了降低过电压水平、减少相间故障可能性，而采用了中性点经低电阻接地的方式。采用中性点经低电阻接地，当 $R_n \leq 10\Omega$ 时，在大多数情况下可使单相接地工频电压标幺值升高到仅 1.4 左右。从限制弧光接地过电压考虑，当电弧点燃到熄灭过程中，系统所积累的多余电荷在熄灭后半个工频周波内能够通过 R_n 泄漏掉，过电压幅值就可明显下降。根据这个要求可以得到中性点的低电阻值应满足的条件为 $R_n \leq 1/3\omega C_0$；当 $R_n = 10\Omega$ 时，弧光接地过电压标幺值则可降至 1.9 以下。

3. 中性点谐振接地

消弧线圈是一个装设于配电网中性点的可调电感线圈，当发生单相接地时，可形成与接地电流大小接近但方向相反的感性电流以补偿容性电流，从而使接地处的电流变得很小或接近于零，当电流过零电弧熄灭后，消弧线圈还可减小故障相电压的恢复速度从而减小电弧重燃的可能性。完全补偿状态时，中性点位移电压 U_0 将很高，因此一般都采取过补偿方式以减小中性点位移过电压。失谐度大可降低中性点位移电压，但失谐度过大，将使线路接地电流太大，电弧不易熄灭，因此合理地选择失谐度才能使消弧线圈正常运行。失谐度一般选在 10% 左右，长时间中性点位移电压不应超过额定相电压的 15%。

消弧线圈的存在，使电弧重燃的次数大为减少，从而使高幅值的过电压出现的概率减小，一般认为 66kV 及以下系统发生间歇性电弧接地故障时，消弧线圈接地方式下的最大过电压为 3.2 倍相电压，略低于中性点不接地系统。

中性点经消弧线圈接地的配电网接地电流小，对附近通信线路的干扰小是这种方式的优点之一。自动跟踪补偿消弧线圈装置可以自动适时地监测跟踪电网运行方式的变化，快速地调节消弧线圈的电感值，以跟踪补偿变化的电容电流，使失谐度始终处于规定的范围内。大多数自动跟踪消弧装置在可调的电感线圈下串有阻尼电阻，它可以限制在调节电感量的过程中可能出现的中性点电压升高，以满足规程要求不超过相电压的 15%。当电网发生永久性单相接地故障时，阻尼电阻可由控制器将其短路，以防止损坏，其原理接线如图 1-10 所示。

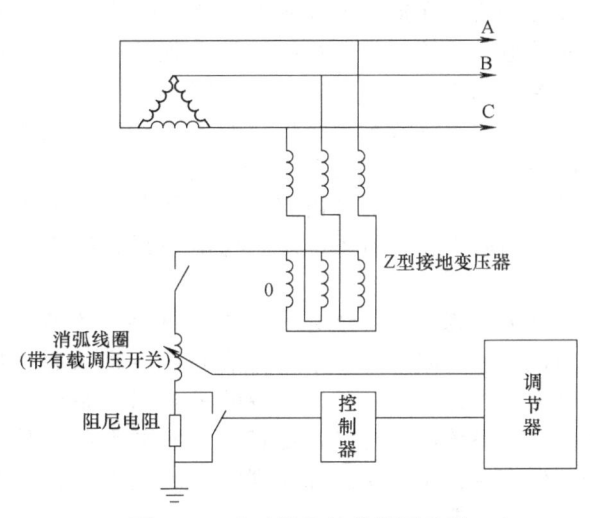

图 1-10 自动跟踪补偿消弧线圈

1.4 电气工程学科和电力系统分析课程

1.4.1 电气工程学科

电气工程（Electrical Engineering，EE）是现代科技领域中的核心学科之一，更是当今高新技术领域中不可或缺的关键学科。正是电子技术的巨大进步才推动了以计算机网络为基础的信息时代的到来，极大地改变了人类的生活和工作模式。从某种意义上讲，电气工程的发达程度代表着国家的科技进步水平。因此，电气工程的教育和科研一直在发达国家大学中占据十分重要的地位。

电气工程及其自动化涉及发电技术、输变电技术、电力电子技术、计算机技术、电机电器技术、信息与网络控制技术、机电一体化技术等诸多领域，是一门综合性较强的学科，其主要特点是强弱电结合、机电磁结合、软硬件结合。该专业培养具有工程技术基础知识和相应的电气工程专业知识，受过电工电子、系统控制及计算机技术方面的基本训练，具有解决电气工程技术分析与控制问题基本能力的高级工程技术人才。

电气工程下设5个二级学科,分别为电力电子与电力传动、电工理论与新技术、电机与电器、电力系统及其自动化、高电压与绝缘技术。5个学科的研究领域自成一体,各有侧重,发展势头强劲,是近年来考研的热点学科。

1.4.2 电力系统分析课程的内容

电力系统分析课程是电气工程及其自动化学科的专业必修课,同时也是电力相关专业的主要课程。本课程具有很强的基础理论,又具有较强的工程实践性,注重理论与实践的密切结合。该课程对培养学生综合分析能力、了解掌握电力专业学科的前沿动态以及对电力相关专业课程的进一步学习起着非常重要的作用。

电力系统分析课程在整个电气工程专业课程体系中起到一个承上启下的桥梁作用,在整个专业教学中占有十分重要的地位。通过本课程的学习,应使学生获得电力系统方面宽广、扎实的基本理论知识和专业知识,具备分析问题的基本技能,掌握处理问题的基本方法,并且具有分析大型电力系统的基本能力。

电力系统分析分为三大模块:电力系统稳态分析、电力系统电磁暂态分析和电力系统机电暂态分析。在这三大模块中,稳态分析的内容相对而言较简单,但其内容比较重要。因为它涉及电力系统正常运行的最基本理论:系统元件模型的建立、潮流计算、频率调整和电压调整等;电磁暂态分析的重点内容是同步发电机发生短路故障的物理过程描述和数学模型的建立,电力系统各种短路故障的计算,因为这部分内容学生掌握的程度直接关系到后续"继电保护"和"发电厂电气部分"课程内容学习的好坏。机电暂态分析的主要内容是电力系统的稳定性分析,这部分内容的重点是电力系统静态和暂态稳定的基本概念以及两种稳定的主要区别与联系,分析系统静态稳定和暂态稳定的基本方法,提高系统静态稳定和暂态稳定的措施。

潮流计算、对系统有功功率和频率的调整、系统无功功率和电压调整的理解、同步机模型的理解、短路计算、小干扰法分析系统的静态稳定、等面积定则分析系统的暂态稳定,对于电力系统这些内容难以理解的重要因素是由于该课程不仅内容基础性、理论性强,而且与实际电力系统的运行又密切相关,而电力系统是大型的互联非线性系统,很难像电路等基础课一样在实验室做实验加深理解,因此需培养学生的工程意识和创新意识,增强创造性思维和综合设计能力。

1.4.3 计算机在电力系统运行与规划中的应用

由于电力系统及其暂态过程的复杂性,研究电力系统时,常需要借助一定的工具。这些研究工具大致分两类:电力系统的物理模拟和数学模拟。

电力系统的物理模拟一般可以看作是一种具体而微的电力系统。其中发电机、变压器、电动机、线路等都有相应的实物模拟,将它们按给定的接线方案组成模拟系统后,就可运用表计直接观测其中的各种物理现象,这种模拟的缺点是待研究的系统规模不能过大,而且模拟装置的参数调整范围有一定限制。

目前,计算机已广泛用于电力系统的运行、设计和科学研究等各方面。自1956年成功地运用计算机计算潮流分布,现在,潮流分布、故障分级、稳定性分析等常规计算或者暂态过程仿真、谐波分析、继电保护整定计算等专业计算,都已有商业软件包可供选用。

电力系统分析课程的实践教学体系主体思想是"全程设计,平台支撑","全程设计"就是将某个电网的规划及运行分析的设计贯穿于课堂教学过程,将集中的课程设计分布于整个学期完成;"平台支撑"就是建设便于学生完成设计、了解电力系统实际的实践和仿真平台。

实践教学重视与实际电力系统的结合,增强知识的实际灵活应用,内容主要包括课堂实验、课程设计和校外活动这三大板块。

课堂实验主要通过两个实验平台完成,即"电力系统运行数字仿真平台"和"电气设计辅助计算平台"。电力系统是一个大型的动态系统,我们不可能在实际系统中做各种各样的实验,如短路和稳定性实验、频率调整和电压调整实验等。数字化计算机仿真软件为此提供了有效的手段,数字化计算机仿真系统可以使学生对潮流计算、短路计算、稳定性等知识进行系统的分析,融会贯通,对电力系统的基本原理加深理解并提高,为发展创新性思维提供有力的工具。

课程设计是在课程进行过程中(或课程结束时),对某一个具体问题进行工程演练,旨在通过学生学有所用,增强对课程的理解和兴趣。课程设计分为两大类:一类是将电网规划设计伴随课堂教学过程,将集中的课程设计分布于整个学期完成,由课程设计代替原来的作业;另一类是课程结束后结合所学课程内容,以学生自主设计题目为主、教师辅导为辅的形式,利用课程组开发的教学辅助计算软件进行分析实验,得出相关的结论,以讨论会形式进行讨论。

校外活动主要由课外专题讨论小组、以电力系统分析为核心的电力专业知识竞赛和鼓励同学参加教师的科研活动这三部分构成。课外专题讨论小组大大激发了学生的学习兴趣;电力专业知识竞赛可以充分调动学生学习的积极性,进行学生应变能力的培养,强化专业基础知识的巩固和综合;通过科研活动可以使学生真正了解电力系统,将电力系统分析课程教授的基本知识、基本方法应用到实际电力系统中,培养一定的工程意识。在参加科研活动的过程中不仅巩固了课堂知识的掌握,而且又增大了知识的容量。这些实践性教学方法在几年的实施中取得了良好的效果,得到了学生的肯定,学生参与积极性高涨。通过这一系列的学习,学生不仅进一步加强了理论上的理解,而且大大提高了自身实践能力。

本 章 小 结

本章介绍了电力系统的历史和近代电力系统发展中的基本规律;阐述了"电力系统"的概念,包括它的基本参量、接线图、电压等级以及运行的基本要求。

本章为"电力系统分析"这门课程的基础。

习 题

1-1 动力系统、电力系统和电力网的基本构成形式是怎样的?
1-2 根据发电厂使用一次能源的不同,发电厂主要有哪几种形式?
1-3 电力变压器的主要作用是什么?主要类别有哪些?
1-4 直流输电与交流输电比较,有什么特点?
1-5 电力系统的结构有何特点?比较有备用和无备用接线形式的主要区别。
1-6 为什么要规定电力系统的电压等级?主要的电压等级有哪些?
1-7 电力系统各个元件(设备)的额定电压是如何确定的?
1-8 什么是电力系统的负荷曲线?最大负荷利用小时数指的是什么?
1-9 何谓电力系统的负荷特性?
1-10 电力系统中性点接地方式与电压等级有何关系?
1-11 我国电力系统的中性点运行方式主要有哪些?各有什么特点?
1-12 各中性点运行方式的使用情况如何?
1-13 电能质量的三个主要指标是什么?各有怎样的要求?
1-14 查找清洁能源发电、高压交直流输电等发展动态的相关资料,了解我国电力系统发展情况,增强民族自豪感。

第 2 章
电力系统各元件稳态参数及模型

本章提要

电力系统的运行状态有两种,即稳态和暂态。当电力系统处于稳态时,严格地说,其运行参数并不是常量,而是持续地在某一平均值附近变化的量,但这种变化是很小的,因而实际上可以认为运行参数是常量。本章主要讲授电力系统各元件稳态参数及模型。

电力系统主要是由发电厂、输电线路、配电系统及负荷组成的一个统一整体,系统中的发电机、输电线路、升压变压器、降压变压器、负载的参数及等效电路是电力系统分析的基础。本章主要介绍发电机、输电线路结构、各参数的物理意义及参数计算,变压器参数的物理意义、计算及等效电路。

2.1 同步发电机数学模型及运行特性

本节主要阐述同步发电机稳态数学模型及运行特性,包括相量图、等效电路与功率方程以及功角特性。

电力系统元件参数计算概述

2.1.1 同步发电机稳态数学模型

理想电机假设如下:

1) 电机铁心部分的磁导率为常数。
2) 电机定子三相绕组完全对称,在空间上互差120°,转子在结构上对本身的直轴和交轴完全对称。
3) 定子电流在气隙中产生正弦分布的磁动势,转子绕组和定子绕组间的互感磁通也在空气隙中按正弦规律分布。
4) 定子及转子的槽和通风沟不影响定子及转子的电感,即认为电机的定子及转子具有光滑的表面。

同步电机是一种交流电机,主要作发电机用,也可作电动机用,一般用于功率较大、转速不要求调节的生产机械,如大型水泵、空压机和矿井通风机等。近年由于永磁材料和电子技术的发展,微型同步电机得到越来越广泛的应用。同步电机的特点之一是稳定运行时的转速 n 与定子电流的频率 f_1 之间有严格不变的关系,即同步电机的转速 n 与旋转磁场的转速 n_0 相同,"同步"之名由此而来。

同步发电机是电力系统中的电源,它的稳态特性与暂态行为在电力系统中具有支配地位。虽然在电机学中已经学过同步电机,但那时侧重于基本电磁关系,而现在则从系统运行的角度审视发电机组。

1. 同步发电机的相量图

设发电机以滞后功率因数运行,三相同步发电机正常运行时,定子某一相空载电动势 $\dot{E}_q$、

输出电压或端电压 $\dot{U}$ 和输出电流 $\dot{I}$ 间的相位关系如图 2-1 所示。δ 为 $\dot{E}_q$ 领先 $\dot{U}$ 的角度，称为功角；φ 为功率因数角，即 $\dot{U}$ 与 $\dot{I}$ 的相位差；$\dot{E}_q$ 与 q 轴（横轴或交轴）重合，d 为纵轴或直轴。$\dot{U}$ 和 $\dot{I}$ 的 d、q 分量为

$$\begin{cases} \dot{U}_q = \dot{U}\cos\delta \\ \dot{U}_d = \dot{U}\sin\delta \end{cases} \quad (2-1)$$

$$\begin{cases} \dot{I}_q = \dot{U}\cos(\delta+\varphi) \\ \dot{I}_d = \dot{U}\sin(\delta+\varphi) \end{cases} \quad (2-2)$$

电机学课程中已经讨论过，端电压和电流的分量与 $\dot{E}_q$ 间的关系为

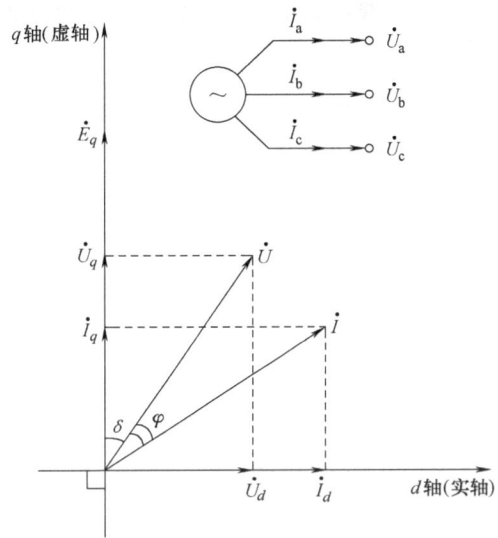

$$\begin{cases} \dot{U}_q = \dot{E}_q - x_d\dot{I}_d - r\dot{I}_q \\ \dot{U}_d = x_q\dot{I}_q - r\dot{I}_d \end{cases} \quad (2-3)$$

图 2-1 同步发电机电动势、端电压和电流相量图

式中，r 为定子每相绕组的电阻；x_d 为定子直轴同步电抗；x_q 为定子交轴同步电抗。其中，空载电动势 E_q 与转子励磁绕组中的励磁电流成正比，其比例系数可从空载试验中得到。

为了便于绘制相量图，令 d 轴作正实轴，q 轴作正虚轴，则各相量可表示为

$$\dot{E}_q = jE_q \quad (2-4)$$

$$\dot{U} = U_d + jU_q \quad (2-5)$$

$$\dot{I} = I_d + jI_q \quad (2-6)$$

所以

$$\dot{U} = jE_q - j(x_d - x_q)I_d - (r + jx_q)\dot{I} \quad (2-7)$$

对于隐极式同步发电机（汽轮发电机），因气隙均匀，直轴和交轴同步电抗相等（$x_d = x_q$），则式（2-7）变为

$$\dot{U} = jE_q - (r + jx_d)\dot{I} \quad (2-8)$$

式（2-8）即为隐极式同步发电机的方程，由此即可画出它的等效电路和相量图，如图 2-2 所示。

凸极式同步发电机（水轮发电机），把电枢反应磁动势分解为 d 轴及 q 轴两个分量，d 轴电枢反应磁动势的位置固定在转子 d 轴上，q 轴电枢反应磁动势的位置固定在转子 q 轴上，从而解决了合成磁动势遇到的不同气隙宽度的困难。d 轴及 q 轴电枢反应磁动势所产生的气隙磁通密度虽不是正弦形（气隙不均匀），但由于磁路的对称性，其基波轴线仍分别处在 d 轴及 q 轴线上，从而可以用叠加定理求取合成磁动势。因气隙不均匀，直轴和交轴同步电抗不相等，只能用式（2-7）表示，为便于计算，定义了一个与 $\dot{E}_q$ 同相的虚构电动势 $\dot{E}_Q$，即

$$\dot{E}_Q = jE_q - j(x_d - x_q)I_d \quad (2-9)$$

将式（2-9）代入式（2-7），则有

$$\dot{U} = \dot{E}_Q - (r + jx_q)\dot{I} \quad (2-10)$$

式（2-9）中，$\dot{E}_q$ 相量由 $\dot{E}_Q$ 和 $jI_d(x_d - x_q)$ 两个相量组成，均在 q 轴上，而 $\dot{E}_Q$ 可由 $\dot{U}$ 及 $j\dot{I}x_q(r \approx 0)$ 求得。凸极式同步发电机正常运行时的等效电路和相量图如图 2-3 所示，在图中利

用 $\dot{E}_Q$ 决定 q 轴及 d 轴，即可求得 I_d，再求得 $\dot{E}_q$。

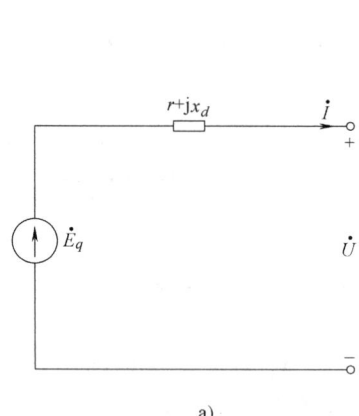
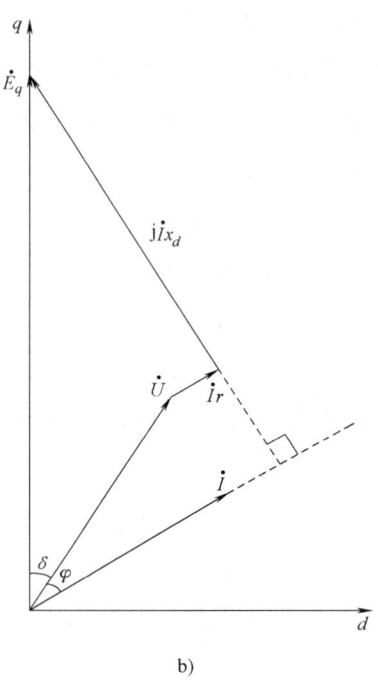

图 2-2 隐极式同步发电机等效电路和相量图
a）等效电路　b）相量图

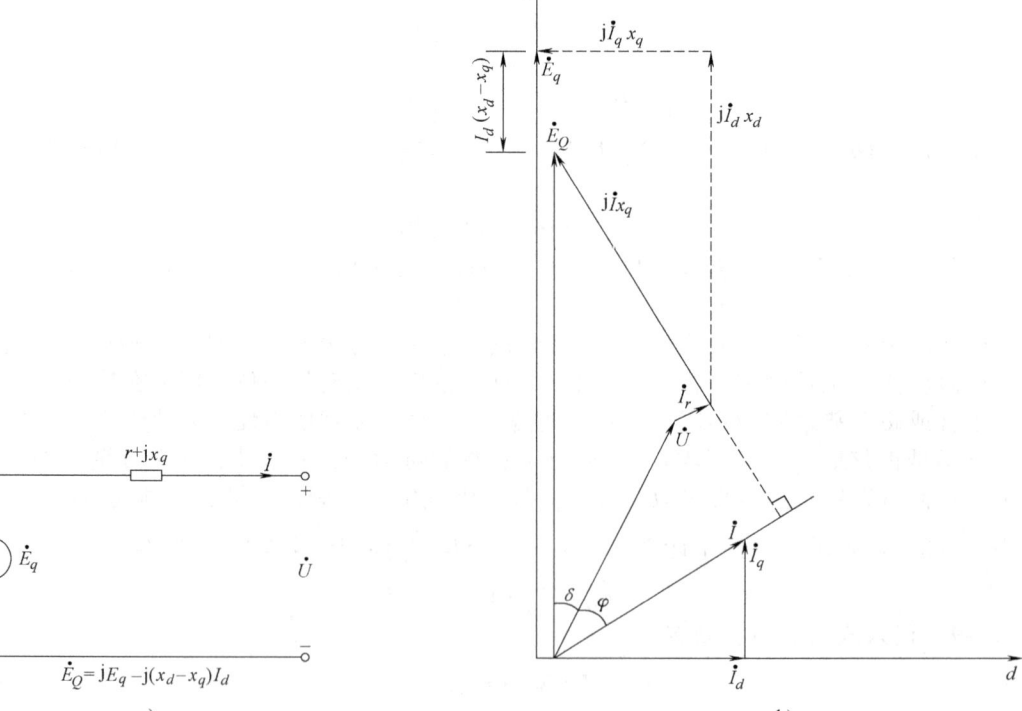

图 2-3 凸极式同步发电机等效电路和相量图
a）等效电路　b）相量图

2. 同步发电机的功率特性

若取 $\dot{U}$ 为参考相量，$\dot{E}_q$ 领先 $\dot{U}$ 的角度设为 δ，不计很小的定子电阻 $r(r\approx 0)$ 时，则有

$$\dot{I} = \frac{\dot{E}_q - \dot{U}}{jx_d} = \frac{E_q \angle \delta - U}{jx_d} \tag{2-11}$$

隐极式同步发电机输出的电磁功率为

$$P + jQ = \dot{U}\overset{*}{\dot{I}} = \frac{UE_q\angle(-\delta) - U^2}{-jx_d} = \frac{E_q U}{x_d}\sin\delta + j\left(\frac{E_q U}{x_d}\cos\delta - \frac{U^2}{x_d}\right) \tag{2-12}$$

式中

$$P = \frac{E_q U}{x_d}\sin\delta \tag{2-13}$$

$$Q = \frac{E_q U}{x_d}\cos\delta - \frac{U^2}{x_d} \tag{2-14}$$

式（2-13）和式（2-14）就是隐极式发电机的功率与功角 δ 的关系式。式中，直轴同步电抗 $x_d = x_s + x_{ad}$，以 Ω 为单位。其中，x_s 为电枢漏抗，x_{ad} 为直轴电枢反应电抗。电动势与电压取线电动势及线电压的有效值，则功率表示为三相功率的有效值。

凸极式同步发电机输出的电磁功率为

$$P + jQ = \dot{U}\overset{*}{\dot{I}} = UI\cos\varphi + jUI\sin\varphi \tag{2-15}$$

式中

$$\begin{aligned}P &= UI\cos\varphi = UI\cos(\psi - \delta)\\ &= UI\cos\psi\cos\delta + UI\sin\psi\sin\delta\\ &= U_q I_q + U_d I_d\\ &= \frac{E_q U_d}{x_d} - \frac{U_d U_q}{x_d} + \frac{U_d U_q}{x_q}\\ &= \frac{E_q U}{x_d}\sin\delta + \frac{U^2}{2}\left(\frac{1}{x_q} - \frac{1}{x_d}\right)\sin 2\delta\end{aligned} \tag{2-16}$$

$$\begin{aligned}Q &= UI\sin\varphi = UI\sin(\psi - \delta)\\ &= UI\sin\psi\cos\delta - UI\cos\psi\sin\delta\\ &= U_q I_d - U_d I_q\\ &= \frac{E_q U_q}{x_d} - \left(\frac{U_d^2}{x_q} + \frac{U_q^2}{x_d}\right)\\ &= \frac{E_q U}{x_d}\cos\delta - U^2\left(\frac{\sin^2\delta}{x_q} + \frac{\cos^2\delta}{x_d}\right)\\ &= \frac{E_q U}{x_d}\cos\delta + \frac{U^2}{2}\left(\frac{1}{x_q} - \frac{1}{x_d}\right)\cos 2\delta - \frac{U^2}{2}\left(\frac{1}{x_q} + \frac{1}{x_d}\right)\end{aligned} \tag{2-17}$$

式中，直轴同步电抗 $x_d = x_s + x_{ad}$，交轴同步电抗 $x_q = x_s + x_{aq}$，以 Ω 为单位。其中，x_s 为电枢漏抗，x_{ad} 为直轴电枢反应电抗，x_{aq} 为交轴电枢反应电抗。

以上各定子回路方程和功率方程就是同步发电机正常运行状态的数学模型。

2.1.2 原动机调节效应

对于一台隐极式发电机，若在发电机端连接一个容量非常大的电力系统，设系统不会引

起发电机端电压和频率的变化,把这一发电机母线称为无穷大母线,当空载电动势 E_q 和端电压 U 为定值时,有

$$P = \frac{E_q U}{x_d}\sin\delta = P_{\max}\sin\delta \qquad (2\text{-}18)$$

式中,$P_{\max} = \dfrac{E_q U}{x_d}$。

这时发电机输出的有功功率仅是功角的函数,称为功角特性,如图 2-4 所示。该图中 a 为发电机运行的初始平衡状态,它是原动机输入功率特性曲线(P_m-δ)与发电机电磁输出功率特性曲线(P-δ)的交点,相应的输出功率为 P,功角为 δ。此时原动机的机械转矩与轴负荷(发电机的电磁功率)相平衡。功角 δ 为 $\dot{E}_q$ 领先 $\dot{U}$ 的角度,并体现了发电机转子的位置。在 E_q 恒定的条件下,若从原动机输入到发电机的机械功率增加 ΔP,发电机转子转速也将增加以及功角将增加 $\Delta\delta$。功角的增加将导致一较大的电流 I 以及较小的 φ 角(见图 2-5 中的 I' 及 φ'),如图 2-5 所示,即 $UI\cos\varphi$ 将增大。所以发电机将注入更多的功率给网络,此时建立新的平衡点 a'。

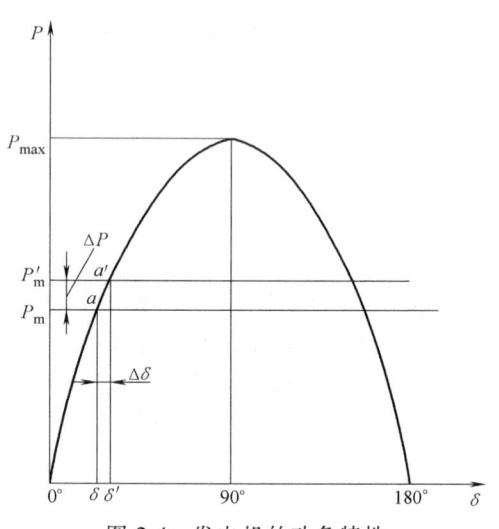

图 2-4 发电机的功角特性

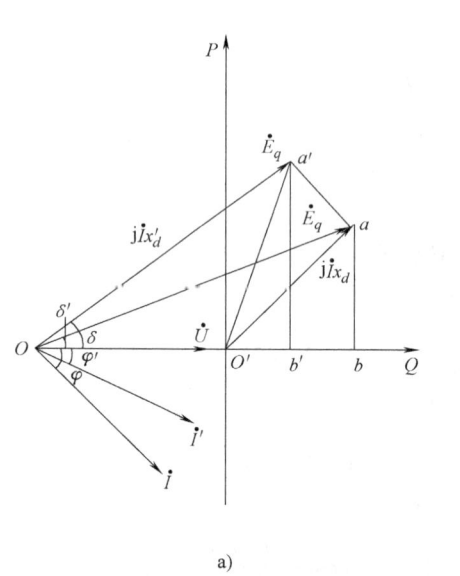
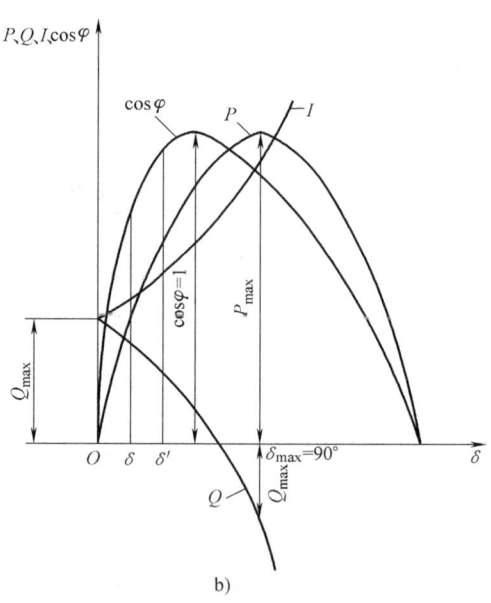

图 2-5 P 变化(E_q 恒定)时发电机的工作状态
a) 相量图 b) P、Q、I、$\cos\varphi$ 曲线

如图 2-5a 所示,发电机在 E_q 为常数而有功功率变化时,$\dot{E}_q$ 相量轨迹是以 O 为圆心,E_q 为半径的圆弧 aa'。在初始运行条件下,电压相量三角形为 △$OO'a$,电压降 $j\dot{I}x_d$ 在 $O'P$ 轴上的投影 ab 正比于发电机的有功功率 P,在 $O'Q$ 轴上的投影 $O'b$ 正比于无功功率 Q,当有功功

率从 P 增至 P' （正比于 $a'b'$）时，$\dot{E}_q$ 的端点由 a 移至 a'，功角由 δ 移至 δ'，无功功率由 $O'b$ 减小至 $O'b'$，功率因数角由 φ 减小至 φ'。由图 2-5b 表示 P、Q、I 及 $\cos\varphi$ 随 δ 变化的曲线，由该图可见，当功角 δ 在 0°~90°范围内变化时，有功功率 P 和定子电流 I 都随 δ 的增加而增加，无功功率 Q 则减小，功率因数 $\cos\varphi$ 先增加而后减小。

对 E_q 为常数的隐极式发电机而言，注意到在图 2-4 中，当 P 增加时，只有在 $\dfrac{\mathrm{d}P}{\mathrm{d}\delta}>0$ 的情况下，也就是在 0°<δ<90°范围内，发电机才具有稳定的工作点；在 δ>90°的情况下，δ 增加，$\dfrac{\mathrm{d}P}{\mathrm{d}\delta}<0$，电磁转矩下降，使 δ 继续增加，最后导致发电机失步，其临界值为 $\delta=90°$，此时发电机输出的有功功率达到最大，称为静态稳定极限。为了得到足够的静态稳定储备，故发电机常运行在 $\delta<30°$。当有功功率增加时，由于功率极限与 E_q 成正比，所以相应地要增加励磁电流，以提高功率极限值，从而保持所需的静态稳定储备。

2.1.3 励磁调节效应

通过发电机励磁电流的调节可控制无功功率的输出，这里所说的无功功率是指从发电机母线测量到的。该发电机被认为是无穷大系统的母线，设发电机输出至系统的有功功率 $UI\cos\varphi$ 保持恒定，变化励磁电流调节 E_q，高值和低值 E_q 的发电机相量图如图 2-6 所示。

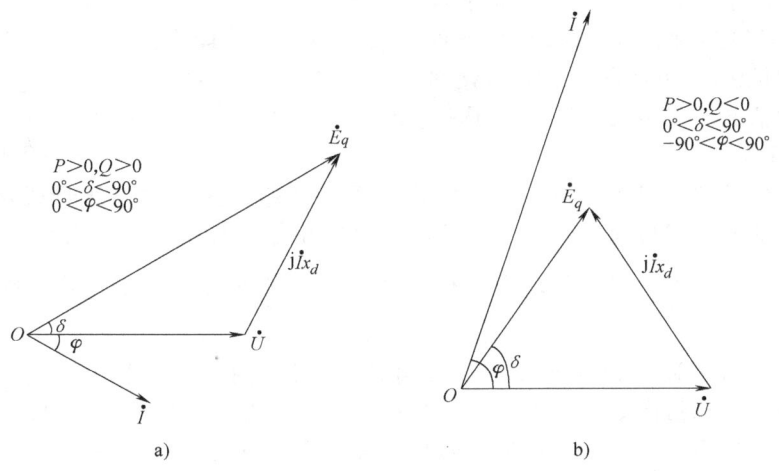

图 2-6 隐极式发电机电动势相量图
a）过励磁 b）欠励磁

定义额定励磁条件如下：

$$E_q\cos\delta = U \tag{2-19}$$

此时 $\cos\varphi=1$，发电机与系统间交换的无功功率为零。但发电机需保持与 $E_q=U/\cos\delta$ 相适应的励磁电流 i_{fer}。

发电机处于过励磁状态，如图 2-6a 所示，满足条件如下：

$$E_q\cos\delta > U \tag{2-20}$$

此时发电机向系统供给滞后的无功功率，如同电容器向系统供给无功功率。与较低的 E_q 值相比，功角相对较小。若励磁电流越大，向系统输送的无功功率 Q 与定子电流 I 越大，则 $\cos\varphi$ 越小，最大励磁电流不应超过转子的额定电流。

发电机处于欠励磁状态，如图 2-6b 所示，满足条件如下：

$$E_q\cos\delta < U \tag{2-21}$$

此时发电机从系统吸收滞后的无功功率，或者说供给超前的无功功率。若励磁电流越小，从系统吸收的无功功率越多，定子电流 I 和功角越大，$\cos\varphi$ 则越小，最小励磁电流由 δ 接近于 90° 时决定，是由静态稳定所限制的。

调节励磁水平不能影响有功功率的输出。励磁电流的变化影响 E_q 值，从而影响功率极限值及发电机的特性。当减小励磁电流，并保持有功功率输出不变时，δ 角将增加，甚至可能导致失步。运行中的发电机，励磁电流为一个重要的监视量。

2.1.4 同步发电机接入系统

发电机接入系统应将单机容量与线路输送能力联系起来，单机容量为 500MW 及以上的机组，一般通过升压变压器直接接入 500kV 电压等级的电网；单机容量为 200~300MW 的机组宜接入 220~500kV 电压等级的电网；单机容量为 100MW 左右的机组宜接入 220kV 电压等级的电网。单机容量的确定还应与全系统的容量联系起来，接入系统的单机容量一般不宜大于全系统容量的 1/10~1/8，这是考虑到机组检修或事故条件下失去一台单机容量最大的机组不致影响全系统的频率稳定，被接入系统分为两种情况：无限大系统与有限大系统。

1. 无限大系统

若发电机的励磁调节对系统母线电压的影响可以忽略，这样的系统母线可称为无限大功率母线。该母线的电压相量通常落后于机端母线电压相量，且电压值一般低于机端母线电压。设机端母线电压相量为 $\dot{U}$，系统母线电压相量为 $\dot{U}_s$，二者相差一个电压降，即

$$\dot{U}_s = \dot{U} - j\dot{I}x_e \tag{2-22}$$

式中，x_e 为网络电抗，通常包含升压变压器电抗及线路电抗等。用 $x_{d\Sigma} = x_d + x_e$ 代替 x_d，用 $x_{q\Sigma} = x_q + x_e$ 代替 x_q，相量图如图 2-7 所示。由式（2-16）和式（2-17）可知，类似的凸极式发电机接入系统后，在系统母线上测得的电磁功率表达式修改为

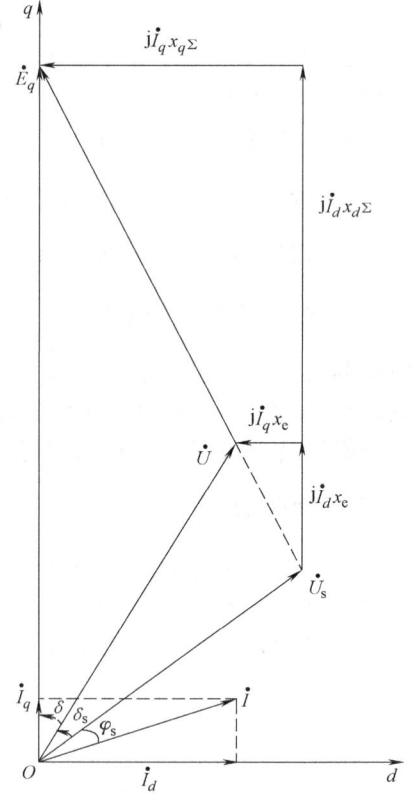

图 2-7 修正的发电机相量图

$$P = \frac{E_q U_s}{x_{d\Sigma}}\sin\delta_s + \frac{U_s^2}{2}\left(\frac{1}{x_{q\Sigma}} - \frac{1}{x_{d\Sigma}}\right)\sin 2\delta_s \tag{2-23}$$

$$Q = \frac{E_q U_s}{x_{d\Sigma}}\cos\delta_s + \frac{U_s^2}{2}\left(\frac{1}{x_{q\Sigma}} - \frac{1}{x_{d\Sigma}}\right)\cos 2\delta_s - \frac{U_s^2}{2}\left(\frac{1}{x_{q\Sigma}} + \frac{1}{x_{d\Sigma}}\right) \tag{2-24}$$

2. 有限大系统

通常情况下，发电机接入系统容量为有限值，此时称为有限大系统。这时机端母线并非无限大功率母线，系统阻抗不为零，可用戴维南（Thevenin）定理等效为一电源电动势和一等效电抗，系统如图 2-8 所示。

假设系统等效电动势不受发电机端电压的影响，并使发电机输出至系统的有功功率保持不变，则发电机端电压被规定为

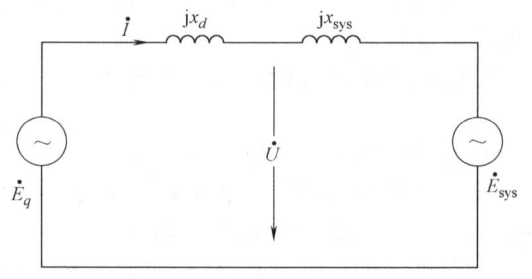

图 2-8 发电机与有限大系统连接

$$\dot{U} = \dot{E}_{sys} + j\dot{I}x_{sys} \qquad (2-25)$$

式中，$\dot{E}_{sys}$、x_{sys} 分别为系统等效电动势和等效电抗。

若在等效电动势恒定及发电机向系统输出有功功率一定的条件下，调节发电机的励磁电流，发电机母线电压值会有所不同，如图 2-9 所示。当发电机的励磁电流较小时，$\dot{E}_q$ 值较低，电流 $\dot{I}$ 领先于 $\dot{E}_{sys}$，发电机从系统吸收无功功率，如图 2-9a 所示。当发电机的励磁电流接近于额定值时，$\dot{E}_q$ 值稍大，电流 $\dot{I}$ 与 $\dot{E}_{sys}$ 同相，发电机既不向系统供给无功功率，也不从系统吸收无功功率，如图 2-9b 所示。当发电机的励磁电流较大时，$\dot{E}_q$ 值较大，电流 $\dot{I}$ 落后于 $\dot{E}_{sys}$，发电机向系统供给无功功率，如图 2-9c 所示。可见，当增加发电机母线电压时，就意味着发电机输出至系统的无功功率增加，用调节励磁电流的方法可以控制发电机母线电压和产生无功功率。

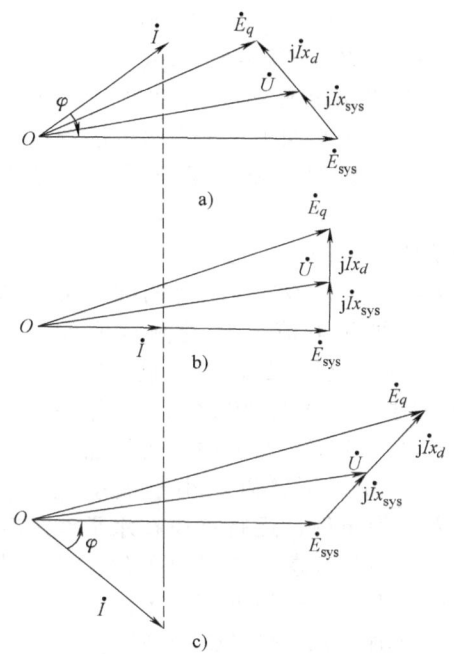

图 2-9 发电机相量图
a) 发电机从系统吸收无功功率
b) 发电机与系统无功功率相等
c) 发电机向系统提供无功功率

2.1.5 同步发电机的运行范围

同步发电机组按其设计的最佳运行状态运行称为额定工作状态，额定参数包括电压、定子电流、容量、功率因数、转子电流、长期允许温度和冷却介质温度等。同步发电机在额定运行状态下，损耗小、效率高、转矩均匀，一般应使电机在接近额定工作状态下运行，而在运行中时常要根据实际情况调整各参数，但不应超过允许范围。

在稳定运行条件下，发电机组的允许运行范围由下述条件决定：

1）定子绕组温升约束。定子绕组温升由定子绕组电流决定，在额定电压下，由发电机的额定视在功率所决定。发电机的三相绕组导体的截面积、发电机的冷却系统都是按照额定电流设计的，运行中的定子电流不可大于额定值。

2）励磁绕组温升约束。励磁绕组温升由励磁电流决定，即由发电机的空载电动势所决定。发电机的励磁绕组导体的截面积、冷却系统、励磁系统等是按照发电机额定运行条件下所需要的额定励磁电流而设计的，所以运行中的励磁电流不可大于它的额定值。

3）原动机输出功率约束。原动机的额定功率通常等于发电机的额定有功功率。原动机出力和发电机的电磁负荷及机械强度都是根据额定有功功率 P_N 设计的，虽有一些裕度（过载能力），但运行中不宜超出 P_N。另外，还有最小功率 P_{min} 的限制，运行时也不能小于此值。P_{min} 的限制是由于原动机和锅炉（火力发电厂）的限制。汽轮机的最小允许功率为额定值的 10%～20%，与汽轮机的类型和容量有关。水轮机的最小允许功率比汽轮机小一些。

4）进相运行时的静态稳定条件及定子端部温升的约束。一般发电机在进相运行时容易发生不稳定情况，这时就要限制输出的有功功率或吸收的无功功率。

现以汽轮发电机（隐极）为例，具体说明其允许的运行范围。额定运行条件下的相量图（不计定子电阻 r）如图 2-10 所示，各相量均乘以相同的比例系数 K。相量 AO 为额定电压 U_N 的 K 倍；AM 为额定电流 I_N 的 K 倍，它满足后 U_N 的角度即为额定功率因数角 φ_N；AN 为额定空载电动势 E_{qN} 的 K 倍，与额定励磁电流成正比。以 O 为原点作 P-Q 直角坐标系，使纵轴（P 轴）垂直于 AO。取系数 $K = 3U_N/x_d$，则 ON 的长度为 $(3U_N/x_d)I_N x_d = S_N$，即发电机额定视在功率。ON 在 P 及 Q 轴的投影 $OC = S_N\cos\varphi_N = P_N$，$OD = S_N\sin\varphi_N = Q_N$，即为发电机的额定有功和无功功率。因此，在 P-Q 坐标平面上，N 为额定运行点。

发电机的功率因数不等于额定值时，以定子电流（即视在功率）不超过额定值作为条件，运行点应限制在以 O 点为圆心，以 ON 为半径的圆弧 LNJ 以内；以励磁电流不超过额定值作为条件，运行点应限制在以 A 点为圆心，以 AN 为半径的圆弧 NB 之内；以不超过额定有功功率 P_N 为条件，运行点应在水平线 HCN 以下；以不小于最小允许功率 P_{min} 为条件，运行点应在水平线 GFB 以上。同时考虑上述四个条件，并在滞后功率因数负载情况下，P 和 Q 的允许运行范围为 FB-BN-NC-CF 所包围的面积。

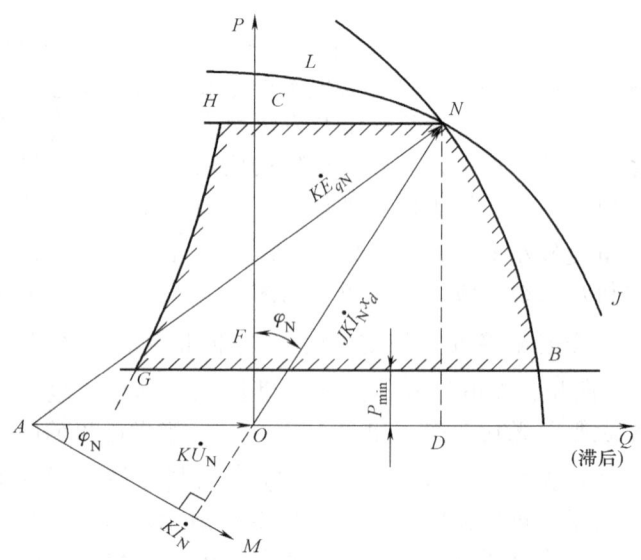

图 2-10 同步发电机允许运行范围

同步发电机进相运行时，定子和励磁绕组的额定电流不是限制因素，主要受定子端部发热的限制和受额定有功功率和最小允许有功功率的限制。同步发电机进相运行的另一个限制因素是系统的运行稳定性。当发电机带一定的有功功率时，吸收的无功功率越大，励磁电流与其成正比的空载电动势越小。由式（2-13）可知，有功功率一定时，空载电动势越小，功角越大，因而系统稳定性越差。但是稳定性不仅与发电机运行状态有关，还与整个系统的结构、参数、其他各台发电机运行状态以及发电机自动电压调节器的性能等相关，很难做出一般性结论。所以发电机进相运行的允许范围不像相位滞后运行那样具有确定性，图 2-10 中的进相运行范围 CH-HG-GF 是一个大致情况。

2.2 电力线路的参数及数学模型

电力线路分为架空线路和电缆线路。由于架空线路比电缆线路建造费用低、施工期短、维护方便，因此架空线路应用更为广泛。通过本节的学习，要能分析各种因素（例如天气）对架空线路参数的影响，并根据导线标号、它们在杆塔的布置和线路长度，计算线路的等效阻抗、导纳等参数，建立等效电路模型。

2.2.1 电力线路的基本结构

1. 架空线路

架空线路主要由导线、避雷线（又称为架空地线）、杆塔、绝缘子串和金具等部分组成，如图 2-11 所示。导线用来传导电流，输送电能。避雷线用来将雷电流引入大地，保护线路免遭直击雷的破坏。杆塔用来支撑导线和避雷线，并使导线和导线之间、导线与接地体之间保持必要的安全距离。绝缘子用来使导线与导线、导线与杆塔之间保持绝缘状态，它应能承受最高运行电压和各种过电压而不致被击穿或闪络。金具是用来固定、悬挂、连接和保护架空线路各主要元件的金属器件的总称。

2. 电缆线路

电缆线路是将导电芯线用绝缘层及防护层包裹，敷设于地下、水中、沟槽等处的电力线

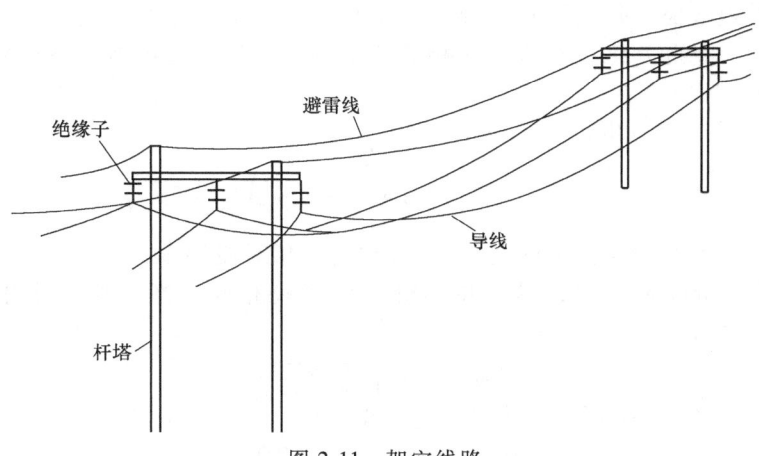

图 2-11 架空线路

路。由于其造价高、故障后检测故障点位置和维修较麻烦等缺点,因而使用范围远不如架空线路。但电缆线路具有占地面积少、供电可靠、极少受外力破坏、对人身也较安全、可使城市美观等优点,因此,在大城市空中走廊的地区、在发电厂和变电所的进出线处、在穿过江河湖海地区以及国防或特殊需要的地区,往往都采用电缆线路。

2.2.2 电力线路的参数

对电力系统进行定量分析及计算时,必须要知道其各元件的等效电路和电气参数。本节主要介绍电力线路的参数及其计算。

电力线路的电气参数是指线路的电阻 r、电抗 x、电导 g 和电纳 b。下面就架空线路(架空线一般采用铝线、钢芯铝绞线和铜线)参数进行讨论。

1. 输电线路的电阻

有色金属导线(含铝线、钢芯铝线和铜线)每单位长度的电阻可引用电路课程中导体的电阻与长度、导体电阻率成正比,与横截面积成反比的原理计算,即

$$r = \frac{\rho}{A} \tag{2-26}$$

式中,r 为导线单位长度电阻(Ω/km);ρ 为导线材料的电阻率($\Omega \cdot \mathrm{mm}^2/\mathrm{km}$);$A$ 为导线截面积(mm^2)。

在电力系统计算中,导线材料的电阻率采用下列数值:铜为 $18.8\Omega \cdot \mathrm{mm}^2/\mathrm{km}$,铝为 $31.5\Omega \cdot \mathrm{mm}^2/\mathrm{km}$。它们略大于这些材料的直流电阻率,其原因:①通过导线的三相工频交流电流,由于趋肤效应和邻近效应,使导线内电流分布不均匀,截面积得不到充分利用;②由于多股绞线的扭绞,导线实际长度比导线长度长 2%~3%;③在制造中,导线的实际截面积比标称截面积略小。

由于用式(2-26)计算的电阻与导线的直流电阻相差很小,故在实际应用中,通常就用导线的直流电阻替代,导线的直流电阻通常可从产品目录或手册中查得。但由于产品目录或手册中查得的通常是 20℃时的电阻值,而线路的实际运行温度又往往异于 20℃,当要求较高精度时,t℃时的电阻值 r_t 可按下式计算:

$$r_t = r_{20}[1 + a(t-20)] \tag{2-27}$$

式中,r_{20} 为 20℃时的电阻值(Ω/km);a 为电阻温度系数,对于铜 $a = 0.00382/℃$,对于铝 $a = 0.0036/℃$。

2. 输电线路的电抗

电力线路的电抗是由于导线中通过三相对称交流电流时,在导线周围产生交变磁场而形

成的。对于三相输电线路,每相线路都存在自感和互感,当三相线路对称排列或不对称排列经完整换位后,与自感和互感相对应的每相导线单位长度的电抗可按以下公式计算(根据安培环路定律,推导过程略)。

(1) 单导线单位长度的电抗 (Ω/km)

$$x = \omega L_1 = 2\pi f \left(4.6\lg \frac{D_m}{r} + 0.5\mu_r\right) \times 10^{-4} \tag{2-28}$$

式中,r 为导线的半径 (mm 或 cm);μ_r 为导线材料的相对磁导率,对于铝和铜 $\mu_r = 1$;D_m 为三相导线几何均距 (mm 或 cm),其单位与导线的半径相同,当三相导线相间距离为 D_{ab}、D_{bc}、D_{ca} 时,则几何均距为

$$D_m = \sqrt[3]{D_{ab} D_{bc} D_{ca}} \tag{2-29}$$

若三相导线为如图 2-12a 所示的水平排列,即

$$D_{ab} = D_{bc} = D, \ D_{ca} = 2D$$

则

$$D_m = \sqrt[3]{D_{ab} D_{bc} D_{ca}} = \sqrt[3]{D \times D \times 2D} = 1.26D$$

若三相导线为如图 2-12b 所示的等边三角形排列,即

$$D_{ab} = D_{bc} = D_{ca} = D$$

则

$$D_m = \sqrt[3]{D_{ab} D_{bc} D_{ca}} = D$$

将 $f = 50$Hz,$\mu_r = 1$ 代入式 (2-29) 即可得

$$x = 0.1445 \lg \frac{D_m}{r} + 0.0157 \tag{2-30}$$

由上面的计算公式可见,由于输电线路单位长度的电抗与几何均距、导线半径为对数关系,故导线在杆塔上的布置及导线截面积的大小对导线单位长度的电抗 x 影响不大,在工程的近似计算中一般可取为 $x = 0.4\Omega$/km。

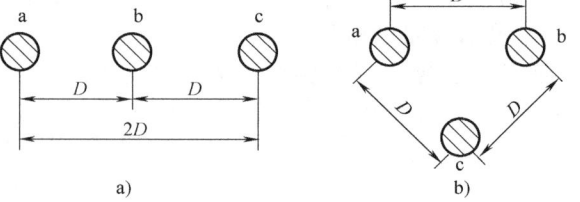

图 2-12 三相导线排列方式
a) 水平排列 b) 等边三角形排列

(2) 分裂导线单位长度的电抗

分裂导线每相导线由多根分裂导线组成,各分裂导线布置在正多边形的顶点,由于分裂导线改变了导线周围的磁场分布,从而减小了导线的电抗,分裂导线线路每相单位长度的电抗仍可用式 (2-30) 计算,但式中的 r 要用分裂导线的等效半径 r_{eq} 替代,其值为

$$r_{eq} = \sqrt[n]{r \prod_{i=2}^{n} d_{1i}} \tag{2-31}$$

式中,n 为每相导线的分裂根数;r 为分裂导线中每一根导线的半径;d_{1i} 为分裂导线一相中第 1 与第 i 根导线之间的距离,$i = 2, 3, \cdots, n$;$\prod$ 为连乘运算的符号。

式 (2-31) 适用于 2、3 分裂导线,对于 4 分裂导线有

$$r_{eq} = \sqrt[n]{r\sqrt{2} \prod_{i=2}^{n} d_{1i}}$$

当分裂导线经过完全换位后,其单位长度的电抗 (Ω/km) 计算公式为

$$x = 0.1445 \lg \frac{D_m}{r_{eq}} + \frac{0.0157}{n} \tag{2-32}$$

由分裂导线等效半径的计算公式可见，分裂的根数越多，电抗下降也越多，但分裂根数超过三四根时，电抗下降逐渐减慢，所以实际应用中分裂根数一般不超过 4 根。分裂导线间距增大也可使电抗减小，但间距过大又不利于防止线路产生电晕，其导线间距系数一般取 1.12 左右。与单根导线相同，分裂导线的几何均距、等效半径与电抗成对数关系，其电抗主要与分裂的根数有关，当分裂根数为 2、3、4 根时，电抗分别为 $0.33\Omega/km$、$0.30\Omega/km$、$0.28\Omega/km$ 左右。

3. 输电线路的电导

架空输电线路的电导主要与线路电晕损耗以及绝缘子的泄漏电阻有关。通常前者起主要作用，而后者因线路的绝缘水平较高，往往可以忽略不计，只有在雨天或严重污秽等情况下，泄漏电阻才会有所增加。所谓电晕现象，就是架空线路带有高电压的情况下，当导线表面的电场强度超过空气的击穿强度时，导体附近的空气游离而产生局部放电的现象。空气在游离放电时会产生蓝紫色的荧光、放电的"吱吱声"以及电化学产生的臭氧（O_3）气味，这些现象要消耗有功电能，就称为电晕损耗。电晕产生的条件与导线上施加的电压大小、导线的结构及导线周围的空气情况有关，线路开始出现电晕的电压称为临界电压 U_{cr}。当三相导线为三角形排列时，电晕临界电压的经验公式为

$$U_{cr} = 49.3 m_1 m_2 \delta r \frac{n}{K_m} \lg \frac{D_m}{r_{eq}} \quad (2-33)$$

式中，n 为分裂导线的根数；r 为每根导线的半径（cm）；m_1 为考虑导线表面情况的系数，对于多股绞线 $m_1 = 0.83 \sim 0.87$；m_2 为考虑气象状况的系数，对于干燥和晴朗的天气 $m_2 = 1$，对于有雨雪雾等的恶劣天气 $m_2 = 0.8 \sim 1$；r_{eq} 为分裂导线的等效半径；D_m 为几何均距；δ 为空气的相对密度，正常工作情况下，一般取 $\delta = 1$；K_m 为分裂导线表面的最大电场强度即导线按正多边形排列时多边形顶点的电场强度与平均电场强度的比值，$K_m = 1 + 2(n-1)\frac{r}{d}\sin\frac{\pi}{n}$。

对于水平排列的线路，两根边线的电晕临界电压比式（2-33）算得的值高 6%，而中间相导线的则较其低 4%。当实际运行电压过高或气象条件变坏时，运行电压将超过临界电压而产生电晕。运行电压超过临界电压越多，电晕损耗也越大。如果三相电路每千米的电晕损耗为 ΔP_g，则每相等效电导为

$$g = \frac{\Delta P_g}{U_L^2} \quad (2-34)$$

式中，ΔP_g 为电晕损耗（MW/km）；U_L 为线电压（kV）。

实际上，在线路设计时总是尽量避免在正常气象条件下发生电晕。从式（2-33）可以看出，线路结构方面能影响 U_{cr} 的两个因素是几何均距 D_m 和导线半径 r。由于 D_m 在对数符号内，故对 U_{cr} 的影响不大，而且增大 D_m 会增加杆塔尺寸，从而大大增加线路的造价；而 U_{cr} 却差不多与 r 成正比，所以增大导线半径是防止和减小电晕损耗的有效方法。在设计时，对于 220kV 以下的线路通常按避免电晕损耗的条件选择导线半径；对于 220kV 及以上的线路，为了减小电晕损耗，常常采用分裂导线来增大每相的等效半径，在特殊情况下也采用扩径导线。由于这些原因，在一般的电力系统计算中可以忽略电晕损耗，即认为 $g \approx 0$。

4. 输电线路的电纳

在输电线路中，导线之间和导线对地都存在电容，当三相交流电源加在线路上时，随着电容的充放电就产生了电流，这就是输电线路的充电电流或空载电流。

反映电容效应的参数就是电容量。三相对称排列或经完整循环换位后输电线路单位长度的电纳可按以下公式计算（推导过程略）。

(1) 单导线单位长度的电纳（S/km）

$$b = \omega C = 2\pi f C = \frac{7.58}{\lg \frac{D_m}{r}} \times 10^{-6} \quad (2\text{-}35)$$

式中，D_m、r 分别为三相导线几何均距、导线半径。显然，由于电纳与几何均距、导线半径也有对数关系，所以架空线路的电纳变化也不大，其值一般为 2.85×10^{-6} S/km 左右。

(2) 分裂导线单位长度的电纳（S/km）

$$b = \frac{7.58}{\lg \frac{D_m}{r_{eq}}} \times 10^{-6} \quad (2\text{-}36)$$

式中，r_{eq} 为分裂导线的等效半径；D_m 为三相导线几何均距（mm 或 cm），其单位与导线的半径相同。当每相分裂导线根数分别为 2、3、4 根时，电纳约分别为 3.4×10^{-6} S/km、3.8×10^{-6} S/km、4.1×10^{-6} S/km。采用分裂导线会改变导线周围的电场分布，等效地增大了导线半径，从而增大了每相导线的电纳。

2.2.3 电力线路的数学模型

三相输电线路通以交流电流时，导体周围产生电磁场，该电磁场沿线路做均匀分布，电磁能转换为热能也是沿全线路进行的，故三相输电线路是一分布参数的电路。三相输电线路正常运行时，三相电压、电流处于对称情况，分析时就以其中一相为例即可。电力线路的单相等效电路如图 2-13 所示。

用图 2-13 所示的分布参数等效电路进行输电线路的电气计算是比较复杂的，为了简化计算，工程上一般根据线路的长短采用以下几种等效电路。

1. 短电力线路的一字形等效电路

对于线路长度不超过 100km 的短架空线路和不长的电缆线路，称为短电力线路，当电压不高时，线路电纳及电导可忽略不计。

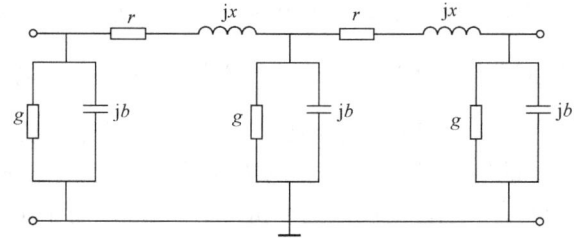

图 2-13 电力线路的单相等效电路

这样就得到了只有电阻和电抗两个参数表示的一字形等效电路，$Z = R + jX$，如图 2-14 所示。

由图 2-14 可得

$$\begin{pmatrix} \dot{U}_1 \\ \dot{I}_1 \end{pmatrix} = \begin{pmatrix} 1 & Z \\ 0 & 1 \end{pmatrix} \begin{pmatrix} \dot{U}_2 \\ \dot{I}_2 \end{pmatrix} \quad (2\text{-}37)$$

将式（2-37）与电路理论课程中介绍的双端口网络方程式［见式（2-38）］相比较，双端口网络如图 2-15 所示，可得这种等效电路的通用常数 A、B、C、D，其中 $A = 1$，$B = Z$，$C = 0$，$D = 1$，且 $AD - BC = 1$。

$$\begin{pmatrix} \dot{U}_1 \\ \dot{I}_1 \end{pmatrix} = \begin{pmatrix} A & B \\ C & D \end{pmatrix} \begin{pmatrix} \dot{U}_2 \\ \dot{I}_2 \end{pmatrix} \quad (2\text{-}38)$$

传输参数矩阵为

$$T = \begin{pmatrix} A & B \\ C & D \end{pmatrix}$$

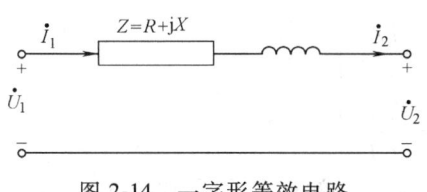
图 2-14　一字形等效电路

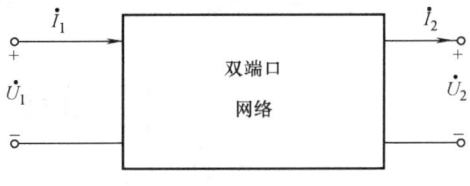
图 2-15　双端口网络

2. 中等长度电力线路的 Π 形和 T 形等效电路

对于线路长度在 100~300km 的架空线路或不超过 100km 的电缆线路，称为中等长度电力线路，其电纳的影响已不能忽略，故通常采用 Π 形和 T 形等效电路，如图 2-16 所示。其中，常用的是 Π 形等效电路。

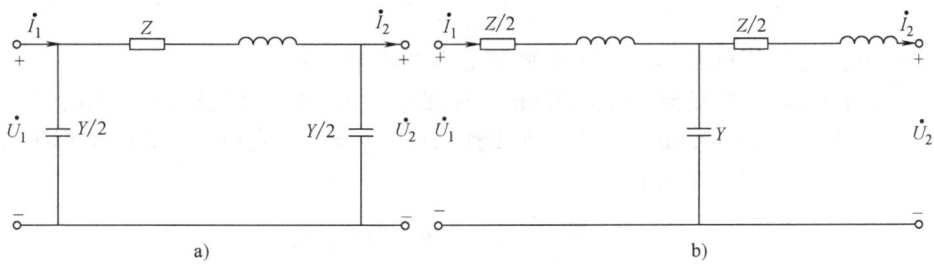

图 2-16　中等长度电力线路的等效电路
a）Π 形等效电路　b）T 形等效电路

在 Π 形等效电路中，除串联的线路总阻抗 $Z = R+\mathrm{j}X$ 之外，还将线路的总导纳 $Y = \mathrm{j}B$ 分为两半，分别并联在线路的始末端。在 T 形等效电路中，线路的总导纳集中在中间，而线路的总阻抗则分为两半，分别串联在它的两侧。因此，这两种电路都是近似的等效电路，而且相互间并不等值，即它们不能用 △-Y 转换公式相互转换。

由图 2-16 可得流过串联阻抗 Z 的电流为

$$I_z = I_2 + \frac{YU_2}{2}$$

从而得到始端电压、电流与末端电压、电流的关系为

$$\dot{U}_1 = \dot{U}_2 + Z\left(\dot{I}_2 + \frac{Y\dot{U}_2}{2}\right) = \left(1 + \frac{YZ}{2}\right)\dot{U}_2 + Z\dot{I}_2 \tag{2-39}$$

$$\dot{I}_1 = \dot{I}_2 + \frac{Y\dot{U}_2}{2} + \frac{Y\dot{U}_1}{2} = Y\left(1 + \frac{YZ}{4}\right)\dot{U}_2 + \left(1 + \frac{YZ}{2}\right)\dot{I}_2 \tag{2-40}$$

写成矩阵形式为

$$\begin{pmatrix} \dot{U}_1 \\ \dot{I}_1 \end{pmatrix} = \begin{pmatrix} \left(1+\dfrac{YZ}{2}\right) & Z \\ Y\left(1+\dfrac{YZ}{4}\right) & \left(1+\dfrac{YZ}{2}\right) \end{pmatrix} \begin{pmatrix} \dot{U}_2 \\ \dot{I}_2 \end{pmatrix} \tag{2-41}$$

将式（2-41）与式（2-38）相比较，可得这种等效电路的通用常数为

$$\begin{pmatrix} A & B \\ C & D \end{pmatrix} = \begin{pmatrix} \left(1+\dfrac{YZ}{2}\right) & Z \\ Y\left(1+\dfrac{YZ}{4}\right) & \left(1+\dfrac{YZ}{2}\right) \end{pmatrix}$$

类似地,可得 T 形等效电路中的通用常数为

$$\begin{pmatrix} A & B \\ C & D \end{pmatrix} = \begin{pmatrix} 1+\dfrac{YZ}{2} & Z\left(1+\dfrac{YZ}{4}\right) \\ Y & \left(1+\dfrac{YZ}{2}\right) \end{pmatrix}$$

若已知参数 A、B、C、D,也可由以上公式推导出 Π 形等效电路各参数与传输参数的关系为

$$Z = B$$

$$Y_1 = \frac{D-1}{B} = \frac{Y}{2}$$

$$Y_2 = \frac{A-1}{B} = \frac{Y}{2}$$

上述计算得到的参数与图 2-16a 中 Π 形等效电路参数一致。

例 2-1 某 110kV 架空线路全长 200km,导线水平排列,相间距离为 4m,导线型号为 LGJ—240,导线半径为 $r = 10.8$mm。试计算线路的电气参数,并画出 Π 形和 T 形等效电路。

解:(1)每千米线路电阻的计算

$$r = \frac{\rho}{A} = \frac{31.5}{240} \Omega/\text{km} = 0.1313 \Omega/\text{km}$$

(2)每千米电抗和电纳的计算

导线水平排列时的几何均距为

$$D_m = 1.26D = 1.26 \times 4000\text{mm} = 5040\text{mm}$$

电抗为

$$x = \omega L = 0.1445 \lg \frac{D_m}{r} + 0.0157 \Omega/\text{km} = 0.1445 \lg \frac{5040}{10.8} \Omega/\text{km} + 0.0157 \Omega/\text{km} = 0.401 \Omega/\text{km}$$

电纳为

$$b = \omega C = \frac{7.58 \times 10^{-6}}{\lg \dfrac{D_{eq}}{r}} = 2.84 \times 10^{-6} \text{S/km}$$

(3)全线路的电气参数

$$R = rl = 0.1313 \times 200 \Omega = 26.26 \Omega$$

$$X = xl = 0.401 \times 200 \Omega = 80.2 \Omega$$

$$B = bl = 2.84 \times 10^{-6} \times 200 \text{S} = 5.68 \times 10^{-4} \text{S}$$

$$B/2 = 2.84 \times 10^{-4} \text{S}$$

(4)线路的等效电路(见图 2-17)

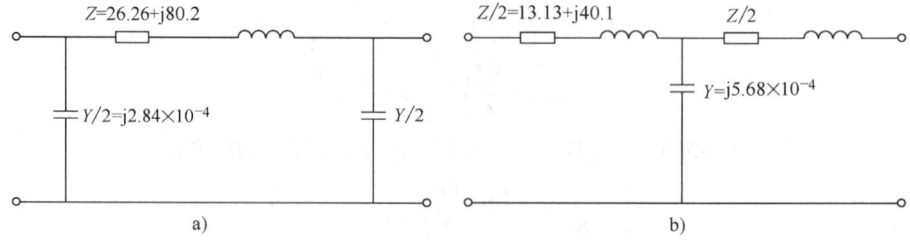

图 2-17 例 2-1 线路的等效电路
a)Π 形等效电路 b)T 形等效电路

3. 远距离输电线路的等效电路

对于线路长度超过 300km 的架空线路和超过 100km 的电缆线路，属于远距离输电线路，这种线路的等效电路也可采用 Π 形或 T 形等效电路。但对于这种长线路，应该考虑线路的分布参数特性，在具有分布参数的交流电路中，电压和电流既与时间有关，也与线路的长度有关。远距离输电线路的基本方程（略去推导）为

$$\begin{pmatrix} \dot{U} \\ \dot{I} \end{pmatrix} = \begin{pmatrix} \cosh(\gamma x) & Z_c \sinh(\gamma x) \\ \dfrac{1}{Z_c} \sinh(\gamma x) & \cosh(\gamma x) \end{pmatrix} \begin{pmatrix} \dot{U}_2 \\ \dot{I}_2 \end{pmatrix} \tag{2-42}$$

式中，$\dot{U}$、$\dot{I}$ 分别为远距离输电线路中距线路末端长度为 x 处的电压和电流；$\dot{U}_2$、$\dot{I}_2$ 分别为远距离输电线路末端的电压和电流；x 为距线路末端的距离；γ 为传播常数；Z_c 为线路特征阻抗，也称为波阻抗。其中

$$\gamma = \sqrt{zy} = \alpha + \mathrm{j}\beta$$

$$Z_c = \sqrt{\dfrac{z}{y}}$$

式中，α 为行波振幅衰减常数；β 为相位常数，表征行波相位的变化情况；z、y 分别为线路单位长度的阻抗和导纳。

当 $x = l$ 时，可得线路始末端电压、电流的表达式为

$$\begin{pmatrix} \dot{U}_1 \\ \dot{I}_1 \end{pmatrix} = \begin{pmatrix} \cosh(\gamma l) & Z_c \sinh(\gamma l) \\ \dfrac{1}{Z_c} \sinh(\gamma l) & \cosh(\gamma l) \end{pmatrix} \begin{pmatrix} \dot{U}_2 \\ \dot{I}_2 \end{pmatrix} \tag{2-43}$$

这种等效电路的通用常数为

$$\begin{pmatrix} A & B \\ C & D \end{pmatrix} = \begin{pmatrix} \cosh(\gamma l) & Z_c \sinh(\gamma l) \\ \dfrac{1}{Z_c} \sinh(\gamma l) & \cosh(\gamma l) \end{pmatrix}$$

远距离输电线路的 Π 形和 T 形等效电路如图 2-18 所示，实际应用时大多采用 Π 形等效电路。

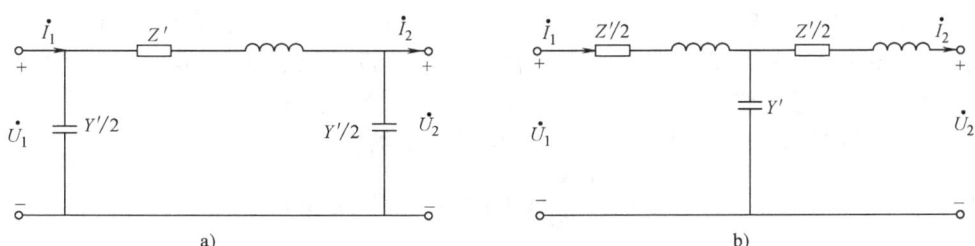

图 2-18 远距离输电线路的等效电路
a) Π 形等效电路 b) T 形等效电路

线路的传播常数 γ 是一个复数量，实部、虚部分别表示为 α 和 β，变量 γl 亦无量纲，也即

$$\mathrm{e}^{\gamma l} = \mathrm{e}^{(\alpha + \mathrm{j}\beta l)} = \mathrm{e}^{\alpha l} \mathrm{e}^{\mathrm{j}\beta l} = \mathrm{e}^{\alpha l} \angle \beta l$$

双曲线函数 cosh 和 sinh 可整理如下：

$$\cosh(\gamma l) = \dfrac{\mathrm{e}^{\gamma l} + \mathrm{e}^{-\gamma l}}{2} = \dfrac{1}{2}(\mathrm{e}^{\alpha l} \angle \beta l + \mathrm{e}^{-\alpha l} \angle -\beta l)$$

$$\sinh(\gamma l) = \frac{e^{\gamma l} - e^{-\gamma l}}{2} = \frac{1}{2}(e^{\alpha l} \angle \beta l - e^{-\alpha l} \angle -\beta l)$$

或

$$\cosh(\alpha l + j\beta l) = \cosh(\alpha l)\cos(\beta l) + j\sinh(\alpha l)\sin(\beta l)$$
$$\sinh(\alpha l + j\beta l) = \sinh(\alpha l)\cos(\beta l) + j\cosh(\alpha l)\sin(\beta l)$$

需要指出，无量纲的量 βl 是以弧度表示，而不是度，以上这些展开式也常用。

根据上述的 A、B、C、D 参数，可推导出远距离输电线路 Π 形等效电路中的各参数与传输参数的关系为

$$Z' = B = Z_c \sinh(\gamma l)$$

$$\frac{Y'}{2} = \frac{D-1}{B} = \frac{\cosh(\gamma l) - 1}{Z_c \sinh(\gamma l)}$$

$$\frac{Y'}{2} = \frac{A-1}{B} = \frac{\cosh(\gamma l) - 1}{Z_c \sinh(\gamma l)}$$

设 $Z = zl$，$Y = yl$，引入线路阻抗系数 F_1 和导纳系数 F_2，则有

$$Z' = Z_c \sinh(\gamma l) = \sqrt{\frac{z}{y}} \sinh(\gamma l) = zl\left[\sqrt{\frac{z}{y}} \frac{\sinh(\gamma l)}{zl}\right] = zl\left[\frac{\sinh(\gamma l)}{\sqrt{zy}\, l}\right] = ZF_1 \quad (2\text{-}44)$$

式中，$F_1 = \dfrac{\sinh(\gamma l)}{\gamma l}$。

$$\frac{Y'}{2} = \frac{\cosh(\gamma l) - 1}{Z_c \sinh(\gamma l)} = \frac{\tanh(\gamma l/2)}{Z_c} = \frac{\tanh(\gamma l/2)}{\sqrt{\dfrac{z}{y}}}$$

$$= \frac{yl}{2} \frac{\tanh(\gamma l/2)}{\sqrt{\dfrac{y}{z}} \dfrac{yl}{2}} = \frac{yl}{2}\left[\frac{\tanh(\gamma l/2)}{\sqrt{zy}\, l/2}\right] = \frac{Y}{2} F_2 \quad (2\text{-}45)$$

式中，$F_2 = \dfrac{\tanh(\gamma l/2)}{\sqrt{zy}\, l/2}$。

例 2-2 设 500kV 线路有如下导线结构：使用 LGJ—4×300 分裂导线，直径为 24.2mm，分裂间距为 450mm。三相水平排列，相间距离为 13m。设线路长为 500km，试画出该线路的等效电路。(1) 不考虑线路分布参数特性；(2) 精确考虑线路分布参数特性。

解：先计算该线路每千米的电阻、电抗、电导、电纳。

电阻为

$$r = \frac{\rho}{A} = \frac{31.5}{4 \times 300}\Omega/\text{km} = 0.02625\Omega/\text{km}$$

导线水平排列时的几何均距为

$$D_m = 1.26 D = 1.26 \times 13000\text{mm} = 16380\text{mm}$$

分裂导线的等效半径 r_{eq} 为

$$r_{eq} = \sqrt[n]{r\sqrt{2} \prod_{i=2}^{n} d_{1i}} = \sqrt[4]{12.1 \times 450 \times 450 \times \sqrt{2} \times 450}\,\text{mm} = 198.7\text{mm}$$

电抗为

$$x = 0.1445 \lg \frac{D_m}{r_{eq}} + \frac{0.0157}{n} = \left(0.1445 \lg \frac{16380}{198.7} + \frac{0.0157}{4}\right)\Omega/\text{km} = 0.281\Omega/\text{km}$$

分裂导线单位长度的电纳为

$$b = \frac{7.58}{\lg \frac{D_m}{r_{eq}}} \times 10^{-6} = \frac{7.58}{\lg \frac{16380}{198.7}} \times 10^{-6} \text{S/km} = 3.956 \times 10^{-6} \text{S/km}$$

取 $m_1 = 0.9$，$m_2 = 1.0$，$\delta = 1$，计算临界电压。

先计算 K_m，$K_m = 1 + 2(n-1)\frac{r}{d}\sin\frac{\pi}{n} = 1 + 2(4-1)\frac{12.1}{450}\sin\frac{\pi}{4} = 1.114$。

于是，电晕临界相电压为

$$U_{cr} = 49.3 m_1 m_2 \delta r \frac{n}{K_m} \lg \frac{D_m}{r_{eq}}$$

$$= 49.3 \times 0.9 \times 1.0 \times 1.0 \times 1.21 \times \frac{4}{1.114} \lg \frac{1638}{19.87} \text{kV}$$

$$= 369.4 \text{kV}$$

边相：$1.06 \times 369.4 \text{kV} = 391.5 \text{kV}$；中间相：$0.96 \times 369.4 \text{kV} = 354.6 \text{kV}$。

设线路的实际运行相电压为 $U = 525\text{kV}/\sqrt{3} = 303.1\text{kV}$，则由 $U < U_{cr}$ 可知，线路不发生电晕，取 $g = 0$。

（1）不考虑线路分布参数特性时

$$R = rl = 0.02625 \times 500 \Omega = 13.125 \Omega$$
$$X = xl = 0.281 \times 500 \Omega = 140.5 \Omega$$
$$B = bl = 3.956 \times 10^{-6} \times 500 \text{S} = 1.978 \times 10^{-3} \text{S}$$
$$B/2 = 0.989 \times 10^{-3} \text{S}$$

可画出等效电路如图 2-19a 所示。

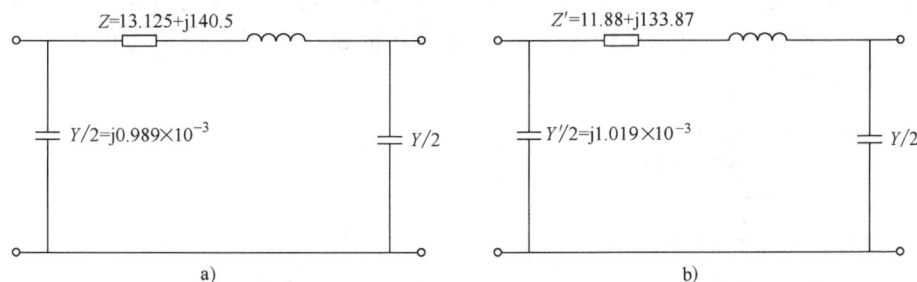

图 2-19 例 2-2 电力线路的等效电路

a) 不考虑线路分布参数特性时 b) 精确考虑线路分布参数时

（2）精确考虑线路分布参数特性时

先求取 γl、Z_c，分别为

$$\gamma l = \sqrt{zy}\, l = 500\sqrt{(0.02625 + j0.281)(j3.956 \times 10^{-6})}$$
$$= 0.528 \angle 87.33° = 0.0246 + j0.527$$

$$Z_c = \sqrt{\frac{z}{y}} = \sqrt{\frac{0.2625 + j0.281}{j3.956 \times 10^{-6}}} = 267.1 \angle -2.67°$$

求取

$$\sinh(\gamma l) = \sinh(0.0246 + j0.527) = 0.0212 + j0.5035 = 0.5039 \angle 87.6°$$
$$\cosh(\gamma l) = \cosh(0.0246 + j0.527) = 0.8643 + j0.0124 = 0.864 \angle 0.82°$$

于是

$$Z' = B = Z_c \sinh(\gamma l) = 267.1\angle-2.67° \times 0.5039\angle 87.6° = 134.4\angle 84.93° = 11.88+j133.87$$

$$\frac{Y'}{2} = \frac{D-1}{B} = \frac{\cosh(\gamma l)-1}{Z_c \sinh(\gamma l)}$$

$$= \frac{0.8643+j0.0124-1}{267.1\angle-2.67°\times 0.5039\angle 87.6°}$$

$$= 0.001019\angle 89.93° \approx j1.019\times 10^{-3}$$

可画出等效电路如图 2-19b 所示。

比较两种等效电路可见,对于远距离输电线路,若不考虑其分布参数,将给计算结果带来相当大的误差,电阻误差大于 10%,电抗次之,电纳更次之。

2.3 电力变压器的参数与数学模型

2.3.1 理想变压器

单相双绕组变压器的内部结构如图 2-20 所示,其中双绕组缠绕在一个磁铁心上。假定变压器运行于正弦稳态励磁下。由图可知,$\dot{E}_1$ 和 $\dot{E}_2$ 为绕组的相量电压,相量电流 $\dot{I}_1$ 流进一次绕组(N_1),相量电流 $\dot{I}_2$ 从二次绕组(N_2)流出,铁心磁通为 $\dot{\Phi}_c$,磁场强度为 $\dot{H}_c$。假定铁心的横截面 A_c、磁路的平均长度 l_c 和磁导率 μ_c 为常量。

对于理想变压器,假定绕组电阻为零,因此绕组损耗 I^2R 为零;铁心磁导率 μ_c 是无穷大,所以铁心磁阻为零;不计漏磁通,即整个磁通为铁心和一次绕组、二次绕组相交链的磁通;不计铁心损耗。

双绕组变压器示意图如图 2-21 所示。由安培和法拉第定律,以及前述假设推导出理想变压器的关系。安培定律表述为磁场强度矢量的切向分量在一个闭合路径上的积分,等于包含该路径的净电流,表示为

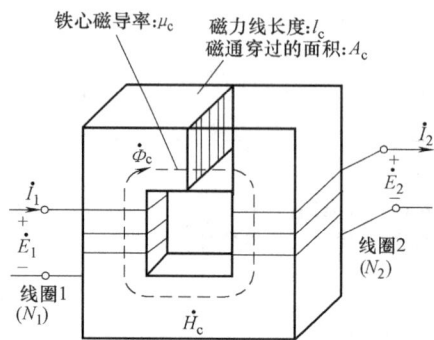

图 2-20 单相双绕组变压器的内部结构

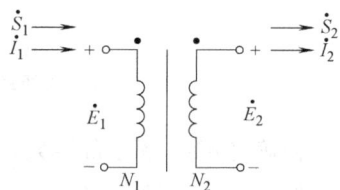

图 2-21 双绕组变压器示意图

$$\oint H_{\tan}\mathrm{d}l = \dot{I}_{\text{enclosed}} \tag{2-46}$$

在图 2-20 中,铁心中心线为闭合路径,磁场强度 H_c 是恒量且为该闭合路径的切线,那么式(2-46)可写为

$$H_c l_c = N_1 \dot{I}_1 - N_2 \dot{I}_2 \tag{2-47}$$

式中,磁感应强度 B_c 和磁通量 Φ_c 也是常量,磁场强度与磁感应强度和磁通量的关系为

$$B_c = \mu_c H_c$$

则有

$$\Phi_c = B_c A_c$$

$$N_1 \dot{I}_1 - N_2 \dot{I}_2 = l_c B_c / \mu_c = \frac{l_c}{\mu_c A_c} \Phi_c = R_c \Phi_c \tag{2-48}$$

由于理想变压器铁心磁导率为无限大，则磁阻 R_c 近似为零。式（2-48）可写为

$$N_1 \dot{I}_1 - N_2 \dot{I}_2 = 0 \tag{2-49}$$

实际上，电力变压器绕组和铁心是密闭的，不可能看到绕组方向。分清绕组方向的一个方法是在每个绕组的末端以点标记，当电流从该点流进绕组时，产生磁动势的方向一致，由图 2-21 可见，该点通常称为极性标记。

式（2-49）表示 I_1 流进标记点侧，I_2 流出标记点侧。I_1、I_2 同相，因为 $I_1 = (N_2/N_1) I_2$。如果将 I_2 反向，即两个绕组电流均流进标记点侧，那么 I_1 与 I_2 相位相差 180°。

由法拉第定律可知，与一个匝数为 N 的绕组交链的时变磁通，产生的感应电动势 $e(t)$ 为

$$e(t) = N \frac{d\Phi(t)}{dt} \tag{2-50}$$

假定一个正弦稳态磁通有恒定频率 ω，将 $e(t)$ 和 $\Phi(t)$ 用他们的相量 $\dot{E}$ 和 $\dot{\Phi}$ 表示，（2-50）为

$$\dot{E} = N(j\omega) \dot{\Phi} \tag{2-51}$$

对于理想变压器，假定整个磁通由铁心、绕组间交链构成。由法拉第定律可知，图 2-20 中绕组两端产生的感应电动势为

$$\dot{E}_1 = N_1 (j\omega) \dot{\Phi}_c \tag{2-52}$$

$$\dot{E}_2 = N_2 (j\omega) \dot{\Phi}_c \tag{2-53}$$

以上两式相除得

$$\frac{\dot{E}_1}{\dot{E}_2} = \frac{N_1}{N_2} \tag{2-54}$$

或者

$$\frac{\dot{E}_1}{N_1} = \frac{\dot{E}_2}{N_2}$$

图 2-21 中的标记点表示电动势 E_1 和 E_2，在标记点侧是 + 极，为同相。如果图 2-21 中的其中一个电动势极性反向，那么 E_1 与 E_2 相位相差 180°。

匝数比 k 定义为

$$k = \frac{N_1}{N_2}$$

理想单相双绕组变压器的基本关系为

$$\dot{E}_1 = \frac{N_1}{N_2} \dot{E}_2 = k \dot{E}_2 \tag{2-55}$$

$$\dot{I}_1 = \frac{N_2}{N_1} \dot{I}_2 = \frac{\dot{I}_2}{k} \tag{2-56}$$

图 2-21 中流进一次绕组的复功率为

$$\tilde{S}_1 = \dot{E}_1 \dot{I}_1^* \tag{2-57}$$

将式（2-55）和式（2-56）代入式（2-57）得

$$\tilde{S}_1 = \dot{E}_1 \dot{I}_1^* = (k\dot{E}_2)\left(\frac{\dot{I}_2}{k}\right)^* = \dot{E}_2 \dot{I}_2^* = \tilde{S}_2 \qquad (2-58)$$

可见，流进一次绕组的复功率 $\tilde{S}_1$ 与流出二次绕组的复功率 $\tilde{S}_2$ 相等。即理想变压器没有有功和无功损耗。

如果阻抗 Z_2 与图 2-21 中理想变压器的二次绕组相连，那么

$$Z_2 = \frac{\dot{E}_2}{\dot{I}_2} \qquad (2-59)$$

当折算到一次侧时，这个阻抗为

$$Z_2' = \frac{\dot{E}_1}{\dot{I}_1} = \frac{k\dot{E}_2}{\dot{I}_2/k} = k^2 Z_2 = \left(\frac{N_1}{N_2}\right)^2 Z_2 \qquad (2-60)$$

因此，与二次绕组相连的阻抗 Z_2 折算到一次侧时，需将 Z_2 乘以匝数比的二次方，即 k^2。

2.3.2 实际双绕组变压器

1. 简化条件

实际单相双绕组变压器与理想变压器的区别如下：

1）计及绕组电阻。
2）铁心磁导率 μ_c 为有限值。
3）磁通不完全由铁心构成。
4）计及铁心有功和无功损耗。

实际单相双绕组变压器的等效电路如图 2-22 所示。

图 2-22 中电阻 R_1 串联于一次绕组，用于计及该绕组损耗 $I^2 R$。电抗 X_1 为一次绕组的漏电抗，串联于一次绕组，用于计及一次绕组的漏磁通。这个漏磁通是仅与一次绕组交链的磁通的组成部分，它引起电压降落 $\dot{I}_1(jX_1)$，对应 $\dot{I}_1$ 且超前 $\dot{I}_1$ 90°。漏电抗引起无功损耗 $I_1^2 X_1$。类似地，二次绕组中串联了电阻 R_2 和漏电抗 X_2。

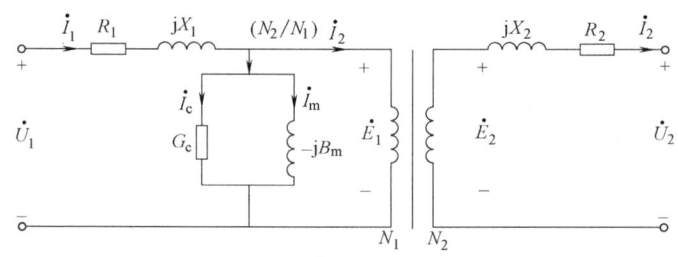

图 2-22 实际单相双绕组变压器的等效电路

由于变压器铁心磁导率 μ_c 为有限值，式（2-48）中磁阻为非零，除以 N_1，化简后得到

$$\dot{I}_1 - \frac{N_2}{N_1}\dot{I}_2 = \frac{R_c}{N_1}\dot{\Phi}_c = \frac{R_c}{N_1}\left(\frac{\dot{E}_1}{j\omega N_1}\right) = -j\left(\frac{R_c}{\omega N_1^2}\right)\dot{E}_1 \qquad (2-61)$$

定义式（2-61）右侧项为 $\dot{I}_m$，称为磁化电流，相位滞后 $\dot{E}_1$ 90°，可以通过并联电感元件——电纳 $B_m = \frac{R_c}{\omega N_1^2}$ 描述。实际上，还有另外一个并联支路，通过电阻器——电导 G_c 描述，输送电流为铁心损耗电流 $\dot{I}_c$，$\dot{I}_c$ 与 $\dot{E}_1$ 同相位。当包含铁心损耗电流 $\dot{I}_c$ 时，式（2-61）变为

$$\dot{I}_1 - \frac{N_2}{N_1}\dot{I}_2 = \dot{I}_c + \dot{I}_m = (G_c - jB_m)\dot{E}_1 \qquad (2-62)$$

图 2-22 中的等效电路，包括并联导纳 ($G_c - jB_m$)。注意，当二次绕组开路 ($I_2 = 0$)，一次绕组输入为正弦电压 $\dot{U}_1$ 时，$\dot{I}_1$ 包括两个部分：铁心损耗电流 $\dot{I}_c$ 和磁化电流 $\dot{I}_m$。与 $\dot{I}_c$ 相关联的有功损耗为 $I_c^2/G_c = E_1^2 G_c$，单位为 W。有功损耗为铁心损耗，包括磁滞损耗和涡流损耗两个部分。磁滞损耗的产生是因为铁心中磁通经一个循环的变化需要消耗热能，采用高品质的钢合金作为铁心材料可以减少磁滞损耗。涡流损耗的产生是因为磁铁心的感应电流（涡流）与磁通正交，同样可以通过采用钢合金薄片作为铁心使涡流损耗降低。与 $\dot{I}_m$ 相关联的无功损耗为 $I_m^2/B_m = E_1^2 B_m$，单位为 var。这个无功损耗用于磁化铁心。相量和 $\dot{I}_c + \dot{I}_m$ 称为励磁电流 $\dot{I}_e$。

图 2-23 为工程中单相双绕组变压器的三种等效电路。图 2-23a 为二次侧的电阻 R_2 和漏电抗 X_2 归算到一次侧后的等效电路。图 2-23b 为忽略并联支路（即忽略励磁电流）的等效电路。因为励磁电流通常低于额定电流的 5%，

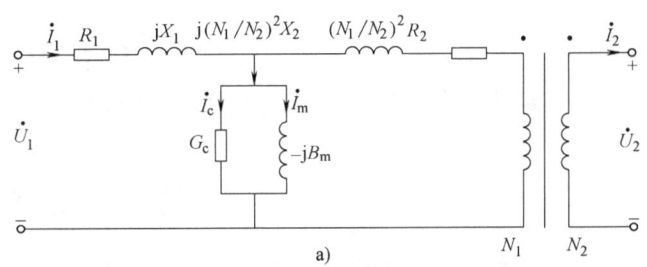

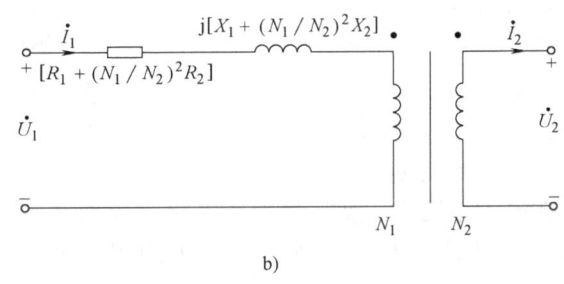

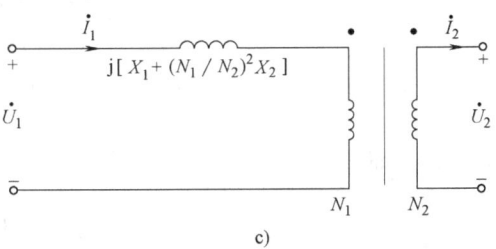

图 2-23 变压器的等效电路
a）二次侧的电阻 R_2 和漏电抗 X_2 归算到一次侧 b）忽略并联支路
c）忽略励磁电流和内阻

在系统研究中不计励磁电流，除非特殊考虑到变压器效率或者励磁现象。对于额定容量超过 500kV·A 的大型电力变压器，绕组电阻比漏电抗小，可忽略，如图 2-23c 所示。因此，工程变压器运行在正弦稳态状态，等效电路由一个理想变压器、外部阻抗和导纳支路构成。

2. 参数计算

(1) 阻抗计算

在电力系统中，变压器短路试验中所测得的负载损耗 P_k 近似等于额定电流流过变压器时绕组中的总铜损 P_{Cu}，即 $P_k \approx P_{Cu}$。

而铜损与电阻之间的关系为

$$P_{Cu} = 3I_N^2 R_T = 3\left(\frac{S_N}{\sqrt{3}U_N}\right)^2 R_T = \frac{S_N^2}{U_N^2} R_T \tag{2-63}$$

即得

$$R_T = \frac{U_N^2}{S_N^2} P_{Cu} \approx \frac{U_N^2}{S_N^2} P_k \tag{2-64}$$

式中，R_T 为变压器每相绕组的总电阻；I_N、S_N、U_N 分别为变压器的额定电流、额定容量和额定电压。其中，S_N、U_N 以 V·A、V 为单位，P_k 以 W 为单位。如果 P_k 改以 kW 为单位，S_N、U_N 改以 MV·A、kV 为单位，则式 (2-64) 可写成

$$R_T = \frac{P_k U_N^2}{1000 S_N^2}$$

在短路试验中，阻抗电压等于变压器阻抗在额定电流下产生的压降，通常用其百分数表示：

$$U_k\% = \frac{\sqrt{3} I_N Z_T}{U_N} \times 100 \approx \frac{\sqrt{3} I_N X_T}{U_N} \times 100 \tag{2-65}$$

大容量变压器电抗值接近阻抗值，式（2-65）中 X_T 为变压器绕组漏电抗归算到 U_N 侧的电抗值，通常按下式计算：

$$X_T = \frac{U_k\%}{100} \frac{U_N}{\sqrt{3} I_N} = \frac{U_k\%}{100} \frac{U_N^2}{S_N} \tag{2-66}$$

式中，S_N 的单位为 MV·A；U_N 的单位为 kV。

（2）导纳计算

在电力系统中，变压器励磁支路以导纳表示时，变压器空载试验所得的变压器空载损耗 P_0 近似等于铁损 P_{Fe}。因此，电导 G_T 可由空载损耗求得，即

$$G_T = \frac{P_{Fe}}{U_N^2} = \frac{P_0}{U_N^2} \times 10^{-3} \tag{2-67}$$

式中，G_T 为变压器的电导（S）；P_0 为变压器的空载损耗（kW）；U_N 为变压器的额定电压（kV）。

由于 $I_b \approx I_0$，而

$$I_b = \frac{U_N}{\sqrt{3}} B_T \tag{2-68}$$

$$I_0\% = \frac{I_0}{I_N} \times 100 = \frac{\sqrt{3} U_N I_0}{\sqrt{3} U_N I_N} \times 100 \approx \frac{Q_0}{S_N} \times 100 \tag{2-69}$$

即得

$$B_T = \frac{Q_0}{U_N^2} = \frac{I_0\% S_N}{100 U_N^2} \tag{2-70}$$

式中，B_T 为变压器的电纳（S）；$I_0\%$ 为变压器的空载电流百分数；Q_0 为变压器的励磁功率损耗；U_N 为变压器的额定电压（kV）；S_N 为变压器的额定容量（MV·A）。变压器的数学模型有两种，即 Γ 形或 T 形等效电路模型和 Π 形等效电路模型，它们分别用于手算和计算机计算。

例 2-3 有一台 121kV/10.5kV、容量为 31.5MV·A 的三相双绕组变压器，其负载损耗为 200kW，空载损耗为 47kW，阻抗电压百分数为 10.5，空载电流百分数为 2.7，试计算变压器的等效阻抗与导纳，并画出等效电路图。

解：（1）串联电阻

归算到 121kV 高压侧的串联电阻为

$$R_{T(高)} = \frac{P_k}{1000} \frac{U_N^2}{S_N^2} = \frac{200}{1000} \times \frac{(121)^2}{(31.5)^2} \Omega = 2.95 \Omega$$

归算到 10.5kV 低压侧的串联电阻为

$$R_{T(低)} = \frac{P_k}{1000} \frac{U_N^2}{S_N^2} = \frac{200}{1000} \times \frac{(10.5)^2}{(31.5)^2} \Omega = 2.2222 \times 10^{-2} \Omega$$

(2) 串联电抗

$$X_{T(高)} = \frac{U_k\%}{100} \frac{U_N^2}{S_N} = 0.105 \times \frac{(121)^2}{31.5}\Omega = 48.5\Omega$$

$$X_{T(低)} = \frac{U_k\%}{100} \frac{U_N^2}{S_N} = 0.105 \times \frac{(10.5)^2}{31.5}\Omega = 0.3675\Omega$$

(3) 励磁回路（并联）导纳

电导为

$$G_{T(高)} = \frac{P_0}{U_N^2} = \frac{47}{(121)^2} \times 10^{-3}\text{S} = 0.32 \times 10^{-5}\text{S}$$

$$G_{T(低)} = \frac{P_0}{U_N^2} = \frac{47}{(10.5)^2} \times 10^{-3}\text{S} = 0.426 \times 10^{-3}\text{S}$$

电纳为

$$B_{T(高)} = \frac{I_0\%}{100} \frac{S_N}{U_N^2} = 0.027 \times \frac{31.5}{(121)^2}\text{S} = 0.58 \times 10^{-4}\text{S}$$

$$B_{T(低)} = \frac{I_0\%}{100} \frac{S_N}{U_N^2} = 0.027 \times \frac{31.5}{(10.5)^2}\text{S} = 0.771 \times 10^{-2}\text{S}$$

(4) 等效参数在高压侧

$$Z_{T(高)} = R_{T(高)} + jX_{T(高)} = (2.95 + j48.5)\Omega$$

$$Y_{T(高)} = G_{T(高)} - jB_{T(高)} = (0.32 \times 10^{-5} - j0.58 \times 10^{-4})\text{S}$$

(5) 等效参数在低压侧

$$Z_{T(低)} = R_{T(低)} + jX_{T(低)} = (2.2222 \times 10^{-2} + j0.3675)\Omega$$

$$Y_{T(低)} = G_{T(低)} - jB_{T(低)} = (0.426 \times 10^{-3} - j0.771 \times 10^{-2})\text{S}$$

(6) 变压器的等效电路（见图 2-24）

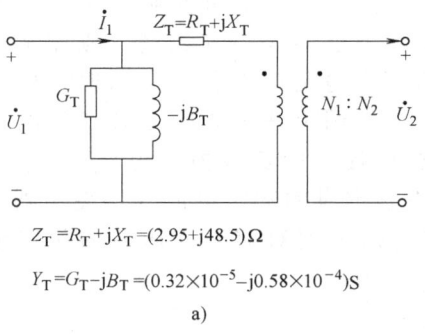
a)

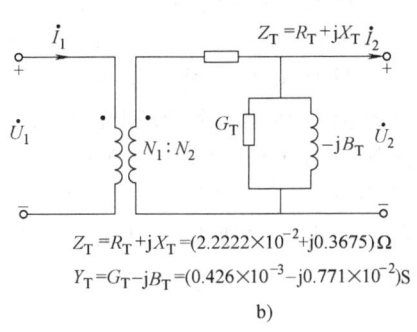
b)

图 2-24 例 2-3 变压器的等效电路
a) 等效参数在高压侧 b) 等效参数在低压侧

2.3.3 三绕组变压器

三绕组变压器等效电路中的参数计算原则与双绕组变压器的相同，其等效电路如图 2-25 所示。下面分别确定各参数的计算公式。

1. 电阻

我国目前生产的变压器三个绕组的容量按国

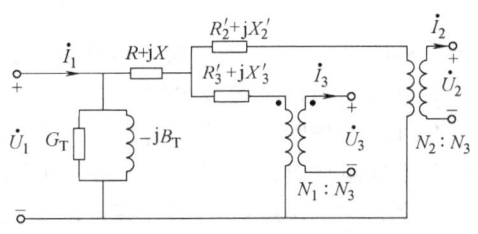

图 2-25 三绕组变压器的等效电路

家标准一般有三种类型：第Ⅰ类，100/100/100，三个绕组容量都等于变压器的额定容量；第Ⅱ类，100/100/50，第三个绕组容量仅为变压器额定容量的50%；第Ⅲ类，100/50/100，第二个绕组容量仅为变压器额定容量的50%。为了确定三个绕组的等效阻抗，要有三个方程，为此需要有三种短路试验的数据。三绕组变压器的短路试验是依次让一个绕组短路，按双绕组变压器来做的。如该变压器三个绕组容量都等于变压器额定容量，属于第Ⅰ类变压器，可由提供的三绕组间的负载损耗 $P_{k(1-2)}$、$P_{k(1-3)}$、$P_{k(2-3)}$，直接按下式求取各绕组的负载损耗：

$$\begin{cases} P_{k(1-2)} = P_{k1} + P_{k2} \\ P_{k(2-3)} = P_{k2} + P_{k3} \\ P_{k(3-1)} = P_{k3} + P_{k1} \end{cases} \tag{2-71}$$

$$\begin{cases} P_{k1} = \dfrac{1}{2}(P_{k(1-2)} + P_{k(3-1)} - P_{k(2-3)}) \\ P_{k2} = \dfrac{1}{2}(P_{k(1-2)} + P_{k(2-3)} - P_{k(3-1)}) \\ P_{k3} = \dfrac{1}{2}(P_{k(2-3)} + P_{k(3-1)} - P_{k(1-2)}) \end{cases} \tag{2-72}$$

然后按与双绕组变压器相似的公式计算各绕组的电阻：

$$\begin{cases} R_{T1} = \dfrac{P_{k1} U_N^2}{1000 S_N^2} \\ R_{T2} = \dfrac{P_{k2} U_N^2}{1000 S_N^2} \\ R_{T3} = \dfrac{P_{k3} U_N^2}{1000 S_N^2} \end{cases} \tag{2-73}$$

如该变压器三个绕组容量不同，即第三个绕组容量仅为变压器额定容量的50%，或第二个绕组容量仅为变压器额定容量的50%，属第Ⅱ、Ⅲ类变压器时，则制造厂提供的负载损耗是一对绕组中容量较小的一方达到它的额定电流时的损耗。这时，应首先将各绕组间的负载损耗数据归算为额定电流下的值，再运用上述公式求取各绕组的负载损耗和电阻。例如，对100/50/100类型变压器，制造厂提供的负载损耗为 $P_{k(1-3)}$、$P'_{k(1-2)}$、$P'_{k(2-3)}$，其中 $P'_{k(1-2)}$、$P'_{k(2-3)}$ 是在第二个绕组中它本身的额定电流（即变压器额定电流的1/2）流过时测得的数据。因此，应首先将它们归算到对应于变压器的额定电流下的负载损耗：

$$\begin{cases} P_{k(1-2)} = P'_{k(1-2)} \left(\dfrac{I_N}{I_N/2}\right)^2 = 4 P'_{k(1-2)} \\ P_{k(2-3)} = P'_{k(2-3)} \left(\dfrac{I_N}{I_N/2}\right)^2 = 4 P'_{k(2-3)} \end{cases} \tag{2-74}$$

之后，利用 $P_{k(1-3)}$ 以及归算后得到的负载损耗 $P_{k(1-2)}$、$P_{k(2-3)}$ 按式（2-72）和式（2-73）计算各绕组负载损耗及等效电阻。

有时，三绕组变压器只给出一个最大负载损耗 P_{kmax}，最大负载损耗是指两个100%容量绕组中流过额定电流，另一个100%或50%容量绕组空载时的损耗。

由 P_{kmax} 可求得两个100%容量绕组的电阻，另一个绕组的电阻就等于这两个绕组之一电阻的两倍，（变压器的设计原则：按同一电流密度选择各绕组导线截面积）计算公式为

$$\begin{cases} R_{(100\%S_N)} = \dfrac{P_{k\max}U_N^2}{2S_N^2} \times 10^{-3} \\ R_{(50\%S_N')} = 2R_{(100\%S_N)} \end{cases} \quad (2\text{-}75)$$

2. 电抗

三绕组变压器按其三个绕组排列方式的不同有两种不同结构——升压结构和降压结构。升压结构变压器的中压绕组最靠近铁心，低压绕组居中，高压绕组在最外层。降压结构变压器的低压绕组最靠近铁心，中压绕组居中，高压绕组仍在最外层。

各绕组排列方式虽有不同，但求取两种结构变压器电抗的方法并无不同，即由各绕组两两之间的阻抗电压百分数 $U_{k(1-2)}\%$、$U_{k(2-3)}\%$、$U_{k(3-1)}\%$ 求出各绕组的阻抗电压百分数：

$$\begin{cases} U_{k(1-2)}\% = U_{k1}\% + U_{k2}\% \\ U_{k(2-3)}\% = U_{k2}\% + U_{k3}\% \\ U_{k(1-3)}\% = U_{k1}\% + U_{k3}\% \end{cases} \quad (2\text{-}76)$$

$$\begin{cases} U_{k1}\% = \dfrac{1}{2}\left[(U_{k(1-2)}\% + U_{k(1-3)}\%) - U_{k(2-3)}\%\right] \\ U_{k2}\% = \dfrac{1}{2}\left[(U_{k(1-2)}\% + U_{k(2-3)}\%) - U_{k(1-3)}\%\right] \\ U_{k3}\% = \dfrac{1}{2}\left[(U_{k(1-3)}\% + U_{k(2-3)}\%) - U_{k(1-2)}\%\right] \end{cases} \quad (2\text{-}77)$$

再按与双绕组变压器相似的公式计算各绕组的等效漏电抗：

$$\begin{cases} X_{T1} = \dfrac{U_{k1}\% U_N^2}{100 S_N} \\ X_{T2} = \dfrac{U_{k2}\% U_N^2}{100 S_N} \\ X_{T3} = \dfrac{U_{k3}\% U_N^2}{100 S_N} \end{cases} \quad (2\text{-}78)$$

应该指出，求漏电抗和求电阻时不同，无论按新旧标准，制造厂提供的阻抗电压百分数总是归算到各绕组中通过变压器额定电流的数值，因此，第Ⅱ、Ⅲ类变压器对于阻抗电压不需要再进行归算了。求取三绕组变压器导纳的方法和求取双绕组变压器导纳的方法相同。

例 2-4 一台 220kV/121kV/10.5kV、120MV·A、容量比为 100/100/50 的 YNynd 三相三绕组变压器（降压型），$I_0\% = 0.9$，$P_0 = 123.1$kW，负载损耗和阻抗电压百分数见表 2-1。试计算励磁支路的导纳、各绕组的电阻和等效漏电抗。各参数归算到高压侧。

表 2-1 例 2-4 的负载损耗和阻抗电压百分数

	高压-中压	高压-低压	中压-低压	
负载损耗/kW	660	256	227	未归算到 S_N
阻抗电压(%)	24.7	14.7	8.8	已归算

解：由题意计算过程如下：

（1）励磁支路的导纳

$$G_T = \dfrac{P_0}{U_N^2} = \dfrac{123.1}{220^2} \times 10^{-3}\text{S} = 2.543 \times 10^{-6}\text{S}$$

$$B_T = \dfrac{I_0\%}{100} \dfrac{S_N}{U_N^2} = \dfrac{0.9}{100} \times \dfrac{120}{220^2}\text{S} = 22.314 \times 10^{-6}\text{S}$$

(2) 各绕组的电阻

$$\begin{cases} P_{k1} = \frac{1}{2}(P_{k(1-2)} + 4P'_{k(3-1)} - 4P'_{k(2-3)}) = \frac{1}{2}(660 + 4 \times 256 - 4 \times 227)\text{kW} = 388\text{kW} \\ P_{k2} = \frac{1}{2}(P_{k(1-2)} + 4P'_{k(2-3)} - 4P'_{k(3-1)}) = \frac{1}{2}(660 + 4 \times 227 - 4 \times 256)\text{kW} = 272\text{kW} \\ P_{k3} = \frac{1}{2}(4P'_{k(2-3)} + 4P'_{k(3-1)} - P_{k(1-2)}) = \frac{1}{2}(4 \times 256 + 4 \times 227 - 660)\text{kW} = 636\text{kW} \end{cases}$$

从而

$$\begin{cases} R_{T1} = \frac{P_{k1}}{1000} \frac{U_N^2}{S_N^2} = \frac{388}{1000} \times \frac{220^2}{120}\Omega = 1.304\Omega \\ R_{T2} = \frac{P_{k2}}{1000} \frac{U_N^2}{S_N^2} = \frac{272}{1000} \times \frac{220^2}{120}\Omega = 0.914\Omega \\ R_{T3} = \frac{P_{k3}}{1000} \frac{U_N^2}{S_N^2} = \frac{636}{1000} \times \frac{220^2}{120}\Omega = 2.138\Omega \end{cases}$$

(3) 各绕组的等效漏电抗

$$\begin{cases} U_{k1}\% = \frac{1}{2}[(U_{k(1-2)}\% + U_{k(1-3)}\%) - U_{k(2-3)}\%] = \frac{1}{2}[(24.7 + 14.7) - 8.8] = 15.3 \\ U_{k2}\% = \frac{1}{2}[(U_{k(1-2)}\% + U_{k(2-3)}\%) - U_{k(1-3)}\%] = \frac{1}{2}[(24.7 + 8.8) - 14.7] = 9.4 \\ U_{k3}\% = \frac{1}{2}[(U_{k(1-3)}\% + U_{k(2-3)}\%) - U_{k(1-2)}\%] = \frac{1}{2}[(14.7 + 8.8) - 24.7] = -0.6 \end{cases}$$

于是

$$\begin{cases} X_{T1} = \frac{U_{k1}\%}{100} \frac{U_N^2}{S_N} = \frac{15.3}{100} \times \frac{220^2}{120}\Omega = 61.71\Omega \\ X_{T2} = \frac{U_{k2}\%}{100} \frac{U_N^2}{S_N} = \frac{9.4}{100} \times \frac{220^2}{120}\Omega = 37.91\Omega \\ X_{T3} = \frac{U_{k3}\%}{100} \frac{U_N^2}{S_N} = \frac{-0.6}{100} \times \frac{220^2}{120}\Omega = -2.42\Omega \end{cases}$$

结果说明：

低压绕组等效漏电抗呈现负值，由于变压器属降压结构，使得计算得到的阻抗电压百分数为负值，但并不表示这种低压绕组具有容性漏电抗。三绕组变压器中压绕组或低压绕组等效漏电抗为负值是常见现象，近似计算时可取为零。

2.3.4 自耦变压器

自耦变压器可完全等效于普通变压器，如图 2-26 所示。自耦变压器的短路试验和普通变压器的相同，自耦变压器的等效电路及参数求取与普通变压器也相同。需要说明的是，三绕组自耦变压器的容量归算问题，因三绕组自耦变压器第三个绕组的容量总是小于变压器的额定容量 S_N，而且，制造厂提供的短路试验数据中，不仅负载损耗 P_k，甚至阻抗电压百分数 $U_k\%$ 有时也是未经归算的数值，如需这种归算，由前面已知，可将负载损耗及阻抗电压百分数进行归算。

负载损耗归算方法为

$$\begin{cases} P_{k(1-2)} = P'_{k(1-2)} \left(\dfrac{S_N}{S_{N_3}}\right)^2 \\ P_{k(2-3)} = P'_{k(2-3)} \left(\dfrac{S_N}{S_{N_3}}\right)^2 \end{cases} \quad (2\text{-}79)$$

阻抗电压百分数归算方法为

$$\begin{cases} U_{k(1-3)}\% = U'_{k(1-3)}\% \left(\dfrac{S_N}{S_{N_3}}\right) \\ U_{k(2-3)}\% = U'_{k(2-3)}\% \left(\dfrac{S_N}{S_{N_3}}\right) \end{cases} \quad (2\text{-}80)$$

例 2-5 一台 220kV/121kV/10.5kV、120MV·A、容量比为 100/100/50 的 YNynd 三相三绕组（降压型）自耦变压器，$I_0\% = 0.5$，$P_0 = 90$kW，负载损耗和阻抗电压百分数见表 2-2。

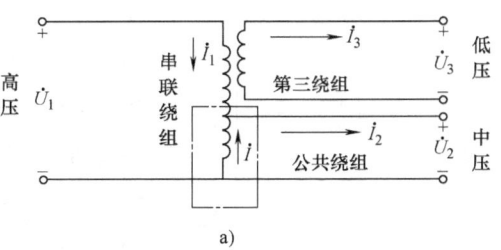
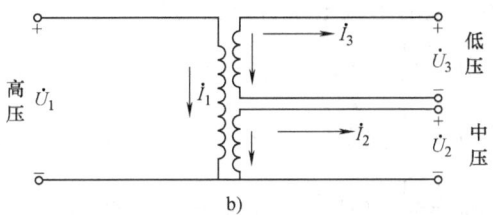

图 2-26 自耦变压器可完全等效于普通变压器
a) 自耦变压器 b) 等效的三绕组变压器

表 2-2 例 2-5 的负载损耗和阻抗电压百分数

	高压-中压	高压-低压	中压-低压	
负载损耗/kW	430	228.8	280.3	未归算到 S_N
阻抗电压(%)	12.8	11.8	17.58	已归算

试计算：
励磁支路的导纳、各绕组的电阻和等效漏电抗，各参数归算到高压侧。

解：高、中、低压侧分别编号为 1、2、3 侧，该变压器的额定容量 $S_N = 120$MV·A，低压绕组的额定容量 $S_{N_3} = 0.5S_N = 60$MV·A，自耦部分的电压比 $k_{12} = 242/121 = 2$，效益系数 $k_\eta = 1 - 1/2 = 0.5$，公共绕组的额定容量 $S_{N_{com}} = 0.5S_N = 60$MV·A。

变压器的参数计算：
励磁支路的导纳为

$$G_T = \dfrac{P_0}{U_N^2} = \dfrac{90}{220^2} \times 10^{-3} \text{S} = 1.86 \times 10^{-6} \text{S}$$

$$B_T = \dfrac{I_0\%}{100} \dfrac{S_N}{U_N^2} = \dfrac{0.5}{100} \times \dfrac{120}{220^2} \text{S} = 12.40 \times 10^{-6} \text{S}$$

各绕组的负载损耗为

$$\begin{cases} P_{k1} = \dfrac{1}{2}(P_{k(1-2)} + 4P'_{k(3-1)} - 4P'_{k(2-3)}) = \dfrac{1}{2}(430 + 4 \times 228.8 - 4 \times 280.3)\text{kW} = 112\text{kW} \\ P_{k2} = \dfrac{1}{2}(P_{k(1-2)} + 4P'_{k(2-3)} - 4P'_{k(3-1)}) = \dfrac{1}{2}(430 + 4 \times 280.3 - 4 \times 228.8)\text{kW} = 318\text{kW} \\ P_{k3} = \dfrac{1}{2}(4P'_{k(2-3)} + 4P'_{k(3-1)} - P_{k(1-2)}) = \dfrac{1}{2}(4 \times 228.8 + 4 \times 280.3 - 430)\text{kW} = 803.2\text{kW} \end{cases}$$

从而，各绕组的电阻为

$$\begin{cases} R_{T1} = \dfrac{P_{k1}}{1000} \dfrac{U_N^2}{S_N^2} = \dfrac{112}{1000} \times \dfrac{220^2}{120^2}\Omega = 0.376\Omega \\ R_{T2} = \dfrac{P_{k2}}{1000} \dfrac{U_N^2}{S_N^2} = \dfrac{318}{1000} \times \dfrac{220^2}{120^2}\Omega = 1.069\Omega \\ R_{T3} = \dfrac{P_{k3}}{1000} \dfrac{U_N^2}{S_N^2} = \dfrac{803.2}{1000} \times \dfrac{220^2}{120^2}\Omega = 2.70\Omega \end{cases}$$

各绕组的阻抗电压百分数为

$$\begin{cases} U_{k1}\% = \dfrac{1}{2}[(U_{k(1-2)}\% + U_{k(1-3)}\%) - U_{k(2-3)}\%] = \dfrac{1}{2}[(12.8+11.8)-17.58] = 3.51 \\ U_{k2}\% = \dfrac{1}{2}[(U_{k(1-2)}\% + U_{k(2-3)}\%) - U_{k(1-3)}\%] = \dfrac{1}{2}[(12.8+17.58)-11.8] = 9.29 \\ U_{k3}\% = \dfrac{1}{2}[(U_{k(1-3)}\% + U_{k(2-3)}\%) - U_{k(1-2)}\%] = \dfrac{1}{2}[(11.8+17.58)-12.8] = 8.29 \end{cases}$$

于是,各绕组的等效漏电抗为

$$\begin{cases} X_{T1} = \dfrac{U_{k1}\%}{100} \dfrac{U_N^2}{S_N} = \dfrac{3.51}{100} \times \dfrac{220^2}{120}\Omega = 14.157\Omega \\ X_{T2} = \dfrac{U_{k2}\%}{100} \dfrac{U_N^2}{S_N} = \dfrac{9.29}{100} \times \dfrac{220^2}{120}\Omega = 37.47\Omega \\ X_{T3} = \dfrac{U_{k3}\%}{100} \dfrac{U_N^2}{S_N} = \dfrac{8.29}{100} \times \dfrac{220^2}{120}\Omega = 33.43\Omega \end{cases}$$

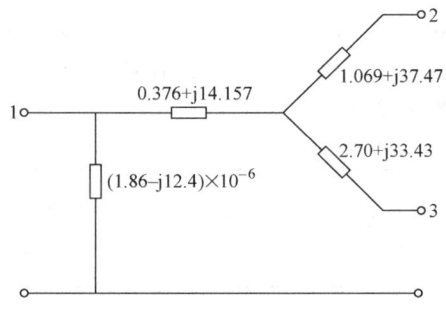

图 2-27 例 2-5 变压器的等效电路

等效电路如图 2-27 所示。与例 2-4 电压等级同容量的三绕组变压器相比,自耦变压器自耦部分的电阻为 $R_{T1}+R_{T2} = (0.376+1.069)\Omega = 1.445\Omega$,漏电抗为 $X_{T1}+X_{T2} = (14.157+37.47)\Omega = 51.627\Omega$;例 2-4 三绕组变压器的电阻为 $R_{T1}+R_{T2} = 2.218\Omega$,漏电抗为 $X_{T1}+X_{T2} = 99.62\Omega$。可见,采用自耦变压器电阻和漏电抗分别减小了 34.85% 和 48.28%。

2.3.5 变压器的 Π 形等效电路

在前面计算中,将变压器的阻抗归算到高压侧,因此通过计算得到的低压侧电压、电流均为归算到高压侧的数值。若在变压器电路中增加只反映电压比的理想变压器,则可直接求出低压侧的实际电压、电流数值。

对于双绕组变压器,当阻抗归算到高压侧时,等效电路如图 2-28 所示。

忽略导纳支路,由图 2-28 可写出如下等式:

$$\begin{cases} \dot{U}_1 - \dot{I}_1 Z_T = \dot{U}_2' = k\dot{U}_2 \\ \dot{I}_1 = \dot{I}_2' = \dot{I}_2/k \end{cases}$$

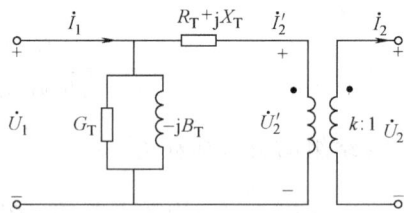

图 2-28 阻抗归算到高压侧的等效电路

$$\begin{cases} \dot{U}_1 = k\dot{U}_2 + \dot{I}_2/k Z_T = A\dot{U}_2 + B\dot{I}_2 \\ \dot{I}_1 = (1/k)\dot{I}_2 = C\dot{U}_2 + D\dot{I}_2 \end{cases}$$

写成矩阵形式为

$$\begin{pmatrix} \dot{U}_1 \\ \dot{I}_1 \end{pmatrix} = \begin{pmatrix} k & Z_T/k \\ 0 & 1/k \end{pmatrix} \begin{pmatrix} \dot{U}_2 \\ \dot{I}_2 \end{pmatrix} \qquad (2-81)$$

式（2-81）为用传输参数表示的双端口网络方程，其中 $A=k$，$B=Z_T/k$，$C=0$，$D=1/k$，由于 $AD-BC=1$，所以该变压器可用图 2-29 所示的 Π 形等效电路表示。其中三个参数分别为

$$\begin{cases} Z_e = B = \dfrac{Z_T}{k} \\ Y_{1e} = \dfrac{D-1}{B} = \dfrac{1-k}{Z_T} \\ Y_{2e} = \dfrac{A-1}{B} = \dfrac{k(k-1)}{Z_T} \end{cases}$$

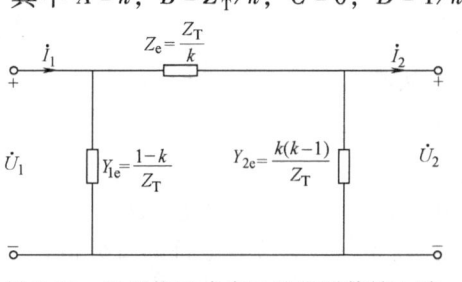

图 2-29 以阻抗形式表示的 Π 形等效电路
（归算到高压侧）

变压器阻抗归算到低压侧时，等效电路如图 2-30 所示。

忽略导纳支路，由图 2-30 可写出如下等式：

$$\dot{U}_1' = \dot{U}_1/k = \dot{U}_2 + \dot{I}_2 Z_T$$
$$\dot{I}_1' = k\dot{I}_1 = \dot{I}_2$$

即

$$\dot{U}_1 = k\dot{U}_2 + k\dot{I}_2 Z_T$$
$$\dot{I}_1 = \dot{I}_2/k$$

写成矩阵形式有

$$\begin{pmatrix} \dot{U}_1 \\ \dot{I}_1 \end{pmatrix} = \begin{pmatrix} k & kZ_T \\ 0 & 1/k \end{pmatrix} \begin{pmatrix} \dot{U}_2 \\ \dot{I}_2 \end{pmatrix} \tag{2-82}$$

式（2-82）为用传输参数表示的双端口网络方程，其中 $A=k$，$B=kZ_T$，$C=0$，$D=1/k$，由于 $AD-BC=1$，所以该变压器可用图 2-31 所示的 Π 形等效电路表示。

其中三个参数分别为

$$\begin{cases} Z_e = B = kZ_T \\ Y_{1e} = \dfrac{D-1}{B} = \dfrac{1-k}{k^2 Z_T} \\ Y_{2e} = \dfrac{A-1}{B} = \dfrac{k-1}{kZ_T} \end{cases}$$

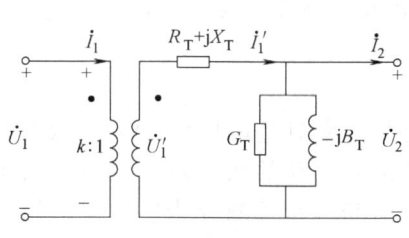

图 2-30 阻抗归算到低压侧

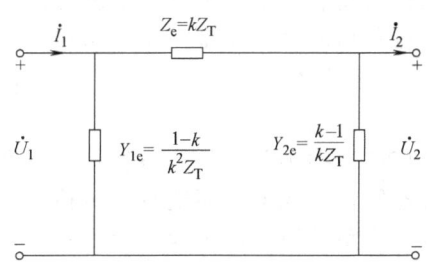

图 2-31 以阻抗形式表示的 Π 形等效电路

2.3.6 电抗器的参数和等效电路

制造厂提供的电抗器电抗数据往往以百分值表示。这些百分值与以欧（Ω）为单位的数值之间有如下的关系：

$$X_R\% = \frac{\sqrt{3}I_N X_R}{U_N}100\%$$

从而

$$X_R = \frac{U_N}{\sqrt{3}I_N}\frac{X_R\%}{100}$$

式中　　X_R——电抗器电抗(Ω)；

$X_R\%$——电抗器电抗的百分值；

U_N——电抗器的额定电压(kV)；

I_N——电抗器的额定电流(kA)。

一般都不计电抗器的电阻。从而，电抗器的等效电路是一个纯电抗。

2.4　负荷的运行特性及数学模型

发电厂所生产的电能，除了一小部分在传输和分配过程中损失外，全部供给了用户，而把所有用户所使用的功率称为电力系统负荷。因此，负荷具有综合特性，是指不同用户具有不同特性的设备组合。一个综合负荷包括的范围随所研究的问题而定，如当研究电力系统中110kV 及以上电压等级的电网时，可将 110kV 变压器二次侧母线的总供电功率用一个综合负荷来表示，也可将变压器包括在内用一个接在 110kV 母线上的综合负荷来表示。因此，综合负荷可能表示一个企业，或是一个工业区、一个城市甚至一个地区的总用电功率。按综合负荷连接处的电压等级又可分为 220kV、110kV、33kV、10kV 等等效负荷。

一个综合负荷包含种类繁多的负荷成分，如照明设备，大容量异步电动机、同步电动机，电力电子设备(如整流器)，电热设备以及电力网的有功和无功损耗等。不同综合负荷包含的各种负荷成分所占比例也是变化的，所以要建立一个准确的综合负荷模型是相当困难的。综合负荷模型可分为动态模型和静态模型两类。动态模型描述电压和频率急剧变化时，负荷有功和无功功率随时间变化的动态特性，它可表示为

$$\begin{cases} P = \varphi_p(U,\ f,\ \mathrm{d}U/\mathrm{d}t,\ \mathrm{d}f/\mathrm{d}t,\ \mathrm{d}U/\mathrm{d}f,\ \cdots) \\ Q = \varphi_q(U,\ f,\ \mathrm{d}U/\mathrm{d}t,\ \mathrm{d}f/\mathrm{d}t,\ \mathrm{d}U/\mathrm{d}f,\ \cdots) \end{cases}$$

由于负荷中异步电动机的比例相当大，所以负荷的功率不仅与电压 U、频率 f 有关，而且与电压、频率的变化有关，通常情况下，根据所研究问题的特点，用不同的近似数学模型表示。负荷的动态模型用于电力系统受到大扰动时的暂态过程分析。

综合负荷的静态模型描述有功和无功功率稳态值与电压及频率的关系，可表示为

$$\begin{cases} P = F_p(U,\ f) \\ Q = F_q(U,\ f) \end{cases} \tag{2-83}$$

式(2-83)称为负荷的静态特性。当频率不变时，负荷功率只是电压的函数，称为负荷的电压静态特性；当电压不变时，负荷功率与频率的关系称为负荷的频率静态特性。通常，电力系统综合负荷可以简单地表示为一个静态(不旋转)负荷与一台等效异步电动机的组合。综合负荷用静态特性表示的模型用于电力系统正常稳态运行情况的计算，也可用于电压和频率变化缓慢的暂态过程计算。

1. 用电压静态特性表示的综合负荷模型

在电力系统稳态运行分析中，一般不考虑频率的变化，某些暂态过程中频率的变化很小可以忽略不计，这时负荷可以用电压静态特性表示。实际上，负荷的电压静态特性可用二次多项式表示，即

$$\begin{cases} P = P_{\mathrm{N}}\left[a_{\mathrm{p}}\left(\dfrac{U}{U_{\mathrm{N}}}\right)^{2} + b_{\mathrm{p}}\dfrac{U}{U_{\mathrm{N}}} + c_{\mathrm{p}}\right] \\ Q = Q_{\mathrm{N}}\left[a_{\mathrm{q}}\left(\dfrac{U}{U_{\mathrm{N}}}\right)^{2} + b_{\mathrm{q}}\dfrac{U}{U_{\mathrm{N}}} + c_{\mathrm{q}}\right] \end{cases} \tag{2-84}$$

式中，U_{N} 为额定电压；P_{N}、Q_{N} 分别为额定电压下的有功和无功功率。由式（2-84）可知，有功和无功功率都含有三个分量：第一个与电压比二次方成正比，相当于恒定阻抗消耗的功率；第二个与电压比成正比，是恒定电流分量；第三个是恒定功率分量。各个系数根据实际的电压静态特性用最小二乘法拟合求得，应满足的条件为

$$\begin{cases} a_{\mathrm{p}} + b_{\mathrm{p}} + c_{\mathrm{p}} = 1 \\ a_{\mathrm{q}} + b_{\mathrm{q}} + c_{\mathrm{q}} = 1 \end{cases}$$

在负荷电压与额定值偏移较小的场合，电压静态特性在额定电压附近可用直线逼近，即用线性方程表示为

$$\begin{cases} P = P_{\mathrm{N}}\left(1 + k_{\mathrm{pU}}\dfrac{U - U_{\mathrm{N}}}{U_{\mathrm{N}}}\right) \\ Q = Q_{\mathrm{N}}\left(1 + k_{\mathrm{qU}}\dfrac{U - U_{\mathrm{N}}}{U_{\mathrm{N}}}\right) \end{cases} \tag{2-85}$$

式中，k_{pU}、k_{qU} 分别为有功和无功功率随电压变化的系数。

在进行电力系统规划设计时，由于各负荷都是估计值，因此潮流计算时，负荷的 P 和 Q 可粗略地按恒定值处理。

2. 用电压及频率静态特性表示的综合负荷模型

一般频率的变化幅度较小，在额定频率附近负荷的频率静态特性可用直线表示，同时考虑电压，则电压和频率的负荷模型可表示为

$$\begin{cases} P = P_{\mathrm{N}}\left[a_{\mathrm{p}}\left(\dfrac{U}{U_{\mathrm{N}}}\right)^{2} + b_{\mathrm{p}}\dfrac{U}{U_{\mathrm{N}}} + c_{\mathrm{p}}\right]\left(1 + k_{\mathrm{pf}}\dfrac{f - f_{\mathrm{N}}}{f_{\mathrm{N}}}\right) \\ Q = Q_{\mathrm{N}}\left[a_{\mathrm{q}}\left(\dfrac{U}{U_{\mathrm{N}}}\right)^{2} + b_{\mathrm{q}}\dfrac{U}{U_{\mathrm{N}}} + c_{\mathrm{q}}\right]\left(1 + k_{\mathrm{qf}}\dfrac{f - f_{\mathrm{N}}}{f_{\mathrm{N}}}\right) \end{cases} \tag{2-86}$$

或

$$\begin{cases} P = P_{\mathrm{N}}\left(1 + k_{\mathrm{pU}}\dfrac{U - U_{\mathrm{N}}}{U_{\mathrm{N}}}\right)\left(1 + k_{\mathrm{pf}}\dfrac{f - f_{\mathrm{N}}}{f_{\mathrm{N}}}\right) \\ Q = Q_{\mathrm{N}}\left(1 + k_{\mathrm{qU}}\dfrac{U - U_{\mathrm{N}}}{U_{\mathrm{N}}}\right)\left(1 + k_{\mathrm{qf}}\dfrac{f - f_{\mathrm{N}}}{f_{\mathrm{N}}}\right) \end{cases}$$

式中，f_{N} 为额定频率；k_{pf}、k_{qf} 分别为有功和无功功率随频率变化的系数。

2.5 电力网络的数学模型

2.5.1 多电压等级网络中参数及变量的归算

求得各电力线路和变压器的等效电路后，就可以根据网络的电气接线图绘制整个网络的等效电路图。这时，对于多电压等级网络，还需要注意不同电压等级之间的归算问题，在多电压等级的网络计算时，常将阻抗、导纳以及相应的电压、电流归算到同一个电压等级——基本级。多电压等级电力网及等效电路如图 2-32 所示。

通常取网络中的最高电压等级为基本级，归算时按下式计算：

$$\begin{cases} R = R'(k_1 k_2 k_3 \cdots)^2 \\ X = X'(k_1 k_2 k_3 \cdots)^2 \\ G = G'\left(\dfrac{1}{k_1 k_2 k_3 \cdots}\right)^2 \\ B = B'\left(\dfrac{1}{k_1 k_2 k_3 \cdots}\right)^2 \end{cases} \tag{2-87}$$

式中，k_1、k_2、k_3、$\cdots$ 为变压器的电压比；R'、X'、G'、B'、U'、I' 分别为归算前电阻、电抗、电导、电纳和相应的电压、电流值；R、X、G、B、U、I 分别为归算后的值。

式（2-87）中的电压比应取从基本级到待归算级，如图 2-32 中 35kV 侧的参数和变量归算到 220kV 侧，则变压器 T3 和 T2 的电压比应分别取 110/37、220/121，即电压比的分子是向基本级一侧的电压，分母则是向待归算级一侧的电压。在进行电力系统稳态分析时，如采用手算，变压器的电压比往往取实际电压比；对精度要求不高（短路）的计算，一般也可认为系统各元件的额定电压等于这些元件所在电压级相对应的"平均额定电压"，变压器的变比也取这些平均额定电压的比值。所谓平均额定电压就是对应国家规定的每个电压级再定一个电压，并认为这个电压就是所有属于这电压级各元件的额定电压。与我国国家规定的额定电压级相对应的平均额定电压如表 2-3 所示。

表 2-3 额定电压级与平均额定电压

额定电压级(kV)	3	6	10	15	35	60	110	154	220
平均额定电压(kV)	3.15	6.3	10.5	15.75	37	63	115	162	230
额定电压级(kV)	330		500		750		1000		
平均额定电压(kV)	345		525		775		1050		

在运用计算机计算时，则变压器的电压比常取各侧线路的额定电压的比值，如图 2-32 中的 110/35、220/110 等。这样处理对于绘制等效电路带来很多方便。

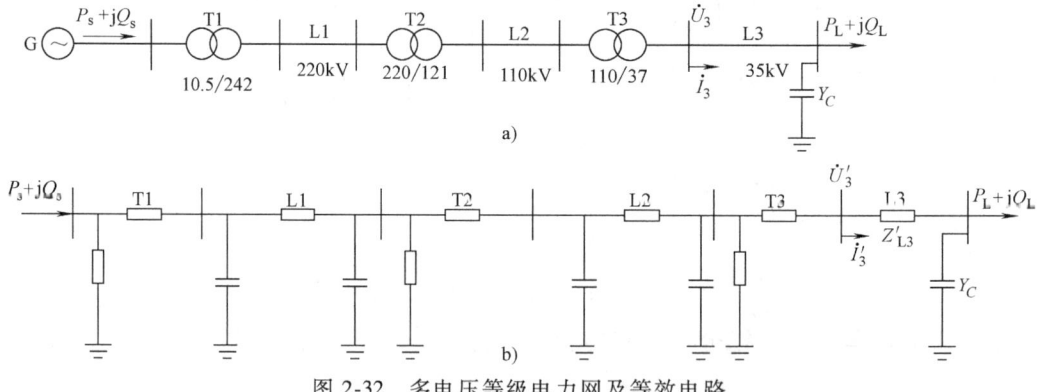

图 2-32 多电压等级电力网及等效电路
a) 电力网 b) 等效电路

例 2-6 某电力网电气接线如图 2-33a 所示，各元件参数见表 2-4 和表 2-5，其中变压器 T2 高压侧接在 -2.5% 分接头运行，其他变压器接在主接头运行，35kV 和 10kV 线路的并联导纳略去不计，图中的负荷均用三相功率表示。试绘制电力网的等效电路，取 220kV 级为基本级。

表 2-4 电力线路技术参数

线　　路	长度/km	电压/kV	电阻/(Ω/km)	电抗/(Ω/km)	电纳/(S/km)
L1（架空线路）	200	220	0.080	0.406	2.81×10^{-6}
L2（架空线路）	80	110	0.105	0.383	2.98×10^{-6}
L3（电缆线路）	3	10	0.450	0.080	
L4（架空线路）	15	35	0.170	0.380	

表 2-5 电力变压器技术参数

变压器	容量/MV·A	电压/kV	$U_k\%$	P_k/kW	$I_0\%$	P_0/kW	备 注
T1	180	13.8/242	13	893	0.5	175	
T2(自耦)	120	220/121/38.5	9.6(1-2) 35(3-1) 23(2-3)	448(1-2) 1652(3-1) 1512(2-3)	0.35	89	P_k、$U_k\%$均已归算至额定容量
T3	63	110/10.5	10.5	280	0.61	60	

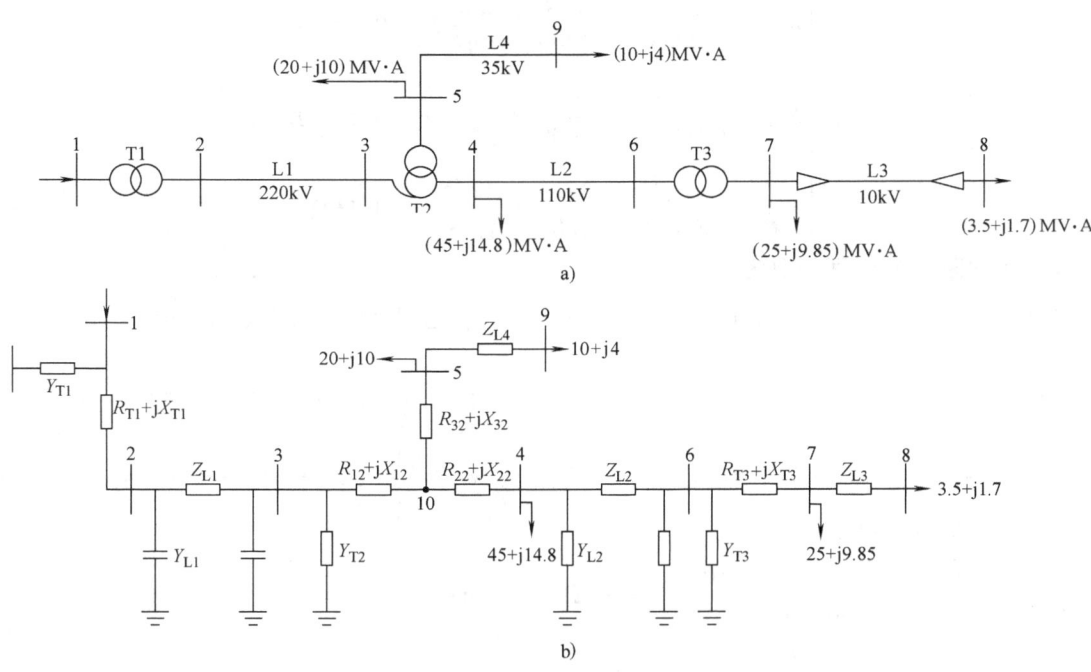

图 2-33 例 2-6 电力网及等效电路
a) 电力网   b) 等效电路

解：电力网的等效电路如图 2-33b 所示，各元件参数计算如下：
变压器 T1 的参数（归算到 220kV 侧）为

$$\begin{cases} R_{T1} = \dfrac{P_k}{1000}\dfrac{U_{N1}^2}{S_N^2} = \dfrac{893}{1000} \times \dfrac{242^2}{180^2}\Omega = 1.614\Omega \\ X_{T1} = \dfrac{U_k\%}{100}\dfrac{U_{N1}^2}{S_N} = \dfrac{13}{100} \times \dfrac{242^2}{180}\Omega = 42.3\Omega \\ Y_{T1} = \dfrac{P_0}{1000 U_{N1}^2} - j\dfrac{I_0\%}{100}\dfrac{S_N}{U_{N1}^2} = \left(\dfrac{175}{1000 \times 242^2} - j\dfrac{0.5}{100} \times \dfrac{180}{242^2}\right)\text{S} \\ \qquad = (2.99 - j15.37) \times 10^{-6}\text{S} \end{cases}$$

220kV 线路 L1 的参数为

$$\begin{cases} Z_{L1} = (r_1 + jx_1)l = (0.08 + j0.406) \times 200\,\Omega = (12 + j81.2)\,\Omega \\ Y_{L1} = jB_{L1}/2 = jb_1 l/2 = j2.81 \times 10^{-6} \times 200/2\,\text{S} = j2.81 \times 10^{-4}\,\text{S} \end{cases}$$

自耦变压器 T2 的参数为（节点 10 是为便于计算等值电路参数引入的点）

$$\begin{cases} P_{k1} = \frac{1}{2}(P_{k(1-2)} + P_{k(3-1)} - P_{k(2-3)}) = \frac{1}{2}(448 + 1625 - 1512)\text{kW} = 294\text{kW} \\ P_{k2} = \frac{1}{2}(P_{k(1-2)} + P_{k(2-3)} - P_{k(3-1)}) = \frac{1}{2}(448 + 1512 - 1625)\text{kW} = 154\text{kW} \\ P_{k3} = \frac{1}{2}(P_{k(2-3)} + P_{k(3-1)} - P_{k(1-2)}) = \frac{1}{2}(1512 + 1652 - 448)\text{kW} = 1358\text{kW} \end{cases}$$

从而

$$\begin{cases} R_{12} = \frac{P_{k1}}{1000}\frac{U_N^2}{S_N^2} = \frac{294}{1000} \times \frac{220^2}{120^2}\Omega = 0.988\Omega \\ R_{22} = \frac{P_{k2}}{1000}\frac{U_N^2}{S_N^2} = \frac{154}{1000} \times \frac{220^2}{120^2}\Omega = 0.517\Omega \\ R_{32} = \frac{P_{k3}}{1000}\frac{U_N^2}{S_N^2} = \frac{1358}{1000} \times \frac{220^2}{120^2}\Omega = 4.56\Omega \end{cases}$$

各绕组的阻抗电压百分数为

$$\begin{cases} U_{k1}\% = \frac{1}{2}[(U_{k(1-2)}\% + U_{k(1-3)}\%) - U_{k(2-3)}\%] = \frac{1}{2}[(9.6 + 35) - 23] = 10.8 \\ U_{k2}\% = \frac{1}{2}[(U_{k(1-2)}\% + U_{k(2-3)}\%) - U_{k(1-3)}\%] = \frac{1}{2}[(9.6 + 23) - 35] = -1.2 \\ U_{k3}\% = \frac{1}{2}[(U_{k(1-3)}\% + U_{k(2-3)}\%) - U_{k(1-2)}\%] = \frac{1}{2}[(23 + 35) - 9.6] = 24.2 \end{cases}$$

于是,各绕组的等效漏电抗为

$$\begin{cases} X_{12} = \frac{U_{k1}\%}{100}\frac{U_N^2}{S_N} = \frac{10.8}{100} \times \frac{220^2}{120}\Omega = 43.6\Omega \\ X_{22} = \frac{U_{k2}\%}{100}\frac{U_N^2}{S_N} = \frac{-1.2}{100} \times \frac{220^2}{120}\Omega = -4.84\Omega \\ X_{32} = \frac{U_{k3}\%}{100}\frac{U_N^2}{S_N} = \frac{24.2}{100} \times \frac{220^2}{120}\Omega = 97.6\Omega \\ Y_{T2} = \frac{P_0}{1000 U_N^2} - j\frac{I_0\%}{100}\frac{S_N}{U_N^2} = \left(\frac{89}{1000 \times 220^2} - j\frac{0.35}{100} \times \frac{120}{220^2}\right)\text{S} \\ \quad\quad = (1.84 - j8.68) \times 10^{-6}\text{S} \end{cases}$$

实际电压比为

$$\begin{cases} k_{12} = \frac{220(1 - 0.025)}{121} = \frac{214.5}{121} \\ k_{13} = \frac{214.5}{38.5} \end{cases}$$

110kV 线路 L2 的参数为

$$\begin{cases} Z_{L2} = (r_2 + jx_2)lk_{12}^2 = (0.105 + j0.383) \times 80 \times \left(\frac{214.5}{121}\right)^2\Omega = (26.4 + j96.27)\Omega \\ Y_{L2} = jB_{L2}/2 = jb_2l/2\frac{1}{k_{12}^2} = j2.98 \times 10^{-6} \times \frac{80}{2} \times \left(\frac{121}{214.5}\right)^2\text{S} = j3.79 \times 10^{-5}\text{S} \end{cases}$$

变压器 T3 的参数(归算到220kV 侧)为

$$\begin{cases} R_{T3} = \dfrac{P_k}{1000} \dfrac{U_{N1}^2}{S_N^2} k_{12}^2 = \dfrac{280}{1000} \times \dfrac{110^2}{63^2} \times \left(\dfrac{214.5}{121}\right)^2 \Omega = 2.68\Omega \\ X_{T3} = \dfrac{U_k\%}{100} \dfrac{U_{N1}^2}{S_N} k_{12}^2 = \dfrac{10.5}{100} \times \dfrac{110^2}{63} \times \left(\dfrac{214.5}{121}\right)^2 \Omega = 63.4\Omega \\ Y_{T3} = \left(\dfrac{P_0}{1000 U_{N1}^2} - \mathrm{j}\dfrac{I_0\%}{100} \dfrac{S_N}{U_{N1}^2}\right)\left(\dfrac{1}{k_{12}}\right)^2 = \left(\dfrac{60}{1000 \times 110^2} - \mathrm{j}\dfrac{0.61}{100} \times \dfrac{63}{110^2}\right) \times \left(\dfrac{121}{214.5}\right)^2 \mathrm{S} \\ \quad = (1.58 - \mathrm{j}10.1) \times 10^{-6} \mathrm{S} \end{cases}$$

10kV 线路 L3 的参数为

$$Z_{L3} = (r_3 + \mathrm{j}x_3)lk_{12}^2 k_{T3}^2 = (0.45 + \mathrm{j}0.08) \times 3 \times \left(\dfrac{214.5}{121} \times \dfrac{110}{10.5}\right)^2 \Omega = (465.6 + \mathrm{j}82.78)\Omega$$

35kV 线路 L4 的参数为

$$Z_{L4} = (r_4 + \mathrm{j}x_4)lk_{13}^2 = (0.17 + \mathrm{j}0.38) \times 15 \times \left(\dfrac{214.5}{38.5}\right)^2 \Omega = (79.15 + \mathrm{j}176.88)\Omega$$

2.5.2 标幺制

1. 标幺值的定义

有名值：用实际有名单位表示物理量的方法。

标幺值：用其实际值(有名单位值)与某一选定的值(基准值)的比值表示，即

$$\text{标幺值} = \dfrac{\text{实际值}}{\text{基准值}}$$

在电气量中可先选定两个基准值，通常先选定基准功率 S_B 和基准电压 U_B，在 S_B 和 U_B 选定后，基准电流 I_B 和基准阻抗 Z_B 也就随之而定了。

功率、电压、电流、阻抗的实际值为 S、U、I、Z，它们的基准值分别为 S_B、U_B、I_B、Z_B，则标幺值分别为

$$\begin{cases} S_* = \dfrac{S}{S_B} \\ U_* = \dfrac{U}{U_B} \\ I_* = \dfrac{I}{I_B} \\ Z_* = \dfrac{Z}{Z_B} \end{cases} \quad (2\text{-}88)$$

在单相电路中有以下关系：

$$U_{LN} = ZI, \quad S_{1\Phi} = U_{LN}I$$

式中，U_{LN} 为相电压；$S_{1\Phi}$ 为单相功率。则标幺值与有名值各量间的关系具有完全相同的方程式，即

基准值满足 $\quad U_{LN*} = Z_* I_*, \quad S_{1\Phi*} = U_{LN*}I_*$
$\quad\quad\quad\quad\quad\quad U_{LNB} = Z_B I_B, \quad S_{1\Phi B} = U_{LNB}I_B$

在对称的三相交流系统中，习惯上采用线电压 U_{LL}、线电流(即相电流) I、三相功率 $S_{3\Phi}$ 和一相等效阻抗 Z 表示系统的电压、电流和功率。在三相电路中三相功率与单相功率、线电压与相电压基准值的关系为

$$\begin{cases} S_{3\Phi} = 3S_{1\Phi}, & U_{LL} = \sqrt{3}\,U_{LN} \\ S_{3\Phi B} = 3S_{1\Phi B}, & U_{LLB} = \sqrt{3}\,U_{LNB} \end{cases}$$

上下两式相除得

$$\begin{cases} U_{LL*} = Z_* I_* = U_{LN*} \\ S_{3\Phi*} = U_{LL*} I_* = U_{LN*} I_* = S_{1\Phi*} \end{cases}$$

说明：在标幺制中三相功率与单相功率标幺值相同，线电压与相电压标幺值相同。

由三相基准功率 S_{3B} 与线电压基准值 U_{LB} 可求得线电流基准值为

$$I_B = \frac{S_{3B}}{\sqrt{3}\,U_{LB}}$$

则阻抗基准值为

$$Z_B = \frac{U_{LB}^2}{S_{3B}}$$

习惯上只选定 S_B 和 U_B，可得

$$\begin{cases} I_B = \dfrac{S_B}{\sqrt{3}\,U_B} \\ Z_B = \dfrac{U_B^2}{S_B} \\ Y_B = \dfrac{1}{Z_B} = \dfrac{S_B}{U_B^2} \end{cases} \tag{2-89}$$

式中，S_B 为三相基准功率；U_B 为线电压基准值。为简化公式，电流与阻抗标幺值为

$$\begin{cases} I_* = \dfrac{I}{I_B} = \dfrac{\sqrt{3}\,U_B I}{S_B} \\ Z_* = Z\,\dfrac{S_B}{U_B^2} \end{cases} \tag{2-90}$$

按照惯例，对于基准值的选取一般采用以下两个原则：
1）S_B 的设定在整个电力系统都是一样的。
2）变压器任一侧的电压基准值的比与变压器额定电压的比相等。

若符合这两个原则，当从变压器一侧归算到另一侧时，标幺阻抗保持不变。

例 2-7 一个单相双绕组变压器的额定值为 20kV·A、480V/120V、50Hz，变压器的等效漏阻抗归算到 120V 绕组（二次绕组）为 $Z_{eq2} = 0.05\angle 78.13°\,\Omega$。采用变压器额定值为基准值，确定归算到二次绕组和归算到一次绕组的标幺阻抗。

解：由变压器额定值得 S_B、U_{B1} 和 U_{B2} 的值为

$$S_B = 20\text{kV·A}, \quad U_{B1} = 480\text{V}, \quad U_{B1} = 120\text{V}$$

用式（2-89）计算变压器 120V 侧的阻抗基准值为

$$Z_{B2} = \frac{U_{B2}^2}{S_B} = \frac{120^2}{20000}\,\Omega = 0.72\,\Omega$$

归算到二次绕组的标幺漏阻抗为

$$Z_{eq2*} = \frac{Z_{eq2}}{Z_{B2}} = \frac{0.05\angle 78.13°}{0.72} = 0.069\angle 78.13°\,\text{（标幺）}$$

如果 Z_{eq2} 归算到一次绕组，则有

$$Z_{eq1} = k^2 Z_{eq2} = \left(\frac{N_1}{N_2}\right)^2 Z_{eq2}$$
$$= \left(\frac{480}{120}\right)^2 (0.05\angle 78.13°)\Omega$$
$$= 0.8\angle 78.13°\Omega$$

变压器 480V 侧的阻抗基准值为

$$Z_{B1} = \frac{U_{B1}^2}{S_B} = \frac{480^2}{20000}\Omega = 11.52\Omega$$

归算到一次绕组的标幺阻抗为

$$Z_{eq1*} = \frac{Z_{eq1}}{Z_{B1}} = \frac{0.8\angle 78.13°}{11.52} = 0.069\angle 78.13° = Z_{eq2*}(标幺)$$

因此，当由二次绕组归算到一次绕组时能保持标幺阻抗不变。通过定义下式得以实现，即

$$\frac{U_{B1}}{U_{B2}} = \frac{U_{N1}}{U_{N2}} = \frac{480}{120}$$

图 2-34 为一个单相双绕组变压器的三个标幺电路。图 2-34a 中理想变压器的标幺值满足关系：$\dot{E}_{1*} = \dot{E}_{2*}$ 和 $\dot{I}_{1*} = \dot{I}_{2*}$，推导如下：

首先，由式(2-88)中的电压标幺值计算式得

$$\dot{E}_{1*} = \frac{\dot{E}_1}{U_{B1}} = \frac{N_1}{N_2}\frac{\dot{E}_2}{U_{B1}}$$

代入 $U_{B1}/U_{B2} = U_{N1}/U_{N2} = N_1/N_2$，则有

$$\dot{E}_{1*} = \frac{N_1}{N_2}\frac{\dot{E}_2}{\left(\frac{N_1}{N_2}\right)U_{B2}} = \frac{\dot{E}_2}{U_{B2}} = \dot{E}_{2*}$$

类似地，由式(2-88)中的电流标幺值计算式得

$$\dot{I}_{1*} = \frac{\dot{I}_1}{I_{B1}} = \frac{N_2}{N_1}\frac{\dot{I}_2}{I_{B1}}$$

代入 $I_{B1} = S_B/U_{B1} = S_B/[(N_1/N_2)U_{B2}] = (N_2/N_1)I_{B2}$，则有

$$\dot{I}_{1*} = \frac{N_2}{N_1}\frac{\dot{I}_2}{\left(\frac{N_2}{N_1}\right)I_{B2}} = \frac{\dot{I}_2}{I_{B2}} = \dot{I}_{2*}$$

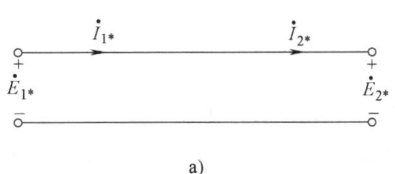

a)

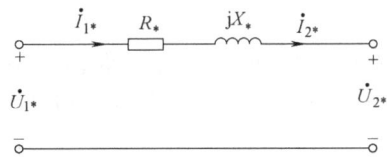

b)

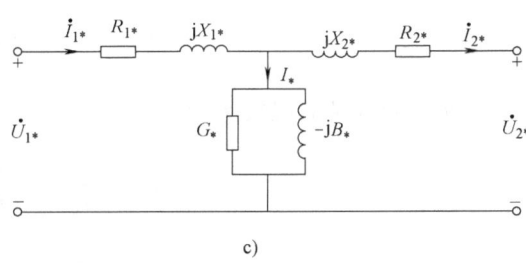

c)

图 2-34 单相双绕组变压器的标幺电路
a) 理想变压器　b) 含有标幺阻抗支路
c) 含有阻抗支路和并联导纳支路

因此，图 2-34a 中已将图 2-21 的理想变压器绕组去掉。图 2-34b 中的标幺阻抗和图 2-34c 为完整描述，加入了标幺并联导纳支路。

2. 统一基准值的选定和标幺值换算

当仅有一个元件时，如只考虑变压器，通常采用该元件的铭牌额定值作为基准值。当涉

及很多元件时，电力系统中各元件阻抗的基准值互不相同，系统基准值可能与特殊设备的铭牌额定值不同。计算设备的标幺阻抗时，需将铭牌额定值转换为系统基准值，标幺值由"原"向"新"值转换。

发电机和变压器的标幺电抗的换算为

$$X_{*(N)} = X \frac{S_N}{U_N^2}$$

电抗标幺值的换算为

$$X_{*(B)} = X_{*(N)} \frac{I_B}{I_N} \frac{U_N}{U_B}$$

$$X_{*(B)} = X \frac{S_B}{U_B^2} = X_{*(N)} \frac{S_B}{S_N} \frac{U_N^2}{U_B^2} \tag{2-91}$$

对于输电线只要以统一的基准值对其有名值阻抗进行标幺值计算即可，即

$$Z_{*新} = \frac{Z}{Z_{B新}} = \frac{Z_{*原} Z_{B原}}{Z_{B新}}$$

或者由式(2-91)得

$$Z_{*新} = Z_{*原} \left(\frac{U_{B原}}{U_{B新}}\right)^2 \left(\frac{S_{B新}}{S_{B原}}\right)$$

例 2-8 三分区单相电路如图 2-35a 所示。T1 和 T2 连接三个分区，其额定值见图。分区 I 的基准值为 30kV·A 和 240V，画出标幺值等效电路并确定标幺阻抗和电源电压标幺值。其中负荷 $Z = (0.96 + j0.12)\Omega$，计算负荷电流的实际值和标幺值。忽略变压器绕组电阻和并联导纳支路。

解：首先确定每个分区的基准值。整个网络 $S_B = 30\text{kV·A}$，同时指定分区 I 的 $U_{B1} = 240\text{V}$。由变压器分隔的另两个分区，电压基准值与变压器额定电压成比例变化，即

$$U_{B2} = \frac{480}{240} \times 240\text{V} = 480\text{V}$$

$$U_{B3} = \frac{115}{460} \times 480\text{V} = 120\text{V}$$

分区 II 和分区 III 的阻抗基准值为

$$Z_{B2} = \frac{U_{B2}^2}{S_B} = \frac{480^2}{30000}\Omega = 7.68\Omega$$

$$Z_{B3} = \frac{U_{B3}^2}{S_B} = \frac{120^2}{30000}\Omega = 0.48\Omega$$

分区 III 的电流基准值为

$$I_{B3} = \frac{S_B}{U_{B3}} = \frac{30000}{120}\text{A} = 250\text{A}$$

下一步，采用系统基准值计算标幺电路阻抗。因为 $S_B = 30\text{kV·A}$ 与变压器 T1 的额定容量相同，$U_{B1} = 240\text{V}$ 与分区 I 的变压器 T1 的额定电压相同，所以 T1 的标幺漏电抗与铭牌值相同，为 $X_{T1*} = 0.1$(标幺)。而对于变压器 T2 的标幺漏电抗，需要将基准值由铭牌额定值转换为系统基准值。代入式(2-91)且 $U_{B2} = 480\text{V}$，得

$$X_{T2*} = 0.10 \times \left(\frac{460}{480}\right)^2 \times \frac{30000}{20000} = 0.1378 (标幺)$$

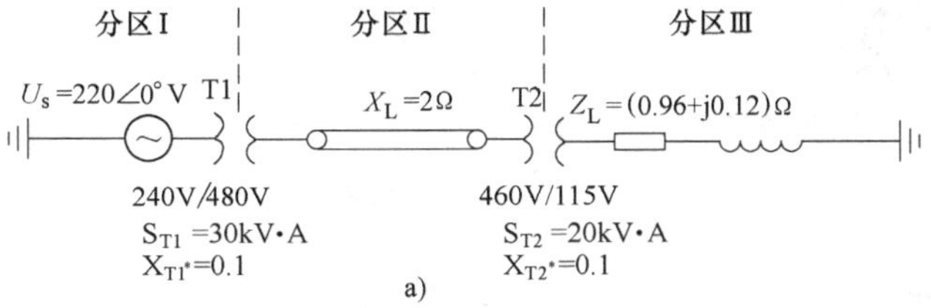

图 2-35 三分区单相电路及标幺值等效电路
a) 三分区单相电路 b) 标幺值等效电路

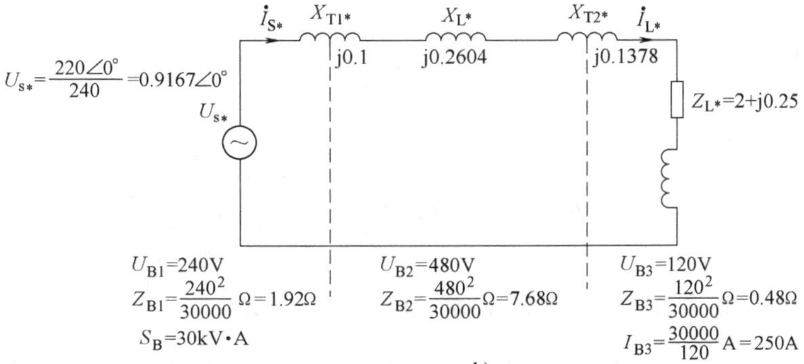

另取 $U_{B3} = 120V$，得

$$X_{T2*} = 0.10 \times \left(\frac{115}{120}\right)^2 \times \frac{30000}{20000} = 0.1378 (标幺)$$

由上两式可知，结果相同。

分区 Ⅱ 的线路标幺电抗为

$$X_{L*} = \frac{X_L}{Z_{B2}} = \frac{2}{7.68} = 0.2604 (标幺)$$

分区 Ⅲ 的负荷标幺阻抗为

$$Z_* = \frac{Z}{Z_{B3}} = \frac{0.96 + j0.12}{0.48} = 2 + j0.25$$

标幺值等效电路如图 2-35b 所示。

每个分区的基准值、标幺阻抗和电源电压标幺值如图 2-35b 所示，由图中数据可计算出电流标幺值，即

$$\dot{I}_{L*} = \dot{I}_{s*} = \frac{U_{s*}}{j(X_{T1*}+X_{L*}+X_{T2*})+Z_{1*}} = \frac{0.9167\angle 0°}{j(0.10+0.2604+0.1378)+(2+j0.25)}$$

$$= \frac{0.9167\angle 0°}{2+j0.7482} = \frac{0.9167\angle 0°}{2.1354\angle 20.51°} = 0.429\angle -20.51°$$

实际负荷电流为

$$\dot{I}_L = (\dot{I}_{L*})I_{B3} = (0.429\angle -20.51°) \times 250A = 107.25\angle -20.51°$$

注意：采用图 2-35b 所示的标幺值等效电路容易分析，因为通过恰当选择基准值可以去掉理想变压器绕组。

将三角形负荷阻抗转换为星形阻抗之后，对称三相电路可求解每相的基准值。基准值可采用每相基准值或者三相基准值。对于三相电路，通常有

电力系统标幺值等值电路(1)

电力系统标幺值等值电路(2)

$$\begin{cases} S_{1\Phi B} = \dfrac{S_{3\Phi B}}{3} \\ U_{LNB} = \dfrac{U_{LLB}}{\sqrt{3}} \\ S_{3\Phi B} = P_{3\Phi B} = Q_{3\Phi B} \\ I_B = \dfrac{S_{1\Phi B}}{U_{LNB}} = \dfrac{S_{3\Phi B}}{\sqrt{3}\,U_{LLB}} \\ Z_B = \dfrac{U_{LNB}}{I_B} = \dfrac{U_{LNB}^2}{S_{1\Phi B}} = \dfrac{U_{LLB}^2}{S_{3\Phi B}} \\ R_B = X_B = Z_B = \dfrac{1}{Y_B} \end{cases}$$

2.5.3 多电压等级电力网络标幺值等效电路

对于一个实际运行的电力系统，会有不同类型的发电厂发出电能，通过升压变压器、输电线路、降压变压器、配电线路、负荷等组成一个统一的整体，因此系统中存在多个不同的电压等级，在进行系统分析计算时，通常需要将各元件参数转换为标幺值进行计算，**采用标幺值计算通常有以下两种方法。**

1）有名值的归算。先将有名值归算到基本级，然后计算标幺值。将网络中各元件阻抗、导纳以及网络中各点电压、电流的有名值都归算到同一电压等级——基本级，然后分别除以基本级相对应的阻抗、导纳、电压、电流基准值，即可得到各元件的标幺值。

2）基准值的归算。先把统一基准值归算到每一电压等级，然后对各自的基准值计算标幺值。将未经归算的各元件阻抗、导纳以及网络中的各点电压、电流的有名值除以由基本级归算到这些量所在电压等级下的基准值，可得到各元件的标幺值。

下面以图 2-36 为例说明多电压等级电力网络标幺值等效电路参数的两种计算方法。图中 G、T1、T2、L1、L2 分别表示发电机、两台变压器和两条输电线路，Ⅰ、Ⅱ、Ⅲ表示三个不同的电压等级，$k_{Ⅰ\text{-}Ⅱ}$ 为 T1 的电压比（从 G 到 L1 方向），$k_{Ⅱ\text{-}Ⅲ}$ 为 T2 的电压比（从 L1 到 L2 方向），各元件电阻忽略不计，等效电路以纯电抗表示。

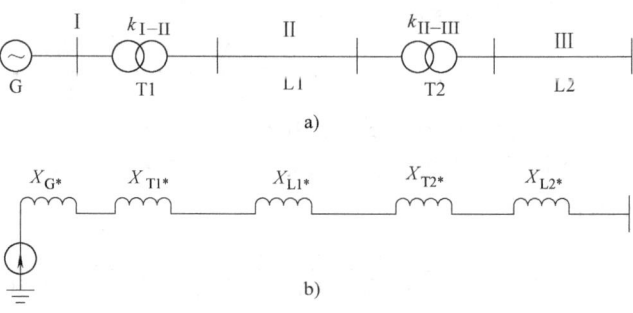

图 2-36 多电压等级电力网络标幺值等效电路

若采用第一种方法，将有名值归算到基本级（假设第Ⅰ段为基本级），基本级基准容量为 S_B，基准电压为 U_B，如输电线路的电抗有名值为 X_{L1}、X_{L2}，归算到基本级的电抗有名值为 X'_{L1} 和 X'_{L2}，则有

$$\begin{cases} X'_{L1} = k_{Ⅰ\text{-}Ⅱ}^2 X_{L1} \\ X'_{L2} = k_{Ⅱ\text{-}Ⅲ}^2 X_{L2} \end{cases} \qquad (2\text{-}92)$$

各元件电阻、电导、电纳的有名值归算方法与上式类似，即

$$\begin{cases} R'_{L1} = k^2_{I\text{-}II} R_{L1} \\ R'_{L2} = k^2_{II\text{-}III} R_{L2} \\ G'_{L1} = G_{L1}/k^2_{I\text{-}II} \\ G'_{L2} = G_{L2}/k^2_{II\text{-}III} \\ B'_{L1} = B_{L1}/k^2_{I\text{-}II} \\ B'_{L2} = B_{L2}/k^2_{II\text{-}III} \end{cases}$$

变压器 T1 的阻抗取归算到第 I 段的值，变压器 T2 的阻抗取归算到第 II 段的值，再通过上述计算公式归算到第 I 段，上述参数归算后可直接在有名值单位中进行相应计算。对于超过三个电压等级的网络，也可以用类似的方法进行各电压等级参数的归算。

若采用标幺值计算，则需将已归算到基本级的上述参数转换为标幺值，线路 L1、L2 电抗标幺值为

$$X_{L1*} = (k^2_{I\text{-}II} X_{L1}) \frac{S_B}{U_B^2}$$

$$X_{L2*} = (k^2_{I\text{-}II} k^2_{II\text{-}III} X_{L2}) \frac{S_B}{U_B^2}$$

或写成

$$X_{L1*} = X_{L1} \frac{S_B}{(U_{BI}/k_{I\text{-}II})^2}$$

$$X_{L2*} = X_{L2} \frac{S_B}{[U_{BI}/(k_{I\text{-}II} k_{II\text{-}III})]^2} \tag{2-93}$$

如果令

$$U_{BII} = U_{BI}/k_{I\text{-}II}$$
$$U_{BIII} = U_{BI}/(k_{I\text{-}II} k_{II\text{-}III})$$

则式(2-93)简化为

$$X_{L1*} = X_{L1} \frac{S_B}{U_{BII}^2}$$

$$X_{L2*} = X_{L2} \frac{S_B}{U_{BIII}^2}$$

从上述几式的推导过程可知，在选定第 I 段的基准值为 S_B 和 U_{BI} 后，如再选第 II、III 段的基准值为 S_B、U_{BII} 及 S_B、U_{BIII}，说明不同电压等级基准功率相同，基准电压之比等于额定电压之比，则此时各元件参数标幺值可直接用各段的基准值进行标幺值计算，也就是标幺值计算的第二种方法，这样计算更为简便，不需要选定哪一段为基准级。基准值的选择主要考虑标幺值计算工作量的大小，一般选取基准功率等于某一重要元件的额定功率。在实际计算时，习惯上往往选 100MV·A 或 1000MV·A 等某一简单的整数为基准功率。

例 2-9 如图 2-33a 所示，试计算多电压等级电力网的标幺值等效电路。

解： 设 220kV 级为基本级，取 $S_B = 100$MV·A，$U_B = 220$kV，利用第二种方法计算各电压

等级的电压基准值为

$$\begin{cases} U_{B(110)} = \dfrac{U_B}{k_{12(T2)}} = 220 \times \dfrac{121}{214.5} \text{kV} = 124.1 \text{kV} \\ U_{B(35)} = \dfrac{U_B}{k_{13(T2)}} = 220 \times \dfrac{38.5}{214.5} \text{kV} = 39.5 \text{kV} \\ U_{B(10)} = \dfrac{U_B}{k_{12(T2)} k_{T3}} = 220 \times \dfrac{121}{214.5} \times \dfrac{10.5}{110} \text{kV} = 11.85 \text{kV} \end{cases}$$

等效电路如图 2-33b 所示。

变压器 T1 的参数为

$$\begin{cases} R_{T1*} = \dfrac{P_k}{1000} \dfrac{U_{N1}^2}{S_N^2} \dfrac{S_B}{U_B^2} = \dfrac{893}{1000} \times \dfrac{242^2}{180^2} \times \dfrac{100}{220^2} = 0.00333 \\ X_{T1*} = \dfrac{U_k\%}{100} \dfrac{U_{N1}^2}{S_N} \dfrac{S_B}{U_B^2} = \dfrac{13}{100} \times \dfrac{242^2}{180} \times \dfrac{100}{220^2} = 0.0874 \\ Y_{T1*} = \left(\dfrac{P_0}{1000 U_{N1}^2} - j \dfrac{I_0\%}{100} \dfrac{S_N}{U_{N1}^2}\right) \dfrac{U_B^2}{S_B} = \left(\dfrac{175}{1000 \times 242^2} - j \dfrac{0.5}{100} \times \dfrac{180}{242^2}\right) \times \dfrac{220^2}{100} \\ \qquad = (1.45 - j7.44) \times 10^{-3} \end{cases}$$

220kV 线路 L1 的参数为

$$Z_{L1*} = (r_1 + jx_1) l \dfrac{S_B}{U_B^2} = (0.08 + j0.406) \times 200 \times \dfrac{100}{220^2} = 0.0331 + j0.1677$$

$$Y_{L1*} = \dfrac{jB_L}{2} \dfrac{U_B^2}{S_B} = j2.81 \times 10^{-6} \times \dfrac{200}{2} \times \dfrac{220^2}{100} = j0.136$$

自耦变压器 T2 的参数为

$$\begin{cases} R_{12*} = \dfrac{P_{k1}}{1000} \dfrac{U_N^2}{S_N^2} \dfrac{S_B}{U_B^2} = \dfrac{294}{1000} \times \dfrac{220^2}{120^2} \times \dfrac{100}{220^2} = 0.00204 \\ R_{22*} = \dfrac{P_{k2}}{1000} \dfrac{U_N^2}{S_N^2} \dfrac{S_B}{U_B^2} = \dfrac{154}{1000} \times \dfrac{220^2}{120^2} \times \dfrac{100}{220^2} = 0.00107 \\ R_{32*} = \dfrac{P_{k3}}{1000} \dfrac{U_N^2}{S_N^2} \dfrac{S_B}{U_B^2} = \dfrac{1358}{1000} \times \dfrac{220^2}{120^2} \times \dfrac{100}{220^2} = 0.00943 \end{cases}$$

各绕组的等效漏电抗为

$$\begin{cases} X_{12*} = \dfrac{U_{k1}\%}{100} \dfrac{U_N^2}{S_N} \dfrac{S_B}{U_B^2} = \dfrac{10.8}{100} \times \dfrac{220^2}{120} \times \dfrac{100}{220^2} = 0.09 \\ X_{22*} = \dfrac{U_{k2}\%}{100} \dfrac{U_N^2}{S_N} \dfrac{S_B}{U_B^2} = \dfrac{-1.2}{100} \times \dfrac{220^2}{120} \times \dfrac{100}{220^2} = -0.01 \\ X_{32*} = \dfrac{U_{k3}\%}{100} \dfrac{U_N^2}{S_N} \dfrac{S_B}{U_B^2} = \dfrac{24.2}{100} \times \dfrac{220^2}{120} \times \dfrac{100}{220^2} = 0.202 \\ Y_{T2*} = \left(\dfrac{P_0}{1000 U_N^2} - j \dfrac{I_0\%}{100} \dfrac{S_N}{U_N^2}\right) \dfrac{U_B^2}{S_B} \end{cases}$$

$$=\left(\frac{89}{1000\times 220^2}-j\frac{0.35}{100}\times\frac{120}{220^2}\right)\times\frac{220^2}{100}$$
$$=(0.89-j4.2)\times 10^{-3}$$

110kV 线路 L2 的参数为

$$Z_{L2*}=(r_2+jx_2)l\frac{S_B}{U_{B(110)}^2}=(0.105+j0.383)\times 80\times\frac{100}{(124.1)^2}=0.0545+j0.1989$$

$$Y_{L2*}=\frac{jB_{L2}}{2}\frac{U_{B(110)}^2}{S_B}=j2.98\times 10^{-6}\times\frac{80}{2}\times\frac{124.1^2}{100}=j0.01836$$

变压器 T3 的参数(归算到 110kV 侧)为

$$\begin{cases}R_{T3*}=\dfrac{P_k}{1000}\dfrac{U_{N1}^2}{S_N^2}\dfrac{S_B}{U_{B(110)}^2}=\dfrac{280}{1000}\times\dfrac{110^2}{63^2}\times\dfrac{100}{124.1^2}=0.00554\\[2pt]X_{T3*}=\dfrac{U_k\%}{100}\dfrac{U_{N1}^2}{S_N}\dfrac{S_B}{U_{B(110)}^2}=\dfrac{13}{100}\times\dfrac{110^2}{63}\times\dfrac{100}{124.1^2}=0.1309\\[2pt]Y_{T3*}=\left(\dfrac{P_0}{1000U_{N1}^2}-j\dfrac{I_0\%}{100}\dfrac{S_N}{U_{N1}^2}\right)\times\dfrac{U_{B(110)}^2}{S_B}\end{cases}$$

$$=\left(\frac{60}{1000\times 110^2}-j\frac{0.61}{100}\times\frac{63}{110^2}\right)\times\frac{124.1^2}{100}$$
$$=(0.765-j4.89)\times 10^{-3}$$

10kV 线路 L3 的参数为

$$Z_{L3*}=(r_3+jx_3)l\frac{S_B}{U_{B(10)}^2}=(0.45+j0.08)\times 3\times\frac{100}{11.85^2}=0.9614+j0.1709$$

35kV 线路 L4 的参数为

$$Z_{L4*}=(r_4+jx_4)l\frac{S_B}{U_{B(35)}^2}=(0.17+j0.38)\times 15\times\frac{100}{39.5^2}=0.1634+j0.3658$$

2.5.4 具有非标准电压比变压器时的电力网络等效电路

对于变压器的模型,与采用有名值相比采用标幺值计算可以简化模型。当选定电压基准值的电压比与绕组额定电压的电压比相等时,理想变压器的绕组可以去掉。但是某些情况下不能按照以上方式选定电压基准值。例如,考虑两个双绕组变压器并联时,如图 2-37 所示。变压器 T1 的额定值为 13.8kV/345kV,T2 的额定值为 13.2kV/345kV。如果高压侧选用 U_{BH}=345kV,那么低压侧变压器 T1 选定 U_{BX}=13.8kV,T2 选定 U_{BX}=13.2kV。显然,不能选定同时适用两个变压器的电压基准值。

为适应这种情况,改进变压器的标幺模型,使该变压器的额定电压与选定的基准电压不成比例。这类变压器称为"非标准电压比"。图 2-38a 所示变压器的额定电压 U_{N1} 和 U_{N2} 满足

$$U_{N1}=k_N U_{N2}$$

其中假定 k_N 通常为实数或者复数。假设选定的电压基准值满足

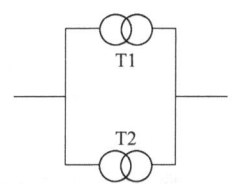

图 2-37 两个变压器并联

$$U_{B1}=k_b U_{B2} \qquad (2\text{-}94)$$

定义标幺电压比 $k_*=k_N/k_b$,式(2-94)可写为

$$U_{N1}=k_b(k_N/k_b)U_{N2}=k_b k_* U_{N2} \qquad (2\text{-}95)$$

式(2-95)可通过两个串联的变压器描述,如图 2-38b 所示。第一个变压器,绕组额定电压的电压比与选定基准电压的电压比相同,为 k_b。因此,这个变压器有标准标幺模型,同图 2-38b 或者图 2-38c。我们假定第二个变压器为理想的,所有有功、无功损耗与第一个变压器相关联,所得标幺模型如图 2-38c 所示,为简化,忽略并联励磁支路。注意:如果 $k_N = k_b$,那么图中理想变压器绕组可以去掉,因为标幺电压比 $k_* = k_N/k_b = 1$。

图 2-38c 所示的标幺模型非常有效,但是它不适合某些计算机程序(在之后章节有所涉及),因为这些程序不适应理想变压器绕组。

我国变压器抽头一般放在高压侧,为了不使 Z_t 在抽头改变时,重新归算它的值,通常将 Z_t 置于理想变压器一侧,对应于双绕组变压器低压侧,k_* 对应于双绕组变压器高压侧。利用 Γ 形变换为 Π 形等效电路的方法可得如图 2-31 所示的 Π 形等效电路,图中电压比 k 用标幺电压比 k_* 表示即可。

对于三绕组变压器,通常在高、中压侧装有抽头,因此等效电路如图 2-39a 所示。图中 2、3 段分别为高、中压侧,Z_{t1}、Z_{t2}、Z_{t3} 分别为三绕组等效阻抗,三个等效阻抗相连的点是为便于计算引入的一个虚拟点,k_2、k_3 分别为 2 侧、3 侧非标准电压比。图 2-39b 为 Π 形等效电路,阻抗在低压侧。

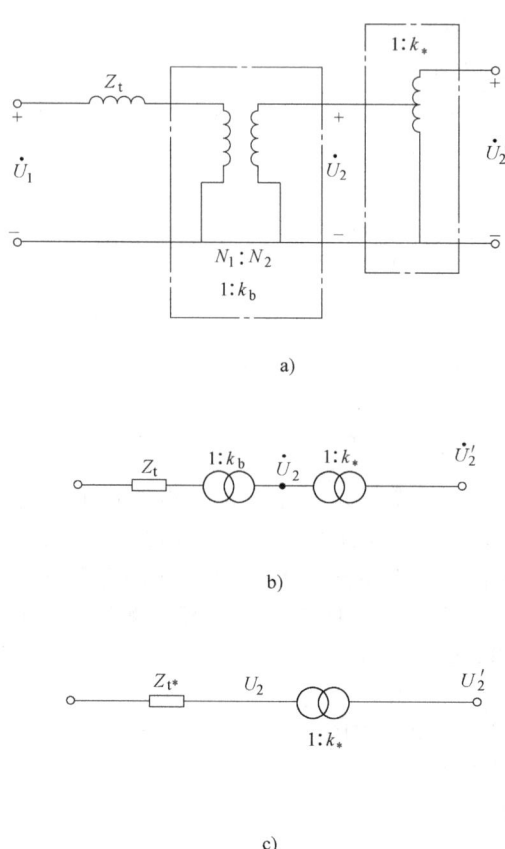

图 2-38 两个变压器的串联模型

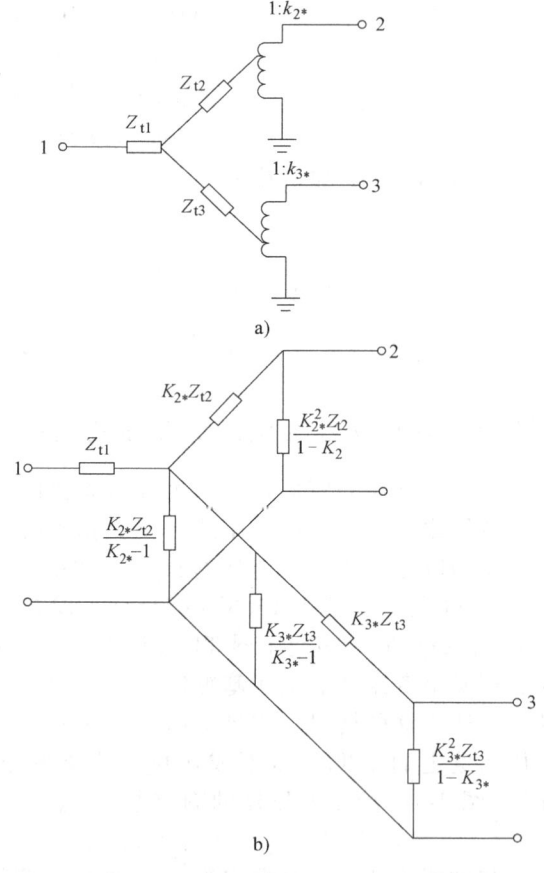

图 2-39 三绕组变压器考虑非标准电压比时的等效电路
a) 非标准电压比变压器 Γ 形等效电路 b) Π 形等效电路

例 2-10 电力网络如图 2-40 所示,参数与例 2-6 相同,试做出采用非标准电压比变压器的电力网等效电路。

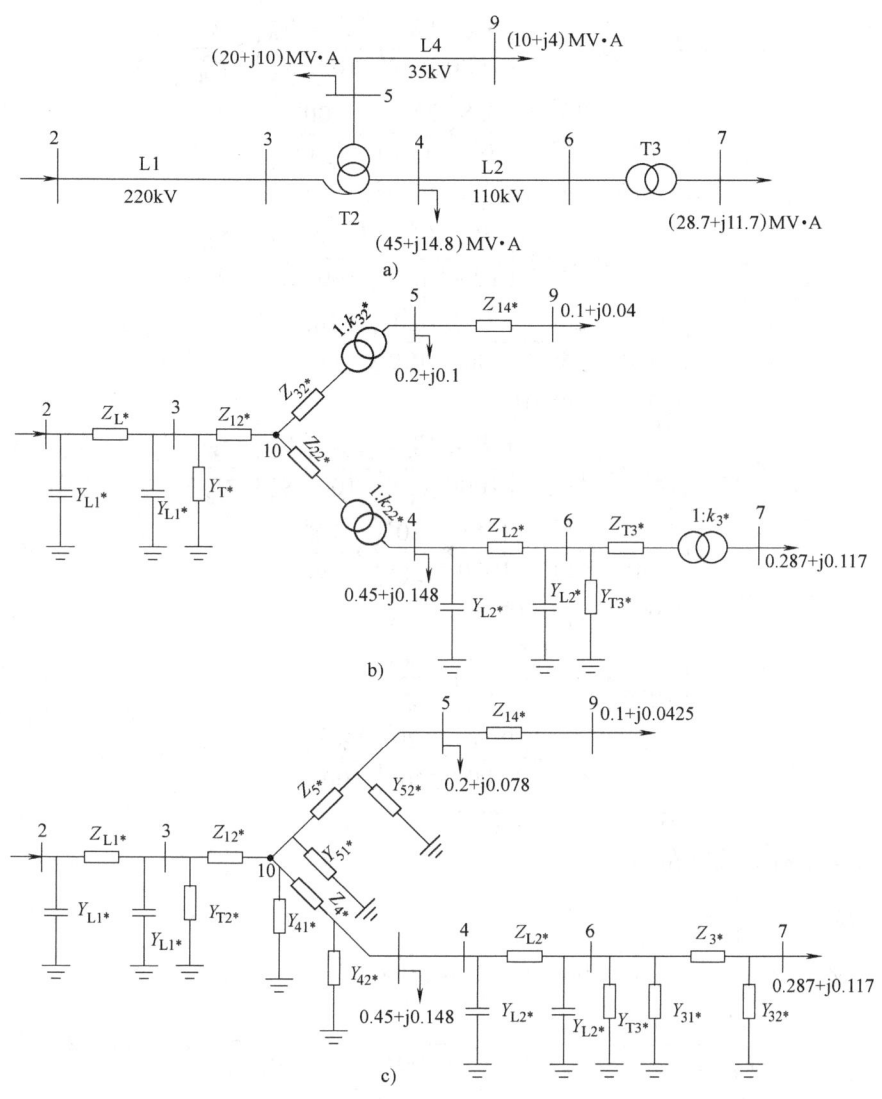

图 2-40 例 2-10 电力网络和等效电路

a)电力网络 b)采用非标准电压比变压器的等效电路
c)采用非标准电压比变压器的 Π 形等效电路

解：基准容量为 $S_B = 100\text{MV} \cdot \text{A}$，计算 220kV 线路 L1 的参数，该段电压基准值为 $U_B = 220\text{kV}$，网络中各负荷容量标幺值已根据基准容量计算后标于图中。

$$Z_{L*} = (r_1 + jx_1)l \frac{S_B}{U_B^2} = (0.08 + j0.406) \times 200 \times \frac{100}{220^2}$$

$$= 0.0331 + j0.1677$$

$$Y_{L1*} = \frac{jB_{L1}}{2} \frac{U_B^2}{S_B} = j2.81 \times 10^{-6} \times \frac{200}{2} \times \frac{220^2}{100}$$

$$= j0.136$$

自耦变压器 T2 的参数为

$$Z_{12*} = R_{12*} + jX_{T21*} = \left(\frac{P_{k1}}{1000}\frac{U_N^2}{S_N^2} + j\frac{U_{k1}\%}{100}\frac{U_N^2}{S_N}\right) \times \frac{S_B}{U_B^2}$$

$$= \left(\frac{294}{1000} \times \frac{220^2}{120^2} + j\frac{10.8}{100} \times \frac{220^2}{120}\right) \times \frac{100}{220^2}$$

$$= 0.00204 + j0.09$$

$$Z_{22*} = R_{22*} + jX_{T22*} = \left(\frac{P_{k2}}{1000}\frac{U_N^2}{S_N^2} + j\frac{U_{k2}\%}{100}\frac{U_N^2}{S_N}\right)\frac{S_B}{U_B^2}$$

$$= \left(\frac{154}{1000} \times \frac{220^2}{120^2} + j\frac{-1.2}{100} \times \frac{220^2}{120}\right) \times \frac{100}{220^2}$$

$$= 0.00107 - j0.01$$

$$Z_{32*} = R_{32*} + jX_{T23*} = \left(\frac{P_{k3}}{1000}\frac{U_N^2}{S_N^2} + j\frac{U_{k3}\%}{100}\frac{U_N^2}{S_N}\right)\frac{S_B}{U_B^2}$$

$$= \left(\frac{24.2}{100} \times \frac{220^2}{120} + j\frac{1358}{1000} \times \frac{220^2}{120^2}\right) \times \frac{100}{220^2}$$

$$= 0.00943 + j0.202$$

$$Y_{T2*} = \left(\frac{P_0}{1000 U_N^2} - j\frac{I_0\%}{100}\frac{S_N}{U_B^2}\right)\frac{U_B^2}{S_B}$$

$$= \left(\frac{89}{1000 \times 220^2} - j\frac{0.35}{100} \times \frac{120}{220^2}\right)\frac{220^2}{100}$$

$$= (0.89 - j4.2) \times 10^{-3}$$

中压侧双绕组变压器等效电路的参数为

$$\begin{cases} k_{22*} = \frac{121}{214.5} \div \frac{110}{220} = 1.128 \\ Z_{4*} = k_{22*} Z_{22*} = 0.00121 - j0.01128 \\ Y_{41*} = \frac{k_{22*} - 1}{k_{22*} Z_{22*}} = \frac{1.128 - 1}{1.128} \times \frac{1}{0.00107 - j0.01} = 1.2 + j11.22 \\ Y_{42*} = \frac{1 - k_{22*}}{k_{22*}^2 Z_{22*}} = \frac{1 - 1.128}{1.128^2} \times (10.58 + j98.9) = -1.064 - j9.95 \end{cases}$$

低压侧双绕组变压器等效电路的参数为

$$\begin{cases} k_{32*} = \frac{38.5}{214.5} \div \frac{35}{220} = 1.128 \\ Z_{5*} = k_{32*} Z_{32*} = 0.0106 + j0.228 \\ Y_{51*} = \frac{k_{32*} - 1}{k_{32*} Z_{32*}} = \frac{1.128 - 1}{1.128} \times \frac{1}{0.00943 + j0.202} = 0.0262 - j0.561 \\ Y_{52*} = \frac{1 - k_{52*}}{k_{22*}^2 Z_{22*}} = \frac{1 - 1.128}{1.128^2} \times (0.231 - j4.94) = -0.0232 + j0.497 \end{cases}$$

计算 35kV 线路 L4 的参数，该段电压基准值为 $U_B = 35\text{kV}$。

$$Z_{L4*} = (r_4 + jx_4)l\frac{S_B}{U_B^2} = (0.17 + j0.38) \times 15 \times \frac{100}{35^2} = 0.2082 + j0.465$$

计算110kV线路L2的参数，该段电压基准值为 $U_B = 110\text{kV}$。

$$Z_{L2*} = (r_2 + jx_2)l\frac{S_B}{U_B^2} = (0.105 + j0.383) \times 80 \times \frac{100}{110^2} = 0.0695 + j0.2532$$

$$Y_{L2*} = \frac{jB_{L2}}{2}\frac{U_B^2}{S_B} = j2.98 \times 10^{-6} \times \frac{80}{2} \times \frac{110^2}{100} = j0.0144$$

变压器T3的参数为

$$Z_{T3*} = R_{T3*} + jX_{T3*} = \left(\frac{P_k}{1000}\frac{U_{N1}^2}{S_N^2} + j\frac{U_k\%}{100}\frac{U_{N1}^2}{S_N}\right) \times \frac{S_B}{U_B^2}$$

$$= \left(\frac{280}{1000} \times \frac{110^2}{63^2} + j\frac{10.5}{100} \times \frac{110^2}{63}\right) \times \frac{100}{110^2} = 0.00705 + j0.1667$$

$$Y_{T3*} = \left(\frac{P_0}{1000U_{N1}^2} - j\frac{I_0\%}{100}\frac{S_N}{U_{N1}^2}\right) \times \frac{U_B^2}{S_B}$$

$$= \left(\frac{60}{1000 \times 110^2} - j\frac{0.61}{100} \times \frac{63}{110^2}\right) \times \frac{110^2}{100}$$

$$= (0.609 - j3.84) \times 10^{-3}$$

$$\begin{cases} k_{3*} = \dfrac{10.5}{110} \div \dfrac{10}{110} = 1.05 \\ Z_{3*} = k_{3*}Z_{T3*} = 0.0074 - j0.175 \\ Y_{31*} = \dfrac{k_{3*} - 1}{k_{3*}Z_{T3*}} = \dfrac{1.05 - 1}{1.05} \times \dfrac{1}{0.00705 + j0.1667} = 0.012 - j0.285 \\ Y_{32*} = \dfrac{1 - k_{3*}}{k_{3*}^2 Z_{T3*}} = \dfrac{1 - 1.05}{1.05^2} \times (0.253 - j5.99) = -0.0115 + j0.272 \end{cases}$$

本 章 小 结

本章主要内容为电力系统各元件稳态参数计算及数学模型。通过本章学习应掌握以下内容：掌握同步发电机稳态数学模型及运行特性；了解电力线路电阻、电抗、电导、电纳四个参数的物理意义，学会计算参数的大小并能够绘制常用的等效电路；了解电力变压器参数的物理意义，学会利用生产厂家提供的负载损耗、阻抗电压百分数、空载损耗、空载电流百分数计算变压器的参数并绘制Γ形等效电路，学会将Γ形等效电路转换为Π形等效电路；了解电力系统负荷模型；了解电力网络数学模型，学会计算各元件参数的标幺值，多电压等级电力网的标幺值等效电路参数计算及模型绘制。

习 题

2-1 架空线路的电阻、电抗、电纳和电导是怎样计算的？影响电抗参数的主要因素是什么？

2-2 架空线路采用分裂导线有什么好处？电力线路一般以什么样的等效电路来表示？

2-3 已知一条300km长的输电线，$R = 0.1\Omega/\text{km}$，$L = 2.0\text{mH/km}$，$C = 0.01\mu\text{F/km}$，系统频率为50Hz。使用(1)短线路、(2)中程线路、(3)长线路模型求其Π形等效电路。

2-4 三相双绕组升压变压器的型号为SFPSL—40500/220，额定容量为40500kV·A，额定电压为121kV/10.5kV，$\Delta P_k = 234.4\text{kW}$，$U_k\% = 11$，$\Delta P_0 = 93.6\text{kW}$，$I_0\% = 2.315$，求该变压器的参数，并绘制其等效电路。

2-5 有一台 SFL₁—20000/110 型(20000 为额定容量,单位为 kV·A;110 为额定电压,单位为 kV)10kV 网络供电的降压变压器,铭牌给出的试验数据为 $\Delta P_k = 135\text{kW}$, $U_k\% = 10.5$, $\Delta P_0 = 22\text{kW}$, $I_0\% = 0.8$,试求:

(1) 计算归算到一次(二次)侧的变压器参数,并绘制其 Γ 形、Π 形等效电路。

(2) 变压器不含励磁支路时的 Π 形等效电路。

2-6 一台 220kV/121kV/10.5kV、120MV·A、容量比为 100/100/50 的 YNynd 三相变压器(升压器)的 $I_0\% = 0.9$,$P_0 = 123.1\text{kW}$,负载损耗和阻抗电压见表 2-6。试计算励磁支路的导纳、各绕组电阻和等效漏抗,

表 2-6

项目	高压-中压	高压-低压	中压-低压	
负载损耗/kW	660	256	227	未归算到 S_N
阻抗电压(%)	24.7	14.7	8.8	已归算

各参数归算到中压侧。

2-7 简述电力系统采用标幺制的好处,标幺值的选定原则。

2-8 计算例 2-6 中电力网络各元件的标幺值,画出等效电路,取 $S_B = 100\text{MV·A}$, $U_B = 220\text{kV}$ 为基准值。

2-9 双绕组变压器的标幺值等值电路一般表示如图 2-41 四种形式(忽略导纳支路),试将四种形式的等值电路变换为 Π 型。

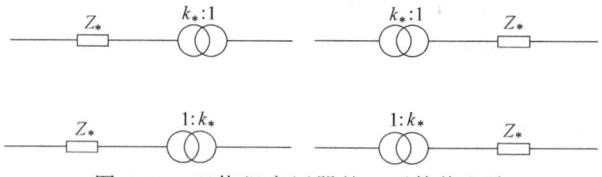

图 2-41 双绕组变压器的 Γ 型等值电路

2-10 电力系统如图 1-7 所示,试绘制利用标幺值符号表示的等值电路,系统基准容量统一,各节点额定电压选做为该节点的基准值。

2-11 查找资料了解风力发电、光伏发电、直流输电等的数学模型,针对新型电力系统,需要拓展研究哪些内容?

第3章
电力系统稳态分析计算

本章提要

本章介绍电力网络稳态行为特性的计算方法;引入电力线路的电压降落、功率损耗及电能损耗等基本概念,电力系统的潮流计算是稳态分析的主要内容,也是安全性及经济性评估的基础工作;介绍潮流的基本物理量、数学模型和约束条件,介绍辐射形电力网络潮流计算的手算方法,远距离输电线路的潮流分布,复杂电力网潮流计算的计算机解法;对电力系统静态安全分析内容进行了简要概述。

3.1 潮流计算的基本原理

电力系统的功率流动被形象地称为潮流,主要包括电力系统中各元件(如线路、变压器、母线等)运行时的有功功率、无功功率、电压大小和相位等运行参数。电力网络潮流计算为主要内容的电力网络稳态行为特性计算的目的在于估计用户电力供应的质量,为电力网运行的安全性与经济性评估提供基础数据。配电网潮流计算是配电网络分析的基础,配电网的网络重构、无功功率优化、状态估计和故障处理都需要用到配电网潮流数据。

潮流计算的基本原理

1)满足系统经济性运行的要求,每一台发电机的输出必须接近于预先设定值。
2)必须确保线路潮流低于线路热极限和电力系统稳定极限。
3)必须保持某些中枢点母线的电压水平在允许范围内,必要时用无功功率补偿来达到。
4)区域电网是互联系统的一部分,必须执行合同规定的输送至邻网的联络线功率计划。
5)采用适当的潮流控制策略,使故障扰动影响最小化。

通常情况下,输电线路电压在轻载时会较高,重载时会较低,电压调整是指在负载由轻载到满载变化过程中实时调整线路电压以满足运行要求。对于超高压输电线路,线路电压维持在额定电压的±5%之内,实际运行时,通常电压调整约为额定电压的10%;对于低压输电线路,电压调整数值为额定电压的10%,包含了变压器本身的电压降落。

3.1.1 潮流计算的基本物理量

潮流计算是电力系统分析中的一种最基本的计算,它的任务是对给定的运行条件确定系统的运行状态,就是在三相平衡稳定状态下计算电力系统中每条母线的电压幅值和相位,其中每一设备如传输线和变压器中的有功和无功潮流,各设备的损耗都需要计算出来。

潮流计算采用电力系统的单线图,对于任意一条母线 i,需要由以下4个变量来描述:电压幅值 U_i、相位 δ_i,电网供给母线的有功功率 P_i、无功功率 Q_i。若某一电力系统有 n 个节点,则共有 $4n$ 个变量,对于每条母线,这4个变量中的两个指定为输入数据,其余的两个是潮流程序所要计算的未知量。通常约定功率注入母线为正方向,流出为负。为方便起见,在图3-1中传送给母线 i 的功率可分为发电机发出和负载吸收两部分,也就是

$$P_i = P_{Gi} - P_{Li}$$

$$Q_i = Q_{Gi} - Q_{Li}$$

每条母线被归为以下三种母线类型中的一种：

1）平衡节点，一般一个系统只有一个平衡节点。在潮流分布算出以前，网络中的功率损耗是未知的，因此，至少有一个节点的有功功率 P 和无功功率 Q 不能给定。另外，必须选定一个节点，制定其电压相位为零，作为其他节点电压相位的参考，这个节点称为基准节点。为了计算方便，常将平衡节点和基准节点设在同一个节点上，为方便起见在本书中把它标号为母线1。平衡节点是电压参考节点，该母线的 $U_1 \angle \delta_1$ 是给定值，作为输入数据，典型取标幺值 $1.0\angle 0°$。潮流程序计算 P_1 和 Q_1。因为平衡节点的 P、Q 事先无法确定，为使潮流计算结果符

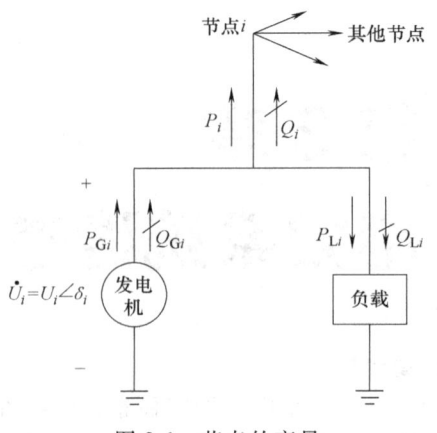

图 3-1 节点的变量

合实际，常把平衡节点选在有较大调节裕度的发电机节点，潮流计算结束时若平衡节点的有功功率、无功功率和实际情况不符，就要调整其他节点的边界条件以使平衡节点的功率满足实际允许范围。

2）PQ 节点，P_i 和 Q_i 是输入数据。这类节点的有功功率 P_i 和无功功率 Q_i 是给定的，潮流程序计算节点电压幅值 U_i 和相位 δ_i。负荷节点和无功功率注入的联络节点都属于这类节点。有些情况下，系统中某些发电厂送出的功率在一定时间内为固定时，该发电厂母线也可以作为 PQ 节点。在一个典型的潮流程序中绝大多数母线可作为 PQ 节点。

3）PV 节点（电压控制母线），P_i 和 U_i 是输入数据。这类节点的有功功率 P_i 和节点电压幅值 U_i 是给定的，潮流程序计算节点的无功功率 Q_i 和电压相位 δ_i。这类节点必须具有足够的无功可调容量，用以保持给定的节点电压幅值。在电力系统中这类节点的数目较少，如与发电机、并联补偿电容器或者静止无功补偿系统相连的母线，设备无功功率最大值 Q_{Gimax} 和最小值 Q_{Gimin} 都是输入数据。另一个例子是与抽头可调节变压器相连的母线，用潮流程序计算抽头的位置。

注意：当母线 i 是无发电机相连接的负载母线时，$P_i = -P_{Li}$ 为负值，也就是说，在图 3-1 中给母线 i 提供的有功功率为负值。如果负荷是感性的，$Q_i = -Q_{Li}$ 为负值。

综上所述，若系统中除去参考节点外有 n 个节点（本书中以大地为参考节点），选第 1 个节点为平衡节点，剩下的 $n-1$ 个节点中有 r 个 PV 节点，则有 $n-r-1$ 个 PQ 节点。因此，除了平衡节点外，有 $n-1$ 个节点的注入有功功率、$n-r-1$ 个 PQ 节点的注入无功功率和 r 个 PV 节点的电压幅值为已知量。

3.1.2 潮流计算的数学模型

在稳态潮流计算中，电力系统各元件（参数）等效成一个有源网络。将发电机和负荷用无阻抗线从网络中抽出，剩下的是由接地和不接地支路组成的无源线性网络，可以用导纳矩阵（$\boldsymbol{Y}$）或阻抗矩阵（$\boldsymbol{Z}$）来描述。

采用导纳矩阵时，节点电流和节点电压构成以下方程：

$$\dot{\boldsymbol{I}} = \boldsymbol{Y}\dot{\boldsymbol{U}} \tag{3-1}$$

式中，$\boldsymbol{Y}$ 为 $n \times n$ 阶导纳矩阵，其阶数 n 为网络中除去参考节点外的节点数，如果不考虑网络元件的非线性及变压器的相位偏移，$\boldsymbol{Y}$ 为对称矩阵；$\dot{\boldsymbol{I}}$ 为 $n \times 1$ 维节点注入电流列向量，在电力系统计算中，节点注入电流可理解为该节点电源电流与负荷电流之和，并规定流入节点电流为正，因此仅有负荷的节点电流为负值，某些仅起联络作用的节点，如图 3-2 中节点 $n=3$，

其注入电流为零；$\dot{U}$ 为 $n \times 1$ 维节点电压列向量，网络中有接地支路时，节点电压通常指该节点的对地电压，以大地作为参考节点，并规定其编号为零。

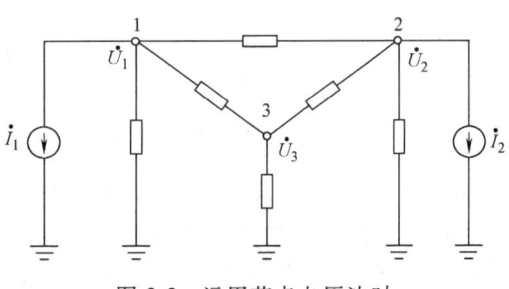

图 3-2　运用节点电压法时的电力网络等效电路

对于第 i 个节点，展开为如下形式：

$$\dot{I}_i = \sum_{j=1}^{n} Y_{ij} \dot{U}_j, \quad i = 1, 2, \cdots, n \text{ 且 } i \neq j \tag{3-2}$$

若采用阻抗矩阵可表示为 $\dot{U} = Z \dot{I}$，展开为

$$\dot{U}_i = \sum_{j=1}^{n} Z_{ij} \dot{I}_j, \quad i = 1, 2, \cdots, n \tag{3-3}$$

在潮流计算时一般以节点电压方程进行。节点导纳矩阵与阻抗矩阵互为逆矩阵，在短路计算时可直接利用导纳矩阵求逆得到阻抗矩阵，以求得短路点的短路电流。

由于实际系统中一般不给出节点电流而是节点功率，因此将式(3-2)中的节点注入电流用节点注入功率来表示，即

$$\widetilde{S}_i = P_i + jQ_i = \dot{U}_i \dot{I}_i^* = \dot{U}_i \left[\sum_{j=1}^{n} Y_{ij} U_j \right]^*, \quad i = 1, 2, \cdots, n \tag{3-4}$$

如果节点电压用极坐标表示，令

$$\begin{cases} \dot{U}_i = U_i e^{j\delta_i} \\ \dot{U}_j = U_j e^{j\delta_j} \\ Y_{ij} = Y_{ij} e^{j\theta_{ij}} = G_{ij} + jB_{ij} \end{cases}, \quad i \text{、} j = 1, 2, \cdots, n$$

则 n 个节点电力系统潮流方程的一般形式为

$$\begin{cases} \widetilde{S}_i = P_i + jQ_i = U_i \sum_{j=1}^{n} Y_{ij} U_j e^{j(\delta_i - \delta_j - \theta_{ij})} \\ P_i = U_i \sum_{j=1}^{n} Y_{ij} U_j \cos(\delta_i - \delta_j - \theta_{ij}) \\ Q_i = U_i \sum_{j=1}^{n} Y_{ij} U_j \sin(\delta_i - \delta_j - \theta_{ij}) \end{cases}, \quad i = 1, 2, \cdots, n \tag{3-5}$$

或

$$\begin{cases} P_i = U_i \sum_{j=1}^{n} U_j [G_{ij} \cos(\delta_i - \delta_j) + B_{ij} \sin(\delta_i - \delta_j)] \\ Q_i = U_i \sum_{j=1}^{n} U_j [G_{ij} \sin(\delta_i - \delta_j) - B_{ij} \cos(\delta_i - \delta_j)] \end{cases}, \quad i = 1, 2, \cdots, n \tag{3-6}$$

若采用直角坐标系，节点电压可表示为

$$\dot{U}_i = e_i + jf_i, \quad i = 1, 2, \cdots, n$$

导纳矩阵元素可表示为

$$Y_{ij} = G_{ij} + jB_{ij}, \quad i \text{、} j = 1, 2, \cdots, n$$

将上述表达式代入式(3-6)的右端，展开并分出实部和虚部，便得

$$\begin{cases} P_i = e_i \sum_{j=1}^{n} (G_{ij}e_j - B_{ij}f_j) + f_i \sum_{j=1}^{n} (G_{ij}f_j + B_{ij}e_j) \\ Q_i = f_i \sum_{j=1}^{n} (G_{ij}e_j - B_{ij}f_j) - e_i \sum_{j=1}^{n} (G_{ij}f_j + B_{ij}e_j) \end{cases}, \quad i = 1, 2, \cdots, n \qquad (3-7)$$

可见，原来电流和电压的线性方程组变换为功率和电压的非线性方程组，式(3-6)和式(3-7)就是潮流计算的基本方程。它们是一组共有 n 个非线性方程组成的复数方程组，如果把实部和虚部分开便得到 $2n$ 个实数方程，由该方程组可解出 $2n$ 个运行参数。但是每一个节点都有 P、Q、U、δ 四个运行变量，共有 $4n$ 个运行参数，所以要事先给定其余 $2n$ 个参数。这就要根据节点的分类，将每个节点的 4 个运行参数中的两个作为原始数据，另外两个作为待求量。

3.1.3 潮流计算的约束条件

为了保证电力系统的正常运行，潮流计算中某些变量应满足一定的约束条件，常用的约束条件如下：

（1）所有节点电压必须满足

$$U_{i\min} \leq U_i \leq U_{i\max}, \quad i = 1, 2, \cdots, n$$

从保证电能质量和供电安全的要求来看，电力系统的所有电气设备都必须运行在额定电压附近。PV 节点的电压幅值必须按上述条件给定。因此，这一约束条件主要是对 PQ 节点而言。

（2）所有电源节点的有功功率和无功功率必须满足

$$\begin{cases} P_{G i\min} \leq P_{Gi} \leq P_{G i\max} \\ Q_{G i\min} \leq Q_{Gi} \leq Q_{G i\max} \end{cases}$$

PQ 节点的有功功率和无功功率以及 PV 节点的有功功率，在给定时就必须满足此条件。因此，对平衡节点的 P 和 Q 以及 PV 节点的 Q 应按此条件进行检验。

（3）某些节点之间电压的相位差应满足

$$|\delta_i - \delta_j| < |\delta_i - \delta_j|_{\max}, \quad i \neq j$$

为了保证系统运行的稳定性，要求某些输电线两端的电压相位差不超过一定的数值。因此，潮流计算可以归结为求解一组非线性方程组，并使其解满足一定的约束条件。如果不能满足，则应修改某些变量，甚至修改系统的运行方式，重新进行计算。

3.2 电力网络潮流计算的手算解法

3.2.1 电压降落与功率损耗的计算

1. 电力线路上电压降落与功率损耗的计算

电压是电能质量的指标之一，电力网络在运行过程中必须把某些母线上的电压保持在一定范围内，以满足用户电气设备的电压处于额定电压附近的允许范围内。

电力系统计算中常用功率而不用电流，这是因为实际系统中的电源、负荷常以功率形式给出，而电流是未知的。当电流（功率）在电力网络中的各个元件上流过时，将产生电压降落，直接影响用户端的电压质量。因此，电压降落的计算是分析电力网运行状态所必需的。电压降落即为该支路首末两端电压的相量差。

对如图 3-3 所示的系统，已知末端相电压及功率求线路功率损耗及电压降落，设末端电压

为 $\dot{U}_2$，末端功率为 $\tilde{S}_2 = P_2 + jQ_2$，则线路末端导纳支路的功率损耗 $\Delta\tilde{S}_{y2}$ 为

$$\Delta\tilde{S}_{y2} = \dot{U}_2\left(\frac{Y}{2}\dot{U}_2\right)^* = \frac{1}{2}(G-jB)U_2^2 = \frac{1}{2}GU_2^2 - j\frac{1}{2}BU_2^2 = \Delta P_{y2} - j\Delta Q_{y2} \quad (3\text{-}8)$$

阻抗支路末端的功率 $\tilde{S}'_2$ 为

$$\tilde{S}'_2 = \tilde{S}_2 + \Delta\tilde{S}_{y2} = P'_2 + jQ'_2$$

阻抗支路中损耗的功率 $\Delta\tilde{S}_Z$ 为

$$\Delta\tilde{S}_Z = \left(\frac{\tilde{S}'_2}{U_2}\right)^2 Z = \frac{P'^2_2 + Q'^2_2}{U_2^2}(R+jX) = \Delta P_Z + j\Delta Q_Z \quad (3\text{-}9)$$

阻抗支路始端的功率 $\tilde{S}'_1$ 为

$$\tilde{S}'_1 = \tilde{S}'_2 + \Delta\tilde{S}_Z = P'_1 + jQ'_1$$

线路始端导纳支路的功率损耗 $\Delta\tilde{S}_{y1}$ 为

$$\Delta\tilde{S}_{y1} = \dot{U}_1\left(\frac{Y}{2}\dot{U}_1\right)^* = \frac{1}{2}(G-jB)U_1^2 = \Delta P_{y1} - j\Delta Q_{y1} \quad (3\text{-}10)$$

线路首端功率 $\tilde{S}_1$ 为

$$\tilde{S}_1 = \tilde{S}'_1 + \Delta\tilde{S}_{y1} = P_1 + jQ_1$$

由式(3-8)~式(3-10)可知，线路阻抗支路的有功功率和无功功率损耗均为正值，而导纳支路的无功功率损耗为负值，表示线路阻抗既消耗有功功率又消耗无功功率，导纳支路实际上是发出无功功率(又称为充电功率)的，起到无功功率源的作用。当线路轻载运行时，线路只消耗很少的无功功率，甚至会发出无功功率。高压线路在轻载运行时发出的无功功率，对无功缺乏的系统可能是有益的，但当线路消耗的无功功率小于线路的充电功率时，会造成沿线电压升高，可能会导致绝缘的损坏，应注意避免。由于无功功率宜分层平衡，因此对于超高压以上的输电线路，轻载运行带来的充电无功往往是不能接受的。一般为了防止沿线电压的升高，线路末端常连接并联电抗器，用于在轻载或空载时抵消充电功率，避免出现线路末端电压过高。

从以上推导不难看出，要想求出始端导纳支路的功率损耗 $\Delta\tilde{S}_{y1}$ 及 $\tilde{S}_1$，必须先求出始端电压 $\dot{U}_1$。设 $\dot{U}_2$ 与实轴重合，即 $\dot{U}_2 = U_2\angle 0°$，如图3-4所示。

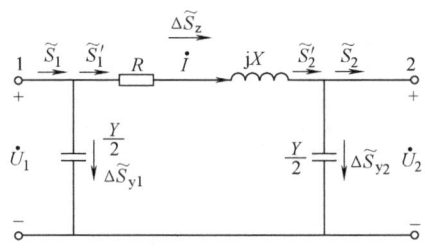

图3-3 电力线路的电压和功率

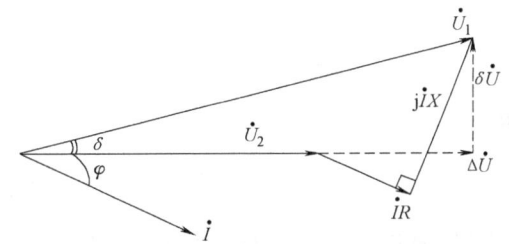

图3-4 利用末端电压计算始端电压

由 $\dot{U}_1 = \dot{U}_2 + \left(\dfrac{\tilde{S}'_2}{\dot{U}_2}\right)^* Z$ 可得

$$\dot{U}_1 = U_2 + \frac{P'_2 - jQ'_2}{U_2}(R+jX) = \left(U_2 + \frac{P'_2 R + Q'_2 X}{U_2}\right) + j\left(\frac{P'_2 X - Q'_2 R}{U_2}\right) \tag{3-11}$$

令

$$\Delta U = \frac{P'_2 R + Q'_2 X}{U_2}, \quad \delta U = \frac{P'_2 X - Q'_2 R}{U_2}$$

线路电压降落为

$$\Delta \dot{U}_{12} = \Delta U + j\delta U$$

式中，ΔU 和 δU 分别称为电压降落的纵分量和横分量，电压降落也是相量。

则有

$$\dot{U}_1 = (U_2 + \Delta U) + j\delta U \tag{3-12}$$

从而得出

$$U_1 = \sqrt{(U_2 + \Delta U)^2 + (\delta U)^2}$$

那么功角为

$$\delta = \arctan \frac{\delta U}{U_2 + \Delta U}$$

在一般电力系统中，$U_2 + \Delta U$ 远远大于 δU，也即电压降落的横分量的值 δU 对电压 $\dot{U}_1$ 的大小影响很小，可以忽略不计，所以

$$U_1 \approx U_2 + \Delta U = U_2 + \frac{P'_2 R + Q'_2 X}{U_2} \tag{3-13}$$

同理，也可以从始端电压 $\dot{U}_1$、始端功率 $\tilde{S}_1$ 求取电压降落及末端电压 $\dot{U}_2$ 和末端功率 $\tilde{S}_2$ 的计算公式，如图 3-5 所示。有关功率的推导与式 (3-8)～式 (3-10) 类似，而计算电压的部分应该为

式中

$$\begin{cases} \dot{U}_2 = (U_1 - \Delta U') - j\delta U' \\ \Delta U' = \dfrac{P'_1 R + Q'_1 X}{U_1} \\ \delta U' = \dfrac{P'_1 X - Q'_1 R}{U_1} \end{cases} \tag{3-14}$$

则

$$U_2 = \sqrt{(U_1 - \Delta U')^2 + (\delta U')^2}$$

那么功角为

$$\delta = \arctan \frac{-\delta U'}{U_1 - \Delta U'}$$

式 (3-14) 是以 $\dot{U}_1$ 为基准参考轴推出的。

在计算线路电压时，常用到电压损耗、电压偏移、电压调整等几个指标，它们的定义如下：

电压损耗：指线路始末两端电压的数值差(U_1-U_2)。常以电压降落的纵分量来近似代替电压损耗，电压损耗通常以线路额定电压U_N及百分数表示，即

$$电压损耗\% = \frac{U_1-U_2}{U_N} \times 100\%$$

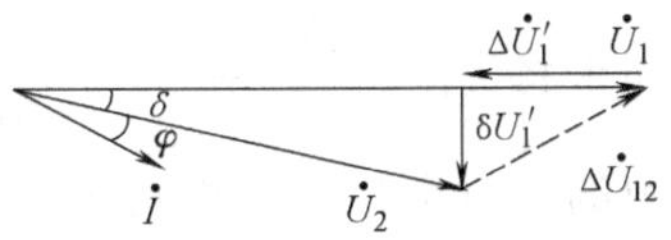

图 3-5 利用始端电压计算末端电压

电压偏移：指线路始端或末端的实际电压与线路额定电压U_N的数值差。电压偏移也常以线路额定电压U_N及百分数表示，即

$$始端电压偏移\% = \frac{U_1-U_N}{U_N} \times 100\%$$

$$末端电压偏移\% = \frac{U_2-U_N}{U_N} \times 100\%$$

电压调整：就是送端电压维持为恒定值，按照指定的功率因数，当线路末端负载从 0 变到满载时，线路末端的空载电压与负载满载时电压的数值差($U_{20}-U_2$)。电压调整也常以百分数表示，即

$$电压调整\% = \frac{U_{20}-U_2}{U_{20}} \times 100\%$$

2. 变压器电压降落与功率损耗的计算

变压器常用 Γ 形等效电路表示，也有串联阻抗支路及并联导纳支路（励磁支路），如图 3-6 所示。变压器电压降落的计算与电力线路电压降落的计算方法相同，如式(3-11)~式(3-14)所示，计算公式中的线路阻抗用变压器阻抗代替。其功率损耗的求取方法如下：

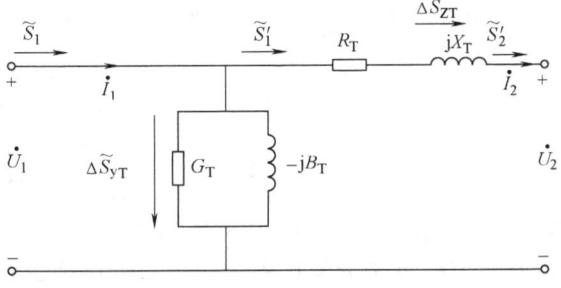

图 3-6 变压器的电压降落和功率计算

变压器阻抗支路中的功率损耗为

$$\Delta \widetilde{S}_{ZT} = \left(\frac{\widetilde{S}'_2}{U_2}\right)^2 Z = \frac{P'^2_2+Q'^2_2}{U^2_2}(R_T+jX_T) = \Delta P_{ZT}+j\Delta Q_{ZT} \quad (3-15)$$

阻抗支路始端的功率为

$$\widetilde{S}'_1 = \widetilde{S}'_2 + \Delta \widetilde{S}_{ZT} = (P'_2+jQ'_2)+(\Delta P_{ZT}+j\Delta Q_{ZT}) = P'_1+jQ'_1 \quad (3-16)$$

变压器导纳支路中的功率损耗为

$$\widetilde{S}_{yT} = \dot{U}_1(Y_T\dot{U}_1)^* = (G_T+jB_T)U^2_1 = \Delta P_{yT}+j\Delta Q_{yT} \approx P_0+jQ_0 \quad (3-17)$$

式中，P_0、Q_0 分别为变压器的空载功率损耗和励磁功率损耗。

变压器的始端功率为

$$\widetilde{S}_1 = \widetilde{S}'_1 + \Delta \widetilde{S}_{yT} = (P'_1+jQ'_1)+(\Delta P_{yT}+j\Delta Q_{yT}) = P_1+jQ_1 \quad (3-18)$$

双绕组变压器的总功率损耗为

$$\Delta P_T = \frac{P^2+Q^2}{U^2}R_T+P_0$$

$$\Delta Q_T = \frac{P^2+Q^2}{U^2}X_T+Q_0 \quad (3-19)$$

如果将 $X_T = \dfrac{U_k\% U_N^2}{100 S_N}$, $R_T = \dfrac{P_k U_N^2}{1000 S_N^2}$, $Q_0 = \dfrac{I_0\% S_N}{100}$ 代入式(3-19)中，并用变压器额定电压代替式中的运行电压 U，则可得出用变压器铭牌资料计算其功率损耗的公式为

$$\begin{cases} \Delta P_T = P_k\left(\dfrac{S}{S_N}\right)^2 + P_0 \\ \Delta Q_T = \dfrac{U_k\% S}{100 S_N} + \dfrac{I_0\% S_N}{100} \end{cases} \tag{3-20}$$

三绕组变压器功率损耗的计算如下：

根据三绕组变压器的等效电路，也可得出功率损耗的计算公式为

$$\begin{cases} \Delta P_T = \dfrac{S_1^2}{U_1^2} R_{T1} + \dfrac{S_2^2}{U_2^2} R_{T2} + \dfrac{S_3^2}{U_3^2} R_{T3} + P_0 \\ \Delta Q_T = \dfrac{S_1^2}{U_1^2} X_{T1} + \dfrac{S_2^2}{U_2^2} X_{T2} + \dfrac{S_3^2}{U_3^2} X_{T3} + Q_0 \end{cases} \tag{3-21}$$

式中，S_1、S_2、S_3 为变压器阻抗支路的视在功率；U_1、U_2、U_3 为归算到同一电压等级与 S_1、S_2、S_3 相对应的运行电压。

同双绕组变压器一样，三绕组变压器的功率损耗也可用其铭牌资料计算，即

$$\begin{cases} \Delta P_T = P_{k1}\left(\dfrac{S_1}{S_N}\right)^2 + P_{k2}\left(\dfrac{S_2}{S_N}\right)^2 + P_{k3}\left(\dfrac{S_3}{S_N}\right)^2 + P_0 \\ \Delta Q_T = Q_{k1}\left(\dfrac{S_1}{S_N}\right)^2 + Q_{k2}\left(\dfrac{S_2}{S_N}\right)^2 + Q_{k3}\left(\dfrac{S_3}{S_N}\right)^2 + Q_0 \end{cases} \tag{3-22}$$

式中，P_{k1}、P_{k2}、P_{k3} 分别为变压器高、中、低压绕组归算到额定容量后的等效负载损耗；Q_{k1}、Q_{k2}、Q_{k3} 分别为变压器高、中、低压绕组归算到额定容量后的等效漏磁损耗。

当变压器的实际运行电压未知时，可用变压器额定电压或网络的额定电压近似计算功率损耗。

注意：变压器阻抗支路及导纳支路的功率损耗均为正值，说明变压器是系统中主要的耗能设备。

由上述计算还可得出一些有用的结论：

1) 电压数值计算中略去电压降落的横分量不会产生大误差。
2) 变压器电压降落纵分量值主要取决于变压器电抗与无功功率的乘积部分。
3) 变压器中无功功率损耗远大于有功功率损耗，是电网中无功功率损耗的主要组成部分。
4) 线路负荷较轻时，线路电纳中输出的容性无功功率大于电抗中消耗的感性无功功率，这时线路成为容性无功功率源。

3.2.2 辐射形电力网络的潮流计算

在电力系统中，针对发电厂厂用电系统、变电站站用电系统或大型电力网络的末端一般采用辐射形电力网络，如图3-7所示，因此辐射形电力网络的潮流计算是必要的。一般辐射形电力网络有确定的始端和末端，针对辐射形电力网络主要就是利用已知的负荷及节点电压计算支路电压降落及功率损耗，从而得到全网的潮流分布。

辐射形电力网络的潮流计算(一)　辐射形电力网络的潮流计算(二)

辐射形电力网络的潮流计算一般有以下两种：

1. 给定末端(或始端)的功率及电压，求潮流及电压分布

以一简单的辐射形电力网络(见图3-8)为例，说明潮流计算的过程，等效电路如图3-9所

示。针对这种辐射形电力网络，原则上可运用节点电压法、回路电流法等列写方程式，求解形如式(3-5)~式(3-7)的非线性功率方程组，这种方程组一般不能直接求解析解，只能迭代求近似解。用计算机计算时容易实现，但手算时，因反复迭代解复数方程组工作量很大，不宜采用这种方法。因此针对辐射形电力网络，可利用上节讨论的方法从末端(始端)向始端(末端)逐级推算电压降落及功率损耗，从而得到始端(末端)功率及电压。

始端功率为系统末端功率与各元件功率损耗之和，即

$$\tilde{S}_1 = \tilde{S} + \Delta\tilde{S}_{T2} + \Delta\tilde{S}_L + \Delta\tilde{S}_{T1} \quad (3-23)$$

始端电压为末端电压与电压降落之和，即

$$\dot{U}_1 = \dot{U}_4 + \Delta\dot{U}_{12} + \Delta\dot{U}_{23} + \Delta\dot{U}_{34} \quad (3-24)$$

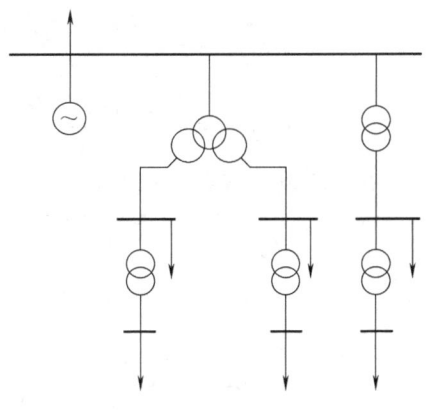

图 3-7 辐射形电力网络案例

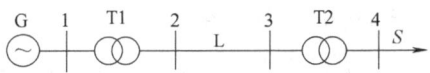

图 3-8 辐射形电力网络接线图

若采用有名值计算，上述推算潮流则是将网络中所有参数归算到同一个电压等级上进行的，因此在求得各母线电压后，还应按相应的电压比将它们归算到原电压等级；若采用标幺值计算，网络中的参数均按各自基准值转换为标幺值即可，各节点电压及潮流数据都是标幺值，可根据各自的基准值转换为有名值。

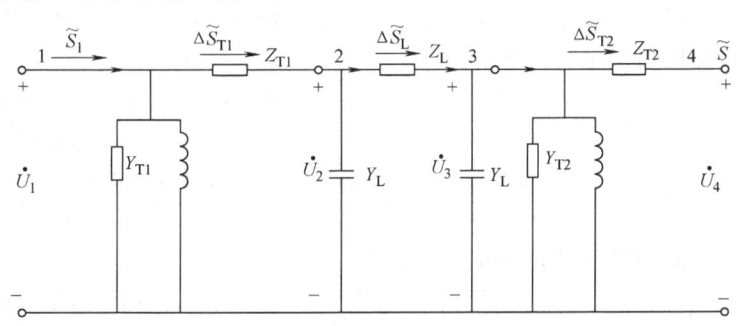

图 3-9 图 3-8 所示网络的等效电路

例 3-1 输电网络如图 3-10a 所示。已知线路 L1 的 Π 形等效电路的参数标幺值为 $Z_{L1*} = R_{L1*} + jX_{L1*} = 0.04 + j0.15$，$\frac{B_{L1*}}{2} = j0.014$，线路额定电压为 110kV。变压器等效电路其参数标幺值为 $Z_{T*} = R_{T*} + X_{T*} = 0.006 + j0.13$，$Y_{T*} = G_{T*} + jB_{T*} = (0.7 - j4.9) \times 10^{-3}$。线路 L2 的 Π 形等效电路的参数标幺值为 $Z_{L2*} = R_{L2*} + X_{L2*} = 0.8 + j0.14$。低压侧负荷标幺值为 $\tilde{S}_{3*} = 0.035 + j0.02$，且 $\tilde{S}_{1*} = 0.45 + j0.15$，$\tilde{S}_{2*} = 0.25 + j0.1$。设线路末端电压标幺值为 $U_{4*} = 0.95 + j0$，计算输电网络的潮流及电压分布。

解： 输电网络等效电路如图 3-10b 所示，由末端节点电压标幺值为 0.95，求潮流分布。

线路 L2 上电压降落：

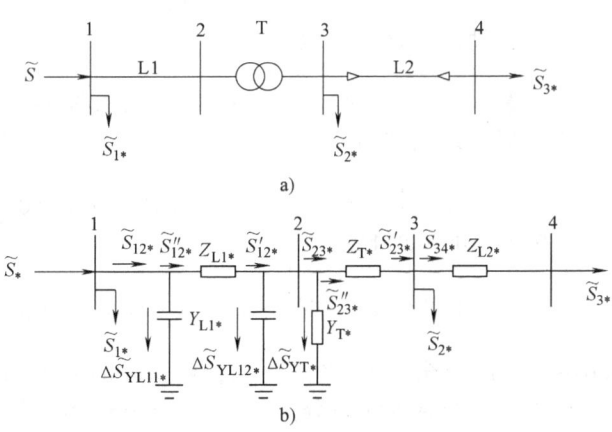

图 3-10 例 3-1 网络图
a) 系统图 b) 等效电路

$$\Delta U_{34*} = \frac{P_{3*} R_{L2*} + Q_{3*} X_{L2*}}{U_{4*}} = \frac{0.035 \times 0.8 + 0.02 \times 0.14}{0.95} = 0.03242$$

$$\delta U_{34*} = \frac{P_{3*} X_{L2*} - Q_{3*} R_{L2*}}{U_{4*}} = \frac{0.035 \times 0.14 - 0.02 \times 0.8}{0.95} = -0.01168$$

不忽略电压降落的横分量，有

$$U_{3*} = \sqrt{(U_{4*} + \Delta U_{34*})^2 + \delta U_{34*}^2} = \sqrt{(0.95 + 0.03242)^2 + 0.01168^2} = 0.98249$$

$$\delta_{3*} = \delta_{4*} + \arctan \frac{\delta U_{34*}}{U_{4*} + \Delta U_{34*}} = 0° + \arctan \frac{-0.01168}{0.98242} = -0.68°$$

线路 L2 中功率损耗为

$$\Delta \tilde{S}_{ZL2*} = \frac{P_{3*}^2 + Q_{3*}^2}{U_{4*}^2} Z_{L2*} = \frac{0.035^2 + 0.02^2}{0.95^2} \times (0.8 + j0.14) = 0.00144 + j0.00025$$

线路 L2 首端功率为

$$\tilde{S}_{34*} = \Delta \tilde{S}_{ZL2*} + \tilde{S}_{3*} = (0.00144 + 0.03500) + j(0.00025 + 0.02000) = 0.03644 + j0.02025$$

变压器阻抗末端功率：

$$\tilde{S}'_{23*} = \tilde{S}_{34*} + \tilde{S}_{2*} = (0.03644 + 0.25000) + j(0.02025 + 0.10000) = 0.28644 + j0.12025$$

变压器上电压降落为

$$\Delta U_{23*} = \frac{P'_{23*} R_{T*} + Q'_{23*} X_{T*}}{U_{3*}} = \frac{0.28644 \times 0.006 + 0.12025 \times 0.13}{0.98249} = 0.01766$$

$$\delta U_{23*} = \frac{P'_{23*} X_{T*} - Q'_{23*} R_{T*}}{U_{3*}} = \frac{0.28644 \times 0.13 - 0.12025 \times 0.006}{0.98249} = 0.03652$$

不忽略电压降落的横分量，有

$$U_{2*} = \sqrt{(U_{3*} + \Delta U_{23*})^2 + \delta U_{23*}^2} = \sqrt{(0.98249 + 0.01766)^2 + 0.03717^2} = 1.00084$$

$$\delta_{2*} = \delta_{3*} + \arctan \frac{\delta U_{23*}}{U_{3*} + \Delta U_{23*}} = -0.68° + \arctan \frac{0.03717}{0.98249 + 0.01766} = 1.44723°$$

变压器阻抗中功率损耗为

$$\Delta \tilde{S}_{ZT*} = \frac{P'^2_{23*} + Q'^2_{23*}}{U_{3*}^2} Z_{T*} = \frac{0.28644^2 + 0.12025^2}{0.98249^2} \times (0.006 + j0.13) = 0.00060 + j0.01300$$

变压器励磁支路功率为

$$\Delta \tilde{S}_{YT*} = U_{2*}^2 Y_{T*}^* = 1.00084^2 \times (0.0007 - j0.0049)^* = 0.00070 + j0.00491$$

变压器首端功率为

$$\tilde{S}_{23*} = \tilde{S}'_{23*} + \Delta \tilde{S}_{ZT*} + \Delta \tilde{S}_{YT*} = (0.28644 + 0.00060 + 0.00070) + j(0.12025 + 0.01300 + 0.00491)$$
$$= 0.28774 + j0.13816$$

同理，计算线路 L1 末端充电功率 $\Delta \tilde{S}_{YL12*} = -j0.01402$，阻抗上功率损耗 $\Delta \tilde{S}_{ZL1*} = 0.00392 + j0.01471$，首端充电功率 $\Delta \tilde{S}_{YL11*} = -j0.01490$；线路 L1 上电压降落的纵分量 $\Delta U_{12*} = 0.03011$，电压降落的横分量 $\delta U_{12*} = 0.03816$，得到线路 L1 首端功率及电压，线路 L1 首端功率为

$$\tilde{S}_{12*} = \tilde{S}_{23*} + \Delta \tilde{S}_{ZL1*} + \Delta \tilde{S}_{YL12*} + \Delta \tilde{S}_{YL11*}$$

$$= (0.28774 + 0.00392) + j(0.13816 + 0.01471 - 0.01402 - 0.01490)$$
$$= 0.29166 + j0.12395$$

节点 1 端流入功率:

$$\tilde{S}_* = \tilde{S}_{12*} + \tilde{S}_{1*} = (0.29166 + 0.45) + j(0.12395 + 0.15) = 0.74166 + j0.27395$$

线路 L1 首端电压:

$$U_{1*} = \sqrt{(U_{2*} + \Delta U_{12*})^2 + \delta U_{12*}^2} = \sqrt{(1.00084 + 0.03011)^2 + 0.03816^2} = 1.03166$$

$$\delta_{1*} = \delta_{2*} + \arctan\frac{\delta U_{12*}}{U_{2*} + \Delta U_{12*}} = 1.44723° + \arctan\frac{0.03816}{1.00084 + 0.03011} = 3.56703°$$

2. 给定末端功率及始端电压(或始端功率及末端电压),求潮流及电压分布

当给定末端功率及始端电压时,网络潮流计算通常采用前推回代算法,该算法是配电网络潮流计算的常用算法。它的基本原理:已知末端负荷功率和始端节点的电压,给定配电网络中其他节点的初始电压,以配电网络馈线为计算基本单位,根据负荷功率由末端向始端逐段推导,仅计算各元件中的功率损耗(或各支路电流)而不考虑各节点的电压,经过一个前推过程即可求得各元件的功率损耗(或各支路电流),在回代过程中,根据给定的始端电压和求得的各元件的功率损耗(或各支路电流),由始端向末端逐段计算各段的电压降落,从而求得各节点电压。当节点电压值和迭代前一次的电压值差的绝对值小于一个给定的值 ε 时,就认为此时算出的电压值是真值,否则将继续迭代。每次迭代时都使用最新算出的各负荷节点电压来计算各元件的功率损耗(或各支路电流)。

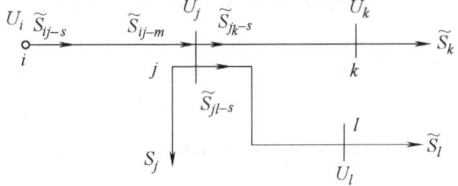

图 3-11 配电网络的分支结构

基于支路电流法的前推回代潮流算法,在前推的过程中,需要计算流进各节点的支路电流,从而避免了求取流进各节点的功率、支路线损等较复杂的复数运算,提高了计算效率。

利用图 3-11 所示的配电网络描述前推回代潮流算法,其支路潮流方程和节点电压方程为

$$\dot{I}_{ij} = \frac{\tilde{S}_{ij-m}^*}{U_j^*} = \frac{P_{ij-m} - jQ_{ij-m}}{U_j^*} \tag{3-25}$$

$$Z_{ij} = R_{ij} + jX_{ij} \tag{3-26}$$

$$\tilde{S}_{ij} = P_{ij} + jQ_{ij} \tag{3-27}$$

$$\Delta \tilde{S}_{ij} = \Delta P_{ij} + j\Delta Q_{ij} = \Delta \dot{U}_{ij} \dot{I}_{ij}^* = \frac{P_{ij-m}^2 + Q_{ij-m}^2}{U_j^2}(R_{ij} + jX_{ij}) \tag{3-28}$$

$$\tilde{S}_{ij-s} = \tilde{S}_{ij-m} + \Delta \tilde{S}_{ij} \tag{3-29}$$

$$\tilde{S}_{ij-m} = \tilde{S}_j + \tilde{S}_{jk-s} + \tilde{S}_{jl-s} \tag{3-30}$$

$$\Delta \dot{U}_{ij} = \dot{I}_{ij} Z_{ij} = \frac{P_{ij-s} R_{ij} + Q_{ij-s} X_{ij}}{U_i} + j\frac{P_{ij-s} X_{ij} - Q_{ij-s} R_{ij}}{U_i} \tag{3-31}$$

$$\dot{U}_j = \dot{U}_i - \Delta \dot{U}_{ij} \tag{3-32}$$

上述式(3-25)~式(3-32)构成了前推回代潮流算法的基本方程,其中,$\dot{I}_{ij}$ 为流经支路 ij

的电流；Z_{ij} 为支路 ij 的阻抗；R_{ij}、X_{ij} 分别为支路 ij 的电阻和电抗；$\dot{U}_i$、$\dot{U}_j$、$\Delta\dot{U}_{ij}$ 分别为配电网络支路节点 i 的端电压、节点 j 的端电压和支路电压降落；$\tilde{S}_{ij-s} = P_{ij-s} + jQ_{ij-s}$、$\tilde{S}_{ij-m} = P_{ij-m} + jQ_{ij-m}$、$\Delta\tilde{S}_{ij}$ 分别为配电网络支路 ij 的始端视在功率、末端视在功率和支路功率损耗；$\tilde{S}_{jk-s}$ 为 jk 支路的始端视在功率；$\tilde{S}_{jl-s}$ 为 jl 支路的始端视在功率；$\tilde{S}_j$ 为节点 j 的负荷功率。图 3-12 为辐射状配电网典型主干图。

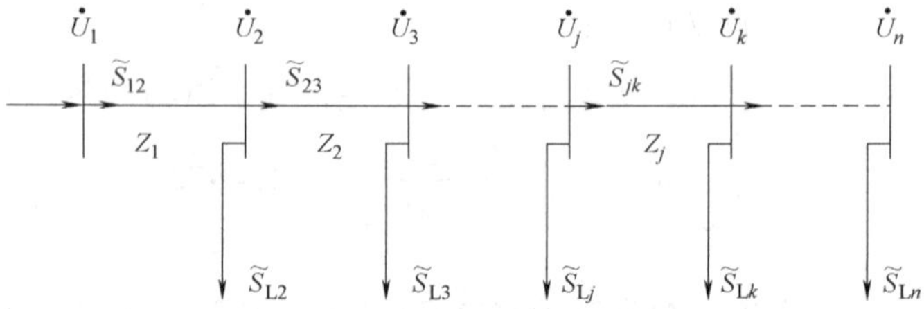

图 3-12 典型辐射状配电网络的典型主干图

图 3-12 中，Z_i（$i = 1, 2, 3, \cdots, m$）表示线路阻抗，$\tilde{S}_{Li}$（$i = 1, 2, 3, \cdots, n$）表示节点的负荷功率，$\dot{U}_i$（$i = 1, 2, 3, \cdots, n$）表示各个节点的电压。假设此系统有 N 个节点，已知量为根节点的电压、各节点负荷功率 $\tilde{S}_{Li} = P_{Li} + jQ_{Li}$（其中 $i = 1, 2, 3, \cdots, N$）及系统各支路阻抗 Z_i，待求量为各节点电压 $\dot{U}_i$（其中 $i = 2, 3, \cdots, N-1$）、各支路的潮流功率 $\tilde{S}_j = P_j + jQ_j$（其中 $j = 1, 2, 3, \cdots, N-1$）及各支路的电流和系统的功率损耗，设 $\dot{I}_i$（$i = 1, 2, 3, \cdots, n$）表示流出每个节点的电流。

在前推求解电流过程中，节点 i 的负荷电流 $\dot{I}_{Li}$ 可表示为

$$\dot{I}_{Li} = \frac{\tilde{S}_{Li}^*}{\dot{U}_i} = \frac{P_{Li} - jQ_{Li}}{\dot{U}_i} \tag{3-33}$$

式中，$P_{Li} - jQ_{Li}$ 为节点 i 的负荷功率的共轭；$\dot{U}_i$ 为节点 i 的电压。

如果支路 b_i 的末节点 j 为末梢节点，则该支路电流 $\dot{I}_i$ 即为末梢节点的负荷电流 $\dot{I}_{Li}$，即

$$\dot{I}_i = \dot{I}_{Li} \tag{3-34}$$

如果支路 b_i 的末节点为非末梢节点，则该支路电流 $\dot{I}_i$ 应为末节点负荷电流和其所有子支路电流之和，即

$$\dot{I}_i = \dot{I}_{Lj} + \sum_{k \in d} \dot{I}_k \tag{3-35}$$

式中，d 为以节点 j 为父节点的支路集合。

在回代求解节点电压的过程中，对于以节点 i、j 作为首末节点的支路 b_i，有

$$\dot{U}_j = \dot{U}_i - \dot{I}_i Z_i = \dot{U}_i - \dot{I}_i (R_i + jX_i) \tag{3-36}$$

在后续的迭代过程中，需采用新的支路电流和节点电压，支路 b_i 新的支路电流为

$$\dot{I}_i^{(k+1)} = \dot{I}_{Lj}^{(k+1)} + \sum_{h \in d} \dot{I}_h^{(k+1)} \tag{3-37}$$

即

$$\dot{I}_i^{(k+1)} = \frac{P_{Li} - jQ_{Li}}{\dot{U}_j^{(k)}} + \sum_{h \in d} \frac{P_{Lh} - jQ_{Lh}}{\dot{U}_h^{(k)}} \tag{3-38}$$

式中，d 为以节点 j 为父节点的支路集合。

以节点 i、j 作为首末节点的支路 b_i，有

$$\dot{U}_j^{(k+1)} = \dot{U}_i^{(k+1)} - \dot{I}_i^{(k+1)}(R_i + jX_i) \quad (3-39)$$

根据式(3-33)~式(3-35)，由末梢节点向根节点前推，就可以得到各支路的电流，然后根据式(3-36)~式(3-39)从根节点向末梢节点回代，可求得各节点电压。综合上述分析，前推回代法计算配电网络潮流充分利用了配电网络辐射结构的特点，直接求取支路电流、电压损耗而无需进行任何矩阵运算，并且计算公式理论上是严格的，只要潮流收敛，其结果就是精确的。

由上述分析可得，在节点分层的基础上，前推回代潮流算法的迭代过程如下：

1) 初始化：给定配电馈线根节点电压，并为其他节点电压赋初值 $U_{(0)}$，$k=0$。

2) 前推计算：由最末一层出发，先子节点，后父节点，利用式(3-33)逐层前推计算，由节点电压分布 $U_{(n)}$ 求出各支路的电流分布。

3) 回代计算：从第一层(根节点)出发，先父节点，后子节点，用式(3-37)逐层回代计算，由支路电流分布求节点电压分布 $U_{(k+1)}$。

4) 收敛判断：根据预先给定的收敛指标 ε，判断相邻两次迭代电压差的模分量的最大值 $\max|\Delta U_{ij}|$ 是否小于 ε，若是，则停止计算；否则，$k=k+1$，转步骤2)。

故而，前推回代潮流算法的流程图如图3-13所示。

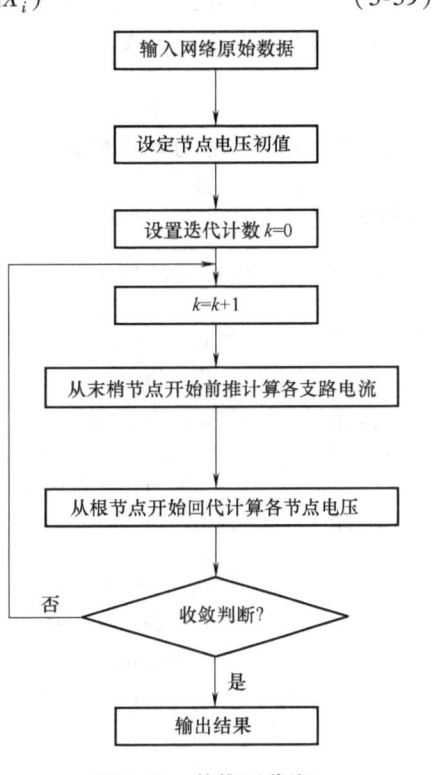

图 3-13 前推回代潮流算法的流程图

例 3-2 设线路首端电压标幺值为 $\dot{U}_{1*} = 1.05 + j0$。其他已知参数如例3-1，计算输电网络(见图3-10)的潮流及电压分布。

解：本题由前推回代解法计算潮流分布，先设全网各节点电压标幺值 $U_{2*} = U_{3*} = U_{4*} = 1+j0$，从末端向始端求功率分布。

线路 L2 中功率损耗为

$$\Delta \tilde{S}_{ZL2*} = \frac{P_{3*}^2 + Q_{3*}^2}{U_{4*}^2} Z_{L2*} = \frac{0.035^2 + 0.02^2}{1^2} \times (0.8 + j0.14) = 0.00130 + j0.00023$$

线路 L2 首端功率为

$$\tilde{S}_{34*} = \Delta \tilde{S}_{ZL2*} + \tilde{S}_{3*} = (0.00130 + 0.03500) + j(0.00023 + 0.02000) = 0.03630 + j0.02023$$

变压器阻抗末端功率为

$$\tilde{S}'_{23*} = \tilde{S}_{34*} + \tilde{S}_{2*} = (0.03630 + 0.25000) + j(0.02023 + 0.10000) = 0.28630 + j0.12023$$

变压器阻抗中功率损耗为

$$\Delta \tilde{S}_{ZT*} = \frac{P_{23*}'^2 + Q_{23*}'^2}{U_{3*}^2} Z_{T*} = \frac{0.28630^2 + 0.12023^2}{1^2} \times (0.006 + j0.13) = 0.00058 + j0.01253$$

变压器励磁支路功率为

$$\Delta \tilde{S}_{YT*} = U_{2*}^2 Y_{T*}^* = 1^2 \times (0.0007 - j0.0049)^* = 0.00070 + j0.00490$$

变压器首端功率为

$$\tilde{S}_{23*} = \tilde{S}'_{23*} + \Delta\tilde{S}_{ZT*} + \Delta\tilde{S}_{YT*} = (0.28630 + 0.00058 + 0.00070) + j(0.12023 +$$
$$0.01253 + 0.00490) = 0.28758 + j0.13766$$

线路 L1 末端充电功率为

$$\Delta\tilde{S}_{YL12*} = U_{2*}^2 Y_{L1*}^* = 1^2 \times (j0.014)^* = -j0.01400$$

线路 L1 阻抗上功率损耗为

$$\Delta\tilde{S}_{ZL1*} = \frac{P_{12}'^2 + Q_{12}'^2}{U_{2*}^2} Z_{L1*} = \frac{0.28758^2 + 0.12366^2}{1^2} \times (0.04 + j0.15) = 0.00392 + j0.01470$$

线路 L1 阻抗首端功率为

$$\tilde{S}''_{12*} = \tilde{S}_{23*} + \Delta\tilde{S}_{YL12*} + \Delta\tilde{S}_{ZL1*} = (0.28758 + 0.00392) + j(0.13766 - 0.01400 + 0.01470)$$
$$= 0.29150 + j0.13836$$

线路 L1 首端充电功率为

$$\Delta\tilde{S}_{YL11*} = U_{1*}^2 Y_{L1*}^* = 1.05^2 \times (j0.014)^* = -j0.01544$$

线路 L1 首端功率为

$$\tilde{S}_{12*} = \tilde{S}_{23*} + \Delta\tilde{S}_{ZL1*} + \Delta\tilde{S}_{YL11*} + \Delta\tilde{S}_{YL12*}$$
$$= (0.28758 + 0.00392) + j(0.13766 + 0.01470 - 0.01400 - 0.01544)$$
$$= 0.29150 + j0.12292$$

节点 1 端流入功率为

$$\tilde{S}_* = \tilde{S}_{12*} + \tilde{S}_{1*} = (0.29150 + 0.45) + j(0.12292 + 0.15) = 0.74150 + j0.27292$$

求得始端功率后，由线路始端电压 U_{1*} 向末端推算各节点电压如下：

线路 L1 上电压降落为

$$\Delta U_{12*} = \frac{P''_{12*} R_{L1*} + Q''_{12*} X_{L1*}}{U_{1*}} = \frac{0.29150 \times 0.04 + 0.13836 \times 0.15}{1.05} = 0.03087$$

$$\delta U_{12*} = \frac{P''_{12*} X_{L1*} - Q''_{12*} R_{L1*}}{U_{1*}} = \frac{0.29150 \times 0.15 - 0.13836 \times 0.04}{1.05} = 0.03637$$

不忽略电压降落的横分量，有

$$U_{2*} = \sqrt{(U_{1*} - \Delta U_{12*})^2 + \delta U_{12*}^2} = \sqrt{(1.05 - 0.03087)^2 + 0.03637^2} = 1.01978$$

$$\delta_{2*} = \delta_{1*} - \arctan\frac{\delta U_{12*}}{U_{1*} - \Delta U_{12*}} = 0° - \arctan\frac{0.03637}{1.05 - 0.03087} = -2.04°$$

同理，计算变压器上电压降落纵分量 $\Delta U_{23*} = 0.01861$，横分量 $\delta U_{23*} = 0.03579$，得节点 3 电压为

$$U_{3*} = \sqrt{(U_{2*} - \Delta U_{23*})^2 + \delta U_{23*}^2} = \sqrt{(1.01978 - 0.01861)^2 + 0.03579^2} = 1.00181$$

$$\delta_{3*} = \delta_{2*} - \arctan\frac{\delta U_{23*}}{U_{2*} - \Delta U_{23*}} = -2.04° - \arctan\frac{0.03581}{1.01978 - 0.01861} = -4.09°$$

计算线路 L2 上电压降落纵分量 $\Delta U_{34*} = 0.03181$，横分量 $\delta U_{34*} = -0.01108$，得节点 4 电压为

$$U_{4*} = \sqrt{(U_{3*} - \Delta U_{34*})^2 + \delta U_{34*}^2} = \sqrt{(1.00181 - 0.03181)^2 + (-0.01108)^2} = 0.97006$$

$$\delta_{4*} = \delta_{3*} - \arctan\frac{\delta U_{34*}}{U_{3*} - \Delta U_{34*}} = -4.09° - \arctan\frac{-0.01108}{1.00181 - 0.03181} = -3.44°$$

本题是前推回代算法的一次求解过程,当采用计算机编程计算时,可设定误差限制,以上计算过程可重复多次。读者可尝试进行下一次迭代计算,比较误差大小。

3.2.3 远距离输电线路的潮流分布

对于远距离输电线路,不仅要研究始末两端节点电压大小,还要研究沿线的电压和电流分布情况,这是远距离输电线路不同于一般线路的一个重要方面。

1. 传播常数、特征阻抗和自然功率

在 2.2.3 节中已引出传播常数 γ 和特征阻抗 Z_c 的数学表达式,这里进一步说明它们的物理意义,并引出与特征阻抗相关联的自然功率 S_n。

如在远距离输电线路末端连接一个阻抗等于特征阻抗的负载,则线路末端电压为 $U_2 = Z_c I_2$,电流为 $I_2 = U_2 / Z_c$,将上述两式代入描述远距离输电线路运行特征的表达式(2-42),可得

$$\begin{pmatrix} \dot{U} \\ \dot{I} \end{pmatrix} = \begin{pmatrix} \cosh(\gamma x) & Z_c \sinh(\gamma x) \\ \dfrac{1}{Z_c} \sinh(\gamma x) & \cosh(\gamma x) \end{pmatrix} \begin{pmatrix} \dot{U}_2 \\ \dot{I}_2 \end{pmatrix} = \begin{pmatrix} U_2(\cosh(\gamma x) + \sinh(\gamma x)) \\ I_2(\cosh(\gamma x) + \sinh(\gamma x)) \end{pmatrix} = \begin{pmatrix} U_2 e^{\gamma x} \\ I_2 e^{\gamma x} \end{pmatrix} \quad (3\text{-}40)$$

式(3-40)表示距线路末端 x 处的电压和电流,由此可得距线路$(x+1)$处的电压和电流及两者的比值为

$$\begin{cases} \dfrac{\dot{U}_{x+1}}{\dot{U}_x} = \dfrac{U_2 e^{\gamma(x+1)}}{U_2 e^{\gamma x}} = e^{\gamma} = e^{\alpha} e^{j\beta} \\[2ex] \dfrac{\dot{I}_{x+1}}{\dot{I}_x} = \dfrac{I_2 e^{\gamma(x+1)}}{I_2 e^{\gamma x}} = e^{\gamma} = e^{\alpha} e^{j\beta} \end{cases} \quad (3\text{-}41)$$

式(3-41)表明,距线路末端越远,电压越高,电流越大,相位也越超前;反之,距线路始端越远,电压越低,电流越小,相位也越滞后。

电压、电流大小的变化通过乘数 e^{α} 体现,相位变化则通过乘数 $e^{j\beta}$ 体现。因此,第 2 章中引出的传播常数 $\gamma = \sqrt{zy} = \alpha + j\beta$ 的实数部分 α 称为行波振幅衰减常数,虚数部分 β 称为行波相位常数。对于特殊情况,当 $R = G = 0$ 时,衰减常数 $\alpha = 0$,衰减常数等于零的线路又称为无损耗线路。

由特征阻抗 $Z_c = \sqrt{\dfrac{z}{y}}$($z$、$y$ 分别为线路单位长度阻抗和导纳),可推出无损耗线路的特征阻抗和传播常数,即

$$Z_c = \sqrt{\dfrac{z}{y}} = \sqrt{\dfrac{j\omega L}{j\omega C}} = \sqrt{\dfrac{L}{C}}$$

$$\gamma = \sqrt{zy} = \sqrt{(j\omega L)(j\omega C)} = j\omega\sqrt{LC} = j\beta$$

其中

$$\beta = \omega\sqrt{LC}$$

即特征阻抗 $Z_c = \sqrt{L/C}$,对于无损耗线路通常称为波阻抗,仅有纯实部——电阻性,波阻抗往往仅指无损耗线路的特征阻抗。传播常数 $\gamma = j\beta$ 仅有纯虚部。无损耗线路的 Π 形等效电路仍可表示为图 2-18a,图中

$$Z' = Z_c \sinh(\gamma l) = \sqrt{\dfrac{z}{y}} \sinh(j\beta l) = j\sqrt{\dfrac{L}{C}} \sin(\beta l) = jX' \quad (3\text{-}42)$$

$$\frac{Y'}{2} = \frac{\cosh(\gamma l)-1}{Z_c \sinh(\gamma l)} = \frac{\tanh(\beta l/2)}{Z_c} = \frac{\tanh(\beta l/2)}{\sqrt{\frac{L}{C}}} = \left(\frac{j\omega Cl}{2}\right)\frac{\tanh(\beta l/2)}{\beta l/2} = \frac{j\omega C'l}{2} \quad (3\text{-}43)$$

自然功率（Surge Impedance Loading，SIL）是指由无损耗线路传输、负荷阻抗等于波阻抗（$Z_c = \sqrt{LC}$）的功率。在 SIL 状态下，由式（3-40）得无损耗线路任意点的电压为

$$\dot{U}(x) = \cos(\beta x)U_2 + jZ_c\sin(\beta x)I_2 = \cos(\beta x)U_2 + jZ_c\sin(\beta x)\left(\frac{U_2}{Z_c}\right) = (\cos\beta x + j\sin\beta x)U_2 = e^{j\beta x}U_2 \quad (3\text{-}44)$$

即
$$|\dot{U}(x)| = |U_2|$$

因此，在 SIL 状态下，电压特征曲线是平的。也就是说，在 SIL 状态下，无损耗线路上任一点电压幅值是常量。

同样，在 SIL 状态下，有

$$\dot{I}(x) = \frac{j\sin(\beta x)}{Z_c}U_2 + (\cos\beta x)\frac{U_2}{Z_c} = (\cos\beta x + j\sin\beta x)\frac{U_2}{Z_c} = (e^{j\beta x})\frac{U_2}{Z_c} \quad (3\text{-}45)$$

利用式（3-44）和式（3-45）可得无损耗线路任意点潮流视在功率为

$$\widetilde{S}(x) = P(x) + jQ(x) = \dot{U}(x)I^*(x) = (e^{j\beta x}U_2)\left(\frac{e^{j\beta x}U_2}{Z_c}\right)^* = \frac{|U_2|^2}{Z_c} \quad (3\text{-}46)$$

因此，在 SIL 状态下，有功潮流沿着无损耗线路从电源端到负载端保持为常量，无功潮流为零。

当有限长线路末端连接的负荷阻抗等于特征阻抗时，该负荷阻抗消耗的功率称为自然功率（或自然负荷），有时又称为波阻抗负荷。若线路末端电压以额定线电压表示时，式（3-46）传输的有功功率表示为 SIL，即

$$\text{SIL} = \frac{U_N^2}{Z_c}$$

额定相电压用于单相线路，额定线电压用于计算三相线路传送的总有功功率。

2. 电压特征曲线

实践中，电力线路功率很难正好是负载自然功率。相反，负载可能从轻载情况下 SIL 的几分之一变化到重载情况下 SIL 的几倍。如果线路负载不等于波阻抗负载，那么，SIL 电压特征曲线就不是平的。图 3-14 为线路电源端电压幅值，固定为 U_S，负载从 0 到 SIL 到满载以及短路情况下的沿线电压特征曲线。该图显示了 4 种负载情况：空载、波阻抗负载 SIL、满载、短路，这 4 种情况描述如下：

1）空载，$I_0 = 0$ 导出
$$U_{S0}(x) = (\cos\beta x)U_{R0}$$
空载电压从电源端的 $U_{S0} = (\cos\beta l)U_{R0}$ 上升到负载端的 U_{R0}（其中 $x=0$）。

2）由式（3-44）可知，电压特征曲线在负载阻抗等于特征阻抗时是平的。

3）满载时电压特征曲线取决于满载电流，曲线位于短路时电压特征曲线的上方。

4）若负载端短路，则负载电压 $U_{RSC} = 0$，导出
$$U_{SC}(x) = (Z_c\sin\beta x)I_{RSC}$$
电压从电源端的 $U_S = (\sin\beta l)(Z_cI_{RSC})$ 降到负载端的 $U_{RSC} = 0$。

由几种情况下电压特征曲线可知，空载时负载端电压高，满载时负载端电压低，随着线路长度的增加这种电压调节效应变得更严重。为了减少电压波动，第 5 章中将讨论并联电容

补偿用于稳定节点电压的方法。

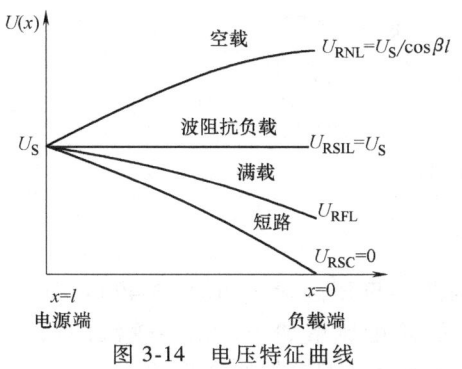

图 3-14 电压特征曲线

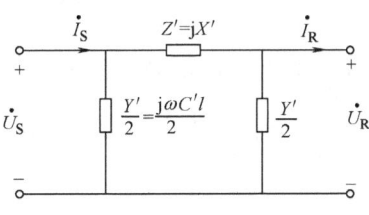

图 3-15 无损耗线路的 Π 形等效电路

3. 静态稳定极限

无损耗线路传输有功功率的 Π 形等效电路如图 3-15 所示。假设线路始、末端的电压幅值 U_S 和 U_R 保持恒定，用 δ 表示始端电压相对于末端电压的相位移。由 KVL 可知，末端电流 $\dot{I}_R$ 为

$$\dot{I}_R = \frac{\dot{U}_S - \dot{U}_R}{Z'} - \frac{Y'}{2}\dot{U}_R = \frac{U_S e^{j\delta} - \dot{U}_R}{jX'} - \frac{j\omega C'l}{2}\dot{U}_R \quad (3\text{-}47)$$

传输到末端的视在功率 S_R 为

$$\begin{aligned}\widetilde{S}_R &= \dot{U}_R \dot{I}_R^* = \dot{U}_R \left(\frac{U_S e^{j\delta} - \dot{U}_R}{jX'}\right)^* + \frac{j\omega C'l}{2}\dot{U}_R^2 \\ &= \dot{U}_R \left(\frac{U_S e^{j\delta} - \dot{U}_R}{-jX'}\right) + \frac{j\omega C'l}{2}\dot{U}_R^2 \\ &= \frac{j\dot{U}_R U_S \cos\delta + \dot{U}_R U_S \sin\delta - j\dot{U}_R^2}{X'} + \frac{j\omega C'l}{2}\dot{U}_R^2 \end{aligned} \quad (3\text{-}48)$$

传输的有功功率为

$$P = P_S = P_R = \mathrm{Re}(\widetilde{S}_R) = \frac{U_R U_S}{X'}\sin\delta \quad (3\text{-}49)$$

注意：既然线路是无损耗的，则 $P_S = P_R$。

式(3-49)可示意于图 3-16。对于电压幅值固定的 U_S 和 U_R，随着有功功率的增加，相位 δ 从 0°增加到 90°。线路能传输的有功功率在 $\delta = 90°$ 时取最大值，并由下式确定，即

$$P_{\max} = \frac{U_S U_R}{X'}$$

$P_{\max}$ 代表无损耗线路的理论静态稳定极限。如果企图超过这个静态稳定极限，那么电源端的同步发电机将与负载端的同步电动机失去同步，系统也将失去稳定。

用 SIL 来表达静态稳定极限是很方便的。把式(3-42)代入式(3-49)，则有

$$P = \frac{U_S U_R \sin\delta}{Z_c \sin\beta l} = \frac{U_S U_R}{Z_c}\frac{\sin\delta}{\sin\frac{2\pi l}{\lambda}}$$

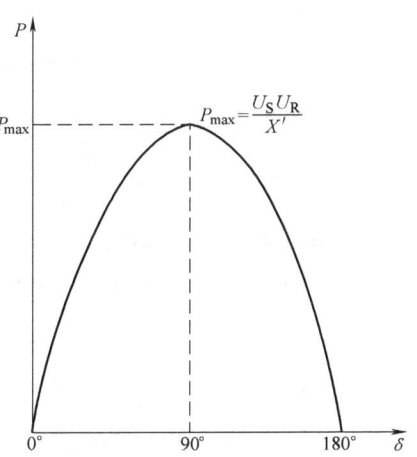

图 3-16 无损耗线路传输的有功功率

用线路电压标幺值表示为

$$P_* = \frac{U_S U_R U_N^2}{U_N U_N Z_c} \frac{\sin\delta}{\sin\frac{2\pi l}{\lambda}} = U_{S*} U_{R*} (\text{SIL}) \frac{\sin\delta}{\sin\frac{2\pi l}{\lambda}}$$

且当 $\delta = 90°$ 时，理论静态稳定极限为

$$P_{\max *} = \frac{U_{S*} U_{R*} (\text{SIL})}{\sin\frac{2\pi l}{\lambda}} \tag{3-50}$$

式(3-49)和式(3-50)揭示了影响静态稳定极限的两个重要因素。由式(3-49)可知，静态稳定极限随着线路电压二次方的增加而增加。例如，线路电压增加一倍使得潮流的最大值增加 4 倍。另外，由式(3-50)可知，静态稳定极限随着线路长度的增加而减小。

以上讨论了无损耗线路的静态稳定极限。对于有损耗线路，可利用 A、B、C、D 参数推导线路传输的有功功率(有功潮流)最大值，引入以下符号：

$$A = \cosh(\gamma l) = A' \angle \theta_A$$
$$B = Z = Z' \angle \theta_Z$$
$$\dot{U}_S = U_S \angle \delta$$
$$\dot{U}_R = U_R \angle 0°$$

可利用式(2-38)求负载端电流，即

$$\dot{I}_R = \frac{\dot{U}_S - A\dot{U}_R}{B} = \frac{U_S e^{j\delta} - A' U_R e^{j\theta_A}}{Z' e^{j\theta_Z}} \tag{3-51}$$

传输到负载端的视在功率为

$$\tilde{S}_R = P_R + jQ_R = \dot{U}_R \dot{I}_R^* = U_R \left[\frac{U_S e^{j(\delta-\theta_Z)} - A' U_R e^{j(\theta_A-\theta_Z)}}{Z'}\right]^*$$

$$= \frac{U_R U_S}{Z'} e^{j(\theta_Z-\delta)} - \frac{A' U_R^2}{Z'} e^{j(\theta_Z-\theta_A)} \tag{3-52}$$

因此，传输到负载端的有功功率和无功功率为

$$P_R = \text{Re}(\tilde{S}_R) = \frac{U_R U_S}{Z'}\cos(\theta_Z-\delta) - \frac{A' U_R^2}{Z'}\cos(\theta_Z-\theta_A) \tag{3-53}$$

$$Q_R = \text{Im}(\tilde{S}_R) = \frac{U_R U_S}{Z'}\sin(\theta_Z-\delta) - \frac{A' U_R^2}{Z'}\sin(\theta_Z-\theta_A) \tag{3-54}$$

注意：对于无损耗线路，$\theta_A = 0°$，$B = Z = jX'$，$Z' = X'$，$\theta_Z = 90°$，则由式(3-53)可导出

$$P_R = \frac{U_R U_S}{X'}\cos(90°-\delta) - \frac{A' U_R^2}{X'}\cos 90° = \frac{U_R U_S}{X'}\sin\delta \tag{3-55}$$

这与式(3-49)是完全一样的。

在式(3-55)中，传输的有功功率(有功潮流)最大值(或静态稳定极限)发生在 $\delta = \theta_Z$ 时，即

$$P_{R\max} = \frac{U_R U_S}{Z'} - \frac{A' U_R^2}{Z'}\cos(\theta_Z-\theta_A) \tag{3-56}$$

式(3-56)中第二项，因 Z' 比 X' 大，使得 $P_{R\max}$ 值小于式(3-49)给出的无损耗线路中的值。

4. 线路传输能力

在实际中，电力线路难以传输理论最大功率，理论最大功率取决于末端额定电压和沿线

路的相位移 $\delta(\delta=90°)$。考虑到扰动因素线路实际传输能力必须小于理论静态稳定极限。在暂态扰动的情况下，为了使系统各节点电压能够保持稳定，电压降落极限值一般为 $U_R/U_S \geq 0.95$ 和沿线路最大相位移一般为 $30°\sim 35°$。一般来说：长度小于 80km 的短线路，线路传输能力主要由导体的热稳定极限或末端保护装置（如断路器）的等级决定，而不是由电压降落或稳定因素决定。

由以上讨论得出影响线路稳定传输能力的三个重要因素为热稳定极限、电压降落极限和静态稳定极限。对于短线路，导线的最高运行温度决定了热稳定极限从而决定了传输能力；对于中等长度线路，线路传输能力主要取决于电压降落的限制；对于远距离输电线路，静态稳定性则是最重要的限制因素。稳定性问题将在第 8 章中进一步讨论。

3.3 复杂电力网络潮流计算的计算机解法

3.3.1 导纳矩阵的形成

1. 自导纳

节点 i 的自导纳，亦称为输入导纳，在数值上等于在节点 i 施加单位电压、其他节点全部接地时，经节点 i 注入网络的电流。

主对角线元素为 $Y_{ii}(i=1, 2, \cdots, n)$，更具体地说，$Y_{ii}$ 就等于与节点 i 连接的所有支路导纳的和。

2. 互导纳

节点 i、j 间的互导纳，在数值上等于在节点 i 施加单位电压、其他节点全部接地时，经节点 j 注入网络的电流。

非对角线元素为 $Y_{ij}(i、j=1, 2, \cdots, n$ 且 $i \neq j)$，更具体地说，Y_{ij} 是连接节点 j 和节点 i 支路的导纳之和再加上负号而得。

3. 导纳矩阵的特点

1) 因为 $Y_{ij}=Y_{ji}$，导纳矩阵 Y 是对称矩阵。

2) 导纳矩阵是稀疏矩阵，每一个非对角线元素 Y_{ij} 是节点 i 和节点 j 间支路导纳的负值。当节点 i 和节点 j 间没有直接相连的支路时，即为零，根据一般电力系统的特点，每一个节点平均与 3~5 个相邻节点有直接联系，所以导纳矩阵是一个高度稀疏的矩阵。

3) 导纳矩阵能从系统网络接线图直观地求出。

4. 节点导纳矩阵的修改

1) 从原有网络引出一条支路，同时增加一个节点，设 i 为原有网络节点，j 为新增节点，新增支路 ij 的导纳为 y_{ij}，如图 3-17a 所示。

因新增一个节点，新的节点导纳矩阵需增加一阶，且新增对角线元素 $Y_{jj}=y_{ij}$，新增非对角线元素 $Y_{ij}=Y_{ji}=-y_{ij}$，同时对原矩阵中的对角线元素 Y_{ii} 进行修改，增加 $\Delta Y_{ii}=y_{ij}$。

2) 在原有网络节点 i、j 间增加一条支路，如图 3-17b 所示。

设在节点 i 增加一条支路，由于没有增加节点数，节点导纳矩阵 Y 的阶次不变，节点的自导纳 Y_{ii}、Y_{jj} 和互导纳 Y_{ij} 分别发生变化，其变化量为

$$\begin{cases} \Delta Y_{ii}=y_{ij} \\ \Delta Y_{jj}=y_{ij} \\ \Delta Y_{ij}=\Delta Y_{ji}=-y_{ij} \end{cases} \tag{3-57}$$

3) 在原有网络节点 i、j 间切除一条支路，如图 3-17c 所示。

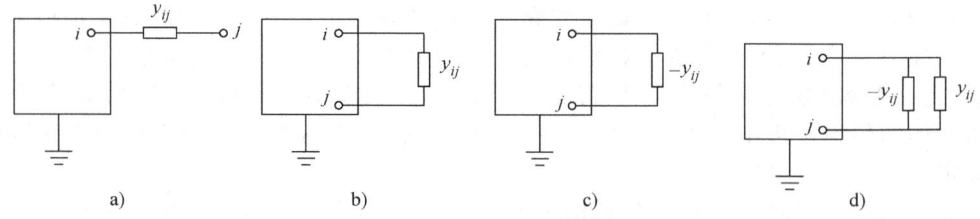

图 3-17 网络接线的变化图
a)网络引出一条支路 b)节点间增加一条支路 c)节点间切除一条支路 d)节点间导纳改变

设在节点 i 切除一条支路,由于没有减少节点数,节点导纳矩阵 Y 的阶次不变,节点的自导纳 Y_{ii}、Y_{jj} 和互导纳 Y_{ij} 分别发生变化,其变化量为

$$\begin{cases} \Delta Y_{ii} = -y_{ij} \\ \Delta Y_{jj} = -y_{ij} \\ \Delta Y_{ij} = \Delta Y_{ji} = y_{ij} \end{cases} \tag{3-58}$$

4) 原有网络节点 i、j 间的导纳改变为 y'_{ij},如图 3-17d 所示。

设节点 i、j 间的导纳改变为 y'_{ij},相当于在节点 i、j 间切除一条 y_{ij} 的支路,增加一条 y'_{ij} 的支路,则有

$$\begin{cases} \Delta Y_{ii} = y'_{ij} - y_{ij} \\ \Delta Y_{jj} = y'_{ij} - y_{ij} \\ \Delta Y_{ij} = \Delta Y_{ji} = y_{ij} - y'_{ij} \end{cases} \tag{3-59}$$

5) 原有网络节点 i、j 间为变压器支路,其电压比由 k 变为 k',相当于切除一电压比为 k 的变压器,新增一电压比为 k' 的变压器,则有

$$\begin{cases} Y_{ii} = \dfrac{y_T}{k} + \left(1 - \dfrac{1}{k}\right) y_T = y_T \\ Y_{jj} = \dfrac{y_T}{k} + \left(\dfrac{1}{k^2} - \dfrac{1}{k}\right) y_T = \dfrac{y_T}{k^2} \\ Y_{ij} = Y_{ji} = -\dfrac{y_T}{k} \end{cases} \tag{3-60}$$

当节点之间变压器等效电路如图 3-18a、b 所示时,该变压器电压比的改变将要求节点 i、j 有关元素做如下修改,即

$$\begin{cases} \Delta Y_{ii} = 0 \\ \Delta Y_{jj} = \left(\dfrac{1}{k'^2} - \dfrac{1}{k^2}\right) y_T \\ \Delta Y_{ij} = \Delta Y_{ji} = -\left(\dfrac{1}{k'} - \dfrac{1}{k}\right) y_T \end{cases} \tag{3-61}$$

当节点之间变压器等效电路如图 3-18c、d 所示时,该变压器电压比的改变将要求与节点 i、j 有关元素做如下修改,即

$$\begin{cases} \Delta Y_{ii} = (k'^2 - k^2) y_T \\ \Delta Y_{jj} = 0 \\ \Delta Y_{ij} = \Delta Y_{ji} = -(k' - k) y_T \end{cases} \tag{3-62}$$

5. 导纳矩阵的计算

导纳矩阵的计算流程如下:

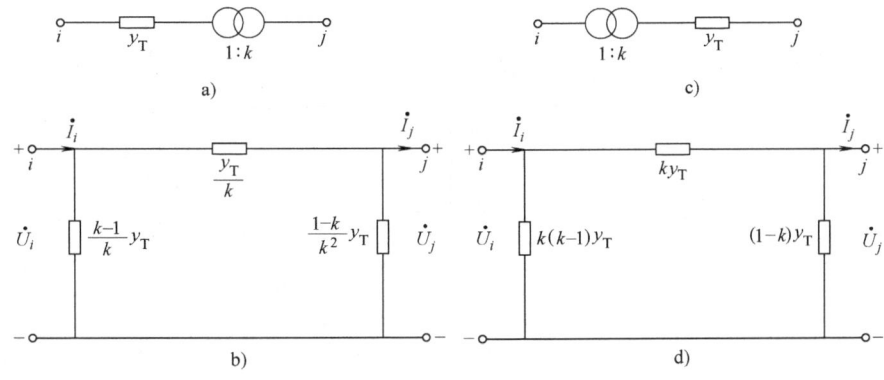

图 3-18 电压比由 k 变为 k' 时
a)导纳在低压侧 b)网络等效电路 c)导纳在高压侧 d)网络等效电路

1) 导纳矩阵的阶数等于电力系统网络中的节点数。
2) 导纳矩阵各行非对角线元素中非零元素的个数等于对应节点所连的不接地支路数。
3) 导纳矩阵的对角线元素,即各节点的自导纳等于相应节点所连支路的导纳之和。
4) 导纳矩阵非对角线元素 Y_{ij} 等于节点 i 与节点 j 之间的导纳的负数。

例 3-3 已知 5 节点系统单线图及等效电路如图 3-19 所示,已知数据见表 3-1、表 3-2 和表 3-3,母线 1 与发电机 G1 相连,发电机 G1 参数为 400MV·A、15kV,选为平衡节点;发电机 G2 参数为 800MV·A、15kV,设为电压控制母线(PV 节点),母线 3 与发电机 G2 和负载相连;母线 2、4、5 为 PQ 节点。写出各节点已知量和待求变量的关系,计算系统导纳矩阵。说明:此例题中所有参数取自英文教材,该网络电压等级与我国电力系统常用电压等级有稍许区别。另,本例题及本章后续例题中所有计算结果都是利用软件计算后取四舍五入后两位数字,读者阅读计算时注意即可。

表 3-1 例 3-3 母线输入数据(参数均为标幺值)

母线	类型	U	$\delta/(°)$	P_G	Q_G	P_L	Q_L	Q_{Gmax}	Q_{Gmin}
1	平衡	1.0	0	—	—	0	0	—	—
2	负荷	—	—	0	0	8.0	2.8	—	—
3	电压常量	1.05	—	5.2	—	0.8	0.4	4.0	−2.8
4	负荷	—	—	0	0	0	0	—	—
5	负荷	—	—	0	0	0	0	—	—

注:容量基准值 $S_B=100$MV·A,母线 1、3 电压基准值 $U_B=15$kV,母线 2、4、5 电压基准值 $U_B=345$kV。

表 3-2 例 3-3 线路输入数据(线路参数均为标幺值)

母线-母线	R'	X'	G'	B'	长度/m	最大值/MV·A
2-4	0.0090	0.100	0	1.72	200	12.0
2-5	0.0045	0.050	0	0.88	100	12.0
4-5	0.00225	0.025	0	0.44	50	12.0

表 3-3 例 3-3 变压器输入数据(变压器参数均为标幺值)

母线-母线	R	X	电压比	容量/MV·A	最大值/MV·A	抽头最大值设置
1-5	0.00150	0.02	15kV/345kV	4.0	6.0	—
3-4	0.00075	0.01	345kV/15kV	8.0	10.0	—

解:输入数据和待求变量列于表 3-4。对于母线 1,选为平衡节点,P_1 和 Q_1 为待求变量。对于母线 3,电压控制母线(PV 节点),Q_3 和 δ_3 为待求变量。对于母线 2、4、5,与负荷相连(PQ 节点),U_2、U_4、U_5 和 δ_2、δ_4、δ_5 为待求变量。

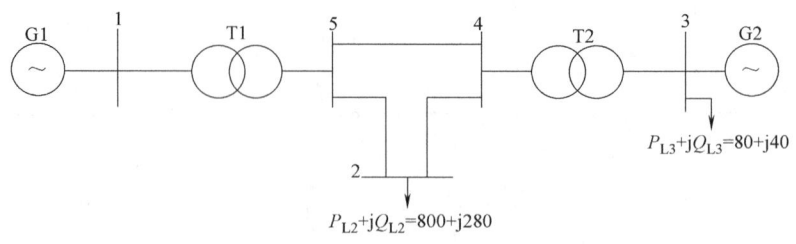

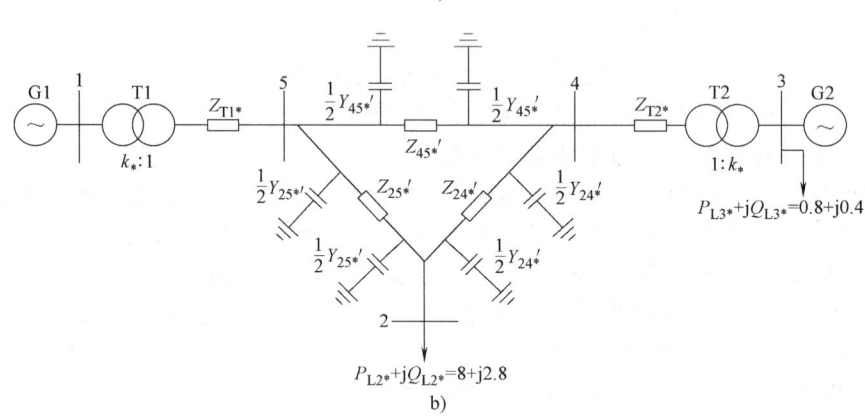

图 3-19 例 3-3 网络图及等效电路

a) 网络图　b) 等效电路

表 3-4 例 3-3 母线输入数据和待求变量

母线	输入数据	待求变量
1	$U_1 = 1.0$, $\delta_1 = 0°$	P_1、Q_1
2	$P_2 = P_{G2} - P_{L2} = -8$ $Q_2 = Q_{G2} - Q_{L2} = -2.8$	U_2、δ_2
3	$U_3 = 1.05$ $P_3 = P_{G3} - P_{L3} = 4.4$	Q_3、δ_3
4	$P_4 = 0$, $Q_4 = 0$	U_4、δ_4
5	$P_5 = 0$, $Q_5 = 0$	U_5、δ_5

计算导纳矩阵：导纳矩阵 Y 的元素可由自导纳和互导纳的定义计算得到，以母线 2 为例写出互导纳与自导纳的计算式，由于母线 1 和母线 3 不是直接连接到母线 2，所以

$$Y_{21} = Y_{23} = 0$$

得

$$Y_{24} = \frac{-1}{R'_{24}+jX'_{24}} = \frac{-1}{0.009+j0.1} = -0.89276+j9.91964 = 9.95972\angle 95.143°$$

$$Y_{25} = \frac{-1}{R'_{25}+jX'_{25}} = \frac{-1}{0.0045+j0.05} = -1.78552+j19.83932 = 19.9195\angle 95.143°$$

$$Y_{22} = \frac{1}{R'_{24}+jX'_{24}} + \frac{1}{R'_{25}+jX'_{25}} + j\frac{B'_{24}}{2} + j\frac{B'_{25}}{2}$$

$$= (0.89276-j9.91964) + (1.78552-j19.83932) + j\frac{1.72}{2} + j\frac{0.88}{2}$$

$$= 2.67828-j28.4590 = 28.5847\angle -84.624°$$

其中，连接到母线2的每条线路的并联导纳的一半包含在Y_{22}中（另一半置于这些线路的另一端）。同理可计算出导纳矩阵其他元素。

$$Y = \begin{pmatrix} Y_{11} & Y_{12} & \cdots & Y_{15} \\ Y_{21} & Y_{22} & \cdots & Y_{25} \\ \vdots & \vdots & & \vdots \\ Y_{51} & Y_{52} & \cdots & Y_{55} \end{pmatrix}$$

$$= \begin{pmatrix} 3.73-j49.72 & 0 & 0 & 0 & -3.73+j49.72 \\ 0 & 2.68-j28.46 & 0 & -0.89+j9.92 & -1.79+j19.84 \\ 0 & 0 & 7.46-j99.44 & -7.46+j99.44 & 0 \\ 0 & -0.89+j9.92 & -7.46+j99.44 & 11.92-j147.96 & -3.57+j39.68 \\ -3.73+j49.72 & -1.79+j19.84 & 0 & -3.57+j39.68 & 9.09-j108.58 \end{pmatrix}$$

3.3.2 高斯-塞德尔法

高斯赛德尔法
潮流计算

1. 高斯-塞德尔潮流算法原理

高斯-塞德尔迭代法既可用以解线性方程组，也可用以解非线性方程组，其标准模式如下：

设有方程组为

$$\begin{cases} a_{11}x_1 + a_{12}x_2 + a_{13}x_3 = y_1 \\ a_{21}x_1 + a_{22}x_2 + a_{23}x_3 = y_2 \\ a_{31}x_1 + a_{32}x_2 + a_{33}x_3 = y_3 \end{cases} \quad (3-63)$$

它可以改写为

$$\begin{cases} x_1 = \dfrac{1}{a_{11}}(y_1 - a_{12}x_2 - a_{13}x_3) \\ x_2 = \dfrac{1}{a_{22}}(y_2 - a_{21}x_1 - a_{23}x_3) \\ x_3 = \dfrac{1}{a_{33}}(y_3 - a_{31}x_1 - a_{32}x_2) \end{cases} \quad (3-64)$$

其迭代格式为

$$\begin{cases} x_1^{(k+1)} = \dfrac{1}{a_{11}}(y_1 - a_{12}x_2^{(k)} - a_{13}x_3^{(k)}) \\ x_2^{(k+1)} = \dfrac{1}{a_{22}}(y_2 - a_{21}x_1^{(k+1)} - a_{23}x_3^{(k)}) \\ x_3^{(k+1)} = \dfrac{1}{a_{33}}(y_3 - a_{31}x_1^{(k+1)} - a_{32}x_2^{(k+1)}) \end{cases} \quad (3-65)$$

这其实就是用以解线性方程组的格式。

2. 高斯-塞德尔法潮流计算

(1) 功率方程的特点

描述电力系统功率与电压关系的方程式是一组关于电压的非线性代数方程式，不能用解析法直接求解。

(2) 迭代计算式

如式 (3-65) 中的 $y_i (i=1,2,3)$ 以 c_i/x_i 替代，就可用以解非线性节点电压方程：

$$Y_B \dot{U}_B = \left(\dfrac{S}{U}\right)_B^*$$

或它的展开式为

$$Y_{ii}\dot{U}_i + \sum_{\substack{j=1 \\ j \neq i}}^{j=n} Y_{ij}\dot{U}_j = \frac{P_i - jQ_i}{U_i^*} \qquad (3\text{-}66)$$

这时的迭代格式将为

$$\begin{cases} x_1^{(k+1)} = \dfrac{1}{a_{11}}\left(\dfrac{c_1}{x_1^{(k)}} - a_{12}x_2^{(k)} - a_{13}x_3^{(k)}\right) \\ x_2^{(k+1)} = \dfrac{1}{a_{22}}\left(\dfrac{c_2}{x_2^{(k)}} - a_{21}x_1^{(k+1)} - a_{23}x_3^{(k)}\right) \\ x_3^{(k+1)} = \dfrac{1}{a_{33}}\left(\dfrac{c_3}{x_3^{(k)}} - a_{31}x_1^{(k+1)} - a_{32}x_2^{(k+1)}\right) \end{cases} \qquad (3\text{-}67)$$

显然，式(3-67)中的 a_{ii} 就对应于式(3-66)中的 Y_{ii}，a_{ij} 就对应于 Y_{ij}，c_i 就对应于 $P_i - jQ_i$，x_i 就对应于 $\dot{U}_i$ 或 U_i^*。

但需指出，按式(3-67)进行迭代时，除平衡节点外，其他节点的电压都将变化，而这一情况不符合 PV 节点电压大小不变的约定。因此，每次迭代求得这些节点的电压后，应对它们的大小按给定值修正，并据此调整这些节点注入的无功功率。这是潮流计算运用高斯-塞德尔法时的特殊之处。

(3) 高斯-塞德尔潮流计算算法

假设有 n 个节点的电力系统，没有 PV 节点，若平衡节点编号为 1，功率方程可写成以下复数方程式：

$$\dot{U}_i = \frac{1}{Y_{ii}}\left(\frac{P_i - jQ_i}{U_i^*} - \sum_{\substack{j=1 \\ j \neq i}}^{n} Y_{ij}\dot{U}_j\right) \qquad (3\text{-}68)$$

对每一个 PQ 节点都可列出一个方程式，因而有 $n-1$ 个方程式。在这些方程式中，注入功率 P_i 和 Q_i 都是给定的，平衡节点电压也是已知的，因而只有 $n-1$ 个节点的电压为未知量，从而可以求得唯一解。

高斯-塞德尔迭代法解潮流的公式为

$$\dot{U}_i^{(k+1)} = \frac{1}{Y_{ii}}\left[\frac{P_i - jQ_i}{U_i^{*(k)}} - \left(\sum_{j=1}^{i-1} Y_{ij}\dot{U}_j^{(k+1)} + \sum_{j=i+1}^{n} Y_{ij}\dot{U}_j^{(k)}\right)\right] \qquad (3\text{-}69)$$

式(3-69)可展开为

$$\dot{U}_2^{(k+1)} = \frac{1}{Y_{22}}\left[\frac{P_2 - jQ_2}{U_2^{*(k)}} - (Y_{21}\dot{U}_1 + Y_{23}\dot{U}_3^{(k)} + \cdots + Y_{2n}\dot{U}_n^{(k)})\right]$$

$$\dot{U}_3^{(k+1)} = \frac{1}{Y_{33}}\left[\frac{P_3 - jQ_3}{U_3^{*(k)}} - (Y_{31}\dot{U}_1 + Y_{32}\dot{U}_2^{(k+1)} + \cdots + Y_{3n}\dot{U}_n^{(k)})\right]$$

$$\vdots$$

$$\dot{U}_n^{(k+1)} = \frac{1}{Y_{nn}}\left[\frac{P_n - jQ_n}{U_n^{*(k)}} - (Y_{n1}\dot{U}_1 + Y_{n2}\dot{U}_2^{(k+1)} + \cdots + Y_{n\,n-1}\dot{U}_{n-1}^{(k+1)})\right]$$

式中，U_1 为平衡节点的电压；k 为迭代次数。上式是按高斯-塞德尔法解方程式组的标准式书写的，对于 PQ 节点，由于其功率是给定的，故只要写出节点电压初值 $\dot{U}_i^{(0)}$，即可利用式(3-69)迭代计算各节点电压。式中等号左侧的 $\dot{U}_i$ 采用经 k 次迭代值，对于等号右侧的 $\dot{U}_j$，当 $j<i$ 时，采用经 $(k+1)$ 次迭代后的值，当 $j>i$ 时，采用经 k 次迭代后的值。迭代过程可进行多次，当某次迭代的解与前一次迭代后的解之差的模小于事先给定的允许误差 ε 时，即 $|\dot{U}_i^{(k+1)} - \dot{U}_i^{(k)}| < \varepsilon (i=2, 3, \cdots, n)$，迭代终止，这就是迭代收敛的条件。

一般系统内存在 PV 节点，这种 PV 节点注入的无功功率受电源供应无功功率的限制。假设节点 p 为 PV 节点，设定的节点电压为 U_{p0}，因其无功功率是未知量，只能在迭代开始时给定初值 $Q_p^{(0)}$，此后的迭代值必须在逐次迭代的过程中计算得出。假定高斯-塞德尔迭代法已完成的第 k 次迭代，按下式求出节点 p 的注入无功功率为

$$Q_p^{(k)} = \text{Im}\left[\dot{U}_p^{(k)} \left(\sum_{j=1}^{p-1} Y_{pj}^* \dot{U}_j^{(k+1)} + \sum_{j=p}^{n} Y_{pj}^* \dot{U}_j^{(k)} \right) \right] \tag{3-70}$$

然后将其代入下式，求出节点 p 的电压为

$$\dot{U}_p^{(k+1)} = \frac{1}{Y_{pp}} \left(\frac{P_p - jQ_p^{(k)}}{\dot{U}_p^{(k)*}} - \sum_{j=1}^{p-1} Y_{pj} \dot{U}_j^{(k+1)} - \sum_{j=p+1}^{n} Y_{pj} \dot{U}_j^{(k)} \right) \tag{3-71}$$

在迭代过程中，按上式求得的节点 p 的电压大小不一定等于设定的节点电压 U_{p0}，所以在下一次的迭代中，应以设定的 U_{p0} 对电压进行修正，但其相位仍保持上式所求得的值，使得

$$\dot{U}_p^{(k+1)} = U_{p0} \angle \delta_p^{(k+1)}$$

如果系统中有多个 PV 节点，可按上述相同计算方法处理。

在迭代过程中如果求得 PV 节点的无功功率会出现越限，即按式（3-70）求得的 $Q_p^{(k+1)}$ 不能满足约束条件 $Q_{p\min} \leq Q_p \leq Q_{p\max}$ 时，考虑到实际工程中对节点电压的限制不如对节点功率的限制严格，这时可用 $Q_{p\min}$ 或 $Q_{p\max}$ 代入式（3-71）计算 $\dot{U}_p^{(k+1)}$，此时不再需要修正电压的数值。换言之，这时只能满足约束条件 $Q_{p\min} \leq Q_p \leq Q_{p\max}$，而不能满足约束条件 U_{p0} = 定值。事实上，此时该节点已由 PV 节点转化为 PQ 节点。

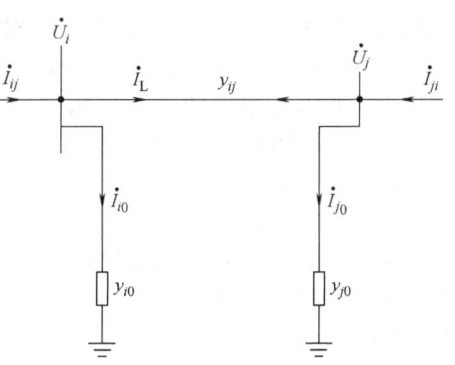

图 3-20 线路潮流计算中的线路模型

迭代收敛后，就可计算平衡节点的功率 S_s，即

$$\widetilde{S}_s = P_s + jQ_s = \dot{U}_s \left(\sum_{j=1}^{n} Y_{ij} \dot{U}_j \right)^*$$

求取线路潮流，如图 3-20 所示线路连接节点 i 和节点 j，在节点 i 测量支路电流 $\dot{I}_{ij}$，规定由节点 i 流向节点 j 时为正。其值为

$$\dot{I}_{ij} = \dot{I}_L + \dot{I}_{i0} = y_{ij}(\dot{U}_i - \dot{U}_j) + y_{i0}\dot{U}_i \tag{3-72}$$

同理在节点 j 测量支路电流 $\dot{I}_{ji}$ 规定由节点 j 流向节点 i 时为正。其值为

$$\dot{I}_{ji} = -\dot{I}_L + \dot{I}_{j0} = y_{ij}(\dot{U}_j - \dot{U}_i) + y_{j0}\dot{U}_j \tag{3-73}$$

复功率 $\widetilde{S}_{ij}$ 表示由节点 i 流向节点 j，$\widetilde{S}_{ji}$ 表示由节点 j 流向节点 i。其值为

$$\widetilde{S}_{ij} = \dot{U}_i I_{ij}^* = \dot{U}_i [\dot{U}_i y_{i0} + (\dot{U}_i - \dot{U}_j) y_{ij}]^* = U_i^2 y_{i0}^* + \dot{U}_i (\dot{U}_i^* - \dot{U}_j^*) y_{ij}^* \tag{3-74}$$

$$\widetilde{S}_{ji} = \dot{U}_j I_{ji}^* = \dot{U}_j [\dot{U}_j y_{j0} + (\dot{U}_j - \dot{U}_i) y_{ji}]^* = U_j^2 y_{j0}^* + \dot{U}_j (\dot{U}_j^* - \dot{U}_i^*) y_{ji}^* \tag{3-75}$$

各线路的功率损耗可由下式算出：

$$\Delta \widetilde{S}_{ij} = \widetilde{S}_{ij} + \widetilde{S}_{ji} \tag{3-76}$$

（4）高斯-塞德尔迭代法计算潮流的步骤

1) 设定各节点电压的初值，并给定迭代误差判据。
2) 对每一个 PQ 节点，以前一次迭代的节点电压值代入功率迭代方程式求出新值。
3) 对于 PV 节点，求出其无功功率，并判断是否越限，如越限则将 PV 节点转化为 PQ 节点。
4) 判别各节点电压前后两次迭代值相量差的模是否小于给定误差，如不小于，则回到第 2) 步，继续进行计算，否则转到第 5) 步。
5) 根据功率方程式（3-5）求出平衡节点注入功率。
6) 求支路功率分布和支路功率损耗。

高斯-塞德尔法潮流计算的流程图如图 3-21 所示。

需注意：按高斯-塞德尔法进行迭代时，除平衡节点外，其他节点的电压都将变化，这一情况不符合 PV 节点电压大小不变的约定。因此，每次迭代求得这些节点的电压后，应对 PV 节点电压的大小按给定值进行修正，并据此调整这些节点注入的无功功率，如上面算法中所述。这是潮流计算中，运用高斯-塞德尔法时的特殊之处。

例 3-4 利用高斯-塞德尔法计算例 3-3 所示系统的潮流分布。

解：对于例 3-3 所示的电力系统，用高斯-塞德尔法计算时，首先需要对各节点赋初值，之后除去平衡节点外，按从小到大编号的节点进行迭代计算，迭代收敛后计算平衡节点的功率及网络损耗。

（1）赋初值

对 PQ 节点赋电压（相位）初值：$\dot{U}_2 = 1.0\angle 0°$、$\dot{U}_4 = 1.0\angle 0°$、$\dot{U}_5 = 1.0\angle 0°$。

对 PV 节点赋电压（相位）初值：$\dot{U}_3 = 1.05\angle 0°$。

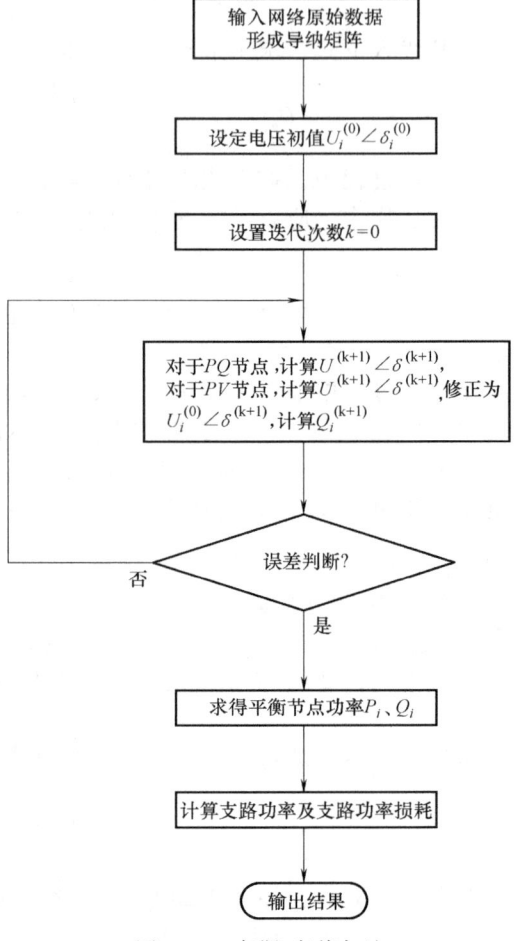

图 3-21 高斯-塞德尔法潮流计算的流程图

（2）迭代求解 PQ 节点电压、PV 节点电压相位和无功功率

$$\dot{U}_2^{(1)} = \frac{1}{Y_{22}}\left[\frac{P_2 - jQ_2}{\dot{U}_2^{*(0)}} - (Y_{21}\dot{U}_1 + Y_{23}\dot{U}_3^{(0)} + Y_{24}\dot{U}_4^{(0)} + Y_{25}\dot{U}_5^{(0)})\right]$$

$$= \frac{1}{2.68 - j28.46}\left\{\frac{-8 - j(-2.8)}{1.0\angle 0°} - [0 + 0 + (-0.89 + j9.92)\times 1.0\angle 0° + (-1.79 + j19.84)\times 1.0\angle 0°]\right\}$$

$$= 0.9215 - j0.2737 = 0.9613\angle -16.5430°$$

$$Q_3^{(0)} = \text{Im}[\dot{U}_3^{(0)} I_3^*] = \text{Im}\left[\dot{U}_3^{(0)}\sum_{j=1}^{5}(Y_{3j}^* U_j^*)\right]$$

$$= \text{Im}\{1.05\times [0 + 0 + (7.46 - j99.44)^*\times (1.05\angle 0°)^* + (-7.46 + j99.44)^*\times (1.0\angle 0°)^* + 0]\}$$

$$= 5.2206 > Q_3(Q_{G3} - Q_{L3}) = 4.0 - 0.4 = 3.6$$

取 $Q_3^{(0)} = 3.6$，则

$$\dot{U}_3^{(1)} = \frac{1}{Y_{33}} \left[\frac{P_3 - jQ_3^{(0)}}{\dot{U}_3^{*(0)}} - (Y_{31}\dot{U}_1 + Y_{32}\dot{U}_2^{(1)} + Y_{34}\dot{U}_4^{(0)} + Y_{35}\dot{U}_5^{(0)}) \right]$$

$$= \frac{1}{7.46 - j99.44} \left\{ \frac{4.4 - j3.6}{1.05 \angle 0°} - [0 + 0 + (-7.46 + j99.44) \times 1.0 \angle 0° + 0] \right\}$$

$$= 1.0374 + j0.0393 = 1.0381 \angle 2.1713°$$

由于求得的 $\dot{U}_3^{(1)}$ 不等于给定的 $\dot{U}_3$，将 $\dot{U}_3^{(1)}$ 修正为

$$\dot{U}_3^{(1)} = 1.05 \angle 2.1713° = 1.0492 + j0.0398$$

$$\dot{U}_4^{(1)} = \frac{1}{Y_{44}} \left[\frac{P_4 - jQ_4}{\dot{U}_4^{*(0)}} - (Y_{41}\dot{U}_1 + Y_{42}\dot{U}_2^{(1)} + Y_{43}\dot{U}_3^{(1)} + Y_{45}\dot{U}_5^{(0)}) \right]$$

$$= \frac{1}{11.92 - j147.96} \left\{ \frac{0 - j0}{1.0 \angle 0°} - [0 + (-8.89 + j9.92) \times 0.9613 \angle -16.5430° + \right.$$

$$\left. (-7.46 + j99.44) \times 1.05 \angle 2.1713° + (-3.57 + j39.68) \times 1.0 \angle 0°] \right\}$$

$$= 1.0354 + j0.0075 = 1.0354 \angle 0.4174°$$

$$\dot{U}_5^{(1)} = \frac{1}{Y_{55}} \left[\frac{P_5 - jQ_5}{\dot{U}_5^{*(0)}} - (Y_{51}\dot{U}_1 + Y_{52}\dot{U}_2^{(1)} + Y_{53}\dot{U}_3^{(1)} + Y_{54}\dot{U}_4^{(1)}) \right]$$

$$= \frac{1}{9.09 - j108.58} \left\{ \frac{0 - j0}{1.0 \angle 0°} - [(-3.73 + j49.72) \times 1.0 \angle 0° + \right.$$

$$\left. (-1.79 + j19.84) \times 0.9613 \angle -16.5430° + 0 + (-3.57 + j39.68) \times \right.$$

$$\left. 1.0354 \angle 0.4174°] \right\}$$

$$= 1.0049 - j0.0478 = 1.0061 \angle -2.7231°$$

求得各节点电压新值后，再按式（3-70）计算 $Q_3^{(1)}$，开始第二次迭代，各节点电压（标幺值）迭代结果见表3-5，迭代过程中 PV 节点无功功率（标幺值）见表3-6。

手算时迭代误差可适当设置，应用计算机程序求解时，误差一般设为 10^{-5}。

表3-5 例3-4迭代过程中各节点电压（标幺值）

迭代次数 k	$\dot{U}_2$	$\dot{U}_3$	$\dot{U}_4$	$\dot{U}_5$
0	1.0000+j0.0000	1.0500+j0.0000	1.0000+j0.0000	1.0000+j0.0000
	1.0000∠0.00°	1.0500∠0.00°	1.0000∠0.00°	1.0000∠0.00°
1	0.9215−j0.2737	1.0492+j0.0398	1.0354+j0.0075	1.0049−j0.0478
	0.9613∠−16.54°	1.0500∠2.17°	1.0354∠0.42°	1.0061∠−2.72°
2	0.8577−j0.2671	1.0489+j0.0490	1.0323+j0.0014	0.9921−j0.0489
	0.8983∠−17.29°	1.0500∠2.68°	1.0323∠0.08°	0.9933∠−2.82°
3	0.8302−j0.2834	1.0491+j0.0429	1.0272−j0.0042	0.9853−j0.0540
	0.8773∠−18.84°	1.0500∠2.34°	1.0272∠−0.23°	0.9868∠−3.14°
4	0.8116−j0.2885	1.0493+j0.0371	1.0243−j0.0098	0.9808−j0.0570
	0.8614∠−19.57°	1.0500∠2.03°	1.0243∠−0.55°	0.9825∠−3.33°
⋮		经过49次迭代，最大误差为 8.9861e−6<1.0e−5		
49	0.7708−j0.3178	1.0499−j0.0109	1.0181−j0.0504	0.9712−j0.0772
	0.8338∠−22.40°	1.0500∠−0.59°	1.0193∠−2.83°	0.9743∠−4.55°

表 3-6　例 3-4 迭代过程中 PV 节点无功功率（标幺值）

迭代次数 k	0	1	2	3	…	49
Q_3	3.6000	1.3251	1.5903	2.1252	…	2.9747

（3）求平衡节点 1 的功率

迭代收敛后，就可计算平衡节点的功率，即

$$\tilde{S}_1 = \dot{U}_1 \sum_{j=1}^{5}(Y_{1j}\dot{U}_j)^* = 1.0\angle 0° \times [(3.73-j49.72)\times 1 + 0 + 0 + 0 + (-3.73+j49.72)\times$$
$$(0.9712-j0.0772)]^* = 3.9458 + j1.1440$$

（4）求各条支路的功率及损耗

利用式（3-74）、式（3-75）及式（3-76）计算支路功率及支路损耗。

以支路 1-5 为例求解，即

$$\tilde{S}_{15} = \dot{U}_1 I_{15}^* = \dot{U}_1^2 y_{10}^* + \dot{U}_1(\dot{U}_1^* - \dot{U}_5^*)y_{15}^* = 1\times 0 + 1\times[1-(0.9712-j0.0772)^*]\times \frac{1}{(0.0015+j0.02)^*}$$
$$= 3.9458 + j1.1441$$

$$\tilde{S}_{51} = \dot{U}_5 I_{51}^* = \dot{U}_5^2 y_{50}^* + \dot{U}_5(\dot{U}_5^* - \dot{U}_1^*)y_{51}^* = 0.9743^2\times 0 + (0.9712-j0.0772)\times[(0.9712-j0.0772)^*$$
$$-1]\times \frac{1}{(0.0015+j0.02)^*} = -3.9205 - j0.8065$$

$$\Delta \tilde{S}_{15} = \tilde{S}_{15} + \tilde{S}_{51} = 3.9458 + j1.1441 + (-3.9205 - j0.8065) = 0.0253 + j0.3376$$

其余支路求解过程略，结果见表 3-7。

表 3-7　例 3-4 各支路功率及损耗（标幺值）

支路 ij	$\tilde{S}_{ij}$	$\tilde{S}_{ji}$	$\Delta \tilde{S}_{ij}$
1-5	3.9458+j1.1441	-3.9205-j0.8065	0.0253+j0.3376
2-4	-2.9185-j1.3910	3.0369+j1.2153	0.1184-j0.1757
2-5	-5.0814-j1.4090	5.2564+j2.6301	0.1750+j1.2211
3-4	4.4008+j2.9747	-4.3816-j2.7188	0.0192+j0.2559
4-5	1.3449+j1.5034	-1.3344-j1.8251	0.0104-j0.3217

网络总损耗为

$$\Delta \tilde{S}_\Sigma = \sum_{\substack{i,j=1 \\ i\neq j}}^{n} \Delta \tilde{S}_{ij}$$
$$= (0.0253 + j0.3376) + (0.1184 - j0.1757) + (0.1750 + j1.2211) +$$
$$(0.0192 + j0.2559) + (0.0104 - j0.3217)$$
$$= 0.3483 + j1.3172$$

以及这一网络的输电效率为

$$\eta\% = \frac{8 + 0.8}{3.9458 + 5.2} \times 100\% = 96.219\%$$

至此本例潮流计算全部解算完毕。

3.3.3　牛顿-拉夫逊法

1. 牛顿-拉夫逊法原理

牛顿-拉夫逊（Neton-Raphson）法是求解非线性代数方程有效的迭代计算方法。在每一次的迭代过程中，非线性问题通过线性化逐步近似。以一个变量为 x 的非线性函数求解过程加以说明。

设一维非线性方程为

$$f(x) = 0 \tag{3-77}$$

求解 x，设真值为 x^*。

首先在 x^* 附近选一初值 $x^{(0)}$，则误差为

$$\Delta x^{(0)} = x^* - x^{(0)}$$

式(3-77)写为

$$f(x^{(0)} + \Delta x^{(0)}) = 0 \tag{3-78}$$

将上式展开成泰勒级数，即

$$f(x^{(0)} + \Delta x^{(0)}) = f(x^{(0)}) + f'(x^{(0)})\Delta x^{(0)} + f''(x^{(0)})\frac{[\Delta x^{(0)}]^2}{2!} - \cdots +$$

$$(-1)^n f^n(x^{(0)})\frac{[\Delta x^{(0)}]^n}{n!} + \cdots = 0$$

如果初值 $x^{(0)}$ 接近真值，则误差足够小，可略去上式中的高阶项，则有

$$f(x^{(0)}) + f'(x^{(0)})\Delta x^{(0)} = 0 \tag{3-79}$$

可得

$$\Delta x^{(0)} = \frac{-f(x^{(0)})}{f'(x^{(0)})} \tag{3-80}$$

将 $x^{(0)}$ 代入上式，求得误差修正量，即可得到所求解，即

$$x^{(1)} = x^{(0)} + \Delta x^{(0)} \tag{3-81}$$

如此继续下去，则可得到充分逼近解，即

$$\Delta x^{(1)} = \frac{-f(x^{(1)})}{f'(x^{(1)})}$$

$$x^{(2)} = x^{(1)} + \Delta x^{(1)}$$

$$f(x^{(v)}) + f'(x^{(v)})\Delta x^{(v)} = 0 \tag{3-82}$$

$$\Delta x^{(v)} = \frac{-f(x^{(v)})}{f'(x^{(v)})} \tag{3-83}$$

$$x^{(v+1)} = x^{(v)} + \Delta x^{(v)} \tag{3-84}$$

理论上有

$$x^* = x^{(\infty)}$$

收敛条件为

$$|f'(x^{(v)})\Delta x^{(v)}| < \varepsilon_1$$
$$|\Delta x^{(v)}| < \varepsilon_2 \tag{3-85}$$

图 3-22a 示出牛顿-拉夫逊法的解算过程，可见 $x^{(v+1)}$ 更接近于真值。运用这种方法时，初值要选取得接近于精确解，否则迭代过程可能不收敛，如图 3-22b 所示。

对于 n 维非线性方程组：

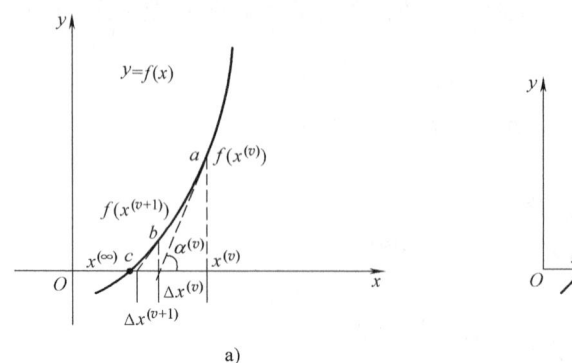

图 3-22 牛顿-拉夫逊法的解算过程
a) 初值选取合适收敛　b) 初值选取不合适不收敛

$$\begin{cases} f_1(x_1, x_2, \cdots, x_n) = 0 \\ f_2(x_1, x_2, \cdots, x_n) = 0 \\ \vdots \\ f_n(x_1, x_2, \cdots, x_n) = 0 \end{cases} \tag{3-86}$$

令

$$\Delta x_i^{(0)} = x_i^* - x_i^{(0)}, \quad i = 1, 2, \cdots, n$$

则有

$$\begin{cases} f_1(x_1^{(0)} + \Delta x_1^{(0)}, x_2^{(0)} + \Delta x_2^{(0)}, \cdots, x_n^{(0)} + \Delta x_n^{(0)}) = 0 \\ f_2(x_1^{(0)} + \Delta x_1^{(0)}, x_2^{(0)} + \Delta x_2^{(0)}, \cdots, x_n^{(0)} + \Delta x_n^{(0)}) = 0 \\ \vdots \\ f_n(x_1^{(0)} + \Delta x_1^{(0)}, x_2^{(0)} + \Delta x_2^{(0)}, \cdots, x_n^{(0)} + \Delta x_n^{(0)}) = 0 \end{cases} \tag{3-87}$$

展成泰勒级数,并略去二阶以上项,则有

$$\begin{cases} f_1(x_1^{(0)}, x_2^{(0)}, \cdots, x_n^{(0)}) + \left[\dfrac{\partial f_1}{\partial x_1} \bigg|_0 \Delta x_1^{(0)} + \dfrac{\partial f_1}{\partial x_2} \bigg|_0 \Delta x_2^{(0)} + \cdots + \dfrac{\partial f_1}{\partial x_n} \bigg|_0 \Delta x_n^{(0)} \right] = 0 \\ f_2(x_1^{(0)}, x_2^{(0)}, \cdots, x_n^{(0)}) + \left[\dfrac{\partial f_2}{\partial x_1} \bigg|_0 \Delta x_1^{(0)} + \dfrac{\partial f_2}{\partial x_2} \bigg|_0 \Delta x_2^{(0)} + \cdots + \dfrac{\partial f_2}{\partial x_n} \bigg|_0 \Delta x_n^{(0)} \right] = 0 \\ \vdots \\ f_n(x_1^{(0)}, x_2^{(0)}, \cdots, x_n^{(0)}) + \left[\dfrac{\partial f_n}{\partial x_1} \bigg|_0 \Delta x_1^{(0)} + \dfrac{\partial f_n}{\partial x_2} \bigg|_0 \Delta x_2^{(0)} + \cdots + \dfrac{\partial f_n}{\partial x_n} \bigg|_0 \Delta x_n^{(0)} \right] = 0 \end{cases} \tag{3-88}$$

整理成为如下的矩阵方程:

$$\begin{pmatrix} f_1(x_1^{(0)}, x_2^{(0)}, \cdots, x_n^{(0)}) \\ f_2(x_1^{(0)}, x_2^{(0)}, \cdots, x_n^{(0)}) \\ \vdots \\ f_n(x_1^{(0)}, x_2^{(0)}, \cdots, x_n^{(0)}) \end{pmatrix} = - \begin{pmatrix} \dfrac{\partial f_1}{\partial x_1} & \dfrac{\partial f_1}{\partial x_2} & \cdots & \dfrac{\partial f_1}{\partial x_n} \\ \dfrac{\partial f_2}{\partial x_1} & \dfrac{\partial f_2}{\partial x_2} & \cdots & \dfrac{\partial f_2}{\partial x_n} \\ \vdots & \vdots & & \vdots \\ \dfrac{\partial f_n}{\partial x_1} & \dfrac{\partial f_n}{\partial x_2} & \cdots & \dfrac{\partial f_n}{\partial x_n} \end{pmatrix} \begin{pmatrix} \Delta x_1^{(0)} \\ \Delta x_2^{(0)} \\ \vdots \\ \Delta x_n^{(0)} \end{pmatrix} \tag{3-89}$$

式（3-89）等号右边矩阵中的 $\dfrac{\partial f_i}{\partial x_j}$ 是分别对于 x_1，x_2，$\cdots$，x_n 求导的值，这一矩阵称为雅可比（Jacobi）矩阵。

式（3-89）简记为

$$F(x^{(0)}) = -J^{(0)} \Delta x^{(0)}$$

可解出

$$\Delta x_i^{(0)}, i = 1, 2, \cdots, n$$

$$\begin{cases} x_1^{(1)} = x_1^{(0)} + \Delta x_1^{(0)} \\ x_2^{(1)} = x_2^{(0)} + \Delta x_2^{(0)} \\ \vdots \\ x_n^{(1)} = x_n^{(0)} + \Delta x_n^{(0)} \end{cases}$$

求解形式如下：

$$\begin{cases} F(x^{(v)}) = -J^{(v)} \Delta x^{(v)} \\ \Delta x^{(v)} = -[J^{(v)}]^{-1} F(x^{(v)}) \\ x^{(v+1)} = x^{(v)} + \Delta x^{(v)} \end{cases} \tag{3-90}$$

收敛条件为

$$\max |\Delta x^{(v)}| < \varepsilon_1 \tag{3-91}$$

$$\max |F(x^{(v)})| < \varepsilon_2 \tag{3-92}$$

2. 直角坐标系下的牛顿-拉夫逊法

运用牛顿-拉夫逊法计算潮流时，节点导纳矩阵的形成、平衡节点和线路功率的计算与运用高斯-塞德尔法时相同，不同的只是迭代过程。迭代过程中，两种方法应用的基本方程都是 $Y\dot{U} = \left(\dfrac{\tilde{S}}{\dot{U}}\right)^*$，运用高斯-塞德尔法时，将其展开为电压方程，而运用牛顿-拉夫逊法时，将其展开为功率方程，即

$$P_i + \mathrm{j}Q_i - \dot{U}_i \left[\sum_{j=1}^{n} Y_{ij} \dot{U}_j\right]^* = 0, \quad i = 1, 2, \cdots, n \tag{3-93}$$

式中，第一部分为给定的节点注入功率；第二部分为由节点电压求得的节点注入功率；二者之差就是节点功率的误差，当节点功率的误差趋近于零时，各节点电压即为所求方程的解。

在直角坐标系下，节点电压和导纳可表示成

$$\begin{cases} \dot{U}_i = e_i + \mathrm{j}f_i \\ Y_{ij} = G_{ij} + \mathrm{j}B_{ij} \end{cases} \tag{3-94}$$

将式（3-94）代入式（3-93），展开取出实部和虚部，得到

$$\begin{cases} P_i = e_i \sum_{j=1}^{n} (G_{ij}e_j - B_{ij}f_j) + f_i \sum_{j=1}^{n} (G_{ij}f_j + B_{ij}e_j) \\ Q_i = f_i \sum_{j=1}^{n} (G_{ij}e_j - B_{ij}f_j) - e_i \sum_{j=1}^{n} (G_{ij}f_j + B_{ij}e_j) \end{cases} \tag{3-95}$$

根据节点分类，若第 i 个节点为 PQ 节点，给定功率设为 P_{is} 和 Q_{is}，功率误差方程可列为

$$\begin{cases} \Delta P_i = P_{is} - P_i = P_{is} - e_i \sum_{j=1}^{n} (G_{ij}e_j - B_{ij}f_j) - f_i \sum_{j=1}^{n} (G_{ij}f_j + B_{ij}e_j) = 0 \\ \Delta Q_i = Q_{is} - Q_i = Q_{is} - f_i \sum_{j=1}^{n} (G_{ij}e_j - B_{ij}f_j) + e_i \sum_{j=1}^{n} (G_{ij}f_j + B_{ij}e_j) = 0 \end{cases} \tag{3-96}$$

若第 i 个节点为 PV 节点，P_{is} 和 U_{is} 给定，功率和电压的误差方程可列为

$$\begin{cases} \Delta P_i = P_{is} - P_i = P_{is} - e_i \sum_{j=1}^{n}(G_{ij}e_j - B_{ij}f_j) - f_i \sum_{j=1}^{n}(G_{ij}f_j + B_{ij}e_j) = 0 \\ \Delta U_i^2 = U_{is}^2 - U_i^2 = U_{is}^2 - (e_i^2 + f_i^2) = 0 \end{cases} \quad (3\text{-}97)$$

式中，节点电压大小（模数）的误差表示为给定的节点电压的二次方与求得的节点电压二次方之差。

上述功率和电压误差方程即为牛顿-拉夫逊潮流计算所要求解的非线性方程组。非线性方程组的待求量为各节点电压的实部 e_i 和虚部 f_i。对于含 n 个节点的系统而言，第 $s=n$ 号节点为平衡节点，除平衡节点电压为已知外，式（3-96）和式（3-97）共包含 $2(n-1)$ 个方程，待求变量也有 $2(n-1)$ 个。除平衡节点外的所有节点有功功率不平衡量 ΔP_i 的表达式有 $(n-1)$ 个，即 $i=1, 2, \cdots, n, i \neq s$；除平衡节点外的所有节点无功功率不平衡量 ΔQ_i 的表达式有 $(m-1)$ 个，即 $i=1, 2, \cdots, m, i \neq s$；所有 PV 节点电压大小不平衡量 ΔU_i^2 的表达式有 $(n-1)-(m-1)=n-m$ 个，即 $i=m+1, m+2, \cdots, n, i \neq s$；平衡节点功率和电压方程不包括在这组方程之内，其电压相量 $\dot{U}_s = e_s + jf_s$ 是给定的，故不需要求取，当上述各节点电压迭代收敛后再求取平衡节点的注入功率。把各节点的电压变量用初值与修正量的形式表示为

$$e_i^{(1)} = e_i^{(0)} + \Delta e_i^{(0)}$$
$$f_i^{(1)} = f_i^{(0)} + \Delta f_i^{(0)}$$

将此关系代入式（3-96）和式（3-97），在 $e_i^{(1)}$、$f_i^{(1)}$ 附近的 $\Delta e_i^{(0)}$、$\Delta f_i^{(0)}$ 范围内将其展开为泰勒级数并略去高阶项，可得

$$\Delta W = -J \Delta U \quad (3\text{-}98)$$

式中，$\Delta W = [\Delta P_1 \ \Delta Q_1 \cdots \Delta P_m \ \Delta Q_m \ \Delta P_{m+1} \ \Delta U_{m+1}^2 \cdots \Delta P_{n-1} \ \Delta U_{n-1}^2]^T$

$\Delta U = [\Delta e_1 \ \Delta f_1 \cdots \Delta e_m \ \Delta f_m \ \Delta e_{m+1} \ \Delta f_{m+1} \cdots \Delta e_{n-1} \ \Delta f_{n-1}]^T$

$$J = \begin{pmatrix} \dfrac{\partial \Delta P_1}{\partial e_1} & \dfrac{\partial \Delta P_1}{\partial f_1} & \cdots & \dfrac{\partial \Delta P_1}{\partial e_m} & \dfrac{\partial \Delta P_1}{\partial f_m} & \dfrac{\partial \Delta P_1}{\partial e_{m+1}} & \dfrac{\partial \Delta P_1}{\partial f_{m+1}} & \cdots & \dfrac{\partial \Delta P_1}{\partial e_{n-1}} & \dfrac{\partial \Delta P_1}{\partial f_{n-1}} \\ \dfrac{\partial \Delta Q_1}{\partial e_1} & \dfrac{\partial \Delta_1 Q_1}{\partial f_1} & \cdots & \dfrac{\partial \Delta Q_1}{\partial e_m} & \dfrac{\partial \Delta Q_1}{\partial f_m} & \dfrac{\partial \Delta Q_1}{\partial e_{m+1}} & \dfrac{\partial \Delta Q_1}{\partial f_{m+1}} & \cdots & \dfrac{\partial \Delta Q_1}{\partial e_{n-1}} & \dfrac{\partial \Delta Q_1}{\partial f_{n-1}} \\ \vdots & \vdots & & \vdots & \vdots & \vdots & \vdots & & \vdots & \vdots \\ \dfrac{\partial \Delta P_m}{\partial e_1} & \dfrac{\partial \Delta P_m}{\partial f_1} & \cdots & \dfrac{\partial \Delta P_m}{\partial e_m} & \dfrac{\partial \Delta P_m}{\partial f_m} & \dfrac{\partial \Delta P_m}{\partial e_{m+1}} & \dfrac{\partial \Delta P_m}{\partial f_{m+1}} & \cdots & \dfrac{\partial \Delta P_m}{\partial e_{n-1}} & \dfrac{\partial \Delta P_m}{\partial f_{n-1}} \\ \dfrac{\partial \Delta Q_m}{\partial e_1} & \dfrac{\partial \Delta Q_m}{\partial f_1} & \cdots & \dfrac{\partial \Delta Q_m}{\partial e_m} & \dfrac{\partial \Delta Q_m}{\partial f_m} & \dfrac{\partial \Delta Q_m}{\partial e_{m+1}} & \dfrac{\partial \Delta Q_m}{\partial f_{m+1}} & \cdots & \dfrac{\partial \Delta Q_m}{\partial e_{n-1}} & \dfrac{\partial \Delta Q_m}{\partial f_{n-1}} \\ \dfrac{\partial \Delta P_{m+1}}{\partial e_1} & \dfrac{\partial \Delta P_{m+1}}{\partial f_1} & \cdots & \dfrac{\partial \Delta P_{m+1}}{\partial e_m} & \dfrac{\partial \Delta P_{m+1}}{\partial f_m} & \dfrac{\partial \Delta P_{m+1}}{\partial e_{m+1}} & \dfrac{\partial \Delta P_{m+1}}{\partial f_{m+1}} & \cdots & \dfrac{\partial \Delta P_{m+1}}{\partial e_{n-1}} & \dfrac{\partial \Delta P_{m+1}}{\partial f_{n-1}} \\ \dfrac{\partial \Delta U_{m+1}^2}{\partial e_1} & \dfrac{\partial \Delta U_{m+1}^2}{\partial f_1} & \cdots & \dfrac{\partial \Delta U_{m+1}^2}{\partial e_m} & \dfrac{\partial \Delta U_{m+1}^2}{\partial f_m} & \dfrac{\partial \Delta U_{m+1}^2}{\partial e_{m+1}} & \dfrac{\partial \Delta U_{m+1}^2}{\partial f_{m+1}} & \cdots & \dfrac{\partial \Delta U_{m+1}^2}{\partial e_{n-1}} & \dfrac{\partial \Delta U_{m+1}^2}{\partial f_{n-1}} \\ \vdots & \vdots & & \vdots & \vdots & \vdots & \vdots & & \vdots & \vdots \\ \dfrac{\partial \Delta P_{n-1}}{\partial e_1} & \dfrac{\partial \Delta P_{n-1}}{\partial f_1} & \cdots & \dfrac{\partial \Delta P_{n-1}}{\partial e_m} & \dfrac{\partial \Delta P_{n-1}}{\partial f_m} & \dfrac{\partial \Delta P_{n-1}}{\partial e_{m+1}} & \dfrac{\partial \Delta P_{n-1}}{\partial f_{m+1}} & \cdots & \dfrac{\partial \Delta P_{n-1}}{\partial e_{n-1}} & \dfrac{\partial \Delta P_{n-1}}{\partial f_{n-1}} \\ \dfrac{\partial \Delta U_{n-1}^2}{\partial e_1} & \dfrac{\partial \Delta U_{n-1}^2}{\partial f_1} & \cdots & \dfrac{\partial \Delta U_{n-1}^2}{\partial e_m} & \dfrac{\partial \Delta U_{n-1}^2}{\partial f_m} & \dfrac{\partial \Delta U_{n-1}^2}{\partial e_{m+1}} & \dfrac{\partial \Delta U_{n-1}^2}{\partial f_{m+1}} & \cdots & \dfrac{\partial \Delta U_{n-1}^2}{\partial e_{n-1}} & \dfrac{\partial \Delta U_{n-1}^2}{\partial f_{n-1}} \end{pmatrix}$$

$$(3\text{-}99)$$

式中，雅可比矩阵 J 中的各元素可以通过对式（3-96）和式（3-97）求偏导数得到。

当 $j=i$ 时，对角线元素为

$$\begin{cases} \dfrac{\partial \Delta P_i}{\partial e_i} = -\sum_{j=1}^{n}(G_{ij}e_j - B_{ij}f_j) - G_{ii}e_i - B_{ii}f_i \\ \dfrac{\partial \Delta P_i}{\partial f_i} = -\sum_{j=1}^{n}(G_{ij}f_j + B_{ij}e_j) + B_{ii}e_i - G_{ii}f_i \\ \dfrac{\partial \Delta Q_i}{\partial e_i} = \sum_{j=1}^{n}(G_{ij}f_j + B_{ij}e_j) + B_{ii}e_i - G_{ii}f_i \\ \dfrac{\partial \Delta Q_i}{\partial f_i} = -\sum_{j=1}^{n}(G_{ij}e_j - B_{ij}f_j) + G_{ii}e_i + B_{ii}f_i \\ \dfrac{\partial \Delta U_i^2}{\partial e_i} = -2e_i \\ \dfrac{\partial \Delta U_i^2}{\partial f_i} = -2f_i \end{cases} \quad (3\text{-}100)$$

当 $j \neq i$ 时，非对角线元素为

$$\begin{cases} \dfrac{\partial \Delta P_i}{\partial e_j} = -\dfrac{\partial \Delta Q_i}{\partial f_j} = -(G_{ij}e_i + B_{ij}f_i) \\ \dfrac{\partial \Delta P_i}{\partial f_j} = \dfrac{\partial \Delta Q_i}{\partial e_j} = B_{ij}e_i - G_{ij}f_i \\ \dfrac{\partial \Delta U_i^2}{\partial e_j} = \dfrac{\partial \Delta U_i^2}{\partial f_j} = 0 \end{cases} \quad (3\text{-}101)$$

由以上表达式可得出雅可比矩阵的特点：

1）矩阵中的元素是节点电压的函数，在迭代过程中将随着节点电压的变化而改变。

2）矩阵是不对称的。

3）当导纳矩阵中的非对角线元素 Y_{ij} 为零时，雅可比矩阵中相应的元素也为零。矩阵是稀疏的，可以应用稀疏矩阵的求解技巧。

3. 极坐标系中的牛顿-拉夫逊算法

以极坐标表示时，节点电压和导纳可表示为

$$\begin{cases} \dot{U}_i = U_i \mathrm{e}^{\mathrm{j}\delta_i} = U_i(\cos\delta_i + \mathrm{j}\sin\delta_i) \\ Y_{ij} = G_{ij} + \mathrm{j}B_{ij} \end{cases}$$

功率误差方程可表示为

$$\begin{cases} \Delta P_i = P_{is} - P_i = P_{is} - U_i \sum_{j=1}^{n} U_j [G_{ij}\cos(\delta_i - \delta_j) + B_{ij}\sin(\delta_i - \delta_j)] = 0 \\ \Delta Q_i = Q_{is} - Q_i = Q_{is} - U_i \sum_{j=1}^{n} U_j [G_{ij}\sin(\delta_i - \delta_j) - B_{ij}\cos(\delta_i - \delta_j)] = 0 \end{cases} \quad (3\text{-}102)$$

对于一个具有 n 个独立节点，其中有 $(n-m-1)$ 个 PV 节点的网络，式（3-102）组成的方程组共有 $(n-1)+m$ 个方程式。采用极坐标时，方程组个数较采用直角坐标表示时少了 $(n-m-1)$ 个。因为 PV 节点采用极坐标时，待求的只有电压的相位和注入的无功功率，而采用

直角坐标时，待求量为电压的实数部分、虚数部分和注入的无功功率，所以采用极坐标可使未知变量少了（$n-m-1$）个，方程数也少了（$n-m-1$）个，这样建立修正方程式的矩阵形式为

$$\begin{pmatrix} \Delta P \\ \Delta Q \end{pmatrix} = - \begin{pmatrix} H & N \\ M & L \end{pmatrix} \begin{pmatrix} \Delta \delta \\ \Delta U/U \end{pmatrix} \tag{3-103}$$

式中，$\Delta P = \begin{pmatrix} \Delta P_1 \\ \Delta P_2 \\ \vdots \\ \Delta P_{n-1} \end{pmatrix}$，$\Delta Q = \begin{pmatrix} \Delta Q_1 \\ \Delta Q_2 \\ \vdots \\ \Delta Q_m \end{pmatrix}$，$\Delta \delta = \begin{pmatrix} \Delta \delta_1 \\ \Delta \delta_2 \\ \vdots \\ \Delta \delta_{n-1} \end{pmatrix}$，$\Delta U = \begin{pmatrix} \Delta U_1 \\ \Delta U_2 \\ \vdots \\ \Delta U_m \end{pmatrix}$

$$U = \begin{pmatrix} U_1 & & & \\ & U_2 & & \\ & & \ddots & \\ & & & U_m \end{pmatrix}$$

H 为 $(n-1) \times (n-1)$ 阶方阵，N 为 $(n-1) \times m$ 阶矩阵，M 为 $m \times (n-1)$ 阶矩阵，L 为 $m \times m$ 阶矩阵。各矩阵中元素分别为

$$\begin{cases} H_{ij} = \dfrac{\partial \Delta P_i}{\partial \delta_j} \\ N_{ij} = \dfrac{\partial \Delta P_i}{\partial U_j} U_j \\ M_{ij} = \dfrac{\partial \Delta Q_i}{\partial \delta_j} \\ L_{ij} = \dfrac{\partial \Delta Q_i}{\partial U_j} U_j \end{cases} \tag{3-104}$$

在式（3-103）中，电压幅值的修正量采用 $\Delta U_i/U_i$ 的形式，是为了使雅可比矩阵中各元素有比较相似的形式。矩阵中各元素可对式（3-102）取偏导数求得，雅可比矩阵中各元素具有比较整齐的形式。

$$\begin{cases} H_{ij} = \dfrac{\partial \Delta P_i}{\partial \delta_j} = - U_i U_j (G_{ij} \sin\delta_{ij} - B_{ij} \cos\delta_{ij}), i \neq j \\ H_{ii} = \dfrac{\partial \Delta P_i}{\partial \delta_i} = U_i \sum_{\substack{j=1 \\ j \neq i}}^{n} U_j (G_{ij} \sin\delta_{ij} - B_{ij} \cos\delta_{ij}) \end{cases} \tag{3-105a}$$

$$\begin{cases} L_{ij} = \dfrac{\partial \Delta Q_i}{\partial U_j} U_j = - U_i U_j (G_{ij} \sin\delta_{ij} - B_{ij} \cos\delta_{ij}), i \neq j \\ L_{ii} = \dfrac{\partial \Delta Q_i}{\partial U_i} U_i = - U_i \sum_{\substack{j=1 \\ j \neq i}}^{n} U_j (G_{ij} \sin\delta_{ij} - B_{ij} \cos\delta_{ij}) + 2U_i^2 B_{ii} \end{cases} \tag{3-105b}$$

$$\begin{cases} N_{ij} = \dfrac{\partial \Delta P_i}{\partial U_j} U_j = - U_i U_j (G_{ij} \cos\delta_{ij} + B_{ij} \sin\delta_{ij}), i \neq j \\ N_{ii} = \dfrac{\partial \Delta P_i}{\partial U_i} U_i = - U_i \sum_{\substack{j=1 \\ j \neq i}}^{n} U_j (G_{ij} \cos\delta_{ij} + B_{ij} \sin\delta_{ij}) - 2U_i^2 G_{ii} \end{cases} \tag{3-105c}$$

$$\begin{cases} M_{ij} = \dfrac{\partial \Delta Q_i}{\partial \delta_j} = U_i U_j (G_{ij}\cos\delta_{ij} + B_{ij}\sin\delta_{ij}), i \neq j \\ M_{ii} = \dfrac{\partial \Delta Q_i}{\partial \delta_i} = - U_i \sum\limits_{\substack{j=1 \\ j \neq i}}^{n} U_j (G_{ij}\cos\delta_{ij} + B_{ij}\sin\delta_{ij}) \end{cases} \quad (3\text{-}105\text{d})$$

式中，δ_{ij} 为 i、j 两节点电压相位之差，$\delta_{ij} = \delta_i - \delta_j$。

4. 以直角坐标系为例说明牛顿-拉夫逊法的程序计算步骤及流程图

1) 形成网络导纳矩阵 Y，设定各节点电压的初值 $e^{(0)}$、$f^{(0)}$。

2) 将以上电压初值代入式（3-96）和式（3-97），求取修正方程式中的误差函数值 $\Delta P_i^{(0)}$、$\Delta Q_i^{(0)}$、$(\Delta U_i^2)^{(0)}$。

3) 将电压初值再代入式（3-99），求取雅可比矩阵中的各个元素。

4) 解修正方程式，求出节点电压修正量 $\Delta e^{(0)}$、$\Delta f^{(0)}$。

5) 修正各节点电压，即

$$e_i^{(1)} = e_i^{(0)} + \Delta e_i^{(0)}$$
$$f_i^{(1)} = f_i^{(0)} + \Delta f_i^{(0)}$$

6) 将新值 $e^{(1)}$、$f^{(1)}$ 再代入式（3-96）和式（3-97），计算新的各节点功率及电压误差函数值 $\Delta P_i^{(1)}$、$\Delta Q_i^{(1)}$、$(\Delta U_i^2)^{(1)}$。

7) 检查计算是否收敛，当电压趋于真实值时，其功率误差趋于零。收敛判据为 $\max\{\Delta P_i^{(k)}, \Delta Q_i^{(k)}\} \leq \varepsilon$ 或 $\max\{\Delta e_i^{(k)}, \Delta f_i^{(k)}\} \leq \varepsilon$，其中 ε 为事先给定的小数。

8) 若收敛，迭代到此结束，计算平衡节点功率、各支路潮流、损耗及输电效率，并输出结果；若不收敛，则转回第 2) 步，以 $e^{(2)}$、$f^{(2)}$ 代替 $e^{(1)}$、$f^{(1)}$ 进行下一次迭代，直至收敛。平衡节点功率计算如式（3-95），计算线路功率则调用式（3-74）和式（3-75），计算线路损耗调用式（3-76）。牛顿-拉夫逊法潮流计算程序流程图如图 3-23 所示，利用极坐标系计算潮流的过程与此类似。

运用牛顿-拉夫逊法计算潮流时，由于初值要选取得比较接近于精确解，否则可能使迭代过程不收敛。实际计算程序中，往往采用高斯-塞德尔法与牛顿-拉夫逊法配合使用的方案，即在前几次迭代时采用高斯-塞德尔法，得到牛顿-拉夫逊法的初值，之后再利用后一种方法求解。

若计算过程中每次迭代计算得到的 x 变化不大，也可以经多次迭代后才重新计算一次雅可比矩阵各元素。因此牛顿-拉夫逊法获得了广泛的应用。

需指出，若出现 PV 节点向 PQ 节点转化，则上述修正方程式（3-98）、（3-103）的结构将

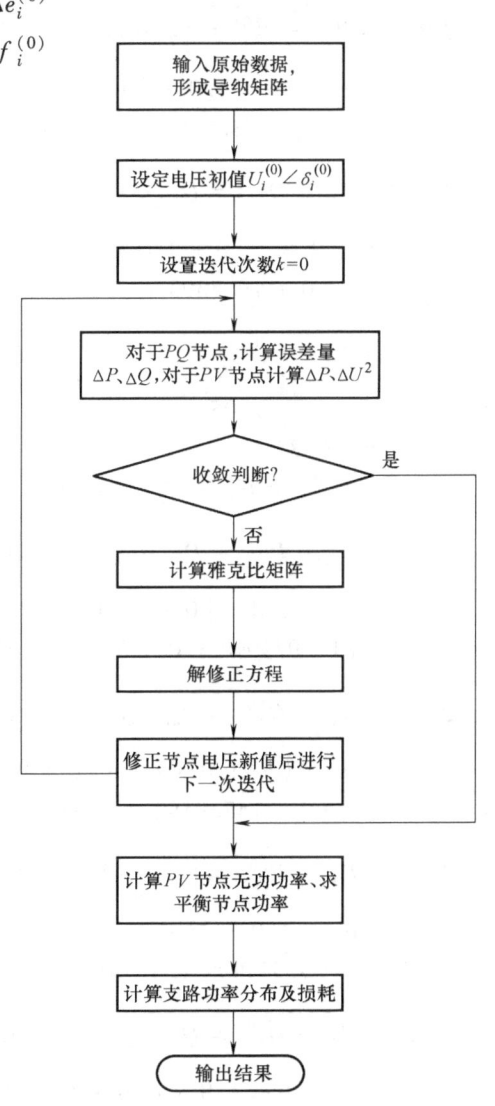

图 3-23 牛顿-拉夫逊法程序流程图

发生变化。采用直角坐标表示时,应以该点无功功率不平衡量的关系式取代原来对应于该点电压不平衡量的关系式。采用极坐标时,应增加一个对应于该点的无功功率不平衡量关系式。显然 $\Delta Q_i^{(k)}$ 应取 $Q_{\max}-Q_i^{(k)}$ 或 $Q_i^{(k)}-Q_{i\min}$。

例 3-5 利用牛顿-拉夫逊法的直角坐标方式计算例 3-3 所示系统的潮流分布。

解:确定例 3-3 系统雅可比矩阵的维数。系统有 $n=5$ 条母线(节点),采用直角坐标方式求解时组成 $2(n-1)=8$ 个方程,$J(i)$ 维数为 8×8。按题意要求,该系统中,节点 1 为平衡节点,保持 $\dot{U}_1=1+j0$ 为定值,2、4、5 为 PQ 节点,3 为 PV 节点,$\dot{U}_3=1.05+j0$。

(1) 赋初值

由已知可知平衡节点:$e_1=1.0$,$f_1=0$。

对 PQ、PV 节点赋电压初值:$e_2^{(0)}=e_4^{(0)}=e_5^{(0)}=1.0$,$f_2^{(0)}=f_4^{(0)}=f_5^{(0)}=0$,$e_3^{(0)}=1.05$,$f_3^{(0)}=0$。

(2) 求 PQ 节点有功、无功不平衡量,PV 节点有功、电压不平衡量

$$\Delta P_2^{(0)} = P_{2s} - P_2^{(0)} = P_{2s} - e_2^{(0)}\sum_{j=1}^{5}(G_{2j}e_j^{(0)} - B_{2j}f_j^{(0)}) - f_2^{(0)}\sum_{j=1}^{5}(G_{2j}f_j^{(0)} + B_{2j}e_j^{(0)})$$
$$= -8.0 - \{1.0\times[0+(2.6783\times 1.0-0)+0+(-0.8928\times 1.0-0)+$$
$$(-1.7855\times 1.0-0)]+0\} = -8.0$$

$$\Delta Q_2^{(0)} = Q_{2s} - Q_2^{(0)} = Q_{2s} - f_2^{(0)}\sum_{j=1}^{5}(G_{2j}e_j^{(0)} - B_{2j}f_j^{(0)}) + e_2^{(0)}\sum_{j=1}^{5}(G_{2j}f_j^{(0)} + B_{2j}e_j^{(0)})$$
$$= -2.8 - \{0 - 1.0\times[0+(0-28.4590\times 1.0)+0+(0+9.9197\times 1.0)+$$
$$(0+19.8393\times 1.0)]\} = -1.5$$

$$\Delta P_3^{(0)} = P_{3s} - P_3^{(0)} = P_{3s} - e_3^{(0)}\sum_{j=1}^{5}(G_{3j}e_j^{(0)} - B_{3j}f_j^{(0)}) - f_3^{(0)}\sum_{j=1}^{5}(G_{3j}f_j^{(0)} + B_{3j}e_j^{(0)})$$
$$= 4.4 - \{1.05\times[0+0+(7.4580\times 1.05-0)+(-7.4580\times 1.0-0)+0]+0\}$$
$$= 4.0085$$

$$\Delta U_3^{(0)2} = U_{3s}^2 - U_3^{(0)2} = U_{3s}^2 - (e_3^{(0)2} + f_3^{(0)2}) = 1.05^2 - (1.05^2 + 0) = 0$$

$$\Delta P_4^{(0)} = P_{4s} - P_4^{(0)} = P_{4s} - e_4^{(0)}\sum_{j=1}^{5}(G_{4j}e_j^{(0)} - B_{4j}f_j^{(0)}) - f_4^{(0)}\sum_{j=1}^{5}(G_{4j}f_j^{(0)} + B_{4j}e_j^{(0)})$$
$$= 0 - \{1.0\times[0+(-0.8928\times 1.0-0)+(-7.4580\times 1.05-0)+$$
$$(11.9219\times 1.0-0)+(-3.5711\times 1.0-0)]+0\} = 0.3729$$

$$\Delta Q_4^{(0)} = Q_{4s} - Q_4^{(0)} = Q_{4s} - f_4^{(0)}\sum_{j=1}^{5}(G_{4j}e_j^{(0)} - B_{4j}f_j^{(0)}) + e_4^{(0)}\sum_{j=1}^{5}(G_{4j}f_j^{(0)} + B_{4j}e_j^{(0)})$$
$$= 0 - \{0 - 1.0\times[0+(0+9.9197\times 1.0)+(0+99.4406\times 1.05)+$$
$$(0-147.9589\times 1.0)+(0+39.6768\times 1.0)]\} = 6.052$$

$$\Delta P_5^{(0)} = P_{5s} - P_5^{(0)} = P_{5s} - e_5^{(0)}\sum_{j=1}^{5}(G_{5j}e_j^{(0)} - B_{5j}f_j^{(0)}) - f_5^{(0)}\sum_{j=1}^{5}(G_{5j}f_j^{(0)} + B_{5j}e_j^{(0)})$$
$$= 0 - \{1.0\times[(-3.7290\times 1.0-0)+(-1.7855\times 1.0-0)+0+$$
$$(-3.5711\times 1.0-0)+(9.0856\times 1.0-0)]+0\} = 0$$

$$\Delta Q_5^{(0)} = Q_{5s} - Q_5^{(0)} = Q_{5s} - f_5^{(0)}\sum_{j=1}^{5}(G_{5j}e_j^{(0)} - B_{5j}f_j^{(0)}) + e_5^{(0)}\sum_{j=1}^{5}(G_{5j}f_j^{(0)} + B_{5j}e_j^{(0)})$$
$$= 0 - \{0 - 1.0\times[(0+49.7203\times 1.0)+(0+19.8393\times 1.0)+0+$$
$$(0+39.6786\times 1.0)+(0-108.5782\times 1.0)]\} = 0.66$$

（3）计算雅可比矩阵

以节点 2（PQ）有功、无功功率和节点 3（PV）电压幅值分别对各节点电压实部、虚部求导为例，略去其他节点的求解过程。

$$\left.\frac{\partial \Delta P_2}{\partial e_2}\right|_0 = -\sum_{j=1}^{5}(G_{2j}e_j - B_{2j}f_j) - G_{22}e_2 - B_{22}f_2 = -2.6783$$

$$\left.\frac{\partial \Delta P_2}{\partial f_2}\right|_0 = -\sum_{j=1}^{5}(G_{2j}f_j + B_{2j}e_j) - G_{22}f_2 + B_{22}e_2 = -29.7590$$

$$\left.\frac{\partial \Delta P_2}{\partial e_3}\right|_0 = -G_{23}e_2 - B_{23}f_2 = 0$$

$$\left.\frac{\partial \Delta P_2}{\partial f_3}\right|_0 = -G_{23}f_2 + B_{23}e_2 = 0$$

$$\left.\frac{\partial \Delta P_2}{\partial e_4}\right|_0 = -G_{24}e_2 - B_{24}f_2 = 0.8928$$

$$\left.\frac{\partial \Delta P_2}{\partial f_4}\right|_0 = -G_{24}f_2 + B_{24}e_2 = 9.9197$$

$$\left.\frac{\partial \Delta P_2}{\partial e_5}\right|_0 = -G_{25}e_2 - B_{25}f_2 = 1.7855$$

$$\left.\frac{\partial \Delta P_2}{\partial f_5}\right|_0 = -G_{25}f_2 + B_{25}e_2 = 19.8393$$

$$\left.\frac{\partial \Delta Q_2}{\partial e_2}\right|_0 = \sum_{j=1}^{5}(G_{2j}f_j + B_{2j}e_j) - G_{22}f_2 + B_{22}e_2 = -27.1590$$

$$\left.\frac{\partial \Delta Q_2}{\partial f_2}\right|_0 = -\sum_{j=1}^{5}(G_{2j}e_j - B_{2j}f_j) + G_{22}e_2 + B_{22}f_2 = 2.6783$$

$$\left.\frac{\partial \Delta Q_2}{\partial e_3}\right|_0 = -G_{23}f_2 + B_{23}e_2 = \left.\frac{\partial \Delta P_2}{\partial f_3}\right|_0 = 0$$

$$\left.\frac{\partial \Delta Q_2}{\partial f_3}\right|_0 = G_{23}e_2 + B_{23}f_2 = -\left.\frac{\partial \Delta P_2}{\partial e_3}\right|_0 = 0$$

$$\left.\frac{\partial \Delta Q_2}{\partial e_4}\right|_0 = \left.\frac{\partial \Delta P_2}{\partial f_4}\right|_0 = 9.9197$$

$$\left.\frac{\partial \Delta Q_2}{\partial f_4}\right|_0 = -\left.\frac{\partial \Delta P_2}{\partial e_4}\right|_0 = -0.8928$$

$$\left.\frac{\partial \Delta Q_2}{\partial e_5}\right|_0 = \left.\frac{\partial \Delta P_2}{\partial f_5}\right|_0 = 19.8393$$

$$\left.\frac{\partial \Delta Q_2}{\partial f_5}\right|_0 = -\left.\frac{\partial \Delta P_2}{\partial e_5}\right|_0 = -1.7855$$

$$\left.\frac{\partial \Delta U_3^2}{\partial e_3}\right|_0 = -2e_3 = -2.1000$$

$$\left.\frac{\partial \Delta U_3^2}{\partial f_3}\right|_0 = -2f_3 = 0$$

$$J^{(0)} = \begin{pmatrix} \dfrac{\partial \Delta P_2}{\partial e_2}\bigg|_0 & \dfrac{\partial \Delta P_2}{\partial f_2}\bigg|_0 & \dfrac{\partial \Delta P_2}{\partial e_3}\bigg|_0 & \dfrac{\partial \Delta P_2}{\partial f_3}\bigg|_0 & \dfrac{\partial \Delta P_2}{\partial e_4}\bigg|_0 & \dfrac{\partial \Delta P_2}{\partial f_4}\bigg|_0 & \dfrac{\partial \Delta P_2}{\partial e_5}\bigg|_0 & \dfrac{\partial \Delta P_2}{\partial f_5}\bigg|_0 \\ \dfrac{\partial \Delta Q_2}{\partial e_2}\bigg|_0 & \dfrac{\partial \Delta Q_2}{\partial f_2}\bigg|_0 & \dfrac{\partial \Delta Q_2}{\partial e_3}\bigg|_0 & \dfrac{\partial \Delta Q_2}{\partial f_3}\bigg|_0 & \dfrac{\partial \Delta Q_2}{\partial e_4}\bigg|_0 & \dfrac{\partial \Delta Q_2}{\partial f_4}\bigg|_0 & \dfrac{\partial \Delta Q_2}{\partial e_5}\bigg|_0 & \dfrac{\partial \Delta Q_2}{\partial f_5}\bigg|_0 \\ \dfrac{\partial \Delta P_3}{\partial e_2}\bigg|_0 & \dfrac{\partial \Delta P_3}{\partial f_2}\bigg|_0 & \dfrac{\partial \Delta P_3}{\partial e_3}\bigg|_0 & \dfrac{\partial \Delta P_3}{\partial f_3}\bigg|_0 & \dfrac{\partial \Delta P_3}{\partial e_4}\bigg|_0 & \dfrac{\partial \Delta P_3}{\partial f_4}\bigg|_0 & \dfrac{\partial \Delta P_3}{\partial e_5}\bigg|_0 & \dfrac{\partial \Delta P_3}{\partial f_5}\bigg|_0 \\ \dfrac{\partial \Delta U_3^2}{\partial e_2}\bigg|_0 & \dfrac{\partial \Delta U_3^2}{\partial f_2}\bigg|_0 & \dfrac{\partial \Delta U_3^2}{\partial e_3}\bigg|_0 & \dfrac{\partial \Delta U_3^2}{\partial f_3}\bigg|_0 & \dfrac{\partial \Delta U_3^2}{\partial e_4}\bigg|_0 & \dfrac{\partial \Delta U_3^2}{\partial f_4}\bigg|_0 & \dfrac{\partial \Delta U_3^2}{\partial e_5}\bigg|_0 & \dfrac{\partial \Delta U_3^2}{\partial f_5}\bigg|_0 \\ \dfrac{\partial \Delta P_4}{\partial e_2}\bigg|_0 & \dfrac{\partial \Delta P_4}{\partial f_2}\bigg|_0 & \dfrac{\partial \Delta P_4}{\partial e_3}\bigg|_0 & \dfrac{\partial \Delta P_4}{\partial f_3}\bigg|_0 & \dfrac{\partial \Delta P_4}{\partial e_4}\bigg|_0 & \dfrac{\partial \Delta P_4}{\partial f_4}\bigg|_0 & \dfrac{\partial \Delta P_4}{\partial e_5}\bigg|_0 & \dfrac{\partial \Delta P_4}{\partial f_5}\bigg|_0 \\ \dfrac{\partial \Delta Q_4}{\partial e_2}\bigg|_0 & \dfrac{\partial \Delta Q_4}{\partial f_2}\bigg|_0 & \dfrac{\partial \Delta Q_4}{\partial e_3}\bigg|_0 & \dfrac{\partial \Delta Q_4}{\partial f_3}\bigg|_0 & \dfrac{\partial \Delta Q_4}{\partial e_4}\bigg|_0 & \dfrac{\partial \Delta Q_4}{\partial f_4}\bigg|_0 & \dfrac{\partial \Delta Q_4}{\partial e_5}\bigg|_0 & \dfrac{\partial \Delta Q_4}{\partial f_5}\bigg|_0 \\ \dfrac{\partial \Delta P_5}{\partial e_2}\bigg|_0 & \dfrac{\partial \Delta P_5}{\partial f_2}\bigg|_0 & \dfrac{\partial \Delta P_5}{\partial e_3}\bigg|_0 & \dfrac{\partial \Delta P_5}{\partial f_3}\bigg|_0 & \dfrac{\partial \Delta P_5}{\partial e_4}\bigg|_0 & \dfrac{\partial \Delta P_5}{\partial f_4}\bigg|_0 & \dfrac{\partial \Delta P_5}{\partial e_5}\bigg|_0 & \dfrac{\partial \Delta P_5}{\partial f_5}\bigg|_0 \\ \dfrac{\partial \Delta Q_5}{\partial e_2}\bigg|_0 & \dfrac{\partial \Delta Q_5}{\partial f_2}\bigg|_0 & \dfrac{\partial \Delta Q_5}{\partial e_3}\bigg|_0 & \dfrac{\partial \Delta Q_5}{\partial f_3}\bigg|_0 & \dfrac{\partial \Delta Q_5}{\partial e_4}\bigg|_0 & \dfrac{\partial \Delta Q_5}{\partial f_4}\bigg|_0 & \dfrac{\partial \Delta Q_5}{\partial e_5}\bigg|_0 & \dfrac{\partial \Delta Q_5}{\partial f_5}\bigg|_0 \end{pmatrix}$$

其中 $\dfrac{\partial \Delta U_3^2}{\partial e_2}\bigg|_0 = \dfrac{\partial \Delta U_3^2}{\partial e_4}\bigg|_0 = \dfrac{\partial \Delta U_3^2}{\partial e_5}\bigg|_0 = \dfrac{\partial \Delta U_3^2}{\partial f_2}\bigg|_0 = \dfrac{\partial \Delta U_3^2}{\partial f_4}\bigg|_0 = \dfrac{\partial \Delta U_3^2}{\partial f_5}\bigg|_0 = 0$

$$= \begin{pmatrix} -2.6783 & -29.7590 & 0 & 0 & 0.8928 & 9.9197 & 1.7855 & 19.8393 \\ -27.1590 & 2.6783 & 0 & 0 & 9.9197 & -0.8928 & 19.8393 & -1.7855 \\ 0 & 0 & -8.2039 & -99.4406 & 7.8310 & 104.4127 & 0 & 0 \\ 0 & 0 & -2.1000 & 0 & 0 & 0 & 0 & 0 \\ 0.8928 & 9.9197 & 7.4580 & 99.4406 & -11.5490 & -154.0109 & 3.5711 & 39.6786 \\ 9.9197 & -0.8928 & 99.4406 & -7.4580 & -141.9069 & 12.2948 & 39.6786 & -3.5711 \\ 1.7855 & 19.8393 & 0 & 0 & 3.5711 & 39.6786 & -9.0856 & -109.2382 \\ 19.8393 & -1.7855 & 0 & 0 & 39.6786 & -3.5711 & -107.9182 & 9.0856 \end{pmatrix}$$

$$\begin{pmatrix} \Delta e_2^{(0)} \\ \Delta f_2^{(0)} \\ \Delta e_3^{(0)} \\ \Delta f_3^{(0)} \\ \Delta e_4^{(0)} \\ \Delta f_4^{(0)} \\ \Delta e_5^{(0)} \\ \Delta f_5^{(0)} \end{pmatrix} = -J^{(0)-1} \begin{pmatrix} \Delta P_2^{(0)} \\ \Delta Q_2^{(0)} \\ \Delta P_3^{(0)} \\ \Delta U_3^{(0)2} \\ \Delta P_4^{(0)} \\ \Delta Q_4^{(0)} \\ \Delta P_5^{(0)} \\ \Delta Q_5^{(0)} \end{pmatrix} = \begin{pmatrix} -0.0571 \\ -0.3231 \\ 0 \\ 0.0037 \\ 0.0423 \\ -0.0381 \\ 0.0116 \\ -0.0730 \end{pmatrix}$$

求解各节点新值：$e_i^{(1)} = e_i^{(0)} + \Delta e_i^{(0)}$，$f_i^{(1)} = f_i^{(0)} + \Delta f_i^{(0)}$。

收敛判断，不满足收敛要求，进入下一次迭代。每次迭代所得结果见表 3-8 和表 3-9。

表 3-8 例 3-5 迭代过程中节点电压变化情况（标幺值）

迭代次数 k	节点电压			
	$\dot{U}_2$	$\dot{U}_3$	$\dot{U}_4$	$\dot{U}_5$
1	0.9429−j0.3231	1.0500+j0.0037	1.0423−j0.0381	1.0116−j0.0730
2	0.8075−j0.3180	1.0500−j0.0080	1.0229−j0.0482	0.9797−j0.0764
3	0.7734−j0.3178	1.0499−j0.0108	1.0184−j0.0502	0.9718−j0.0772
4	0.7708−j0.3178	1.0499−j0.0109	1.0181−j0.0504	0.9712−j0.0773
5	0.7708−j0.3178	1.0499−j0.0109	1.0181−j0.0504	0.9712−j0.0773

表 3-9 例 3-5 迭代过程中节点不平衡量的变化情况（标幺值）

迭代次数 k	节点不平衡量			
	ΔP_2	ΔQ_2	ΔP_3	ΔU_3^2
0	−8.0000	−1.5000	4.0085	0
1	0.0757	−2.5389	−0.0166	0
2	−0.0123	−0.4140	−0.0228	−0.0001
3	−0.0012	−0.0264	−0.0012	0
4	−0.0071×10⁻³	−0.1441×10⁻³	0	0
5	−0.0220×10⁻⁸	−0.4396×10⁻⁸	−0.0188×10⁻⁸	−0.0001×10⁻⁸
迭代次数 k	ΔP_4	ΔQ_4	ΔP_5	ΔQ_5
0	0.3729	6.0520	0	0.6600
1	−0.2657	−0.2426	−0.0493	−0.0042
2	−0.0024	−0.0070	−0.0015	−0.0004
3	0	0	0	0
4	0	0	0	0
5	0	0	0	0

由表 3-9 可知，经过 5 次迭代误差精度小于 10^{-5}，满足收敛要求。各节点电压以极坐标形式表示为

$$\dot{U}_2 = 0.8338 \angle -22.4064°$$

$$\dot{U}_3 = 1.0500 \angle -0.5973°$$

$$\dot{U}_4 = 1.0193 \angle -2.8340°$$

$$\dot{U}_5 = 0.9743 \angle -4.5479°$$

（4）求平衡节点 1 的功率

$$\widetilde{S}_1 = \dot{U}_1 \sum_{j=1}^{5} (Y_{1j}\dot{U}_j)^* = 1.0\angle 0° \times [(3.73 - j49.72) \times 1 + 0 + 0 + 0 + (-3.73 + j49.72) \times (0.9712 - j0.0773)]^*$$

$$= 3.9484 + j1.1428$$

（5）求各条支路的功率及损耗

利用式（3-74）、式（3-75）及式（3-76）计算支路功率及损耗。
以支路 1-5 为例求解，即

$$\widetilde{S}_{15} = \dot{U}_1 I_{15}^* = U_1^2 y_{10}^* + U_1(U_1^* - U_5^*)y_{15}^*$$

$$= 1 \times 0 + 1 \times [1 - (0.9712 - j0.0773)^*] \times \frac{1}{(0.0015 + j0.02)^*}$$

$$= 3.9484 + j1.1428$$

$$\widetilde{S}_{51} = \dot{U}_5 \dot{I}_{51}^* = U_5^2 y_{50}^* + U_5(U_5^* - U_1^*)y_{51}^* = 0.9743^2 \times 0 + (0.9712 - j0.0773) \times$$

$$[(0.9712 - j0.0773)^* - 1] \times \frac{1}{(0.0015 + j0.02)^*}$$

$$= -3.9230 - j0.8049$$

$$\Delta \widetilde{S}_{15} = \widetilde{S}_{15} + \widetilde{S}_{51} = 3.9484 + j1.1428 + (-3.9230 - j0.8049)$$

$$= 0.0254 + j0.3379$$

其余支路求解过程略,结果见表 3-10。

表 3-10 例 3-5 各支路功率及损耗(标幺值)

支路 ij	$\widetilde{S}_{ij}$	$\widetilde{S}_{ji}$	$\Delta \widetilde{S}_{ij}$
1-5	3.9484+j1.1428	−3.9230−j0.8049	0.0254+j0.3379
2-4	−2.9184−j1.3911	3.0368+j1.2154	0.1184−j0.1757
2-5	−5.0816−j1.4089	5.2566+j2.6302	0.1750+j1.2213
3-4	4.4000+j2.9748	−4.3808−j2.7189	0.0192+j0.2559
4-5	1.3440+j1.5035	−1.3336−j1.8253	0.0104−j0.3218

网络总损耗为

$$\Delta \widetilde{S}_\Sigma = \sum_{\substack{i,j=1 \\ i \neq j}}^{n} \Delta \widetilde{S}_{ij}$$

$$= (0.0253 + j0.3379) + (0.1184 - j0.1757) + (0.1750 + j1.2213) + (0.0192 + j0.2559) +$$
$$(0.0104 - j0.3218)$$

$$= 0.3484 + j1.3176$$

该网络的输电效率为

$$\eta\% = \frac{8 + 0.8}{3.9484 + 5.2} \times 100\% = 96.192\%$$

至此本例潮流计算全部解算完毕。本例计算结果与例 3-4 相应结果稍有区别,是由于潮流算法不同而引起的偏差。通过本例可以看出,利用牛顿-拉夫逊潮流算法,迭代 5 次就与高斯-塞德尔法迭代 49 次的结果基本一致,说明采用该算法,可明显降低迭代次数。

例 3-6 利用牛顿-拉夫逊法的极坐标方式求解例 3-3 所示系统的潮流分布。

解:确定网络雅可比矩阵的维数。系统有 $n=5$ 条母线(节点),采用直角坐标系求解时组成 $2(n-1)=8$ 个方程,J 维数为 8×8。由于母线 3 为 PV 节点,U_3 和 Q_3 的方程可以被消去,J 降为 7×7 矩阵。

(1) 赋初值

平衡节点(节点 1):$\delta_1 = 0°$,$U_1 = 1.0$。

对 PQ、PV 节点赋电压初值:$\delta_2^{(0)} = \delta_4^{(0)} = \delta_5^{(0)} = 0°$,$U_2^{(0)} = U_4^{(0)} = U_5^{(0)} = 1.0$,$\delta_3^{(0)} = 0°$,$U_3^{(0)} = 1.05$。

(2) 求 PQ 节点有功、无功不平衡量,PV 节点有功不平衡量

$$\Delta P_2^{(0)} = P_{2s} - P_2^{(0)} = P_{2s} - U_2 \sum_{j=1}^{5} U_j [G_{2j}\cos(\delta_2 - \delta_j) + B_{2j}\sin(\delta_2 - \delta_j)]$$

$$= -8.0 - 1.0 \times [0 + 1.0 \times (2.6783 \times 1.0 + 0) + 0 + 1.0 \times$$

$$(-0.8928 \times 1.0 + 0) + 1.0 \times (-1.7855 \times 1.0 + 0)]$$
$$= -8.0$$

$$\Delta P_3^{(0)} = P_{3s} - P_3^{(0)} = P_{3s} - U_3 \sum_{j=1}^{5} U_j [G_{3j}\cos(\delta_3 - \delta_j) + B_{3j}\sin(\delta_3 - \delta_j)]$$
$$= 4.4 - 1.05 \times [0 + 0 + 1.05 \times (7.4580 \times 1.0 + 0) + 1.0 \times$$
$$(-7.4580 \times 1.0 + 0) + 0]$$
$$= 4.0085$$

$$\Delta P_4^{(0)} = P_{4s} - P_4^{(0)} = P_{4s} - U_4 \sum_{j=1}^{5} U_j [G_{4j}\cos(\delta_4 - \delta_j) + B_{4j}\sin(\delta_4 - \delta_j)]$$
$$= 0 - 1.0 \times [0 + 1.0 \times (-0.8928 \times 1.0 + 0) + 1.05 \times$$
$$(-7.4580 \times 1.0 + 0) + 1.0 \times (11.9219 \times 1.0 + 0) + 1.0 \times$$
$$(-3.5711 \times 1.0 + 0)]$$
$$= 0.3729$$

$$\Delta P_5^{(0)} = P_{5s} - P_5^{(0)} = P_{5s} - U_5 \sum_{j=1}^{5} U_j [G_{5j}\cos(\delta_5 - \delta_j) + B_{5j}\sin(\delta_5 - \delta_j)]$$
$$= 0 - 1.0 \times [1.0 \times (-3.7290 \times 1.0 + 0) + 1.0 \times (-1.7855 \times 1.0 + 0) +$$
$$0 + 1.0 \times (-3.5711 \times 1.0 + 0) + 1.0 \times (9.0856 \times 1.0 + 0)]$$
$$= 0$$

$$\Delta Q_2^{(0)} = Q_{2s} - Q_2^{(0)} = Q_{2s} - U_2 \sum_{j=1}^{n} U_j [G_{2j}\sin(\delta_2 - \delta_j) - B_{2j}\cos(\delta_2 - \delta_j)]$$
$$= -2.8 - 1.0 \times [0 + 1.0 \times (0 + 28.4590 \times 1.0) + 0 + 1.0 \times$$
$$(0 - 9.9197 \times 1.0) + 1.0 \times (0 - 19.8393 \times 1.0)]$$
$$= -1.5$$

$$\Delta Q_4^{(0)} = Q_{4s} - Q_4^{(0)} = Q_{4s} - U_4 \sum_{j=1}^{n} U_j [G_{4j}\sin(\delta_4 - \delta_j) - B_{4j}\cos(\delta_4 - \delta_j)]$$
$$= 0 - 1.0 \times [0 + 1.0 \times (0 - 9.9197 \times 1.0) + 1.05 \times$$
$$(0 - 99.4406 \times 1.0) + 1.0 \times (0 + 147.9589 \times 1.0) +$$
$$1.0 \times (0 - 39.6786 \times 1.0)]$$
$$= 6.052$$

$$\Delta Q_5^{(0)} = Q_{5s} - Q_5^{(0)} = Q_{5s} - U_5 \sum_{j=1}^{n} U_j [G_{5j}\sin(\delta_5 - \delta_j) - B_{5j}\cos(\delta_5 - \delta_j)]$$
$$= 0 - 1.0 \times [1.0 \times (0 - 49.7203 \times 1.0) + 1.0 \times (0 - 19.8393 \times 1.0) +$$
$$0 + 1.0 \times (0 - 39.6786 \times 1.0) + 1.0 \times (0 + 108.5782 \times 1.0)]$$
$$= 0.66$$

（3）计算雅可比矩阵

以节点2（PQ）有功、无功功率对各节点电压实部、虚部求导为例，略去其他节点的求解过程。

$$\left.\frac{\partial \Delta P_2}{\partial \delta_2}\right|_0 = U_2 \sum_{\substack{j=1 \\ j \neq 2}}^{5} U_j [G_{2j}\sin(\delta_2 - \delta_j) - B_{2j}\cos(\delta_2 - \delta_j)] = -29.7590$$

$$\left.\frac{\partial \Delta P_2}{\partial U_2}\right|_0 = -\sum_{j=1}^{5} U_j [G_{2j}\cos(\delta_2 - \delta_j) + B_{2j}\sin(\delta_2 - \delta_j)] - U_2 G_{22} = -2.6783$$

$$\left.\frac{\partial \Delta P_2}{\partial \delta_3}\right|_0 = -U_2 U_3 [G_{23}\sin(\delta_2-\delta_3) - B_{23}\cos(\delta_2-\delta_3)] = 0$$

$$\left.\frac{\partial \Delta P_2}{\partial \delta_4}\right|_0 = -U_2 U_4 [G_{24}\sin(\delta_2-\delta_4) - B_{24}\cos(\delta_2-\delta_4)] = 9.9197$$

$$\left.\frac{\partial \Delta P_2}{\partial U_4}\right|_0 = -U_2 [G_{24}\cos(\delta_2-\delta_4) + B_{24}\sin(\delta_2-\delta_4)] = 0.8928$$

$$\left.\frac{\partial \Delta P_2}{\partial \delta_5}\right|_0 = -U_2 U_5 [G_{25}\sin(\delta_2-\delta_5) - B_{25}\cos(\delta_2-\delta_5)] = 19.8393$$

$$\left.\frac{\partial \Delta P_2}{\partial U_5}\right|_0 = -U_2 [G_{25}\cos(\delta_2-\delta_5) + B_{25}\sin(\delta_2-\delta_5)] = 1.7855$$

$$\left.\frac{\partial \Delta Q_2}{\partial \delta_2}\right|_0 = -U_2 \sum_{\substack{j=1\\j\neq 2}}^{5} U_j [G_{2j}\cos(\delta_2-\delta_j) + B_{2j}\sin(\delta_2-\delta_j)] = 2.6783$$

$$\left.\frac{\partial \Delta Q_2}{\partial U_2}\right|_0 = -\sum_{j=1}^{5} U_j [G_{2j}\sin(\delta_2-\delta_j) - B_{2j}\cos(\delta_2-\delta_j)] + U_2 B_{22} = -27.1590$$

$$\left.\frac{\partial \Delta Q_2}{\partial \delta_3}\right|_0 = -U_2 U_3 [G_{23}\cos(\delta_2-\delta_3) + B_{23}\sin(\delta_2-\delta_3)] = 0$$

$$\left.\frac{\partial \Delta Q_2}{\partial \delta_4}\right|_0 = -U_2 U_4 [G_{24}\cos(\delta_2-\delta_4) + B_{24}\sin(\delta_2-\delta_4)] = -0.8928$$

$$\left.\frac{\partial \Delta Q_2}{\partial U_4}\right|_0 = -U_2 [G_{24}\sin(\delta_2-\delta_4) - B_{24}\cos(\delta_2-\delta_4)] = 9.9197$$

$$\left.\frac{\partial \Delta Q_2}{\partial \delta_5}\right|_0 = -U_2 U_5 [G_{25}\cos(\delta_2-\delta_5) + B_{25}\sin(\delta_2-\delta_5)] = -1.7855$$

$$\left.\frac{\partial \Delta Q_2}{\partial U_5}\right|_0 = -U_2 [G_{25}\sin(\delta_2-\delta_5) - B_{25}\cos(\delta_2-\delta_5)] = 19.8393$$

得雅可比矩阵如下：

$$J^{(0)} = \begin{pmatrix} \left.\frac{\partial \Delta P_2}{\partial \delta_2}\right|_0 & \left.\frac{\partial \Delta P_2}{\partial \delta_3}\right|_0 & \left.\frac{\partial \Delta P_2}{\partial \delta_4}\right|_0 & \left.\frac{\partial \Delta P_2}{\partial \delta_5}\right|_0 & \left.\frac{\partial \Delta P_2}{\partial U_2}\right|_0 & \left.\frac{\partial \Delta P_2}{\partial U_4}\right|_0 & \left.\frac{\partial \Delta P_2}{\partial U_5}\right|_0 \\ \left.\frac{\partial \Delta P_3}{\partial \delta_2}\right|_0 & \left.\frac{\partial \Delta P_3}{\partial \delta_3}\right|_0 & \left.\frac{\partial \Delta P_3}{\partial \delta_4}\right|_0 & \left.\frac{\partial \Delta P_3}{\partial \delta_5}\right|_0 & \left.\frac{\partial \Delta P_3}{\partial U_2}\right|_0 & \left.\frac{\partial \Delta P_3}{\partial U_4}\right|_0 & \left.\frac{\partial \Delta P_3}{\partial U_5}\right|_0 \\ \left.\frac{\partial \Delta P_4}{\partial \delta_2}\right|_0 & \left.\frac{\partial \Delta P_4}{\partial \delta_3}\right|_0 & \left.\frac{\partial \Delta P_4}{\partial \delta_4}\right|_0 & \left.\frac{\partial \Delta P_4}{\partial \delta_5}\right|_0 & \left.\frac{\partial \Delta P_4}{\partial U_2}\right|_0 & \left.\frac{\partial \Delta P_4}{\partial U_4}\right|_0 & \left.\frac{\partial \Delta P_4}{\partial U_5}\right|_0 \\ \left.\frac{\partial \Delta P_5}{\partial \delta_2}\right|_0 & \left.\frac{\partial \Delta P_5}{\partial \delta_3}\right|_0 & \left.\frac{\partial \Delta P_5}{\partial \delta_4}\right|_0 & \left.\frac{\partial \Delta P_5}{\partial \delta_5}\right|_0 & \left.\frac{\partial \Delta P_5}{\partial U_2}\right|_0 & \left.\frac{\partial \Delta P_5}{\partial U_4}\right|_0 & \left.\frac{\partial \Delta P_5}{\partial U_5}\right|_0 \\ \left.\frac{\partial \Delta Q_2}{\partial \delta_2}\right|_0 & \left.\frac{\partial \Delta Q_2}{\partial \delta_3}\right|_0 & \left.\frac{\partial \Delta Q_2}{\partial \delta_4}\right|_0 & \left.\frac{\partial \Delta Q_2}{\partial \delta_5}\right|_0 & \left.\frac{\partial \Delta Q_2}{\partial U_2}\right|_0 & \left.\frac{\partial \Delta Q_2}{\partial U_4}\right|_0 & \left.\frac{\partial \Delta Q_2}{\partial U_5}\right|_0 \\ \left.\frac{\partial \Delta Q_4}{\partial \delta_2}\right|_0 & \left.\frac{\partial \Delta Q_4}{\partial \delta_3}\right|_0 & \left.\frac{\partial \Delta Q_4}{\partial \delta_4}\right|_0 & \left.\frac{\partial \Delta Q_4}{\partial \delta_5}\right|_0 & \left.\frac{\partial \Delta Q_4}{\partial U_2}\right|_0 & \left.\frac{\partial \Delta Q_4}{\partial U_4}\right|_0 & \left.\frac{\partial \Delta Q_4}{\partial U_5}\right|_0 \\ \left.\frac{\partial \Delta Q_5}{\partial \delta_2}\right|_0 & \left.\frac{\partial \Delta Q_5}{\partial \delta_3}\right|_0 & \left.\frac{\partial \Delta Q_5}{\partial \delta_4}\right|_0 & \left.\frac{\partial \Delta Q_5}{\partial \delta_5}\right|_0 & \left.\frac{\partial \Delta Q_5}{\partial U_2}\right|_0 & \left.\frac{\partial \Delta Q_5}{\partial U_4}\right|_0 & \left.\frac{\partial \Delta Q_5}{\partial U_5}\right|_0 \end{pmatrix}$$

$$= \begin{pmatrix} -29.7590 & 0 & 9.9197 & 19.8393 & -2.6783 & 0.8928 & 1.7855 \\ 0 & -104.4127 & 104.4127 & 0 & 0 & 7.8310 & 0 \\ 9.9197 & 104.4127 & -154.0109 & 39.6786 & 0.8928 & -11.5490 & 3.5711 \\ 19.8393 & 0 & 39.6786 & -109.2382 & 1.7855 & 3.5711 & -9.0856 \\ 2.6783 & 0 & -0.8928 & -1.7855 & -27.1590 & 9.9197 & 19.8393 \\ -0.8928 & -7.8310 & 12.2948 & -3.5711 & 9.9197 & -141.9069 & 39.6786 \\ -1.7855 & 0 & -3.5711 & 9.0856 & 19.8393 & 39.6786 & -107.9182 \end{pmatrix}$$

$$\begin{pmatrix} \Delta\delta_2^{(0)} \\ \Delta\delta_3^{(0)} \\ \Delta\delta_4^{(0)} \\ \Delta\delta_5^{(0)} \\ \Delta U_2^{(0)} \\ \Delta U_4^{(0)} \\ \Delta U_5^{(0)} \end{pmatrix} = -\boldsymbol{J}^{(0)-1} \begin{pmatrix} \Delta P_2^{(0)} \\ \Delta P_3^{(0)} \\ \Delta P_4^{(0)} \\ \Delta P_5^{(0)} \\ \Delta Q_2^{(0)} \\ \Delta Q_4^{(0)} \\ \Delta Q_5^{(0)} \end{pmatrix} = \begin{pmatrix} -18.5114° \\ 0.2009° \\ -2.1804° \\ -4.1836° \\ -0.0571 \\ 0.0423 \\ 0.0116 \end{pmatrix}$$

求解节点电压相位和幅值新值：$\delta_i^{(1)} = \delta_i^{(0)} + \Delta\delta_i^{(0)}$，$U_i^{(1)} = U_i^{(0)} + \Delta U_i^{(0)}$。

判断是否收敛，若不满足收敛要求，则进入下一次迭代。每次迭代所得结果见表 3-11 和表 3-12。

表 3-11 例 3-6 迭代过程中节点电压变化情况

迭代次数 k	节点电压相位			
	δ_2	δ_3	δ_4	δ_5
1	-18.5114°	0.2009°	-2.1804°	-4.1836°
2	-21.5135°	-0.4875°	-2.7325°	-4.4849°
3	-22.3610°	-0.5930°	-2.8290°	-4.5450°
4	-22.4063°	-0.5973°	-2.8340°	-4.5479°
5	-22.4064°	-0.5973°	-2.8340°	-4.5479°
迭代次数 k	节点电压幅值（标幺值）			
	U_2	U_3	U_4	U_5
1	0.9429	1.05	1.0423	1.0116
2	0.8518	1.05	1.0221	0.9794
3	0.8346	1.05	1.0194	0.9745
4	0.8338	1.05	1.0193	0.9743
5	0.8338	1.05	1.0193	0.9743

表 3-12 例 3-6 迭代过程中节点不平衡量的变化情况（标幺值）

迭代次数 k	节点不平衡量			
	ΔP_2	ΔP_3	ΔP_4	ΔP_5
0	-8.0000	4.0085	0.3729	0
1	-0.4648	-0.1892	0.1268	0.3262
2	-0.1558	-0.0050	0.0372	0.0993
3	-0.0085	0	0.0024	0.0054
4	-0.2247×10^{-4}	-0.0007×10^{-4}	0.0651×10^{-4}	0.1407×10^{-4}
5	-0.1470×10^{-9}	-0.0004×10^{-9}	0.0429×10^{-9}	0.0919×10^{-9}
迭代次数 k	节点不平衡量			
	ΔQ_2	ΔQ_4	ΔQ_5	
0	-1.5000	6.0520	0.6600	
1	-1.0791	-0.7965	-0.7912	

(续)

迭代次数 k	节点不平衡量		
	ΔQ_2	ΔQ_4	ΔQ_5
2	-0.1337	-0.0155	-0.0307
3	-0.0053	-0.0002	-0.0007
4	-0.1277×10^{-4}	-0.0062×10^{-4}	-0.0196×10^{-4}
5	-0.0814×10^{-9}	-0.0045×10^{-9}	-0.0134×10^{-9}

由表 3-12 可知，经过 5 次迭代误差精度小于 10^{-5}，满足收敛要求。各节点电压以极坐标形式表示为

$$\dot{U}_2 = 0.8338 \angle -22.4064°$$

$$\dot{U}_3 = 1.0500 \angle -0.5973°$$

$$\dot{U}_4 = 1.0193 \angle -2.8340°$$

$$\dot{U}_5 = 0.9743 \angle -4.5479°$$

当各节点电压收敛后即可计算平衡节点功率、各支路潮流、功率损耗及输电效率，求解过程详见例 3-5，本例略。

通过本例计算可知，当网络中含有 PV 节点时，采用极坐标方式求解可降低雅可比矩阵维数，对于节点数目较多的网络，采用极坐标方式求解可减少存储空间及提高计算速度。

3.3.4 快速分解法

1. 原理分析

快速分解法（Fast Decoupled Power Flow Solution），又称为 PQ 分解法，是从简化牛顿-拉夫逊法极坐标的形式上提出来的。它的基本思想是根据电力系统的实际运行特点——通常网络上各支路的电抗远大于电阻值。因此，节点功率方程在用极坐标形式表示时，牛顿-拉夫逊法的修正方程为式（3-103），由该式可知系统母线电压幅值的微小变化 ΔU 对母线有功功率的改变 ΔP 影响很小。同样，母线电压相位的少许变化 $\Delta \delta$，也对母线无功功率的变化 ΔQ 影响较小。因此，节点功率方程在采用极坐标形式表示时，修正方程可简化为

$$\begin{pmatrix} \Delta P \\ \Delta Q \end{pmatrix} = -\begin{pmatrix} H & 0 \\ 0 & L \end{pmatrix} \begin{pmatrix} \Delta \delta \\ \Delta U / U \end{pmatrix} \tag{3-106}$$

这就是把 $2(n-1)$ 阶的线性方程组变成了两个 $(n-1)$ 阶的线性方程组，将 P 和 Q 分开来进行迭代计算，因而大大减少了计算工作量。但是 H、L 在迭代过程中仍然在不断地变化，而且又都是不对称的矩阵。对牛顿-拉夫逊法的进一步简化（也是最关键的一步），即把式（3-106）中的系数矩阵简化为在迭代过程中不变的对称矩阵。

在一般情况下，线路两端电压的相位差 δ_{ij} 小于 $10° \sim 20°$，且 $|G_{ij}| \ll |B_{ij}|$，可认为

$$\begin{cases} \cos\delta_{ij} \approx 1 \\ G_{ij}\sin\delta_{ij} \ll B_{ij} \end{cases} \tag{3-107}$$

此外，与节点无功功率相对应的导纳 Q_i/U_i^2 通常远小于节点自导纳的虚部 B_{ii}，即

$$Q_i \ll U_i^2 B_{ii} \tag{3-108}$$

考虑以上关系，式（3-105a、b）的系数矩阵中的各元素可表示为

$$H_{ij} = U_i U_j B_{ij}, \quad i、j = 1, 2, \cdots, n-1 \tag{3-109a}$$

$$L_{ij} = U_i U_j B_{ij}, \quad i、j = 1, 2, \cdots, m \tag{3-109b}$$

而稀疏矩阵 **H** 和 **L** 则可以分别写成

$$
\begin{aligned}
\boldsymbol{H} &= \begin{pmatrix} U_1 B_{11} U_1 & U_1 B_{12} U_2 & \cdots & U_1 B_{1,n-1} U_{n-1} \\ U_2 B_{21} U_1 & U_2 B_{22} U_2 & \cdots & U_2 B_{2,n-1} U_{n-1} \\ \vdots & \vdots & & \vdots \\ U_{n-1} B_{n-1,1} U_1 & U_{n-1} B_{n-1,1} U_2 & \cdots & U_{n-1} B_{n-1,n-1} U_{n-1} \end{pmatrix} \\
&= \begin{pmatrix} U_1 & & & \\ & U_2 & & \\ & & \ddots & \\ & & & U_{n-1} \end{pmatrix} \begin{pmatrix} B_{11} & B_{12} & \cdots & B_{1,n-1} \\ B_{21} & B_{22} & \cdots & B_{2,n-1} \\ \vdots & \vdots & & \vdots \\ B_{n-1,1} & B_{n-1,2} & \cdots & B_{n-1,n-1} \end{pmatrix} \begin{pmatrix} U_1 & & & \\ & U_2 & & \\ & & \ddots & \\ & & & U_{n-1} \end{pmatrix} \\
&= \boldsymbol{U}_{D1} \boldsymbol{B}' \boldsymbol{U}_{D1}
\end{aligned}
\tag{3-110}
$$

$$
\begin{aligned}
\boldsymbol{L} &= \begin{pmatrix} U_1 B_{11} U_1 & U_1 B_{12} U_2 & \cdots & U_1 B_{1m} U_m \\ U_2 B_{21} U_1 & U_2 B_{22} U_2 & \cdots & U_2 B_{2m} U_m \\ \vdots & \vdots & & \vdots \\ U_m B_{m1} U_m & U_m B_{m2} U_2 & \cdots & U_m B_{mm} U_m \end{pmatrix} \\
&= \begin{pmatrix} U_1 & & & \\ & U_2 & & \\ & & \ddots & \\ & & & U_m \end{pmatrix} \begin{pmatrix} B_{11} & B_{12} & \cdots & B_{1m} \\ B_{21} & B_{22} & \cdots & B_{2m} \\ \vdots & \vdots & & \vdots \\ B_{m1} & B_{m2} & \cdots & B_{mm} \end{pmatrix} \begin{pmatrix} U_1 & & & \\ & U_2 & & \\ & & \ddots & \\ & & & U_m \end{pmatrix} \\
&= \boldsymbol{U}_{D2} \boldsymbol{B}'' \boldsymbol{U}_{D2}
\end{aligned}
\tag{3-111}
$$

将式（3-110）和式（3-111）代入式（3-106），得到

$$\begin{cases} \Delta \boldsymbol{P} = -\boldsymbol{U}_{D1} \boldsymbol{B}' \boldsymbol{U}_{D1} \Delta \boldsymbol{\delta} \\ \Delta \boldsymbol{Q} = -\boldsymbol{U}_{D2} \boldsymbol{B}'' \Delta \boldsymbol{U} \end{cases} \tag{3-112}$$

经进一步整理得到简化后的修正方程为

$$\begin{pmatrix} \dfrac{\Delta P_1}{U_1} \\ \dfrac{\Delta P_2}{U_2} \\ \vdots \\ \dfrac{\Delta P_{n-1}}{U_{n-1}} \end{pmatrix} = - \begin{pmatrix} B_{11} & B_{12} & \cdots & B_{1n-1} \\ B_{21} & B_{22} & \cdots & B_{2n-1} \\ \vdots & \vdots & & \vdots \\ B_{(n-1)1} & B_{(n-1)2} & \cdots & B_{(n-1)(n-1)} \end{pmatrix} \begin{pmatrix} U_1 \Delta \delta \\ U_2 \Delta \delta \\ \vdots \\ U_{n-1} \Delta \delta_{n-1} \end{pmatrix} \tag{3-113}$$

简记为

$$\Delta P/U = -B'U\Delta\delta$$

$$\begin{pmatrix} \dfrac{\Delta Q_1}{U_1} \\ \dfrac{\Delta Q_2}{U_2} \\ \vdots \\ \dfrac{\Delta Q_m}{U_m} \end{pmatrix} = -\begin{pmatrix} B_{11} & B_{12} & \cdots & B_{1m} \\ B_{21} & B_{22} & \cdots & B_{2m} \\ \vdots & \vdots & & \vdots \\ B_{m1} & B_{m2} & \cdots & B_{mm} \end{pmatrix} \begin{pmatrix} \Delta U_1 \\ \Delta U_2 \\ \vdots \\ \Delta U_m \end{pmatrix} \qquad (3-114)$$

简记为

$$\Delta Q/U = -B''\Delta U$$

在这两个修正方程式中系数矩阵元素就是系统导纳矩阵的虚部，因而系数矩阵是对称矩阵，且在迭代过程中保持不变。这就大大减少了计算工作量。

式（3-113）和式（3-114）为 PQ 分解法迭代过程中的基本方程，用极坐标表示的节点功率误差仍如式（3-102）。

快速分解法迭代公式的特点：P-δ 和 Q-V 迭代分别交替进行，功率偏差计算时使用最近修正过的电压值，且有功、无功偏差都用电压幅值去除。B'' 和 B' 的构成不同，在形成 B' 时，忽略所有接地支路，对于非标准电压比变压器，电压比取 1；在形成 B'' 时忽略串联元件的电阻。

2. 计算步骤及流程

运用快速分解法计算潮流分布时的步骤如下：

1）形成系数矩阵 B'、B''，并求其逆矩阵。

2）设备节点电压初值 $U_i^{(0)}$ （$i=1, 2, \cdots, m$ 且 $i\neq s$）和 $\delta_i^{(0)}$ （$i=1, 2, \cdots, n$ 且 $i\neq s$）。

3）按式（3-102）计算有功功率的不平衡量 $\Delta P_i^{(0)}$，从而求得 $\Delta P_i^{(0)}/U_i^{(0)}$ （$i=1, 2, \cdots, n$ 且 $i\neq s$）。

4）解修正方程式（3-113），求各节点电压相位的变化量 $\Delta\delta_i^{(0)}$ （$i=1, 2, \cdots, n$ 且 $i\neq s$）。

5）求各节点电压相位的新值 $\delta_i^{(1)} = \delta_i^{(0)} + \Delta\delta_i^{(0)}$ （$i=1, 2, \cdots, n$ 且 $i\neq s$）。

6）按式（3-102）计算无功功率的不平衡量 $\Delta Q_i^{(0)}$，从而求得 $\Delta Q_i^{(0)}/U_i^{(0)}$ （$i=1, 2, \cdots, m$ 且 $i\neq s$）。

7）解修正方程式（3-114），求各节点电压的变化量 $\Delta U_i^{(0)}$ （$i=1, 2, \cdots, m$ 且 $i\neq s$）。

8）求各节点电压的新值 $U_i^{(1)} = U_i^{(0)} + \Delta U_i^{(0)}$ （$i=1, 2, \cdots, m$ 且 $i\neq s$）。

9）检查是否收敛，收敛判据为 $\max\{\Delta P_i^{(k)}/U_i^{(k)}, \Delta Q_i^{(k)}/U_i^{(k)}\} \leq \varepsilon$，若不收敛，则运用各节点电压大小的新值自第 3）步开始进入下一次迭代。

10）若迭代收敛，计算平衡节点的功率、支路功率及损耗。

快速分解法潮流计算流程图如图 3-24 所示。

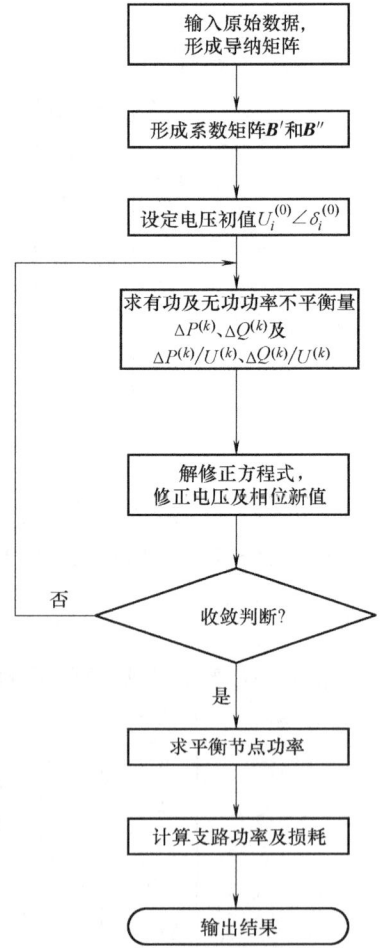

图 3-24 快速分解法潮流计算流程图

由上述计算过程可知，快速分解法与牛顿-拉夫逊法有以下不同：

1) 快速分解法中用两个阶数几乎减半的方程组（$n-1$、$m-1$）代替牛顿-拉夫逊法中的（$n+m-2$）阶方程组，显著地减少了所需内存和计算量。

2) B'、B''矩阵的元素源于系统导纳矩阵的虚部。B'、B''都是对称的稀疏常数阵，因此在迭代前只需进行一次三角分解形成因子表，并只存储上三角部分，就可以在迭代过程中反复使用，这样不仅减少了计算量，而且节约了内存及计算时间。据统计，快速分解法所需的内存量约为牛顿-拉夫逊法的60%，而且每次迭代所需的时间仅约为牛顿-拉夫逊法的1/5。

3) 由于B'、B''为常数，使快速分解法具有线性收敛特性，这样达到收敛所需的迭代次数要比牛顿-拉夫逊法多。但由于每次迭代所需的时间少，快速分解法总的计算速度仍比牛顿-拉夫逊法快。从而使这种算法不但可用于离线计算，而且可用于电力系统的在线安全分析。

4) 快速分解法的应用具有局限性，从牛顿-拉夫逊法到快速分解法的演化是在元件的$R \ll X$以及线路两端相位差比较小等假设的基础上进行的，实际计算中对$R \gg X$的情况不收敛，因此当系统存在不符合这些假设的因素时，就会出现迭代次数大大增加或甚至不收敛的情况。实际上，R/X大比值病态问题已经成为快速分解法应用中的最大障碍之一。

例 3-7 利用快速分解法计算例3-3所示系统的潮流分布。

解：（1）分别形成有功和无功迭代系数矩阵B、B_1，本例中直接取用例3-3中导纳矩阵的虚部

$$B = \begin{pmatrix} -28.4590 & 0 & 9.9197 & 19.8393 \\ 0 & -99.4406 & 99.4406 & 0 \\ 9.9197 & 99.4406 & -147.9589 & 39.6786 \\ 19.8393 & 0 & 39.6786 & -108.5782 \end{pmatrix}$$

$$B_1 = \begin{pmatrix} -28.4590 & 9.9197 & 19.8393 \\ 9.9197 & -147.9589 & 39.6786 \\ 19.8393 & 39.6786 & -108.5782 \end{pmatrix}$$

（2）赋初值

由已知可知平衡节点：$\delta_1 = 0°$，$U_1 = 1.0$。

对PQ、PV节点赋电压初值：$\delta_2^{(0)} = \delta_4^{(0)} = \delta_5^{(0)} = 0°$，$U_2^{(0)} = U_4^{(0)} = U_5^{(0)} = 1.0$，$\delta_3^{(0)} = 0°$，$U_3^{(0)} = 1.05$。

（3）计算节点（平衡节点除外）的有功功率不平衡量与电压相位修正量

$$\Delta P_2^{(0)} = P_{2s} - U_2 \sum_{j=1}^{5} U_j [G_{2j}\cos(\delta_2 - \delta_j) + B_{2j}\sin(\delta_2 - \delta_j)]$$
$$= -8.0 - 1.0 \times [0 + 1.0 \times (2.6783 \times 1.0 + 0) + 0 + 1.0 \times$$
$$(-0.8928 \times 1.0 + 0) + 1.0 \times (-1.7855 \times 1.0 + 0)] = -8.0$$

$$\Delta P_3^{(0)} = P_{3s} - U_3 \sum_{j=1}^{5} U_j [G_{3j}\cos(\delta_3 - \delta_j) + B_{3j}\sin(\delta_3 - \delta_j)]$$
$$= 4.4 - 1.05 \times [0 + 0 + 1.05 \times (7.4580 \times 1.0 + 0) + 1.0 \times$$
$$(-7.4580 \times 1.0 + 0) + 0] = 4.0085$$

$$\Delta P_4^{(0)} = P_{4s} - U_4 \sum_{j=1}^{5} U_j [G_{4j}\cos(\delta_4 - \delta_j) + B_{4j}\sin(\delta_4 - \delta_j)]$$
$$= 0 - 1.0 \times [0 + 1.0 \times (-0.8928 \times 1.0 + 0) + 1.05 \times$$
$$(-7.4580 \times 1.0 + 0) + 1.0 \times (11.9219 \times 1.0 + 0) + 1.0 \times$$
$$(-3.5711 \times 1.0 + 0)] = 0.3729$$

$$\Delta P_5^{(0)} = P_{5s} - U_5 \sum_{j=1}^{5} U_j [G_{5j}\cos(\delta_5 - \delta_j) + B_{5j}\sin(\delta_5 - \delta_j)]$$
$$= 0 - 1.0 \times [1.0 \times (-3.7290 \times 1.0 + 0) + 1.0 \times (-1.7855 \times 1.0 + 0) + 0 + 1.0 \times (-3.5711 \times 1.0 + 0) + 1.0 \times (9.0856 \times 1.0 + 0)] = 0$$

从而 $\Delta P_2^{(0)}/U_2^{(0)} = -8.0$，$\Delta P_3^{(0)}/U_3^{(0)} = 3.8176$，$\Delta P_4^{(0)}/U_4^{(0)} = 0.3729$，$\Delta P_5^{(0)}/U_5^{(0)} = 0$。

解修正方程，求得各节点电压相位的修正量为
$$\Delta \delta_2^{(0)} = -20.5136°, \quad \Delta \delta_3^{(0)} = -0.6029°, \quad \Delta \delta_4^{(0)} = -2.9743°, \quad \Delta \delta_5^{(0)} = -4.8351°$$

求解各节点电压相位新值：$\delta_i^{(1)} = \delta_i^{(0)} + \Delta \delta_i^{(0)}$。

（4）计算 PQ 节点的无功功率不平衡量与电压幅值修正量
$$\Delta Q_2^{(0)} = Q_{2s} - U_2 \sum_{j=1}^{5} U_j [G_{2j}\sin(\delta_2 - \delta_j) - B_{2j}\cos(\delta_2 - \delta_j)]$$
$$= -2.8 - 1.0 \times [0 + 1.0 \times (0 + 28.4590 \times 1.0) + 0 + 1.0 \times (0 - 9.9197 \times 1.0) + 1.0 \times (0 - 19.8393 \times 1.0)]$$
$$= -1.5$$

$$\Delta Q_4^{(0)} = Q_{4s} - U_4 \sum_{j=1}^{5} U_j [G_{4j}\sin(\delta_4 - \delta_j) - B_{4j}\cos(\delta_4 - \delta_j)]$$
$$= 0 - 1.0 \times [0 + 1.0 \times (0 - 9.9197 \times 1.0) + 1.05 \times (0 - 99.4406 \times 1.0) + 1.0 \times (0 + 147.9589 \times 1.0) + 1.0 \times (0 - 39.6786 \times 1.0)] = 6.052$$

$$\Delta Q_5^{(0)} = Q_{5s} - U_5 \sum_{j=1}^{5} U_j [G_{5j}\sin(\delta_5 - \delta_j) - B_{2j}\cos(\delta_5 - \delta_j)]$$
$$= 0 - 1.0 \times [1.0 \times (0 - 49.7203 \times 1.0) + 1.0 \times (0 - 19.8393 \times 1.0) + 0 + 1.0 \times (0 - 39.6786 \times 1.0) + 1.0 \times (0 + 108.5782 \times 1.0)] = 0.66$$

从而 $\Delta Q_2^{(0)}/U_2^{(0)} = -1.5$，$\Delta Q_4^{(0)}/U_4^{(0)} = 6.052$，$\Delta Q_5^{(0)}/U_5^{(0)} = 0.66$。

解修正方程，求得各节点电压幅值的修正量为
$$\Delta U_2^{(0)} = 0.1233, \quad \Delta U_4^{(0)} = -0.0250, \quad \Delta U_5^{(0)} = -0.0154$$

求解各节点电压新值：$U_i^{(1)} = U_i^{(0)} + \Delta U_i^{(0)}$。

判断收敛，若不满足收敛条件，则进入下一次迭代。每次迭代所得结果见表 3-13 和表 3-14。

表 3-13 例 3-7 迭代过程中节点电压变化情况

迭代次数 k	节点电压相位			
	δ_2	δ_3	δ_4	δ_5
1	−21.1837°	−0.5100°	−2.7389°	−4.4833°
2	21.7701°	−0.5461°	−2.7937°	−4.5192°
3	−22.0675°	−0.5702°	−2.8118°	−4.5323°
⋮			⋮	
19	−22.4064°	−0.5973°	−2.8340°	−4.5479°

迭代次数 k	节点电压幅值（标幺值）			
	U_2	U_4	U_5	
1	0.8544	1.0224	0.9798	
2	0.8444	1.0209	0.9771	
3	0.8394	1.0201	0.9758	
⋮		⋮		
19	0.8338	1.0193	0.9743	

表 3-14 例 3-7 迭代过程中节点不平衡量的变化情况（标幺值）

迭代次数 k	节点不平衡量			
	ΔP_2	ΔP_3	ΔP_4	ΔP_5
0	-8.0000	4.0085	0.3729	0
1	-0.4954	-0.2307	0.3024	0.7358
2	-0.2694	0.0259	0.0541	0.1730
3	-0.1400	-0.0145	0.0597	0.0907
⋮				
19	-0.8023×10^{-5}	-0.0682×10^{-5}	0.3237×10^{-5}	0.5196×10^{-5}
迭代次数 k	节点不平衡量			
	ΔQ_2	ΔQ_4	ΔQ_5	
0	-1.5000	6.0520	0.6600	
1	-0.5119	0.0172	0.0257	
2	-0.2182	-0.0194	-0.0282	
3	-0.1085	-0.0063	-0.0154	
⋮				
19	-0.6196×10^{-5}	-0.0401×10^{-5}	-0.0916×10^{-5}	

由表 3-14 可知，经过 19 次迭代误差精度小于 10^{-5}，满足收敛要求。各节点电压以极坐标形式表示为

$$\dot{U}_2 = 0.8338\angle -22.4064°$$

$$\dot{U}_3 = 1.0500\angle -0.5973°$$

$$\dot{U}_4 = 1.0193\angle -2.8340°$$

$$\dot{U}_5 = 0.9743\angle -4.5479°$$

当各节点电压收敛后即可计算平衡节点功率、各支路潮流、功率损耗及输电效率，求解过程详见例 3-5，本例略。

通过本例计算可知，采用 PQ 分解法计算潮流时，由于 $\boldsymbol{B}'$、$\boldsymbol{B}''$ 为常数，该方法具有线性收敛特性，在同样的误差精度条件下，达到收敛所需的迭代次数要比牛顿-拉夫逊算法多，但每次迭代所需的时间少，快速分解法总的计算速度仍比牛顿-拉夫逊算法快。

3.3.5 直流法

1. 直流潮流计算原理

在工程实际应用过程中，有时关心的是电力系统中有功潮流的分布，不需要计算各节点电压的大小，直流潮流法的目的是为了计算系统中的有功潮流分布，这时对计算精度要求不高。但对计算速度要求较高。因此对潮流方程进行了简化处理，直流潮流法就是专门研究系统中的有功潮流分布而形成的一种简化算法。

对于图 3-25 所示支路 (ij)，从节点 i 到节点 j 的潮流为

$$\begin{aligned} P_{ij} + jQ_{ij} &= \dot{U}_i[(\dot{U}_i - \dot{U}_j)y_{ij}]^* + \dot{U}_i[\dot{U}_i y_{i0}]^* \\ &= U_i e^{j\delta_i}[(U_i e^{j\delta_i} - U_j e^{j\delta_j})(G_{ij} + jB_{ij})]^* - jU_i^2 B_{i0} \\ &= [U_i^2 - U_i U_j \cos(\delta_i - \delta_j) - jU_i U_j \sin(\delta_i - \delta_j)](G_{ij} - jB_{ij}) - jU_i^2 B_{i0} \end{aligned}$$
(3-115)

式中，y_{ij} 为支路导纳；$U_i\angle\delta_i$、$U_j\angle\delta_j$ 分别为支路始、末端电压。

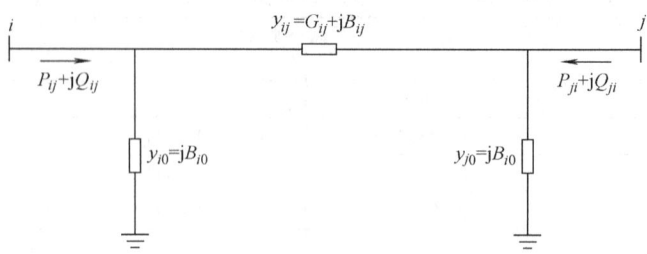

图 3-25 支路潮流

正常运行的电力系统，其节点电压在额定电压附近，且支路两端电压相位差很小，线路电阻比电抗小得多。因此可做如下假设：$U_i = U_j = 1.0$，$x_{ij} \gg r_{ij}$，且 $(\delta_i - \delta_j)$ 很小，则有

$$P_{ij} = G_{ij}U_i^2 - G_{ij}U_iU_j\cos(\delta_i - \delta_j) - B_{ij}U_iU_j\sin(\delta_i - \delta_j) \tag{3-116}$$

式中

$$G_{ij} = \frac{r_{ij}}{r_{ij}^2 + x_{ij}^2} = 0$$

$$B_{ij} = \frac{-x_{ij}}{r_{ij}^2 + x_{ij}^2} = -\frac{1}{x_{ij}}$$

$$\cos(\delta_i - \delta_j) \approx 1$$

$$\sin(\delta_i - \delta_j) \approx \delta_i - \delta_j$$

如果忽略其并联支路，即忽略所有对地支路，则直流法简化计算如图 3-26 所示，式 (3-116) 可简化为

$$\begin{cases} P_{ij} = \dfrac{1}{x_{ij}}(\delta_i - \delta_j) \\ Q_{ij} \approx 0 \end{cases} \tag{3-117}$$

即式（3-116）所示的非线性有功潮流方程变成了式（3-117）所示的线性直流潮流方程。若节点 i 有多条支路相连接，则总注入的有功功率为

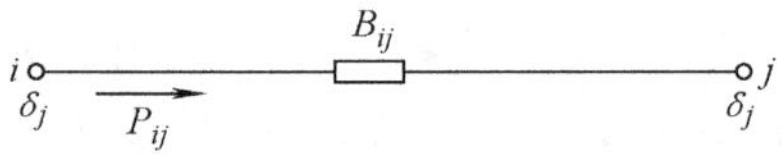

图 3-26 直流法简化计算图

$$\begin{cases} P_i = \sum_{\substack{j=1 \\ j \neq i}}^{n} P_{ij} = \sum_{\substack{j=1 \\ j \neq i}}^{n} \dfrac{1}{x_{ij}}(\delta_i - \delta_j) \\ Q_i = 0 \end{cases} \tag{3-118}$$

将上式写成矩阵形式为

$$\begin{pmatrix} P_1 \\ P_2 \\ \vdots \end{pmatrix} = \boldsymbol{B} \begin{pmatrix} \delta_1 \\ \delta_2 \\ \vdots \end{pmatrix} \tag{3-119}$$

或

$$\begin{pmatrix} \delta_1 \\ \delta_2 \\ \vdots \end{pmatrix} = \boldsymbol{X} \begin{pmatrix} P_1 \\ P_2 \\ \vdots \end{pmatrix}$$

式中

$$\begin{cases} B_{ii} = \sum_{\substack{j=1 \\ j \neq i}}^{n} \dfrac{1}{x_{ij}}, & i \neq \text{ref} \\ B_{ii} = 0, & i = \text{ref} \\ B_{ij} = -\dfrac{1}{x_{ij}}, & i \neq \text{ref}, \ j \neq \text{ref} \\ B_{ij} = 0, & i \text{、} j = \text{ref} \end{cases} \quad (3\text{-}120)$$

式中，ref 为参考节点（平衡节点）。

式（3-119）中，P、δ 都是 n 维列向量，B 是以 $1/x_{ij}$ 为支路建立起来的 $n \times n$ 阶节点导纳矩阵。可把式（3-119）看作具有电导矩阵形式表示的直流电路方程，P_i 看作直流电流，δ_i 看作直流电压，由于直流电流流过电阻不产生电流损耗，即对支路（ij）有 $P_{ij}+P_{ji}=0$。由基尔霍夫电流定律有

$$\sum_{i=1}^{n} P_i = 0 \quad \text{或} \quad P_n = -\sum_{i=1}^{n-1} P_i$$

式中，P_n 不独立，可由另外（$n-1$）个有功功率（电流）的代数和表示。另外，n 个相位变量（电压）中有一个应事先给定，选为参考节点（平衡节点），令节点 n 的相位 $\delta_n=0$。给定量 P 和待求量 δ 都减少一个对应节点 n 的分量，于是 B 中应划掉节点 n 所在的行和列。重写式（3-119）可得到实际使用的直流潮流方程，即

$$P = B_0 \delta \quad (3\text{-}121)$$

式中，P 为 $(n-1) \times 1$ 维注入有功功率列向量，不包括平衡节点的注入功率，因为忽略了接地的并联支路，同时忽略了支路电阻，所以没有有功功率损耗，有功功率是无损失流，所以平衡节点的有功功率可由其他节点注入功率唯一确定，其本身不独立；B_0 为 $(n-1) \times (n-1)$ 阶矩阵，不包括平衡节点所对应的行和列；δ 为 $(n-1) \times 1$ 维相位列向量。

求解式（3-121），不需要迭代就可求出各节点电压相位，再用式（3-117）计算各支路的有功潮流，计算平衡节点及各节点输出的有功潮流，验证功率平衡关系，这就是直流潮流的解算过程。

直流潮流的解没有收敛性问题，而且对于超高压电网有 $r \ll x$，直流潮流的计算精度通常误差在 3%~10%，可以满足许多对精度要求不高的场合使用。但是这种方法不能计算电压幅值（也有建立无功和电压幅值之间关系的直流潮流模型的，这种情况除外），限制了直流潮流的应用范围。求解直流潮流的计算量相当于求解一次式（3-119）的线性代数方程组。由于 B 是稀疏矩阵，可以利用稀疏技术加快计算速度。直流潮流模型在电力系统规划和电网在线静态安全分析中得到了广泛的应用。

2. 直流法潮流的计算步骤及流程

1）把动态潮流法进行功率差额分配后的功率作为系统中各节点的给定的注入有功功率 P_i。

2）给出系统中节点 i 和节点 j 间各支路的标号和电抗值。

3）选定某一节点为参考节点，该节点电压相位为零，即 $\delta=0$。

4）建立去除参考节点的节点导纳矩阵 B_0，它是一个 $n \times n$ 阶矩阵，其矩阵中的元素由式（3-120）计算得到。

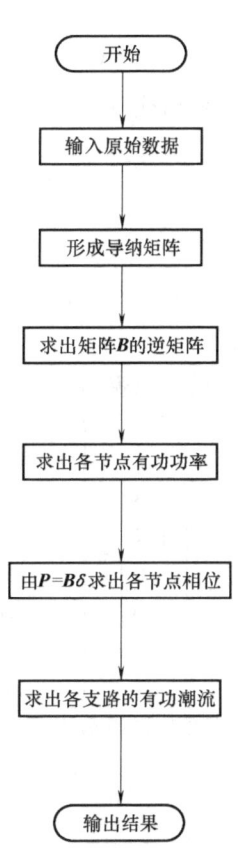

图 3-27 直流法计算潮流的流程图

5）列等式（3-119），计算节点导纳矩阵的逆矩阵，求各节点的电压相位矩阵。

6）求各支路的有功潮流。

用直流法计算潮流的流程图，如图 3-27 所示。

例 3-8 利用直流法计算例 3-3 所示系统的有功潮流分布。

解：选择节点 1 为参考节点（平衡节点），该节点电压相位为零，忽略各支路电阻，取各支路电抗，用式（3-120）建立等式如下：

$$\boldsymbol{B} = \begin{pmatrix} B_{22} & B_{23} & B_{24} & B_{25} \\ B_{32} & B_{33} & B_{34} & B_{35} \\ B_{42} & B_{43} & B_{44} & B_{45} \\ B_{52} & B_{53} & B_{54} & B_{55} \end{pmatrix}$$

$$= \begin{pmatrix} \dfrac{1}{0.05}+\dfrac{1}{0.1} & 0 & -\dfrac{1}{0.1} & -\dfrac{1}{0.05} \\ 0 & \dfrac{1}{0.01} & -\dfrac{1}{0.01} & 0 \\ -\dfrac{1}{0.1} & -\dfrac{1}{0.01} & \dfrac{1}{0.025}+\dfrac{1}{0.1}+\dfrac{1}{0.01} & -\dfrac{1}{0.025} \\ -\dfrac{1}{0.05} & 0 & -\dfrac{1}{0.025} & \dfrac{1}{0.02}+\dfrac{1}{0.05}+\dfrac{1}{0.025} \end{pmatrix}$$

列出式（3-119）功角方程，即

$$\begin{pmatrix} P_2 \\ P_3 \\ P_4 \\ P_5 \end{pmatrix} = \boldsymbol{B} \begin{pmatrix} \delta_2 \\ \delta_3 \\ \delta_4 \\ \delta_5 \end{pmatrix}$$

代入数据得

$$\begin{pmatrix} -8 \\ 4.4 \\ 0 \\ 0 \end{pmatrix} = \begin{pmatrix} \dfrac{1}{0.05}+\dfrac{1}{0.1} & 0 & -\dfrac{1}{0.1} & -\dfrac{1}{0.05} \\ 0 & \dfrac{1}{0.01} & -\dfrac{1}{0.01} & 0 \\ -\dfrac{1}{0.1} & -\dfrac{1}{0.01} & \dfrac{1}{0.025}+\dfrac{1}{0.1}+\dfrac{1}{0.01} & -\dfrac{1}{0.025} \\ -\dfrac{1}{0.05} & 0 & -\dfrac{1}{0.025} & \dfrac{1}{0.02}+\dfrac{1}{0.05}+\dfrac{1}{0.025} \end{pmatrix} \begin{pmatrix} \delta_2 \\ \delta_3 \\ \delta_4 \\ \delta_5 \end{pmatrix}$$

解上式得各节点相位为

$$\begin{pmatrix} \delta_2 \\ \delta_3 \\ \delta_4 \\ \delta_5 \end{pmatrix} = \boldsymbol{B}^{-1} \begin{pmatrix} P_2 \\ P_3 \\ P_4 \\ P_5 \end{pmatrix}$$

代入数据得

$$\begin{pmatrix}\delta_2\\\delta_3\\\delta_4\\\delta_5\end{pmatrix} = \begin{pmatrix} \frac{1}{0.05}+\frac{1}{0.1} & 0 & -\frac{1}{0.1} & -\frac{1}{0.05} \\ 0 & \frac{1}{0.01} & -\frac{1}{0.01} & 0 \\ -\frac{1}{0.1} & -\frac{1}{0.01} & \frac{1}{0.025}+\frac{1}{0.1}+\frac{1}{0.01} & -\frac{1}{0.025} \\ -\frac{1}{0.05} & 0 & -\frac{1}{0.025} & \frac{1}{0.02}+\frac{1}{0.05}+\frac{1}{0.025} \end{pmatrix}^{-1} \begin{pmatrix}-8\\4.4\\0\\0\end{pmatrix}$$

$$= \begin{pmatrix} 0.0557 & 0.0271 & 0.0271 & 0.02 \\ 0.0271 & 0.0514 & 0.0414 & 0.02 \\ 0.0271 & 0.0414 & 0.0414 & 0.02 \\ 0.02 & 0.02 & 0.02 & 0.02 \end{pmatrix} \begin{pmatrix}-8\\4.4\\0\\0\end{pmatrix} = \begin{pmatrix}-0.3263\\0.0091\\-0.0349\\-0.0720\end{pmatrix}$$

利用式（3-118）计算各支路有功潮流分布，即

$$P_{15} = \frac{1}{x_{15}}(\delta_1-\delta_5) = \frac{1}{0.02}[0-(-0.0720)] = 3.6$$

$$P_{25} = \frac{1}{x_{25}}(\delta_2-\delta_5) = \frac{1}{0.05}[-0.3263-(-0.0720)] = -5.086 \approx -5.1$$

$$P_{24} = \frac{1}{x_{24}}(\delta_2-\delta_4) = \frac{1}{0.1}[-0.3263-(-0.0349)] = -2.914 \approx -2.9$$

$$P_{34} = \frac{1}{x_{34}}(\delta_3-\delta_4) = \frac{1}{0.01}[0.0091-(-0.0349)] = 4.4$$

$$P_{45} = \frac{1}{x_{45}}(\delta_4-\delta_5) = \frac{1}{0.025}[-0.0349-(-0.0720)] = 1.484 \approx 1.5$$

计算平衡节点及各节点潮流分布，验证功率平衡关系，即

$$P_1 = P_{15} = P_{52}+P_{54} = 5.1+(-1.5) = 3.6$$
$$P_2 = P_{25}+P_{24} = -5.1+(-2.9) = -8.0$$
$$P_3 = P_{34} = P_{45}+P_{42} = 1.5+2.9 = 4.4$$

由计算结果可知有功潮流平衡，将这个结果与交流潮流结果比较，可见两者的支路有功潮流非常接近。

3.4 静态安全分析

3.4.1 概述

静态安全分析是指针对电力系统的某个运行方式，运用 $N-1$ 开断法，进行潮流计算，校验系统中某个或某些电力元件退出运行后，系统中是否会发生母线电压越限，发电机出力是否越限，设备是否过载等。通过静态安全分析，可以快速检查指定区域中任意一个元件故障后的系统状态，指出系统运行的薄弱环节，为电网运行、规划提供依据。

以线路为例，介绍 $N-1$ 静态安全分析数学模型，设系统共有 n 个节点，m 条线路，记为 $l_1,\cdots,l_m$，则模型可表示为

$$\begin{cases} f(X_i, S_l, S_g) = 0 \\ S_{ki} < S_{k\max} \\ P_{g\min} < P_g < P_{g\max} \\ Q_{g\min} < Q_g < Q_{g\max} \end{cases} \quad (3\text{-}122)$$

式中，i 为线路 l_1，$\cdots$，l_m 断开下的运行方式；k 为运行中的线路 l_1，$\cdots$，l_m；S_{ki} 为线路 l_i 断开后，线路 l_k 上的视在功率；$S_{k\max}$ 为线路 l_k 所允许通过的最大视在功率；S_l 为节点负荷功率向量；S_g 为发电机功率向量。

静态安全分析采用 N-1 开断计算方法，即在所选定的潮流运行方式基础上逐个断开输电线路、变压器、直流电机等单一元件，再进行潮流计算，获得其潮流分布。静态安全分析的判断依据主要包括电力系统执行 N-1 开断潮流计算后，系统中的母线电压是否在电力系统要求的正常范围内，输电线路和变压器等电力元件是否过载。

静态安全分析可以提前预知电力网络扩建并网后地区电网运行所出现的问题，然后采取相应的解决措施。静态安全分析在电力规划设计中，可以校验规划方案的合理性；在电力系统调度运行中，可以预先设置故障及控制措施，形成控制策略表，在电力系统实际运行中，一旦出现预想故障，通过系统配备的安全稳定装置，及时实施控制措施，为电力系统的安全可靠持续运行保驾护航。

静态安全分析计算的主要功能和特点可概括为以下几个方面：

1) 可选择进行全网、某区域网或某电压等级网的 N-1 计算，以及对指定切除方案的计算。

2) 切除方案信息的给定简单、方便、灵活，一个方案可以是交流线、变压器、发电机或负荷中的某个元件，也可以是其中多个元件的组合。

3) 以潮流计算为基础，其基本数据包括所基于潮流的全部数据和发电机及其调速器的部分数据。

4) 结果输出的内容和形式多种多样。既可分别输出每个切除方案的多种信息（如各种物理量的越限信息等），也可对所有切除方案进行各种形式的统计（如可按一个物理量、一个范围、一个母线、一个交流线或一个变压器等）输出。

3.4.2 静态安全指标体系

由静态安全分析的定义可知，静态安全指标体系主要包括支路潮流越限、母线电压越限、失负荷和发电机出力调整等。

1. 支路潮流越限指标

支路潮流越限指标是指超出支路热稳定极限的有功功率部分与支路热稳定极限功率的比值，包括线路和变压器，用式（3-123）或式（3-124）表示，即

$$IDX_P = \sum_i W_{Pi} \beta_i \quad (3\text{-}123)$$

式中，$\beta_i = \begin{cases} \dfrac{P_{ij} - P_{ij\text{UL}}}{P_{ij\text{UL}}} & P_{ij} > P_{ij\text{UL}} \\ 0 & P_{ij} \leq P_{ij\text{UL}} \end{cases}$。

$$IDX_P = \sum_{i > lmt} W_{Pi} \left(\frac{P_{ij} - P_{ij\text{UL}}}{P_{ij\text{UL}}} \right)^2 \quad (3\text{-}124)$$

式中，IDX_P 为支路潮流越限指标；W_{Pi} 为该支路在所有支路集中所占的权重；P_{ij} 为流过支路的有功功率；$P_{ij\text{UL}}$ 为支路的热稳定极限功率。

2. 母线电压越限指标

该指标是指母线电压偏差与母线电压极限值的比值，用式（3-125）或式（3-126）表示，即

$$IDX_V = \sum_i W_{Vi} \alpha_i \quad (3\text{-}125)$$

$$\alpha_i = \begin{cases} \dfrac{U_i - U_{i\text{UL}}}{V_{i\text{UL}}} & U_i > U_{i\text{UL}} \\ \dfrac{U_i - U_{i\text{UL}}}{V_{i\text{LL}}} & U_i < U_{i\text{LL}} \\ 0 & U_{i\text{LL}} \leq U_i \leq U_{i\text{UL}} \end{cases}$$

式中，IDX_V 为母线电压越限指标；W_{Vi} 为该母线在所有母线集中所占的权重；U_i 为母线电压；$U_{i\text{UL}}$ 为母线电压上限；$U_{i\text{LL}}$ 为母线电压下限。

$$IDX_V = \sum_{i \notin \text{lmt}} W_{Vi} \left(\frac{U_i - U_{i\text{lmt}}}{U_{i\text{lmt}}} \right)^2 \quad (3\text{-}126)$$

式中，$i \notin \text{lmt}$ 表示所有电压越限的母线；$U_{i\text{lmt}}$ 表示母线电压的上下限。

3. 综合越限指标

综合越限指标考虑了母线电压越限指标和支路潮流越限指标，即

$$IDX_C = W_V \sum_{i \notin \text{lmt}} W_{Vi} \left(\frac{U_i - U_{i\text{lmt}}}{U_{i\text{lmt}}} \right)^2 + W_P \sum_{i > \text{lmt}} W_{Pi} \left(\frac{P_{ij} - P_{ij\text{UL}}}{P_{ij\text{UL}}} \right) \quad (3\text{-}127)$$

式中，W_V、W_P 为电压越限指标和潮流越限指标的权重。

4. 失负荷指标

失负荷指标是指系统因故障而退出的所有负荷与系统总负荷的比值，即

$$IDX_L = \frac{\sum P_{sr} + \sum P_{sf}}{P_{sys}} \quad (3\text{-}128)$$

式中，P_{sr} 为故障后使电力系统保持安全稳定运行而切除的负荷；P_{sf} 为因故障而退出的负荷；P_{sys} 为系统的总负荷。

5. 发电机出力调整指标

发电机出力调整指标是指发电机出力变化量与发电机额定功率的比值，即

$$IDX_g = \frac{\sum_i \Delta P_{gi}}{\sum_i P_{gi}} \quad (3\text{-}129)$$

式中，ΔP_{gi} 为恢复电力系统安全稳定运行需要调整的发电机出力；P_{gi} 为发电机额定功率。

3.4.3 静态安全分析工作流程

电力网扩建并网后地区电网静态安全分析的工作流程图如图 3-28 所示。电力网络扩建后，搜集到新建电力网的基础数据、负荷数据，然后进行该地区的负荷预测，根据装机规划，进行电力平衡，选取电力网扩建并网后，对电网安全稳定运行影响较大的潮流运行方式，选择合适的潮流算法，进行潮流计算。

随着电网规模的不断扩大、结构的加强，严格的 $N-1$ 检验计算工作量很大，有些单一元件的故障已不足以对电网安全稳定运行造成威胁，况且电网薄弱环节已被电网规划设计人员和调度人员所熟知，因此我们在实际运行中往往不只是简单地遵从 $N-1$ 准则，而且还要重点分析对电网造成威胁的故障以及考虑多重故障。

工程实际运用中，电网静态安全分析的结果是某些线路、主变过载，某些变电站电压偏低等，解决方案一般是调整发电机出力、切负荷和无功功率补偿等措施，每个故障对应各自的解决方案。在电力系统实际运行中，每个故障发生后，及时通过安全稳定控制装置，采取控制措施，确保电力系统安全稳定运行。

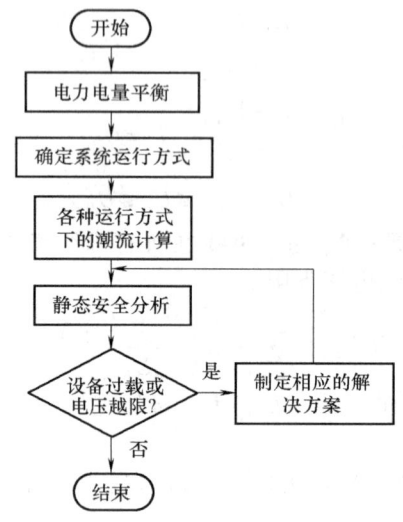

图 3-28　电网静态安全分析工作流程图

本 章 小 结

本章主要内容为电力系统稳态分析和计算，通过本章学习，主要应掌握以下内容：电力系统潮流计算的目的和意义，潮流的基本物理量、数学模型和约束条件；理解电力线路的电压降落、功率损耗及电能损耗等基本概念，学会各物理量的计算方法；掌握辐射形电力网络潮流计算的手算方法，学会分析远距离输电线路的潮流分布及带负荷情况，理解并学会复杂电力网的潮流计算的计算机解法。了解电力系统静态安全分析方法。

习　　题

3-1　输电线路和变压器的功率损耗如何计算？它们在导纳支路上的损耗有什么不同？

3-2　电压降落、电压损耗、电压偏移、电压调整是如何定义的？

3-3　输电线路和变压器阻抗元件上的电压降落如何计算？电压降落的大小主要由什么决定？电压降落的相位主要由什么决定？什么情况下会出现线路末端电压高于首端电压的情况？

3-4　运算功率指的是什么？运算负荷指的是什么？如何计算升压变压器的运算功率和降压变压器的运算负荷？

3-5　什么是潮流？电力网络潮流计算的目的是什么？

3-6　辐射形网络潮流分布的计算可以分为哪两种类型？分别怎样进行计算？

3-7　节点导纳矩阵怎样形成？各元素的物理含义是什么？

3-8　简述影响线路传输能力的因素。

3-9　简述正常三相电力系统的稳态运行条件。

3-10　简述电力系统中节点的类型和作用。

3-11　电力系统中变量的约束条件是什么？

3-12 试问：用牛顿-拉夫逊法求解潮流计算时，在每次迭代过程中，哪些量是已知量？哪些量是待求量？已知量是如何获得的？方程中的待求量表示什么样的量？

3-13 如图 3-29 所示的三相电力系统，系统、负荷和发电机参数见表 3-15 和表 3-16。节点 2 的电压被限定在 1.03V，节点 2 上发电机无功出力范围为 35~0Mvar。把节点 1 当作平衡节点。试用牛顿-拉夫逊法计算潮流。

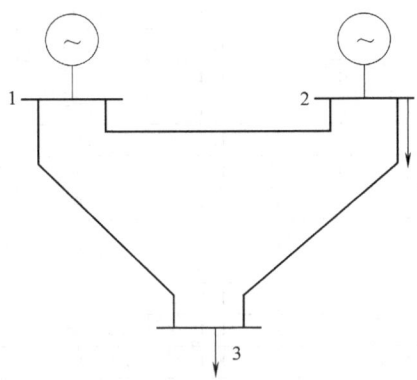

图 3-29 三相电力系统

表 3-15 传输线的阻抗和导纳

节点号	输电线阻抗	输电线导纳
1-2	0.08+j0.24	0
1-3	0.02+j0.06	0
2-3	0.06+j0.18	0

表 3-16 发电机出力、负荷和节点电压

节点 i	节点电压 V	发电机注入功率 MW	发电机注入功率 Mvar	负荷 MW	负荷 Mvar
1	1.05+j0.0			0	0
2	1.03	20		50	20
3		0	0	60	25

3-14 电力网络所有参数参照例 3-3，设变压器电压比标幺值为 $K_* = 0.91$，画出网络的标幺值等效电路，并利用本章潮流计算的方法重新计算潮流（算法任意选取）。

3-15 IEEE6 台发电机 30 节点电力系统电气接线图如图 3-30 所示，标准测试数据见表3-17~表 3-19，试利用本章的潮流计算方法计算网路潮流（算法任意选取）。

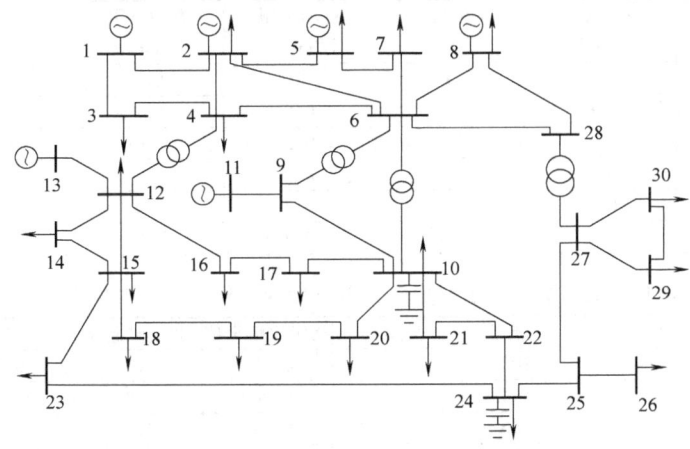

图 3-30 IEEE6 台发电机 30 节点电力系统电气接线图

表 3-17 节点基本信息（节点类型中 1 代表平衡节点、2 代表 PQ 节点、3 代表 PV 节点；表格中右侧 7 列数字均为标幺值）

节点	类型	基准电压/kV	电压初始值	相位初始值	电压上限	电压下限	负荷有功	负荷无功	电纳
1	1	138	1.05	0	1.1	0.95	0	0	0
2	3	138	1.045	0	1.1	0.95	0.217	0.127	0
3	2	138	1	0	1.1	0.95	0.024	0.012	0
4	2	138	1	0	1.1	0.95	0.076	0.016	0
5	3	138	1.01	0	1.1	0.95	0.942	0.19	0
6	2	138	1	0	1.1	0.95	0	0	0
7	2	138	1	0	1.1	0.95	0.228	0.109	0
8	3	138	1.01	0	1.1	0.95	0.3	0.3	0
9	2	138	1	0	1.1	0.95	0	0	0
10	2	138	1	0	1.1	0.95	0.058	0.02	0.19（上限0.50）
11	3	138	1.05	0	1.1	0.95	0	0	0
12	2	138	1	0	1.1	0.95	0.112	0.075	0
13	3	138	1.05	0	1.1	0.95	0	0	0
14	2	138	1	0	1.1	0.95	0.062	0.016	0
15	2	138	1	0	1.1	0.95	0.082	0.025	0
16	2	138	1	0	1.1	0.95	0.035	0.018	0
17	2	138	1	0	1.1	0.95	0.09	0.058	0
18	2	138	1	0	1.1	0.95	0.032	0.009	0
19	2	138	1	0	1.1	0.95	0.095	0.034	0
20	2	138	1	0	1.1	0.95	0.022	0.007	0
21	2	138	1	0	1.1	0.95	0.175	0.112	0
22	2	138	1	0	1.1	0.95	0	0	0
23	2	138	1	0	1.1	0.95	0.032	0.016	0
24	2	138	1	0	1.1	0.95	0.087	0.067	0.04（上限0.1）
25	2	138	1	0	1.1	0.95	0	0	0
26	2	138	1	0	1.1	0.95	0.035	0.023	0
27	2	138	1	0	1.1	0.95	0	0	0
28	2	138	1	0	1.1	0.95	0	0	0
29	2	138	1	0	1.1	0.95	0.024	0.009	0
30	2	138	1	0	1.1	0.95	0.106	0.019	0

表 3-18 发电机经济参数及出力限值（表格中除去节点标号之外的数字均为标幺值）

发电机节点	电压幅值	有功功率（P_G）	无功功率（Q_G）	有功上限（P_{GMAX}）	有功下限（P_{GMIN}）	无功上限（Q_{GMAX}）	无功下限（Q_{GMIN}）
1	1.05	0	0	2	0.5	1.5	-0.2
2	1.045	0.8	0	0.8	0.2	0.6	-0.2
5	1.01	0.5	0	0.5	0.15	0.63	-0.15
8	1.01	0.2	0	0.35	0.1	0.5	-0.15
11	1.05	0.2	0	0.3	0.1	0.4	-0.1
13	1.05	0.2	0	0.4	0.12	0.45	-0.15

表 3-19 支路参数（表格中除去节点标号之外的数字均为标幺值）

首端节点	末端节点	电阻	电抗	电纳	电压比标幺值	电压比上限	电压比下限	额定电流
6	9	0	0.208	0	0.978	1.1	0.9	0.65
6	10	0	0.556	0	0.969	1.1	0.9	0.65
4	12	0	0.256	0	0.932	1.1	0.9	0.65
28	27	0	0.396	0	0.968	1.1	0.9	0.65

（续）

首端节点	末端节点	电阻	电抗	电纳	电压比标幺值	电压比上限	电压比下限	额定电流
1	2	0.0192	0.0575	0.0528				1.30
1	3	0.0452	0.1852	0.0408				1.30
2	4	0.057	0.1737	0.0368				0.65
3	4	0.0132	0.0379	0.0084				1.30
2	5	0.0472	0.1983	0.0418				1.30
2	6	0.0581	0.1763	0.0374				0.65
4	6	0.0119	0.0414	0.0046				0.90
5	7	0.046	0.116	0.0204				0.70
6	7	0.0267	0.082	0.017				1.30
6	8	0.012	0.042	0.009				0.32
9	11	0	0.208	0				0.65
9	10	0	0.11	0				0.65
12	13	0	0.14	0				0.65
12	14	0.1231	0.2559	0				0.32
12	15	0.0662	0.1304	0				0.32
12	16	0.0945	0.1987	0				0.32
14	15	0.221	0.1997	0				0.16
16	17	0.0824	0.1932	0				0.16
15	18	0.107	0.2085	0				0.16
18	19	0.0639	0.1292	0				0.16
19	20	0.034	0.068	0				0.32
10	20	0.0936	0.209	0				0.32
10	17	0.0324	0.0845	0				0.32
10	21	0.0348	0.0749	0				0.16
10	22	0.0727	0.1499	0				0.16
21	22	0.0116	0.0236	0				0.16
15	23	0.1	0.202	0				0.16
22	24	0.115	0.179	0				0.32
23	24	0.132	0.27	0				0.32
24	25	0.1885	0.3292	0				0.32
25	26	0.2544	0.38	0				0.32
25	27	0.1093	0.2087	0				0.32
27	29	0.2198	0.4153	0				0.32
27	30	0.3202	0.6027	0				0.16
29	30	0.2399	0.4533	0				0.16
8	28	0.0636	0.2	0.0428				0.16
6	28	0.0169	0.0599	0.013				0.16

3-16 为保证电力系统稳态运行，作为未来的一名电气工程师，应该具备哪些技能？

第4章
电力系统有功功率及频率调整

本章提要

本章叙述电力系统有功功率平衡、功率频率特性、频率调整必要性及调整方法；介绍电力系统有功功率电源、备用容量的概念，理解电力系统有功功率平衡的物理意义；介绍频率调整的必要性、电力系统的频率特性以及根据负荷的频率特性而采取的频率一次调整、二次调整、三次调整以及互联系统的频率调整方法等；介绍有功功率负荷的经济分配准则。

4.1 有功功率的平衡

电力系统的根本任务是在保证电能质量符合标准的前提下，能够持续地为用户供给所需的电能，并使系统可靠、稳定和经济地运行。衡量经济性运行的指标通常是比耗量和线损率。比耗量指生产单位电能所需消耗的一次能源，例如火电厂以克/千瓦·小时（g/kW·h）表示的煤耗率。线

电力系统有功功率平衡

损率或网损率如前所述，就整个系统而言，是指系统中损耗的电能占电源发出电能的百分数。这些技术经济指标的优劣与系统中有功、无功功率的分配以及频率、电压的调整有关。

4.1.1 有功功率电源与备用容量

1. 有功功率电源

不考虑目前占比极小的储能系统，发电机是电力系统中唯一的有功功率电源，发电机安装在发电厂（场、站）内。根据发电厂（场、站）所用一次能源的不同，可将主流发电厂分为火力发电厂、水力发电站、核能发电站、新能源发电场（站）（风力发电场和太阳能发电站等）四大类。

电力系统中运行着各种类型的发电厂，它们为系统提供有功功率。从电力系统运行的角度看，火电、水电、风电、太阳能发电、核电等构成了我国电力系统中电源的主体。截至2016年年末，全国全口径发电装机 16.46 亿 kW，其中火电 10.54 亿 kW，占比 64.03%；水电 3.32 亿 kW，占比 20.17%；风电 1.49 亿 kW，占比 9.05%；太阳能 7742 万 kW，占比 4.70%；核电 3364 万 kW，占比 2.04%。下面对火力发电厂、常规水力发电站、抽水蓄能发电站、核能发电站、风力发电场和太阳能发电站的运行特性加以简述。

（1）火力发电厂

火力发电厂是电力系统有功功率电源的一个重要组成部分，在世界上大部分国家，包括我国在内，火力发电厂装机容量占总装机容量的一半以上，因而在系统中具有重要地位。火力发电厂还可以进一步分类。按其燃料，可分为燃油发电厂、燃气（天然气）发电厂、燃煤发电厂；按其蒸汽参数，可分为低温低压（蒸汽温度约 350℃，压力约 14atm）、中温中压（约 450℃，40atm）、高温高压（约 540℃，100atm）、亚临界（约 540℃，160atm）、超临界（约 550℃，220atm）和超超临界电厂（约 600℃，300atm），其中 1atm = 1.01×10^{5}Pa。一般来讲，运行效率

与蒸汽参数有关,蒸汽温度和压力越高,机组越高效环保。例如,超超临界机组与超临界机组相比,热效率要提高 1.2%~4%。目前,全世界大部分超超临界机组运行在我国。

火力发电厂的运行特点如下:

1）火力发电厂运行时要消耗大量的燃料,需要支付燃料费用,但运行基本不受自然条件影响。火力发电厂的锅炉和汽轮机都受最小技术负荷的限制,可调范围一般约为机组容量的 50%。

2）火力发电厂机组的投入、退出或承担急剧变动的负荷时,既额外耗费能量,又花费时间,且易损坏设备。

3）带有热负荷的火力发电厂称为热力发电厂,如图4-1所示,热负荷的输出功率是强迫功率,通过热力网向附近工业区和居民住宅供热,热力发电厂采用抽汽供热,其总效率要高于一般的凝汽式火力发电厂。

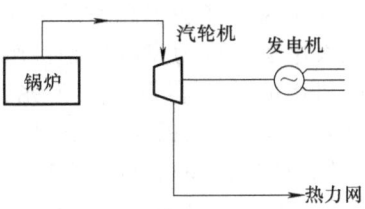

图 4-1 热力发电厂承担热负荷

（2）水力发电站

水力发电站是电力系统中又一种重要的有功功率电源,我国是水力资源十分丰富的国家,有效地开发和合理利用水资源对我国经济建设具有重要意义。水力发电站可分为常规水力发电站（包括梯级水力发电站）、抽水蓄能发电站、潮汐发电站和波浪能发电站等。常规水力发电站又可按水头集中方式分为堤坝式水力发电站、引水式水力发电站、混合式水力发电站和集中网道式水力发电站；按水库调节性能可划分为多年调节、年调节、季调节、周调节、日调节水力发电站和无调节能力的径流式水力发电站；按单站装机规模分类,一般把装机容量 0.5 万 kW 以下的水电站定为小水力发电站,装机容量为（0.5~10）万 kW 的为中型水力发电站,装机容量为（10~100）万 kW 的为大型水力发电站,装机容量超过 100 万 kW 的为巨型水力发电站。抽水蓄能电站是电力系统目前最主要的调峰填谷电源,利用低谷负荷时的剩余电力抽水到高处,在高峰负荷时放水发电。目前抽水蓄能电站的发电效率可以达到75%以上,调峰效益则与电网具体情况有关。研究和实践表明,抽水蓄能装机容量占电网总负荷的 5%~8%,抽水蓄能的效益能够达到最佳水平。

水力发电站的运行特点如下:

1）水力发电站不需要支付燃料成本,且水能是可以再生的资源。

2）可调范围大。水力发电站机组的投入、退出或承担急剧变动的负荷时,所需时间短,不增加能耗,操作简单,无需额外的耗费。具备调节能力的水力发电站一般可充当调峰机组,如图 4-2 所示,抽水蓄能发电站减小了系统负荷的峰谷差。

3）水力枢纽往往兼有防洪、发电、航运、灌溉、养殖、供水和旅游等多方面的效益。

（3）核能发电站

核能发电站利用原子能裂变反应所释放的能量进行发电。根据核反应堆的类型,核能发电站可以分为压水堆核能发电站、重水堆核能发电站、沸水堆核能发电站、气冷堆核能发电站、快中子增殖堆核能发电站等。虽然核能发电站的一次性投资大,但一旦建成投产,其运行费用要较火力发电站低得多,因而在系统日常运行中应尽可能利用它的容量。

核能发电站的运行特点如下:

1）核能发电站一次性投资大,运行费

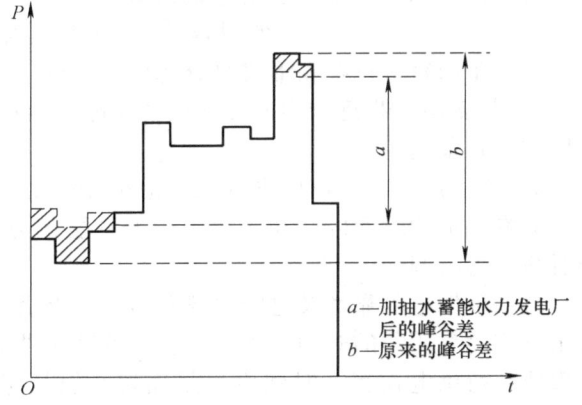

图 4-2 抽水蓄能水力发电站承担的调峰作用

用低。

2) 由于核电机组的主要设备及辅助设备极为复杂,检修时间较长,一般 18 个月左右大修一次,一次 30~40 天。

3) 一般承担基荷,但在电网需要的时候,可以适度地降低出力运行并可跟踪负荷调整出力。

(4) 风力发电场

我国风电经历了高速发展期,逐步形成了几大千万千瓦级风电基地,风电已经成为我国第三大电源。风力发电场是将风能转换为机械能,再将机械能转换为电能的发电方式。风力发电机组的单机容量一般为兆瓦级,大型风力发电场包含多台风电机组,组合后以 35kV、110kV、220kV 或更高等级电压,经一级或多级升压变电站汇入电网。

风力发电场的运行特点如下:

1) 风力发电场出力具有随机性和波动性,难于预测和控制,运行中很难像常规机组一样按发电计划调度。

2) 风力发电场出力具有逆调峰特性,在负荷低谷时段出力较高。

3) 风力发电场不需要燃料成本。

(5) 太阳能发电

照射在地球上的太阳能非常巨大,大约 40min 照射在地球上的太阳能,便足以供全球人类一年能量的消费。可以说,太阳能是真正取之不尽、用之不竭的能源。而且太阳能是清洁能源,不产生公害。所以太阳能发电被誉为是理想的能源。

从太阳能获得电力,需要通过太阳电池进行光电或光热转换来实现。太阳能发电具有以下特点:

1) 太阳能是取之不尽、用之不竭的清洁能源。

2) 可集中或分散开发利用,非常灵活。

3) 随着技术进步,太阳能发电的转换效率不断提高,发电成本不断下降。

4) 太阳能发电受光照条件影响较大,可调节性不强。

5) 照射的能量分布密度小,即要占用巨大面积。

总的说来,作为新能源,太阳能具有极大优点,因此受到世界各国的重视。随着技术进步,光伏发电和光热发电成本快速下降,太阳能已成为增长最快的清洁能源。我国太阳能发电发展迅速,已建成青海百万千瓦级光伏发电基地。

2. 备用容量

为了保证供电可靠性及电能质量,系统装机容量应大于负荷。系统装机容量减去系统发电负荷的部分称为系统的备用容量,即

$$备用容量 = 系统装机容量 - 系统发电负荷$$

系统备用容量按存在形式可分为以下几种:

1) 热备用,指运转中的发电设备能够发的最大功率与系统发电负荷之差,因而也称运转备用或旋转备用。

2) 冷备用,指系统中设备完好但处于停止运行状态的发电机组,这些机组可以随时起动,或在规定的时间内起动而达到最大可能出力。检修中的发电设备不属于冷备用,它们不能听命于随时调用。

从保证供电可靠性及电能质量角度,热备用越多越好。因发电设备从冷备用到投入系统发出额定功率所需的时间短则几分钟(水力发电厂),长则十余小时(火力发电厂),而就保证重要负荷供电而言,时间应尽量缩短。但从保证系统经济性的角度,热备用又不宜过多,一般为最大负荷的 2%~5%,大系统采用较小数值,小系统采用较大数值。

系统备用容量按作用可分为以下几种：

1) 负荷备用：指调整系统中短时负荷波动并担负计划外的负荷增加而设置的备用，满足负荷波动、计划外的负荷增量。负荷备用容量的大小应根据系统负荷的大小、运行经验并考虑系统中各类用电的比重确定，一般为最大负荷的2%~5%，大系统采用较小数值，小系统采用较大数值。

2) 事故备用：指在规定时间内（例如10min内），可供调用的备用容量，用于在发电设备发生偶然性事故时使供电不受严重影响。容量大小应根据系统容量、发电机台数、单位机组容量、机组的事故概率、系统的可靠性指标确定，一般为最大负荷的5%~10%，但不得低于系统中最大机组的容量。

3) 检修备用：指为了使得系统中的发电设备能定期检修而设置的备用，它和负荷性质、水火电比重、发电机台数、检修时间的长短、设备的新旧程度、检修水平等有关。发电机运转一段时间后必须进行检修，检修分大修和小修，大修一般安排在系统年度小负荷期间，小修一般安排在节假日进行。在这期间，如不能完全安排所有机组的大小修时，才设置所需的检修备用容量，一般宜为最大发电负荷的8%~15%。

4) 国民经济备用：为了满足国民经济超计划增长而设置的备用。

上述负荷备用、事故备用、检修备用、国民经济备用归纳起来仍是以热备用和冷备用形式存在于系统中，热备用中至少应包括全部负荷备用和一部分事故备用，一般检修备用、国民经济备用及部分事故备用采用冷备用状态。

4.1.2 有功功率平衡及各类发电厂（机组）的合理组合

有功功率平衡是指在运行中所有发电厂发出的有功功率的总和 $\sum P_{Gi}$，在任何时候都等于该系统的总负荷 $\sum P_{Di}$。$\sum P_{Di}$ 包括所有用户的有功功率负荷 $\sum P_{Li}$ 以及网络的总有功功率损耗 $P_{\text{Loss},\Sigma}$，即

$$\sum P_{Gi} = \sum P_{Li} + P_{\text{Loss},\Sigma} \tag{4-1}$$

在一般情况下，网络总损耗为系统负荷的5%~10%。对于厂用电，水力发电厂的厂用电相当小，仅为电厂最大负荷的0.1%~1%，火力发电厂稍大，为5%~8%。为了保证系统的安全、优质、经济运行，系统还应具有一定的备用容量，只有在具备备用容量的情况下，才有可能进行系统的频率调整与厂间负荷的最优分配。

有功功率电源的最优组合是指各发电厂（机组）在承担系统负荷时的最合理组合。电力系统的负荷变动用负荷曲线表示，典型的日负荷曲线如图4-3所示。它是调度运行的重要依据，电力调度部门根据负荷预测曲线的变化将发电任务分配给各个发电厂。日负荷预测曲线的最低点以下部分称为基荷，基荷与最大负荷之间的部分称为峰荷。基荷在24h之内是不变的，而峰荷是实时变化的。根据经济运行的目的，按各类发电厂的特点，可以将基荷和峰荷分别分配给各类发电厂，如图4-4所示，基荷由具有强迫功率、不可调功率或高效率的热力发电厂、火力发电厂、核能发电站或径流式水力发电站负担，而峰荷则由有调节水库的水力发电站、燃气轮机发电厂、中温中压火力发电厂等负担。

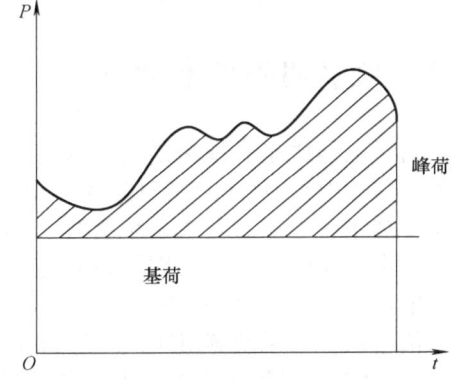

图4-3 日负荷曲线中的基荷和峰荷

电力系统中的有功功率时刻发生变化，实际上是不规则的负荷变动曲线，如图4-5所示。

一般将系统实际的负荷看作由三种具有不同变化规律的变动负荷组成：第一种变动幅度很小（0.1%~0.5%），周期又很短（一般10s以内），这种属于随机波动的负荷变动；第二种变动幅度较大（0.5%~1.5%），周期也较长（一般10s~3min），属于这种的主要有电炉、压延机械、电气机车等带有冲击性的负荷变动；第三种是变动幅度最大、周期也最长的可预测负荷，这一种是由于生产、生活、气象等变化引起的群体性负荷变动。第一、二种负荷变动不易预计，要通过装设在原动机上的调速器对发电机输出功率进行调节。第三种负荷可以通过参考长期积累的实测数据，根据用电大户申报的近日预计负荷来预测，提前编制预测的有功功率日负荷曲线，按最优分配的原则，制订各发电厂的日发电计划曲线，各发电厂则按此曲线调节发电功率。

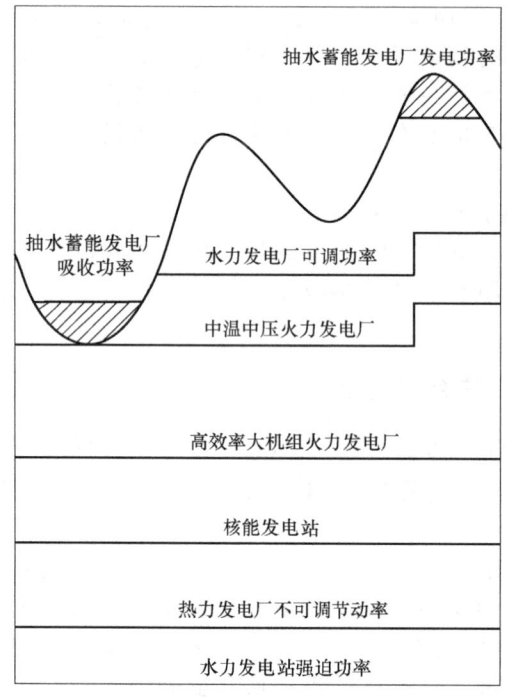

图 4-4　日负荷曲线上各发电厂分担的负荷

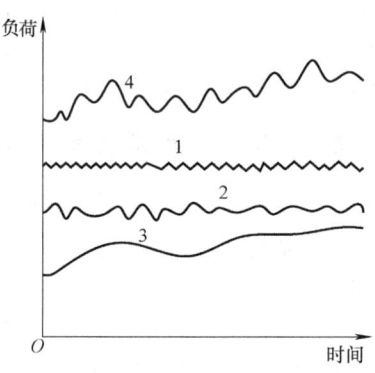

图 4-5　有功负荷的变化
1—第一种负荷变动　2—第二种负荷变动　3—第三种负荷变动　4—实际不规则的负荷变动

4.2　频率调整的必要性

衡量电能质量的指标是频率和电压的偏移，频率偏移以赫兹表示，我国规定电力系统额定频率为50Hz，允许的波动范围为±(0.2~0.5)Hz。允许频率偏移的大小反映了一个国家的工业发展水平，这与电力系统管理与运行水平有关。电压偏移以百分数表示，根据《电力系统电压和无功电力技术导则》的规定，35kV及以上用户供电电压正负偏差绝对值之和不超过额定电压的10%；10kV用户的电压允许偏差值，为系统额定电压的±7%；380V用户的电压允许偏差值，为系统额定电压的±7%；220V用户的电压允许偏差值，为系统额定电压的-10%~+5%。实际运行中，允许的波动范围一般为±5%。电力系统的频率变动对用户、发电厂和电力系统本身都会产生不利影响，所以必须保持频率在额定值50Hz左右，且偏移不超过一定范围。电力系统频率变动时，对用户的影响如下：

1) 用户使用的电动机的转速与系统频率有关。频率变化将引起电动机转速的变化，从而影响产品质量。例如，纺织工业、造纸工业等都将因频率变化而出现残次品。

2) 近代工业、国防和科学技术都已广泛使用电子设备，系统频率的不稳定将会影响电子设备的工作。雷达、计算机等重要设施将因频率过低而无法运行。

频率变动对发电厂和系统本身也有影响，具体如下：

1) 火力发电厂的主要厂用机械——风机和泵，在频率降低时，所能供应的风量和水量将迅速减少，影响锅炉的正常运行。

2) 低频率运行还将增加汽轮机叶片所受的应力，引起叶片的共振，缩短叶片的寿命，甚至使叶片断裂。低频率运行时，发电机的通风量将减少，而为了维持正常电压，又要求增加励磁电流，以致使发电机定子和转子的温升都将增加。为了不超越温升限额，不得不降低发电机所发功率。

3) 低频率运行时，由于磁通密度的增大，变压器的铁心损耗和励磁电流都将增大。为了不超越温升限额，不得不降低变压器的负荷。

4) 频率降低时，系统中的无功功率负荷将增加，而无功功率负荷的增大又将促使系统电压水平的下降。

总之，由于所有设备都是按系统额定频率设计的，系统频率质量的下降将影响各行各业。而频率过低时，甚至会使整个系统瓦解，造成大面积停电。

由于负荷变化将导致系统频率的偏移，频率变化超出允许范围时，对用电设备的正常工作和电力系统的稳定运行，都会产生影响，甚至造成事故。因此应对发电功率做相应的调整，以使系统在满足要求的频率水平达到新的平衡，电力系统的有功功率和频率调整大体上也可分为一次、二次、三次调整三种，如图 4-6 所示。对第一种负荷变动引起的频率偏移，由发电机组的调速器进行调整，称为频率的一次调整；第二种负荷变动引起的频率偏移，由发电机组的调频器进行调整，称为频率的二次调整；对第三种负荷变化，必须根据预测的负荷曲线，按优化原则在各厂（机组）间进行经济负荷分配，也称为三次调整。

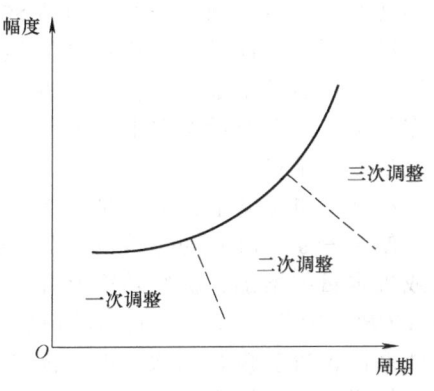

图 4-6 调频任务的分配

还有一种与上述一次、二次、三次调整迥然不同的调整手段，称为负荷控制，也叫作负荷管理。负荷控制是指部分负荷大量或长时间超计划用电，以致影响系统的安全稳定运行，或者有些负荷功率较大但不属于重要负荷，在负荷高峰阶段由系统调度控制部门通过远程控制将其部分或全部切除的控制方式。负荷控制可以平滑负荷曲线，减小峰谷差，提高电网运行的经济性、安全性，提高电力企业的投资效益。随着经济的发展和社会的进步，负荷控制的重要性日益明显，实现方式也逐步由行政手段转向经济和技术手段。在将来的智能电网中，采用智能负荷控制实现精准切负荷控制，是智能电网的标志之一。

4.3 电力系统的频率特性

4.3.1 发电机组自动调速系统工作原理

调整系统频率的主要手段是发电机组原动机的自动调节转速系统，或简称自动调速系统，特别是其中的调速器和调频器（又称同步器）。以下就从自动调速系统的作用开始，讨论频率调整。

自动调速系统的种类很多，以下介绍的是一种相当原始的机械调速系统——离心飞摆式。这种调速系统比较直观，结果简单，但它的调节机理又和新型调速系统（如电液式调速系统）没有很大差别。

离心飞摆式调速系统如图 4-7 所示。

其作用原理如下：

调速器的飞摆由套筒带动转动，套筒则由原动机的主轴所带动。单机运行时，如果机组负荷增大，转速下降，飞摆由于离心力的减小，在弹簧的作用下向转轴靠拢，使 A 点向下移动到 A'。但因油动机活塞两边油压相等，B 点不动，结果使杠杆 AB 绕 B 点逆时针转动到 $A'B$。在调频器不动作的情况下，D 点也不动，因而在 A 点下降到 A' 时，杠杆 DF 绕 D 点顺时针转动到 DF'，F 点向下移动到 F'。错油门活塞向下移动，使油管 a、b 的小孔开启，压力油经油管 b 进入油动机活塞下部，而活塞上部的油则经油管 a 经错油门上部小孔溢出。在油

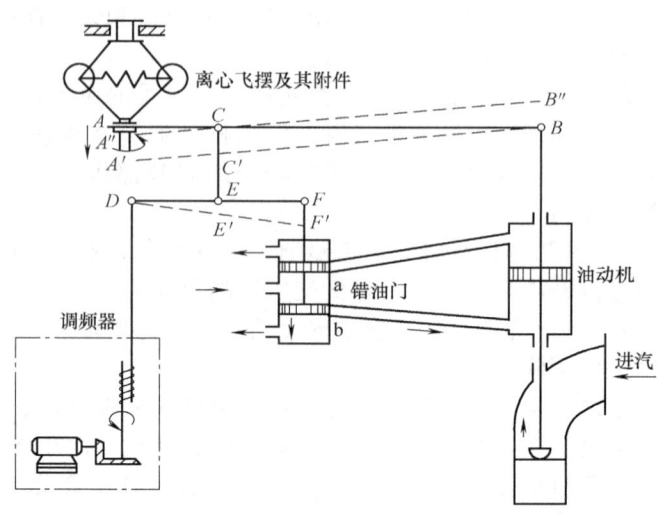

图 4-7 离心飞摆式调速系统

压作用下，油动机活塞向上移动，使汽轮机的调节气门或水轮机的导向叶片开度增大，增加进汽量或进水量。

在油动机活塞上升的同时，杠杆 AB 绕 A 点逆时针转动，将连接点 C，从而提升错油门活塞，使油管 a、b 的小孔重新堵住。油动机活塞又处于上下相等的油压下，停止移动。由于进汽或进水量的增加，机组转速上升，A 点从 A' 回升到 A''。调节过程结束。这时杠杆 AB 的位置为 $A''CB''$。分析杠杆 AB 的位置可见，杠杆上 C 点的位置和原来相同，因机组转速稳定后错油门活塞的位置应恢复原状；B'' 位置较 B 高，A'' 的位置较 A 略低；相应的进汽或进水量较原来多，机组转速较原来略低。这就是频率的"一次调整"作用。

对应负荷的增大，发电机输出功率增加，频率略低于原来值；如果负荷降低，调速器的调整作用将使输出功率减小，频率略高于原来值。这就是频率的一次调整，频率的一次调整由调速器自动完成。调整的结果是频率没有完全恢复到原来值，因此一次调整为有差调节。

为使负荷增加后机组转速仍能维持原始转速，要求有"二次调整"。"二次调整"是借调频器完成的。调频器转动蜗轮、蜗杆，将 D 点抬高。D 点上升时，杠杆 DF 绕 E 点顺时针转动，错油门再次向下移动，开启小孔。在油压作用下，油动机活塞再次向上移动，进一步增加进汽或进水量。机组转速上升，离心飞摆使 A 点由 A' 向上升。而在油动机活塞向上移动时，杠杆 AB 又绕 A 逆时针转动，带动 C、E、F 点向上移动，再次堵塞错油门小孔，再次结束调节过程。如 D 点的位移选择得恰当，A 点就有可能回到原来位置。这就是频率的"二次调整"作用。调整的结果是频率能回到原来值，因此二次调整为无差调节。

4.3.2 发电机组的有功功率—频率静态特性

将上述调节过程中发电机组的有功功率与频率的关系用发电机组的功频静态特性或频率特性表示，如图 4-8 所示。图 4-8 中直线的斜率称为发电机的单位调节功率（或发电机组功频静态特性系数），即

$$K_G = \tan\alpha = -\frac{\Delta P_G}{\Delta f} \quad (4-2)$$

其数值表示为频率发生单位变化时,发电机输出功率的变化量,负号表示二者变化方向相反,即当发电机输出功率增加时,频率是降低的。

用标幺值表示为

$$K_{G*} = -\frac{\Delta P_{G*}}{\Delta f_*} = -\frac{\Delta P_G / P_{GN}}{\Delta f / f_N} = K_G \frac{f_N}{P_{GN}}$$

发电机组的调差系数是指机组由空载到满载时,转速(频率)变化与发电机输出功率变化之比,即

$$\sigma = -\frac{f_N - f_0}{P_{GN} - 0} = -\frac{\Delta f}{\Delta P_G} \quad (4-3)$$

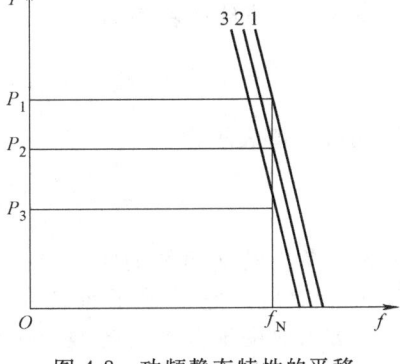

图 4-8 功频静态特性的平移

用标幺值表示为

$$\sigma_* = -\frac{\Delta f / f_N}{\Delta P_G / P_{GN}} = \sigma \frac{P_{GN}}{f_N}$$

调差系数是发电机单位调节功率的倒数,也可以用百分数表示,可定量表明某台机组负荷改变时相应的转速(频率)偏移。例如,当 $\sigma_* = 0.05$ 时,如负荷改变 1%,频率将偏移 0.05%;如负荷改变 20%,则频率将偏移 1% (0.5Hz)。发电机组的调差系数或相应的单位调节功率是可以整定的,从上述公式可知,调差系数的大小对频率偏移的影响很大,调差系数越小(即单位调节功率越大),频率偏移越小。但因受机组调速机构的限制,调差系数的调整范围是有限的。

汽轮发电机组的调差系数或功频静态特性系数通常的取值分别为

$$\sigma_* = 0.04 \sim 0.06, \quad K_{G*} = 25 \sim 16.7$$

水轮发电机组的调差系数或功频静态特性系数通常的取值分别为

$$\sigma_* = 0.02 \sim 0.04, \quad K_{G*} = 50 \sim 25$$

若机组负荷升高使转速下降,可以通过伺服电动机来提高转速,调整的结果使原来的功频静态特性 2 平行右移为特性 1。若机组负荷降低使转速升高,则可通过伺服电动机来降低机组转速,调整的结果使原来的功频静态特性 2 平行左移为特性 3。

4.3.3 有功负荷的频率静态特性

系统稳态运行时,系统中有功负荷随频率的变化特性称为负荷的静态频率特性。根据所需的有功功率与频率的关系可将负荷分成以下几类:不受频率影响的负荷;与频率成正比的负荷;与频率的二次方成比例的负荷;与频率的高次方成比例的负荷。电力系统的有功负荷功率与频率的关系可以写成

$$P_D = a_0 P_{DN} + a_1 P_{DN}\left(\frac{f}{f_N}\right) + a_2 P_{DN}\left(\frac{f}{f_N}\right)^2 + a_3 P_{DN}\left(\frac{f}{f_N}\right)^3 + \cdots$$

式中,P_D 为频率等于 f 时整个系统的有功负荷;P_{DN} 为频率等于额定值 f_N 时整个系统的有功负荷;$a_i(i=0,1,2,\cdots)$ 为与频率的 i 次方成正比的负荷在 P_{DN} 中所占的份额。上述多项式通常只取到频率的三次方为止,因为与频率的更高次方成正比的负荷所占比重很小,可以忽略。根据统计,系统负荷中与频率成正比的负荷占多数。

当频率偏离额定值不大时,负荷的静态频率特性可近似表示为一条直线,如图 4-9 所示。所谓连接容量,是指频率、电压等于额定值时,接在电网上的用电设备的实际容量。如

果连接容量改变，静态特性曲线将上下移动。

图 4-9 中直线的斜率为

$$K_D = \tan\beta = \frac{\Delta P_D}{\Delta f} \quad (4-4)$$

用标幺值表示为

$$K_{D*} = \frac{\Delta P_D / P_{DN}}{\Delta f / f_N} = K_D \frac{f_N}{P_{DN}}$$

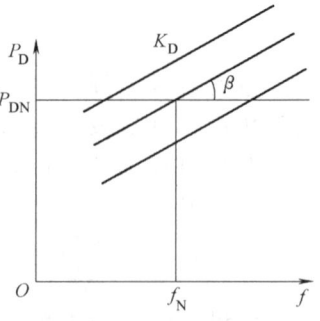

图 4-9 有功负荷的频率静态特性

K_D、K_{D*} 称为负荷的频率调节效应系数，或简称为负荷的频率调节效应。它反映了系统负荷对频率的自动调整作用。K_{D*} 的数值取决于全系统各类负荷的比重，不同系统或同一系统不同时刻该值都可能不同，因而该数值是不能整定的。在实际系统中 $K_{D*} = 1 \sim 3$，表示频率变化 1% 时，负荷有功功率相应变化 1%～3%，该数值一般由试验或计算求得，是调度部门必须掌握的一个数据，它是制定按频率减负荷方案和低频率事故时切负荷方案的计算依据。

4.4 频率调整

4.4.1 频率的一次调整

假定系统只有一台机组，负荷的功频特性 $P_D(f)$ 与发电机组功频静态特性 $P_G(f)$ 的交点 a 是系统的原始运行点，系统频率为 f_1。若系统负荷增加 ΔP_{D0}，其特性曲线变为 $P'_D(f)$。系统在发电机组功频特性和负荷本身的调节效应共同作用下实现了新的功率平衡，系统新的稳定运行点 b 点由 $P'_D(f)$ 和 $P_G(f)$ 共同决定，此时频率为 f_2。

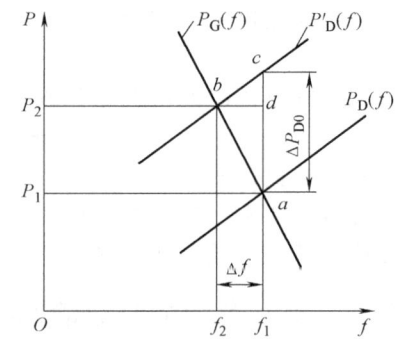

频率调整方法

系统频率的变化量为

$$\Delta f = f_2 - f_1 < 0$$

由图 4-10 可见，对应 b 点，发电机功率输出的增量为

$$\Delta P_G = (P_2 - P_1) = -K_G \Delta f$$

K_G 由调速器特性决定，反映了频率发生单位变化时发电机输出功率的变化量，负号表示频率下降时发电机组有功出力增加。K_G 值越大，表示同样的功率变化对应的频率偏移越小。

图 4-10 频率的一次调整

负荷的频率调节效应所产生的负荷功率变化量为

$$\Delta P_D = K_D \Delta f$$

K_D 称为负荷频率调节系数，由于 $\Delta f < 0$，故 $\Delta P_D < 0$。负荷的实际增量为

$$\Delta P_{Dr} = \Delta P_{D0} + \Delta P = \Delta P_{D0} + K_D \Delta f$$

应等于发电机功率输出的增量，故有

$$\Delta P_G = \Delta P_{D0} + K_D \Delta f$$

因而得一次调整方程式为

$$\Delta P_{D0} = -K_D \Delta f + \Delta P_G = -(K_D + K_G) \Delta f = -K \Delta f \quad (4-5)$$

式（4-5）说明，系统负荷增加时，在发电机组功频静态特性和负荷本身的调节效应共同作用下实现了新的功率平衡。即一方面，负荷增加，频率下降，发电机按有差调节特性增加

输出；另一方面，负荷实际消耗的功率因频率的下降而有所减小。

式（4-5）中，K 称为系统的单位调节功率，或系统的功率—频率静态特性系数，表示计及发电机组及负荷的调节效应后引起系统频率变化——单位的系统负荷变化量。显然，K 值越大，负荷变化引起的频率偏移越小，系统越稳定。

式（4-5）亦可表示为标幺值形式，即

$$K = K_{D*}\frac{P_{DN}}{f_N} + K_{G*}\frac{P_{GN}}{f_N} = -\frac{\Delta P_{D0}}{\Delta f}$$

于是有

$$K_{G*}\frac{P_G}{P_D} + K_{D*} = -\frac{\Delta P_{D0*}}{\Delta f_*}$$

即 $K_* = -\dfrac{\Delta P_{D0*}}{\Delta f_*}$

式中，$K_* \equiv K_{G*}\dfrac{P_G}{P_D} + K_{D*} = \rho K_{G*} + K_{D*}$，$\rho = \dfrac{P_G}{P_D}$ 称为系统的备用系数，表示系统中发电机组的额定容量与系统额定频率下的总有功负荷（包括线路损耗和厂用电）之比，一般 $\rho > 1$。$K_D = K_{D*}\dfrac{P_{DN}}{f_N}$，$K_G = K_{G*}\dfrac{P_{GN}}{f_N}$。对于已满载的发电机组，当负荷增加时，$K_{G*} = 0$，故 $K_* = K_{D*}$，表示发电机已无调节容量，依赖负荷本身调节效应取得新的平衡，因而系统频率会急剧下降。因此系统中的备用是必需的。

对于有 n 台装有调速器的机组并联运行时，等值单位调节功率 K_{GE} 是 n 台机组单位调节功率之和。仅需用 K_{GE}（K_{GE*}）代替上述 K_G $\left(K_{G*}, \text{其中 } K_{G*} = \dfrac{\sum\limits_{i=1}^{n} K_{Gi} f_N}{P_{GN}}\right)$ 进行分析即可。系统的 K（K_*）值越大，系统频率越稳定。但机组的调差系数（等值单位调节功率的倒数）σ $\left(\sigma_* = \dfrac{1}{K_{G*}}\right)$ 受调速系统的限制不可能太大，即 $K_{Gi}(K_{Gi*})$ 不可能太大，受经济因素限制，ρ 值也不能取得太大，上述因素限制了 $K(K_*)$ 值。当电力系统负荷变化引起的频率变化较大时，仅依靠一次调整作用已不能使频率保持在允许范围内，这时需要通过频率的二次调整才能解决。

例 4-1 一个电力系统，占总容量 45% 的发电机组已满载，占总容量 30% 的火力发电厂尚有 10% 的备用容量，其单位调节功率为 $K_{GC*} = 20$；占总容量 25% 的水力发电厂尚有 20% 的备用容量，其单位调节功率为 $K_{GC*} = 25$。系统负荷的频率调节系数 $K_{D*} = 1.7$。求：（1）系统的单位调节功率 K_*；（2）负荷功率增加 5% 时的稳态频率；（3）如频率容许下降 0.2Hz，系统能承受的负荷增量。

解：（1）系统等值单位调节功率为

$$K_{GE*} = 0 \times 0.45 + 20 \times 0.30 + 25 \times 0.25 = 12.25$$

系统负荷功率为 $P_D = 0.45 + 0.30 \times (1-0.1) + 0.25 \times (1-0.2) = 0.92$

系统的备用系数为

$$\rho = \frac{P_G}{P_D} = \frac{1}{0.92} = 1.09$$

于是系统的单位调节功率

$$K_* = \rho K_{GE*} + K_{D*} = 1.09 \times 12.25 + 1.7 = 15.05$$

（2）负荷功率增加 5% 时的频率偏移为

$$\Delta f_* = -\Delta P_{D0*}/K_* = -0.05/15.05 = -0.0033$$

一次调整后的稳态频率为
$$f = f_N - \Delta f_* f_N = 50 - 0.003322259 \times 50 = 49.8339$$
（3）频率允许下降 0.2Hz，系统能够承受的负荷增量为
$$\Delta P_* = -K_* \Delta f_* = -15.05 \times \frac{-0.2}{50} = 6.02\%$$

例 4-2 同上例，但火力发电厂容量已全部利用，水力发电厂的备用容量已由 20% 下降为 10%。

解：（1）计算系统的等值单位调节功率
$$K_{GE*} = 0 \times 0.45 + 0 \times 0.30 + 25 \times 0.25 = 6.25$$
系统负荷功率
$$P_D = 0.45 + 0.30 + 0.25 \times (1-0.1) = 0.975$$
系统备用系数
$$\rho = \frac{P_G}{P_D} = \frac{1}{0.975} = 1.0256$$
于是系统的单位调节功率
$$K_* = \rho K_{GE*} + K_{D*} = 1.0256 \times 6.25 + 1.7 = 8.1103$$
（2）系统负荷增加 5% 后
$$\Delta f_* = -\Delta P_{D0*}/K_* = -0.05/8.1103 = -0.0062$$
一次调整后的稳态频率为
$$f = f_N - \Delta f_* f_N = 50 - 0.006165 \times 50 = 49.6918$$
（3）频率允许下降 0.2Hz，系统能够承担的负荷增量为
$$\Delta P_* = -K_* \Delta f_* = -8.1103 \times \frac{-0.2}{50} = 3.244\%$$

上述算例说明，系统的单位调节功率越大，频率就越稳定。由于系统中发电机的调差系数不能太小，系统的单位调节功率 K_* 的值就不可能很大，而且它还随机组运行状态的不同而变化。备用容量较小时，K_* 值亦较小。增加备用容量虽可增大备用系数 ρ 以提高 K_*，但备用容量过大时发电设备则得不到充分的利用。因此，以系统的功频静态特性为基础的频率一次调整的作用是有限的，它只能适应变化幅度小、变化周期较短的变化负荷。对于变化幅度较大、变化周期较长的变化负荷，一次调整不一定能保证频率偏移在允许范围内。在这种情况下，需要由发电机组的转速控制机构（同步器）来进行频率的二次调整。

4.4.2 频率的二次调整

二次调整是以手动或自动方式调节发电机组的调频器，使发电机组的功频特性平行移动来改变发电机的有功功率，以保持系统的频率合格。设系统中只有一台发电机组向负荷供电，原始运行点如图 4-11 中 a 点，此时系统频率为 f_1。若负荷增加 ΔP_{D0}，调速器首先动作进行频率的一次调整，使运行点由 a 点移动到 b 点，频率降为 f_2。此时调频器开始作用，机组静态特性曲线移动到 $P'_G(f)$，发电机组增加的功率为 ΔP_{G0}，运行点则由 b 点移动到 c 点，此时系统频率升至 f'_2，下降的频率由一次调整时的 $\Delta f'$ 减小为 $\Delta f''$。

由图可知，负荷增量 ΔP_{D0} 可分解为三部分：一部分是由于进行了二次调整发电机组增加的功率 ΔP_{G0}（图中 $\overline{ad}$）；另一部分是由于调速器的调整作用而增加的发电机组功率（图中 $\overline{df}$）；第三部分是由于负荷本身的调节效应而减小的负荷功率（图中 $\overline{ef}$）。

类似于式（4-5）可得

$$\Delta P_{D0} - \Delta P_{G0} = -K_G \Delta f'' - K_D \Delta f'' =$$
$$-(K_G + K_D)\Delta f'' = -K\Delta f'' \quad (4\text{-}6)$$

或

$$\Delta f'' = -\frac{\Delta P_{D0} - \Delta P_{G0}}{K_G + K_D} = -\frac{\Delta P_{D0} - \Delta P_{G0}}{K}$$

如果二次调整发电机组增加的功率能完全抵偿负荷的初始增量，则实现了无差调节，如图 4-11 所示。

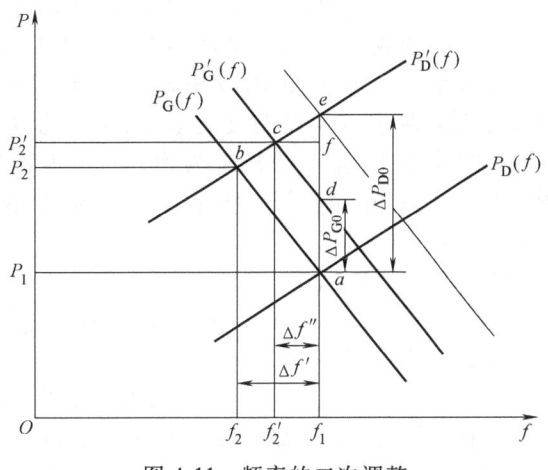

图 4-11　频率的二次调整

4.4.3　主调频厂的选择

为了避免在频率调整过程中发生过调或频率长时间不能稳定的现象，频率调整通常在各发电厂间进行分工，实行分级调整，即将所有发电厂分为主调频厂、辅助调频厂和非调频厂三类。主调频厂（一般 1~2 个电厂）负责全系统的频率调整（即二次调整）；若主调频厂不足以承担系统负荷变化，则辅助调频厂才参与频率的调整，辅助调频厂就是在系统频率超过某一规定的偏移范围时承担频率调整，一般只有几个电厂；非调频厂一般不参与调频，只按预先给定的负荷曲线发电，因而又称为基载厂或固定出力电厂。

我国电网调度规程规定：系统容量为 300 万 kW 以下时，频率应保持在 50Hz，其偏差不得超过 ±0.5Hz；对于超过 300 万 kW 的大系统，频率偏移不超过 ±0.2Hz 时由主调频厂调频，频率偏移超过 ±0.2Hz 时，系统内所有辅助电厂应不待调度命令，立即进行频率的调整，使频率恢复到 50Hz±0.2Hz 的允许范围内。

由于系统频率主要由主调频厂负责调整，按照频率调整的要求，主调频厂应具备以下条件：

1）机组要有足够的调整容量及范围。
2）调频机组具有能适应负荷变化需要的调整速度。
3）调整输出功率时符合安全及经济原则。

此外，调整频率时，还要考虑引起的联络线上功率的波动和某些中枢点的电压波动是否超出允许范围。

在火力发电厂和水力发电厂并存的电力系统中，按照调频厂的选择条件，在枯水期可选择水力发电厂为主调频厂。因为水力发电厂调频速度快、操作方便，而且调整范围大，调整范围只受机组容量的限制；在丰水期则选择中温中压机组较多的火力发电厂作为主调频厂，而让水力发电厂充分利用水力资源发电。水力发电厂无论带基本负荷还是调频，都需要考虑防洪、航运、渔业、工业、灌溉、人民生活等的需要。火力发电厂调频受锅炉、汽机出力增减速度、锅炉最小出力等的限制。汽机增减负荷的速度主要受汽机热膨胀的限制，特别是高温高压机组。锅炉出力与燃料质量关系很大。供热机组出力受抽汽量的限制，不适宜用于调频。

4.4.4　互联系统的频率调整

大型电力系统电源和负荷的分布情况比较复杂，在进行频率调整时，会引起网络中潮流的重新分布。若把整个电力系统看作是由若干个分系统通过联络线连接而成的互联系统，那么在频率调整时还需要注意联络线功率的交换及控制问题。

以两系统为例进行讨论，如图 4-12 所示。假设 K_A、K_B 分别为两系统的单位调节功率；ΔP_{GA}、ΔP_{GB} 分别为两系统二次调频的发电功率变化量；ΔP_{DA}、ΔP_{DB} 分别为两系统的负荷变化量；ΔP_{AB} 为联络线上的交换功率变化量，正方向为由 A 流向 B。这样，ΔP_{AB} 对系统 A 相当于负荷增量，对系统 B 相当于发电功率增量。

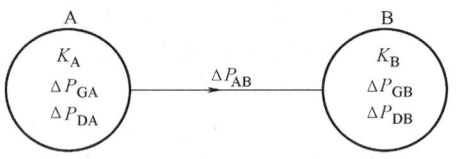

图 4-12 互联系统的频率调整

对 A 系统，有
$$\Delta P_{DA} + \Delta P_{AB} - \Delta P_{GA} = -K_A \Delta f_A \tag{4-7}$$

对 B 系统，有
$$\Delta P_{DB} - \Delta P_{AB} - \Delta P_{GB} = -K_B \Delta f_B \tag{4-8}$$

两个联合运行的系统频率是相等的，即
$$\Delta f_A = \Delta f_B = \Delta f$$

可得
$$\Delta f = -\frac{(\Delta P_{DA} - \Delta P_{GA}) + (\Delta P_{DB} - \Delta P_{GB})}{K_A + K_B} = -\frac{\Delta P_D - \Delta P_G}{K_A + K_B} \tag{4-9}$$

可见，若联合系统二次调频的发电功率增量 ΔP_G 等于全系统负荷增量 ΔP_D 时，可实现无差调节，即 $\Delta f = 0$。由上述等式可得
$$\Delta P_{AB} = \frac{K_A(\Delta P_{DB} - \Delta P_{GB}) - K_B(\Delta P_{DA} - \Delta P_{GA})}{K_A + K_B} \tag{4-10}$$

可见，当 A、B 两系统都进行二次调整，且两系统的功率缺额与其单位调节功率成比例时，即
$$\frac{\Delta P_{DA} - \Delta P_{GA}}{K_A} = \frac{\Delta P_{DB} - \Delta P_{GB}}{K_B} \tag{4-11}$$

联络线上的交换功率增量 ΔP_{AB} 为零。

令 $\Delta P_A = \Delta P_{DA} - \Delta P_{GA}$，$\Delta P_B = \Delta P_{DB} - \Delta P_{GB}$

ΔP_A、ΔP_B 分别为 A、B 两系统的功率缺额，则式（4-9）变为
$$\Delta f = -\frac{\Delta P_A + \Delta P_B}{K_A + K_B} \tag{4-12}$$

可见，联合系统频率的变化取决于这个系统总的功率缺额和总的系统单位调节功率。其实，两系统联合后，本应看作是一个系统。
$$\Delta P_{AB} = \frac{K_A \Delta P_B - K_B \Delta P_A}{K_A + K_B} \tag{4-13}$$

可见，如 A 系统没有功率缺额，即 $\Delta P_A = 0$，联络线上由 A 流向 B 的功率增大；反之，如 B 系统没有功率缺额，即 $\Delta P_B = 0$，联络线上由 A 流向 B 的功率减少。

若 B 系统没有调频厂，即 $\Delta P_{GB} = 0$，其负荷变化量 ΔP_{DB} 将由 A 系统的二次调整来承担。若要保持 $\Delta f = 0$（$\Delta P_A = -\Delta P_B$），这时联络线上的功率变化 $\Delta P_{AB} = \Delta P_B = -\Delta P_A$，即 B 系统的功率缺额全部通过联络线由 A 输送到 B，这时联络线的功率增量最大。这也是调频厂远离负荷中心而且要实现无差调节的情况。

一般来说，两个系统之间的联络线是这个互联系统中最薄弱的环节，所以实际运行中特别需要注意控制联络线的功率。正常情况下，互联电力系统的调频优先在子系统内部完成，而互联系统尽量只承担紧急备用、事故备用等调频。

例 4-3 两系统由联络线连接为一联合系统。正常运行时，联络线上没有交换功率流通。

两系统的容量分别为 1500MW 和 1000MW，各自的单位调节功率（分别以两系统容量为基准值的标幺值）如图 4-13 所示。设 A 系统负荷增加 90MW，试计算下列情况下的频率变量和联络线上流过的交换功率。

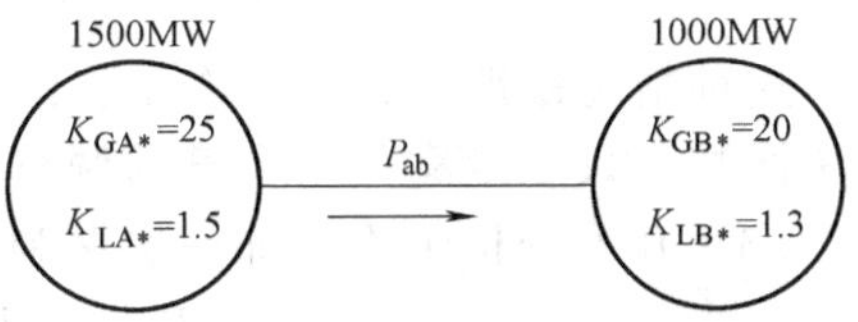

（1）A、B 两系统机组都参加一次调频；
（2）A、B 两系统机组都不参加一次调频；
（3）B 系统机组不参加一次调频；
（4）A 系统机组不参加一次调频。

解：将以标幺值表示的单位调节功率折算成有名值为

$$K_{GA} = \frac{K_{GA*} P_{GAN}}{f_N} = \frac{25 \times 1500}{50} \text{MW/Hz} = 750 \text{MW/Hz}$$

$$K_{GB} = \frac{K_{GB*} P_{GBN}}{f_N} = \frac{20 \times 1000}{50} \text{MW/Hz} = 400 \text{MW/Hz}$$

$$K_{LA} = \frac{K_{LA*} P_{GAN}}{f_N} = \frac{1.5 \times 1500}{50} \text{MW/Hz} = 45 \text{MW/Hz}$$

$$K_{LB} = \frac{K_{LB*} P_{GBN}}{f_N} = \frac{1.3 \times 1000}{50} \text{MW/Hz} = 26 \text{MW/Hz}$$

图 4-13 两个系统的联合供电

（1）A、B 两系统机组都参加一次调频
已知量有

$$\Delta P_{GA} = \Delta P_{GB} = \Delta P_{LB} = 0$$
$$\Delta P_{LA} = 90 \text{MW}$$
$$K_A = K_{GA} + K_{LA} = (750 + 45) \text{MW/Hz} = 795 \text{MW/Hz}$$
$$K_B = K_{GB} + K_{LB} = (400 + 26) \text{MW/Hz} = 426 \text{MW/Hz}$$
$$\Delta P_A = \Delta P_{LA} - \Delta P_{GA} = (90 - 0) \text{MW} = 90 \text{MW}$$
$$\Delta P_B = \Delta P_{LB} - \Delta P_{GB} = 0$$

则

$$\Delta f = -\frac{\Delta P_A + \Delta P_B}{K_A + K_B} = -\frac{90 + 0}{795 + 426} \text{Hz} = -0.0737 \text{Hz}$$

$$\Delta P_{ab} = \frac{K_A \Delta P_B - K_B \Delta P_A}{K_A + K_B} = \frac{-426 \times 90}{795 + 426} \text{MW} = -31.400 \text{MW}$$

这种情况正常，频率下降得不多，通过联络线由 B 向 A 输送的功率也不大。

（2）A、B 两系统机组都不参加一次调频

$$\Delta P_{GA} = \Delta P_{GB} = \Delta P_{LB} = 0$$
$$\Delta P_{LA} = 90 \text{MW}$$
$$K_{GA} = K_{GB} = 0$$
$$K_A = K_{GA} + K_{LA} = (0 + 45) \text{MW/Hz} = 45 \text{MW/Hz}$$
$$K_B = K_{GB} + K_{LB} = (0 + 26) \text{MW/Hz} = 26 \text{MW/Hz}$$
$$\Delta P_A = \Delta P_{LA} - \Delta P_{GA} = (90 - 0) \text{MW} = 90 \text{MW}$$
$$\Delta P_B = \Delta P_{LB} - \Delta P_{GB} = 0$$

则

$$\Delta f = -\frac{\Delta P_A + \Delta P_B}{K_A + K_B} = -\frac{90 + 0}{45 + 26} \text{Hz} = -1.2676 \text{Hz}$$

$$\Delta P_{ab} = \frac{K_A \Delta P_B - K_B \Delta P_A}{K_A + K_B} = \frac{-26 \times 90}{45 + 26} \text{MW} = -32.958 \text{MW}$$

这种情况最严重，发生在 A、B 两系统的机组都已满载，调速器受负荷限制器的限制已经无法调整，只能依靠负荷本身的调节效应。这时，系统频率质量不能保证。

(3) B 系统机组不参加一次调频

$$\Delta P_{GA} = \Delta P_{GB} = \Delta P_{LB} = 0$$
$$\Delta P_{LA} = 90 \text{MW}$$
$$K_{GA} = 750$$
$$K_{GB} = 0$$
$$K_A = K_{GA} + K_{LA} = (750+45) \text{MW/Hz} = 795 \text{MW/Hz}$$
$$K_B = K_{GB} + K_{LB} = (0+26) \text{MW/Hz} = 26 \text{MW/Hz}$$
$$\Delta P_A = \Delta P_{LA} - \Delta P_{GA} = (90-0) \text{MW} = 90 \text{MW}$$
$$\Delta P_B = \Delta P_{LB} - \Delta P_{GB} = 0$$

则

$$\Delta f = -\frac{\Delta P_A + \Delta P_B}{K_A + K_B} = -\frac{90+0}{795+26} \text{Hz} = -0.1096 \text{Hz}$$

$$\Delta P_{ab} = \frac{K_A \Delta P_B - K_B \Delta P_A}{K_A + K_B} = \frac{-26 \times 90}{795+26} \text{MW} = -2.8502 \text{MW}$$

这种情况说明，由于 B 系统机组不参加调频，A 系统的功率缺额主要由该系统本身机组的调速器进行一次调频加以补充。B 系统所能供应的，实际上只是由于联合系统频率略有下降，它的负荷略有减少，而使该系统略有多余的功率 3.167MW。

(4) A 系统机组不参加一次调频

$$\Delta P_{GA} = \Delta P_{GB} = \Delta P_{LB} = 0$$
$$\Delta P_{LA} = 90 \text{MW}$$
$$K_{GA} = 0$$
$$K_{GB} = 400$$
$$K_A = K_{GA} + K_{LA} = (0+45) \text{MW/Hz} = 45 \text{MW/Hz}$$
$$K_B = K_{GB} + K_{LB} = (400+26) \text{MW/Hz} = 426 \text{MW/Hz}$$
$$\Delta P_A = \Delta P_{LA} - \Delta P_{GA} = (90-0) \text{MW} = 90 \text{MW}$$
$$\Delta P_B = \Delta P_{LB} - \Delta P_{GB} = 0$$

则

$$\Delta f = -\frac{\Delta P_A + \Delta P_B}{K_A + K_B} = -\frac{90+0}{45+426} \text{Hz} = -0.1911 \text{Hz}$$

$$\Delta P_{ab} = \frac{K_A \Delta P_B - K_B \Delta P_A}{K_A + K_B} = \frac{-426 \times 90}{45+426} \text{MW} = -81.4013 \text{MW}$$

这种情况说明，由于 A 系统机组不参加调频，该系统的功率缺额主要由 B 系统供应，以致联络线上要流过可能会超过限额的功率。

比较以上四种情况可见，在一个互联电力系统中，采用分区调整，即局部的功率盈亏就地调整平衡的方案，是最经济合理的方案。因这样做既可以保证频率质量，又不至于过分加重联络线的负担。下面的例题涉及二次调频，通过该例可见，这是一种常用的方案。

例 4-4 同例 4-3，试计算下列情况下的频率偏移和联络线上流动的功率：

(1) A、B 两系统的机组都参加一、二次调频，A、B 两系统都增加 45MW；

（2）A、B 两系统的机组都参加一次调频，A 系统并有机组参加二次调频，增发 60MW；

（3）A、B 两系统的机组都参加一次调频，B 系统并有机组参加二次调频，增发 60MW；

（4）A 系统机组都参加一次调频，并有机组参加二次调频，增发 60MW，B 系统有一半机组参加一次调频，另一半机组为负荷限制器所限制，不能参与调频。

解：

（1）A、B 两系统的机组都参加一、二次调频，A、B 两系统都增加 50MW 时，已知量有：

$$\Delta P_{GA} = \Delta P_{GB} = 45\text{MW}$$

$$\Delta P_{LA} = 90\text{MW}$$

$$\Delta P_{LB} = 0$$

$$K_A = K_{GA} + K_{LA} = (750+45)\text{MW/Hz} = 795\text{MW/Hz}$$

$$K_B = K_{GB} + K_{LB} = (400+26)\text{MW/Hz} = 426\text{MW/Hz}$$

$$\Delta P_A = \Delta P_{LA} - \Delta P_{GA} = (90-50)\text{MW} = 40\text{MW}$$

$$\Delta P_B = \Delta P_{LB} - \Delta P_{GB} = (0-45)\text{MW} = -45\text{MW}$$

则

$$\Delta f = -\frac{\Delta P_A + \Delta P_B}{K_A + K_B} = -\frac{45-45}{795+426}\text{Hz} = 0\text{Hz}$$

$$\Delta P_{ab} = \frac{K_A \Delta P_B - K_B \Delta P_A}{K_A + K_B} = \frac{795\times(-45)-426\times 45}{795+426}\text{MW} = -45\text{MW}$$

这种情况说明，由于进行了二次调频，发电机增发功率的总和与负荷增量平衡，系统频率无偏移，B 系统增发的功率全部通过联络线输往 A 系统。

（2）A、B 两系统的机组都参加一次调频，A 系统并有机组参加二次调频，增发 50MW 时，已知量有：

$$\Delta P_{GA} = 50\text{MW}$$

$$\Delta P_{GB} = 0$$

$$\Delta P_{LA} = 90\text{MW}$$

$$\Delta P_{LB} = 0$$

$$K_A = K_{GA} + K_{LA} = (750+45)\text{MW/Hz} = 795\text{MW/Hz}$$

$$K_B = K_{GB} + K_{LB} = (400+26)\text{MW/Hz} = 426\text{MW/Hz}$$

$$\Delta P_A = \Delta P_{LA} - \Delta P_{GA} = (90-50)\text{MW} = 40\text{MW}$$

$$\Delta P_B = \Delta P_{LB} - \Delta P_{GB} = 0$$

则

$$\Delta f = -\frac{\Delta P_A + \Delta P_B}{K_A + K_B} = -\frac{40}{795+426}\text{Hz} = -0.0328\text{Hz}$$

$$\Delta P_{ab} = \frac{K_A \Delta P_B - K_B \Delta P_A}{K_A + K_B} = \frac{-426\times 40}{795+426}\text{MW} = -13.956\text{MW}$$

这种情况比较理想，频率偏移很小，通过联络线由 B 系统输往 A 系统的交换功率也比较小。

（3）A、B 两系统的机组都参加一次调频，B 系统并有机组参加二次调频，增发 50MW 时，已知量有：

$$\Delta P_{GA} = 0$$

$$\Delta P_{GB} = 50\text{MW}$$

$$\Delta P_{LA} = 90\text{MW}$$
$$\Delta P_{LB} = 0$$
$$K_A = K_{GA} + K_{LA} = (750+45)\text{MW/Hz} = 795\text{MW/Hz}$$
$$K_B = K_{GB} + K_{LB} = (400+26)\text{MW/Hz} = 426\text{MW/Hz}$$
$$\Delta P_A = \Delta P_{LA} - \Delta P_{GA} = (90-0)\text{MW} = 90\text{MW}$$
$$\Delta P_B = \Delta P_{LB} - \Delta P_{GB} = (0-50)\text{MW} = -50\text{MW}$$

则

$$\Delta f = -\frac{\Delta P_A + \Delta P_B}{K_A + K_B} = -\frac{90+(-50)}{795+426}\text{Hz} = -0.0328\text{Hz}$$

$$\Delta P_{ab} = \frac{K_A \Delta P_B - K_B \Delta P_A}{K_A + K_B} = \frac{795 \times (-50) - 426 \times 90}{795 + 426}\text{MW} = -63.956\text{MW}$$

这种情况和上一种情况相比，频率偏移相同，因联合系统的功率缺额是40MW，联络线上通过的交换功率增加了B系统由于有部分机组进行二次调频而增发的50MW。

（4）A系统机组都参加一次调频，并有机组参加二次调频，增发50MW，B系统有一半机组参加一次调频，另一半机组为负荷限制器所限制，不能参与调频时，已知量有：

$$\Delta P_{GA} = 50\text{MW}$$
$$\Delta P_{GB} = 0$$
$$\Delta P_{LA} = 90\text{MW}$$
$$\Delta P_{LB} = 0$$
$$K_A = K_{GA} + K_{LA} = (750+45)\text{MW/Hz} = 795\text{MW/Hz}$$
$$K_B = \frac{1}{2}K_{GB} + K_{LB} = \left(\frac{1}{2} \times 400 + 26\right)\text{MW/Hz} = 226\text{MW/Hz}$$
$$\Delta P_A = \Delta P_{LA} - \Delta P_{GA} = (90-50)\text{MW} = 40\text{MW}$$
$$\Delta P_B = 0$$

则

$$\Delta f = -\frac{\Delta P_A + \Delta P_B}{K_A + K_B} = -\frac{40+0}{795+226}\text{Hz} = -0.0392\text{Hz}$$

$$\Delta P_{ab} = \frac{K_A \Delta P_B - K_B \Delta P_A}{K_A + K_B} = \frac{0 - 226 \times 40}{795 + 226}\text{MW} = -8.854\text{MW}$$

这种情况说明，由于B系统中有一半机组不能参加调频，频率的偏移将增大，但也正由于有一半机组不能参加调频，B系统能供应A系统而通过联络线传输的交换功率将有所减少。

4.5 有功功率的经济分配

4.5.1 火电厂间有功功率负荷的经济分配

系统负荷在各机组间的经济分配属于电力系统的优化问题，在数学上可以一般地表示如下：

在满足约束条件

$$h(x,u,p) = 0 \tag{4-14}$$
$$g(x,u,p) \leqslant 0 \tag{4-15}$$

的情况下，使目标函数

$$F = F(x, u, p) \tag{4-16}$$

达到最小。

式中，x、u 和 p 分别是状态变量、控制变量和扰动变量。

对于负荷经济分配问题，上述三式都是非线性方程。等式约束条件主要包括功率平衡方程，不等式约束条件则主要反映电压质量和安全要求。当能源消耗有限时，也表示为适当形式的约束条件。在有功负荷的优化分配中，目标函数在我国一般指发电的总能量（或燃料）消耗，在国外则常用生产费用作为目标函数。在无功功率的优化分配中，目标函数是网损。

1. 耗量特性

反映发电设备（或其组合）单位时间内能量输入和输出关系的曲线，称为该设备（或其组合）的耗量特性。锅炉的输入是燃料（吨标准煤/h），输出是蒸汽（t/h），汽轮发电机组的输入是蒸汽（t/h），输出是电功率（MW）。整个火电厂的耗量特性如图 4-14 所示，其横坐标为电功率（MW），纵坐标为燃料（吨标准煤/h）。水电厂耗量特性曲线的形状也大致如此，但其输入量是水（m^3/h）。为便于分析，假定耗量特性连续可导（实际的特性并不都是这样）。

耗量特性曲线上某点的纵坐标和横坐标之比，及输入与输出之比称为比耗量 $\mu = F/P$，其倒数 $\eta = P/F$ 表示发电厂的效率。耗量特性曲线上某点切线的斜率称为该点的耗量微增率 $\lambda = dF/dP$，它表示在该点运行时输入增量对输出增量之比。以输出电功率为横坐标的效率曲线和微增率曲线如图 4-15 所示。

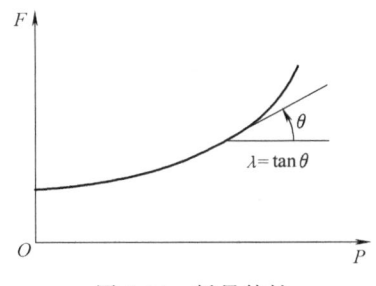

图 4-14 耗量特性

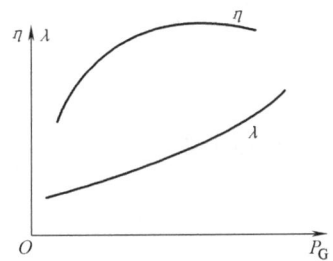

图 4-15 效率曲线和微增率曲线

2. 等微增率准则

现以并联运行的两台机组间的负荷分配为例（见图 4-16），说明等微增率的基本概念。已知两台机组的耗量特性 $F_1(P_{G1})$ 和 $F_2(P_{G2})$ 以及总的负荷 P_{LD}。假定各台机组燃料消耗量和输出功率都不受限制，要求确定负荷功率在两台机组间的分配，使总的燃料消耗为最小。这就是说，要在满足等式约束 $P_{G1} + P_{G2} - P_{LD} = 0$ 的条件下，使目标函数 $F = F(P_{G1}) + F(P_{G2})$ 为最小。

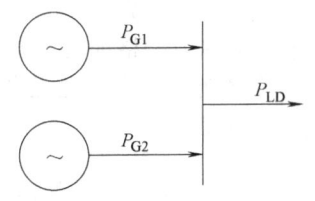

图 4-16 两台机组并联运行

对于这个简单问题，可以用作图法求解。图 4-17 中，设线段 OO' 的长度等于负荷功率 P_{LD}。在线段的上、下两方分别以 O 和 O' 为原点画出机组 1 和 2 的燃料消耗特性曲线 1 和 2。前者的横坐标 P_{G1} 自左向右，后者的横坐标 P_{G2} 自右向左计算。显然，在横坐标上任取一点 A，都有 $OA + AO' = OO'$，即 $P_{G1} + P_{G2} = P_{LD}$。因此，都表示一种可能的功率分配方案。如过 A 点画垂线分别交于两机组耗量特性曲线的 B_1 和 B_2 点，则 $B_1B_2 = B_1A + AB_2 = F_1(P_{G1}) + F_2(P_{G2}) = F$ 就代表了总的燃料消耗量。由此可见，只要在 OO' 上找到一点，通过它所画垂线与两耗量特性曲线的交点间距离为最短，则该点所对应的负荷分配方案就是最优的。图中的 A' 就是这样的点，通过 A' 点所画垂线与两特性曲线的交点为 B_1' 和 B_2'。在耗量特性曲线具有凸性的情况下，曲线 1 在 B_1' 点的切线与曲线 2

在 B_2' 点的切线相互平行。耗量曲线在某点的斜率即是该点的耗量微增率。由此可得结论：负荷在两台机组间分配时，如它们的燃料消耗微增率相等，即 $\mathrm{d}F_1/\mathrm{d}P_1=\mathrm{d}F_2/\mathrm{d}P_2$，则总的燃料消耗量将是最小的。这就是著名的微增率准则。

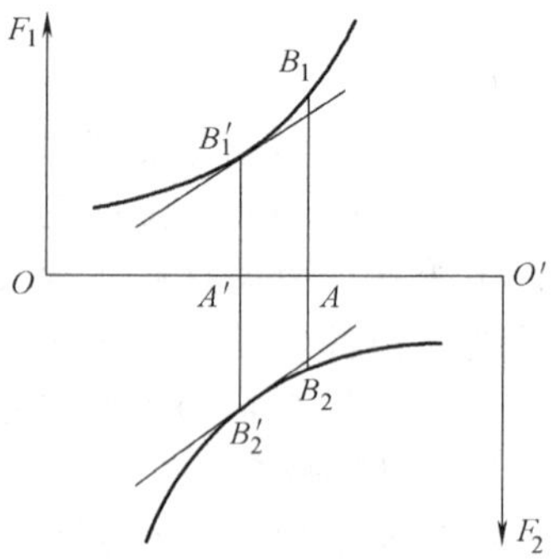

等微增率准则的物理意义是明显的。假定两台机组在微增率不等的状态下运行，且 $\mathrm{d}F_1/\mathrm{d}P_1>\mathrm{d}F_2/\mathrm{d}P_2$。我们可以在两台机组的总输出功率不变的条件下调整负荷分配，让 1 号机组减少输出 ΔP，2 号机组增加输出 ΔP。于是 1 号机组将减少燃料消耗 $\dfrac{\mathrm{d}F_1}{\mathrm{d}P_{G1}}\Delta P$，2 号机组将增加燃料消耗 $\dfrac{\mathrm{d}F_2}{\mathrm{d}P_{G2}}\Delta P$，而总的燃料消耗可节约 $\Delta F=\dfrac{\mathrm{d}F_1}{\mathrm{d}P_{G1}}\Delta P-\dfrac{\mathrm{d}F_2}{\mathrm{d}P_{G2}}\Delta P=\left(\dfrac{\mathrm{d}F_1}{\mathrm{d}P_{G1}}-\dfrac{\mathrm{d}F_2}{\mathrm{d}P_{G2}}\right)\Delta P>0$。

图 4-17 负荷在两台机组间的经济分配

这样的负荷调整可以一直进行到两台机组的微增率相等为止。不难理解，等微增率准则也适用于多台机组（或多个发电厂）间的负荷分配。

3. 多个发电厂间的负荷经济分配

假定有 n 个火电厂，其燃料消耗特性分别为 $F_1(P_{G1})$、$F_2(P_{G2})$、…、$F_n(P_{Gn})$，系统的总负荷为 P_{LD}，暂不考虑网络中的功率损耗，假定各个发电厂的输出功率不受限制，则系统负荷在 n 个发电厂间的经济分配问题可以表述如下：

在满足

$$\sum_{i=1}^{n} P_{Gi} - P_{LD} = 0 \tag{4-17}$$

的条件下，使目标函数

$$F = \sum_{i=1}^{n} F(P_{Gi}) \tag{4-18}$$

为最小。

这是多元函数求条件极值的问题，可以应用拉格朗日乘数法来求解。为此，先构造拉格朗日函数

$$L = F - \lambda\left(\sum_{i=1}^{n} P_{Gi} - P_{LD}\right) \tag{4-19}$$

式中，λ 称为拉格朗日乘数。

拉格朗日函数 L 的无条件极值的必要条件为

$$\dfrac{\partial L}{\partial P_{Gi}}=\dfrac{\partial F}{\partial P_{Gi}}-\lambda=0 \quad (i=1,2,\cdots,n)$$

或

$$\dfrac{\partial F}{\partial P_{Gi}}=\lambda \tag{4-20}$$

由于每个发电厂的燃料消耗只是该厂输出功率的函数，因此式（4-20）又可写成

$$\dfrac{\partial F_i}{\partial P_{Gi}}=\lambda \tag{4-21}$$

或

$$\dfrac{\partial F_1}{\partial P_{G1}}=\dfrac{\partial F_2}{\partial P_{G2}}=\cdots=\dfrac{\partial F_n}{\partial P_{Gn}}=\lambda \tag{4-22}$$

这就是多个火电厂间负荷经济分配的等微增率准则。按照这个条件决定的负荷分配是最经济的分配。

以上的讨论都没有涉及不等式约束条件。负荷经济分配中的不等式约束条件也与潮流计算的一样:任一发电厂的有功功率和无功功率都不应超出它的上、下限,即

$$P_{Gimin} \leqslant P_{Gi} \leqslant P_{Gimax} \tag{4-23}$$

$$Q_{Gimin} \leqslant Q_{Gi} \leqslant Q_{Gimax} \tag{4-24}$$

各节点的电压也必须维持在如下的变化范围内,即

$$V_{Gimin} \leqslant V_{Gi} \leqslant V_{Gimax} \tag{4-25}$$

在计算发电厂间有功功率负荷的经济分配时,这些不等式约束条件可以暂不考虑,待计算出结果后,再按式(4-23)进行校验,对于有功功率值越限的发电厂,可按其限值(上限或下限)分配负荷。然后,再对其余的发电厂分配剩下的负荷功率。至于无功和电压约束条件,即式(4-24)和式(4-25)可留在有功负荷分配已基本确定以后的潮流计算中再进行处理。

例 4-5 三个火电厂并联运行,各电厂的燃料消耗特性及功率约束条件如下:

$$F_1 = 4 + 0.3P_{G1} + 0.0007P_{G1}^2 \text{ t/h}, 100\text{MW} \leqslant P_{G1} \leqslant 200\text{MW};$$

$$F_2 = 3 + 0.32P_{G2} + 0.0004P_{G2}^2 \text{ t/h}, 120\text{MW} \leqslant P_{G2} \leqslant 250\text{MW};$$

$$F_2 = 3.5 + 0.3P_{G3} + 0.00045P_{G3}^2 \text{ t/h}, 150\text{MW} \leqslant P_{G1} \leqslant 300\text{MW};$$

当总负荷为 700MW 和 400MW 时,试分别确定发电厂间功率的经济分配(不计网损的影响)。

解:按照所给耗量特性可得各厂的耗量微增率特性为

$$\lambda_1 = \frac{\partial F_1}{\partial P_{G1}} = 0.3 + 0.0014P_{G1}$$

$$\lambda_2 = \frac{\partial F_2}{\partial P_{G2}} = 0.32 + 0.0008P_{G2}$$

$$\lambda_3 = \frac{\partial F_3}{\partial P_{G3}} = 0.3 + 0.0009P_{G3}$$

另 $\lambda_1 = \lambda_2 = \lambda_3$,可解出

$$P_{G1} = 14.29 + 0.572P_{G2} = 0.643P_{G3} \tag{a}$$

$$P_{G3} = 22.22 + 0.889P_{G2} \tag{b}$$

(1)由已知,总负荷为 700MW,即

$$P_{G1} + P_{G2} + P_{G3} = 700\text{MW} \tag{c}$$

由式(a)(b)(c)可得

$$P_{G2} = 270\text{MW}$$

这个值超过该机组功率上限,则取上限值,即 $P_{G2} = 250\text{MW}$。

剩余负荷 450MW 再由发电厂 1 和 3 进行经济分配,则

$$P_{G1} + P_{G3} = 450\text{MW} \tag{d}$$

由式(b)和(d)可解得

$$P_{G3} = 274\text{MW}$$

$$P_{G1} = (450 - 274)\text{MW} = 176\text{MW}$$

都在限值范围以内。

(2)总负荷为 400MW 时,即

$$P_{G1} + P_{G2} + P_{G3} = 400\text{MW} \tag{e}$$

由式(a)(b)(e)可解得

$$P_{G2} = 147.7\text{MW}$$

$$P_{G1} = 14.29 + 0.572 P_{G2} = (14.29 + 0.572 \times 147.7)\text{MW} = 98.77\text{MW}$$

由于该值低于下限，故应取为下限值，即 $P_{G1} = 100\text{MW}$
剩余负荷 300MW 再由发电厂 2 和 3 进行经济分配，则

$$P_{G2} + P_{G3} = 300\text{MW} \tag{f}$$

由式（b）和（f）解得

$$P_{G2} = 147.05\text{MW}$$
$$P_{G3} = 152.95\text{MW}$$

都在限值范围内。

4. 计及网损的有功负荷经济分配

电力网络中的有功功率损耗是进行发电厂间有功负荷分配时不容忽视的一个因素。假定网络损耗为 P_L，则等式约束条件式（4-17）将改写为

$$\sum_{i=1}^{n} P_{Gi} - P_{LD} - P_L = 0 \tag{4-26}$$

拉格朗日函数可写成

$$L = \sum_{i=1}^{n} F_i - \lambda \left(\sum_{i=1}^{n} P_{Gi} - P_{LD} - P_L \right) \tag{4-27}$$

于是函数 L 取极值的必要条件为

$$\frac{\partial L}{\partial P_{Gi}} = \frac{dF_i}{dP_{Gi}} - \lambda \left(1 - \frac{\partial P_L}{\partial P_{Gi}} \right) = 0 \quad (i=1,2,\cdots,n) \tag{4-28}$$

或

$$\frac{dF_i}{dP_{Gi}} \times \frac{1}{\left(1 - \frac{\partial P_L}{\partial P_{Gi}}\right)} = \frac{dF_i}{dP_{Gi}} \alpha_i = \lambda \tag{4-29}$$

式中，$\alpha_i = 1 \Big/ \left(1 - \frac{\partial P_L}{\partial P_{Gi}}\right)$ 称为网损修正系数；$\frac{\partial P_L}{\partial P_{Gi}}$ 称为网损微增率，表示网络有功损耗对第 i 个发电厂有功出力的微增率。

考虑了网损以后，发电厂间的负荷分配条件便可写成

$$\frac{\partial F_1}{\partial P_{G1}} \alpha_1 = \frac{\partial F_2}{\partial P_{G2}} \alpha_2 = \cdots = \frac{\partial F_n}{\partial P_{Gn}} \alpha_n = \lambda \tag{4-30}$$

这就是经过网损修正后的等微增率准则。式（4-30）亦称为 n 个发电厂负荷经济分配的协调方程式。

由于各个发电厂在网络中所处的位置不同，各厂的网损微增率是不一样的。当 $\frac{\partial P_L}{\partial P_{Gi}} > 0$ 时，说明发电厂 i 出力增加会引起网损的增加，这时网损修正系数 $\alpha_i > 1$，发电厂本身的燃料消耗微增率宜取较小的数值。若 $\frac{\partial P_L}{\partial P_{Gi}} < 0$，则表示发电厂 i 出力增加会引起网损的减少，这时网损修正系数 $\alpha_i < 1$，发电厂燃料消耗微增率宜取较大的数值。

4.5.2 水火电厂间有功功率负荷的经济分配

1. 一个水电厂和一个火电厂间负荷的经济分配

假定系统中只有一个水电厂和一个火电厂。水电厂运行的主要特点是在指定的较短运行周期（一日、一周或一月）内总发电用水量 W_1 为给定值。水、火电厂间最优运行的目标是在整个运行周期内满足用户的电力需求，合理分配水、火电厂间的负荷，使总燃料（煤）耗量

为最小。

用 P_T、$F(P_T)$ 分别表示火电厂的功率和耗量特性；用 P_H、$W(P_H)$ 分别表示水电厂的功率和耗量特性。为简单起见，暂不考虑网损，且不计水头的变化。在此情况下，水火电厂间负荷的经济分配问题可表述如下：

在满足功率和用水量两等式约束条件

$$P_H(t)+P_T(t)-P_{LD}(t)=0 \tag{4-31}$$

$$\int_0^t W[P_H(t)]dt - W_\Sigma = 0 \tag{4-32}$$

的情况下，使目标函数

$$F_\Sigma = \int_0^t F[P_T(t)]dt_\Sigma \tag{4-33}$$

为最小。

这是求泛函数极值的问题，一般应用变分法来解决。在一定的简化条件下，也可以用拉格朗日乘数法进行处理。

把指定的运行周期 τ 划分为 s 个更短的时段，即

$$\tau = \sum_{k=1}^s \Delta t_k$$

在任一时段 Δt_k 内，假定负荷功率、水电厂的功率不变，并分别记为 P_{LD-k}、P_{H-k}、P_{T-k}。这样，上述等式约束条件，即式（4-31）和式（4-32）将变为

$$P_{H-k}+P_{T-k}-P_{LD-k}=0 \quad (k=1,2,\cdots,s) \tag{4-34}$$

$$\sum_{k=1}^s W(P_{H-k})\Delta t_k - W_\Sigma = \sum_{k=1}^s W_k\Delta t_k - W_\Sigma = 0 \tag{4-35}$$

总共有 $s+1$ 个等式约束条件。目标函数，即式（4-33）变为

$$F_\Sigma = \sum_{k=1}^s F(P_{T-k})\Delta t_k = \sum_{k=1}^s F_k\Delta t_k \tag{4-36}$$

应用拉格朗日乘数法，为式（4-34）设置乘数 λ_k（$k=1,2,\cdots,s$），为式（4-36）设置乘数 γ，构成拉格朗日函数

$$L = \sum_{k=1}^s F_k\Delta t_k - \sum_{k=1}^s (P_{H-k}+P_{T-k}-P_{LD-k})\Delta t_k + \gamma\left(\sum_{k=1}^s W_k\Delta t_k - W_\Sigma\right) \tag{4-37}$$

在式（4-37）的右端包含 P_{LD-k}、P_{H-k}、P_{T-k}、λ_k（$k=1,2,\cdots,s$）和 γ 共 $3s+1$ 个变量。将拉格朗日函数分别对这 $3s+1$ 个变量取偏导数，并令其为零，便得下列 $3s+1$ 个方程，即

$$\frac{\partial L}{\partial P_{H-k}} = \gamma\frac{dW_k}{dP_{H-k}}\Delta t_k - \lambda_k\Delta t_k = 0 \quad (k=1,2,\cdots,s) \tag{4-38}$$

$$\frac{\partial L}{\partial P_{T-k}} = \gamma\frac{dW_k}{dP_{T-k}}\Delta t_k - \lambda_k\Delta t_k = 0 \quad (k=1,2,\cdots,s) \tag{4-39}$$

$$\frac{\partial L}{\partial \lambda_k} = -(P_{T-k}+P_{H-k}-P_{LD-k})\Delta t_k = 0 \quad (k=1,2,\cdots,s) \tag{4-40}$$

$$\frac{\partial L}{\partial \gamma} = \sum_{k=1}^s W_k\Delta t_k - W_\Sigma = 0 \tag{4-41}$$

式（4-40）和式（4-41）就是原来的等式约束条件。式（4-38）和式（4-39）可以写成

$$\frac{\partial F_k}{\partial P_{T-k}} = \gamma\frac{dW_k}{dP_{H-k}} = \lambda_k \tag{4-42}$$

如果时间段取得足够短，则认为任何瞬间都必须满足

$$\frac{\partial F}{\partial P_{\mathrm{T}}} = \gamma \frac{\mathrm{d}W}{\mathrm{d}P_{\mathrm{H}}} = \lambda \qquad (4\text{-}43)$$

式（4-43）亦称为协调方程式。该式表明，在水火电厂间负荷的经济分配也符合等微增率准则。

下面说明系数 γ 的物理意义。当火电厂增加功率 ΔP 时，煤耗增量为

$$\Delta F = \frac{\mathrm{d}F}{\mathrm{d}P_{\mathrm{T}}} \Delta P$$

当水电厂增加功率 ΔP 时，水耗增量为

$$\Delta W = \frac{\mathrm{d}W}{\mathrm{d}P_{\mathrm{H}}} \Delta P$$

将两式相除并计及式（4-43）可得

$$\gamma = \frac{\Delta F}{\Delta W}$$

ΔF 的单位是 t/h，ΔW 的单位是 m³/h，因此 γ 的单位为 t（煤）/m³（水）。这就是说，按发出相同数量的电功率进行比较，1m³ 的水相当于 γ 吨煤。因此，γ 又称为水煤换算系数。

把水电厂的水耗量乘以 γ，就相当于把水换成了煤，于是水电厂就变成了等值的火电厂。然后直接套用火电厂间负荷分配的等微增率准则，就可以得到式（4-43）。

另一方面，若系统的负荷不变，让水电厂增发功率 ΔP，则忽略网损时，火电厂就可以少发功率 ΔP。这就意味着用水耗增量 ΔW 来换取煤耗的节约 ΔF。当在指定的运行周期内总耗水量给定，并且整个运行周期内 γ 值都相同时，煤耗的节约量最大。这就是等微增率准则的一种应用。水耗微增率特性可从耗水量特性求出，它与火电厂的微增率特性曲线相似。

按等微增率准则在水火电厂间进行负荷分配时，需要适当选择 γ 的数值。一般情况下，γ 值的大小与该水电厂给定日用水量有关。在丰水期给定的日用水量较多，水电厂可以多带负荷，γ 应取较小的值，因而根据式（4-43），水耗微增率就较大。由于水耗微增率曲线是上升曲线，较大的 γ 对应较大的发电量和用水量。反之，在枯水期给定的日用水量较少，水电厂可以少带负荷，γ 应取较大的值，水耗微增率就较小，从而对应较小的发电量和用水量。γ 值的选取应使给定的水量在指定的运行期间正好全部用完。

对于上述的简单情况，计算步骤大致如下：

1）给定初值 $\gamma^{(0)}$，这就相当于把水电厂折算成火电厂。置迭代次数 $k=0$。
2）计算全部时段的负荷分配。
3）校验总耗水量 $W^{(k)}$ 是否与给定值 W_Σ 相等，即判断是否满足

$$W^{(k)} - W_\Sigma^1 < 0$$

若满足则计算结束，打印结果，否则做下一步计算。

4）若 $W^{(k)} > W_\Sigma$，则说明 $\gamma^{(k)}$ 之值取得过小，应取 $\gamma^{(k+1)} > \gamma^{(k)}$；若 $W^{(k)} < W_\Sigma$，则说明 $\gamma^{(k)}$ 之值取得偏大，应取 $\gamma^{(k+1)} < \gamma^{(k)}$。然后迭代次数加 1，返回第 2）步，继续计算。

例 4-6 一个水电厂和一个火电厂并列运行，火电厂的耗量特性 F(t/h)：$F = 3 + 0.4P_{\mathrm{T}} + 0.00035P_{\mathrm{T}}^2$，水电厂的耗水量特性 W(m³/s)：$W = 2 + 0.8P_{\mathrm{H}} + 1.5 \times 10^{-3} P_{\mathrm{H}}^2$，水电厂给定日用水量 $W_\Sigma = 1.5 \times 10^7 \mathrm{m}^3$。系统一日中各时段负荷变化如下：0：00～8：00，负荷 $P_{\mathrm{L1}} = 350\mathrm{MW}$；8：00～18：00，负荷 $P_{\mathrm{L2}} = 700\mathrm{MW}$；18：00～24：00，负荷 $P_{\mathrm{L3}} = 500\mathrm{MW}$。

火电厂容量为 600MW，水电厂容量为 450MW。试确定水火电厂间的功率经济分配。

解:
(1) 由已知的水火电厂耗量特性可得协调方程式,即由式 (4-43) 得
$$\frac{\partial F}{\partial P_T} = \gamma \frac{dW}{dP_H} \Rightarrow 0.4 + 0.0007 P_T = \gamma(0.8 + 0.003 P_H)$$

对于每一时段,有功功率平衡方程式为
$$P_T + P_H = P_L$$

由上述两式可解出
$$P_H = \frac{0.4 - 0.8\gamma + 0.0007 P_L}{0.003\gamma + 0.0007}$$

$$P_T = \frac{0.8\gamma - 0.4 + 0.003\gamma P_L}{0.003\gamma + 0.0007}$$

(2) 任选初值 $\gamma^{(0)}$,例如取 $\gamma^{(0)} = 0.5 \text{t/m}^3$,按已知各个时段的负荷功率值 $P_{L1} = 350\text{MW}$, $P_{L2} = 700\text{MW}$, $P_{L3} = 500\text{MW}$,即可算出水火电厂在各个时段应分担的负荷为

$$P_{H1}^{(0)} = 111.36\text{MW}, P_{T1}^{(0)} = 238.64\text{MW}$$
$$P_{H2}^{(0)} = 222.72\text{MW}, P_{T2}^{(0)} = 477.28\text{MW}$$
$$P_{H3}^{(0)} = 159.09\text{MW}, P_{T3}^{(0)} = 340.91\text{MW}$$

利用所求得的功率值和水电厂的水耗量特性计算全日的发电量,即

$$\begin{aligned}W_\Sigma^{(0)} &= 2 + 0.8 P_H + 1.5 \times 10^{-3} P_H^2 \\ &= [(2 + 0.8 \times 111.36 + 1.5 \times 10^{-3} \times 111.36^2) \times 8 \times 3600 + \\ &\quad (2 + 0.8 \times 222.72 + 1.5 \times 10^{-3} \times 222.72^2) \times 10 \times 3600 + \\ &\quad (2 + 0.8 \times 159.09 + 1.5 \times 10^{-3} \times 159.09^2) \times 6 \times 3600]\text{m}^3 \\ &= 1.5936858 \times 10^7 \text{m}^3\end{aligned}$$

这个数值大于给定的日用水量,故应增大 γ 值。

(3) 取 $\gamma^{(1)} = 0.52\text{t/m}^3$ 重新计算,求得
$$P_{H1}^{(1)} = 101.33\text{MW}, P_{H2}^{(1)} = 209.73\text{MW}, P_{H3}^{(1)} = 147.99\text{MW}$$

相应的日耗水量为 $W_\Sigma^{(1)} = 2 + 0.8 P_H + 1.5 \times 10^{-3} P_H^2 = 1.462809 \times 10^7 \text{m}^3$

这个数值比给定用水量小,γ 的取值应略微减小。若取 $\gamma^{(2)} = 0.514\text{t/m}^3$,可算出
$$P_{H1}^{(2)} = 104.28\text{MW}, P_{H2}^{(2)} = 213.56\text{MW}, P_{H3}^{(2)} = 151.11\text{MW}$$
$$W_\Sigma^{(2)} = 2 + 0.8 P_H + 1.5 \times 10^{-3} P_H^2 = 1.5009708 \times 10^7 \text{m}^3$$

继续迭代,将计算结果列于表 4-1 中。进行四次迭代后,水电厂的日用水量已接近给定值,计算到此结束。

表 4-1 四次迭代后的计算结果

γ	P_{H1}/MW	P_{H2}/MW	P_{H3}/MW	$W_\Sigma 10^7/\text{m}^3$
0.50	111.36	222.72	159.09	1.5936858
0.52	101.33	209.73	147.79	1.4628090
0.514	104.28	213.56	151.11	1.5009708
0.51415	104.207	213.463	151.031	1.5000051

2. 计及网损时若干水火电厂间负荷的经济分配

设系统中有 m 个水电厂和 n 个火电厂,在指定的运行期间 τ 内系统的负荷 $P_{LD}(t)$ 已知,第 j 个水电厂的发电总用水量也已经给定为 $W_{j\Sigma}$。对此,计及有功网损 $P_L(t)$ 时,水火电厂间

负荷的经济分配目标如下：在满足约束条件

$$\sum_{j=1}^{m} P_{Hj}(t) + P_{Tj}(t) - P_{L}(t) - P_{LD}(t) = 0 \qquad (4\text{-}44)$$

和

$$\int_{0}^{m} W_{j}[P_{Hj}(t)] \mathrm{d}t - W_{j\Sigma} = 0 \quad (j=1,2,\cdots,m) \qquad (4\text{-}45)$$

的情况下，使目标函数

$$F_{\Sigma} = \sum_{i=1}^{n} \int_{0}^{n} F_{i}[P_{Ti}(t)] \mathrm{d}t \qquad (4\text{-}46)$$

为最小。

仿着上一节的处理方法，把运行周期划分为 s 个小段，每一个时间小段内假定各电厂的功率以及负荷功率都不变，则式（4-44）~式（4-46）可以分别写成

$$\sum_{j=1}^{m} P_{Hj\text{-}k} + P_{Tj\text{-}k} - P_{L\text{-}k} - P_{LD\text{-}k} = 0 \quad (k=1,2,\cdots,s) \qquad (4\text{-}47)$$

$$\sum_{k=1}^{s} W_{j\text{-}k}(P_{Hj\text{-}k}) \Delta t - W_{j\Sigma} = 0 \quad (j=1,2,\cdots,m) \qquad (4\text{-}48)$$

$$F_{\Sigma} = \sum_{i=1}^{n} \sum_{k=1}^{s} F_{i\text{-}k}(P_{Ti\text{-}k}) \Delta t_{k} \qquad (4\text{-}49)$$

设置拉格朗日乘数 λ_{k}（$k=1,2,\cdots,s$）和 γ_{j}（$j=1,2,\cdots,m$），构造拉格朗日函数

$$L = \sum_{i=1}^{n} \sum_{k=1}^{s} F_{i\text{-}k}(P_{Ti\text{-}k}) \Delta t_{k} - \sum_{k=1}^{s} \lambda_{k} \Big(\sum_{j=1}^{m} P_{Hj\text{-}k} + \sum_{j=1}^{m} P_{Tj\text{-}k} - P_{L\text{-}k} - P_{LD\text{-}k} \Big) \Delta t_{k} + \sum_{j=1}^{m} \gamma_{j}$$
$$\Big[\sum_{k=1}^{s} W_{j\text{-}k}(P_{Hj\text{-}k}) \Delta t_{k} - W_{j\Sigma} \Big] \qquad (4\text{-}50)$$

将函数 L 对 $P_{Hj\text{-}k}$、$P_{Tj\text{-}k}$、λ_{k} 和 γ_{j} 分别取偏导数，并令其为零，便得

$$\frac{\partial L}{\partial P_{Hj\text{-}k}} = -\lambda_{k}\Big(1 - \frac{\partial P_{L\text{-}k}}{\partial P_{Hj\text{-}k}}\Big) \Delta t_{k} + \gamma_{j} \frac{W_{j\text{-}k}(P_{Hj\text{-}k})}{\partial P_{Hj\text{-}k}} \Delta t_{k} = 0 \quad (j=1,2,\cdots,m, k=1,2,\cdots,s) \qquad (4\text{-}51)$$

$$\frac{\partial L}{\partial P_{Tj\text{-}k}} = \frac{\mathrm{d}F_{i\text{-}k}(P_{Tj\text{-}k})}{\mathrm{d}P_{Tj\text{-}k}} \Delta t_{k} - \lambda_{k}\Big(1 - \frac{\partial P_{L\text{-}k}}{\partial P_{Tj\text{-}k}}\Big) \Delta t_{k} = 0 \quad (i=1,2,\cdots,n; k=1,2,\cdots,s) \qquad (4\text{-}52)$$

$$\frac{\partial L}{\partial \lambda_{k}} = -\Big(\sum_{j=1}^{m} P_{Tj\text{-}k} + \sum_{j=1}^{m} P_{Hj\text{-}k} - P_{L\text{-}k} - P_{LD\text{-}k} \Big) \Delta t_{k} = 0 \quad (k=1,2,\cdots,s) \qquad (4\text{-}53)$$

$$\frac{\partial L}{\partial \gamma_{j}} = \sum_{k=1}^{s} W_{j\text{-}k}(P_{Hj\text{-}k}) \Delta t_{k} - W_{j\Sigma} = 0 \qquad (4\text{-}54)$$

以上共包含 $(m+n+1)s+m$ 个方程，从而可以解出所有的 $P_{Hj\text{-}k}$、$P_{Tj\text{-}k}$、λ_{k} 和 γ_{j}，后两个方程是等式约束条件式（4-47）和式（4-48）。而前两个方程则可以合写成

$$\frac{\mathrm{d}F_{i\text{-}k}(P_{Tj\text{-}k})}{\mathrm{d}P_{Tj\text{-}k}} \times \frac{1}{1-\frac{\partial P_{L\text{-}k}}{\partial P_{Tj\text{-}k}}} = \gamma_{j} \frac{W_{j\text{-}k}(P_{Hj\text{-}k})}{\partial P_{Hj\text{-}k}} \times \frac{1}{1-\frac{\partial P_{L\text{-}k}}{\partial P_{Hj\text{-}k}}} = \lambda_{k} \quad (j=1,2,\cdots;m;k=1,2,\cdots,s) \qquad (4\text{-}55)$$

上式对任一时段均成立，故可写成

$$\frac{\mathrm{d}F_{i}}{\mathrm{d}P_{Tj}} \times \frac{1}{1-\frac{\partial P_{L}}{\partial P_{Tj}}} = \gamma_{j} \frac{W_{j}}{\partial P_{Hj}} \times \frac{1}{1-\frac{\partial P_{L}}{\partial P_{Hj}}} = \lambda \qquad (4\text{-}56)$$

这就是计及网损时，多个水火电厂负荷经济分配的条件。和式（4-43）比较，式（4-56）

除了添加网损修正系数以外，没有其他差别，只是把等微增率准则推广应用到了更多个发电厂的情况。

以上有功负荷经济分配是仅限于水火发电厂间系统模型中推导得出的，但在实际运行中还存在利用其他能源类型的机组，诸如核能、抽水蓄能、风力发电以及太阳能发电等方式。限于本书篇幅，其他多种发电方式之间的有功负荷经济分配方案，原理没有变化，读者可参阅其他参考文献。此外，为了促进新能源的发展，电网调度部门也应用了优先考虑节能调度的有功负荷经济分配方案。

20 世纪 80 年代以来，在世界范围内开始了电力工业改革的浪潮，打破垄断，引入竞争。我国在 2002 年提出"厂网分开、竞价上网"的市场化改革构想，迈出了"厂网分开、主辅分开"的改革步伐。2015 年《中共中央国务院关于进一步深化电力体制改革的若干意见》下发，旨在发电侧和售电侧开展有效竞争，实施"三放开、一推进、三强化"，即有序放开输配电以外的竞争性环节电价，有序向社会资本放开配售电业务，有序放开公益性和调节性以外的发用电计划，推进交易机构相对独立、规范运行，进一步强化政府监管，进一步强化电力统筹规划，进一步强化电力安全高效运行和可靠供应水平。电力市场的开放将对电力系统的运行产生深刻影响，在传统的调度运行中，机组出力依靠调度部门安排计划，运行方式相对简单，系统运行的安全可靠性比较容易保障。在电力市场运营模式下，发电侧和受电侧自主性增强，调度部门在保证系统安全的同时要兼顾电力交易的公平公正。有功功率平衡模式由传统的发电与负荷计划匹配转变为发电厂商与用户在市场交易中平衡。

本 章 小 结

本章主要内容叙述电力系统的有功功率电源与备用容量，有功功率平衡以及各类发电厂的合理组合，电力系统频率特性以及频率调整方法，有功功率的经济分配等。通过本章学习，应掌握以下内容：理解系统有功功率电源、备用容量的概念，理解电力系统有功功率平衡的物理意义，了解各类发电厂承担负荷的合理组合方法；理解功率频率特性和频率调整的必要性，理解频率一次调整、二次调整、三次调整以及互联系统的频率调整方法等；了解有功功率负荷的经济分配。

习 题

4-1 电力系统有功功率的平衡对频率有什么影响？系统为什么要设置有功功率备用容量？

4-2 何为电力系统负荷的有功功率—频率静态特性？何为有功功率负荷的频率调节效应？K_L 的大小与哪些因素有关？

4-3 何为发电机组的有功功率—频率静态特性？发电机的单位调节功率是什么？K_G 的大小与哪些因素有关？

4-4 什么叫调差系数？它与发电机单位调节功率的标幺值有什么关系？

4-5 电力系统频率的一次调整指的是什么？能否做到频率的无差调节？

4-6 电力系统频率的二次调整是指什么？如何才能做到频率的无差调节？

4-7 如何选择调频电厂？

4-8 某系统发电机组的单位调节功率为 740MW/Hz，当负荷增大 200MW 时，发电机二次调频增发 40MW，此时频差为 0.2Hz，求负荷的单位调节功率。

4-9 某电力系统中，占总容量一半的机组已满载，占总容量 1/4 的火电厂尚有 10% 的备用容量，其单位调节功率为 $K_{GC*} = 16.6$；占总容量 1/4 的水电厂尚有 20% 的备用容量，其单位调节功率为 $K_{GC*} = 25$。系统负荷的频率调节系数 $K_{L*} = 1.5$。求：（1）系统的单位调节功率 K_*；（2）负荷功率增加 5% 时的稳态频率 f；（3）如频率容许下降 0.2Hz，系统能承受的负荷增量。

4-10 已知：机组 1 汽轮机组（烧煤），最大出力 600MW，最小出力 150MW，耗量特性曲线（t/h）：$H_1 = 510.0+7.2P_1+0.00142P_1^2$；机组 2 汽轮机组（烧油），最大出力 400MW，最小出力 100MW，耗量特性曲线（t/h：$H_2 = 310.0+7.85P_2+0.00194P_2^2$；机组 3 汽轮机组（烧油），最大出力 200MW，最小出力 50MW，耗量特性曲线（t/h：$H_3 = 78.0+7.97P_3+0.00482P_3^2$。当负荷为 850MW 时，试确定这三台机组的经济运行点。每台机组的燃料费用为：机组 1 燃料费用 1.1 元/t，机组 2 燃料费用 1.0 元/t，机组 3 燃料费用 1.0 元/t。

4-11 设机组和燃料费用同习题 4-10，并设定一个简单的损耗表达式 $P_L = 0.00003P_1^2 + 0.009P_2^2 + 0.00012P_3^2$，试确定在计及损耗时这三台机组的经济运行点。

4-12 我国碳中和、碳达峰的远景目标是什么，现阶段作为电气专业学生应该怎么做？

第 5 章
电力系统无功功率及电压调整

本章提要

本章讲述电力系统无功功率平衡与电压调整方法。引入电力系统无功功率平衡的概念，介绍系统中的无功功率电源和无功功率负荷的种类及功率损耗情况；介绍电压调整的必要性，电压管理及电压调整的常用方法，无功补偿容量的估算方法；介绍无功功率负荷经济分配的等微增率准则以及无功功率补偿的经济配置等。

5.1 无功功率平衡

电力系统中的无功功率电源除发电机外，还有调相机、电容器和静止补偿器等，它们分散于各个变电站内。供应有功功率必须消耗其他能源，而无功功率电源一旦投入，就可以随时使用。电力系统中的有功功率必须保持平衡，系统中只有一个频率，有功功率平衡为在一个频率下的平衡。电力系统中的无功功率也必须保持平衡，而电压水平在全系统各点则有不同，无功功率平衡要满足众多的节点电压的要求，除了对全系统需要平衡以外，地区系统也需要平衡。因此，电力系统的无功功率与电压的关系和有功功率与频率的关系有所不同。无功功率平衡是指电力系统的电源必须发出足够的无功功率以满足用户与网络损耗的需要，这就是无功功率平衡，无功功率不足将导致节点电压的下降。

电力系统无功功率平衡

5.1.1 电力系统中的无功功率电源

电力系统的无功功率电源向系统发出滞后的无功功率，一般系统中有以下几类无功功率电源：一是同步发电机以及过励运行的同步电动机；二是无功补偿电源，包括电容器、静止无功补偿器和同步调相机；三是110kV及以上电压线路的充电功率。

1. 同步发电机

发电机既是最重要的有功功率电源，同时也是最基本的无功功率电源。发电机发出的无功功率一般为有功功率的40%~60%。同步发电机允许运行范围如图2-10所示，发电机只有运行在额定状态（即额定电压、电流和功率因数）下的 N 点才能发出额定的无功功率，其容量才可得到充分的利用。当系统中有功功率备用充足时，可使靠近负荷中心的发电机降低有功功率，多发无功功率，以提高系统运行的电压水平。大型发电机受制造上的限制，额定功率因数随容量的增大而变大，因而额定无功功率相对下降，见表5-1。

表 5-1 发电机的额定功率因数

功率因数 $\cos \varphi_N$	容量 S_{GN}	无功功率 Q_{GN}
0.80	$1.25P_{GN}$	$0.75P_{GN}$
0.85	$1.17P_{GN}$	$0.62P_{GN}$
0.90	$1.11P_{GN}$	$0.48P_{GN}$

其中发电机发出的功率为

$$\begin{cases} S_{GN} = \sqrt{P_{GN}^2 + Q_{GN}^2} = P_{GN}\sqrt{1 + \tan^2\varphi_N} \\ Q_{GN} = S_{GN}\sin\varphi_N = P_{GN}\tan\varphi_N \end{cases} \quad (5\text{-}1)$$

式中，S_{GN} 为发电机的额定容量（MV·A）；P_{GN} 为发电机的额定有功功率（MW）；Q_{GN} 为发电机的额定无功功率（Mvar）。

2. 同步调相机

同步调相机是系统中的无功功率电源，实质上，它是专用的空载运行的大容量同步电动机。同步调相机运行时，由电网供给的有功功率为其额定容量的 1.5%~3%，功率因数 $\cos\varphi_N = 0.015~0.03$。

同步调相机正常运行时数学模型与同步发电机相同，简化条件为 $\cos\varphi = 0$，即电压与电流的相量相交。因此，输出电流只有纵轴分量，即 $I = I_d$，$I_q = 0$；电压只有横轴分量，即 $U = U_q$，$U_d = 0$。端电压与电流的关系为

$$\dot{U} = \dot{E}_q - \mathrm{j}x_d\dot{I} \quad (5\text{-}2)$$

电压与电流相量图如图 5-1 所示。

同步调相机输出的无功功率为

$$Q = UI = \frac{(E_q - U)U}{x_d} = \frac{E_q U}{x_d} - \frac{U^2}{x_d} \quad (5\text{-}3)$$

式中，E_q 为线电动势；U 为线电压；Q 为三相无功功率。

式（5-3）表明，当 $E_q > U$ 时，过励磁运行（相位滞后），无功功率为正，同步调相机输出滞后的无功功率，相当于电容器，它向系统供给感性无功功率，起无功功率电源的作用。过励磁运行时的额定无功功率即为同步调相机的容量。当 $E_q < U$ 时，欠励磁运行（相位超前），无功功率为负，同步调相机输出超前的无功功率或吸收滞后的无功功率，相当于电抗器，起无功负荷作用。欠励磁运行时的容量为过励磁运行时容量的 50%~65%。欠励磁的极限是励磁电流为零，此时 $E_q = 0$，$Q = -U^2/x_d$，达到极限值。

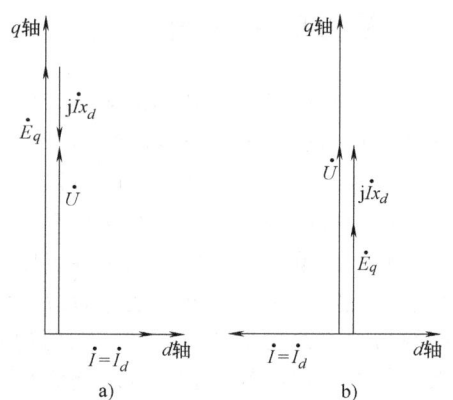

图 5-1 同步调相机的工作状态
a) 过励磁 b) 欠励磁

同步调相机一般装设有自动电压调节器，根据电压的变化可自动调节励磁电流，以达到改变输出无功功率的作用，使节点电压在允许的范围内。同步调相机的优点：它不仅能输出无功功率，还能吸收无功功率，具有良好的电压调节特性，对提高系统运行性能和稳定性有一定的作用。但调相机是旋转机械，运行维护不方便，投资费用与其容量有关，容量越小，投资费用越大，因此同步调相机适于大容量集中使用。

3. 电容器

电容器一般采用并联形式接入电网，并联电容器广泛应用于改善负荷的功率因数，是电力系统中的一种重要的无功功率电源。由于单台容量有限，使用时可将电容器连接成若干组，按需要成组地投入或切除。其单位容量的投资费用较小，运行时有功功率损耗也较小，为额定容量的 0.3%~0.5%。当节点电压下降时，它向系统供给的无功功率也将下降。而当系统发生故障或其他原因导致电压降低时，电容器向系统供给的无功功率反而减少，从而导致电压继续下降。这是电容器在调节性能上的缺点。

并联电容器输出的无功功率为

$$Q = -jU^2\omega C \tag{5-4}$$

4. 静止补偿器

静止补偿器由电容器组与可调电抗器组成，是一种动态无功补偿装置，既可向系统供给无功功率，也可从系统吸取无功功率。静止补偿器的全称为静止无功补偿器（SVC），有各种不同型式。目前，常用的有晶闸管控制电抗器固定电容器型（TCR-FC 型）、晶闸管开关电容器型（TSC 型）和饱和电抗器型（SR 型）。电压变化时，静止补偿器能快速、平滑地调节无功功率，以满足动态无功补偿的需要。它由静止元件组成，运行维护方便，并且有功损耗较小（低于 1%）。

TCR-FC 型补偿器接线如图 5-2a 所示，控制导通角 α 可改变线性电抗器的导纳值，即

$$B = \frac{1}{\omega L}\left(\alpha - \frac{2}{\pi}\alpha + \frac{1}{\pi}\sin 2\alpha\right) \tag{5-5}$$

TSC 型补偿器是用晶闸管投切的电容器组（Thyristor Switched Capacitor）构成的，用晶闸管开关代替机械开关，接线如图 5-2b 所示。SR 型补偿器是用直流电流控制的饱和电抗器（D. C. Control Saturable Reaction）与固定电容器的并联组合，这类补偿器是用改变励磁电流来调节电抗值，从而达到调整输出无功功率的目的，接线如图 5-2c 所示。静止无功补偿器的优点是调节速度快、响应时间短、损耗小、无旋转部分、可靠性高，且比同步调相机价格低 25%~30%；缺点是具有负的电压调节效应，为克服这一缺点，采取新型的有源静止无功补偿器。

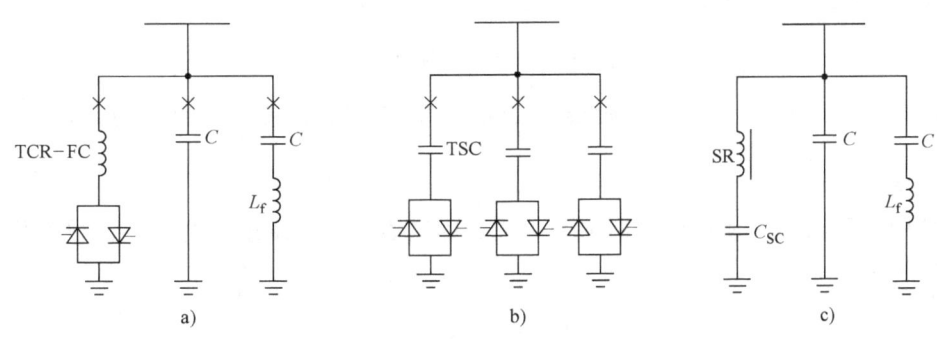

图 5-2 静止补偿器
a) TCR-FC 型　b) TSC 型　c) SR 型

5. 高压输电线路的充电功率

如前所述，高压及超高压线路是一种数量可观的无功功率电源，其充电功率与线路电压的二次方成正比，电力线路中的无功功率包括两部分：串联电抗中的无功功率损耗（感性）与并联电纳中的充电功率（容性），即

$$\begin{cases} \Delta Q_{LX} = 3I^2X = \dfrac{P^2 + Q^2}{U^2}X \\ \Delta Q_{LC} = U^2 B \end{cases} \tag{5-6}$$

P_λ 为线路中的自然功率。当 $P = P_\lambda$，$\Delta Q_{LX} = \Delta Q_{LC}$ 时，线路无损；当 $P < P_\lambda$，$\Delta Q_{LX} < \Delta Q_{LC}$ 时，线路为无功功率电源；当 $P > P_\lambda$，$\Delta Q_{LX} > \Delta Q_{LC}$ 时，线路为无功功率负荷。

5.1.2 电力系统中的无功功率负荷及无功功率损耗

电力系统中无功功率负荷主要有以下几类：①用户与发电厂厂用电的无功功率负荷（主要是异步电动机）；②线路和变压器的无功功率损耗；③并联电抗器的无功功率损耗。

1. 异步电动机

各种用电设备中，除相对很小的白炽灯照明负荷只消耗有功功率，少数的同步电动机可发出一部分无功功率外，大多数都要消耗无功功率。异步电动机的简化等效电路如图 5-3 所示。异步电动机在电力系统无功功率负荷中占的比重很大，因此，电力系统综合负荷的无功功率—电压静态特性主要取决于异步电动机的特性，如图 5-4 所示。图中的 β 为受载系数，等于电动机的实际负荷与它的额定负荷之比。

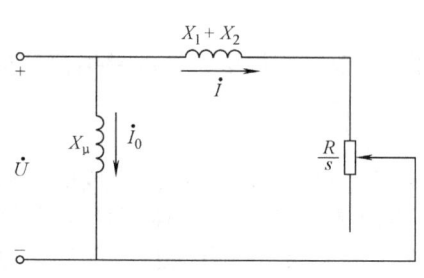

图 5-3 异步电动机的简化等效电路　　　图 5-4 异步电动机的 Q-U 关系

由异步电动机的等效电路可知，它所消耗的无功功率为

$$Q_D = \frac{U^2}{X_\mu} + I^2(X_1 + X_2) \tag{5-7}$$

异步电动机的无功功率主要由励磁无功功率和定、转子漏抗中消耗的无功功率两部分组成。

2. 变压器

变压器中的无功功率损耗也由两部分组成，即励磁损耗与绕组漏抗损耗，单位均为 Mvar，后者与所受负载大小有关，表达式为

$$\begin{cases} \Delta Q_{YT} = \dfrac{I_0\%}{100} S_N \\ \Delta Q_{ZT} = \dfrac{U_k\%}{100} S_N \left(\dfrac{S}{S_N}\right)^2 \end{cases} \tag{5-8}$$

变压器的无功功率损耗在系统中的无功功率需求中占有相当大的比重，从发电厂到用户，中间要经过多级变压，无功功率损耗可达用户负荷的 50%~70%。

3. 并联电抗器

并联电抗器损耗的无功功率为

$$Q = jU^2/\omega L \tag{5-9}$$

并联电抗器主要用于吸收高压电力网中过剩的无功功率和远距离输电线路参数补偿的无功功率。在超高压架空线路或高压电力网中，轻载（或空载）运行时由于线路分布电容产生的无功功率大于线路电抗中消耗的无功功率，因此会出现无功功率过剩的现象，为解决无功功率过剩，在变电站常安装有并联电抗器，吸收过剩的无功功率，防止电网电压的升高。

5.1.3 电力系统中的无功功率平衡

电力系统中无功功率的平衡关系与有功功率相似，无功功率平衡表示式为

$$\sum Q_{GC} - \sum Q_L - \Delta Q_\Sigma = 0 \tag{5-10}$$

式 (5-10) 中，电源供应的无功功率 Q_{GC} 由两部分组成，即发电机供应的无功功率 Q_G 和补偿设备供应的无功功率 Q_C，而补偿设备供应的无功功率又分为同步调相机供应的 Q_{C1}、并联电容器供应的 Q_{C2} 和静止补偿器供应的 Q_{C3} 三部分。因此，$\sum Q_{GC}$ 可分解为

$$\sum Q_{GC} = \sum Q_G + \sum Q_C = \sum Q_G + \sum Q_{C1} + \sum Q_{C2} + \sum Q_{C3} \tag{5-11}$$

式 (5-10) 中，负荷消耗的无功功率 Q_L 可按负荷的功率因数计算。未经改善的负荷功率因数一般不高，仅为 0.6~0.9，即负荷消费的无功功率为其有功功率的 0.5~1.3 倍。但因规程对电力用户的功率因数有一定限制，例如，不得低于 0.90 等，系统运行部门进行无功功率平衡时，可按规程规定确定负荷消费的无功功率 $\sum Q_L$。

式 (5-10) 中，无功功率损耗 ΔQ_Σ 包括三部分：变压器中的无功功率损耗 ΔQ_T、线路电抗中的无功功率损耗 ΔQ_x 和线路电纳中的无功功率损耗 ΔQ_b。而如前所述 ΔQ_b 属容性，如将其作为感性无功功率损耗，则应具有负值。因此，ΔQ_Σ 可分解为

$$\Delta Q_\Sigma = \Delta Q_T + \Delta Q_x - \Delta Q_b \tag{5-12}$$

系统中应保持一定的无功功率备用。无功功率备用容量一般可取最大无功功率负荷的 5%~8%。

电力系统无功补偿容量的配置应取分区平衡、分级补偿原则。

无功功率管理的具体措施包括：

1) 电力用户的功率因数达到 0.95 以上。
2) 分散安装电容器，就地供无功功率。
3) 在一次及二次变电所的低压母线上安装电容器，在枢纽变电所安装调相机。在有无功冲击负荷的变电所以及超高压送电线路末端宜安装静止无功补偿器。
4) 对于水、火联合电网，枯水期利用水电机组调相运行，丰水期利用火电机组调相运行，供出感性无功功率。
5) 同步电动机过励运行，供出感性无功功率。

例 5-1 试分析例 3-2 所示网络的无功功率平衡问题，设节点 1 处直接连接发电机，发电机按额定功率因数 0.85 运行，基准容量 $S_B = 100 \text{MV} \cdot \text{A}$。

解： 无功功率平衡需利用系统潮流计算结果，即由无功功率负荷加上无功功率网损来检验发电机的无功出力是否满足要求，由计算得到系统中节点 1 端流入的功率为

$$\tilde{S}_{1*} = 0.74150 + j0.27292$$

转换为有名值为 $\tilde{S}_1 = (74.15 + j27.292) \text{MV} \cdot \text{A}$。

在满足有功功率的前提下，发电机按额定功率因数 0.85 运行时可发出的无功功率为

$$Q_G = P_G \tan\varphi = 74.15 \times 0.62 \text{Mvar} = 45.973 \text{Mvar}$$

与所需无功功率比较尚缺

$$Q_C = Q_G - Q = (45.973 - 27.292) \text{Mvar} = 18.681 \text{Mvar}$$

可在三个负荷处都安装补偿设备，即总补偿容量为 18.681Mvar 的无功补偿电源，提高负载端的功率因数。读者可自行计算安装补偿设备后的系统潮流分布情况。

5.2 电压调整的必要性

电压是衡量电能质量的又一重要指标。电力系统中的用电设备都是按照标准的额定电压

设计制造的,因此,用电设备工作在额定电压下,各项性能指标发挥得最好。

5.2.1 电压偏移对用电设备的影响

当运行电压偏离额定值较大时,技术经济指标就会恶化。由于电压偏移过大时,会影响工农业生产产品的质量和产量,损坏设备,甚至引起系统性的"电压崩溃",造成大面积停电。电力系统的电压和频率一样也需要经常调整。分别说明如下:

白炽灯对电压变动的敏感性较大,如图 5-5 所示。电压偏低时,其光通量、发光效率都降低,发光不足,影响人们的视力;电压偏高时,虽然光通量、发光效率增高,但灯泡寿命缩短。

系统中大量使用异步电动机,其电磁转矩与端电压二次方成正比,当电压过低时,正常运转的电动机可能会停转,带重载的电动机则可能无法起动。异步电动机的电压特性如图 5-6 所示,电压过低将导致电动机电流显著增大,使电动机绕组的温度升高,加速绝缘老化,严重时甚至可能烧毁电动机。如果电压超过额定电压过多时,对电动机绝缘也是不利的。

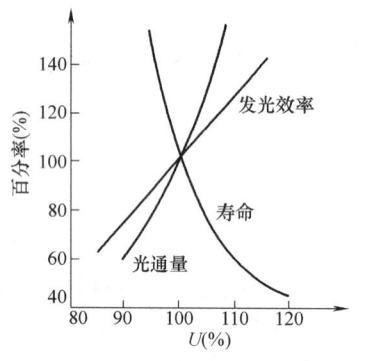

图 5-5 白炽灯特性曲线

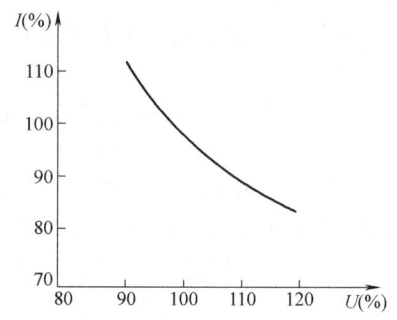

图 5-6 异步电动机的电压特性

系统电压降低时,发电机的定子电流将因其功角的增大而增大。如电流已达额定值,则电压降低后,将使其超过额定值。为使发电机定子绕组不致过热,不得不减少发电机所发功率。相似地,系统电压降低后,也不得不减少变压器的负荷。发电厂厂用电中由电动机驱动的辅机,其机械转矩与转速的高次方成正比,电压降低,转差增大,转速降低,输出功率迅速减小,将影响汽轮机、锅炉的工作,严重情况下将造成安全问题。

电炉的有功功率是与电压的二次方成正比的,炼钢厂中的电炉将因电压过低而影响冶炼时间,从而影响产量。

系统电压过高将使所有电气设备绝缘受损。而且,变压器、电动机等的铁心要饱和,铁心损耗增大,温升将增加,寿命将缩短。

变压器的运行电压偏低时,若负载功率不变,致使输出电流增加,使绕组过热;电压偏高时,励磁电流增大,铁心损耗增加,温升增高,严重情况下引起高次谐波共振。

由于局部地区无功不足,运行电压严重低下,一些枢纽变电所在负荷的微小扰动下会出现电压大幅度下滑,以致失电压,即所谓电压崩溃,则更是一种将导致系统瓦解的灾难性事故。

不仅电压偏移过大会影响工农业生产,电压的微小波动也会造成不良后果。例如,由于电压波动引起的灯光闪烁将使人眼疲劳,据研究,人类视觉对 2~18Hz 的电压波动非常敏感。

另外,广泛使用的电子设备,对电压质量要求更高。电压偏高,将严重降低管子的寿命;电压偏低,工作点不稳定,失真严重,甚至不能工作。一般规定节点电压偏移不超过电力网额定电压的 ±5%。其中,220kV 电压供电的用户:-10%~+5%;10kV 及以下电压供电的用户:±7%;35kV 及以上电压供电的用户:0~10%。事故状况下,允许在上述数值基础上再增加5%，但正偏移最大不能超过+10%。

在系统稳态运行过程中，由于系统中的每一个元器件都可能会产生电压降落，所以各节点电压不相同，不可能同时将所有节点电压都保持为额定电压值。沿线路各节点电压的变化如图 5-7 所示。若将节点 4 维持为额定电压 U_N，则节点 1 的电压过高；反之，若将节点 1 的电压维持为额定值，则节点 4 电压会过低。另外，任意节点的电压也会由于负荷的时刻变化而波动，因此，要保证电力系统的正常工作，必须满足整个系统各节点的电压要求，必要时需进行电压调整。电压调整就是在正常运行状态下，随着负荷的变动及运行方式的变化，使各节点的电压偏移值在允许范围内。

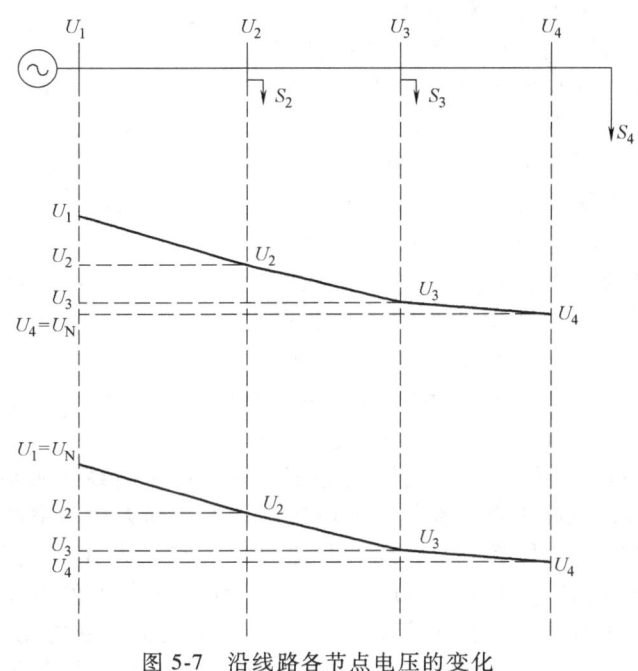

图 5-7 沿线路各节点电压的变化

5.2.2 无功功率与节点电压的关系

电力系统中的电压水平与无功功率密切相关，节点电压的大小对无功功率分布起决定性作用。以图 5-8 为例加以说明，节点 A 输送到节点 B 的功率为 $P+jQ$，节点 A 和节点 B 的电压分别为 $\dot{U}_G$ 和 $\dot{U}$，节点 A、B 之间的总阻抗为 $Z=R+jX$，节点间电压的关系为

$$\dot{U}_G = U + \frac{PR+QX}{U} + j\frac{PX-QR}{U} = U + \Delta U + j\delta U \qquad (5\text{-}13)$$

在超高压系统中，一般电抗远大于电阻，式 (5-13) 可写为

$$\dot{U}_G = U + \frac{QX}{U} + j\frac{PX}{U} \qquad (5\text{-}14)$$

其中

$$\dot{U}_G = U_G \cos\delta + jU_G \sin\delta \qquad (5\text{-}15)$$

式中，δ 为线路始末两端电压的相位差，比较以上两式，可得

$$\begin{cases} P = \dfrac{U_G U}{X}\sin\delta \\ Q = \dfrac{U_G\cos\delta - U}{X}U \end{cases} \qquad (5\text{-}16)$$

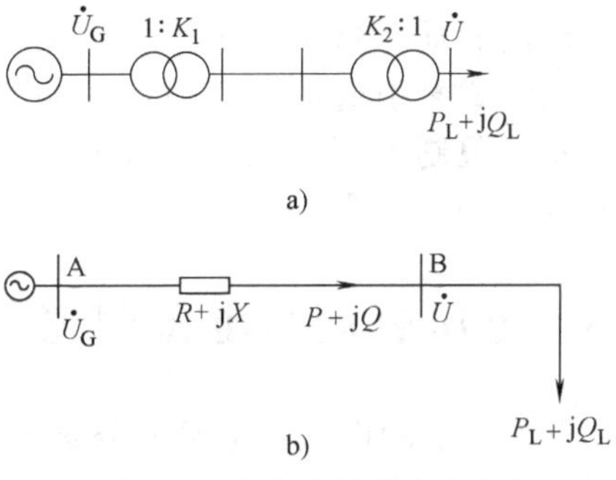

图 5-8 节点电压的大小与无功功率的关系
a) 网络图 b) 等效电路

正常运行时输电线路两端电压的相位差比较小，可认为 $\cos\delta \approx 1$，于是线路中传输的无功功率大小就与线路两端电压之差成正比，无功功率将从节点电压高的一端流向节点电压低的一端，两端节点电压的变化将使流经线路的无功功率随之变化，即节点电压的变化会引起无功潮流的变化。式 (5-16) 还表明，输电线路较长，电抗会增大，电源为负荷提供的无功功率将下降，因此系统中负荷所需的无功功率应尽可能由附近的电源供给。

无功功率对电压水平有决定性的影响，电力系统中各种用电设备吸收的无功功率大多数与所加电压有关，系统的 Q-U 特性曲线如图 5-9a 所示。图中，曲线 L 为负载特性曲线，S 为系统特性曲线，两者的交点 A 确定了负荷节点的电压值 U_A，在这一电压下达到了无功功率的平衡。若节点无功功率负荷增加，如图 5-9b 所示，曲线 L 移到 L'，系统的无功功率电源不能随之增加，曲线 S 维持

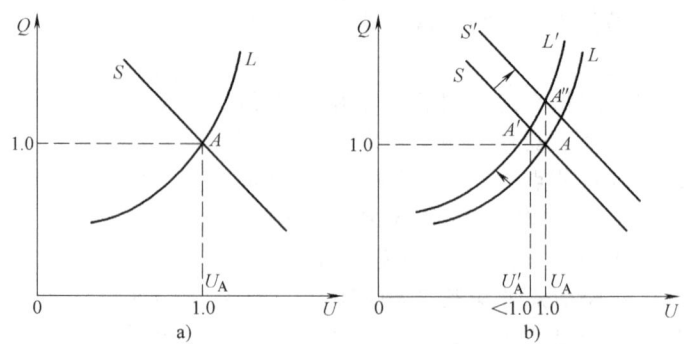

图 5-9 电力系统 Q-U 特性
a) Q-U 特性相交　b) 负荷增长与电源增加

不变，曲线 L' 与 S 的交点为 A'，表明负荷向系统吸取的无功功率增加，节点电压水平下降至 U'_A，意味着系统在较低的电压水平上达到无功功率的平衡。此时，若能增加无功功率的供给，则曲线 S 移至 S'，曲线 S' 与曲线 L' 的交点为 A''，则节点电压仍能维持在 U_A 值。无功功率电源与无功功率负荷平衡的标志是系统中各节点的电压水平均在允许范围内。若部分节点电压水平不满足要求（偏离允许值），说明局部区域内无功功率不平衡。电力系统中无功功率电源不足，系统节点电压就要下降。电力系统必须具备足够的无功功率电源才能维持所要求的电压水平，以满足系统安全稳定运行的要求。

5.2.3 负荷分类及其对电压影响的控制

电力系统中负荷的变动以及由此而引起的变电所母线的电压变动可以分为两类。一类是由生产、生活和气象变化引起的负荷功率的变化，这类负荷变动周期性长，所引起的变电所母线电压变化是缓慢的，这种电压变动称为电压偏移。这种偏移超出允许范围时，可以通过调节变压器分接头、投切电容器以及调节发电机母线电压等方法实现控制。另一类负荷功率具有冲击性或间歇性，负荷变化周期短，由这类负荷引起的变电所母线电压变动称为电压波动。这类负荷中，电弧炉、电焊机等引起的电压波动的频率为 0.2~2Hz，压缩机、往复式泵引起的电压波动的频率为 2~20Hz，卷扬机、起重机引起的电压波动的频率更高一些。限制电压波动的有效方法一般为安装静止无功补偿器一类的动态补偿器、安装串联电容等。

5.3 电压管理与电压调整

电力系统的电压一般采取分级管理。发电厂和有调压能力的变电所按调度所规定的电压曲线调整无功功率和电压。地区调度所监控地区网络的电压、用户电压及其功率因数，实现无功功率就地平衡。中心调度所着重监控主网的电压水平，协调全网有广泛影响的调压措施，合理分配无功出力和调整无功潮流。使无功功率与电压调整协调配合，统一调度与分散控制相结合。

电压是电能质量的重要指标之一，在很大程度上决定了电力系统的安全稳定与经济运行。电压控制的目的如下：

1）保持电网枢纽点电压水平，保证电力系统稳定运行。
2）保持供电电压的正常范围，保证用户的供电质量。
3）有效地利用系统的无功功率电源容量及调压手段，经济合理地分布无功功率，以达到

减少网络损耗的目的。

4）在偶然事故下快速强行励磁，防止电力系统瓦解。

5.3.1 电压中枢点的概念

系统中的负荷点都是通过一些主要的供电点供电的，因此只要控制这些母线的电压偏移在允许范围内，系统中各母线电压以及各负荷点的电压可基本上满足要求。把这些主要的供电点称为电压中枢点。

电压中枢点包括：

1）水力、火力发电厂的高压母线。

2）枢纽变电所的二次母线。

3）有大量地方负荷的发电厂母线。

5.3.2 电压中枢点的电压偏移和调压方式

利用电压中枢点进行电压控制，应首先确定中枢点电压的允许偏移范围，确定电压变化的上下限。例如，一个简单电网如图 5-10a 所示，o 点为电压中枢点，a、b 为负荷点，简化负荷曲线如图 5-10b 所示，o 点向负荷 a、b 点送电，在线路上产生的电压损耗变化曲线如图 5-10c 所示，设两负荷允许的电压偏移都是 ±5%。

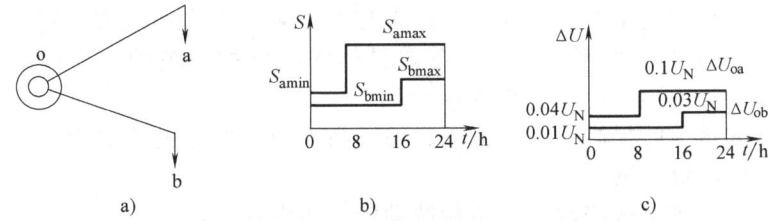

图 5-10 电压中枢点及其相邻节点的电压损耗
a）网络图 　b）简化负荷曲线 　c）电压损耗曲线

为了满足负荷点 a 的调压要求，中枢点 o 应维持的电压如下：

在 0~8h 为
$$U_{oa} = U_a + \Delta U_{oa} = (0.95 \sim 1.05)U_N + 0.04U_N = (0.99 \sim 1.09)U_N$$

在 8~24h 为
$$U_{oa} = U_a + \Delta U_{oa} = (0.95 \sim 1.05)U_N + 0.10U_N = (1.05 \sim 1.15)U_N$$

同样，为了满足负荷点 b 的调压要求，中枢点 o 应维持的电压如下：

在 0~16h 为
$$U_{ob} = U_b + \Delta U_{ob} = (0.95 \sim 1.05)U_N + 0.01U_N = (0.96 \sim 1.06)U_N$$

在 16~24h 为
$$U_{ob} = U_b + \Delta U_{ob} = (0.95 \sim 1.05)U_N + 0.03U_N = (0.98 \sim 1.08)U_N$$

将上述要求表示在图 5-11a 中，图中两条虚线表示满足 a 点电压要求时，o 点电压应保持的范围；两条实线则表示满足 b 点电压要求时，o 点电压应保持的范围。两个电压范围重合的阴影部分是同时满足 a、b 两点电压的要求时 o 点电压应保持的范围，所以，当 o 点电压落在阴影范围内时就能同时满足 a、b 两点的电压要求。如果 a、b 两条线路的电压损耗很大，在某些时间两个电压范围相互没有重合部分时，就不出现阴影部分，如图 5-11b 所示。图中，在 8~16h 之间，面积 $A\text{-}A'$ 与面积 $B\text{-}B'$ 没有共同的部分，此时，如果 o 点电压落在 $A\text{-}A'$ 之中，亦即满足 a 点电压要求，则 b 点电压过高；如果 o 点电压落在 $B\text{-}B'$ 之中，则 a 点电压太低。也就是说，对于两条电压损耗相差太大的线路，采用中枢点电压控制的方法可能无法满足线路末端电压的要求，还需要采取其他调压措施。

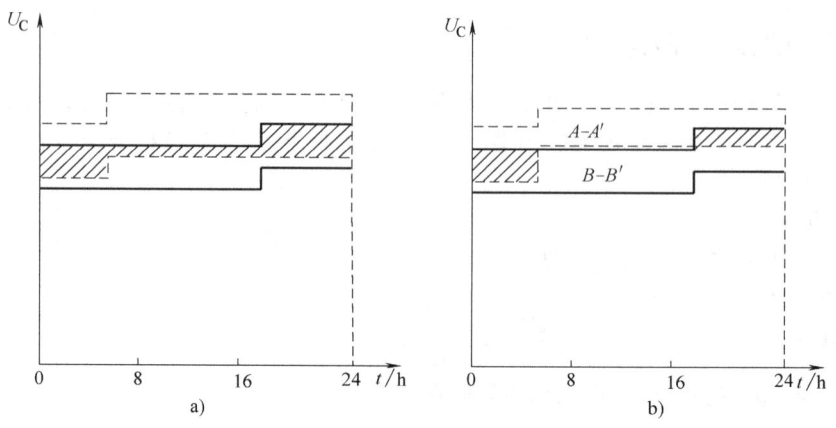

图 5-11 电压中枢点的调压范围
a) 电压损耗相差不大时 b) 电压损耗相差太大时

对于实际的电力系统，必须选择一些有代表性的发电厂和变电所的母线作为控制电压的中枢点，然后根据各负荷的日负荷曲线和对电压质量的要求，进行一系列的潮流计算及分析电压控制方式等，才能确定中枢点的允许电压偏移上下限。但在系统规划时，一些在建工程，对负荷点电压质量的要求不很明确，难以确定具体的电压控制范围。为此，规定了逆调压、顺调压和恒调压等几种中枢点电压控制要求。

逆调压：在最大负荷时提高中枢点电压，但不高于网络额定电压的 105%；在最小负荷时降低中枢点电压，但不低于网络额定电压。

逆调压方式适用于供电线路较长、负荷波动较大的中枢点。

顺调压：在最大负荷时允许中枢点电压降低，但不低于网络额定电压的 102.5%；在最小负荷时允许中枢点电压升高，但不高于网络额定电压的 107.5%。

顺调压方式适用于供电线路不长、负荷波动不大的变电所。

恒调压（常调压）：任何负荷下，中枢点电压保持基本不变，一般比网络额定电压高 2%～5%。

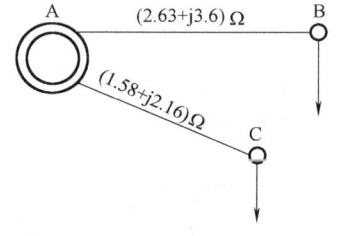

图 5-12 等效电路

例 5-2 节点 A 通过线路向节点 B 和 C 供电，其等效电路如图 5-12 所示，节点 B、节点 C 的负荷和电压要求见表 5-2。试求为满足节点 B 和节点 C 的电压要求，节点 A 各时段的电压取值范围（不计电压降落的横分量）。

表 5-2 节点 B、节点 C 的负荷和电压要求

时间段	负荷/MV·A		电压要求/kV	
	节点 B	节点 C	节点 B	节点 C
0~8h	0.9+j0.6	0.6+j0.4	10.0~10.5	10.2~10.7
8~16h	1.5+j1.0	0.6+j0.4	9.8~10.3	10.2~10.7
16~24h	1.5+j1.0	1.0+j0.7	9.8~10.3	10.0~10.5

解： 本题考查的是电力系统电压控制中的中枢点电压管理，基本思路就是利用 B、C 两节点对电压偏移的要求，确定中枢点 A 电压允许变化的上下限。解答过程如下：

0~8h 时间段内：

满足节点 B 的要求时，中枢点 A 的电压上下限为

$$U_{A\max} = U_{B\max} + \frac{P_{A\max}R_{AB} + Q_{A\max}X_{AB}}{U_{B\max}} = 10.5\text{kV} + \frac{0.9 \times 2.63 + 0.6 \times 3.6}{10.5}\text{kV} = 10.93\text{kV}$$

$$U_{A\min} = U_{B\min} + \frac{P_{A\min}R_{AB} + Q_{A\min}X_{AB}}{U_{B\min}} = 10.0\text{kV} + \frac{0.9 \times 2.63 + 0.6 \times 3.6}{10.0}\text{kV} = 10.45\text{kV}$$

满足节点 C 的要求时，中枢点 A 的电压上下限为

$$U'_{A\max} = U_{C\max} + \frac{P_{C\max}R_{AB} + Q_{C\max}X_{AB}}{U_{C\max}} = 10.7\text{kV} + \frac{0.6 \times 1.58 + 0.4 \times 2.16}{10.7}\text{kV} = 10.87\text{kV}$$

$$U'_{A\min} = U_{B\min} + \frac{P_{C\min}R_{AB} + Q_{C\min}X_{AB}}{U_{C\min}} = 10.2\text{kV} + \frac{0.6 \times 1.58 + 0.4 \times 2.16}{10.2}\text{kV} = 10.38\text{kV}$$

综上可知，在 0~8h 时间段内，中枢点 A 的电压取值范围为 $10.45\text{kV} \le U_A \le 10.87\text{kV}$。

同理我们可以分别计算出其他时间段内，中枢点 A 的电压取值范围（计算过程略，注意在不同时间段内，公式中各量 P、Q、R、X 等都分别应取该时段对应的数值）：

8~16h 时间段内：$10.57\text{kV} \le U_A \le 10.87\text{kV}$

16~24h 时间段内：$10.57\text{kV} \le U_A \le 10.79\text{kV}$

5.3.3 电压调整的方法

调压方式的选取主要依据电压中枢点在最大、最小负荷时的要求，从而采取合适的调压措施。

电压调整的方法

图 5-8 中 B 点的电压为

$$U_B = (U_G k_1 - \Delta U)/k_2 = \left(U_G k_1 - \frac{PR + QX}{U_N}\right)\Big/k_2 \tag{5-17}$$

由式 5-17 可知，为了调整用户端电压，可采取的调压方法有：改变发电机端电压；改变变压器的电压比；改变功率分布，主要是改变无功功率的分布；改变电力网络的参数。

1. 改变发电机端电压调压

利用发电机的自动调节励磁装置，调节发电机的励磁电流，可以改变发电机电动势或端电压，因此，这种调压措施也称为改变发电机励磁调压。发电机调压范围为发电机额定电压的 5%，主要适用于孤立运行的发电厂不经升压直接供电的小型系统。这种方法简单、经济，且不需增加额外设备。

2. 改变变压器电压比调压

改变变压器电压比调压是一种常用方法，其先决条件是电网的无功功率电源容量充裕。如果电网无功容量不足，采用变压器调压，虽然可能提高局部电网的电压水平，但可能会降低主网的电压水平，不利于全网的电压稳定。

对负荷变化不大的变电所可适当选择变压器的分接头进行电压调整。对于负荷变化较大的一次及二次变电所采用负荷调整分接头的变压器，其切换装置在不能适应频繁操作要求时，应限制动作的次数。改变变压器的电压比是通过改变绕组间匝数比来实现的，因此，这种调压措施也常称为利用变压器分接头调压。分接头设置在双绕组变压器的高压绕组、三绕组变压器的高压绕组和中压绕组。一般与绕组额定电压值对应的分接头为主分接头，其他分接头为附加分接头。普通变压器一般有两个或四个附加的分接头，例如，35（1±5%）kV/6.3kV 变压器：主分接头电压为 35kV，附加分接头电压分别为 35(1+5%)kV = 36.5kV，35(1-5%) kV = 33.25kV；121(1±2×5%)kV/10.5kV 变压器：主分接头电压为 121kV，附加分接头电压分别为 121（1 + 5%）kV = 127.05kV，121（1 + 2.5%）kV = 124.025kV，121（1 - 2.5%）kV = 117.95kV，121(1-5%)kV = 114.95kV。

(1) 双绕组降压变压器分接头的选择

变压器阻抗归算到高压侧，如图 5-13 所示，由变压器电压比的定义可得

$$\begin{cases} \dfrac{U_H - \Delta U}{U_L} = \dfrac{U_{tH}}{U_{tL}} \\ \Delta U = \dfrac{PR_T + QX_T}{U} \end{cases} \tag{5-18}$$

式中，U_{tH} 为变压器高压绕组分接头电压；U_H 为变压器高压母线的实际电压；ΔU 为变压器阻抗中归算到高压侧的电压损耗；U_L 为按调压要求变压器低压绕组电压；U_{tL} 为变压器低压绕组额定电压。

选择变压器分接头，即选择合适的 U_{tH} 以满足低压方的希望电压值 U_L，必须兼顾负荷变化的要求，在最大负荷 M 及最小负荷 m 的情况下，有

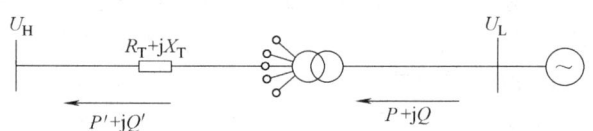

$$\begin{cases} U_{tH,M} = (U_{HM} - \Delta U_M)\dfrac{U_{tL,M}}{U_{LM}} \\ U_{tH,m} = (U_{Hm} - \Delta U_m)\dfrac{U_{tL,m}}{U_{Lm}} \end{cases} \tag{5-19}$$

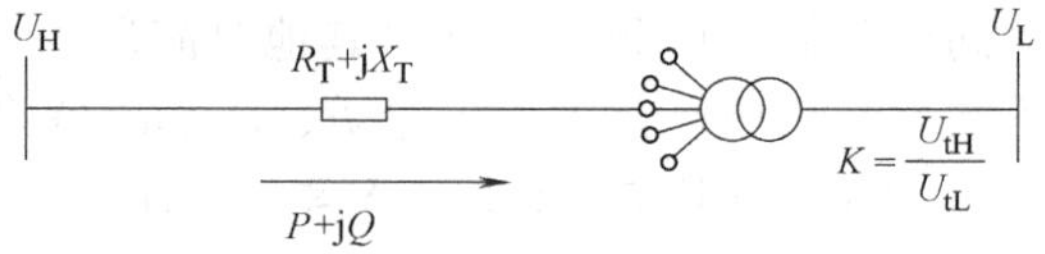

图 5-13 降压变压器分接头的选择

式中，U_{LM}、U_{Lm} 分别为高、低压母线的希望电压。在停电条件下调整分接头，只能取一个分接头，计算算术平均值，即

$$U_{tH} = \dfrac{1}{2}(U_{tH,M} + U_{tH,m}) \tag{5-20}$$

根据式（5-20）得到 U_{tH}，选择最近的标准分接头，再校验低压方的电压是否符合要求。

(2) 双绕组升压变压器分接头的选择

对于升压变压器高压绕组分接头电压的确定方法与降压变压器相同，网络如图 5-14 所示。图中 U_H 由高压网决定，发电机输出功率为 $P+jQ$，选择 U_{tH} 满足低压方电压的要求 U_L，于是有

图 5-14 升压变压器分接头的选择

$$\begin{cases} \dfrac{U_H + \Delta U}{U_L} = \dfrac{U_{tH}}{U_{tL}} \\ \Delta U = \dfrac{P'R_T + Q'X_T}{U_H} \end{cases} \tag{5-21}$$

式中，$P' = P - \Delta P_T$，$Q' = Q - \Delta Q_T$。

在最大负荷及最小负荷情况下，有

$$\begin{cases} U_{tH,M} = (U_{HM} + \Delta U_M)\dfrac{U_{tL}}{U_{LM}} \\ U_{tH,m} = (U_{Hm} + \Delta U_m)\dfrac{U_{tL}}{U_{Lm}} \end{cases} \tag{5-22}$$

需要注意：

由于升压变压器中功率方向是从低压侧指向高压侧，因此式（5-22）中 ΔU 前的符号应为正，即要求发电机的端电压均取其额定电压，并按发电机允许的电压偏移进行校验。如果在发电机电压母线上有地方负荷，发电机一般可采用逆调压方式调压。

例 5-3 某变电所由 35kV 线路供电，如图 5-15a 所示。变电所负荷集中在变电器 10kV 母线上。最大负荷 8+j6MV·A，最小负荷 4+j3MV·A，线路送端母线 A 的电压在最大负荷与最小负荷时均为 36kV，要求变电所 10kV 母线上的电压在最小负荷与最大负荷时电压偏移不超过±5%，试选择变压器分接头。变压器的电压比为 35kV（1±2×2.5%）/10.5kV。

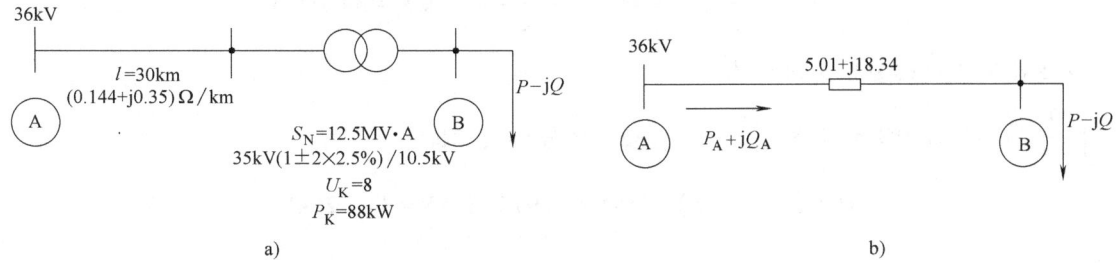

图 5-15 网络图及等效电路

解： 按给定条件可求得归算至高压侧的变压器阻抗为

$$R_T + jX_T = (0.69 + j7.84)\Omega$$

线路阻抗为

$$R_L + jX_L = (4.32 + j10.5)\Omega$$

将变压器阻抗与线路阻抗合并计算的等值电路图如图 5-15b 所示

$$R + jX = R_T + jX_T + R_L + jX_L = (0.69 + j7.84 + 4.32 + j10.5)\Omega = (5.01 + j18.34)\Omega$$

最大负荷时电压计算：
始端功率为

$$(P_A + jQ_A)_{max} = \left[P_{Bmax} + jQ_{Bmax} + \frac{P_{Bmax}^2 + Q_{Bmax}^2}{U_N^2}(R + jX)\right] =$$

$$\left[8 + j6 + \frac{8^2 + 6^2}{36^2}(5.01 + j18.34)\right]\text{Mvar} = (8.39 + j7.42)\text{Mvar}$$

理想变压器高压侧最大负荷时的实际电压为

$$U'_{Bmax} = U_{HM} - \Delta U_M = U_{HM} - \frac{P_{Amax}R + Q_{Amax}X}{U_{HM}} = \left[36 - \frac{8.39 \times 5.01 + 7.42 \times 18.34}{36}\right]\text{kV} = 31.05\text{kV}$$

理想变压器高压侧最大负荷时的期望额定电压为

$$U_{tH,M} = U'_{Bmax}\frac{U_{tL,M}}{U_{LM}} = 31.05 \times \frac{10.5}{0.95 \times 10}\text{kV} = 34.32\text{kV}$$

最小负荷时电压计算：
始端功率为

$$(P_A + jQ_A)_{min} = \left[(P_B + jQ_B)_{min} + \frac{P_B^2 + Q_B^2}{U_N^2}(R + jX)\right] =$$

$$\left[4 + j3 + \frac{4^2 + 3^2}{36^2}(5.01 + j18.34)\right]\text{Mvar} = (4.10 + j3.35)\text{Mvar}$$

理想变压器高压侧最小负荷时的实际电压为

$$U'_{Bmin} = U_{Hm} - \Delta U_m = U_{Hm} - \frac{P_{Amin}R + Q_{Amin}X}{U_{Hm}} = \left[36 - \frac{4.10 \times 5.01 + 3.35 \times 18.34}{36}\right]\text{kV} = 33.72\text{kV}$$

理想变压器高压侧最小负荷时的期望额定电压为

$$U_{\text{tH},m} = U'_{\text{Bmin}} \frac{U_{\text{tL},m}}{U_{\text{Lm}}} = 33.72 \times \frac{10.5}{1.05 \times 10} \text{kV} = 33.72 \text{kV}$$

计算分接头：

$$U_t = \frac{U_{\text{tH},M} + U_{\text{tH},m}}{2} = \frac{34.32 + 33.72}{2} \text{kV} = 34.02 \text{kV}$$

选择变压器最接近的分接头过程为

$$\left(\frac{34.02}{35} - 1\right) \times 100\% = -2.8\%，所以选 -2.5\% 分接头，即$$

$$U_t = (1 - 0.025) \times 35 \text{kV} = 0.975 \times 35 \text{kV} = 34.125 \text{kV}$$

验算：

最大负荷时，有

$$U_{\text{Bmax}} = U'_{\text{Bmax}} \frac{U_{\text{LM}}}{U_t} = 31.05 \times \frac{10.5}{34.125} \text{kV} = 9.55 \text{kV}$$

电压偏移为

$$\Delta U_M\% = \frac{9.55 - 10}{10} \times 100\% = -4.5\%$$

最小负荷时，有

$$U_{\text{Bmin}} = U'_{\text{Bmin}} \frac{U_{\text{Lm}}}{U_t} = 33.72 \times \frac{10.5}{34.125} \text{kV} = 10.38 \text{kV}$$

电压偏移为

$$\Delta U_m\% = \frac{10.38 - 10}{10} \times 100\% = +3.8\%$$

可见，最大负荷时 B 点电压的偏移不超过 -5%，最小负荷时 B 点电压的偏移小于 +5%，因此所选择变压器分接头满足调节范围。

三绕组变压器高压绕组、中压绕组分接头的确定按双绕组变压器的方法分两步进行。

第一步：根据低压母线的调压要求，在高-低压绕组之间进行计算，选取高压绕组的中压分接头。

第二步：根据中压母线的调压要求及选取的高压绕组分接头电压 U_{1f}，在高-中压绕组之间进行计算，选取中压绕组的分接头电压 U_{2f}。确定的电压比为 $U_{1f}/U_{2f}/U_{3N}$。

有载调压变压器（又称为带负荷调压变压器），可以在有载情况下更换分接头，并且分接头个数较多。电压为 110kV 及以下的有载调压变压器，高压绕组有 7 个分接头；电压为 220kV 的有载调压变压器有 9 个分接头，如有特殊需要，制造厂可提供更多数量分接头的有载调压变压器。有载调压变压器可按式（5-19）或式（5-22）计算各种运行方式下变压器的分接头电压。

3. 改变电力网无功功率分布调压

当系统中无功电源不足时，不能采用改变变压器的电压比进行调压，必须采用改变系统的无功分布来调压。一般在降压变电所低压母线或大负荷中心变电所设置并联电容器、同步调相机、静止补偿器等补偿负荷所需的无功功率，因而改变了线路输送的无功功率，从而达到调节枢纽站母线电压的目的。以下讨论根据调压要求确定无功补偿容量的方法。

设图 5-16 中电力网始端电压为 U_s，变电所低压侧电压为 U_r，补偿前归算到高压侧时电压

为 U'_r，负荷功率为 $P+jQ$，阻抗 $R+jX$ 为归算到高压侧的线路和变压器的总阻抗，忽略线路电纳和变压器的空载损耗，变压器电压比为 k。

变电所未装补偿设备前，电力网首端电压为

$$U_s = U'_r + \frac{PR+QX}{U'_r} \quad (5\text{-}23)$$

当变电所装有容量为 Q_c 的并联补偿装置后，电力网首端电压表示为

$$U_s = U'_{rc} + \frac{PR+(Q-Q_c)X}{U'_{rc}} \quad (5\text{-}24)$$

式中，U'_{rc} 为补偿后折合到高压侧的低压侧希望电压。若电力网首端电压 U_s 不变，则由式（5-23）及式（5-24）得

$$U'_r + \frac{PR+QX}{U_r} = U'_{rc} + \frac{PR+QX}{U'_{rc}} - \frac{Q_c X}{U'_{rc}}$$

化简可得

$$(U'_{rc} - U'_r)\left(1 - \frac{PR+QX}{U'_r U'_{rc}}\right) = \frac{Q_c X}{U'_{rc}}$$

由于 $\dfrac{PR+QX}{U'_r U'_{rc}}$ 很小，可忽略，则

$$Q_c = \frac{U'_{rc}}{X}(U'_{rc} - U'_r) = \frac{U_{rc}}{X}\left(U_{rc} - \frac{U'_r}{k}\right)k^2 \quad (5\text{-}25)$$

式中，U_{rc} 为低压侧希望电压。

由式（5-25）可知，并联补偿设备的容量不仅取决于调压要求，还与变压器的电压比有关，因此在确定补偿容量之前，要先确定电压比 k，而变压器的电压比又与选择的无功补偿设备有关，以装设并联电容器和同步调相机为例予以说明。

（1）装设并联电容器

由于电容器只能发出无功功率，提高电力网的电压，所以为了充分利用补偿容量，一般在最大负荷时电容器全部投入，在最小负荷时全部切除。因此装设并联电容器的具体步骤如下：

第一步：在最小负荷时没有补偿，根据调压要求，由式（5-19）计算变压器分接头电压，选取标准分接头，确定其电压比 k。

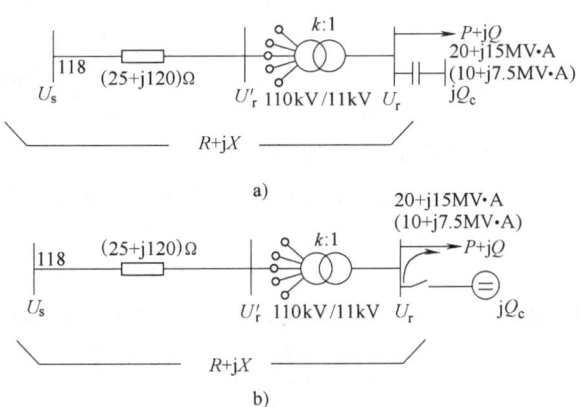

图 5-16 电力网的无功补偿
a）并联电容器补偿 b）同步调相机补偿

第二步：按最大负荷时的调压要求及已选定的电压比，计算所需的补偿容量，即

$$Q_c = \frac{U_{rc,M}}{X}\left(U_{rc,M} - \frac{U'_{rM}}{k}\right)k^2 \quad (5\text{-}26)$$

式中，下标 M 表示最大负荷情况。

第三步：根据确定的电压比和选定的并联电容器容量，校验变压器电压的实际变化。

（2）装设同步调相机

同步调相机可在最大负荷时发出无功功率，在最小负荷时吸收感性无功功率，一般在最

大负荷时按额定容量过励磁运行，在最小负荷时按额定容量的50%~60%欠励磁运行。因此同步调相机补偿容量的步骤如下：

第一步：确定变压器的电压比 k。

最大负荷时按额定容量过励磁运行，利用式（5-26）计算同步调相机的容量。

最小负荷时按额定容量的50%~60%欠励磁运行，同步调相机的容量为

$$-(0.5 \sim 0.6)Q_c = \frac{U_{rc,m}}{X}\left(U_{rc,m} - \frac{U'_{rm}}{k}\right)k^2 \tag{5-27}$$

式中，下标 m 表示最小负荷情况。

由最大负荷及最小负荷时的情况，可消去调相机的容量，式（5-26）与式（5-27）相除，解出 k，由 k 值确定最接近的分接头电压，并确定实际电压比。

$$\frac{U_{rc,M}(kU_{rc,M} - U'_{rM})}{U_{rc,m}(kU_{rc,m} - U'_{rm})} = -(2 \sim 1.667) \tag{5-28}$$

第二步：确定调相机的容量。

将电压比 k 代入式（5-26）或式（5-27），即可求出调相机的容量 Q_c，根据产品目录选出与此容量相近的调相机。

第三步：按所选容量校验变压器电压的实际变化。

例 5-4 输电系统等效电路如图 5-16 所示。电源母线电压 U_s 在最大、最小负荷时保持 118kV 不变。用户要求实现恒调压，使 U_{rc} 维持 10.5kV。试确定负荷端应装无功补偿设备的容量：(1) 电容器；(2) 同步调相机。

解： 补偿前后最大、最小负荷时低压侧母线归算到高压侧母线的电压为

$$U'_{rM} = U_s - \frac{P_{max}R + Q_{max}X}{U_s} = \left(118 - \frac{20 \times 25 + 15 \times 120}{118}\right)\text{kV} = 98.51\text{kV}$$

$$U'_{rm} = U_s - \frac{P_{min}R + Q_{min}X}{U_s} = \left(118 - \frac{10 \times 25 + 7.5 \times 120}{118}\right)\text{kV} = 108.25\text{kV}$$

(1) 采用静电电容器调压。

最小负荷时，由式（5-19）选择变压器分头为

$$U_{tH,m} = U'_{rm} \times \frac{U_r}{U_{rc}} = 108.25 \times \frac{11}{10.5}\text{kV} = 113.41\text{kV}$$

选用额定抽头 110kV。最大负荷时，由式（5-26）计算所需的电容器容量为

$$Q_c = \frac{U_{rc}}{X}\left(U_{rc} - \frac{U'_{rM}}{k}\right)k^2 = \frac{10.5}{120} \times \left(10.5 - \frac{98.51}{110/11}\right) \times \left(\frac{110}{11}\right)^2 \text{Mvar} = 5.68\text{Mvar}$$

校验：

$$U'_{rM} = U_s - \frac{P_{max}R + (Q_{max}-Q_c)X}{U_s} = \left[118 - \frac{20 \times 25 + (15-5.68) \times 120}{118}\right]\text{kV} = 104.28\text{kV}$$

$$U_{rM} = U'_{rM}\frac{1}{k} = 104.28 \times \frac{11}{110}\text{kV} = 10.428\text{kV}$$

$$U_{rm} = U'_{rm}\frac{1}{k} = 108.25 \times \frac{11}{110}\text{kV} = 10.825\text{kV}$$

(2) 采用同步补偿机调压。

选择变压器分接头，由式（5-28）取 $\dfrac{U_{rc,M}(kU_{rc}-U'_{rM})}{U_{rc,m}(kU_{rc}-U'_{rm})} = \dfrac{10.5(10.5k-98.51)}{10.5(10.5k-108.25)} = -2$，故 $k = 10$

$$U_{tH} = kU_r = 10 \times 11.0 \text{kV} = 110 \text{kV}$$

选用额定抽头 110kV，由式（5-26）得

$$Q_c = \frac{U_{rc}}{X}\left(U_{rc} - \frac{U'_{rM}}{k}\right)k^2 = \frac{10.5}{120} \times \left(10.5 - \frac{98.51}{110/11}\right) \times \left(\frac{110}{11}\right)^2 \text{Mvar} = 5.68 \text{Mvar}$$

选用 $Q_c = 6.0\text{Mvar}$。

校验：

$$U'_{rM} = U_s - \frac{P_{max}R + (Q_{max} - Q_c)X}{U_s} = \left[118 - \frac{20 \times 25 + (15-6) \times 120}{118}\right]\text{kV} = 104.61\text{kV}$$

$$U'_{rm} = U_s - \frac{P_{min}R + (Q_{min} + Q_c)X}{U_s} = \left[118 - \frac{10 \times 25 + (7.5+3) \times 120}{118}\right]\text{kV} = 105.20\text{kV}$$

$$U_{rM} = U'_{rM}\frac{1}{k} = 104.61 \times \frac{11}{110}\text{kV} = 10.461\text{kV}$$

$$U_{rm} = U'_{rm}\frac{1}{k} = 105.20 \times \frac{11}{110}\text{kV} = 10.52\text{kV}$$

可见，无论电容器或同步调相机容量如何选择，校验结果均能满足低压方恒压要求（误差在允许范围内）。

4. 改变电力网的参数调压

改变电力网的参数，即减小线路的电阻或电抗，从而减少线路上的电压损耗以提高末端电压，从而达到调压的目的。减小电阻是通过增加线路导线截面积来实现的，这种方法一般不采用；减小电抗可通过采用分裂导线方法实现，另外在输电线路上串联电容器以容抗补偿线路的感抗也可达到减小电抗的目的。如图 5-17 所示，串联电容调压，在线路负荷功率因数较低、无功负荷份额大时有显著作用。

补偿前，输电线路始、末端电压关系为

$$U_i = U_j + \frac{PR + QX}{U_j} \quad (5-29)$$

补偿后，输电线路始、末端电压关系为

$$U_i = U_{jC} + \frac{PR + Q(X - X_C)}{U_{jC}} \quad (5-30)$$

式中，U_{jC} 为补偿后末端电压。

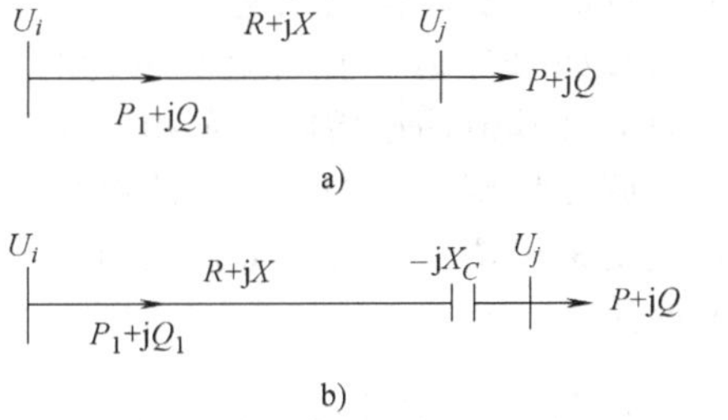

图 5-17 串联电容器补偿方式
a) 串联电容器补偿前
b) 串联电容器补偿后

式（5-29）与式（5-30）相减，得

$$U_{jC} - U_j \approx \frac{QX_C}{U_{jC}}$$

即

$$X_C = \frac{U_{jC}}{Q}(U_{jC} - U_j) \quad (5-31)$$

根据容抗可计算电容器的容量为

$$Q_C = 3I_{Cmax}^2 X_C$$

式中，I_{Cmax} 为通过电容器的最大电流，可由线路负荷电流求得。

一般线路上串联接入的电容器是由多台单个电容器串、并联组成的，如图 5-18 所示。单个电容器的额定容量为

$$Q_{NC} = U_{NC}I_{NC} \quad (5-32)$$

式中，U_{NC}、I_{NC} 分别为单个电容器的额定电压和额定电流。设 n、m 分别为电容器的串联个数和并联串数，则三相电容器的总容量为

$$Q_C = 3mnQ_{NC} \qquad (5\text{-}33)$$

式中，m、n 应分别满足以下两式：

$$nU_{NC} \geq I_{C\max}X_C，即 n \geq \frac{I_{C\max}X_C}{U_{NC}}$$

$$mI_{NC} \geq I_{C\max}，即 m \geq \frac{I_{C\max}}{I_{NC}}$$

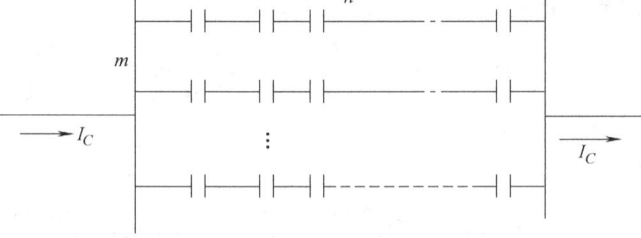

图 5-18 由单个电容器组成的电容器组

电容器的设置地点应满足沿线电压均匀分布，利用串联电容器调压适合于负荷功率因数低、负荷变化剧烈的远距离输电线路。

5. 静止无功补偿器调压

静止无功补偿器为静电电容器与可控电抗器的并联组合，其容量为 $Q_{SVC} = Q_L - Q_C$，电容器发出固定的无功功率，可控电抗器依据负荷变化改变吸收的无功功率，从而使母线电压维持不变，如图 5-19 所示。电容器的容量 Q_C 可按最大负荷时负荷母线电压的要求确定，此时可控电抗器吸收的无功功率为零或最小。静止补偿器的容量 Q_{SVC} 由最小负荷时的电压要求确定，此时 Q_C 不变，即可确定可控电抗器吸收的无功功率。

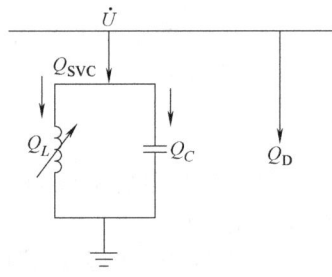

图 5-19 静止无功补偿器调压方式

6. 组合调压

组合调压主要是针对电力系统的特点，选择几种调压方式的合理组合，从而达到最优调压的目的。发电机调压是首选的调压方法，但其调压幅度有限。在无直配负荷时，一般采用逆调整如 $\pm 5\%U_N$；在有直配负荷时，采用逆调整 $5\%U_N$。发电机调压可与其他措施配合使用，从而减轻其他调压措施的负担。在系统无功功率电源缺乏时主要采用静电电容器、静止补偿器及调相机调压等方法，既能补偿无功功率又能调节节点电压以满足要求；在无功功率充裕时主要采用调节变压器分接头进行调压；串联电容器调压一般只在中、低压远距离输电线路上使用。

5.4 无功功率负荷的经济分配

5.4.1 等微增率准则的应用

产生无功功率并不消耗能源，但是无功功率在网络中传送则会产生有功功率损耗。电力系统的经济运行，首先要求在各发电厂（或机组）间进行有功负荷的经济分配。在有功负荷分配已确定的前提下，调整各无功电源之间的负荷分配，使有功网损达到最小，这就是无功功率负荷经济分布的目标。

网络中的有功损耗可表示为所有节点注入功率的函数，即

$$\Delta P_\Sigma = P_L(P_1, P_2, \cdots, P_n, Q_1, Q_2, \cdots, Q_n) \qquad (5\text{-}34)$$

进行无功负荷经济分布时，除平衡机以外（因无功分布未定，总有功网损也未定），所有发电机的有功功率都已确定，各节点负荷的无功功率也是已知的，待求的是节点无功电源的功率。在除平衡节点外的其他各点的注入有功功率 P_i 已给定的前提下，可以认为，这个网络总损耗 ΔP_Σ 仅与各节点的注入无功功率 Q_i 有关。则无功功率最优分布时的目标函数可

写为

$$\Delta P_\Sigma(Q_1, Q_2, \cdots, Q_n) = \Delta P_\Sigma(Q_i) \tag{5-35}$$

无功电源可以是发电机、同步调相机、静电电容器和静止补偿器等,假定这些无功功率电源介于节点 1, 2, ⋯, m,其出力和节点电压的变化范围都不受限制,则无功负荷经济分配问题的数学表述是在满足 $\sum_{i=1}^{i=m} Q_{Gi} - \sum_{i=1}^{i=m} Q_{Li} - \Delta Q_\Sigma = 0$ 的条件下,使网络中的有功损耗 ΔP_L 最小。其中 $\sum_{i=1}^{i=m} Q_{Gi}$ 是网络中的总无功电源;$\sum_{i=1}^{i=m} Q_{Li}$ 是网络中的总无功负荷;ΔQ_Σ 是网络中的无功损耗。

仍应用拉格朗日乘数法,构造拉格朗日函数,即

$$C^* = \Delta P_\Sigma(Q_{Gi}) - \lambda \left(\sum_{i=1}^{i=m} Q_{Gi} - \sum_{i=1}^{i=m} Q_{Li} - \Delta Q_\Sigma \right) \tag{5-36}$$

将 C^* 分别对 Q_{Gi} 和 λ 取偏导数并令其等于零,可得

$$\left. \begin{aligned} \frac{\partial C^*}{\partial Q_{Gi}} &= \frac{\partial \Delta P_\Sigma}{\partial Q_{Gi}} - \lambda \left(1 - \frac{\partial \Delta Q_\Sigma}{\partial Q_{Gi}} \right) = 0 \\ \frac{\partial C^*}{\partial \lambda} &= -\left(\sum_{i=1}^{i=m} Q_{Gi} - \sum_{i=1}^{i=m} Q_{Li} - \Delta Q_\Sigma \right) = 0 \end{aligned} \right\} (i = 1, 2, \cdots, m) \tag{5-37}$$

上式可改写为

$$\left. \begin{aligned} \frac{\partial \Delta P_\Sigma}{\partial Q_{G1}} \frac{1}{(1 - \partial \Delta Q_\Sigma / \partial Q_{G1})} &= \frac{\partial \Delta P_\Sigma}{\partial Q_{G2}} \frac{1}{(1 - \partial \Delta Q_\Sigma / \partial Q_{G2})} = \cdots \\ &= \frac{\partial \Delta P_\Sigma}{\partial Q_{Gn}} \frac{1}{(1 - \partial \Delta Q_\Sigma / \partial Q_{Gn})} = \lambda \\ \sum_{i=1}^{i=n} Q_{Gi} - \sum_{i=1}^{i=n} Q_{Li} - \Delta Q_\Sigma &= 0 \end{aligned} \right\} \tag{5-38}$$

式中,偏导数 $\dfrac{\partial \Delta P_\Sigma}{\partial Q_{Gi}}$ 是网络有功损耗对于第 i 个无功电源功率的微增率;$\dfrac{\partial \Delta Q_\Sigma}{\partial Q_{Gi}}$ 是无功网损对于第 i 个无功电源功率的微增率;式中的乘数 $\beta = 1 / \left(1 - \dfrac{\partial \Delta Q_\Sigma}{\partial Q_{Gi}} \right)$ 为无功功率网损的修正系数。

在不考虑无功功率网络损耗时,式(5-38)可整理得

$$\begin{cases} \dfrac{\partial \Delta P_\Sigma}{\partial Q_1} = \dfrac{\partial \Delta P_\Sigma}{\partial Q_2} = \cdots = \dfrac{\partial \Delta P_\Sigma}{\partial Q_m} = \lambda \\ \sum_{i=1}^{i=m} Q_{Gi} - \sum_{i=1}^{i=m} Q_{Li} = 0 \end{cases} \tag{5-39}$$

式中,λ 为补函数的定系数;Q 为补偿无功总容量。式(5-39)称为电力系统负荷无功补偿容量最优分布等网损微增率准则。可以看出,在该准则中不存在其他系数项,和常规方法相比,有效地简化了求解过程。

对比式(4-30)、式(5-39)可以看到,这两个公式完全相似。式(5-39)是等微增率准则在无功功率负荷经济分配问题中的具体应用。

如系统中无功电源配备充足、布局合理,则无功功率负荷经济分配计算的步骤大致如下:

1）按有功负荷的经济分配计算结果，给定除平衡节点以外各发电厂的有功功率，给定 PV 节点的电压和各负荷点的 Q_{Li}，进行潮流计算。

2）利用上一步的计算结果，求出各无功电源点的 λ 值。若某电源点的 $\lambda<0$，即表示增加该电源的无功出力就能降低网损；而 $\lambda>0$ 则表示增加该电源的无功出力将导致网损的增大。因此，为了减少网损，凡 $\lambda<0$ 的节点，都应该增加该电源的无功输出，而 $\lambda>0$ 的节点则应该减少该电源的无功输出。当然不管 λ 可能取何值，都必须按这样的原则调整无功功率，首先应增加 λ 为最小值的电源点的无功功率，减小 λ 为最大值的电源点的无功功率，每做一次调整后，就重新计算一次潮流。

3）每做一次潮流计算后，都要算出总网损。按步骤1）所述条件，网损的变化实际上都反应在平衡机的功率变化上。因此，如果调整无功分配，还能使平衡机功率较小的话，这种调整就继续下去，直到平衡机功率不能再减小为止。

必须指出，以上情况是假定电源点的无功功率不受限制的。实际上，由于存在以下不等式约束条件：

$$\left.\begin{array}{l} Q_{Gimin} \leq Q_{Gi} \leq Q_{Gimax} \\ U_{imin} \leq U_i \leq U_{imax} \end{array}\right\} \tag{5-40}$$

在计算过程中，必须逐次检验这些条件，凡是无功越限的电源点，即按限制分配无功功率，不再参加下一轮的经济分配，所以在调整过程中，可能只有一部分电源点是按着等微增率条件，即式（5-39）进行负荷分配，而另一部分电源点按限值或调压要求分配无功负荷。这样，对于 $Q_{Gi}=Q_{Gimax}$ 的节点，其 λ 值必然偏小；对于 $Q_{Gi}=Q_{Gimin}$ 的节点则相反，其 λ 值可能偏大。所以，在实际系统中各节点的 λ 值往往不会全部相等。以上所述只是一种可能的计算方法。

例 5-5 简化后的 60kV 等效网络如图 5-20 所示，图中，各负荷节点的无功功率负荷分配为 $Q_{L1}=10\mathrm{Mvar}$，$Q_{L2}=7\mathrm{Mvar}$，$Q_{L3}=5\mathrm{Mvar}$，$Q_{L4}=8\mathrm{Mvar}$，各线段以欧姆（Ω）为单位的电阻已标示于图中。设无功功率补偿设备的总容量给定为 17Mvar，试确定这些无功功率电源的最优分布。

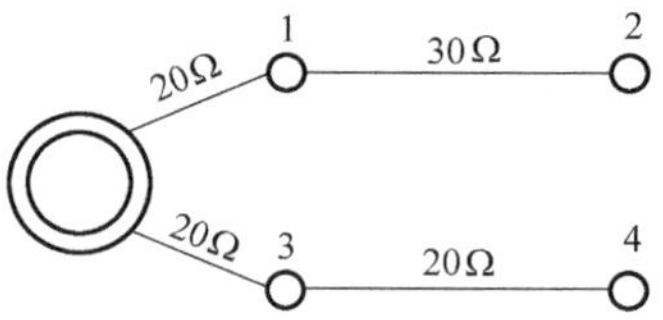

图 5-20 等效网络

解：首先由式（5-35）列出因无功功率流动而产生的有功功率网损表示式

$$\Delta P_\Sigma = \Delta P_\Sigma(Q_i) = \sum \frac{Q_i^2}{U_N^2} r_i = \frac{1}{U_N^2}[R_1(Q_{L1}-Q_{C1}+Q_{L2}-Q_{C2})^2 + R_2(Q_{L2}-Q_{C2})^2 +$$
$$R_3(Q_{L4}-Q_{C4}+Q_{L3}-Q_{C3})^2 + R_4(Q_{L4}-Q_{C4})^2] =$$
$$\frac{1}{60^2}[20(17-Q_{C1}-Q_{C2})^2 + 30(7-Q_{C2})^2 + 20(13-Q_{C4}-Q_{C3})^2 + 20(8-Q_{C4})^2]$$

然后求网损微增率

$$\frac{\partial \Delta P_\Sigma}{\partial Q_{C1}} = -\frac{40}{60^2}(17-Q_{C1}-Q_{C2})$$

$$\frac{\partial \Delta P_\Sigma}{\partial Q_{C2}} = -\frac{1}{60^2}[40(17-Q_{C1}-Q_{C2}) + 60(7-Q_{C2})]$$

$$\frac{\partial \Delta P_\Sigma}{\partial Q_{C3}} = -\frac{40}{60^2}(13-Q_{C3}-Q_{C4})$$

$$\frac{\partial \Delta P_\Sigma}{\partial Q_{C4}} = -\frac{1}{60^2}[40(13-Q_{C3}-Q_{C4}) + 40(8-Q_{C4})]$$

按照式（5-39）等网损微增率原则

$$\frac{\partial \Delta P_\Sigma}{\partial Q_1} = \frac{\partial \Delta P_\Sigma}{\partial Q_2} = \cdots = \frac{\partial \Delta P_\Sigma}{\partial Q_m}$$

和等约束条件

$$Q_{C1} + Q_{C2} + Q_{C3} + Q_{C4} = 17$$

可解得

$$Q_{C1} = 3.5\text{Mvar}, \quad Q_{C2} = 7\text{Mvar}, \quad Q_{C3} = -1.5\text{Mvar}, \quad Q_{C4} = 8\text{Mvar}$$

Q_{C3} 为负值表示如负荷节点 3 原已装设补偿设备，应从该节点调出 1.5Mvar 至其他节点。而如不能从该节点调出补偿设备，则应设置 $Q_{C3} = 0$，重列网损表达式

$$\begin{aligned}\Delta P_\Sigma = \Delta P_\Sigma(Q_i) &= \sum \frac{Q_i^2}{U_N^2} r_i = \frac{1}{U_N^2}[R_1(Q_{L1} - Q_{C1} + Q_{L2} - Q_{C2})^2 + R_2(Q_{L2} - Q_{C2})^2 + \\ &\quad R_3(Q_{L4} - Q_{C4} + Q_{L3} - Q_{C3})^2 + R_4(Q_{L4} - Q_{C4})^2] \\ &= \frac{1}{60^2}[20(17 - Q_{C1} - Q_{C2})^2 + 30(7 - 0)^2 + 20(13 - Q_{C4} - 0)^2 + 20(8 - Q_{C4})^2]\end{aligned}$$

重求网损微增率

$$\frac{\partial \Delta P_\Sigma}{\partial Q_{C1}} = -\frac{40}{60^2}(17 - Q_{C1} - Q_{C2})$$

$$\frac{\partial \Delta P_\Sigma}{\partial Q_{C2}} = -\frac{1}{60^2}[40(17 - Q_{C1} - Q_{C2}) + 60(7 - Q_{C2})]$$

$$\frac{\partial \Delta P_\Sigma}{\partial Q_{C4}} = -\frac{1}{60^2}[40(13 - 0 - Q_{C4}) + 40(8 - Q_{C4})]$$

按照式（5-39）等网损微增率原则

$$\frac{\partial \Delta P_\Sigma}{\partial Q_1} = \frac{\partial \Delta P_\Sigma}{\partial Q_2} = \cdots = \frac{\partial \Delta P_\Sigma}{\partial Q_m}$$

和等约束条件

$$Q_{C1} + Q_{C2} + Q_{C4} = 17$$

重新解得

$Q_{C1} = 3\text{Mvar}, \quad Q_{C2} = 7\text{Mvar}, \quad Q_{C4} = 7\text{Mvar}$

例 5-6 两发电厂联合向一个负荷供电，设发电厂母线电压均为 1.0；负荷功率 $S_L = P_L + Q_L = 1.2 + \text{j}0.7$，其有功部分由两发电厂平均分担。试确定

(a) 不计无功功率网损时；(b) 计及无功功率网损时，无功功率的最优分布。等效网络如图 5-21 所示，图中，$z_1 = 0.1 + \text{j}0.40$，$z_2 = 0.04 + \text{j}0.08$。

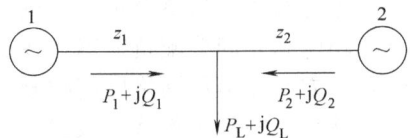

图 5-21 等效网络

解：按题意列出有功、无功功率损耗的表示式

$$\Delta P_\Sigma = \frac{P_1^2 + Q_1^2}{U_N^2} r_1 + \frac{P_2^2 + Q_2^2}{U_N^2} r_2 = (0.6^2 + Q_1^2)0.10 + (0.6^2 + Q_2^2)0.04$$

$$\Delta Q_\Sigma = \frac{P_1^2 + Q_1^2}{U_N^2} x_1 + \frac{P_2^2 + Q_2^2}{U_N^2} x_2 = (0.6^2 + Q_1^2)0.40 + (0.6^2 + Q_2^2)0.08$$

然后计算各网损微增率

$$\frac{\partial \Delta P_\Sigma}{\partial Q_1} = 0.20Q_1 ; \frac{\partial \Delta P_\Sigma}{\partial Q_2} = 0.08Q_2$$

$$\frac{\partial \Delta Q_\Sigma}{\partial Q_1} = 0.80Q_1 ; \frac{\partial \Delta Q_\Sigma}{\partial Q_2} = 0.16Q_2$$

(a) 不计无功功率网损时

按照式（5-39）等网损微增率原则

$$\frac{\partial \Delta P_\Sigma}{\partial Q_1} = \frac{\partial \Delta P_\Sigma}{\partial Q_2} ; 0.20Q_1 = 0.08Q_2$$

和等约束条件

$$Q_1 + Q_2 - Q_L = 0 ; Q_1 + Q_2 - 0.70 = 0$$

可解得

$$Q_1 = 0.20 ; Q_2 = 0.50$$

由解得的 Q_1 和 Q_2 可见，不计无功功率网损时，无功功率的分布应按线路电阻的反比分布。这一点有普遍意义。

(b) 计及无功功率损耗时

由式（5-38）得

$$\frac{\partial \Delta P_\Sigma}{\partial Q_{G1}} \frac{1}{(1-\partial \Delta Q_\Sigma / \partial Q_{G1})} = \frac{\partial \Delta P_\Sigma}{\partial Q_{G2}} \frac{1}{(1-\partial \Delta Q_\Sigma / \partial Q_{G2})} ;$$

$$\frac{0.20Q_1}{1-0.80Q_1} = \frac{0.08Q_2}{1-0.16Q_2}$$

和等约束条件

$$Q_1 + Q_2 + Q_L - \Delta Q_\Sigma = 0$$

$$Q_1 + Q_2 - 0.7 - 0.40(0.6^2 + Q_1^2) - 0.08(0.6^2 + Q_2^2) = 0$$

运用图解法联立解以上两式可得

$$Q_1 \approx 0.25 ; Q_2 \approx 0.69$$

由解得的 Q_1 和 Q_2 可见，计及无功功率网络损耗时，由于本例中线路电抗 $x_2 < x_1$，对 Q_2 的修正应大于对 Q_1 的修正。这一点也有普遍意义。

5.4.2 无功功率补偿的经济配置

上述无功负荷经济分配的原则也可以应用于无功补偿容量的经济配置。其差别在于：在现有无功电源之间分配负荷不要支付费用，而增添补充装置则要增加支出。由于设置无功补偿装置一方面能节约网络电能损耗，另一方面又要增加费用，因此无功补偿容量合理配置的目标应该是总的经济效益为最优。

在节点 i 装设补偿容量 Q_{ci}，每年所能节约的网损能量损耗费以 $C_{ei}(Q_{ci})$ 表示。由于装置补偿容量 Q_{ci}，每年需要支出的费用以 $C_{di}(Q_{ci})$ 表示，这部分年支出费用包括补偿设备的折旧维修费、投资的年回收费以及补偿设备本身的能量损耗费用。

折旧维修费和投资回收费一般按补偿设备投资的一定百分比进行计算，补偿设备的功率损耗一般正比于其容量。如果补偿装置每单位容量的投资与总的装设容量无关，则年支出费用 $C_{di}(Q_{ci})$ 就与 Q_{ci} 成比例关系，即

$$C_{di}(Q_{ci}) = k_c Q_{ci} \tag{5-41}$$

比例系数 k_c 就是每单位无功补偿容量的年费用。安装每一单位无功补偿装置所花的费用，在不同的地点基本相同；而在同一个系统内各处网络电能损耗的成本也基本一致，所以比例

系数 k_c 对于不同的节点都是相同的。

在节点 i 装设补偿设备 Q_{ci}，所取得的费用节约为

$$\Delta C_{\varepsilon i}(Q_{ci}) = C_{ci}Q_{ci} - C_{di}Q_{ci} \tag{5-42}$$

不言而喻，无功补偿容量只应配给 $\Delta C_{\varepsilon i} > 0$ 的节点，而不应配给 $\Delta C_{\varepsilon i} < 0$ 的节点。为了取得最大的经济效益，应按

$$\frac{\partial \Delta C_{\varepsilon i}}{\partial Q_{ci}} = 0 \tag{5-43}$$

即

$$\frac{\partial \Delta C_{ci}(Q_{ci})}{\partial Q_{ci}} = \frac{\partial \Delta C_{di}(Q_{ci})}{\partial Q_{ci}} = k_c \tag{5-44}$$

来确定应该配给的补偿容量。称 $\partial \Delta C_{ci}(Q_{ci})/\partial Q_{ci}$ 为网损节约对无功补偿容量的微增率，简称网损节约微增率。式（5-44）的含义是对各补偿点配置补偿容量，应使每一个补偿点在装设最后一个单位的补偿容量时所得到的年网损节约折价恰好等于单位补偿容量所需的年费用。在这种情况下，将能取得最大的经济效益。

按照式（5-44）所确定的经济补偿容量一般较大，往往超出国家所能提供的补偿设备容量。因此，在工程实际中，无功经济补偿的问题是在给定全电网总的补偿容量 Q_{ci} 的条件下，寻求最经济合理的分配方案。由于受到总补偿容量的限制，问题将变为：在满足

$$\sum Q_{ci} - Q_{ci} = 0 \tag{5-45}$$

的约束条件下，使总的费用节约

$$C_{\Sigma} = \sum \Delta C_{\varepsilon i}(Q_{ci}) \tag{5-46}$$

达到最大。

选择乘数 λ_c，构造拉格朗日函数

$$C^* = \sum_{i=1}^{i=n} \Delta C_{\varepsilon i}(Q_{ci}) - \lambda_c \left(\sum_{i=1}^{i=n} Q_{ci} - Q_c \right) \tag{5-47}$$

然后求函数 C^* 的极值，可得

$$\frac{\partial \Delta C_{\varepsilon i}(Q_{ci})}{\partial Q_{ci}} = \frac{\partial [C_{ci}(Q_{ci}) - C_{di}(Q_{ci})]}{\partial Q_{ci}} = \lambda_c \tag{5-48}$$

或

$$\frac{\partial C_{\varepsilon i}(Q_{ci})}{\partial Q_{ci}} = \lambda_c + k_c = \gamma_c \tag{5-49}$$

补偿容量有限时，λ_c 总是正的，因此 $\gamma_c > k_c$。式（5-49）表明，补偿容量应按网损节约微增率相等的原理，在各补偿点之间进行分配；分配的结果应当是所有补偿点的网损节约微增率都等于某一常数 γ_c，而一切未配置补偿容量之点的网损节约微增率都应小于 γ_c。

这里还要指出，由于无功补偿容量的经济分配是以年费用节约作为目标函数的，因此上述中的无功负荷并不是某一制定运行方式下的数值，而是无功负荷的年平均值。

以上的讨论没有涉及不等式约束条件。实际上，对电力系统进行无功补偿的目的是要在满足电压质量要求的条件下取得最好的经济效益。如果给定无功补偿容量的经济分配不能满足某些节点的调压要求，而经过技术经济分析又认为采用无功补偿是最为合理的调压手段，则对这部分节点应按调压要求配给补偿容量，而对其余的补偿点仍按等微增率准则分配补偿容量。

在这里，顺便对无功补偿问题做一个简要的概括。前文从无功功率平衡、电压调整和经济运行这三个不同的角度讨论过无功补偿问题。一般来说，这三个方面的要求是不会相互矛

盾的，为满足无功功率平衡而设置的补偿容量必有助于提高电压水平，为减少网络电压损耗而增添的无功补偿也必然会降低网损。应该说，按无功功率在正常电压水平下的平衡所确定的无功补偿容量，是必须首先满足的。不论实际能提供的补偿容量为多少，在考虑其配置方案时，都要以调压要求作为约束条件，按经济原则，即按式（5-49）进行分配。

本 章 小 结

本章主要内容为电力系统无功功率平衡与电压调整方法。通过本章学习应掌握以下内容：了解电力系统无功功率平衡的概念，系统中的无功功率电源、无功功率负荷的种类及功率损耗情况；理解电压调整的必要性，电压管理及电压调整的常用方法，无功补偿容量的计算方法；了解无功功率负荷经济分配的等微增率准则。

习 题

5-1 电力系统中无功负荷和无功损耗主要指的是什么？

5-2 电力系统中无功功率平衡与电压水平有什么关系？

5-3 何为电力系统的中枢点？系统中枢点有哪三种调压方式？其要求如何？

5-4 简要说明电力系统的电压调整可采用哪些措施？

5-5 当电力系统无功功率不足时，是否可以通过改变变压器的电压比来调压？为什么？

5-6 各种调压措施的适用情况如何？

5-7 降压变压器及等效电路如图 5-22 所示。归算到一次侧的阻抗为 $R_T+jX_T=(2.44+j40)\Omega$，已知在最大负荷和最小负荷时通过变压器的功率分别为 $S_{max}=(28+j14)MV\cdot A$、$S_{min}=(10+j6)MV\cdot A$，一次侧的电压分别为 $U_{1max}=110kV$、$U_{1min}=113kV$。要求二次侧母线电压的变化不超过 6.0~6.6kV 的范围，试选择分接头。

5-8 110kV/11kV 降压变压器归算到一次侧的阻抗为 $(2.44+j40)\Omega$，已知最大负荷和最小负荷时流过变压器等效阻抗首端的功率分别为 $\tilde{S}_{max}=(28+j14)MV\cdot A$、$\tilde{S}_{min}=(14+j6)MV\cdot A$，一次侧实际电压分别为 $U_{1max}=110kV$、$U_{1min}=114kV$。要求二次侧母线电压在最大负荷时不低于 10.3kV，最小负荷时不高于 10.75kV。确定变压器二次侧所需的无功补偿容量。

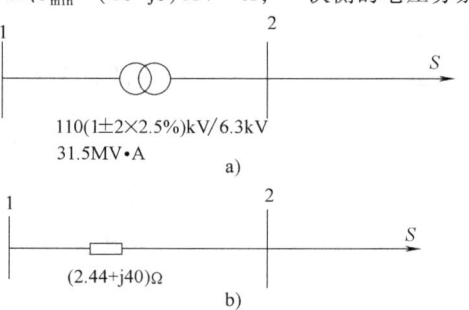

图 5-22 降压变压器及等效电路

5-9 简单输电系统的接线图和等效电路如图 5-23 所示。变压器励磁支路和线路电容被略去。节点 1 归算到一次侧的电压为 118kV，且维持不变。受端二次侧母线电压要求保持在 10.5kV。试配合降压变压器 T2 分接头的选择，确定负荷端：（1）静电电容器的容量；（2）同步调相机的容量。

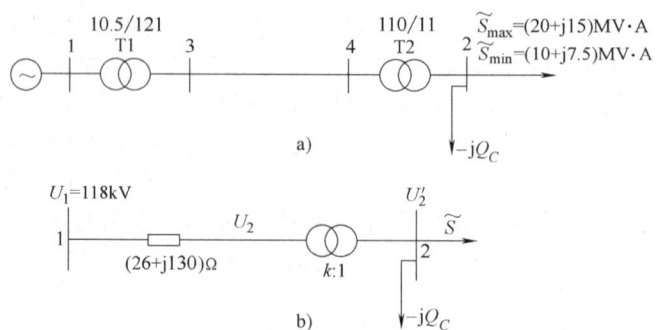

图 5-23 简单输电系统的接线图和等效电路

5-10 某35kV电力网的接线方式及有关技术参数如图5-24a所示，其简化等效电路及无功潮流如图5-24b所示。设给定总补偿容量为1200kvar，试确定其最优分布（为简化计算，忽略元件电抗及变压器励磁支路）。

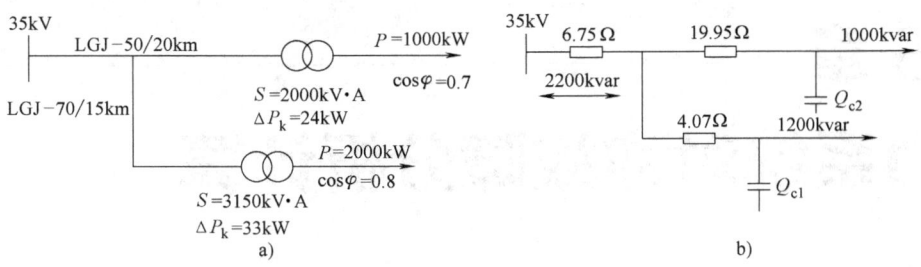

图 5-24 电力网的接线方式及简化等效电路

5-11 查找新能源发电并网过程中可能出现的问题，如何保障无功功率平衡和电压的稳定？

第 6 章
电力系统对称故障分析计算

本章提要

电力系统在运行中常常受到各种突然的扰动,这些扰动使电力系统处于暂态过程之中,这时运行参数可能发生较大的变化。暂态过程中运行参数的变化可能会造成对系统的危害。

本章主要研究的是短路的基本概念、电力系统中发生短路故障后的电磁暂态过程,分析无限大功率电源与同步发电机突然三相短路的暂态过程,引出了暂态参数和次暂态参数、网络简化的基本方法,分析短路故障后电网中电流、电压的变化,短路电流的实用计算法;利用计算机计算复杂系统短路电流的原理和方法。

6.1 短路的基本知识

6.1.1 短路的原因、类型及危害

在电力系统的运行过程中,时常会发生各种故障,对系统危害最大,而且发生概率最高的是短路故障(简称为短路)。

所谓短路,是指电力系统正常运行情况以外的相与相或相与地(或中性线)之间的连接。在正常运行时,除中性点外,相与相或相与地之间是绝缘的。

产生短路的主要原因是电气设备载流部分的相间绝缘或相对地绝缘被破坏。正常运行时电力系统各部分绝缘是足以承受所带电压的,且具有一定的裕度,但以下情况会造成短路:架空输电线路的绝缘子可能由于受到过电压(如由雷击引起)而发生闪络,或者由于空气的污染使绝缘子表面在正常工作电压下放电;其他电气设备如发电机、变压器、电缆等载流部分的绝缘材料在运输、安装及运行中削弱或损坏,造成带电部分的相与相或相与地形成通路;运行人员在设备(线路)检修后未拆除地线就加电压或者带负荷拉刀开关等误操作也会引起短路故障;此外,鸟兽跨接在裸露的载流部分以及大风或导线覆冰引起架空线路杆塔倒塌所造成的短路也屡见不鲜。

短路故障分为三相短路、两相短路、两相接地短路和单相接地短路四种,各种短路故障的示意图及符号如图 6-1 所示。三相短路时三相系统仍然保持对称,故称为对称短路;其余三种类型的短路发生时,三相系统不再对称,故称为不对称短路。

电力系统的运行经验表明,在各种短路故障中,单相接地短路发生的概率最高。而在系统各元件中,高压架空输电线路长距离裸露在空气中,工作条件相对比较恶劣,短路故障发生的概率最高。

短路故障对电力系统的正常运行和电气设备有很大的危害,主要表现在以下几方面:

发生短路时,由于电源供电回路的阻抗减小以及突然短路的暂态过程,使短路回路中的短路电流值大大增加,可能超过该回路的额定电流许多倍。短路点距发电机的电气距离越近(即阻抗越小),短路电流越大。例如,在发电机端发生短路时,流过发电机定子回路的短路

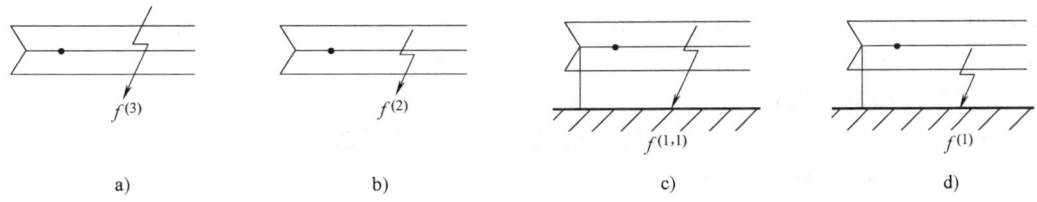

图 6-1 各种短路故障的示意图及符号
a）三相短路 b）两相短路 c）两相接地短路 d）单相接地短路

电流最大瞬时值可达发电机额定电流的 10~15 倍，在大容量系统中的短路电流可达几万甚至几十万安培。短路点的电弧有可能烧坏电气设备；短路电流通过电气设备中的导体时，其热效应会引起导体或其绝缘的损坏。同时，导体也会受到很大的电动力冲击，致使导体变形，甚至损坏。因此，各种电气设备应有足够的热稳定度和动稳定度，使电气设备在通过最大可能的短路电流时不致损坏。

短路时短路点的电压比正常运行时低，如果是三相短路，则短路点的电压为零。这必然导致整个电网电压大幅度的下降，可能使部分用户的供电受到破坏，接在电网中的用电设备不能正常工作。例如，在用电设备中占有很大比重的异步电动机，其电磁转矩与电压的二次方成正比，当电压下降幅度较大时，电动机将停止转动；在离短路点较远处的电动机，因电压下降幅度较小而能继续运转，但转速将降低，导致产生废、次产品。此外，由于电压下降、转速降低，而电动机拖动的机械负载又未变化，电动机绕组将流过较大的电流，如果短路持续时间较长，电动机必然过热，使绝缘迅速老化，缩短电动机的寿命。

在由多个发电机组成的电力系统中发生短路时，由于电压大幅度下降，发电机输出的电磁功率急剧减少，如果由原动机供给的机械功率来不及调整，发电机就会加速而失去同步，极端情况下使系统瓦解而造成大面积停电，这是短路造成的最严重、最危险的后果。

接地短路时出现的零序电流会产生零序磁通，在邻近的平行线路（如通信线路、电话线、铁路信号系统等）上感应电动势，造成对邻近通信线路的危害和干扰影响，这不仅会降低通信质量，还会威胁设备和人身的安全。

6.1.2 计算短路电流的基本目的

短路故障对电力系统的正常运行影响很大，所造成的后果也十分严重，因此无论从设计、制造、安装、运行和维护检修等各方面来说，都应着眼于防止短路故障的发生，以及在短路故障发生后要尽量限制所影响的范围。这就要求必须了解短路电流的产生和变化规律，掌握分析计算短路电流的方法。

短路电流计算是电力系统最常用的计算之一，短路电流计算的具体目的有以下几个方面：

1. 选择电气设备

电气设备（如开关电器、母线、绝缘子、电缆等）必须具有充分的电动力稳定性和热稳定性，而电气设备的电动力稳定和热稳定的校验是以短路电流计算结果为依据的。

2. 继电保护的配置和整定

在决定电力系统中应配置哪些继电保护装置以及保护装置的参数整定之前，都必须先对电力系统的各种短路故障进行计算和分析，而且不仅要计算短路点的短路电流，还要计算短路电流在网络各支路中的分布，并要进行多种运行方式的短路计算。

3. 电气主接线方案的比较和选择

在发电厂和变电站的主接线设计中往往遇到这样的情况：有的接线方案由于短路电流太

大以致要选用贵重的电气设备，使该方案的投资太高，但如果适当改变接线方式或采取某些限制短路电流的措施就可能得到既可靠又经济的方案，因此，在比较和评价主接线方案时，短路电流计算是必不可少的内容。

4. 避免干扰和危害通信线路

在设计 110kV 及以上电压等级的架空输电线路时，要计算短路电流，以确定电力线路对邻近架设的通信线路是否存在危险及干扰影响。

5. 其他目的

电力工程中计算短路电流的目的还有很多，如确定中性点的接地方式、验算接地装置的接触电压和跨步电压、计算软导线的短路摇摆、计算输电线路分裂导线间隔棒的间距等。

综上所述，对电力系统短路故障进行分析计算是十分重要的。但是，实际的电力系统十分复杂，突然短路的暂态过程更加复杂，要精确计算任意时刻的短路电流非常困难。然而实际工程中并不需要十分精确的计算结果，但却要求计算方法简捷、实用，其计算结果只要能满足工程允许误差即可。因此，工程中使用的短路计算方法，是采用在一定假设条件下的近似计算方法，这种近似计算方法在电力工程中称为短路电流实用计算。

短路故障称为电力系统的横向故障，因为它们是电力系统相与相或相与地的问题，而相与相或相与地的关系是横向关系。还有一种常见的故障是断线造成的故障，称为电力系统的纵向故障。所谓断线，通常是发生一相或两相短路后，故障相开关跳开造成非全相运行的情况。断线故障有一相断线和两相断线，它们也属于不对称故障，分析方法与不对称短路的分析方法相似。

电力系统中仅有一处出现故障称为简单故障。若同时有两处或两处以上发生故障，称为复杂故障。复杂故障的分析方法以简单故障的分析方法为基础，在本书中不做具体介绍。

一般情况下三相短路是最严重的短路（某些情况下单相接地短路或两相接地短路电流可能大于三相短路电流）。因此，绝大多数情况是用三相短路电流来选择或校验电气设备。另外，三相短路是对称短路，它的分析和计算方法是不对称短路分析和计算的基础。因此，本书先进行三相短路的分析和计算，在此基础上再讨论各种不对称短路。

6.2 无限大功率电源供电系统的三相短路

6.2.1 无限大功率电源的概念

无限大功率电源指的是电源外部有扰动发生时，仍能保持端电压和频率恒定的电源。

在研究电力系统暂态过程时为了简化分析和计算，常常假设某些电源的容量为无限大，并称为无限大功率电源。可以想像，若电源的容量无限大，外电路发生短路（一种扰动）时引起的功率变化量与电源的容量相比可以忽略不计，系统中的有功功率和无功功率总保持平衡，因而电源的电压和频率保持恒定。

显然，无限大功率电源是一个相对的概念，真正的无限大功率电源在实际电力系统中是不存在的。但当许多个有限容量的发电机并联运行，或电源距短路点的电气距离很远时，就可将其等效电源近似看作无限大功率电源。前一种情况常根据等效电源的内阻抗与短路回路总阻抗的相对大小来判断该电源能否看作无限大功率电源，若等效电源的内阻抗小于短路回路总阻抗的10%，则可以认为该电源为无限大功率电源；后一种情况则是通过电源与短路点间电抗的标幺值来判断的，若电抗在以电源额定容量作基准容量时的标幺值大于3，则认为该电源是无限大功率电源。

无限大功率电源具有两个特点：①电源的频率和电压保持恒定；②电源的内阻抗为零。

引入无限大功率电源的概念后,在分析网络突然三相短路的暂态过程时,可以忽略电源内部的暂态过程,使分析得到简化,从而推导出工程上使用的短路电流计算公式。用无限大功率电源代替实际的等效电源计算出的短路电流会偏于安全。

6.2.2 无限大功率电源供电电路突然三相短路的暂态过程

图 6-2 为一个由无限大功率电源供电的简单三相电路。短路前处于正常稳态,每相的电阻和电感分别为 $R+R'$ 和 $L+L'$。由于电路对称,可以只写出一相(a 相)电压和电流表达式,即

$$u_a = U_m \sin(\omega t + \alpha) \tag{6-1}$$

$$i_{a[0]} = I_{m[0]} \sin(\omega t + \alpha - \varphi_{[0]}) \tag{6-2}$$

式中,u_a、$i_{a[0]}$ 分别为 a 相电压和电流的瞬时值;$I_{m[0]}$ 为短路前的电流幅值,$I_{m[0]} = \dfrac{U_m}{\sqrt{(R+R')^2 + \omega^2(L+L')^2}}$;$U_m$ 为电源的电压幅值;α 为电源电压的初相位;$\varphi_{[0]}$ 为短路前电路的阻抗角,$\varphi_{[0]} = \arctan \dfrac{\omega(L+L')}{R+R'}$。

当电路在 f 点发生突然三相短路时,网络被短路点分成两个相互独立的部分,短路点左侧的部分仍与电源连接,右侧的部分则被短接为无源网络。右侧无源网络中,短路前的电流为 $i_{[0]}$,该电路的暂态过程即是电流从这个初始值按指数规律衰减到零的过程,在此过程中,电

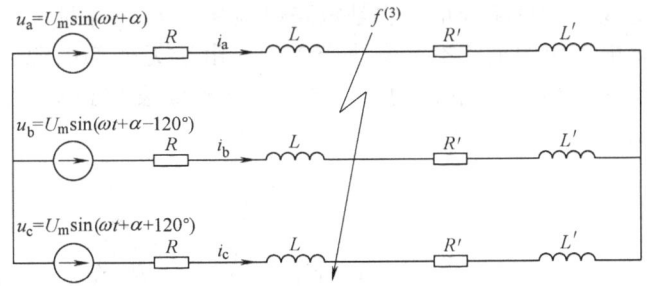

图 6-2 无限大功率电源供电的三相电路突然短路

路中储存的能量将全部转换成为电阻所消耗的热能。因此,要研究原电路发生突然三相短路的暂态过程,主要是研究短路点左侧电路的电磁暂态过程。而在与电源相连的左侧电路中,每相的阻抗已变为 $R+j\omega L$,其电流将要由短路前的数值逐渐变化到由阻抗 $R+j\omega L$ 所决定的新稳态值。

假定短路在 $t=0$ 时发生,因三相短路是对称短路,仍可用一相的研究代替三相。短路点左侧电路 a 相的电磁暂态过程可以用以下微分方程描述,即

$$Ri_a + L\frac{di_a}{dt} = U_m \sin(\omega t + \alpha) \tag{6-3}$$

这是一个常系数线性非齐次微分方程,它的解就是短路的全电流,由两部分组成:第一部分是式(6-3)的特解,代表短路电流的周期分量;第二部分是式(6-3)对应的齐次方程的通解,代表短路电流的非周期分量。即

$$i_a = \frac{U_m}{\sqrt{R^2+(\omega L)^2}}\sin(\omega t+\alpha-\varphi)+Ce^{-\frac{t}{T_a}}$$

$$= I_m \sin(\omega t+\alpha-\varphi)+Ce^{-\frac{t}{T_a}} \tag{6-4}$$

式中,I_m 为短路电流的周期分量的幅值,$I_m = \dfrac{U_m}{\sqrt{R^2+(\omega L)^2}}$;$\alpha$ 为短路瞬间电源电压的初相位,也称为合闸角;φ 为短路回路的阻抗角,$\varphi = \arctan \dfrac{\omega L}{R}$;$C$ 为由初始条件确定的积分常数;T_a 为短路电流非周期分量衰减的时间常数,$T_a = L/R$。

根据楞次定律,电感电路中的电流不能突变,短路前瞬间(用下标"[0]"表示)的电流应等于短路后瞬间(用下标"0"表示)的电流,由此可确定积分常数 C。

将 $t=0$ 分别代入式(6-2)和式(6-4),且 $i_{a[0]}=i_{a0}$,则有

$$I_{m[0]}\sin(\alpha-\varphi_{[0]})=I_m\sin(\alpha-\varphi)+C$$

得

$$C=I_{m[0]}\sin(\alpha-\varphi_{[0]})-I_m\sin(\alpha-\varphi) \tag{6-5}$$

将式(6-5)代入式(6-4),得 a 相短路全电流表达式为

$$i_a=I_m\sin(\omega t+\alpha-\varphi)+[I_{m[0]}\sin(\alpha-\varphi_{[0]})-I_m\sin(\alpha-\varphi)]e^{-\frac{t}{T_a}} \tag{6-6}$$

由式(6-6)可见,无限大功率电源供电的三相电路突然发生三相短路的暂态过程中,短路电流包括两个分量:一个是周期分量,即稳态短路电流,它是短路电流中的强迫分量,其幅值 I_m 取决于电源电压的幅值和电路参数,由于是无限大功率电源供电,电源电压幅值恒定,电路参数也不变,所以在整个暂态过程中周期分量的幅值是不衰减的;另一个是非周期分量或称为直流分量,它是短路电流中的自由分量,这个分量是为了在突然短路的瞬间维持电感电路中的电流不突变而产生的,由于无外部电源支持和电路中存在电阻,它将以时间常数 T_a 按指数规律衰减到零。当非周期电流衰减到零时,表征暂态过程结束,电路进入稳定短路状态。

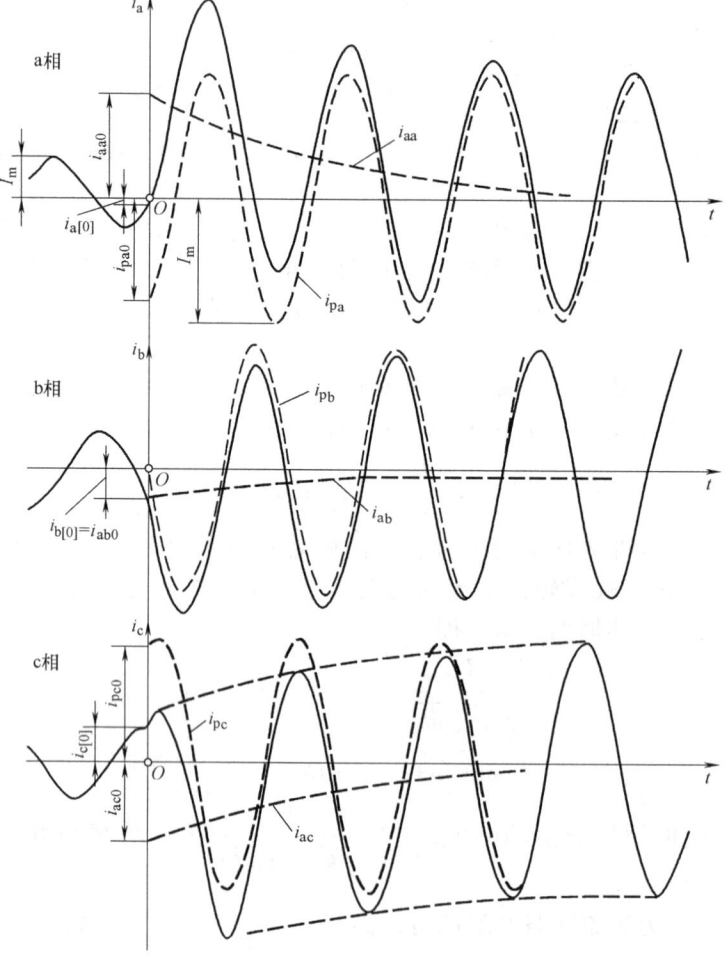

图 6-3 三相短路电流波形

由于短路后三相电路仍对称,只要用($\alpha-120°$)和($\alpha+120°$)去代替式(6-6)中的α,就可得到 b 相及 c 相的短路全电流表达式,即

$$\begin{cases} i_b = I_m\sin(\omega t+\alpha-120°-\varphi)+[I_{m[0]}\sin(\alpha-120°-\varphi_{[0]})-I_m\sin(\alpha-120°-\varphi)]e^{-\frac{t}{T_a}} \\ i_c = I_m\sin(\omega t+\alpha+120°-\varphi)+[I_{m[0]}\sin(\alpha+120°-\varphi_{[0]})-I_m\sin(\alpha+120°-\varphi)]e^{-\frac{t}{T_a}} \end{cases} \quad (6-7)$$

图 6-3 为式(6-6)和式(6-7)所表示的三相短路电流波形。从图中可看出,短路电流的周期分量(i_{pa}、i_{pb}、i_{pc})是幅值恒定的对称三相电流;非周期分量($i_{\alpha a}$、$i_{\alpha b}$、$i_{\alpha c}$)使短路前后瞬间的电流连续,它是短路电流曲线的对称轴。显然,同一时刻三相的非周期分量电流值不相等,非周期分量初始值较大的那一相可能出现的短路电流瞬时值较大。

6.2.3 短路冲击电流和短路全电流有效值

1. 短路冲击电流

由图 6-3 可见,由于存在非周期分量(直流分量),短路后将出现比短路电流周期分量幅值还大的短路电流最大瞬时值,此电流称为短路冲击电流。

短路电流可能的最大瞬时值只出现在一种特定条件下的短路故障中。由式(6-6)可知,要使 i_a 具有最大值,由于周期分量电流在暂态过程中幅值恒定,在电路参数一定($T_a=L/R$ 一定)的情况下,应使非周期分量电流具有最大初始值。从上节推导 a 相短路非周期分量电流初始值为

$$i_{\alpha a 0} = I_{m[0]}\sin(\alpha-\varphi_{[0]})-I_m\sin(\alpha-\varphi)$$

它是短路前瞬间的正常负荷电流与短路后瞬间的短路电流周期分量之差,要使这个差的值最大,应使其中小项为零,大项具有最大值。显然,短路前的电流幅值比短路后的周期分量电流幅值小得多,因此应有 $I_{m[0]}=0$(即短路前空载),且 $\sin(\alpha-\varphi)=1$ 时,$i_{\alpha a}$ 最大。同时,由于高压电力网络中 $R\ll X$,可认为 $\varphi\approx90°$,故 $\sin(\alpha-\varphi)=-1$ 又可表示为 $\alpha=0$,即恰好在电源电压过零时发生短路。

综上所述,在接近纯感性的电力网络中当满足 $I_{m[0]}=0$、$\alpha=-0$ 时,短路电流可能出现最大的瞬时值。通常称满足这些条件的短路为最恶劣条件下的短路。

将 $I_{m[0]}=0$、$\varphi=90°$、$\alpha=0$ 代入式(6-6),得

$$i_a = I_m\sin(\omega t-90°)-I_m\sin(-90°)e^{-\frac{t}{T_a}} = -I_m\cos\omega t + I_m e^{-\frac{t}{T_a}} \quad (6-8)$$

这种最恶劣条件下短路的电流波形如图 6-4 所示。从图中可看出,冲击电流出现在短路后半周期,即 $t=T/2=0.01s$ 时(电源频率 $f=50Hz$),以 $t=0.01s$ 代入式(6-8),得冲击电流为

$$i_{im} = I_m + I_m e^{-\frac{0.01}{T_a}} = (1+e^{-\frac{0.01}{T_a}})I_m = K_{im}I_m \quad (6-9)$$

式中,$K_{im}=(1+e^{-\frac{0.01}{T_a}})$ 称为冲击系数,它表示冲击电流对短路电流周期分量幅值的倍数。显然 K_{im} 的大小取决于短路回路中的参数,即 $T_a=L/R$ 的值。T_a 的变化范围为 $0\sim\infty$ 时,K_{im} 的变化范围为 $1\sim 2$。在实用计算中,当短路发生在发电机母线时,取 $K_{im}=1.9$;当短路发生在发电厂高压侧母线时,取 $K_{im}=1.85$;当其他地点短路时,取 $K_{im}=1.8$。

冲击电流主要用于检验电气设备和载流导体的电动力稳定度。

2. 短路电流的最大有效值

在短路过程中,任一时刻 t 的短路电流有效值 I_t 是指以时刻 t 为中心的一个周期内瞬时电流的方均根值,即

$$I_t = \sqrt{\frac{1}{T}\int_{t-\frac{T}{2}}^{t+\frac{T}{2}} i_t^2 dt} = \sqrt{\frac{1}{T}\int_{t-\frac{T}{2}}^{t+\frac{T}{2}} (i_{pt}+i_{\alpha t})^2 dt} \quad (6-10)$$

式中,i_t、i_{pt} 和 $i_{\alpha t}$ 分别为 t 时刻短路电流、周期分量和非周期分量的瞬时值。

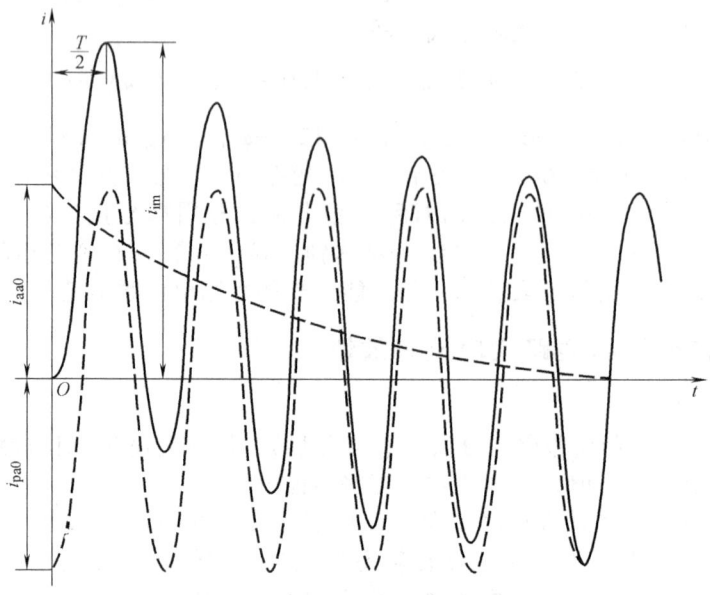

图 6-4 最恶劣条件下短路的电流波形

在短路暂态过程中,短路电流非周期分量的幅值始终是按指数规律衰减的;而短路电流周期分量的幅值只有在无限大功率电源供电时才是恒定的,在一般的情况下也是衰减的。因此,利用式(6-10)进行计算相当复杂。

为了简化计算,通常假定:短路电流非周期分量在以时间 t 为中心的一个周期内恒定不变,即设 t 时刻前后半个周期内非周期分量的大小保持不变,因而它在时刻 t 的有效值就等于它的瞬时值,即 $I_{\alpha t}=i_{\alpha t}$;对于周期分量,也认为它在所计算的周期内幅值是恒定的,其数值等于由周期电流包络线所确定的 t 时刻的幅值,因此 t 时刻的周期电流有效值应为 $I_{pt}=I_{pm}/\sqrt{2}$。

根据上述假设条件,式(6-10)就可以简化为

$$I_t = \sqrt{I_{pt}^2 + I_{\alpha t}^2} \tag{6-11}$$

如果短路电流周期分量不衰减,则 I_{pt} 与时间无关,即 $I_{pt}=I_p$;而 t 时刻非周期分量的瞬时值为 $i_{\alpha t}=I_{pm}e^{-\frac{t}{T_a}}$。由式(6-11)可得短路全电流有效值表达式为

$$I_t = \sqrt{I_p^2 + (I_{pm}e^{-\frac{t}{T_a}})^2} \tag{6-12}$$

从图 6-4 中可看出,短路全电流有效值在冲击电流出现的第一个周期中最大,称为短路电流最大有效值,用 I_{im} 表示。而第一个周期的中心为 $t=T/2=0.01s$,这时非周期分量的有效值为

$$I_{\alpha\frac{T}{2}} = I_{pm}e^{-\frac{0.01}{T_\alpha}} = \sqrt{2}(K_{im}-1)I_p$$

将上式代入式(6-12),便得到短路电流最大有效值 I_{im} 的计算公式为

$$I_{im} = \sqrt{I_p^2 + [\sqrt{2}(K_{im}-1)I_p]^2} = I_p\sqrt{1 + 2(K_{im}-1)^2} \tag{6-13}$$

显然,当周期分量有效值一定时,I_{im} 的值随冲击系数 K_{im} 而变化。因 K_{im} 的变化范围为 $1 \leq K_{im} \leq 2$,对应的 I_{im} 的变化范围为 $I_p \leq I_{im} \leq \sqrt{3}I_p$。在近似计算中,当 $K_{im}=1.90$ 时,$I_{im}=1.62I_p$;当 $K_{im}=1.85$ 时,$I_{im}=1.56I_p$;当 $K_{im}=1.80$ 时,$I_{im}=1.52I_p$。

6.2.4 短路容量

短路容量又称为短路功率,它等于短路电流有效值与短路处的正常工作电压(在近似计算中取平均额定电压)的乘积。于是,t 时刻的短路容量为

$$S_t = \sqrt{3}\, U_{av} I_t \tag{6-14}$$

短路容量主要用于校验断路器(开关)的切断能力。把短路容量定义为短路电流和工作电压的乘积是因为一方面开关要能切断这样大的电流;另一方面,在开关断流时其触头应能经受住工作电压的作用。

在实用计算中取 $U_B = U_{av}$,用标幺值表示短路容量时为

$$S_{t*} = \frac{\sqrt{3}\, U_{av} I_t}{\sqrt{3}\, U_B I_B} = \frac{I_t}{I_B} = I_{t*} = \frac{1}{X_{\Sigma *}} \tag{6-15}$$

换算成有名值为

$$S_t = I_{t*} S_B \tag{6-16}$$

式(6-15)说明在工程中短路容量是个很有用的概念,它反映了网络中某点与无限大功率电源间的电气距离。换句话说,当知道系统中某点的短路容量时,该点与电源点间的等效电抗即可求得。在短路电流的实用计算中,常只用周期分量初始有效值来计算短路容量。

从上述分析可见,为了确定冲击电流、短路电流非周期分量、短路电流的有效值以及短路容量等,都必须计算短路电流的周期分量。实际上,大多数情况下短路计算的任务也只是计算短路电流的周期分量。在给定电源电压时,短路电流周期分量的计算只是一个求解稳态正弦交流电路的问题。

例 6-1 在图 6-5a 所示的电力网络中,当降压变电所 10.5kV 母线上发生三相短路时,可将系统视为无限大功率电源,试求此时短路点的冲击电流 i_{im}、短路电流的最大有效值 I_{im} 和短路容量 S_t。

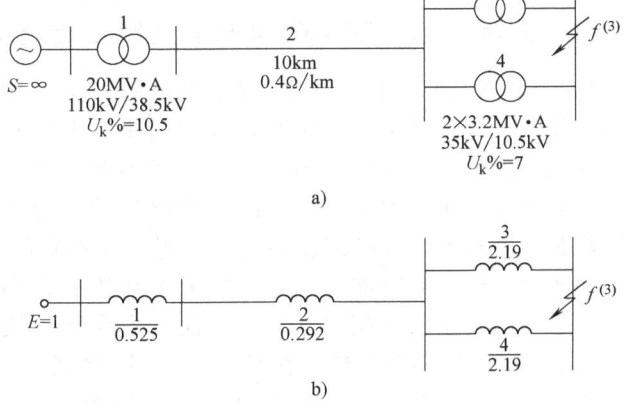

图 6-5 例 6-1 的图
a) 电力网络 b) 等效电路

解:取 $S_B = 100\text{MV}\cdot\text{A}$、$U_B = U_{av}$。
各元件参数的标幺值电抗为

$$\begin{cases} X_{1*} = \dfrac{U_k\% S_B}{100 S_N} = \dfrac{10.5}{100} \times \dfrac{100}{20} = 0.525 \\[2mm] X_{2*} = x_1 l \dfrac{S_B}{U_{av}^2} = 0.4 \times 10 \times \dfrac{100}{37^2} = 0.292 \\[2mm] X_{3*} = X_4 = \dfrac{U_k\%}{100} \times \dfrac{S_B}{S_N} = \dfrac{7}{100} \times \dfrac{100}{3.2} = 2.19 \end{cases}$$

取 $E = 1$,画出等效电路如图 6-5b 所示。
短路回路的等效电抗为

$$X_{\Sigma*} = 0.525 + 0.292 + \frac{1}{2} \times 2.19 = 1.912$$

短路电流周期分量的有效值为

$$I_{t*} = \frac{1}{X_{\Sigma*}} = \frac{1}{1.912} = 0.523$$

$$I_t = I_{t*} I_B = 0.523 \times \frac{100}{\sqrt{3} \times 10.5} \text{kA} = 2.88 \text{kA}$$

若取冲击系数 $K_{im} = 1.8$,则冲击电流为

$$i_{im} = 1.8 \times \sqrt{2} I_t = 2.55 \times 2.88 \text{kA} = 7.34 \text{kA}$$

短路电流的最大有效值为

$$I_{im} = 1.52 I_t = 1.52 \times 2.88 \text{kA} = 4.38 \text{kA}$$

短路容量为

$$S_t = I_{t*} S_B = 0.523 \times 100 \text{MV} \cdot \text{A} = 52.3 \text{MV} \cdot \text{A}$$

6.3 同步发电机突然三相短路的物理过程及短路电流分析

6.3.1 同步发电机在空载情况下突然三相短路的物理过程

上一节讨论了无限大功率电源供电电路发生三相对称短路的情况。实际上电力系统发生短路故障时,大多数情况下作为电源的同步发电机不能看成无限大功率电源,其内部也存在暂态过程,因而不能保持其端电压和频率不变。所以一般在分析和计算电力系统短路时,必须计及同步发电机的暂态过程。由于发电机转子的转动惯量较大,在分析短路电流时可以近似地认为发电机转子保持同步转速,只考虑发电机的电磁暂态过程。

同步发电机稳态对称运行时,电枢磁动势的大小不随时间而变化,在空间以同步转速旋转,由于它与转子没有相对运动,因而不会在转子绕组中感应出电流。但是当发电机端突然发生三相短路时,定子电流在数值上将急剧变化,由于电感回路的电流不能突变,定子绕组中必然有其他自由电流分量产生,从而引起电枢的磁通变化。这个变化又影响到转子,在转子绕组中感应出电流,而这个电流又进一步影响定子电流的变化。定子和转子绕组电流的互相影响是同步发电机突然短路暂态过程区别于稳态短路的显著特点,同时这种定、转子间的互相影响也使暂态过程变得相当复杂。

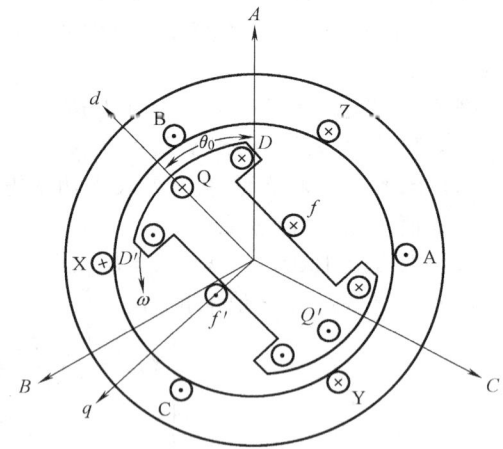

图 6-6 凸极式同步发电机的示意图

图 6-6 为凸极式同步发电机的示意图。定子三相绕组分别用绕组 A—X、B—Y、C—Z 表示,绕组的中心轴 A、B、C 轴线彼此相差 120°。转子极中心线用 d 轴表示,称为纵轴或直轴;极间轴线用 q 轴表示,称为横轴或交轴。转子逆时针旋转为正方向,q 轴超前 d 轴 90°。励磁绕组 ff' 的轴线与 d 轴重合。阻尼绕组用两个互相正交的短接绕组等效,轴线与 d 轴重合的称为 DD' 阻尼绕组,轴线与 q 轴重合的称为 QQ' 阻尼绕组。

定子各相绕组轴线的正方向作为各绕组磁链的正方向,各相绕组中正方向电流产生的磁

链的方向与绕组轴线的正方向相反,即定子绕组中正电流产生负磁通。励磁绕组及 d 轴阻尼绕组磁链的正方向与 d 轴正方向一致, q 轴阻尼绕组磁链的正方向与 q 轴正方向一致,转子绕组中正向电流产生的磁链与轴线的正方向相同,即在转子方面,正电流产生正磁通。下面分析发电机空载突然短路的暂态过程。

1. 定子回路短路电流

设短路前发电机处于空载状态,气隙中只有励磁电流 $i_{f[0]}$ 产生的磁链,忽略漏磁链后,穿过主磁路为主磁链 ψ_0 匝链定子三相绕组的磁链,又设 θ_0 为转子 d 轴与 A 相绕组轴线的初始夹角。由于转子以同步转速旋转,主磁链匝链定子三相绕组的磁链随着 $\theta(\theta_0+\omega t)$ 的变化而变化,因此有

$$\begin{cases} \psi_{A[0]} = \psi_0 \cos(\theta_0 + \omega t) \\ \psi_{B[0]} = \psi_0 \cos(\theta_0 + \omega t - 120°) \\ \psi_{C[0]} = \psi_0 \cos(\theta_0 + \omega t + 120°) \end{cases} \quad (6-17)$$

若在 $t=0$ 时,定子绕组突然三相短路,在这一瞬间匝链定子三相磁链的瞬时值为

$$\begin{cases} \psi_{A0} = \psi_0 \cos\theta_0 \\ \psi_{B0} = \psi_0 \cos(\theta_0 - 120°) \\ \psi_{C0} = \psi_0 \cos(\theta_0 + 120°) \end{cases} \quad (6-18)$$

根据磁链守恒定律,任何一个闭合的超导体线圈(先不考虑发电机电阻),它的磁链应保持不变,如果外来条件要迫使线圈的磁链发生变化,线圈中会感应出自由电流分量,来维持线圈的磁链不变。根据这个定律,发电机定子三相绕组要维持 ψ_{A0}、ψ_{B0}、ψ_{C0} 不变,但主磁链匝链到定子三相回路的磁链仍然是 $\psi_{A[0]}$、$\psi_{B[0]}$、$\psi_{C[0]}$。因此,短路瞬间定子三相绕组中必然感应出电流,该电流产生的磁链 ψ_A、ψ_B、ψ_C 应满足磁链守恒定律,则有

$$\begin{cases} \psi_A + \psi_{A[0]} = \psi_{A0} \\ \psi_B + \psi_{B[0]} = \psi_{B0} \\ \psi_C + \psi_{C[0]} = \psi_{C0} \end{cases} \quad (6-19)$$

将式(6-17)和式(6-18)代入式(6-19),得

$$\begin{cases} \psi_A = \psi_0 \cos\theta_0 - \psi_0 \cos(\theta_0 + \omega t) \\ \psi_B = \psi_0 \cos(\theta_0 - 120°) - \psi_0 \cos(\theta_0 + \omega t - 120°) \\ \psi_C = \psi_0 \cos(\theta_0 + 120°) - \psi_0 \cos(\theta_0 + \omega t + 120°) \end{cases} \quad (6-20)$$

根据定子电流规定的正方向与磁链正方向相反,定子三相短路电流为

$$\begin{cases} i_A = -I_m \cos\theta_0 + I_m \cos(\theta_0 + \omega t) \\ i_B = -I_m \cos(\theta_0 - 120°) + I_m \cos(\theta_0 + \omega t - 120°) \\ i_C = -I_m \cos(\theta_0 + 120°) + I_m \cos(\theta_0 + \omega t + 120°) \end{cases} \quad (6-21)$$

由式(6-21)可知,定子短路电流中含有基波交流分量和直流分量。基波交流分量是三相对称的,直流分量是三相不相等的。

定子绕组中的直流分量在空间形成恒定的磁动势。当转子旋转时,由于转子纵轴向和横轴向的磁阻不同,转子每转过 180° 电角度(频率为基频的 2 倍),磁阻经历一个变化周期。只有在这个恒定的磁动势上增加一个适应磁阻变化的、具有 2 倍同步频率的交变分量才可能得到真正不变的磁通。因此在定子的三相短路电流中,还应有 2 倍同步频率的电流,与直流分量共同作用,才能真正维持定子绕组的磁链不变。2 倍频率电流的幅值取决于纵轴和横轴的磁阻之差,其值一般不大。

2. 励磁回路电流分量

如上所述,定子绕组突然三相短路后,在定子绕组中会产生基波交流分量电流,它们的

磁链分别和励磁绕组的主磁链 ψ_0 所产生的磁链互相抵消。三相基波交流电流合成的同步旋转磁场作用在转子的 d 轴上，形成对励磁绕组的去磁作用。但是，励磁绕组也是电感性线圈，其匝链的磁链也要维持短路前瞬间的值不变，因此，在励磁绕组中也会突然感应出一个与励磁电流同方向的直流电流，来抵制定子去磁磁链对励磁绕组的影响。另一方面，定子绕组突然三相短路后，还会在定子绕组中产生直流分量电流，它所产生的是在空间静止的磁场，相对于转子则是以同步转速旋转的，从而使转子励磁绕组产生一个同步频率的交变磁链，在转子励磁绕组中将感应出一个同步频率的交流分量，来抵消定子直流分量电流和倍频电流产生的电枢反应。

同样的道理，短路后，定子侧磁链也企图穿过阻尼绕组，DD' 阻尼绕组为维持本身磁链不突变，也会感应出直流分量和基波交流分量电流；在假定定子回路电阻为零时，定子基波电流只有直轴方向的电枢反应，故 QQ' 阻尼绕组中只会感应出基波交流分量电流而没有直流分量。

从以上的分析可知，定子回路短路电流的基波交流分量和转子回路的自由直流分量是互相依存和影响的。由于转子绕组实际存在着电阻，其中的自由直流分量电流最终将衰减为零，与之对应的定子绕组的基波交流分量电流以相同的时间常数从短路初始值最终衰减为稳态值。这对分量的衰减时间常数用 T_d' 表示，T_d' 主要取决于转子回路的电阻和等效电感。对于容量为 40~120MV·A 的水轮发电机，其值为 1.5~3s，容量为 30~165MV·A 的汽轮发电机，其值为 0.8~1.6s。

定子回路短路电流的直流分量和倍频分量与转子回路的基波分量电流是互相依存和影响的。由于实际的定子回路有电阻，定子回路的直流分量和倍频分量最终衰减为零，与之相对应的转子回路的基波交流电流也最终衰减为零。它们以相同的时间常数 T_a 衰减，T_a 主要取决于定子绕组的电阻和等效电感。对于容量为 40~120MV·A 的水轮发电机，其值为 0.12~0.4s；对于容量为 30~165MV·A 的汽轮发电机，其值为 0.14~0.4s。

定子和转子绕组中的各种短路电流分量及它们相依存的关系见表 6-1。

表 6-1 定子和转子绕组中的各种短路电流分量

		强制分量电流	自由分量电流		
		稳态短路电流	基频自由电流	直流分量	倍频交流
定子	A、B、C 三相	I_∞	$\Delta I_\omega' = I' - I_\infty$	ΔI_α	$\Delta I_{2\omega}$
转子	ff' 绕组	励磁电流 $i_{f|0|}$	自由直流分量 $\Delta i_{f\alpha}$		基频电流 $\Delta i_{f\omega}$
	DD' 绕组	0	自由直流电流 $\Delta i_{D\alpha}$		基频电流 $\Delta i_{D\omega}$
	QQ' 绕组	0	0		基频电流 $\Delta i_{Q\omega}$

表 6-1 中，I' 为基波分量的起始有效值；I_∞ 为基波分量的短路稳态有效值。

以上分析了同步发电机在突然三相短路时的物理过程及定、转子中的短路电流分量。下面从物理概念出发对三相短路时定子绕组中的基波分量起始值进行定量的分析。

6.3.2 无阻尼绕组同步发电机空载时的突然三相短路电流

同步发电机的稳态运行方程、相量图和等效电路请查看第 2 章 2.1.1 节中相关内容，在讨论同步发电机暂态过程时，一般忽略定子电阻。

在发电机突然短路时，由于暂态过程中各种分量电流的产生，发电机在暂态过程中对应的电动势、电抗均发生变化，不能再通过稳态方程求暂态过程中的短路电流。由上面物理过程的分析可知，若不考虑倍频分量（倍频分量一般较小），发电机定子短路电流中只含有基波交流分量和直流分量。在空载短路的情况下，直流分量的起始值与基波交流分量的起始值大小相等，方向相反。若能求得基波交流电流，则定子短路全电流也就确定了。

图 6-7a 为短路前空载时励磁回路的磁通图。图中，ψ_0 为励磁绕组主磁通（与短路前的空载电动势 $E_{q[0]}$ 对应）；$\psi_{f\sigma}$ 为励磁绕组的漏磁通。

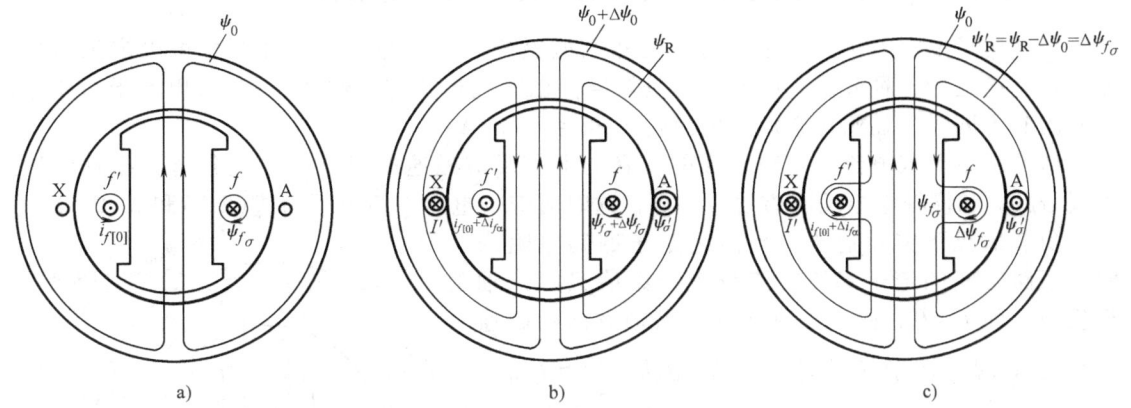

图 6-7 无阻尼发电机短路前及短路后的磁通分布图
a) 短路前　b) 短路后　c) 短路后等效

当不计阻尼绕组的作用，定子侧突然空载短路时，定子侧的电枢反应磁通 ψ_R 要穿过励磁绕组，为抵消定子基波交流电流的电枢反应，励磁回路必然会感应出自由直流分量 $\Delta i_{f\alpha}$，此刻对应的磁通图形如图 6-7b 所示。图中，ψ_R 为定子基波电流 I' 产生的电枢反应磁通；ψ'_σ 为定子绕组漏磁通；ψ_0 和 $\psi_{f\sigma}$ 仍为励磁电流 $i_{f[0]}$ 产生的主磁通和漏磁通；$\Delta \psi_0$ 和 $\Delta \psi_{f\sigma}$ 为 $\Delta i_{f\alpha}$ 所对应的主磁通和漏磁通。为保持短路瞬间磁链不变，$\Delta \psi_0$、$\Delta \psi_{f\sigma}$ 和 ψ_R 之间有如下关系：

$$\Delta \psi_0 + \Delta \psi_{f\sigma} = \psi_R \tag{6-22}$$

短路后瞬时的空载电动势 E_{q0} 为对应 $\psi_0 + \Delta \psi_0$ 的电动势。显然，由于 $\Delta i_{f\alpha}$ 的出现，$E_{q0} \neq E_{q[0]}$，即短路后空载电动势 E_{q0} 突然增加，这时的短路电流称为暂态短路电流，即

$$I' = \frac{E_{q0}}{X_d} \tag{6-23}$$

由于 E_{q0}、$\Delta i_{f\alpha}$、$\Delta \psi_0$ 均为未知量，无法利用式（6-23）求出暂态短路电流的起始值。

为更明确地表达暂态阶段的物理过程，用图 6-7c 等效地代替图 6-7b。在短路瞬间，由于 $\Delta \psi_0$ 对 ψ_R 的抵消作用，励磁回路仍保持原有的磁通 $\psi_0 + \psi_{f\sigma}$，而定子的电枢反应磁通可等效地用 ψ'_R（$\psi'_R = \psi_R - \Delta \psi_0$）表示，$\psi'_R$ 在穿过气隙后被挤到励磁绕组的漏磁路径上，即 $\psi'_R = \Delta \psi_{f\sigma}$，$\psi'_R$ 经过的磁路路径较长，磁阻比 ψ_R 的大。因此，此时所对应的直轴电抗比同步电抗 X_d 要小，称此直轴等效电抗为暂态电抗 X'_d，且 $X'_d = X'_{ad} + X_\sigma$，其中 X'_{ad} 为电枢反应磁通走励磁绕组漏磁路径时的电枢反应电抗，X_σ 为定子绕组的漏电抗。显然该时刻的电动势仍为 ψ_0 所对应的空载电动势 $E_{q[0]}$，则短路瞬间的定子基波电流分量的起始值为

$$I' = \frac{E_{q[0]}}{X'_d} \tag{6-24}$$

当短路达到稳态时，$\Delta i_{f\alpha}$、$\Delta \psi_0$ 和 $\Delta \psi_{f\sigma}$ 均衰减为零，则可由下式求出稳态短路电流：

$$I_\infty = \frac{E_{q[0]}}{X_d} \tag{6-25}$$

求得了基波交流分量起始值和稳态短路电流后，再考虑到各自由分量的衰减时间常数，可得到无阻尼绕组同步发电机空载短路时的 A 相短路电流的表达式，即

$$i_A = \left(\frac{E_{q[0]}}{X'_d} - \frac{E_{q[0]}}{X_d} \right) \cos(\omega t + \theta_0) e^{-\frac{t}{T'_d}} + \frac{E_{q[0]}}{X_d} \cos(\omega t + \theta_0) - \frac{E_{q[0]}}{X'_d} \cos\theta_0 e^{-\frac{t}{T_a}} \tag{6-26}$$

分别用 $\theta_0-120°$ 和 $\theta_0+120°$ 代替上式中的 θ_0，可得到 B 相和 C 相的短路电流表达式。

6.3.3 无阻尼绕组同步发电机负载时的突然三相短路电流

带负载运行的发电机突然短路时，仍然遵循磁链守恒定律，从物理概念可以推论出短路电流中仍有前述的各种分量，所不同的是短路前已有电枢反应磁通 $\psi_{R[0]}$，所以定子短路电流表达式略有不同，但显然稳态短路电流仍为 $I_\infty=E_{q[0]}/X_d$。

一般情况下负载电流不是纯感性的，它的电枢反应磁通按双反应原理分解为纵轴电枢反应磁通 $\psi_{Rd[0]}$ 和横轴电枢反应磁通 $\psi_{Rq[0]}$，这时对应的电压平衡方程为式(2-7)和式(2-8)。

在负载情况下突然短路，当假定定子回路电阻为零时，短路瞬间的定子基波交流分量初始值只有纵轴电枢反应，即 $I'=I'_d$，图 6-8 为该时刻纵轴方向的磁通图。短路瞬间，定子基波电流突然增大($\dot{I}'=\dot{I}_{d[0]}+\Delta\dot{I}$)，为保持励磁回路磁链守恒，励磁绕组中产生自由直流分量 $\Delta i_{f\alpha}$，其对应的磁通 $\Delta\psi_0$ 和 $\Delta\psi_{f\sigma}$ 用以抵制 $\Delta\dot{I}$ 产生的磁通 $\Delta\psi_{Rd}$（即电枢反应的增量，$\Delta\psi_{Rd}=\Delta\psi_0+\Delta\psi_{f\sigma}$）穿过励磁绕组。与空载短路分析方法类似，$\Delta\psi_{Rd}-\Delta\psi_0$ 走励磁绕组漏磁通路径，对定子绕组的作用可用定子电流增量 $\Delta\dot{I}=\dot{I}'-\dot{I}_{d[0]}$ 在相应的电枢反应电抗 X'_{ad} 上的电压降来表示。此时定子纵轴的电压平衡方程式为

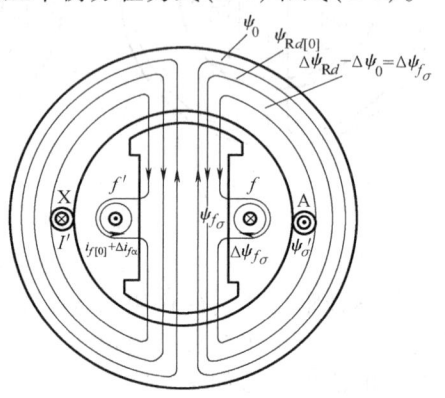

图 6-8 定子回路电阻为零时，负载情况下突然短路瞬间的纵轴方向磁通图

$$\dot{E}_{q[0]}-\mathrm{j}\dot{I}_{d[0]}X_{ad}-\mathrm{j}(\dot{I}'-\dot{I}_{d[0]})X'_{ad}-\mathrm{j}\dot{I}'X_\sigma=0 \tag{6-27}$$

将式（6-27）展开且有 $X'_d=X'_{ad}+X_\sigma$，则有

$$\dot{E}_{q[0]}-\mathrm{j}\dot{I}_{d[0]}X_{ad}+\mathrm{j}\dot{I}_{d[0]}X'_{ad}=\mathrm{j}\dot{I}'X'_d \tag{6-28}$$

将式（6-28）略加整理得

$$\dot{E}_{q[0]}-\mathrm{j}\dot{I}_{d[0]}(X_{ad}+X_\sigma)+\mathrm{j}\dot{I}_{d[0]}(X'_{ad}+X_\sigma)=\mathrm{j}\dot{I}'X'_d$$

再由 $X_d=X_{ad}+X_\sigma$、$X'_d=X'_{ad}+X_\sigma$ 可得

$$\dot{E}_{q[0]}-\mathrm{j}\dot{I}_{d[0]}X_d+\mathrm{j}\dot{I}_{d[0]}X'_d=\mathrm{j}\dot{I}'X'_d \tag{6-29}$$

由稳态方程式（2-7）和式（2-8）可知，$\dot{U}_{q[0]}=\dot{E}_{q[0]}-\mathrm{j}\dot{I}_{d[0]}X_d$，则有

$$\dot{U}_{q[0]}+\mathrm{j}\dot{I}_{d[0]}X'_d=\mathrm{j}\dot{I}'X'_d \tag{6-30}$$

式（6-30）等号左端由短路前的运行方式所决定，可以看作是短路前横轴分量在 X'_d 后的电动势，称为横轴暂态电动势 $\dot{E}'_{q[0]}$，即

$$\dot{E}'_{q[0]}=\dot{U}_{q[0]}+\mathrm{j}\dot{I}_{d[0]}X'_d \tag{6-31}$$

则式（6-31）可表示为

$$\dot{E}'_{q[0]}=\mathrm{j}\dot{I}'X'_d \tag{6-32}$$

即带负荷短路时，定子基波交流分量暂态短路电流的起始值为

$$I'=\frac{E'_{q[0]}}{X'_d} \tag{6-33}$$

由上所述，暂态电动势 $\dot{E}'_{q[0]}$ 可以用短路前的运行方式由式（6-31）求得，再利用式（6-33）来计算短路瞬间的暂态短路电流的起始值，这表明了暂态电动势在短路前后瞬间是不

变的。实际上严格的数学推导证明了 $\dot{E}'_{q[0]}$ 的大小与短路前励磁绕组匝链的磁链 $\psi_{f[0]}$ 成正比，具体表达式为

$$E'_{q[0]} = \frac{X_{ad}}{X_f}\psi_{f[0]} \tag{6-34}$$

式中，X_f 为励磁绕组电抗。

根据磁链守恒定律，励磁绕组的总磁链 $\psi_{f[0]}$ 在短路瞬间不能突变，故 $\dot{E}'_{q[0]}$ 在短路瞬间也不会变，即

$$\dot{E}'_{q[0]} = \dot{E}'_{q0} \tag{6-35}$$

显然，只要把空载短路电流表达式（6-26）中与 X'_d 对应的电动势换成 E'_{q0}，则可得到负载情况下突然短路时的定子 A 相短路电流的表达式，即

$$i_A = \left(\frac{E'_{q0}}{X'_d} - \frac{E_{q[0]}}{X_d}\right)\cos(\omega t + \theta_0)e^{-\frac{t}{T'_d}} + \frac{E_{q[0]}}{X_d}\cos(\omega t + \theta_0) -$$

$$\frac{E'_{q0}}{X'_d}\cos\theta_0 e^{-\frac{t}{T_a}} \tag{6-36}$$

如果短路不是发生在发电机端部，而是有外接电抗 X 的情况下，则以 X_d+X、X'_d+X 分别去代替式（6-36）中的 X_d、X'_d 即可。这时各电流分量的幅值将减小，T'_d 较机端短路时增大，按 T'_d 衰减的电流衰减变慢；而 T_a 较机端短路时减小，按 T_a 衰减的电流分量，由于外电路中电阻所占的比重增大，加快了衰减。

由式（6-31）可见，$\dot{E}'_{q0}=\dot{E}'_{q[0]}$ 虽然可用稳态参数计算，但首先必须要确定定子电流的纵轴和横轴分量，即要确定 d 轴和 q 轴。为简化计算，常常采用另一个暂态电动势 $\dot{E}'$ 来近似代替 $\dot{E}'_{q[0]}$，即

$$\dot{E}' = \dot{U} + j\dot{I}X'_d \tag{6-37}$$

式中，$\dot{E}'$ 为 X'_d 后的虚构电动势，是计算用电动势。

由式（6-37）可见，$\dot{E}'$ 的数值亦可由正常稳态参数求得。同时，近似认为 $\dot{E}'$ 具有短路瞬间不突变的性质，则可用来计算暂态短路电流基波分量的起始值。

图 6-9 为发电机用暂态电抗后电动势 $\dot{E}'$ 表示的暂态等效电路，图 6-10 为 $\dot{E}_q$、$\dot{E}'_q$、$\dot{E}'$ 的相量关系图。

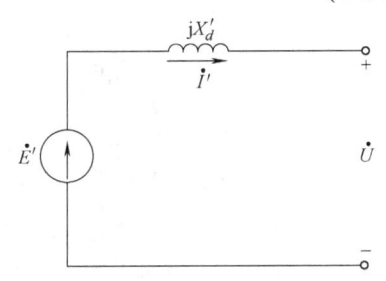

图 6-9 无阻尼发电机的暂态等效电路

实际上 $\dot{E}'$ 在 q 轴上的分量即为 $\dot{E}'_q$，因两者之间的夹角很小，故两者在数值上差别不大，可以用 $\dot{E}'$ 近似代替 $\dot{E}'_{q[0]}$。但 $\dot{E}'$ 的大小并不具备正比于 $\psi_{f[0]}$ 的性质。

用 $\dot{E}'$ 代替 $\dot{E}'_{q[0]}$ 后，发电机机端短路电流基波分量的起始值可以表示为

$$I' = \frac{E'}{X'_d} \tag{6-38}$$

6.3.4 有阻尼绕组同步发电机的突然三相短路电流

以上的分析中没有考虑阻尼绕组的作用，而实际的发电机中存在着阻尼绕组。由于阻尼

绕组的存在使发电机突然短路过程的分析和计算更加复杂，但从基本概念和分析的方法来看与无阻尼时是基本相似的。

有阻尼绕组同步发电机突然短路的特殊性在于，电枢反应磁通的变化量不但企图穿过励磁绕组，还将穿过纵轴阻尼绕组和横轴阻尼绕组。而纵轴阻尼绕组和横轴阻尼绕组为维持自身磁链不突变，必然要感应出自由分量的电流，而且纵轴阻尼绕组和励磁绕组之间还存在着互感关系。因此，短路瞬间纵轴方向的磁链守恒是靠这两个绕组的自由分量共同维持的。q 轴方向也有闭合线圈，当要准确、全面地分析有阻尼绕组同步发电机的短路电流时必须考虑横轴方向的磁链守恒。这里只重点介绍纵轴方向的次暂态电抗 X''_d 和实用的次暂态电动势 $\dot{E}''$。

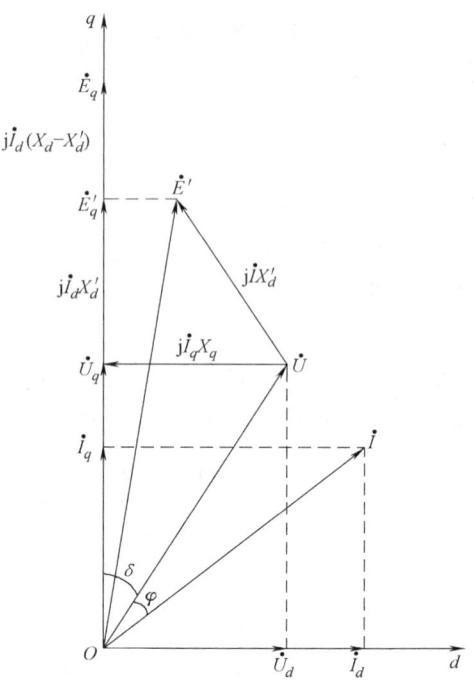

图 6-10　$\dot{E}_q$、$\dot{E}'_q$、$\dot{E}'$ 的相量关系图

图 6-11a 为空载时计及阻尼绕组短路后的纵轴磁通图。图中，ψ_0 和 $\psi_{f\sigma}$ 为励磁电流 $i_{f[0]}$ 产生的主磁通和漏磁通；$\Delta\psi_0$ 为励磁绕组和纵轴阻尼绕组共同产生的磁通；$\Delta\psi_{f\sigma}$ 为 $\Delta i_{f\alpha}$ 产生的漏磁通；$\Delta\psi_{D\sigma}$ 为纵轴阻尼绕组的漏磁通；ψ_R 为定子短路电流产生的磁通。为维持短路瞬间励磁绕组磁链不变，有如下磁通平衡方程：

$$\Delta\psi_0 + \Delta\psi_{f\sigma} = \psi_R$$
$$\Delta\psi_0 + \Delta\psi_{D\sigma} = \psi_R$$

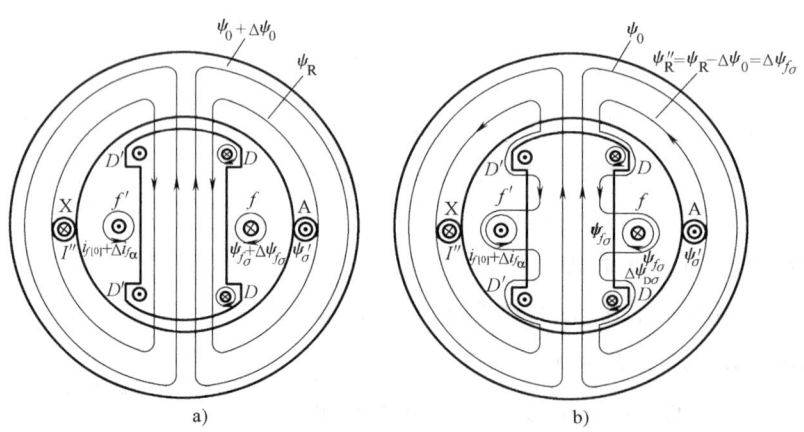

图 6-11　计及阻尼绕组时同步发电机短路后纵轴方向的磁通图
a）空载　b）空载等效

图 6-11b 为与图 6-11a 等效的电枢反应磁通走漏磁路径的磁通图。由图 6-11b 可看出，短路瞬间为维持励磁回路的总磁链不变，电枢反应磁通 ψ''_R 穿过气隙后被迫走励磁绕组和纵轴阻尼绕组的漏磁路径。由于 ψ''_R 经过磁路的路径更长，磁阻比图 6-7c 所示 ψ'_R 的还要大，因此所对应的纵轴电抗比暂态电抗还要小，称这时对应的纵轴等效电抗为次暂态电抗 X''_d，且 $X''_d = X''_{ad} + X_\sigma$，其中 X''_{ad} 为电枢反应磁通走纵轴阻尼绕组和励磁绕组漏磁路径时对应的电枢反应电

抗，显然 $X_d'' < X_d'$。

可以推论，在横轴方向也存在着横轴等效次暂态电抗 X_q''，且 $X_q'' < X_q'$。

空载短路时，ψ_0 对应的电动势为空载电动势，故次暂态短路电流的起始值为

$$I'' = \frac{E_{q[0]}}{X_d''} \tag{6-39}$$

负载短路时，类似不考虑阻尼绕组负载短路的分析，有如下的电压平衡方程式：

$$\dot{E}'' = \dot{U} + j\dot{I}X_d'' \tag{6-40}$$

式中，$\dot{E}''$ 为 X_d'' 后的虚构电动势，与 $\dot{E}'$ 类似，也是计算用电动势。

由式（6-40）可见，$\dot{E}''$ 的数值同样可由正常稳态参数求得。同样近似认为 $\dot{E}''$ 具有短路瞬间不突变的性质，则可用来计算次暂态短路电流基波分量的起始值。

图 6-12 为发电机用次暂态电动势 $\dot{E}''$ 为等效电动势时的等效电路。则发电机机端短路时次暂态短路电流基波分量的起始值可以表示为

$$I'' = \frac{E''}{X_d''} \tag{6-41}$$

同样，如果短路不是发生在发电机端部，而是有外接电抗 X 的情况下，则以 $X_d'' + X$ 代替式（6-41）中的 X_d'' 即可。

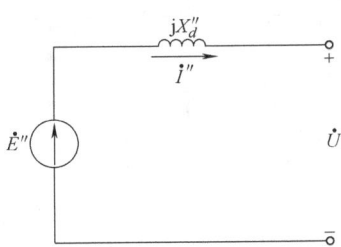

图 6-12 有阻尼发电机的次暂态等效电路

以上从物理概念出发，分析了突然短路后的发电机暂态和次暂态过程。通过以上的讨论可以清楚地看到，同步发电机短路电流的基波交流分量在短路后暂态过程中是不断变化的。变化的根本原因是定子三相绕组空间内有闭合的转子绕组，改变了定子电枢反应磁通的路径，使定子绕组的等效电抗发生变化。以上给出的概念和计算公式对于工程上近似计算短路电流已足够准确。

例 6-2 一台额定容量为 50MW 的同步发电机，额定电压为 10.5kV，额定功率因数为 0.8，次暂态电抗 X_d'' 为 0.135（以发电机额定参数为基准值的标幺值）。试计算发电机在空载情况下（端电压为额定电压）突然三相短路后短路电流交流分量的起始幅值 I_m''。

解：发电机空载情况下 $U_{[0]} = E'' = 1$（标幺值）。

基波交流分量起始有效值的标幺值为

$$I'' = \frac{E''}{X_d''} = \frac{1}{0.135} = 7.41$$

发电机的额定电流即发电机的基准电流为

$$I_N = I_B = \frac{P_N}{\sqrt{3}\,U_N\cos\varphi_N} = \frac{50}{\sqrt{3} \times 10.5 \times 0.8}\text{kA} = 3.44\text{kA}$$

短路电流交流分量起始幅值（有名值）为

$$I_m'' = \sqrt{2}\,I''I_B = \sqrt{2} \times 7.41 \times 3.44\text{kA} = 36.05\text{kA}$$

由上例可见，短路电流交流分量起始幅值可达额定电流的 10 倍以上。如在考虑最严重情况下短路时，直流分量有最大值，这时的短路电流的最大瞬时值将接近额定电流的 20 倍。

6.3.5 自动调节励磁装置对短路电流的影响

前面对同步发电机暂态过程的分析，都没有考虑发电机的自动调节励磁装置的影响。现代电力系统的同步发电机均装有自动调节励磁装置，它的作用是当发电机端电压偏离给定值时，自动调节励磁电压，改变励磁电流，从而改变发电机的空载电动势，以维持发电机端电

压在允许范围内。

当发电机端点或端点附近发生突然短路时，端电压急剧下降，自动调节励磁装置中的强行励磁装置就会迅速动作，增大励磁电压到它的极限值，以尽快恢复系统的电压水平和保持系统运行的稳定性。下面以自动调节励磁装置中的一种继电强行励磁装置的动作原理为例，来分析自动调节励磁装置对短路电流的影响。

图 6-13 为具有继电强行励磁的励磁系统示意图。发电机端点或端点附近短路，使发电机端电压下降到额定电压的 85% 以下时，欠电压继电器 KUV 的触点闭合，接触器 KM 动作，励磁机磁场调节电阻 R_c 被短接，励磁机励磁绕组 ff 两端的电压 u_{ff} 升高。但由于励磁机励磁绕组具有电感，它的电流 i_{ff} 不可能突然增大，以致使与之对应的励磁机电压 u_f 也不可能突然增高，而是开始上升慢，后来上升快，最后达到极限值 u_{fm}，如图 6-14 中按曲线 1 的规律变化。为了简化分析，通常认为 u_f 近似按指数规律上升到最大值 u_{fm}，即用图 6-14 中曲线 2 所示的指数曲线代替实际曲线 1，从而得到励磁机电压为

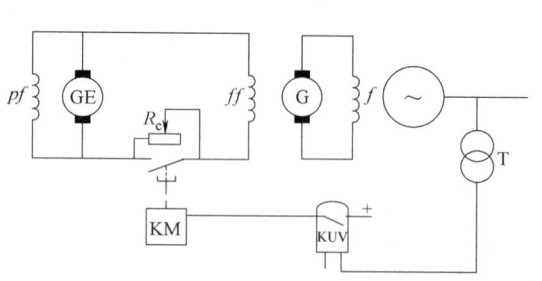

图 6-13 具有继电强行励磁的励磁系统示意图

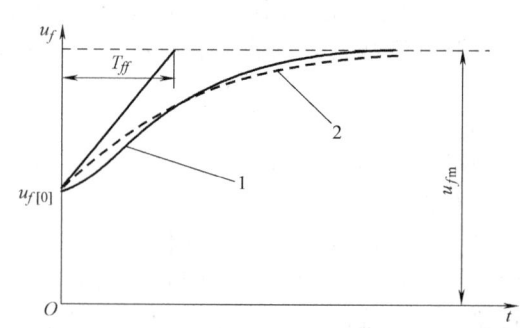

图 6-14 u_f 的变化曲线

$$u_f = u_{f[0]} + [u_{fm} - u_{f[0]}](1 - e^{-\frac{t}{T_{ff}}}) = u_{f[0]} + \Delta u_{fm}(1 - e^{-\frac{t}{T_{ff}}}) \tag{6-42}$$

式中，T_{ff} 为励磁机励磁绕组的时间常数。

励磁电压的增大，使励磁电流产生一个相应的增量。由于强行励磁装置只在转子 d 轴方向起作用，这个电流的变化量可以从发电机 d 轴方向的等效电路求解得出，下面就以无阻尼绕组发电机为例加以说明。

图 6-15 为强行励磁装置动作后同步发电机 d 轴方向的等效电路（假设在发电机端点短路），由图可列方程为

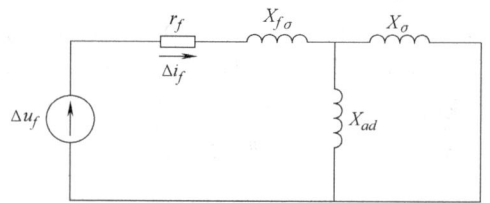

图 6-15 强行励磁装置动作后同步发电机 d 轴方向的等效电路

$$r_f \Delta i_f + \left(X_{f\sigma} + \frac{X_\sigma X_{ad}}{X_\sigma + X_{ad}}\right)\frac{d\Delta i_f}{dt} = (u_{fm} - u_{f[0]})(1 - e^{-\frac{t}{T_{ff}}}) \tag{6-43}$$

用 r_f 除等式两边，得

$$\Delta i_f + T'_d \frac{d\Delta i_f}{dt} = (i_{fm} - i_{f[0]})(1 - e^{-\frac{t}{T_{ff}}}) \tag{6-44}$$

上式的解为

$$\Delta i_f = (i_{fm} - i_{f[0]})\left(1 - \frac{T'_d e^{-\frac{t}{T'_d}} - T_{ff} e^{-\frac{t}{T_{ff}}}}{T'_d - T_{ff}}\right) = \Delta i_{fm} F(t) \tag{6-45}$$

式中，$\Delta i_{fm} = (i_{fm} - i_{f[0]})$ 是对应于 Δu_{fm} 的励磁电流强迫分量的最大可能增量，$F(t)$ 则是一个包含 T'_d 和 T_{ff} 的时间函数，T'_d 因短路点的远近不同而有不同的数值，短路点越远，T'_d 越大，

$F(t)$ 增大的速度越慢。这是因为短路点越远，故障对发电机的影响越小的缘故。

由 Δi_{fm} 引起的空载电动势的最大增量为

$$\Delta E_q = \Delta E_{qm} F(t) \tag{6-46}$$

ΔE_q 将产生定子电流 d 轴分量的增量。由于无阻尼绕组发电机定子周期分量电流无 q 轴分量，可得 ΔE_q 对应的 A 相电流周期分量为

$$\Delta i_A = \frac{\Delta E_{qm}}{X_d} F(t) \cos(\omega t + \theta_0) = \Delta I_m F(t) \cos(\omega t + \theta_0) \tag{6-47}$$

从而使发电机的端电压也按相同的规律变化。

强行励磁装置动作后空载电动势和定子电流的变化曲线如图 6-16 所示。由图可见，强行励磁装置动作的结果是在按指数规律自然衰减的电动势和电流上叠加一个强迫分量，从而使发电机的端电压迅速恢复到额定值，以保证系统的稳定运行。但由于定子电流增加了一个强迫分量，改变了原短路电流的变化规律，使暂态过程中的短路电流先是衰减，衰减到一定的时候反而上升，甚至稳态短路电流大于短路电流初始值，使运算曲线出现了相交的现象。

以上是当短路点距电源的电气距离较小，强行励磁装置动作后励磁电压达到极限值时对短路电流的影响。如果短路点距电源点较远，强行励磁装置动作后一段时间机端电压就会恢复到额定值。当机端电压一旦恢复到额定值时，该装置中的欠电压继电器就会返回，由自动调节励磁装置将机端电压维持为额定值不变。此后，励磁电流、空载电动势、定子电流将不再按式（6-45）、式

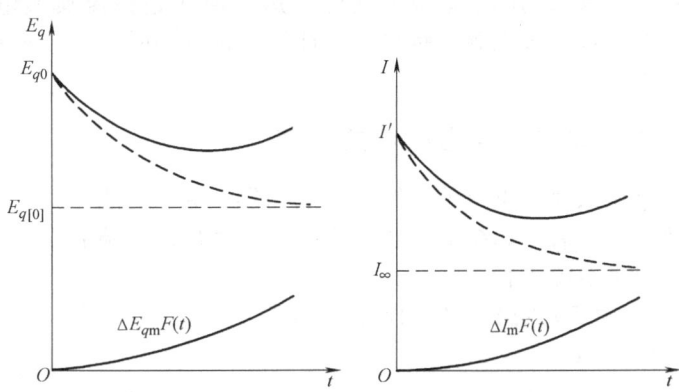

图 6-16　强行励磁装置对空载电动势和定子电流的影响

（6-46）、式（6-47）的规律增大。定子电流的周期分量为 $I = U_N / X$，X 为发电机端点到短路点间的电抗。

6.4　电力系统三相短路的实用计算

6.4.1　短路电流实用计算的基本假设与基本任务

三相短路实用计算

电力系统短路计算可分为实用的"手算"计算和计算机计算。大型电力系统的短路计算一般均采用计算机算法进行计算。在现场实用中为简化计算，常采用一定假设条件下的"手算"近似计算方法。短路电流实用计算所做的基本假设如下：

1）短路过程中发电机之间不发生摇摆，系统中所有发电机的电动势同相位。同步发电机由等效恒压源与次暂态电抗串联表示。采用该假设后，计算出的短路电流值偏大。

2）短路前电力系统是对称三相系统。

3）不计磁路饱和。这样，使系统各元件参数恒定，电力网络可看作线性网络，能应用叠加原理。

4）忽略高压架空输电线路的电阻和对地电容，忽略变压器的励磁支路和绕组电阻，每个元件都用纯电抗表示。采用该假设后，简化部分复数计算为代数计算。

5）对负荷只做近似估计。一般情况下，认为负荷电流比同一处的短路电流小得多，可以

忽略不计。忽略异步电动机（小型电动机，额定功率小于36kW）计算短路电流时仅需考虑接在短路点附近的大容量电动机对短路电流的影响（或采用与同步电机相同的处理方式）。

6) 短路是金属性短路，即短路点相与相或相与地间发生短接时，它们之间的阻抗为零。

在前面已介绍了在突然短路的暂态过程中，定子电流包含有同步频率周期分量、直流分量和2倍频率分量。由于实际的同步发电机具有阻尼绕组或等效阻尼绕组，减小了 d、q 轴的不对称，使2倍频率分量的幅值很小，工程上通常可以忽略不计；定子直流分量衰减的时间常数 T_a 很小，它很快按指数规律衰减为零。因此，在工程实际问题中，主要是对短路电流同步频率周期分量进行计算，只有在某些情况下，如冲击电流和短路初期全电流有效值的计算中，才考虑直流分量的影响。

短路电流同步频率周期分量的计算，包括周期分量起始值的计算和任意时刻周期分量电流的计算。周期分量起始值的计算并不困难，只需将各同步发电机用其次暂态电动势（或暂态电动势）和次暂态电抗（或暂态电抗）作为等效电动势和电抗，短路点作为零电位，然后将网络作为稳态交流电路进行计算即可；而要准确计算任意时刻周期分量电流是非常复杂的，工程上常常采用的是运算曲线法，运算曲线是按照典型电路得到的 $I_{p*}=f(t, X_{js})$ 的关系曲线，根据各等效电源与短路点的计算电抗 X_{js} 和时刻 t，即可由运算曲线查得 I_{p*}。下面分别予以讨论。

6.4.2 起始次暂态电流的计算

起始次暂态电流就是短路电流周期分量的起始值，在画等效电路时，每个元件都用它的次暂态参数表示，构成次暂态网络，计算出的电流就是次暂态电流，用 I'' 表示。计算 I''，通常按照以下步骤进行。

1. 确定系统各元件的次暂态参数

（1）发电机

在突然短路瞬间，同步发电机的次暂态电动势保持着短路前瞬间的数值，用 $\dot{E}''$ 表示，电抗为次暂态电抗 X''_d，并满足以下关系：

$$\dot{E}'' = \dot{U} + j\dot{I}X''_d$$

在实用计算中，如果难以确定同步发电机短路前的运行参数，则可以近似地取次暂态电动势为1.08或1.05（以额定电压为基准值的标幺值，下同），不计负载影响时，可以近似取为1。

（2）短路点附近的大型异步（或同步）电动机

电力系统负荷中包含有大量的异步电动机，在正常运行情况下，异步电动机的转差率（$s=2\%\sim5\%$）很小，可以近似地当作同步运行。根据短路瞬间转子绕组磁链守恒的定律，异步电动机也可以用与转子绕组的总磁链成正比的次暂态电动势和次暂态电抗来表示。

异步电动机的次暂态电抗的额定标幺值为 $X''=1/I_{st}$（I_{st} 为异步电动机的起动电流标幺值，一般为4~7），可以近似取 $X''=0.2$。

在实用计算中，若短路点附近的大型异步电动机不能确定其短路前的运行参数，则可以近似地取次暂态电动势为0.9，次暂态电抗为0.2（均以电动机额定容量为基准值）。

由于异步电动机的次暂态电动势在短路故障后，很快就将衰减为零。因此，只有在计算起始次暂态电流 $\dot{I}''(t=0)$，并且机端残压小于次暂态电动势时，才将电动机作为电源考虑，向短路点提供短路电流；否则均作为综合负荷对待。

（3）综合负荷

在短路瞬间，综合负荷常常可以近似地用一个含次暂态电动势和次暂态电抗的等效支路来表示。以额定运行参数为基准值，综合负荷的电动势可取为 0.8，电抗可取为 0.35。

在实用计算中，对于距离短路点较远（电气距离较大）的负荷，为简化计算，有时也只用一个电抗 $X''=1.2$ 来表示，如果希望进一步简化计算，甚至可以略去电抗不计（相当于负荷支路断开）。

（4）变压器、电抗器、输电线路

对于这些静止元件，它们的次暂态电抗用稳态正常运行时的正序电抗来表示。

2. 画短路故障后电力系统等效电路

电力系统三相短路故障的计算，通常采用标幺值进行。等效电路中的参数计算采用近似计算法，即取基准值 $S_B = $ 常数、$U_B = U_{av}$。在参数计算中，注意要将以自身额定容量为基准值的标幺值换算为统一的基准容量 S_B。

三相短路故障点电压为零。

3. 网络变换及化简

由于电力系统的接线较为复杂，在实际的短路计算中，通常是将原始等效电路进行适当的网络变换及化简，以求得各电源（或等效电源）到短路点的转移电抗，进而再计算短路电流。

（1）网络变换及化简方法

1）电抗的串联、并联以及星形与三角形的相互变换（略）。

2）电源点的合并，如图 6-17 所示。

由图 6-17 可得

$$\begin{cases} \dot{E}_\Sigma = jX_\Sigma \left(\dfrac{\dot{E}_1}{jX_1} + \dfrac{\dot{E}_2}{jX_2} + \cdots + \dfrac{\dot{E}_n}{jX_n} \right) \\ X_\Sigma = 1 \bigg/ \left(\dfrac{1}{X_1} + \dfrac{1}{X_2} + \cdots + \dfrac{1}{X_n} \right) \end{cases} \quad (6\text{-}48)$$

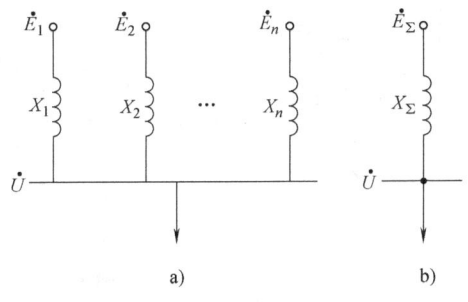

图 6-17 电源点的合并
a) 多个并联电源支路 b) 合并后的等效电源支路

3）分裂电动势源。

分裂电动势源就是将连接在一个电源点上的各支路拆开，分开后各支路分别连接在电动势相等的电源点上，如图 6-18b 所示。

4）分裂短路点。

分裂短路点就是将接于短路点的各支路在短路点处拆开，拆开后的各支路仍带有短路点，如图 6-18c 所示，则总的短路电流等于两处短路电流之和。

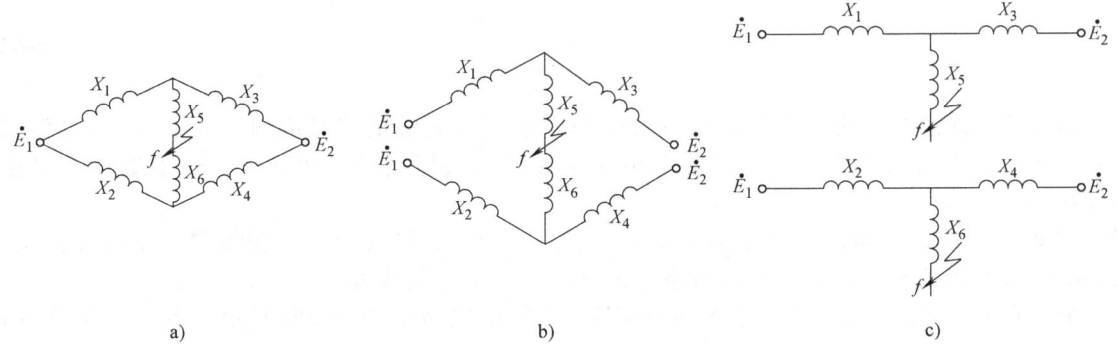

图 6-18 分裂电动势源和分裂短路点
a) 原等效电路 b) 分裂电动势源 c) 分裂短路点

(2) 计算转移电抗（或电流分布系数）

转移电抗是指网络中某一电源和短路点之间直接相连的电抗（在直接相连的电抗之间不应有分支），如图 6-19 所示。X_{1f} 和 X_{2f} 分别表示电源 $\dot{E}_1$ 和 $\dot{E}_2$ 到短路点的转移电抗。

电流分布系数 C_i 的定义为支路短路电流与总短路电流的比值，即 $C_i = I''_i / I''_\Sigma$。

转移电抗与电流分布系数之间有如下关系：

$$C_i = X_{f\Sigma} / X_{if} \qquad (6\text{-}49)$$

式中，$X_{f\Sigma}$ 为短路点输入电抗。

4. 计算起始次暂态电流（$\dot{I}''$）

电力系统三相短路后的等效电路经网络变换化简后，即可求得只含有（等效）电源点和短路点的放射形网络（电源点与短路点之间用转移电抗表示），如图 6-19d 所示。则各电源点对短路点的起始次暂态电流为

$$\dot{I}''_i = \frac{\dot{E}''_i}{jX_{if}} \qquad (6\text{-}50)$$

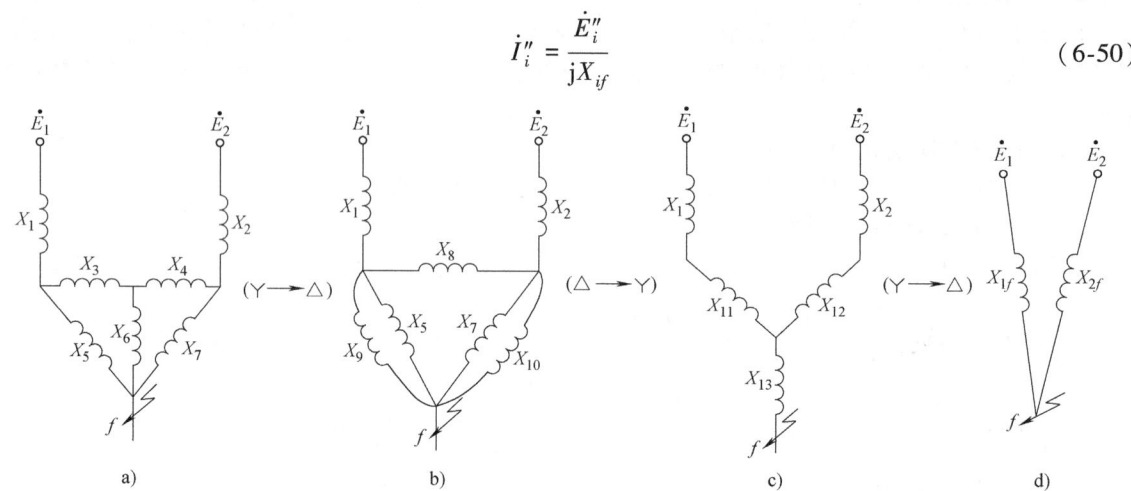

图 6-19 计算转移电抗时网络的简化
a) 原等效电路 b) 星形-三角形变换 c) 三角形-星形变换 d) 转移电抗支路

故障点 f 总的起始次暂态电流为

$$\dot{I}''_\Sigma = \sum \dot{I}''_i = \sum \frac{\dot{E}''_i}{jX_{if}} \qquad (6\text{-}51)$$

若将所有电源支路合并，则总短路电流为

$$\dot{I}''_\Sigma = \frac{\dot{E}''_\Sigma}{jX_{f\Sigma}} \qquad (6\text{-}52)$$

求得三相短路电流标幺值后，还应乘以相应电压等级的电流基准值，才能求得短路电流实际有名值。为简化符号，后文例题中相关参数的标幺值均省略角标 *，若参数为有名值，则标注单位。

例 6-3 在图 6-20a 所示的电力系统中，节点 f_1 和 f_2 分别发生了三相短路，试计算发电机提供的次暂态电流和 f_2 点短路时的短路冲击电流。冲击系数取 $K_{im} = 1.8$。

解：取 $U_B = U_{av}$（见表 2-3），$S_B = 100\text{MVA}$。等效电路如图 6-20b 所示，各元件电抗具体标幺值为

$$X_1 = X''_d \frac{S_B}{S_N} = 0.136 \times \frac{100}{30} = 0.453$$

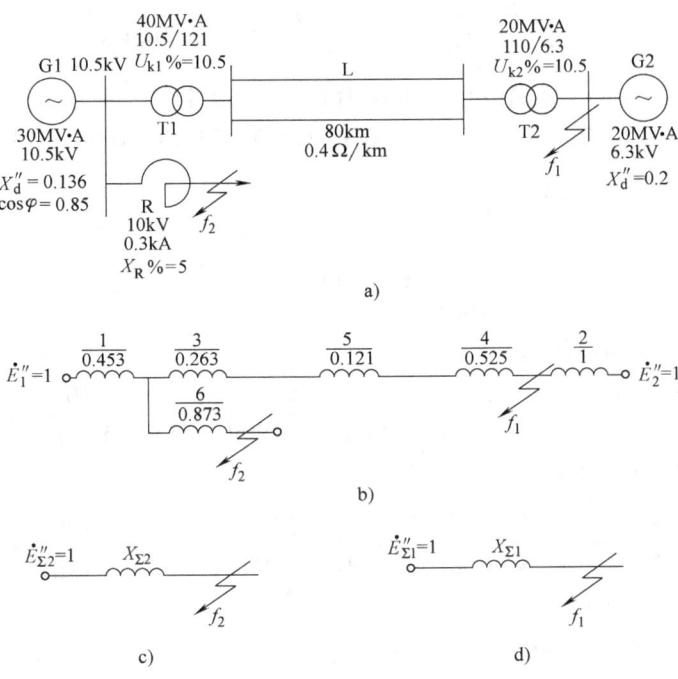

图 6-20 例 6-3 图
a) 电力系统 b) 等效电路 c) f_1 点发生三相短路时，网络化简 d) f_2 点发生三相短路时，网络化简

$$X_2 = X''_d \frac{S_B}{S_N} = 0.2 \times \frac{100}{20} = 1$$

$$X_3 = \frac{U_{k1}\%}{100} \frac{S_B}{S_N} = 0.105 \times \frac{100}{40} = 0.263$$

$$X_4 = \frac{U_{k2}\%}{100} \frac{S_B}{S_N} = 0.105 \times \frac{100}{20} = 0.525$$

$$X_5 = \frac{1}{2} \times 0.4 \times 80 \times \frac{S_B}{U_{av}^2} = \frac{1}{2} \times 0.4 \times 80 \times \frac{100}{115^2} = 0.121$$

$$X_6 = \frac{X_R\%}{100} \frac{U_N}{\sqrt{3} I_N} \frac{S_B}{U_{av}^2} = \frac{5}{100} \times \frac{10}{\sqrt{3} \times 0.3} \times \frac{100}{10.5^2} = 0.873$$

当 f_1 点发生三相短路时，经网络化简可得图 6-20c，其中
$E''_{\Sigma1} = 1$ $X_{\Sigma1} = (X_1 + X_3 + X_5 + X_4) // X_2 = 1.3615 // 1 = 0.577$

则 $I''^*_{f1} = \frac{E''_{\Sigma1}}{X_{\Sigma1}} = \frac{1}{0.577} = 1.733$

$$I''_{f1} = \frac{E''_{\Sigma1}}{X_{\Sigma1}} \frac{S_B}{\sqrt{3} U_{av}} = \frac{1}{0.577} \times \frac{100}{\sqrt{3} \times 6.3} \text{kA} = 15.883 \text{kA}$$

发电机 G1 提供的短路电流为

$$I_{f1,G1} = \frac{E''_1}{X_1 + X_3 + X_5 + X_4} \frac{S_B}{\sqrt{3} U_{av}} = \frac{1}{1.3615} \times \frac{100}{\sqrt{3} \times 6.3} \text{kA} = 6.731 \text{kA}$$

发电机 G2 提供的短路电流为

$$I_{f2,G2} = \frac{E_2''}{X_2} \frac{S_B}{\sqrt{3}\,U_{av}} = \frac{1}{1} \times \frac{100}{\sqrt{3} \times 6.3}\text{kA} = 9.165\text{kA}$$

当 f_2 点发生三相短路时，经网络化简可得图 6-20d，其中

$$E_{\Sigma 2}'' = 1 \quad X_{\Sigma 2} = X_1 // (X_3 + X_5 + X_4 + X_2) + X_6 = 0.453 // 1.909 + 0.873 = 1.239$$

则

$$I_{f2}''^* = \frac{E_{\Sigma 2}''}{X_{\Sigma 2}} = \frac{1}{1.239} = 0.807$$

$$I_{f2}'' = \frac{E_{\Sigma 2}''}{X_{\Sigma 2}} \frac{S_B}{\sqrt{3}\,U_{av}} = \frac{1}{1.239} \times \frac{100}{\sqrt{3} \times 10.5}\text{kA} = 4.438\text{kA}$$

发电机 G1 提供的短路电流为

$$I_{f2,G1} = \frac{X_3 + X_5 + X_4 + X_2}{X_1 + X_3 + X_5 + X_4 + X_2} \frac{E_{\Sigma 2}''}{X_{\Sigma 2}} \frac{S_B}{\sqrt{3}\,U_{av}} = \frac{1.909}{0.453+1.909} \times \frac{1}{1.239} \times \frac{100}{\sqrt{3} \times 10.5}\text{kA} = 3.585\text{kA}$$

发电机 G2 提供的短路电流为

$$I_{f2,G2} = \frac{X_1}{X_1 + X_3 + X_5 + X_4 + X_2} \frac{E_{\Sigma 2}''}{X_{\Sigma 2}} \frac{S_B}{\sqrt{3}\,U_{av}} = \frac{0.453}{0.453+1.909} \times \frac{1}{1.239} \times \frac{100}{\sqrt{3} \times 10.5}\text{kA} = 0.852\text{kA}$$

f_2 短路时各发电机提供的短路冲击电流为

$$I_{im1} = K_{im}I_{f1} = 1.8 \times \sqrt{2} \times 3.585\text{kA} = 9.1245\text{kA}$$

$$I_{im2} = K_{im}I_{f2} = 1.8 \times \sqrt{2} \times 0.852\text{kA} = 2.1685\text{kA}$$

6.4.3 应用叠加原理计算电力系统三相短路

应用叠加原理计算三相短路电流

叠加原理的应用表述如下：单位电压源与电源电动势共同作用，故障点单位电源电压分量单独作用，计算待求故障分量（次暂态电流），短路点的电流为正常分量（很小可忽略）与故障分量的叠加。

如图 6-21 所示单线图，网络参数标示于图中，其中发电机、电动机及变压器电抗参数均为标幺值，一台同步发电机通过两台变压器和一条输电线路向一台同步电动机供电。假设节点 1 处发生三相短路，等效电路如图 6-22a 所示，E_g'' 和 E_m'' 是故障前发电机和电动机的内部电动势，闭合开关 SW 表示短路发生，为了计算次暂态电流，假定 E_g'' 和 E_m'' 是恒压源。图 6-22b 中短路故障由两个方向相反的单位电压源串联表示，它们具有相等的电压相量 $\dot{U}_F$，根据叠加原理，短路电流可以通过图 6-22c 所示的两个电路来计算。如果令 $\dot{U}_F$ 等于故障前的短路点电压，那么第二个电路就可以代表短路前的系统状态，$\dot{U}_F$ 对第二个电路没有影响，$\dot{I}_{F2}'' = 0$，可以移除，如图 6-22d 所示。于是次暂态短路电流就由图 6-22d 中的第一个电路决定，$\dot{I}_F'' = \dot{I}_{F1}''$。发电机提供的短路电流为 $\dot{I}_g'' = \dot{I}_{g1}'' + \dot{I}_{g2}'' = \dot{I}_{g1}'' + \dot{I}_L$，其中 $\dot{I}_L$ 是短路前发电机电流。类似地，$\dot{I}_m'' = \dot{I}_{m1}'' - \dot{I}_L$。

例 6-4 同步发电机在额定功率下运行，如图 6-21 所示，功率因数为 0.95（滞后），机端电压高于额定电压 5%，假设在 1 点处发生金属性三相短路。试求：(a) 次暂态电流；(b) 不计及故障前电流的发电机和电动机的次暂态短路电流；(c) 计及故障前电流的发电机和电动机的次暂态

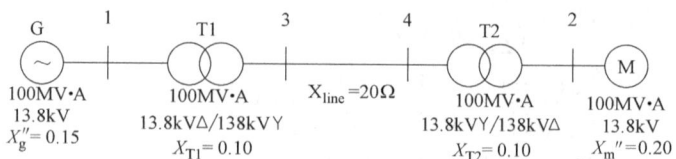

图 6-21 同步发电机向同步电动机供电的单线图

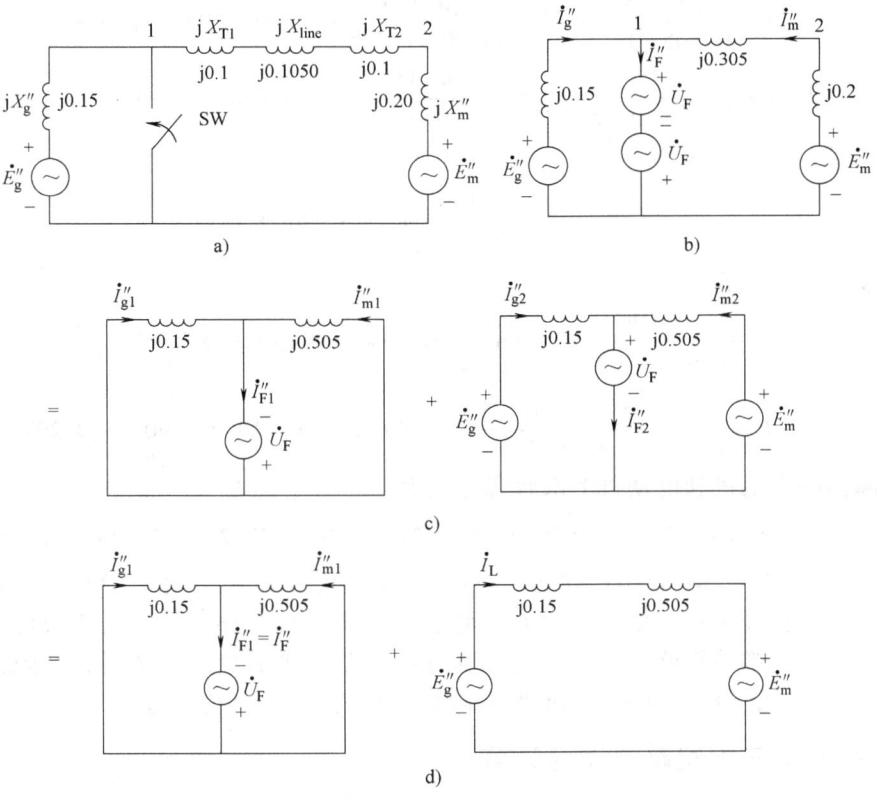

图 6-22 应用叠加原理计算电力系统三相短路
a) 节点 1 处发生三相短路　b) 用两个相反的单位电压源串联表示的短路　c) 叠加原理的应用
d) 将 $\dot{U}_F$ 设置为故障点故障前电压

短路电流，计算结果用标幺值表示。

解：（a）取功率基准值为 100MV·A，电压基准值 $U_{1B} = U_{2B} = 13.8\text{kV}$，$U_{3B} = U_{4B} = 138\text{kV}$
线路阻抗基准值为

$$Z_B = \frac{U_{3B}^2}{S_B} = \frac{138^2}{100}\Omega = 190.44\Omega$$

$$X_L = \frac{X_L}{Z_B} = \frac{20}{190.44} = 0.1050$$

标幺值等效电路如图 6-22a 所示。
利用叠加原理，对于图 6-22d 中的第一个电路，从故障点看进去的戴维南等效阻抗为

$$Z = jX_g'' // j(X_{T1} + X_{line} + X_{T2} + X_m'') = j\frac{0.15 \times 0.505}{0.15 + 0.505} = j0.11565$$

设故障前发电机端电压为

$$\dot{U}_F = 1.05 \angle 0°$$

次暂态电流为

$$\dot{I}_F'' = \frac{\dot{U}_F''}{Z} = \frac{1.05 \angle 0°}{j0.11565} = -j9.079$$

（b）应用并联分流法，发电机及电动机支路的电流分别为

$$\dot{I}''_{g1} = \frac{j0.505}{j(0.505+0.15)} \dot{I}''_F = \frac{j0.505}{j(0.505+0.15)} \times (-j9.079) = -j7.000$$

$$\dot{I}''_{m1} = \frac{j0.15}{j(0.505+0.15)} \dot{I}''_F = \frac{j0.15}{j(0.505+0.15)} \times (-j9.079) = -j2.079$$

（c）发电机电流基准值为

$$I_B = \frac{S_B}{\sqrt{3}\,U_{1B}} = \frac{100}{\sqrt{3} \times 13.8}\text{kA} = 4.1837\text{kA}$$

故障前发电机电流为

$$I_L = \frac{100}{\sqrt{3} \times 1.05 \times 13.8} \angle -\arccos 0.95 = 3.9845 \angle -18.19°\text{kA}$$

$$I_L = \frac{I_L}{I_B} = \frac{3.9845 \angle -18.19°}{4.1837} = 0.9524 \angle -18.19° = 0.9048 - j0.2974$$

计及故障前的发电机和电动机的次暂态电流为

$$\dot{I}''_g = \dot{I}''_{g1} + \dot{I}_L = -j7.000 + 0.9048 - j0.2974 = 0.9048 - j7.297 = 7.353 \angle -82.9°$$

$$\dot{I}''_m = \dot{I}''_{m1} - \dot{I}_L = -j2.079 - 0.9048 + j0.2974 = -0.9048 - j1.782 = 1.999 \angle 243.1°$$

当系统中发电机较多时，使用叠加原理的优点在于计算短路电流只考虑故障前电压，所有电机提供的电压源都被短路了。另，当计算每条支路提供的故障电流时，故障前电流通常较小，可以忽略不计；否则，必须通过潮流求解得到故障前的负荷电流。

6.4.4 任意时刻三相短路电流的计算

短路电流周期分量初始值的计算是比较容易的，但在暂态过程中短路电流周期分量随着时间不断变化，要求它任意时刻的值计算过程十分复杂，在实用计算中用查运算曲线的办法来解决。

从前面的分析可知，影响短路电流大小的主要因素有两个：一个是时间 t；另一个是短路点到电源点的电气距离（用计算电抗表示）。短路电流运算曲线就是短路电流周期分量随时间和电气距离变化的函数曲线，即 $I_{p*} = f(t, X_{js})$。

当然，还有其他因素影响短路电流数值，如发电机的类型、电力负荷的性质及其分布、强行励磁装置的特性等，这些因素在制作运算曲线时都给予了应有的考虑，使制作出的运算曲线在工程中具有普遍的适用性。

1. 运算曲线的制作

制作运算曲线首先考虑了不同发电机类型的影响。由于汽轮发电机和水轮发电机的参数不同，使同一短路点的短路电流周期分量初始值和衰减规律都不同，因此运算曲线是按汽轮发电机和水轮发电机分别制作的。

图 6-23 为制作短路电流运算曲线的等效网络。图中 G 是具有强行励磁装置的汽轮发电机或水轮发电机，短路前处于额定运行状态，次暂态电动势和暂态电动势均可通过短路前的运行参数求得；系统 50% 的负荷接于发电厂高压母线，50% 的负荷接于短路点外侧。

发生短路后，接于发电厂高压母线的负荷将成为短路回路的并联支路，分流了发电机供给的一小部分电流。该负荷在暂态过程中近似用恒定阻抗表示，其值为

$$Z_D = \frac{U^2}{S_D}(\cos\varphi + j\sin\varphi) \tag{6-53}$$

式中，U 为负荷节点的电压，取 $U = 1$；S_D 为负荷的总容量，其值为发电机额定容量的 50%，即 $S_D = 0.5$；$\cos\varphi = 0.9$。

如果定义计算电抗为发电机额定容量作基准值的网络电抗标幺值与发电机纵轴次暂态电抗标幺值之和，即

$$X_{js} = X''_d + X_T + X_L \quad (6\text{-}54)$$

对同一时间 t，不断改变 X_{js}，就可得到一条周期分量电流随 X_{js} 变化的曲线；对若干个值 t，就可得到一组运算曲线。

对相同类型的发电机组，由于型号不同，参数就不同，同一 t 和 X_{js} 下的短路电流周期分量标幺值 I_{p*} 不同。为了使制作的曲线有很好的通用性，在调查国产发电机参数

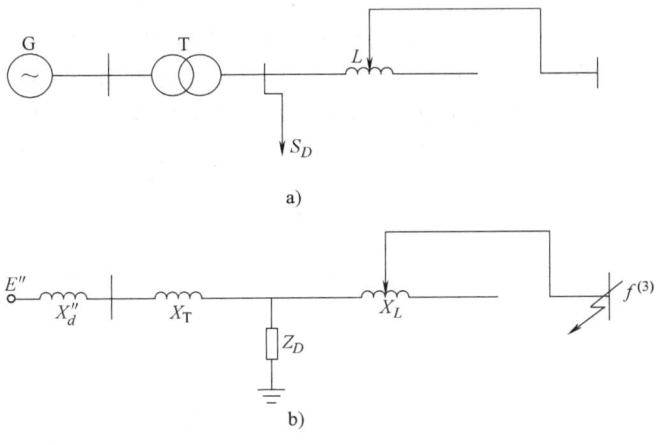

图 6-23 制作运算曲线网络图
a) 系统图 b) 等效网络

和容量配置的基础上，采集了国内 200MW 及以下不同容量的 18 种汽轮发电机和 17 种水轮发电机的参数。把同种类型发电机的参数输入计算机，用短路电流周期分量随时间变化的公式逐台进行计算，对计算结果取其平均值（把同一 t 和 X_{js} 下计算出的各台发电机的周期分量电流标幺值 I_{p*} 看作随机变量，求其数学期望的最佳估计），并把它们作为该 t、X_{js} 下的周期分量电流 I_{p*}，用以制作运算曲线，从而做出汽轮发电机和水轮发电机两组运算曲线。该曲线也可用数字表的形式表示。

用概率统计的方法制作的运算曲线，相当于一台具有标准参数的汽轮发电机或水轮发电机的运算曲线。所谓标准参数，就是对运算曲线用最小二乘法求得的最接近的拟合参数。同类型的不同型号发电机的 I_{p*} 按正态分布密集在运算曲线的附近，因此当实际发电机的参数（T''_d、T'_d、T_{ff}、u_{fm} 等）与标准参数接近时，从曲线上查到的 I_{p*} 与实际值的误差是很小的。但当发电机的参数与标准参数有较大差别时，为提高计算精确度，应对周期分量电流进行修正计算。

运算曲线只做到 $X_{js} = 3.45$ 为止。当 $X_{js} > 3.45$ 时，近似认为发电机端电压在短路过程中保持不变，短路电流周期分量的幅值不随时间变化，即该支路相当于由无限大功率电源供电，短路电流周期分量为

$$I_{p*} = \frac{1}{X_{js}} \quad (6\text{-}55)$$

2. 运算曲线的运用

实际的电力系统是由若干台不同类型、不同容量的发电机并联运行的，为了使用运算曲线计算短路电流，应把实际网络简化成对短路点的一个等效电源支路或几个等效电源支路构成的星形电路，以便对每一个支路分别使用运算曲线。

用运算曲线计算短路电流周期分量的主要步骤如下：

（1）制作次暂态等效网络

忽略网络中的负荷，发电机用 X''_d 表示，将实际网络制成次暂态等效网络，计算各元件在统一基准值（S_B、U_{av}）时的标幺值。对接于短路点附近的大型异步电动机，仍要考虑它作为附加电源在短路初期的反馈电流。

（2）网络化简

按以下原则将全网电源分为一组或几组，分别求出至短路点的转移电抗。

1）直接接于短路点的发电机单独为一组。

2）无限大功率电源单独计算（$I_{ps*} = 1/X_{sf}$）。
3）距短路点电气距离相近的同类型发电机合并为一个等效电源。
4）距短路点较远（$X_{js} > 1$）的同类型或不同类型的发电机合并为一个等效电源。
消去电源点与短路点以外的全部中间节点，求出各等效电源对短路点的转移电抗。

（3）计算各等效电源支路的计算电抗 X_{js}

$$\begin{cases} X_{js1} = X_{1f} \dfrac{S_{N\Sigma 1}}{S_B} \\ X_{js2} = X_{2f} \dfrac{S_{N\Sigma 2}}{S_B} \\ \vdots \\ X_{jsn} = X_{nf} \dfrac{S_{N\Sigma n}}{S_B} \end{cases} \tag{6-56}$$

式中，X_{jsn} 为第 n 个等效电源支路的计算电抗；X_{nf} 为第 n 个等效电源对短路点的转移电抗；$S_{N\Sigma n}$ 为第 n 个等效电源的额定容量，即该等效电源所含发电机的额定容量之和。

（4）查运算曲线求 I_{pt*}

根据给定的时间 t 和各等效电源支路的 X_{js}，查对应发电机类型的运算曲线（或数字表），得到各电源点供给的短路电流周期分量标幺值 I_{pt1*}、I_{pt2*}、…。当由两种类型的发电机构成等效电源时，应查容量占多数的那种类型发电机的运算曲线；当构成同一等效电源的汽轮发电机和水轮发电机的容量相当时，可分别按两种类型查曲线，然后取其算术平均值。

（5）计算短路电流、短路容量的有名值

t 时刻短路点的短路电流周期分量为

$$\begin{aligned} I_t &= I_{pt1*} I_{N\Sigma 1} + I_{pt2*} I_{N\Sigma 2} + \cdots + I_{s*} I_B \\ &= I_{pt1*} \dfrac{S_{N\Sigma 1}}{\sqrt{3} U_{av}} + I_{pt2*} \dfrac{S_{N\Sigma 2}}{\sqrt{3} U_{av}} + \cdots + \dfrac{1}{X_{fs}} \dfrac{S_B}{\sqrt{3} U_{av}} \end{aligned} \tag{6-57}$$

t 时刻的短路容量为

$$\begin{aligned} S_t &= S_{t1*} S_{N\Sigma 1} + S_{t2*} S_{N\Sigma 2} + \cdots + S_{S*} S_B \\ &= I_{pt1*} S_{N\Sigma 1} + I_{pt2*} S_{N\Sigma 2} + \cdots + \dfrac{1}{X_{fs}} S_B \end{aligned} \tag{6-58}$$

式中，$S_{N\Sigma i}$ 为第 i 个等效电源的额定容量，它等于构成第 i 个等效电源的所有发电机额定容量之和；I_{pti*} 为运算曲线查出的第 i 个等效电源供给的 t 时刻的周期分量标幺值；U_{av} 为短路点的平均额定电压。

6.5 计算机计算复杂系统短路电流周期分量起始值的原理

6.5.1 基本原理

由于实际电力系统结构复杂，短路电流周期分量起始值的计算，一般均用计算机计算。在上机计算前需要完成两部分工作：一是根据计算原理选择计算用的数学模型和计算方法；二是根据所选定的数学模型和计算方法编制计算程序。本书仅介绍基本的数学模型和计算方法。

三相短路计算机解法

计算短路电流周期分量起始值，实质就是求解交流电路的稳态电流，其数学模型也就是网络的线性代数方程组，一般选用网络节点方程，即用节点阻抗矩阵或节点导纳矩阵描述的网络方程。

图 6-24 为计算短路电流周期分量起始值 I''（及其分布）的等效网络。在图 6-24a 中，G 为发电机端电压节点（如有必要也可以包括某些大容量的电动机），发电机的等效电动势为 $\dot{E}''$，电抗为 X''_d；D 为负荷节点，以恒定阻抗 Z_D 表示；f 为短路点（经 Z_f 短路）。

图 6-24b 为应用叠加原理，将图 6-24a 的网络分解成正常运行网络和故障分量网络。其中正常分量电流由潮流计算得出，故障分量电流由短路电流计算程序完成。

图 6-24c 为在近似的实用计算中不计负荷影响时的等效网络。应用叠加原理可将其分解为正常空载运行网络（网络中各点电压均为 1，电流正常分量为 0）和故障分量网络（$\dot{U}_{f[0]} = 1$），如图 6-24d 所示。因此只需计算电流的故障分量。

由图 6-24b 的故障分量网络可见，这个网络与潮流计算时的网络的差别，在于发电机节点上多接了对地电抗 X''_d，负荷节点上多接了对地等效负荷阻抗 Z_D（在实用计算中没有此阻抗）。若在短路计算中，忽略线路的电阻和电纳，且采用变压器的近似电压比计算标幺值，则短路计算的网络较潮流计算的网络要简化，而且网络本身是纯感性的。

对于故障分量网络，一般用节点方程来描述，即网络的数学模型采用节点阻抗矩阵或者节点导纳矩阵。

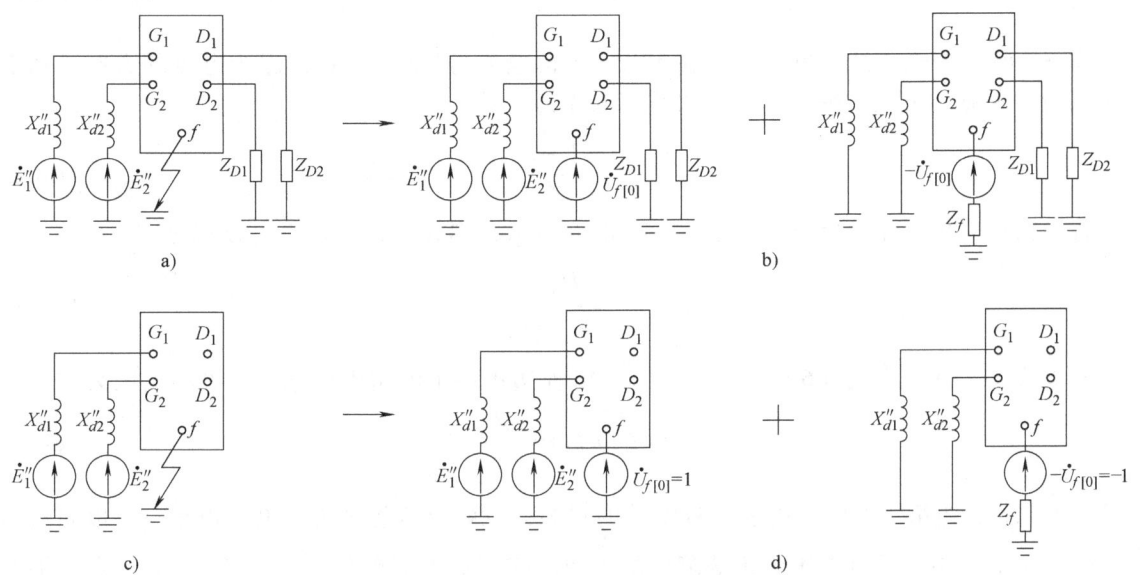

图 6-24 计算短路电流 I'' 的等效电路
a) 计及负荷 b) 计及负荷影响时的网络分解 c) 不计负荷 d) 不计负荷影响时的网络分解

6.5.2 利用节点阻抗矩阵计算的方法

前文介绍了利用叠加原理计算几个节点网络中某节点发生三相短路时短路电流的计算方法，对于一个具有 N 节点的电力系统，该方法同样适用于计算三相短路次暂态短路电流。N 节点电力系统用正序网络建立模型，其中线路和变压器用串联电抗表示，同步发电机由次暂态电抗与恒压源串联表示，所有电阻、导纳及负载均可被忽略，为简化分析，故障前电流也忽略不计。

考虑任意节点 n 处发生三相短路，使用叠加原理分析两个独立的电路（例如图 6-22d 所示电路），在左边第一个电路中，所有发电机电源被短路，只剩下短路点的故障前电压作为电压源，列写节点方程得

$$\boldsymbol{Y}_{\text{bus}}\boldsymbol{E}^{(1)} = \boldsymbol{I}^{(1)} \tag{6-59}$$

式中，$\boldsymbol{Y}_{\text{bus}}$ 是正序节点导纳矩阵；$\boldsymbol{E}^{(1)}$ 是节点电压向量；$\boldsymbol{I}^{(1)}$ 是节点电流源向量，上标（1）表示左边第一个电路。求解式（6-59）得

$$\boldsymbol{Z}_{\text{bus}}\boldsymbol{I}^{(1)} = \boldsymbol{E}^{(1)} \tag{6-60}$$

式中，$\boldsymbol{Z}_{\text{bus}} = \boldsymbol{Y}_{\text{bus}}^{-1}$，$\boldsymbol{Z}_{\text{bus}}$ 是 $\boldsymbol{Y}_{\text{bus}}$ 的逆矩阵，称为正序节点阻抗矩阵，二者都是对称矩阵。

由于图 6-22d 左边第一个电路仅有一个位于短路点 n 的电源，所以电流源向量仅包含一个非零分量 $\dot{I}_n^{(1)} = -\dot{I}_{Fn}''$。节点 n 的电压为 $\dot{E}_n^{(1)} = -\dot{U}_{F[0]}$，重新列写式（6-60）如下：

$$\begin{pmatrix} Z_{11} & \cdots & Z_{1i} & \cdots & Z_{1n} & \cdots & Z_{1N} \\ \vdots & & \vdots & & \vdots & & \vdots \\ Z_{i1} & \cdots & Z_{ii} & \cdots & Z_{in} & \cdots & Z_{iN} \\ \vdots & & \vdots & & \vdots & & \vdots \\ Z_{n1} & \cdots & Z_{ni} & \cdots & Z_{nn} & \cdots & Z_{nN} \\ \vdots & & \vdots & & \vdots & & \vdots \\ Z_{N1} & \cdots & Z_{Ni} & \cdots & Z_{Nn} & \cdots & Z_{NN} \end{pmatrix} \begin{pmatrix} 0 \\ \vdots \\ 0 \\ \vdots \\ -\dot{I}_{Fn}'' \\ \vdots \\ 0 \end{pmatrix} = \begin{pmatrix} \dot{E}_1^{(1)} \\ \vdots \\ \dot{E}_i^{(1)} \\ \vdots \\ -\dot{U}_{F[0]} \\ \vdots \\ \dot{E}_N^{(1)} \end{pmatrix} \tag{6-61}$$

式（6-61）中电流源的负号表示注入节点 n 的电流为 $\dot{I}_n^{(1)} = -\dot{I}_{Fn}''$，因为电流的方向是从节点 n 流向参考点。由式（6-61）可得次暂态电流为

$$\dot{I}_{Fn}'' = \frac{\dot{U}_{F[0]}}{Z_{nn}} \tag{6-62}$$

若短路点对地存在接地阻抗 Z_f，如图 6-24d 所示，则式（6-62）也可改写为

$$\dot{I}_{Fn}'' = \frac{\dot{U}_{F[0]}}{Z_{nn} + Z_f} \tag{6-63}$$

又由式（6-61）和式（6-62）可得图 6-22d 左边第一个电路中任意节点 k 的电压为

$$\dot{E}_k^{(1)} = Z_{kn}(-\dot{I}_{Fn}'') = -\frac{Z_{kn}}{Z_{nn}}\dot{U}_{F[0]} \tag{6-64}$$

图 6-22d 右边第二个电路则表示故障前的状态，一般故障前的负载电流很小，可以忽略不计，第二个电路中的所有电压等于故障前的电压。亦即对于节点 k，$\dot{E}_k^{(2)} = \dot{U}_{F[0]}$，应用叠加原理，有

$$\dot{E}_k = \dot{E}_k^{(1)} + \dot{E}_k^{(2)} = -\frac{Z_{kn}}{Z_{nn}}\dot{U}_{F[0]} + \dot{U}_{F[0]} = \left(1 - \frac{Z_{kn}}{Z_{nn}}\right)\dot{U}_{F[0]} \quad k = 1, 2, \cdots, N \tag{6-65}$$

式（6-62）及式（6-64）就是 N 节点系统某点发生三相短路时该点次暂态电流和任一点短路电压的计算方法。

任一支路 i-j 的短路电流为

$$\dot{I}_{ij} = \frac{\dot{U}_i - \dot{U}_j}{Z_{i,j}} \tag{6-66}$$

式中，$Z_{i,j}$ 为 i-j 支路的阻抗。

例 6-5 利用节点阻抗矩阵计算电力系统三相短路电流。图 6-21 节点 1 和节点 2 发生短路，短路前电压为 $\dot{U}_{F[0]} = 1.05\angle 0°$，忽略故障前负荷电流。（a）试求 4×4 阶正序节点阻抗矩

阵;(b) 若节点 1 发生金属性三相短路,利用阻抗矩阵计算次暂态电流以及流经输电线路的短路电流;(c) 若节点 2 发生金属性三相短路,重新求解(b)。

解:(a) 将图 6-22 重新绘制在图 6-25 中,并标明了导纳标幺值,而不

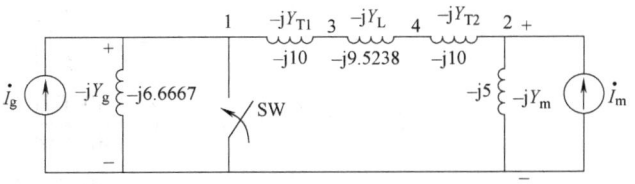

图 6-25 用导纳标幺值表示的等效电路

是阻抗标幺值,忽略故障前负荷电流,$\dot{E}_g'' = \dot{E}_m'' = \dot{U}_{F[0]} = 1.05\angle 0°$,$\dot{I}_g = \dfrac{E_g''}{jX_g''}$ $\dot{I}_m = \dfrac{E_m''}{jX_m''}$ 由图 6-25 可得正序节点导纳矩阵为

$$Y_{bus} = \begin{pmatrix} Y_{11} & Y_{12} & Y_{13} & Y_{14} \\ Y_{21} & Y_{22} & Y_{23} & Y_{24} \\ Y_{31} & Y_{32} & Y_{33} & Y_{34} \\ Y_{41} & Y_{42} & Y_{43} & Y_{44} \end{pmatrix} = \begin{pmatrix} -j16.6667 & 0 & j10 & 0 \\ 0 & -j15 & 0 & j10 \\ j10 & 0 & -j19.5238 & j9.5238 \\ 0 & j10 & j9.5238 & -j19.5238 \end{pmatrix}$$

导纳矩阵求逆矩阵为

$$Z = Y^{-1} = \begin{pmatrix} j0.1156 & j0.0458 & j0.0927 & j0.0687 \\ j0.0458 & j0.1389 & j0.0763 & j0.1084 \\ j0.0927 & j0.0763 & j0.1546 & j0.1145 \\ j0.0687 & j0.1084 & j0.1145 & j0.1626 \end{pmatrix}$$

(b) 若节点 1 发生金属性三相短路,根据式(6-62),节点 1 的次暂态电流为

$$\dot{I}_{F1}'' = \dfrac{\dot{U}_{F[0]}}{Z_{11}} = \dfrac{1.05\angle 0°}{j0.11565} = -j9.079$$

该结果与例 6-4(a)一致,由式(6-65)得故障时节点 1、2、3、4 的电压为

$$\dot{E}_1 = \left(1 - \dfrac{Z_{11}}{Z_{11}}\right)\dot{U}_{F[0]} = 0$$

$$\dot{E}_2 = \left(1 - \dfrac{Z_{21}}{Z_{11}}\right)\dot{U}_{F[0]} = \left(1 - \dfrac{j0.04580}{j0.11565}\right) \times 1.05\angle 0° = 0.6342\angle 0°$$

$$\dot{E}_3 = \left(1 - \dfrac{Z_{31}}{Z_{11}}\right)\dot{U}_{F[0]} = \left(1 - \dfrac{j0.0927}{j0.11565}\right) \times 1.05\angle 0° = 0.2084\angle 0°$$

$$\dot{E}_4 = \left(1 - \dfrac{Z_{41}}{Z_{11}}\right)\dot{U}_{F[0]} = \left(1 - \dfrac{j0.0687}{j0.11565}\right) \times 1.05\angle 0° = 0.4263\angle 0°$$

由式(6-66),利用节点 2 与节点 1 之间的电压降除以线路和变压器的总阻抗可得线路的短路电流为

$$\dot{I}_{21} = \dfrac{\dot{E}_2 - \dot{E}_1}{j(X_L + X_{T1} + X_{T2})} = \dfrac{0.6342 - 0}{j(0.1 + 0.105 + 0.1)} = -j2.079$$

该结果与例 6-4(b)中计算的电动机电流一致,其中故障前负荷电流已忽略。

(c) 若节点 2 发生金属性三相短路,根据式(6-62),节点 2 的次暂态电流为

$$\dot{I}_{F2}'' = \dfrac{\dot{U}_{F[0]}}{Z_{22}} = \dfrac{1.05\angle 0°}{j0.1389} = -j7.558$$

由式(6-65)得故障时节点 1、2、3、4 的电压为

$$\dot{E}_1 = \left(1 - \dfrac{Z_{12}}{Z_{22}}\right)\dot{U}_{F[0]} = \left(1 - \dfrac{j0.04580}{j0.1389}\right) \times 1.05\angle 0° = 0.7039\angle 0°$$

$$\dot{E}_2 = \left(1 - \frac{Z_{22}}{Z_{22}}\right)\dot{U}_{F[0]} = 0$$

$$\dot{E}_3 = \left(1 - \frac{Z_{32}}{Z_{22}}\right)\dot{U}_{F[0]} = \left(1 - \frac{j0.0763}{j0.13893}\right) \times 1.05\angle 0° = 0.4733\angle 0°$$

$$\dot{E}_4 = \left(1 - \frac{Z_{42}}{Z_{22}}\right)\dot{U}_{F[0]} = \left(1 - \frac{j0.1084}{j0.13893}\right) \times 1.05\angle 0° = 0.2307\angle 0°$$

由式（6-66），节点 1 与节点 2 之间线路上的短路电流为

$$\dot{I}_{12} = \frac{\dot{E}_1 - \dot{E}_2}{j(X_1 + X_{T1} + X_{T2})} = \frac{0.7039 - 0}{j(0.1 + 0.105 + 0.1)} = -j2.308$$

N 节点系统短路电流计算也可以用节点阻抗等效电路表示，如图 6-26 所示，称为耙式等效，图中阻抗矩阵的对角元素 Z_{11}、Z_{22}、$\cdots$、Z_{NN} 等称为自阻抗，Z_{12}、Z_{2n}、$\cdots$、Z_{nN} 等表示非对角线元素或互阻抗。

如果忽略故障前负荷电流，所有同步电机的内电动势的幅值和相角都相等。因此，它们可以并联起来用一个等效电压源替代，如图 6-27 所示。

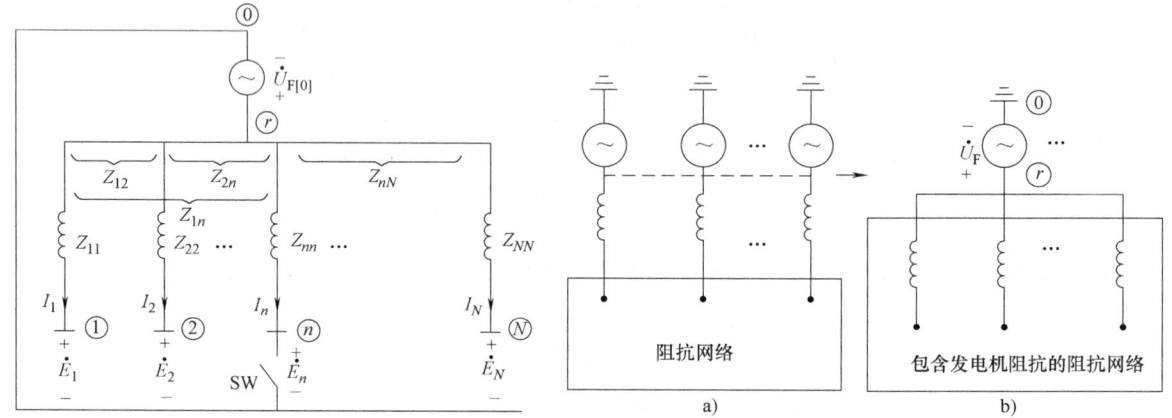

图 6-26 节点阻抗等效电路　　　　图 6-27 空载同步发电机内电动势源并联

利用阻抗矩阵，图 6-26 中的短路电流由下式求出：

$$\begin{pmatrix} Z_{11} & \cdots & Z_{1i} & \cdots & Z_{1n} & \cdots & Z_{1N} \\ \vdots & & \vdots & & \vdots & & \vdots \\ Z_{i1} & \cdots & Z_{ii} & \cdots & Z_{in} & \cdots & Z_{iN} \\ \vdots & & \vdots & & \vdots & & \vdots \\ Z_{n1} & \cdots & Z_{ni} & \cdots & Z_{nn} & \cdots & Z_{nN} \\ \vdots & & \vdots & & \vdots & & \vdots \\ Z_{N1} & \cdots & Z_{Ni} & \cdots & Z_{Nn} & \cdots & Z_{NN} \end{pmatrix} \begin{pmatrix} \dot{I}_1 \\ \vdots \\ \dot{I}_i \\ \vdots \\ \dot{I}_n \\ \vdots \\ \dot{I}_N \end{pmatrix} = \begin{pmatrix} \dot{U}_{F[0]} - \dot{E}_1 \\ \vdots \\ \dot{U}_{F[0]} - \dot{E}_i \\ \vdots \\ \dot{U}_{F[0]} - \dot{E}_n \\ \vdots \\ \dot{U}_{F[0]} - \dot{E}_N \end{pmatrix} \quad (6-67)$$

式中，$\dot{I}_1$、$\cdots$、$\dot{I}_i$、$\cdots$、$\dot{I}_N$ 是支路电流；$\dot{U}_{F[0]} - \dot{E}_1$、$\cdots$、$\dot{U}_{F[0]} - \dot{E}_i$、$\cdots$、$\dot{U}_{F[0]} - \dot{E}_N$ 是支路电压。当图中的开关 SW 断开时，所有电流为零，各个节点到参考节点的电压为 $\dot{U}_{F[0]}$，这与忽略故障前负荷电流的假设条件一致。当开关 SW 闭合时，节点 n 发生短路，$\dot{E}_n = 0$ 且除了 $\dot{I}_n$ 之

外所有电流都为零。短路电流为 $\dot{I}''_{Fn} = \dot{I}_n = \dfrac{\dot{U}_{F[0]}}{Z_{nn}}$，这与式(6-62) 一致，因此，$N$ 节点系统次暂态短路电流可由节点阻抗矩阵和故障前电压确定，Z_{bus} 可由 Y_{bus} 求逆得到，求得 Z_{bus} 之后便很容易计算出短路电流。后文中利用式(6-65) 计算各节点电压都统一用 $\dot{U}_k$ 表示。

这种方法的缺点主要是形成阻抗矩阵的工作量及存储量大，且网络变化时的修改也比较麻烦。可采用将不计算部分的网络化简等方法减少上述工作量及占用的存储空间。用节点阻抗矩阵计算短路电流的原理框图如图 6-28 所示。

例 6-6 已知网络如例 3-3 的 5 节点系统，其单线图如图 3-19，发电机、线路、变压器的数据在表 6-2 和表 6-3 中给出。所有变压器和发电机 1 中性点直接接地，即这些设备的中性电抗为 0。设故障前各节点电压为 $\dot{U}_{F[0]} = 1.05 \angle 0°$（标幺值），计算节点 2 发生三相接地短路后的三相短路电流和各节点电压。

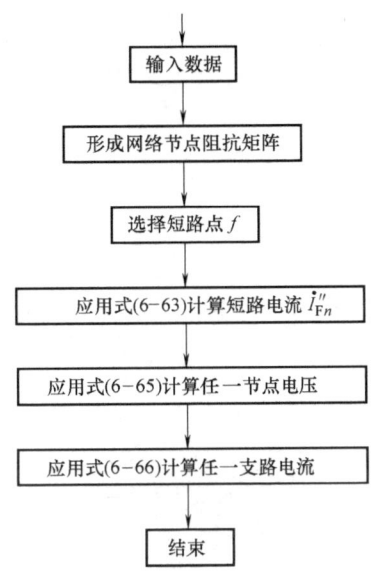

图 6-28 用节点阻抗矩阵计算短路电流的原理框图

表 6-2 同步发电机次暂态电抗（均为标幺值）

节点	$x_1 = x''_d$	节点	$x_1 = x''_d$
1	0.045	3	0.0225

表 6-3 对称短路时线路等效正序电抗以及变压器电抗（均为标幺值）

节点-节点	$X_1 = X_2$	节点-节点	$X_1 = X_2$
2-4	0.1	1-5	0.02
2-5	0.05	3-4	0.01
4-5	0.025		

解：由已知故障前电压设为 1.05（标幺值），重新给出 5 节点系统图，如图 6-29a 所示。网络等效电路如图 6-29b 所示，忽略负载。

求解等效电阻，等效电阻的求解方法，参考《电路分析基础》教材中戴维南等效电路的求解，将网络中的电压源的短路，假设节点 2 对地有一个电压源为 1V，列基尔霍夫电流方程：

$$\begin{cases} \dfrac{0 - U_5}{j0.02 + j0.045} + \dfrac{1 - U_5}{j0.05} = \dfrac{U_5 - U_4}{j0.025} \\ \dfrac{1 - U_4}{j0.1} + \dfrac{0 - U_4}{j0.01 + j0.0225} = \dfrac{U_4 - U_5}{j0.025} \end{cases}$$

解得

$$U_4 = 0.346, \quad U_5 = 0.449$$

$$I = \dfrac{1 - U_4}{j0.1} + \dfrac{1 - U_5}{j0.05} = -j17.56, \quad Z = \dfrac{1}{I} = j0.0570$$

假设节点 2 发生短路故障，则等效电路图 6-29c 所示。

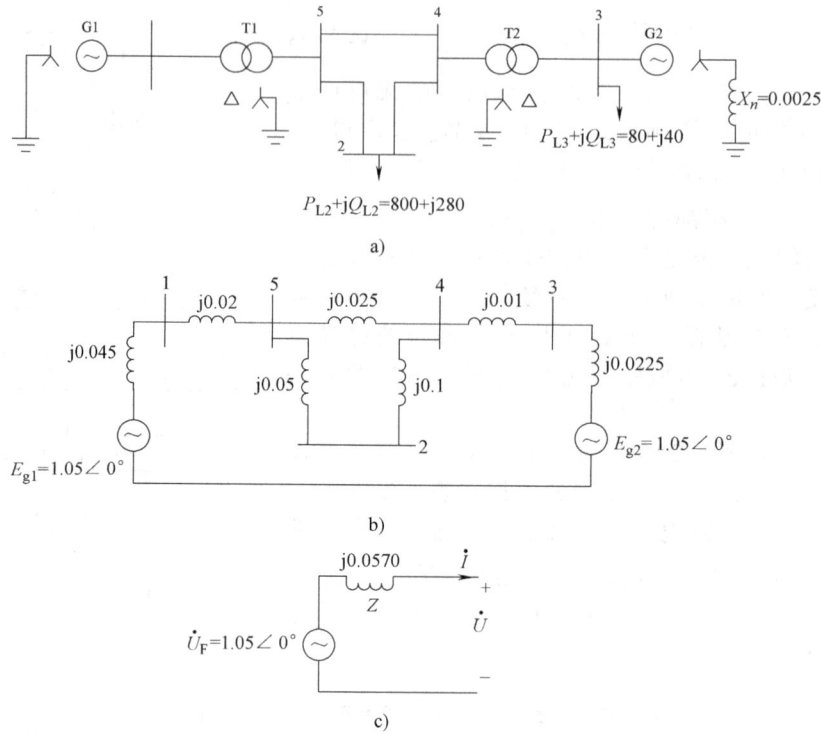

图 6-29 5 节点网络及等值电路
a) 5 节点系统图 b) 网络等效电路 c) 戴维南等效电路

1) 当节点 2 发生三相接地短路时（默认为 a 相），手算法计算短路电流，只有正序网络中有短路电流，即

$$\dot{I}''_{Fa} = \frac{\dot{U}_{F[0]}}{Z_1} = \frac{1.05\angle 0°}{j0.0570} = -j18.4210$$

2) 计算正序网导纳矩阵：

$$Y = \begin{pmatrix} -j\dfrac{650}{9} & 0 & 0 & 0 & j50 \\ 0 & -j30 & 0 & j10 & j20 \\ 0 & 0 & -j\dfrac{1300}{9} & j100 & 0 \\ 0 & j10 & j100 & -j150 & j40 \\ j50 & j20 & 0 & j40 & -j110 \end{pmatrix}$$

求逆矩阵得

$$Z = \begin{pmatrix} j0.0280 & j0.0177 & j0.0085 & j0.0123 & j0.0204 \\ j0.0177 & j0.0570 & j0.0136 & j0.0197 & j0.0256 \\ j0.0085 & j0.0136 & j0.0182 & j0.0164 & j0.0123 \\ j0.0123 & j0.0197 & j0.0164 & j0.0236 & j0.0178 \\ j0.0204 & j0.0256 & j0.0123 & j0.0178 & j0.0295 \end{pmatrix}$$

当节点 2 发生三相接地短路时，正序网路中有短路电流，即

$$\dot{I}''_{Fa} = \frac{\dot{U}_{F[0]}}{Z_{22}} = \frac{1.05\angle 0°}{j0.0570} = -j18.4210$$

对于 b、c 两相，短路电流分别与 a 相相差 120°，幅值相同。

各节点电压为

$$\dot{U}_1 = \left(1 - \frac{Z_{12}}{Z_{22}}\right)\dot{U}_{1[0]} = \left(1 - \frac{j0.0177}{j0.0570}\right) 1.05\angle 0° = 0.72395\angle 0°$$

$$\dot{U}_2 = \left(1 - \frac{Z_{22}}{Z_{22}}\right)\dot{U}_{2[0]} = 0$$

$$\dot{U}_3 = \left(1 - \frac{Z_{32}}{Z_{22}}\right)\dot{U}_{3[0]} = \left(1 - \frac{j0.0136}{j0.0570}\right) \times 1.05\angle 0° = 0.79947\angle 0°$$

$$\dot{U}_4 = \left(1 - \frac{Z_{42}}{Z_{22}}\right)\dot{U}_{4[0]} = \left(1 - \frac{j0.0197}{j0.0570}\right) \times 1.05\angle 0° = 0.68711\angle 0°$$

$$\dot{U}_5 = \left(1 - \frac{Z_{52}}{Z_{22}}\right)\dot{U}_{5[0]} = \left(1 - \frac{j0.0256}{j0.0570}\right) \times 1.05\angle 0° = 0.57842\angle 0°$$

6.5.3 利用节点导纳矩阵计算的方法

用节点导纳矩阵表示的网络节点方程为

$$\begin{pmatrix} \dot{I}_1 \\ \vdots \\ \dot{I}_i \\ \vdots \\ \dot{I}_j \\ \vdots \\ \dot{I}_n \end{pmatrix} = \begin{pmatrix} Y_{11} & \cdots & Y_{1i} & \cdots & Y_{1j} & \cdots & Y_{1n} \\ \vdots & & \vdots & & \vdots & & \vdots \\ Y_{i1} & \cdots & Y_{ii} & \cdots & Y_{ij} & \cdots & Y_{in} \\ \vdots & & \vdots & & \vdots & & \vdots \\ Y_{j1} & \cdots & Y_{ji} & \cdots & Y_{jj} & \cdots & Y_{jn} \\ \vdots & & \vdots & & \vdots & & \vdots \\ Y_{n1} & \cdots & Y_{ni} & \cdots & Y_{nj} & \cdots & Y_{nn} \end{pmatrix} \begin{pmatrix} \dot{U}_1 \\ \vdots \\ \dot{U}_i \\ \vdots \\ \dot{U}_j \\ \vdots \\ \dot{U}_n \end{pmatrix} \quad (6-68)$$

节点导纳矩阵是稀疏矩阵，且极易形成，网络结构变化时也易于修改。

应用节点导纳矩阵计算短路电流，实质上是先用它计算与短路点有关的节点阻抗矩阵所有元素，然后即可用式 (6-62)~式 (6-66) 进行短路电流的有关计算。

由式 (6-61) 可知，一般认为哪点短路，就在该点通以单位电流，其他未短路点的短路电流均为零，将式 (6-68) 改写为

$$\begin{pmatrix} Y_{11} & \cdots & Y_{1f} & \cdots & Y_{1n} \\ \vdots & & \vdots & & \vdots \\ Y_{f1} & \cdots & Y_{ff} & \cdots & Y_{fn} \\ \vdots & & \vdots & & \vdots \\ Y_{n1} & \cdots & Y_{nf} & \cdots & Y_{nn} \end{pmatrix} \begin{pmatrix} \dot{U}_1 \\ \vdots \\ \dot{U}_f \\ \vdots \\ \dot{U}_n \end{pmatrix} = \begin{pmatrix} 0 \\ \vdots \\ 1 \\ \vdots \\ 0 \end{pmatrix} \leftarrow f\text{点} \quad (6-69)$$

求得的 $1 \sim n$ 节点的电压 $\dot{U}_1 \sim \dot{U}_n$。

求解式 (6-69) 的线性方程组，可以采用三角分解法 (或因子表法) 或高斯消去法。由于电力系统短路计算往往要求计算多个节点处分别发生短路时的短路电流，因而要多次求解与式 (6-69) 类似的方程。方程的不同在于方程右端常数向量 1 所在的行数 (对应短路节点

号）不同。为了避免每次重复对节点导纳矩阵做消去运算，一般不采用高斯消去法，而是采用三角分解法。

将式（6-69）简写为

$$YU = I \tag{6-70}$$

Y 阵是个非奇异的对称矩阵，按照矩阵的三角分解法，Y 可表示为

$$Y = LDL^T = R^T DR \tag{6-71}$$

式中，D 为对角阵；L 为单位下三角阵；R 为单位上三角阵；L 和 R 互为转置矩阵。

式（6-71）说明 Y 阵可分解为单位下三角阵、对角阵和单位上三角阵的乘积。这些因子矩阵元素的表达式为

$$\left. \begin{aligned} d_{ii} &= Y_{ii} - \sum_{m=1}^{i-1} l_{im}^2 d_{mm} = Y_{ii} - \sum_{m=1}^{i-1} r_{mi}^2 d_{mm} \quad (i = 1,2,\cdots,n) \\ r_{ij} &= \frac{1}{d_{ii}} \left(Y_{ij} - \sum_{m=1}^{i-1} r_{mi} r_{mj} d_{mm} \right) \quad (i = 1,2,\cdots,n-1; j = i+1,\cdots,n) \\ l_{ij} &= \frac{1}{d_{jj}} \left(Y_{ij} - \sum_{m=1}^{j-1} l_{im} l_{jm} d_{mm} \right) \quad (i = 2,3,\cdots,n; j = 1,2,\cdots,i-1) \end{aligned} \right\} \tag{6-72}$$

式中，d、l 和 r 分别为矩阵 D、L 和 R 的相应元素。由于 L 和 R 互为转置，只需算出其中一个即可。

将式（6-71）代入式（6-70）得

$$R^T DRU = I \tag{6-73}$$

式（6-73）可分解为以下的三个方程，并依次求解，即

$$\left. \begin{aligned} R^T W &= I \\ DX &= W \\ RU &= X \end{aligned} \right\} \tag{6-74}$$

即由已知的节点电流向量 I 求 W，由 W 求 X，最后由 X 求得节点电压向量 U。在这三次求解中，系数矩阵为单位三角阵或对角阵，故计算工作量不大。如果将 $DX = W$ 求解过程中的除法改为乘法运算，即 $X = D^{-1} W$（D^{-1} 的元素为 D 元素的倒数）则可进一步节约计算时间。

综上所述，用三角分解法求解节点导纳方程包括两部分计算：

第一步是将 Y 三角分解，并保存 R 和 D^{-1}。为节省存储容量，可将 D^{-1} 的元素存放在 R 的对角元素 1 的位置上（实际上这就是一种因子表），即

$$\begin{pmatrix} 1/d_{11} & \cdots & r_{1i} & \cdots & r_{1n} \\ & \vdots & & \vdots \\ & \cdots & 1/d_{ii} & \cdots & r_{in} \\ & & & \vdots \\ & & & & 1/d_{nn} \end{pmatrix} \tag{6-75}$$

第二步是由已知的 I 用式（6-74）计算得到 U，即为对应某短路节点的节点阻抗元素向量。

图 6-30 示出了应用节点导纳矩阵计算短路电流的原理框图。

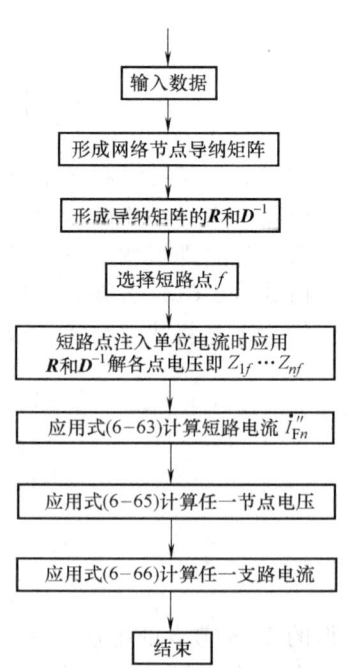

图 6-30 用节点导纳矩阵计算短路电流的原理框图

6.5.4 短路点在线路上任意处的计算方法

若短路点不在原网络节点上，而是如图 6-31a 所示，发生在线路 j-m 的任意点上，则网络增加了一个节点 f，其导纳矩阵（和阻抗矩阵）增加了一阶，即与 f 点有关的一列和一行元素。

导纳矩阵直接求逆方式。 可以根据原有网络及短路位置，直接写出增加一个节点情况下的导纳矩阵，通过导纳矩阵求逆获得阻抗矩阵，之后将新增节点的自阻抗读出，再利用式（6-62）即可计算线路某处短路时的短路电流。利用式（6-65）计算任意节点 k 的电压，以及利用式（6-66）计算任一支路 i-j 的短路电流。

不需要重新形成网络矩阵。 当增加一个节点时，其阻抗矩阵（和导纳矩阵）增加了一阶，即与 f 点有关的一列和一行元素。可利用原网络阻抗矩阵中 j 和 m 两列元素直接计算与 f 点有关的一列阻抗元素，而不必重新形成网络矩阵。

（1）非对角元素 $Z_{fi}(=Z_{if})$

根据节点阻抗矩阵元素的物理意义，当网络中任意节点 i 注入单位电流，而其余节点注入电流均为零时，f 点的对地电压即为 Z_{fi}，故

$$Z_{fi}=\dot{U}_f=\dot{U}_j-\dot{I}_{jm}lZ_{jm}=Z_{ji}-\frac{Z_{ji}-Z_{mi}}{Z_{jm}}lZ_{jm}=(1-l)Z_{ji}+lZ_{mi} \tag{6-76}$$

式中，l 为短路点 f 至节点 j 的距离占线路总长的百分比；Z_{ji}、Z_{mi} 为已知的原网络的节点 j、m 对 i 的互阻抗元素。

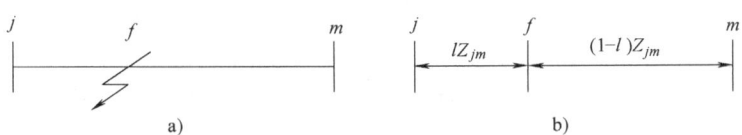

图 6-31 短路点在线路上任意处
a）原网络 b）等效电路

（2）对角元素 Z_{ff}

当 f 点注入单位电流时，f 点的对地电压即为 Z_{ff}，则有

$$\frac{\dot{U}_f-\dot{U}_j}{lZ_{jm}}+\frac{\dot{U}_f-\dot{U}_m}{(1-l)Z_{jm}}=1$$

将电压用相应的阻抗元素表示，则有

$$\frac{Z_{ff}-Z_{jf}}{lZ_{jm}}+\frac{Z_{ff}-Z_{mf}}{(1-l)Z_{jm}}=1$$

化简后得

$$Z_{ff}=(1-l)Z_{jf}+lZ_{mf}+l(1-l)Z_{jm}$$

将上式中的 Z_{jf} 和 Z_{mf} 用式（6-74）代入，则

$$Z_{ff}=(1-l)^2Z_{jj}+l^2Z_{mm}+2l(1-l)Z_{jm}+l(1-l)Z_{mj} \tag{6-77}$$

式中，Z_{jj}、Z_{mm}、Z_{jm} 和 Z_{mj} 均为已知。

由式（6-76）和式（6-77）即可求得 f 列的阻抗元素。从而可用式（6-62）~式（6-66）进行短路电流的有关计算。

例 6-7 电力网络及各元件参数如图 6-32 所示，故障前各节点的电压均为 $\dot{U}_{fa[0]}=1.05\angle0°$，假设短路发生在节点 3 和节点 4 之间，距离节点 3 为 40% 的位置：

（a）计算节点阻抗矩阵；
（b）计算线路短路处（引入节点 5）短路电流；

（c）计算所有节点短路电压和支路短路电流。

解：（a）短路发生在节点 3 和节点 4 之间，距离节点 3 为 40% 的位置处（默认为 a 相）。

根据题目要求可以将线路短路点假设为一个节点 5，则此时电力网络以及等效电路如图 6-26 所示。

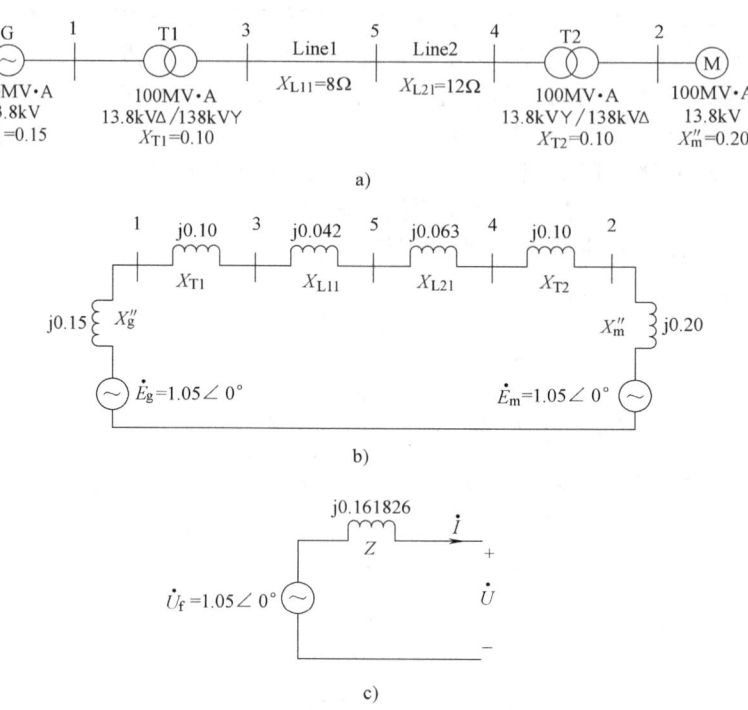

图 6-32 节点间短路及其等效电路
a）节点 3 和节点 4 之间短路时 b）等效电路 c）戴维南等效电路

根据图 6-31b，将网络中各支路阻抗全部变换为导纳后，得节点导纳矩阵为

$$Y = \begin{pmatrix} -j16.67 & 0 & j10.00 & 0 & 0 \\ 0 & -j15.00 & 0 & j10.00 & 0 \\ j10.00 & 0 & -j33.80 & 0 & j23.80 \\ 0 & j10.00 & 0 & -j25.87 & j15.87 \\ 0 & 0 & j23.80 & j15.87 & -j39.67 \end{pmatrix}$$

对导纳矩阵求逆得到阻抗矩阵，即

$$Z = Y^{-1} = \begin{pmatrix} j0.1156 & j0.0458 & j0.0927 & j0.0687 & j0.0831 \\ j0.0458 & j0.1389 & j0.0763 & j0.1084 & j0.0891 \\ j0.0927 & j0.0763 & j0.1546 & j0.1145 & j0.1385 \\ j0.0687 & j0.1084 & j0.1145 & j0.1626 & j0.1337 \\ j0.0831 & j0.0891 & j0.1385 & j0.1337 & j0.1618 \end{pmatrix}$$

（b）手算解法，当线路之间（节点 5）发生三相接地短路时，戴维南等效阻抗为

$$Z = j(X''_g + X_{T1} + X_{L11}) // j(X_{L12} + X_{T2} + X''_m) = j(0.15 + 0.10 + 0.042) // j(0.20 + 0.10 + 0.063) = j0.1618$$

短路电流为

$$\dot{I}_f = \dot{I}_{fa} = \frac{\dot{U}_{fa[0]}}{Z} = \frac{1.05 \angle 0°}{j0.1618} = -j6.4891$$

计算机解法，当节点 5 发生三相接地短路时，$f=5$，短路电流为

$$\dot{I}_{fa} = \frac{\dot{U}_{fa[0]}}{Z_{55}} = \frac{1.05\angle 0°}{j0.1618} = -j6.4891$$

对于 b、c 两相分别与 a 相差 120°，幅值不变。

（c）计算所有节点短路电压和支路短路电流

对于三相对称短路各节点电压有

$$\dot{U}_1 = \left(1 - \frac{Z_{15}}{Z_{55}}\right) U_{1[0]} = \dot{U}_{1[0]} - Z_{15}\dot{I}_5 = 1.05\angle 0° - j0.0831(-j6.4891) = 0.5108$$

$$\dot{U}_2 = \left(1 - \frac{Z_{25}}{Z_{55}}\right) U_{2[0]} = \dot{U}_{2[0]} - Z_{25}\dot{I}_5 = 1.05\angle 0° - j0.0891(-j6.4891) = 0.4715$$

$$\dot{U}_3 = \left(1 - \frac{Z_{35}}{Z_{55}}\right) U_{3[0]} = \dot{U}_{3[0]} - Z_{35}\dot{I}_5 = 1.05\angle 0° - j0.1385(-j6.4891) = 0.1511$$

$$\dot{U}_4 = \left(1 - \frac{Z_{45}}{Z_{55}}\right) U_{4[0]} = \dot{U}_{4[0]} - Z_{45}\dot{I}_5 = 1.05\angle 0° - j0.1337(-j6.4891) = 0.1823$$

$$\dot{U}_5 = \left(1 - \frac{Z_{55}}{Z_{55}}\right) U_{5[0]} = \dot{U}_{5[0]} - Z_{55}\dot{I}_5 = 1.05\angle 0° - j0.1618(-j6.4891) = 0$$

对于 b、c 两相分别与 a 相差 120°，幅值不变。

对于三相对称短路各节点间电流有

$$\dot{I}_{13} = \frac{\dot{U}_1 - \dot{U}_3}{Z_{13}} = -(\dot{U}_1 - \dot{U}_3)Y_{13} = -(0.5108 - 0.1511) \times j10 = -j3.5966$$

$$\dot{I}_{24} = \frac{\dot{U}_2 - \dot{U}_4}{Z_{24}} = -(\dot{U}_2 - \dot{U}_4)Y_{24} = -(0.4715 - 0.1823) \times j10 = -j2.8925$$

因支路 35 与 13、45 与 24 属于串联关系，所以

$$\dot{I}_{35} = \dot{I}_{13} = -j3.5966$$

$$\dot{I}_{45} = \dot{I}_{24} = -j2.8925$$

对于短路电流有

$$\dot{I}_f = \dot{I}_{35} + \dot{I}_{45} = -j3.5966 + (-j2.8925) = -j6.4891$$

可见计算结果与短路电流一致，对于 b、c 两相相位相差 120°，幅值不变。

本 章 小 结

本章主要内容为电力系统故障的分析和计算，通过本章学习，主要应掌握以下内容：短路的定义、原因、类型及后果、计算短路电流的目的和基本假设等是有关短路最基本的概念和常识、网络简化的基本方法。学会分析无限大功率电源与同步发电机突然三相短路的暂态过程及各自由电流的产生和变化规律，了解暂态参数和次暂态参数物理意义，以及用暂态参数表示的发电机定子电压方程和等效电路的方法。

学会短路电流的实用计算方法，三相短路计算主要包括起始次暂态电流、冲击电流、短路全电流有效值，以及利用运算曲线法求取任意时刻短路电流周期分量。学会利用叠加原理计算电力网络任意节点或线路某位置发生三相短路时的短路电流，了解利用阻抗矩阵计算短路电流及短路电压的计算机解法。

习 题

6-1 电力系统短路故障（简单短路）的分类、危害以及短路计算的目的是什么？

6-2 无限大容量电源的含义是什么？由这种电源供电的系统三相短路时，短路电流包括几种分量？有什么特点？

6-3 冲击电流指的是什么？它出现的条件和时刻如何？冲击系数 k_{ch} 的大小与什么有关？

6-4 什么是短路功率（短路容量）？在三相短路计算时，对某一短路点，短路功率的标幺值与短路电流的标幺值是否相等？为什么？

6-5 什么叫短路电流的最大有效值？它与冲击系数 k_{ch} 有何关系？

6-6 同步发电机正常稳态运行时的等效电路和相量图形式如何？虚构电动势 $\dot{E}_q$ 有何意义？

6-7 用次暂态、暂态参数表示的发电机等效电路，具有怎样的形式？

6-8 应用运算曲线法计算短路电流周期分量的主要步骤是哪些？

6-9 供电系统如图 6-33 所示，各元件参数如下：线路 L 的长度 $l=50\text{km}$，$x_L=0.4\Omega/\text{km}$，变压器 T 的额定容量 $S_N=10\text{MV}\cdot\text{A}$，$U_k\%=10.5$，$k_T=110/11$；假定供电点电压为 106.5kV，保持恒定，当空载运行时变压器低压母线发生三相短路。试计算短路电流周期分量、冲击电流、短路电流最大有效值及短路容量的有名值。

图 6-33 供电系统

6-10 系统接线如图 6-34 所示，已知各元件参数如下：发电机 G 的额定容量 $S_{GN}=60\text{MV}\cdot\text{A}$，$x_d'=0.14$；变压器 T 的额定容量 $S_{TN}=30\text{MV}\cdot\text{A}$，$U_k\%=8$；线路 L 的长度 $l=20\text{km}$，$x_L=0.38\Omega/\text{km}$。试求 f 点三相短路时的起始次暂态电流、冲击电流、短路电流最大有效值和短路容量的有名值。

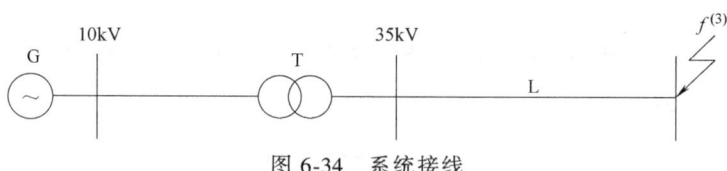

图 6-34 系统接线

6-11 已知网络参数如例 6-6，计算节点 2 和节点 5 之间的线路中性点发生三相对称短路时的故障电流和电压。

6-12 电力网络及参数如习题 3-15，计算某节点发生三相短路时的三相次暂态短路电流及短路电压。

6-13 查找大型停电事故发生的原因和危害，作为未来的电气专业人员，你是否具有了安全意识和责任意识？

第7章
电力系统不对称故障分析计算

本章提要

本章讲述电力系统不对称故障的分析和计算。介绍了对称分量法的概念,各元件的序参数和等效电路,电力系统序网络等效电路;介绍利用对称分量法分析各种不对称故障的方法,叙述电流和电压各序分量在各序网中的分布规律,不对称故障电流和电压的计算方法。

7.1 对称分量法

7.1.1 不对称短路后电力网络的特点

实际电力系统中发生的故障大多数是不对称故障(包括不对称短路和不对称断线),为了保证电力系统及其各种电气设备的安全运行,必须进行各种不对称故障的分析和计算。

在电力系统中突然发生不对称短路时,必然会引起基频分量电流的变化,并产生直流的自由分量。除此之外,不对称短路还会产生一系列的谐波。要准确地分析不对称短路的过程是相当复杂的,在本书中将只介绍分析基频分量的方法。

正常运行的电力系统是三相对称的,即三相电源电动势对称,各相阻抗相等。因此,系统中任一支路的三相电流和任一节点的三相电压都是对称相量。若系统中某点 f 与地间的阻抗用图 7-1a 中的 Z_A、Z_B、Z_C 表示,则有

$$Z_A = Z_B = Z_C = \infty$$

当 f 点发生了不对称短路时,系统的运行状态将发生变化,具有如下特点:

1) 原电路的电源电动势和三相阻抗仍然保持对称。

2) 短路点三相不对称,表现为短路点三相的阻抗不相等,如发生了 B、C 两相接地短路故障,此时 $Z_A = \infty$,而 $Z_B = Z_C = 0$,引起各

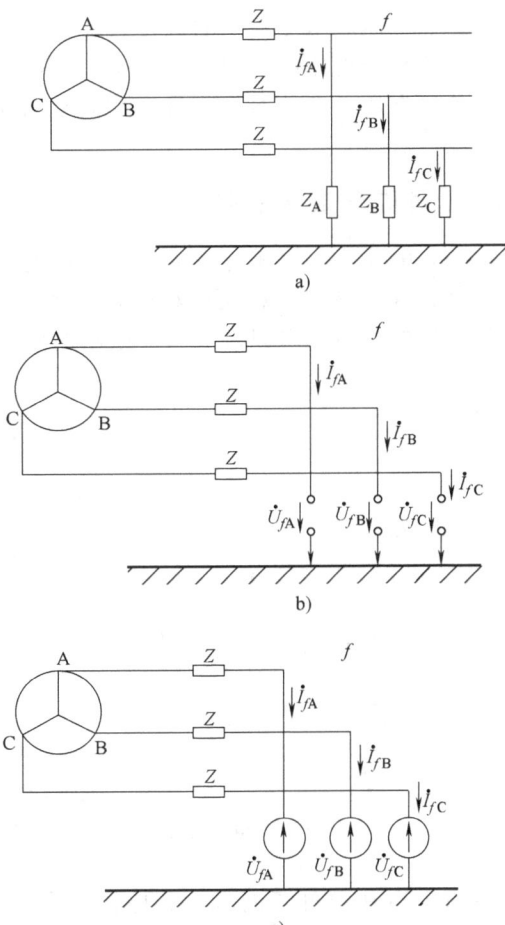

图 7-1 不对称三相系统示意图
a) 不对称短路系统 b)、c) 不对称短路的等效系统

相经短路点流入地中的电流三相不对称，$\dot{I}_{fA}=0$，而 $\dot{I}_{fB}\neq0$，$\dot{I}_{fC}\neq0$，从而使短路点三相电压不对称，$\dot{U}_{fA}\neq0$，而 $\dot{U}_{fB}=\dot{U}_{fC}=0$。

由以上分析可见，在三相对称的电力网络中发生不对称短路时，由于短路点对地支路阻抗的不对称，导致整个网络的电流和电压三相不对称。

根据电路原理，短路点对地的不对称阻抗支路可以用一组不对称的电压相量 $\dot{U}_{fA}$、$\dot{U}_{fB}$、$\dot{U}_{fC}$ 来等效代替，$\dot{U}_{fA}$、$\dot{U}_{fB}$、$\dot{U}_{fC}$ 分别为短路点的三相电压，即图7-1a所示的电路可以用图7-1b或c来表示。这相当于在原阻抗对称电路的短路点加上一组不对称的电压相量 $\dot{U}_{fA}$、$\dot{U}_{fB}$、$\dot{U}_{fC}$，使电路中流过一组不对称的电流相量 $\dot{I}_{fA}$、$\dot{I}_{fB}$、$\dot{I}_{fC}$。因此，对图7-1所示电路的研究，不能像三相短路那样用对一相的研究推广到三相，而要用对称分量法。

根据上述特点，对电力网络进行不对称短路故障分析时，通常是把网络从短路点 f 分成两个部分，对这两个部分分别进行处理。

第一部分是原对称电路，应用对称分量法可以把该电路中任一组不对称的相量分解为正、负、零序三组对称分量，而这三组对称分量是相互独立的，即每一相序的电压只能产生本相序的电流。于是，根据网络的结构和参数可得到三个独立的序网和对应的三个序网方程式。

第二部分是短路点对地的不对称阻抗支路，反映该支路特点的是短路点的边界条件，即反映短路点电压和电流特点的方程式。

把这两部分电路结合起来，就是将三个序网方程式和短路点的边界条件联立，求解出短路点的各序电压、电流对称分量，进而求得不对称短路时网络中各节点的三相电压和各支路的三相电流。

7.1.2 对称分量法的概念

在三相电路中，对于任意一组不对称的三相相量（电流或电压），可以分解为三组三相对称的相量，这就是"三相相量对称分量法（简称为对称分量法）"。这种变换是可逆的，即三组三相对称的相量也可以合成为一组不对称的三相相量，如图7-2所示。

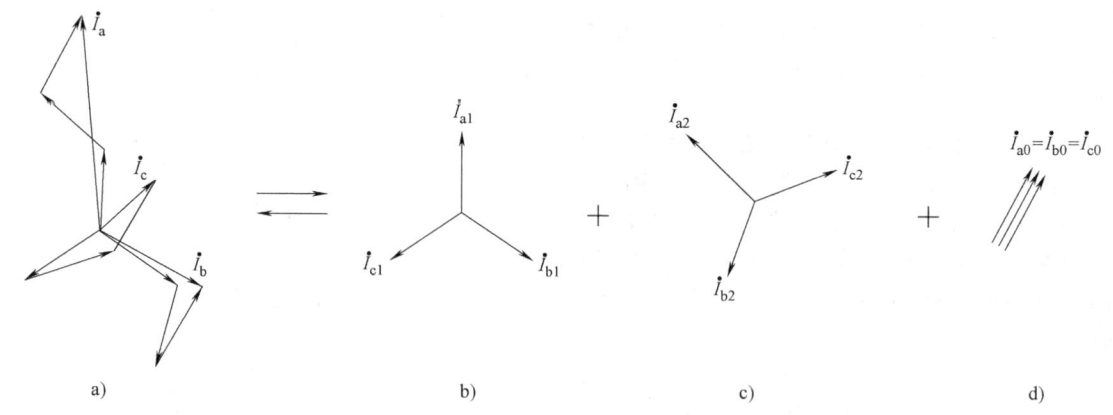

图 7-2 对称分量法
a) 不对称电流相量 b) 正序电流分量 c) 负序电流分量 d) 零序电流分量

在图7-2a中已知不对称三相电流相量 $\dot{I}_a$、$\dot{I}_b$、$\dot{I}_c$，可以把它们分解为这样的三组对称分量：正序分量 $\dot{I}_{a1}$、$\dot{I}_{b1}$、$\dot{I}_{c1}$，它们幅值相等，相位为 $\dot{I}_{a1}$ 超前 $\dot{I}_{b1}$ 120°，$\dot{I}_{b1}$ 超前 $\dot{I}_{c1}$ 120°（见图7-2b）；负序分量 $\dot{I}_{a2}$、$\dot{I}_{b2}$、$\dot{I}_{c2}$，其幅值也相等，相位关系与正序相反（见图7-2c）；零序分

量 $\dot{I}_{a0}$、$\dot{I}_{b0}$、$\dot{I}_{c0}$，其幅值相等，相位相同（见图 7-2d）。这三组对称分量与不对称相量间的关系，由下式确定：

$$\begin{cases} \dot{I}_a = \dot{I}_{a0} + \dot{I}_{a1} + \dot{I}_{a2} \\ \dot{I}_b = \dot{I}_{b0} + \dot{I}_{b1} + \dot{I}_{b2} \\ \dot{I}_c = \dot{I}_{c0} + \dot{I}_{c1} + \dot{I}_{c2} \end{cases} \tag{7-1}$$

分别根据正序、负序、零序分量的对称关系，将 b、c 相电流用 a 相的对称分量表示为

$$\begin{cases} \dot{I}_a = \dot{I}_{a0} + \dot{I}_{a1} + \dot{I}_{a2} \\ \dot{I}_b = \dot{I}_{a0} + \alpha^2 \dot{I}_{a1} + \alpha \dot{I}_{a2} \\ \dot{I}_c = \dot{I}_{a0} + \alpha \dot{I}_{a1} + \alpha^2 \dot{I}_{a2} \end{cases} \tag{7-2}$$

式中，$\alpha = e^{j120°} = -\dfrac{1}{2} + j\dfrac{\sqrt{3}}{2}$；$\alpha^2 = e^{j240°} = -\dfrac{1}{2} - j\dfrac{\sqrt{3}}{2}$。

本书仅对 a 相电流的三序分量进行研究，简单起见，将电流三序分量的下标 a 省略，于是将式（7-2）写成矩阵形式得

$$\begin{pmatrix} \dot{I}_a \\ \dot{I}_b \\ \dot{I}_c \end{pmatrix} = \begin{pmatrix} 1 & 1 & 1 \\ 1 & \alpha^2 & \alpha \\ 1 & \alpha & \alpha^2 \end{pmatrix} \begin{pmatrix} \dot{I}_0 \\ \dot{I}_1 \\ \dot{I}_2 \end{pmatrix} \tag{7-3}$$

简写为

$$\boldsymbol{I}_p = \boldsymbol{T} \boldsymbol{I}_s \tag{7-4}$$

式中，$\boldsymbol{I}_p$ 是相电流列向量；$\boldsymbol{I}_s$ 是序电流的列向量，$\boldsymbol{T}$ 是 3×3 的转换矩阵。矩阵 $\boldsymbol{T}$ 的逆矩阵为

$$\boldsymbol{T}^{-1} = \dfrac{1}{3} \begin{pmatrix} 1 & 1 & 1 \\ 1 & \alpha & \alpha^2 \\ 1 & \alpha^2 & \alpha \end{pmatrix} \tag{7-5}$$

式（7-5）可通过 $\boldsymbol{TT}^{-1}$ 等于单位矩阵验证，同理式（7-4）左乘 $\boldsymbol{T}^{-1}$ 可得

$$\boldsymbol{I}_s = \boldsymbol{T}^{-1} \boldsymbol{I}_p \tag{7-6}$$

因此，当已知三相不对称的相量 $\dot{I}_a$、$\dot{I}_b$、$\dot{I}_c$ 时，亦可求得正序、负序、零序 3 组对称分量为

$$\begin{pmatrix} \dot{I}_0 \\ \dot{I}_1 \\ \dot{I}_2 \end{pmatrix} = \dfrac{1}{3} \begin{pmatrix} 1 & 1 & 1 \\ 1 & \alpha & \alpha^2 \\ 1 & \alpha^2 & \alpha \end{pmatrix} \begin{pmatrix} \dot{I}_a \\ \dot{I}_b \\ \dot{I}_c \end{pmatrix} \tag{7-7}$$

在一个三相星形联结系统中，中性线电流 $\dot{I}_n$ 是线电流之和，即

$$\dot{I}_n = \dot{I}_a + \dot{I}_b + \dot{I}_c = 3 \dot{I}_0 \tag{7-8}$$

可见，中性线电流等于零序电流的三倍。在一个对称三相星形联结系统中，因为中性线电流为零，故线电流无零序分量。同理，在中性线不接地的任何三相系统中，比如三角形联结或三相绕组星形联结且中性点不接地的系统中，线电流也不含有零序分量。

式（7-1）和式（7-7）是以电流为例说明 $\dot{I}_a$、$\dot{I}_b$、$\dot{I}_c$ 与 $\dot{I}_0$、$\dot{I}_1$、$\dot{I}_2$ 之间的线性变换关系，这种线性变换关系也适用于电压、磁链等其他的相量。以电压相量表示为

$$\begin{pmatrix} \dot{U}_a \\ \dot{U}_b \\ \dot{U}_c \end{pmatrix} = \begin{pmatrix} 1 & 1 & 1 \\ 1 & \alpha^2 & \alpha \\ 1 & \alpha & \alpha^2 \end{pmatrix} \begin{pmatrix} \dot{U}_0 \\ \dot{U}_1 \\ \dot{U}_2 \end{pmatrix} \quad \text{简写为 } \boldsymbol{U}_p = \boldsymbol{T}\boldsymbol{U}_s \tag{7-9}$$

$$\begin{pmatrix} \dot{U}_0 \\ \dot{U}_1 \\ \dot{U}_2 \end{pmatrix} = \frac{1}{3} \begin{pmatrix} 1 & 1 & 1 \\ 1 & \alpha & \alpha^2 \\ 1 & \alpha^2 & \alpha \end{pmatrix} \begin{pmatrix} \dot{U}_a \\ \dot{U}_b \\ \dot{U}_c \end{pmatrix} \quad \text{简写为 } \boldsymbol{U}_s = \boldsymbol{T}^{-1}\boldsymbol{U}_p \tag{7-10}$$

式（7-10）表明对称三相系统不含零序电压，因为三相对称相量之和为零。在不对称三相系统中，相电压可能含有零序分量。需要注意的是，根据 KVL 定律，线电压之和恒等于零，因此任何情况下线电压都不包含零序分量。在阻抗对称的线性网络中发生不对称短路时，可以把具有不对称电流、电压的原网络分解为正、负、零序三个对称网络。同时，应用叠加原理，在三个对称网络中任一元件上流过的三个电流对称分量（$\dot{I}_0$、$\dot{I}_1$、$\dot{I}_2$）或任一节点的三个电压对称分量（$\dot{U}_0$、$\dot{U}_1$、$\dot{U}_2$）之相量和，等于对应原网络中同一元件上流过的电流相量（$\dot{I}_a$）或同一节点的电压相量（$\dot{U}_a$）。

7.1.3　对称分量法在电力系统不对称短路分析中的应用

1. 序网的概念

在三相阻抗对称的线性网络中，正、负、零序三组对称分量是相互独立的，可用下例进一步说明。

设输电线路末端发生了不对称短路。由于三相输电线路是对称元件，每相自阻抗相等，记为 z_s；任意两相间的互阻抗相等，记为 z_m。不对称短路后，线路上流过三相不对称电流，这一组不对称电流在三相输电线路上的电压降是不对称的，它们之间的关系可用矩阵方程表示为

$$\begin{pmatrix} \mathrm{d}\dot{U}_a \\ \mathrm{d}\dot{U}_b \\ \mathrm{d}\dot{U}_c \end{pmatrix} = \begin{pmatrix} z_s & z_m & z_m \\ z_m & z_s & z_m \\ z_m & z_m & z_s \end{pmatrix} \begin{pmatrix} \dot{I}_a \\ \dot{I}_b \\ \dot{I}_c \end{pmatrix} \tag{7-11}$$

简写为
$$\mathrm{d}\boldsymbol{U}_p = \boldsymbol{Z}\boldsymbol{I}_p \tag{7-12}$$

利用式（7-4）、式（7-12）将三相电压降和三相电流变换为对称分量得
$$\boldsymbol{T}\mathrm{d}\boldsymbol{U}_s = \boldsymbol{Z}\boldsymbol{T}\boldsymbol{I}_s$$

得
$$\mathrm{d}\boldsymbol{U}_s = \boldsymbol{T}^{-1}\boldsymbol{Z}\boldsymbol{T}\boldsymbol{I}_s = \boldsymbol{Z}_s \boldsymbol{I}_s \tag{7-13}$$

式中，$\boldsymbol{Z}_s$ 称序阻抗矩阵，展开得

$$\boldsymbol{Z}_s = \boldsymbol{T}^{-1}\boldsymbol{Z}\boldsymbol{T} = \begin{pmatrix} z_s+2z_m & & \\ & z_s-z_m & \\ & & z_s-z_m \end{pmatrix} = \begin{pmatrix} Z_0 & & \\ & Z_1 & \\ & & Z_2 \end{pmatrix} \tag{7-14}$$

式中，$Z_0 = z_s + 2z_m$，$Z_1 = z_s - z_m$，$Z_2 = z_s - z_m$，分别称为输电线路的零、正、负序阻抗。

由式（7-14）可见：

1) 只有三相输电线路的参数对称时，$\boldsymbol{Z}_s$ 才是一个对角矩阵；当三相参数不对称时，$\boldsymbol{Z}_s$ 的

非对角元素不全为零。

2) 负序阻抗等于正序阻抗,这个结论可以推广到所有静止元件,如变压器、电抗器等;而旋转元件,如发电机和电动机,其负序阻抗和正序阻抗不相等。

3) 三相对称系统中通入正序或负序电流时,任意两相对第三相的互感是去磁的;而通入零序电流时,由于三相的零序电流大小相等、方向相同,任意两相对第三相的互感起助磁作用。因此,输电线路的零序电抗总大于其正、负电抗。

将式(7-13)展开,有

$$\left.\begin{array}{l} \mathrm{d}\dot{U}_0 = Z_0 \dot{I}_0 \\ \mathrm{d}\dot{U}_1 = Z_1 \dot{I}_1 \\ \mathrm{d}\dot{U}_2 = Z_2 \dot{I}_2 \end{array}\right\} \quad (7\text{-}15)$$

上式说明各序对称分量是独立作用的。因为在三相参数对称的网络中,当通入某序电流对称分量时,将仅产生该序电压降落的对称分量,或者说在网络中施加某序电压对称分量时,电路中仅有该序的电流对称分量产生。因此,当需要计算阻抗对称网络中的不对称电流和不对称电压时,可以把原网络分解为正、负、零序三个网络,分别按序独立进行计算。

如果网络三相阻抗不对称,正如前述矩阵 Z_s 不是对角矩阵,将式(7-13)展开,每式中的右侧将不止一项,这说明当在网络中施加某序电压对称分量时,网络中流过的不仅有该序电流对称分量,还有其他序的电流对称分量,即各序对称分量不是独立的,则不能把原网络分解成独立的序网按序进行计算,因此应用对称分量法并不能使问题得到简化。

2. 对称分量法在不对称短路分析中的应用

设三相对称电力系统如图 7-3a 所示,在 f 点发生了不对称短路(泛指的不对称短路用上角标 (n) 表示),其等效电路如图 7-3b 所示。将网络化简,并根据对称分量法,把经短路点流入地中的电流 $\dot{I}_{fa}$、$\dot{I}_{fb}$、$\dot{I}_{fc}$ 和短路 f 点的三相电压 $\dot{U}_{fa}$、$\dot{U}_{fb}$、$\dot{U}_{fc}$,分别分解为正、负、零序对称分量,则图 7-3b 所示的电路可用图 7-3c 表示。

由于各序对称分量是独立作用的,可以把图 7-3c 分解为正、负、零序三个对称网络相叠加,如图 7-3d、e、f 所示。其中,图 7-3d 所示网络作用着电源的对称三相电动势,$\dot{I}_{fa1}$、$\dot{I}_{fb1}$、$\dot{I}_{fc1}$ 和 $\dot{U}_{fa1}$、$\dot{U}_{fb1}$、$\dot{U}_{fc1}$ 分别为短路点各相短路电流和电压的正序分量,网络各元件的阻抗是正序阻抗,称为正序网络;图 7-3e 和 f 中的电流分别为短路点各相短路电流的负序和零序分量,短路点的电压分别为该点各相电压的负序和零序分量,各元件阻抗分别为该元件的负序和零序阻抗,它们分别称为负序网络和零序网络。

由于电源电动势是对称的,仅有正序分量,因此在负序、零序网络中无电源电动势。另外,在正序网络中有 $\dot{I}_{fa1}+\dot{I}_{fb1}+\dot{I}_{fc1}=0$,在负序网络中有 $\dot{I}_{fa2}+\dot{I}_{fb2}+\dot{I}_{fc2}=0$,即正、负序电流不流经中性线,故接在中性点与地间的阻抗 Z_n 可以不画出来;而在零序网络中有 $\dot{I}_{fa0}+\dot{I}_{fb0}+\dot{I}_{fc0}=3\dot{I}_{fa0}$,即中性线流过 3 倍零序电流,接在中性点与地间的阻抗 Z_n 上也将流过 3 倍零序电流。

正、负、零序网络三相完全对称,可以取一相的研究来代替三相,因此在不对称短路的分析计算中,可把图 7-3d、e、f 画为单相图,如图 7-4a 所示。在单相图中,由于正、负序网络中 Z_n 上无电流,被短接;而在零序网络中,Z_n 上流过 $3\dot{I}_{fa0}$,其上电压降落为 $3\dot{I}_{fa0}Z_n$,为了在单相图中把这一电压降落表示出来,应将其阻抗扩大为 $3Z_n$。

运用戴维南定理进一步将单相图简化,得到图 7-4b 所示的简化序网。图中各序电流的正方向规定为从短路点流向地为正,$Z_{1\Sigma}$、$Z_{2\Sigma}$、$Z_{0\Sigma}$ 分别为正、负、零序网络中短路点与地间

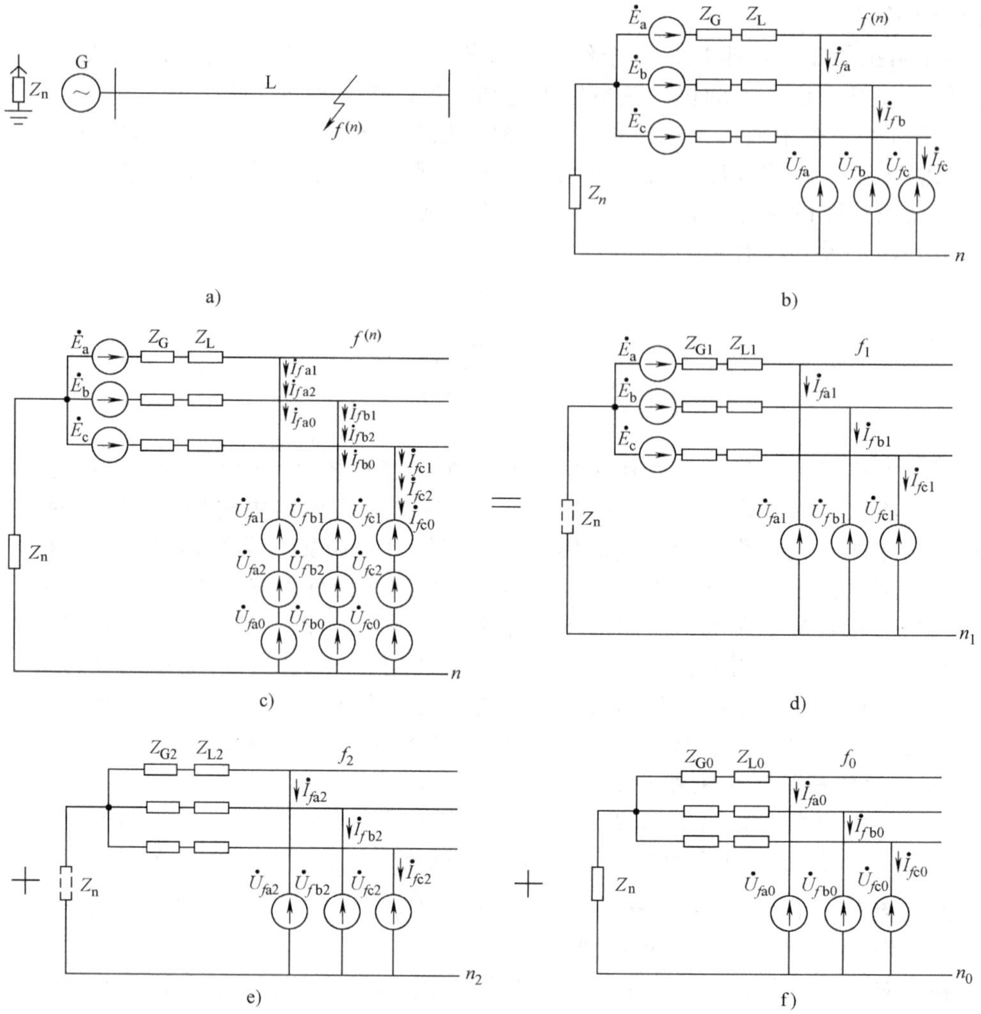

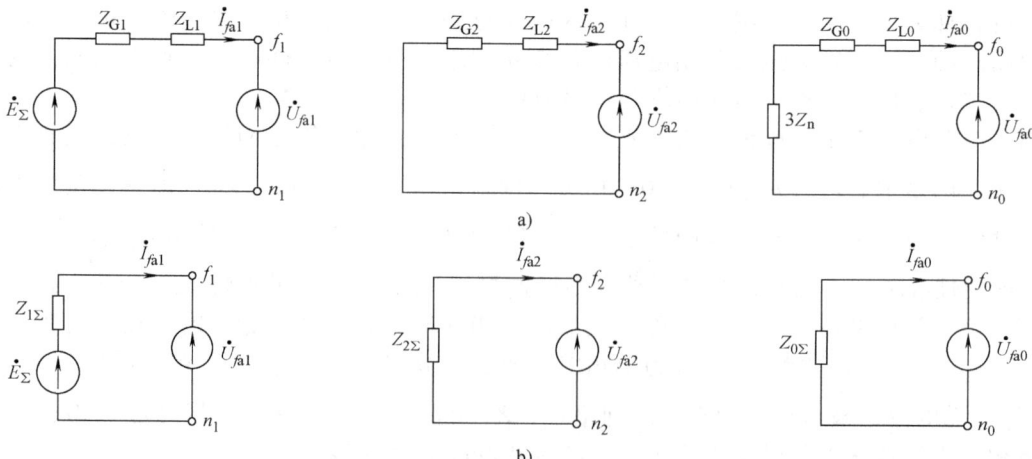

图 7-3 对称分量法在不对称短路分析中的应用
a) 系统图 b) 等效电路 c)~f) 对称分量法的应用

图 7-4 简化序网
a) 单相等效电路 b) 简化单相等效电路

的等效阻抗。根据图 7-4b 所示的三个简化序网，可列出三个序网方程式，即

$$\begin{cases} \dot{U}_{fa1} = \dot{E}_{\Sigma} - \dot{I}_{fa1} Z_{1\Sigma} \\ \dot{U}_{fa2} = -\dot{I}_{fa2} Z_{2\Sigma} \\ \dot{U}_{fa0} = -\dot{I}_{fa0} Z_{0\Sigma} \end{cases} \quad (7\text{-}16)$$

式（7-16）中有 $\dot{I}_{fa1}$、$\dot{I}_{fa2}$、$\dot{I}_{fa0}$ 和 $\dot{U}_{fa1}$、$\dot{U}_{fa2}$、$\dot{U}_{fa0}$ 6 个未知量，因此应根据短路点的边界条件再列出 3 个方程与式（7-16）联立，则可解出 6 个未知量。但要求解上述方程组，必须先画出不对称短路时的各序网络并求得其等效阻抗 $Z_{1\Sigma}$、$Z_{2\Sigma}$ 和 $Z_{0\Sigma}$。因此，在进行不对称短路的分析和计算前，先要了解电力系统各元件的正、负、零序阻抗。

7.2 电力系统元件的序参数及序网络

7.2.1 阻抗负荷的序网络及序参数

三相对称的星形联结负载如图 7-5 所示，每相阻抗为 Z_Y，负载中性点与地之间的阻抗（即中性点接地阻抗）为 Z_n，由图 7-5 可知，相电压为

$$\dot{U}_{ag} = Z_Y \dot{I}_a + Z_n \dot{I}_n = Z_Y \dot{I}_a + Z_n (\dot{I}_a + \dot{I}_b + \dot{I}_c) = (Z_Y + Z_n) \dot{I}_a + Z_n \dot{I}_b + Z_n \dot{I}_c \quad (7\text{-}17)$$

同样，可写出其他两相电压的计算式为

$$\dot{U}_{bg} = Z_n \dot{I}_a + (Z_Y + Z_n) \dot{I}_b + Z_n \dot{I}_c$$
$$\dot{U}_{cg} = Z_n \dot{I}_a + Z_n \dot{I}_b + (Z_Y + Z_n) \dot{I}_c \quad (7\text{-}18)$$

写成矩阵形式为

$$\begin{pmatrix} \dot{U}_{ag} \\ \dot{U}_{bg} \\ \dot{U}_{cg} \end{pmatrix} = \begin{pmatrix} (Z_Y + Z_n) & Z_n & Z_n \\ Z_n & (Z_Y + Z_n) & Z_n \\ Z_n & Z_n & (Z_Y + Z_n) \end{pmatrix} \begin{pmatrix} \dot{I}_a \\ \dot{I}_b \\ \dot{I}_c \end{pmatrix} \quad (7\text{-}19)$$

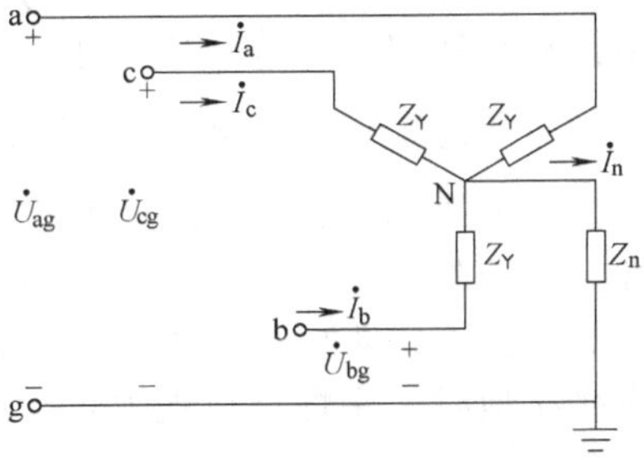

图 7-5 三相对称的星形联结负载

可以写成简洁形式为

$$\boldsymbol{U}_p = \boldsymbol{Z}_p \boldsymbol{I}_p \quad (7\text{-}20)$$

式中，$\boldsymbol{U}_p$ 是相电压列向量；$\boldsymbol{I}_p$ 是线电流（或相电流）列向量；$\boldsymbol{Z}_p$ 是 3×3 相阻抗矩阵。将式（7-4）和式（7-9）代入式（7-20）得

$$\boldsymbol{T}\boldsymbol{U}_s = \boldsymbol{Z}_p \boldsymbol{T} \boldsymbol{I}_s \quad (7\text{-}21)$$

两边同时乘以 $\boldsymbol{T}^{-1}$ 可得

$$\boldsymbol{U}_s = (\boldsymbol{T}^{-1} \boldsymbol{Z}_p \boldsymbol{T}) \boldsymbol{I}_s \quad (7\text{-}22)$$

或记为

$$\boldsymbol{U}_s = \boldsymbol{Z}_s \boldsymbol{I}_s \quad (7\text{-}23)$$

式中，$\boldsymbol{Z}_s = \boldsymbol{T}^{-1} \boldsymbol{Z}_p \boldsymbol{T}$ 定义的阻抗矩阵称为序阻抗矩阵，结合 $(1+a+a^2)=0$ 推导后可得

$$\boldsymbol{Z}_s = (\boldsymbol{T}^{-1} \boldsymbol{Z}_p \boldsymbol{T})$$
$$= \frac{1}{3} \begin{pmatrix} 1 & 1 & 1 \\ 1 & a & a^2 \\ 1 & a^2 & a \end{pmatrix} \begin{pmatrix} Z_Y + Z_n & Z_n & Z_n \\ Z_n & Z_Y + Z_n & Z_n \\ Z_n & Z_n & Z_Y + Z_n \end{pmatrix} \begin{pmatrix} 1 & 1 & 1 \\ 1 & a^2 & a \\ 1 & a & a^2 \end{pmatrix} = \begin{pmatrix} Z_Y + 3Z_n & 0 & 0 \\ 0 & Z_Y & 0 \\ 0 & 0 & Z_Y \end{pmatrix} \quad (7\text{-}24)$$

式（7-24）表明，图 7-5 所示的三相对称星形联结负载的序阻抗矩阵 Z_s 是一个对角矩阵，因此式（7-23）可写成三个相互解耦的方程，写成矩阵形式为

$$\begin{pmatrix} \dot{U}_0 \\ \dot{U}_1 \\ \dot{U}_2 \end{pmatrix} = \begin{pmatrix} Z_Y + 3Z_n & 0 & 0 \\ 0 & Z_Y & 0 \\ 0 & 0 & Z_Y \end{pmatrix} \begin{pmatrix} \dot{I}_0 \\ \dot{I}_1 \\ \dot{I}_2 \end{pmatrix} \tag{7-25}$$

将式（7-25）写成三个独立的方程为

$$\begin{cases} \dot{U}_0 = (Z_Y + 3Z_n)\dot{I}_0 = Z_0 \dot{I}_0 \\ \dot{U}_1 = Z_Y \dot{I}_1 = Z_1 \dot{I}_1 \\ \dot{U}_2 = Z_Y \dot{I}_2 = Z_2 \dot{I}_2 \end{cases} \tag{7-26}$$

如式（7-26）所示，零序电压 $\dot{U}_0$ 仅取决于零序电流 $\dot{I}_0$ 和阻抗 $(Z_Y + 3Z_n)$，把 $Z_0 = (Z_Y + 3Z_n)$ 称为零序阻抗，同样地，正序电压 $\dot{U}_1$ 仅取决于正序电流 $\dot{I}_1$ 和正序阻抗 $Z_1 = Z_Y$，负序电压 $\dot{U}_2$ 仅取决于正序电流 $\dot{I}_2$ 和负序阻抗 $Z_2 = Z_Y$。式（7-26）可用图 7-6 所示的三个网络来表示，这三个网络分别称为零序网络、正序网络和负序网络。由图可知，每个序网络都是独立的，与其他两个网络解耦，这是因为三相对称星形联结负载的阻抗矩阵是一个对角矩阵，三个网络的相互独立是对称分量法的优势所在。值得注意的是，图 7-6 所示的正序和负序网络中不包含中性点接地阻抗，这表明，正序和负序电流不流过中性点接地阻抗。然而，零序网络中包含中性点接地阻抗，且乘以 3，阻抗 $3Z_n$ 两端的电压 $\dot{I}_0(3Z_n)$ 即为图 7-5 中电流经过中性点接地阻抗的电压降 $(\dot{I}_n Z_n)$，其中 $\dot{I}_n = 3\dot{I}_0$。当图 7-5 中星形联结负载中性点没有反馈回路时，中性点接地阻抗 Z_n 为无穷大，此时图 7-6 所示的零序网络中 $3Z_n$ 相当于开路，这种中性点不接地的情况下，零序电流不存在，即不能流通。但是当星形联结负载中性点通过一个 0Ω 的导体直接接地时，中性点接地阻抗为零，零序网络 $3Z_n$ 处相当于短路，在这种中性点直接接地的情况下，当施加在负荷两端的不对称电压产生了零序电压时，零序电流 $\dot{I}_0$ 可能存在。

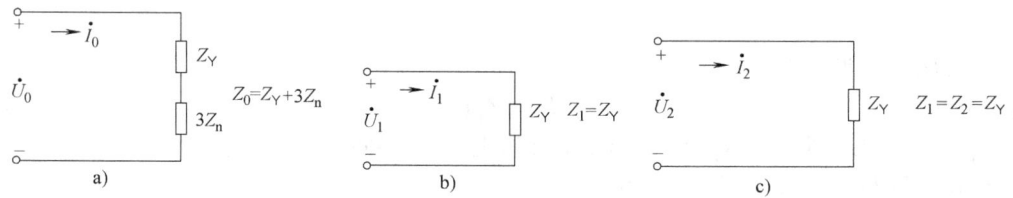

图 7-6 对称星形联结负载的序网络
a）零序网络 b）正序网络 c）负序网络

对于一个对称三角形联结负荷及其等效的对称星形联结负荷如图 7-7a、b 所示，因为三角形联结负荷没有中性点接地，因此等效星形联结负载中性线是开路的。与对称三角形联结负荷对应的等效星形联结负荷的序网络如图 7-7c~e 所示，由图可知，等效星形联结阻抗 $Z_Y = Z_\Delta / 3$ 包含在各序网络中。同样，由于中性点不接地（即 $Z_n = \infty$），使得零序网络中有一处断开，因此等效星形联结负荷中不存在零序电流。图 7-7 所示的序网络表示的是从对称三角形联结负荷端口看进去的等效电路，但不能反应负荷的内部特性，图中的电流 $\dot{I}_0$、$\dot{I}_1$ 和 $\dot{I}_2$ 是流入三角形联结负荷的线路电流的序分量，而不是三角形联结内部的负荷电流。

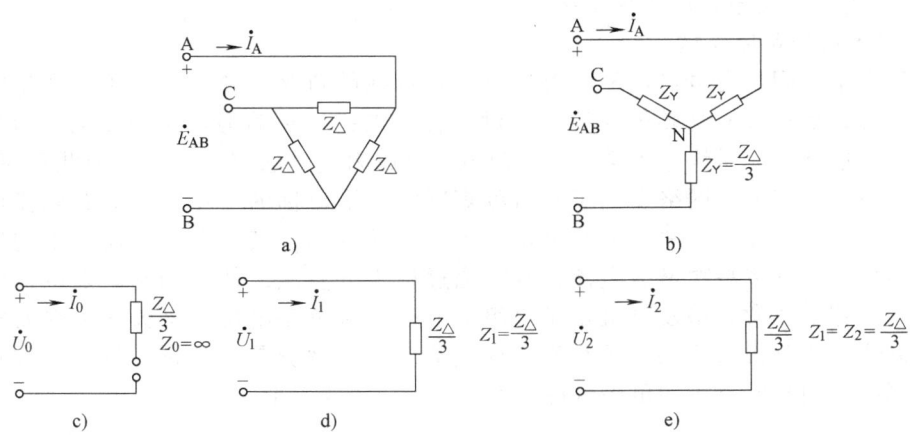

图 7-7 对称三角形联结负荷的序网络

a) 对称三角形联结负荷 b) 等效的对称星形联结负荷 c) 对称三角形联结负荷对应的等效星形联结负荷的零序网络
d) 对称三角形联结负荷对应的等效星形联结负荷的正序网络 e) 对称三角形联结负荷对应的等效星形联结负荷的负序网络

7.2.2 发电机的序网络及序参数

1. 同步发电机的序网络

一个星形联结同步发电机的等效电路如图 7-8 所示，中性点接地阻抗为 Z_n，发电机的内电动势记为 $\dot{E}_a$、$\dot{E}_b$ 和 $\dot{E}_c$，线电流记为 $\dot{I}_a$、$\dot{I}_b$ 和 $\dot{I}_c$。发电机的序网络如图 7-9 所示，三相发电机被设计成产生三相对称内电动势 $\dot{E}_a$、$\dot{E}_b$ 和 $\dot{E}_c$，因此内电动势只包含正序分量，仅正序网络中包含电压源 $\dot{E}_{g1}$，发电机端相电压的序分量记为 $\dot{U}_0$、$\dot{U}_1$ 和 $\dot{U}_2$。

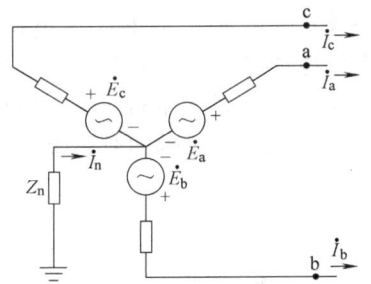

图 7-8 星形联结同步发电机的等效电路

在发电机中性线上的电压降记为 $\dot{I}_n Z_n$，根据中性线电流 $\dot{I}_n$ 是零序电流 $\dot{I}_0$ 的 3 倍，因此该电压降也可以写成 $\dot{I}_0 (3Z_n)$，可见，该电压降仅与零序电流有关，将 $(3Z_n)$ 放在图 7-9 所示的零序网络中，与发电机的零序阻抗 Z_{g0} 串联。

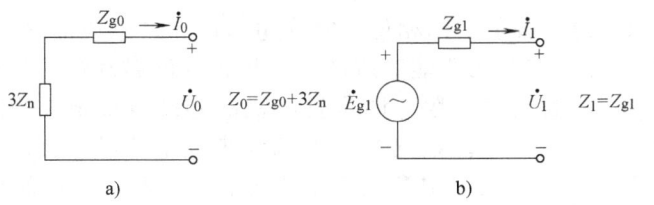 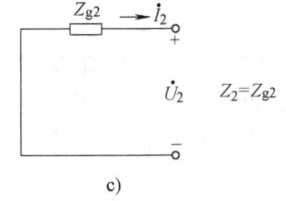

图 7-9 星形联结同步发电机的各序网络

a) 零序网络 b) 正序网络 c) 负序网络

一般地，同步发电机的各序阻抗是不相等的，对发电机序阻抗的详细分析可以参考电机学的相关内容，本书仅做简要说明。

在稳态情况下，同步发电机定子电流流过三相对称的正序电流时，其感应产生的磁动势以同步发电机转子的转速旋转，旋转方向与转子相同。此时有很大的磁通穿过转子，正序阻

抗 Z_{g1} 很大，稳态下，发电机的正序阻抗也叫同步阻抗。

2. 同步发电机的负序电抗

在稳态情况下，同步发电机定子电流流过三相对称的负序电流时，其感应产生的磁动势以同步转速旋转，旋转方向与转子相反。相对于转子来说，磁动势不是静止的，而是以两倍同步转速的速度旋转。此时绕组中会产生感应电流，以阻止磁通穿过转子。因此负序阻抗 Z_{g2} 比正序同步阻抗小。当电力网络发生了不对称短路时，不对称的三相基频短路电流可以分解为正、负、零序电流分量，这些电流分量将产生不同的磁场，其中负序电流产生的磁场将在定、转子绕组中产生许多高次谐波电流，其电磁过程十分复杂，使精确确定发电机的负序阻抗很困难。在工程上通常忽略发电机定子绕组的电阻，对负序电抗定义为施加在发电机端点的负序电压同步频率分量与流入定子绕组负序电流同步频率分量的比值。按这样的定义，当短路类型不同时，同步发电机的负序电抗有不同的值，见表 7-1。

表 7-1 同步发电机的负序电抗

短路类型	负序电抗 X_2	短路类型	负序电抗 X_2
两相短路	$\sqrt{X_d'' X_q''}$	两相接地短路	$\dfrac{X_d'' X_q'' + \sqrt{X_d'' X_q''(2X_0 + X_d'')(2X_0 + X_q'')}}{2X_0 + X_d'' + X_q''}$
单相接地短路	$\sqrt{\left(X_d'' + \dfrac{X_0}{2}\right)\left(X_q'' + \dfrac{X_0}{2}\right)} - \dfrac{X_0}{2}$		

注：X_0 为同步发电机的零序电抗。

从表 7-1 可见，当 $X_q'' = X_d''$ 时，则负序电抗 $X_2 = X_d''$，即同步发电机的负序电抗与短路类型无关。当同步发电机经外电抗 X 短路时，表 7-1 中所有各电抗 X_d''、X_q''、X_0 都应以 $(X_d'' + X)$、$(X_q'' + X)$、$(X_0 + X)$ 代替，发电机转子不对称的影响被削弱。实际的电力系统，短路大多是发生在输电线路上，所以在不对称短路电流计算中，可以近似认为同步发电机的负序电抗与短路类型无关，其具体的数值一般由制造厂提供，也可按下式估算。

对于汽轮发电机和有阻尼绕组的水轮发电机

$$X_2 = \frac{1}{2}(X_d'' + X_q'') = (1 \sim 1.22) X_d'' \tag{7-27}$$

对于无阻尼绕组的水轮发电机

$$X_2 = \sqrt{X_d' X_q} \approx 1.45 X_d' \tag{7-28}$$

3. 同步发电机的零序电抗

从理论上说，当同步发电机只流过等幅值、同相位的零序电流时，其感应的磁动势为零。发电机的序阻抗中，零序阻抗 Z_{g0} 最小，它是由不能感应产生理想正弦波磁动势的绕组的漏磁通、端部线匝和谐波磁通引起的。一般也忽略电阻。同步发电机的零序电抗定义为施加在发电机端点的零序电压同步频率分量与流入定子绕组的零序电流同步频率分量的比值。当三相定子绕组通以三相零序电流时，在三相定子绕组中产生大小相等、方向相同、空间相差 120°的脉振磁场，它们在气隙中的合成磁场为零。因此，同步发电机定子绕组中的零序电流只产生定子漏磁通，与此漏磁通相对应的电抗就是零序电抗 X_0。但应注意，零序电流产生的漏磁通与正序电流产生的漏磁通往往不同，其差别和定子绕组的型式有关。实际上，零序电流产生的漏磁通较正序的要小些，其数值范围大致为

$$X_0 = (0.15 \sim 0.6) X_d'' \tag{7-29}$$

表 7-2 列出了不同类型同步电机的 X_2 和 X_0 的平均值。

表 7-2 国产同步电机的负序、零序电抗平均值

元 件 名 称	X_2	X_0	元 件 名 称	X_2	X_0
无阻尼绕组的水轮发电机	0.45	0.11	200MW 汽轮发电机	0.175	0.085
有阻尼绕组的水轮发电机	0.215	0.095	300MW 汽轮发电机	0.198	0.084
容量为 50MW 及以下的汽轮发电机	0.175	0.075	同步调相机	0.165	0.085
100MW 及 125MW 汽轮发电机	0.210	0.08	同步电动机	0.160	0.080

7.2.3 电动机的序网络及序参数

1. 三相同步电动机

三相同步电动机的各序网络如图 7-10 所示，同步电动机与同步发电机的序网络是相同的，只是电流的参考方向选择上不一致。同步电动机的序网络规定序电流流入为正，而同步发电机中则规定流出为正。

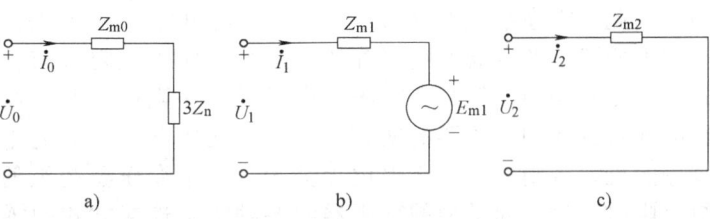

图 7-10 同步电动机的各序网络
a) 零序网 b) 正序网 c) 负序网

2. 异步电动机

异步电动机的等效电路在电机学的课程中已讲过，如图 7-11a 所示。图中参数均已归算到定子侧，其中 s 为转差率（$s=\dfrac{n_N-n}{n_N}$，式中 n_N、n 分别为同步转速和异步转速），电阻 $\dfrac{1-s}{s}r_r$ 则是对应于电动机机械功率的等效电阻，而 $(1-s)n_N$ 为异步电动机的转速。

设异步电动机正常运行时的转差率为 s，当异步电动机的定子绕组通以负序电流同步频率分量时，转子对定子负序旋转磁场的转差率为 $2-s$，因此，异步电动机的负序参数应由转差率 $2-s$ 来确定。图 7-11b 为异步电动机的负序等效电路（图中略去了励磁电阻）。图中以 $2-s$ 代替了正序等效电路中的 s，对应于电动机机械功率的等效电阻也由正序电路中的 $\dfrac{1-s}{s}r_r$ 改为 $-\dfrac{1-s}{2-s}r_r$，负号说明在正序网络中对应于这个电阻的机械功率产生的是驱动转矩，而在负序网络中则是制动转矩。

当系统发生不对称短路时，电动机端点三相电压不对称，可将其分解为正、负、零序电压。正序电压低于正常运行时的值，使电动机驱动转矩减小；负序电压又产生制动转矩。这就使电动机转速下降，甚至失速、停转。转差率 s 随着转速下降而增大，电动机

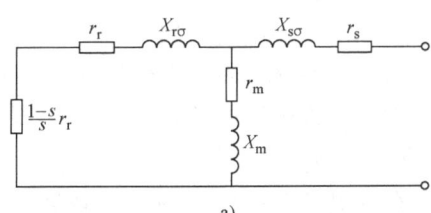

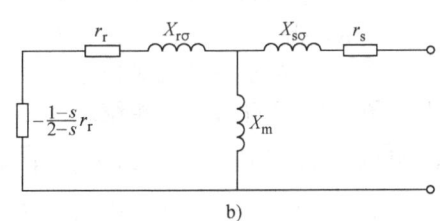

图 7-11 异步电动机的等效电路
a) 正序等效电路 b) 负序等效电路

停转时 $s=1$。转速下降越多，等效电路中 $-\dfrac{1-s}{2-s}r_r$ 越接近于零。此时相当于将转子绕组短接，略去各绕组电阻并假设励磁电抗 $X_m=\infty$，则异步电动机的负序电抗为

$$X_2 = X_{s\sigma}+X_{r\sigma} = X''\tag{7-30}$$

即异步电动机的负序电抗等于它的次暂态电抗。

异步电动机的三相定子绕组通常接成三角形或不接地星形，从而即使在端点施加零序电压，定子绕组中也无零序电流流通，也就是说异步电动机的零序电抗 $X_0=\infty$。

7.2.4 变压器的序网络和序参数

变压器一、二次绕组间的电磁关系与电流的序别无关,因此变压器的负序和零序等效电路与正序相同。本节仅讨论变压器的 T 形等效电路。

由于变压器各相漏磁通独立,绕组的漏抗决定于漏磁通路径上的磁导,因此绕组漏抗也与电流的序别无关,即负序和零序漏电抗等于正序漏电抗。

变压器励磁电抗取决于主磁通路径上的磁导,正、负序主磁通的路径与铁心结构无关,而零序主磁通的路径则与变压器的铁心结构有关,不同铁心结构的变压器,励磁电抗 X_{m0} 是不同的。因此,零序励磁电抗与正、负序励磁电抗不一定相等。

综上所述,变压器的负序等效电路和负序等效阻抗与正序的完全相同,而零序等效电路形式虽与正序相同,但是在变压器中有无零序阻抗以及零序阻抗的大小,取决于变压器三相绕组的连接方式和变压器的铁心结构。在变压器的等效电路中具有零序电流通路的部分才具有零序阻抗,否则认为零序阻抗无穷大。由于变压器绕组的电阻远小于电抗,下面仅对忽略绕组电阻时,对不同类型的变压器的各种绕组连接方式的零序电抗和零序等效电路分别进行讨论。

1. 双绕组变压器的零序电抗和等效电路

当在双绕组变压器的不接地星形侧或三角形侧施加零序电压时,无论另一侧是何种连接方式,变压器中都无零序电流 $\dot{I}_0$ 的通路,这时变压器零序电抗 $X_0 = \infty$。

当在双绕组变压器的接地星形侧施加零序电压时,三相绕组中大小相等、方向相同的零序电流经中性点流入大地构成回路。但另一侧是否有零序电流,则取决于该侧绕组的连接方式,现分述如下。

(1) Ynd 联结变压器

当变压器 Yn 侧各相绕组流过零序电流时,将在 d 侧各相绕组中感应出三个大小相等、方向相同的零序电动势,即 $\dot{E}_{a0} = \dot{E}_{b0} = \dot{E}_{c0}$;由于三相阻抗相等,在 d 侧各个绕组中的电流必然也大小相等、方向相同,即 $\dot{I}_{a0} = \dot{I}_{b0} = \dot{I}_{c0} = \dot{I}_0$,它们在三角形联结的绕组中形成环流,而流不到绕组外的线路中去,如图 7-12 所示,即零序电流对外电路视作开路。

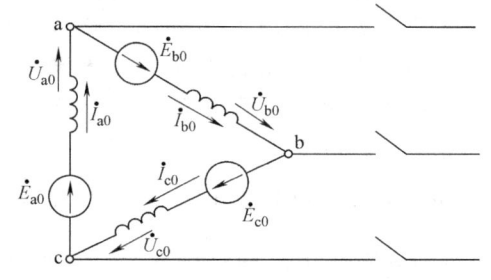

图 7-12 Ynd 联结变压器 d 侧的零序环流

由图 7-12 可看出,各相绕组的零序电动势与该相绕组的漏抗压降平衡,即 $\dot{E}_{a0} = \dot{U}_{a0}$、$\dot{E}_{b0} = \dot{U}_{b0}$、$\dot{E}_{c0} = \dot{U}_{c0}$,a、b、c 三点是等位点,其零序电位与中性点电位相同,在等效电路中可用接地符号表示。这种情况,相当于在零序网络中三角形绕组端点三相短路,其零序等效电路应与变压器二次侧短路时的电路相同。由于零序系统是对称系统,变压器零序等效电路也可以用一相表示,如图 7-13b 所示。根据变压器的零序等效电路可得零序等效电抗为

$$X_0 = X_{\text{I}} + \frac{X_{\text{II}} X_{m0}}{X_{\text{II}} + X_{m0}} \tag{7-31}$$

式中,X_{I}、X_{II} 分别为一、二次绕组的漏电抗;X_{m0} 为零序励磁电抗。

如果变压器 Yn 侧中性点经电抗 X_n 接地,如图 7-14a 所示,则有 $3\dot{I}_{0\text{I}}$ 流过 X_n,为在单相等效电路中表达其值为 $3\dot{I}_{0\text{I}} X_n$ 的中性点电位,中性点与地间应接入 $3X_n$ 的等效电抗,这时变压器的零序等效电路如图 7-14b 所示。由图 7-14b 可得零序等效电抗为

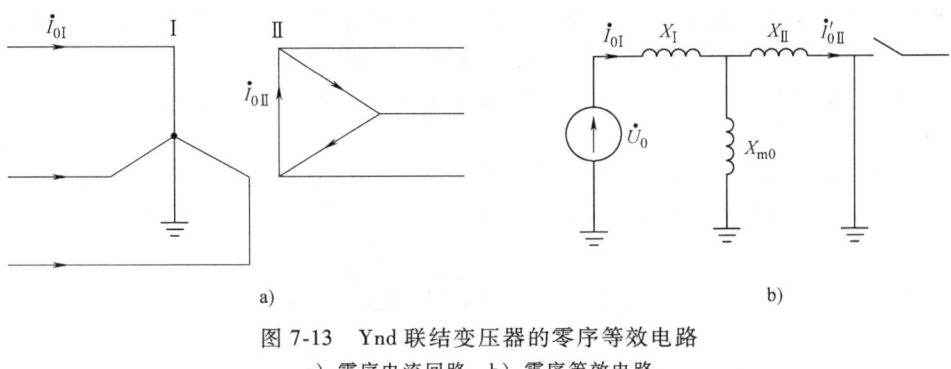

图 7-13 Ynd 联结变压器的零序等效电路
a）零序电流回路 b）零序等效电路

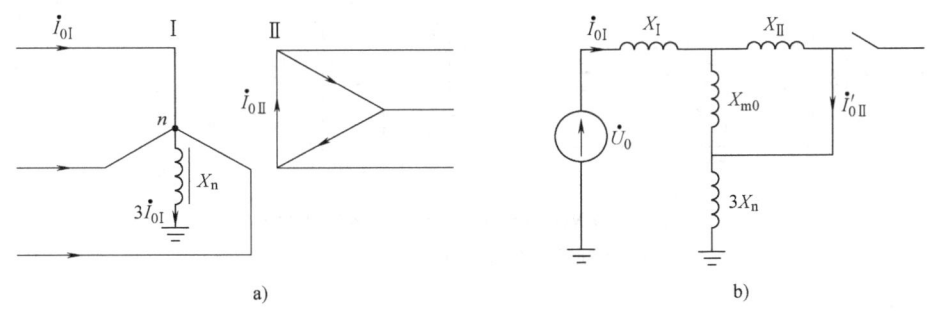

图 7-14 中性点经电抗接地的 Ynd 联结变压器的零序等效电路
a）零序电流回路 b）零序等效电路

$$X_0 = X_{\mathrm{I}} + \frac{X_{\mathrm{II}} X_{\mathrm{m0}}}{X_{\mathrm{II}} + X_{\mathrm{m0}}} + 3X_{\mathrm{n}} \tag{7-32}$$

（2）YNy 联结变压器

变压器的 YN 侧流过零序电流时，y 侧各相绕组中将感应出零序电动势，但因 y 侧中性点不接地，零序电流没有通路，因此 y 侧无零序电流，如图 7-15a 所示，变压器相当于空载，得零序等效电路如图 7-15b 所示。由图 7-15b 可得零序等效电抗为

$$X_0 = X_{\mathrm{I}} + X_{\mathrm{m0}} \tag{7-33}$$

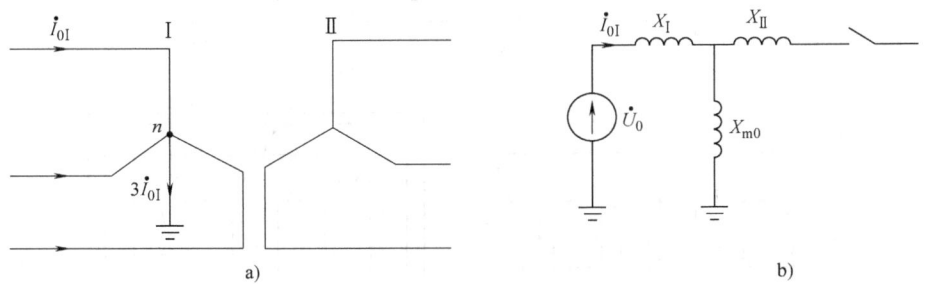

图 7-15 YNy 联结变压器的零序等效电路
a）零序电流回路 b）零序等效电路

（3）YNyn 联结变压器

当变压器一次侧 YN 绕组中流过零序电流时，二次侧 yn 各相绕组中将感应出零序电动势。在电力系统中变压器二次侧均需与外电路相连，因此二次侧 yn 绕组中是否有零序电流的通路，要看外电路的接线情况。

1) 除变压器本身的接地中性点以外，电路无其他接地中性点，则变压器二次侧无零序电流通路，此时零序等效电路和零序电抗与 YNy 联结变压器相同。

2) 外电路中至少有一个接地中性点，构成了零序电流的通路，此时零序电流的流通情况和变压器等效电路如图 7-16 所示。

由图 7-16b 可见，在变压器二次侧，零序电流通过外电路的电抗 X 并经中性点流入大地形成回路。从变压器的一次侧观察到的零序等效电抗为

$$X_0 = X_\mathrm{I} + \frac{(X_\mathrm{II} + X) X_{m0}}{X_\mathrm{II} + X + X_{m0}} \tag{7-34}$$

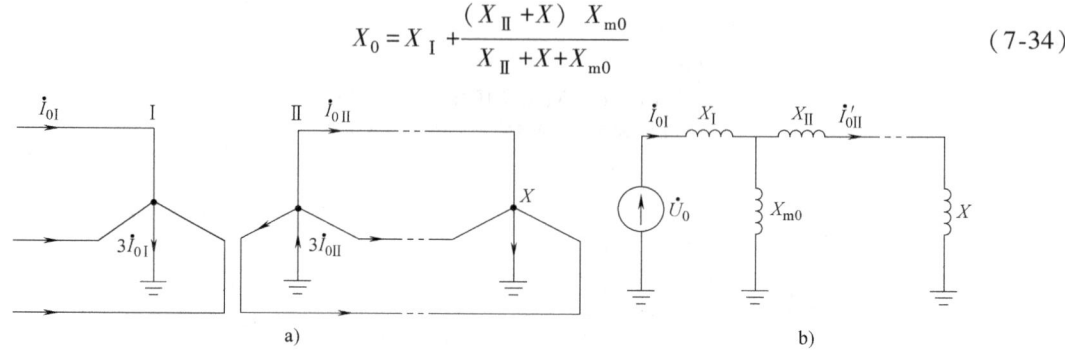

图 7-16 YNyn 联结变压器的零序等效电路
a) 零序电流回路 b) 零序等效电路

从各变压器零序电抗的表达式可以看出，X_0 的大小与零序励磁电抗 X_{m0} 有很大关系，而 X_{m0} 的数值与变压器的铁心结构有关，下面分别进行讨论。

1) 由三个单相变压器组成的三相变压器组，各相磁路独立，零序主磁通和正序主磁通一样，按相在铁心中形成回路，如图 7-17a 所示，因而各相励磁电抗相等。由于主磁通在铁心中闭合，磁导很大，零序励磁电抗 X_{m0} 的数值很大，与变压器漏抗相比较时，可以近似认为 $X_{m0} = \infty$。

2) 三相四柱式和铁壳式变压器，其零序主磁通可以通过没有绕组的铁心部分形成回路，

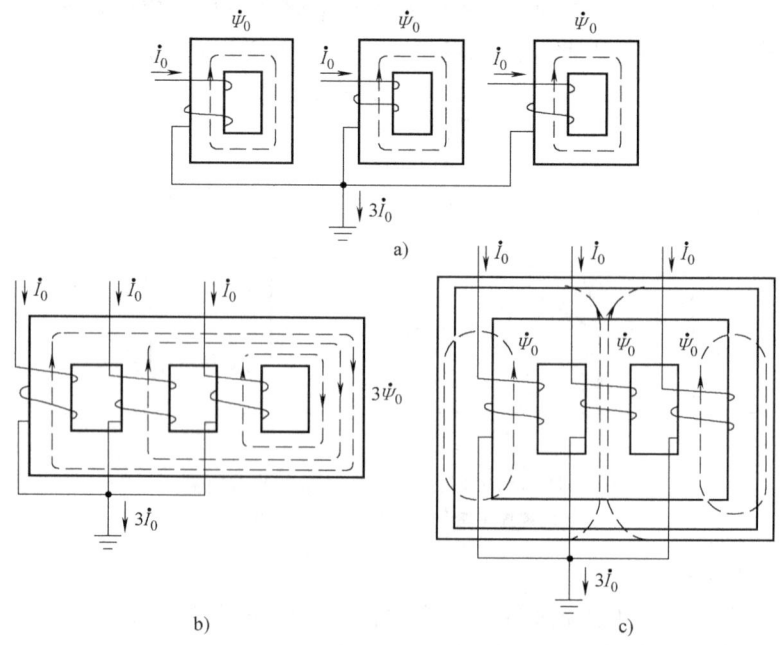

图 7-17 变压器零序主磁通的磁路
a) 三个单相的组成 b) 三相四柱式 c) 三相三柱式

如图 7-17b 所示，零序励磁电抗也很大，$X_{m0} \gg X_{\mathrm{II}}$，可近似认为 $X_{m0} = \infty$。

以上几种铁心结构的变压器 $X_{m0} = \infty$，励磁支路可以近似看作开路，零序电抗的计算得到了简化，即

YNd 联结变压器 $\qquad\qquad\qquad\qquad\qquad X_0 = X_{\mathrm{I}} + X_{\mathrm{II}} = X_1$

YNd 联结变压器中性点经 X_n 接地 $\qquad\qquad X_0 = X_1 + 3X_n$

YNy 联结变压器 $\qquad\qquad\qquad\qquad\qquad X_0 = \infty$

YNyn 联结变压器且外电路中有接地中性点 $\qquad X_0 = X_{\mathrm{I}} + X_{\mathrm{II}} = X_1$

式中，X_1 为变压器的正序电抗。

3) 对于三相三柱式变压器，情况大不相同。这种变压器的铁心结构如图 7-17c（每相只画出了一个绕组）所示。当三相绕组施加了零序电压后，三相零序主磁通大小相等、方向相同，无法在铁心内闭合，被迫从铁心穿过变压器油→空气隙→油箱壁形成回路。因此，磁通路径上的磁阻大、磁导小，零序励磁电抗 X_{m0} 不能再看作无穷大，变压器的零序等效电抗要用式（7-31）~式（7-34）计算。对三相三柱式变压器的零序励磁电抗一般用试验方法求得，大致取 $X_{m0} = 0.3 \sim 1.0$。

2. 三绕组变压器的零序电抗和等效电路

和双绕组变压器类似，当零序电压施加在三绕组变压器的不接地星形侧或三角形侧时，无论其他两侧绕组是何种连接方式，变压器中都无零序电流 $\dot{I}_0$ 的通路，变压器零序电抗 $X_0 = \infty$。

当零序电压施加在三绕组变压器的接地星形侧时，此时三相绕组中大小相等、方向相同的零序电流经中性点流入大地构成回路，其他两侧是否有零序电流与各绕组的连接方式有关。为提供三次谐波电流的通路，使磁通为正弦波，感应电动势也为正弦波，在三绕组变压器的三个绕组中往往有一侧接成三角形。三绕组变压器通常的连接方式为 YNdy、YNdyn 和 YNdd，由于都有一个二次绕组是 d，零序励磁电抗 X_{m0} 较大，可近似认为 $X_{m0} = \infty$。因此在用一相表示的三绕组变压器的零序等效电路中，将励磁支路开路，而由三个绕组电抗组成三支星形电路。这时，单独计算三绕组变压器的零序电抗已无意义，必须将变压器零序等效电路接入系统零序网络中相应部位一起考虑。

（1）YNdy 联结三绕组变压器

零序等效电路如图 7-18 所示。由于 d 侧零序电流在绕组内形成环流，绕组端点三相短接；y 侧无零序电流通路。因此变压器零序等效电抗为

$$X_0 = X_{\mathrm{I}} + X_{\mathrm{II}} \qquad\qquad (7-35)$$

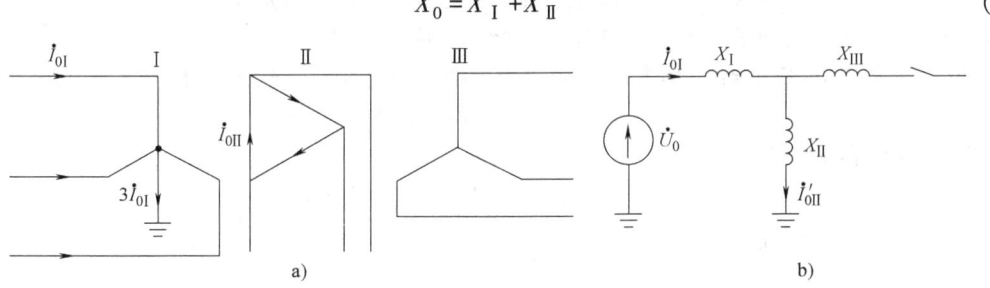

图 7-18 YNdy 联结变压器的零序等效电路
a）零序电流回路 b）零序等效电路

（2）YNdyn 联结三绕组变压器

零序等效电路如图 7-19 所示。第三侧 yn 绕组中是否有零序电流，取决于外电路中是否还有接地中性点。如果外电路中无接地中性点，变压器零序等效电路则与 YNdy 联结时相同；如果外电路中有接地中性点，则零序等效电抗为

$$X_0 = X_{\text{I}} + \frac{X_{\text{II}}(X_{\text{III}} + X)}{X_{\text{II}} + X_{\text{III}} + X} \tag{7-36}$$

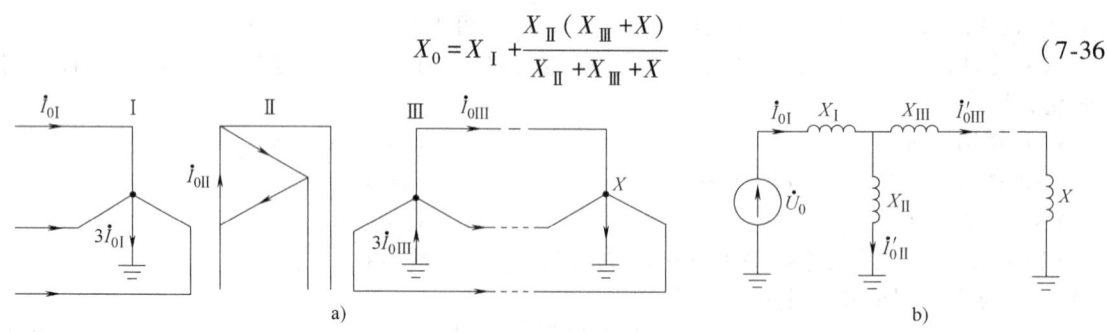

图 7-19　YNdyn 联结变压器的零序等效电路
a) 零序电流回路　b) 零序等效电路

(3) YNdd 联结三绕组变压器

零序等效电路如图 7-20 所示。变压器的零序等效电抗为

$$X_0 = X_{\text{I}} + \frac{X_{\text{II}} X_{\text{III}}}{X_{\text{II}} + X_{\text{III}}} \tag{7-37}$$

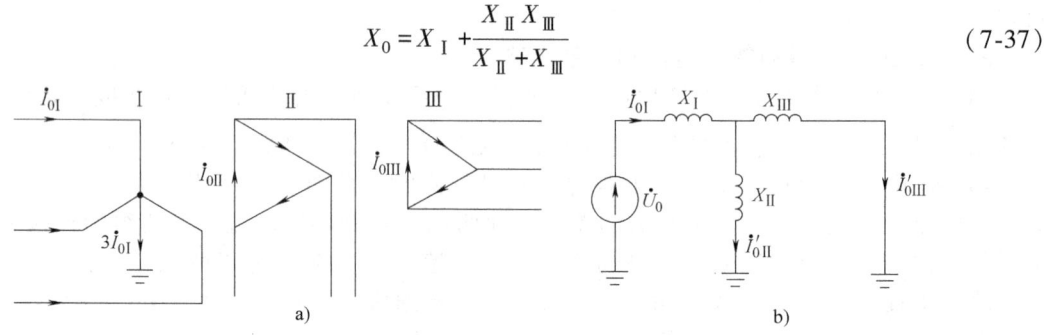

图 7-20　YNdd 联结变压器的零序等效电路
a) 零序电流回路　b) 零序等效电路

3. 自耦变压器的零序电抗和等效电路

自耦变压器中两个有直接电气联系的自耦绕组，一般用来联系两个中性点直接接地的电力系统。为了避免当高压侧发生单相接地短路时，自耦变压器中性点电位升高引起中压侧或低压侧过电压，通常将自耦变压器的中性点直接接地，也可经电抗接地，且均认为 $X_{\text{m0}} = \infty$。自耦变压器的一、二次绕组都是 YN 联结，如果有三次绕组，通常是 d 联结。

(1) 中性点直接接地的 YNyn 和 YNynd 联结自耦变压器

YNyn 联结的自耦变压器，其零序等效电路如图 7-21 所示。从图中看出零序电抗为

$$X_0 = X_{\text{I-II}} + X = X_1 + X \tag{7-38}$$

式中，X_1 为变压器的正序电抗。

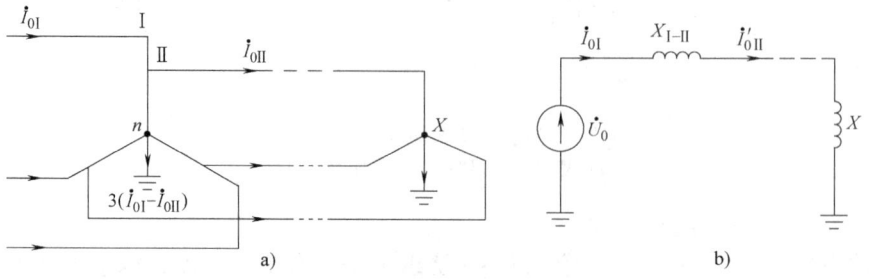

图 7-21　YNyn 联结自耦变压器的零序等效电路
a) 零序电流回路　b) 零序等效电路

由此可见，自耦变压器的零序等效电路和零序电抗与普通相同连接形式的双绕组变压器相同。但从中性点流入地的电流为一、二两侧实际电流之差的 3 倍，即 $\dot{I}_n = 3(\dot{I}_{0\mathrm{I}} - \dot{I}_{0\mathrm{II}})$。

YNynd 联结的自耦变压器，其零序等效电路如图 7-22 所示。由图可见，其零序等效电路与相同连接形式的普通三绕组变压器相同，零序等效电抗为

$$X_0 = X_{\mathrm{I}} + \frac{(X_{\mathrm{II}} + X) X_{\mathrm{III}}}{X_{\mathrm{II}} + X + X_{\mathrm{III}}} \tag{7-39}$$

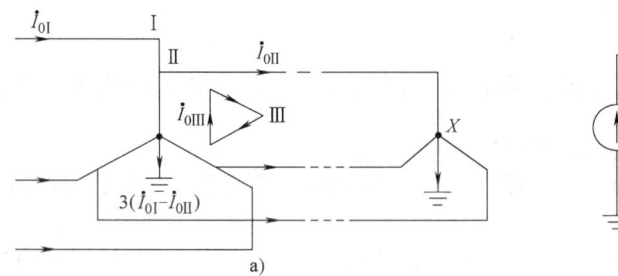 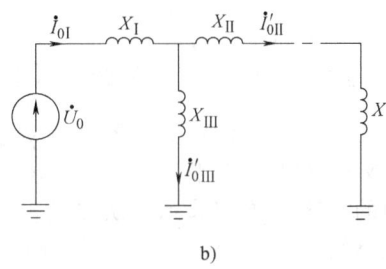

图 7-22　YNynd 联结自耦变压器的零序等效电路
a）零序电流回路　b）零序等效电路

（2）中性点经电抗接地的 YNyn 和 YNynd 联结自耦变压器

对 YNyn 自耦变压器，由于中性点接有 X_n，中性点电位不为零，使其零序等效电路与中性点直接接地情况有所不同。中性点经电抗 X_n 接地的 YNyn 自耦变压器，其零序电流流通情况和零序等效电路如图 7-23 所示。从图中看出，一、二次绕组的零序电流分别为 $\dot{I}_{0\mathrm{I}}$、$\dot{I}_{0\mathrm{II}}$，接地电抗 X_n 中流过的零序电流为 $3(\dot{I}_{0\mathrm{I}} - \dot{I}_{0\mathrm{II}})$，中性点电位值为

$$U_n = 3X_n(I_{0\mathrm{I}} - I_{0\mathrm{II}}) \tag{7-40}$$

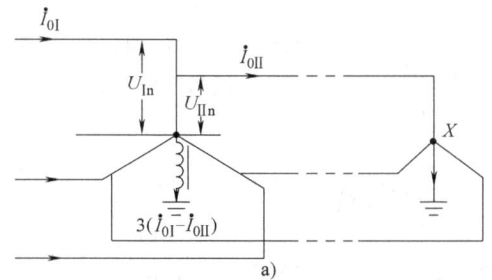 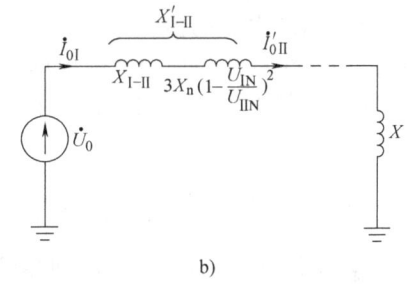

图 7-23　中性点经电抗接地的 YNyn 联结自耦变压器的零序等效电路
a）零序电流回路　b）零序等效电路

设一、二次绕组端点与中性点之间的电位差分别为 $U_{\mathrm{I}n}$ 和 $U_{\mathrm{II}n}$，一、二次绕组的额定电压分别为 $U_{\mathrm{I}N}$ 和 $U_{\mathrm{II}N}$，归算到一次侧的一、二次绕组端点对地电压为 U_{I}、U_{II}，于是有

$$\begin{cases} U_{\mathrm{I}} = U_{\mathrm{I}n} + U_n \\ U_{\mathrm{II}} = (U_{\mathrm{II}n} + U_n)\dfrac{U_{\mathrm{I}N}}{U_{\mathrm{II}N}} \end{cases} \tag{7-41}$$

归算到一次侧的等效零序电抗为 $X'_{\mathrm{I}-\mathrm{II}} = \dfrac{U_{\mathrm{I}} - U_{\mathrm{II}}}{I_{0\mathrm{I}}}$，将式（7-40）和式（7-41）代入，得

$$X'_{\text{I-II}} = \frac{(U_{\text{In}}+U_{\text{n}})-(U_{\text{IIn}}+U_{\text{n}})\dfrac{U_{\text{IN}}}{U_{\text{IIN}}}}{I_{0\text{I}}} = \frac{U_{\text{In}}-U_{\text{IIn}}\dfrac{U_{\text{IN}}}{U_{\text{IIN}}}}{I_{0\text{I}}} + \frac{U_{\text{n}}\left(1-\dfrac{U_{\text{IN}}}{U_{\text{IIN}}}\right)}{I_{0\text{I}}}$$

$$= X_{\text{I-II}} + \frac{3X_{\text{n}}(I_{0\text{I}}-I_{0\text{II}})}{I_{0\text{I}}}\left(1-\frac{U_{\text{IN}}}{U_{\text{IIN}}}\right) = X_{\text{I-II}} + 3X_{\text{n}}\left(1-\frac{I_{0\text{II}}}{I_{0\text{I}}}\right)\left(1-\frac{U_{\text{IN}}}{U_{\text{IIN}}}\right)$$

$$= X_{\text{I-II}} + 3X_{\text{n}}\left(1-\frac{U_{\text{IN}}}{U_{\text{IIN}}}\right)^2 \tag{7-42}$$

式中，$X_{\text{I-II}} = \dfrac{U_{\text{In}}-U_{\text{IIn}}\dfrac{U_{\text{IN}}}{U_{\text{IIN}}}}{I_{0\text{I}}}$ 为变压器中性点直接接地时（$U_{\text{n}}=0$）归算到一次侧的等效零序电抗。与式（7-42）相对应的零序等效电路如图7-23b所示。

对YNynd自耦变压器，设$X_{\text{m0}}=\infty$，两绕组间的等效零序电抗是其中一个绕组断开，剩余二绕组间的零序电抗归算到一次侧的值。

第三绕组断开，归算到一次侧的一、二绕组的等效零序电抗，即式（7-42）求得的$X'_{\text{I-II}}$。

第二绕组断开，一、三绕组构成的变压器与一台普通的YNd联结双绕组变压器相同，归算到一次侧的等效零序电抗为

$$X'_{\text{I-III}} = X_{\text{I-III}} + 3X_{\text{n}} \tag{7-43}$$

式中，$X_{\text{I-III}}$为中性点直接接地时，归算到一次侧的一、三绕组的等效零序电抗。

第一绕组断开，零序等效电路如图7-24所示。归算到二次侧的二、三绕组的零序等效电抗为

$$X'''_{\text{II-III}} = X''_{\text{II-III}} + 3X_{\text{n}} \tag{7-44}$$

式中，$X''_{\text{II-III}}$为中性点直接接地时，二、三绕组的零序等效电抗归算到二次侧的值。

$X'_{\text{II-III}}$为中性点经电抗X_{n}接地时，第二、三绕组的零序等效电抗归算到二次侧的值，再将其归算到一次侧，得

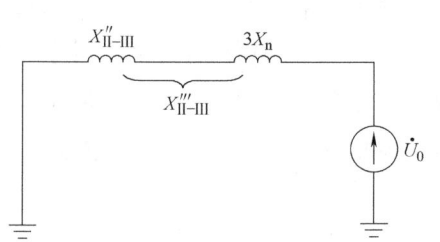

图7-24 第一绕组断开，归算到二次侧的零序等效电路

$$X'_{\text{II-III}} = X'''_{\text{II-III}}\left(\frac{U_{\text{IN}}}{U_{\text{IIN}}}\right)^2 = X''_{\text{II-III}}\left(\frac{U_{\text{IN}}}{U_{\text{IIN}}}\right)^2 + 3X_{\text{n}}\left(\frac{U_{\text{IN}}}{U_{\text{IIN}}}\right)^2 = X_{\text{II-III}} + 3X_{\text{n}}\left(\frac{U_{\text{IN}}}{U_{\text{IIN}}}\right)^2 \tag{7-45}$$

式中，$X_{\text{II-III}}$为中性点直接接地时，归算到一次侧的第二、三绕组的等效零序电抗。

由式（7-42）、式（7-43）和式（7-45）联立解出YNynd自耦变压器当中性点经电抗X_{n}接地时的零序等效电路中各支路的等效电抗为

$$\begin{cases} X'_{\text{I}} = \dfrac{1}{2}(X'_{\text{I-II}}+X'_{\text{I-III}}-X'_{\text{II-III}}) = X_{\text{I}} + 3X_{\text{n}}\left(1-\dfrac{U_{\text{IN}}}{U_{\text{IIN}}}\right) \\ X'_{\text{II}} = \dfrac{1}{2}(X'_{\text{I-II}}+X'_{\text{II-III}}-X'_{\text{I-III}}) = X_{\text{II}} + 3X_{\text{n}}\dfrac{(U_{\text{IN}}-U_{\text{IIN}})U_{\text{IN}}}{U_{\text{IIN}}^2} \\ X'_{\text{III}} = \dfrac{1}{2}(X'_{\text{I-III}}+X'_{\text{II-III}}-X'_{\text{I-II}}) = X_{\text{III}} + 3X_{\text{n}}\dfrac{U_{\text{IN}}}{U_{\text{IIN}}} \end{cases} \tag{7-46}$$

于是，得到图7-25所示的零序等效电路。

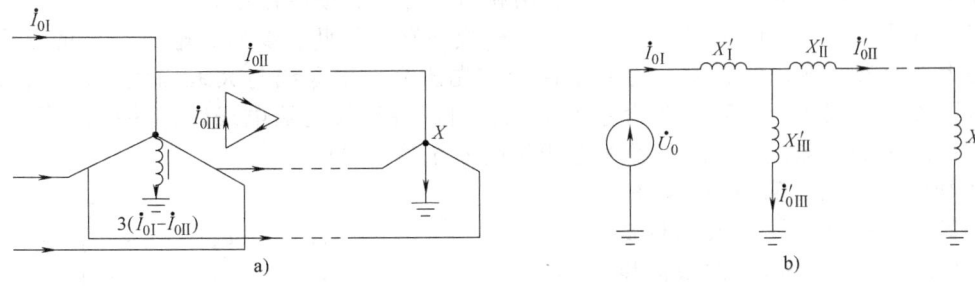

图 7-25 中性点经电抗接地的 YNynd 联结自耦变压器的零序等效电路
a) 零序电流回路　b) 零序等效电路

从变压器一次侧观察到的零序等效电抗为

$$X_0 = X'_{\text{I}} + \frac{X'_{\text{III}}(X'_{\text{II}}+X)}{X'_{\text{II}}+X+X'_{\text{III}}} \tag{7-47}$$

以上是按有名值讨论的，如果用标幺值计算，只须将式（7-46）中各电抗值除以相应于一次侧的电抗基准值即可。

下面以三相三绕组变压器高压侧绕组的接线方式和中性点的接地情况为例，总结说明变压器标幺序网络如图 7-26 所示，分别采用字母 H、M 和 X 区分高、中和低压绕组，分析三相三绕组变压器的习惯做法是对 H、M 和 X 三个端子选择共同的功率基准值 S_B，而选取的电压基准值 U_{BH}、U_{BM} 和 U_{BX} 与变压器的线电压额定值成比例，对于图 7-20 的通用零序网络，等效模型中高压侧端子 H 和 H′之间的连接取决于高压侧绕组的接法，具体分析如下。

当变压器高压侧是星形联结时，中性点接地电阻设为 Z_N：
1) 中性点经阻抗 Z_N 接地，H 和 H′之间串联接入 $3Z_N$。
2) 中性点直接接地，即 $Z_N = 0$，H 和 H′之间短接。
3) 中性点不接地，即 $Z_N = \infty$，H 和 H′断开。

当变压器高压侧是三角形联结时，将 H′连接至参考母线。

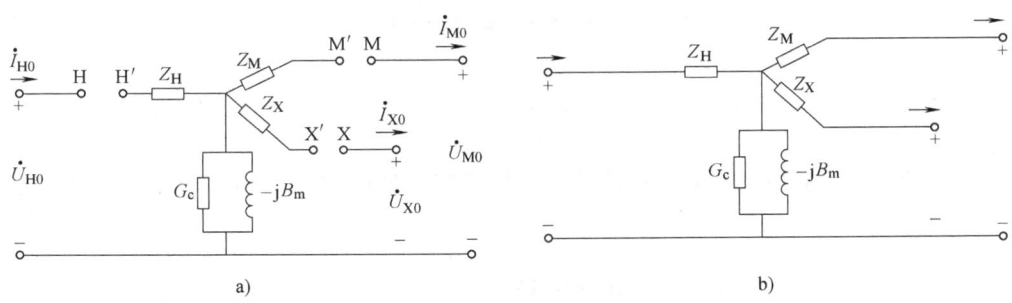

图 7-26 三相三绕组变压器的标幺序网络
a) 标幺零序网络　b) 标幺正序或负序网络（未标出相位移）

7.2.5 输电线路的序网络及序参数

输电线路是静止元件，其正、负序阻抗及等效电路完全相同，这里只讨论零序阻抗。

单回输电线路或两端共母线平行架设的双回输电线路，在母线及外部短路时的零序等效电路都可以用一个等效阻抗表示。在前面已讨论过输电线路的负序阻抗等于正序阻抗，而零序阻抗则大于正序阻抗，其原因在于任意两相的正、负序电流对第三相的互感起去磁作用，而三相零序电流大小相等、方向相同,任意两相对第三相起助磁作用。

三相输电线路中的零序电流,必须经大地构成回路。因此,要研究输电线路的零序阻抗,必须考虑大地及架空地线的影响。为便于讨论,先研究一根导线与大地构成的回路,即"导线—大地"回路的阻抗,然后以此为基本单元,组成各种架空输电线路,并在计算"导线—大地"回路阻抗的基础上,确定各种输电线路的零序等效阻抗。

1. "导线—大地"回路的自阻抗

图 7-27a 为一根导线与大地构成的回路,导线 aa′ 半径为 r,架设高度为 h,流过频率为 f 的交流电流 $\dot{I}_a$,$\dot{I}_a$ 通过导线端点的接地体流入大地,然后经大地返回。研究表明,电流在大地中流通的情况十分复杂,在导线垂直下方大地表面的电流密度较大,越往大地深处电流密度越小,而且这种倾向随着电流频率和土壤电导率的增加而越显著。因此,这种回路中阻抗参数的分析计算是非常复杂的。20 世纪 20 年代,卡尔逊(J. B. Carson)根据电磁波的理论,比较精确地求出了这种"导线—大地"回路中的阻抗。分析结果表明这种"导线—大地"回路中的大地,可以用一根虚拟的导线 gg′ 来代替,如图 7-27b 所示。

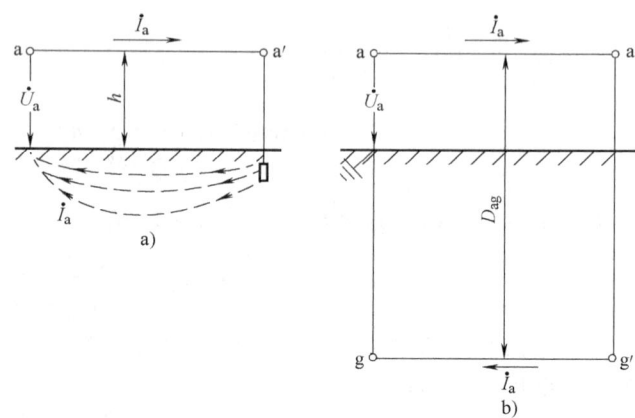

图 7-27 "导线—大地"回路
a) 电流回路 b) 等效导线模型

设半径为 r 的导线 aa′ 与大地平行,单位长度的电阻为 R_a。用一根等效半径为 r_g 的虚拟导线 gg′ 代替大地作为地中电流的返回导线,该虚拟导线 gg′ 位于架空线 aa′ 下面,与 aa′ 相距为 D_{ag},D_{ag} 是大地电阻率 ρ 的函数,调整 D_{ag} 值,使得这种线路计算所得的电感值与试验测得的电感值相等。用 R_g 表示虚拟导线 gg′ 的单位长度的等效电阻(Ω/km),根据卡尔逊的计算,有

$$R_g = \pi^2 \times 10^{-4} \times f = 9.869 f \times 10^{-4} \tag{7-48}$$

当 $f = 50\text{Hz}$ 时,$R_g \approx 0.05 \Omega/\text{km}$。

整个"导线—大地"回路的电阻(Ω/km)为

$$R = R_a + 0.05 \tag{7-49}$$

"导线—大地"回路的电抗可以根据平行双导线回路的电抗计算公式求得,其单位长度的自电抗(Ω/km)为

$$X_s = 0.1445 \lg \frac{D_g}{r'} \tag{7-50}$$

式中,r' 为导线 aa′ 的等效半径(m),对于非铁磁材料的圆形实心导线 $r' = 0.779r$,对于铜绞线 $r' = (0.724 \sim 0.771)r$,对于钢芯铝绞线 $r' = 0.95r$;$D_g = D_{ag}^2 / r_g$,称为等效深度(单位为 m),其值取决于电流的频率 f 和大地的电导率 γ,亦可用下式计算,即

$$D_g = 660 / \sqrt{f\gamma} \tag{7-51}$$

当大地的电导率难以获得时,在工程近似计算时,可取 $D_g = 1000\text{m}$。

则"导线—大地"回路单位长度的自阻抗(单位为 Ω/km,$f = 50\text{Hz}$)为

$$Z_s = \left[(R_a + 0.05) + j0.1445 \lg \frac{D_g}{r'}\right] \tag{7-52}$$

2. 两个"导线—大地"回路间的互阻抗

如果有两根平行长导线均与大地构成回路,也可用一根虚拟导线 gg′代替大地形成零序电流通路,这两根平行导线与 gg′构成了两个平行的"导线—大地"回路,如图 7-28 所示。两根导线与虚拟导线之间的距离分别为 D_{ag} 和 D_{bg},导线 aa′和 bb′间的距离为 D_{ab}。

如果在 bg 回路中通入电流 $\dot{I}_b$,定会在 ag 回路中产生互感磁链。当近似认为 $D_{ag}=D_{bg}$ 时,则有 $D_{ag}D_{bg}/r_g=D_g$。于是,得到两个平行的"导线—大地"回路单位长度的互阻抗(Ω/km)为

$$Z_m = R_g + j0.1445\lg\frac{D_g}{D_{ab}} \tag{7-53}$$

3. 单回三相架空输电线路的零序阻抗

如图 7-29 所示,三相架空输电线路的零序电流同样通过大地形成回路时,仍可以用虚拟导线 gg′代替大地,三相输电线路与虚拟导线构成的回路可以看作三个平行的"导线—大地"回路。若三相输电线路在杆塔上对称排列,或三相导线虽为不对称排列但经过整循环换位,则两两回路间的互感抗(Ω/km)相等,为

$$X_m = 0.1445\lg\frac{D_g}{D_m}$$

则互阻抗为

$$Z_m = R_g + j0.1445\lg\frac{D_g}{D_m} \tag{7-54}$$

式中,$D_m = \sqrt[3]{D_{ab}D_{bc}D_{ca}}$ 称为三相导线的几何均距。

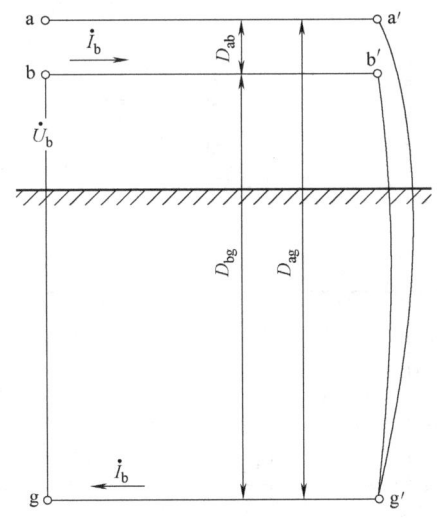

图 7-28 两个平行的"导线—大地"回路

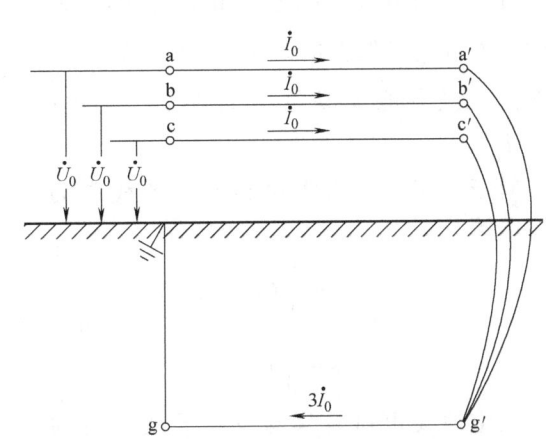

图 7-29 三相架空输电线路的零序电流回路

设每相导线的电阻为 R_a,虚拟导线的电阻为 R_g,当对称三相输电线路通入零序电流时,每相导线单位长度的零序阻抗为

$$Z_0 = Z_s + 2Z_m \tag{7-55}$$

将式(7-52)和式(7-54)代入式(7-55),得

$$Z_0 = \left[\left(R_a + R_g + j0.1445\lg\frac{D_g}{r'}\right) + 2\left(R_g + j0.1445\lg\frac{D_g}{D_m}\right)\right]$$

$$= \left(R_a + 3R_g + j0.4335\lg\frac{D_g}{\sqrt[3]{r'D_m^2}}\right) \tag{7-56}$$

由式（7-56）可看出，同一输电线路的零序电抗约为正序电抗的 3 倍。

4. 双回架空输电线路的零序阻抗

如图 7-30 所示，两端共母线的双回输电线路平行架设。若在双回输电线路中同时通以大小相等、方向相同的零序电流时，不仅第一回路的三相输电线路间存在互感，而且第二回路的三相对第一回路的任一相也存在互感。由于零序互感是助磁的，使双回输电线路每相零序电抗比单回时大，而且两回路间的距离越小，回路间的互感抗越大，使每回输电线路的零序等效电抗越大。

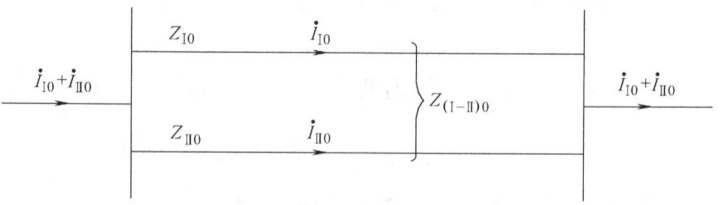

图 7-30　平行架设的双回输电线路的零序电流通路

当两个回路的参数完全相同时，即 $Z_{I0} = Z_{II0} = Z_{0\sigma}$，每一回路的零序等效阻抗为

$$Z_0 = Z_{0\sigma} + Z_{(I-II)0} \tag{7-57}$$

式中，$Z_{0\sigma}$ 为每一回路的零序自阻抗；$Z_{(I-II)0}$ 为两个回路间的零序互阻抗。

一般情况下，两端共母线平行架设的双回架空输电线路每一回路的零序等效阻抗约为单回路的 1.6 倍。

5. 有架空地线时输电线路的零序阻抗

架空地线又称为接地避雷线。通常，将避雷线从每级杆塔用接地引下线与大地相连，有了架空地线后的三相零序电流流通情况如图 7-31 所示。从图中可以看出，架空地线和大地构成了三相零序电流的并联通路。

设三相输电线路的零序电流为 $3\dot{I}_0$，其中的一部分 $\dot{I}_\omega$ 经架空地线 $\omega\omega'$ 形成回路，另一部分 $\dot{I}_g$ 经大地虚拟导线 gg' 返回，且 $\dot{I}_\omega + \dot{I}_g = 3\dot{I}_0$。

对于一相，流入大地和架空地线中的零序电流分别为

$$\begin{cases} \dot{I}_{g0} = \dfrac{1}{3}\dot{I}_g \\ \dot{I}_{\omega 0} = \dfrac{1}{3}\dot{I}_\omega \end{cases} \tag{7-58}$$

架空地线也可看作与三相导线平行的一个"导线—大地"回路，这个"导线—大地"回路与三相导线构成的"导线—大地"回路间也存在互感，由于架空地线中的零序电流 $\dot{I}_\omega$ 与导线中的零序电流方向相反，其互感起去磁作用，使有架空地线的输电线路零序阻抗减小。架空地线与导线间的距离越小，它们间的互感抗越大，去磁作用越大，导线的零序等效阻抗越小。另外，用良导体作架空地线比钢绞线作架空地线阻抗小，可能分流的零序电流 $\dot{I}_\omega$ 较大，去磁作用较强，因此用良导体作架空地线比用钢绞线作架空地线时输电线路的零序等效阻抗小。

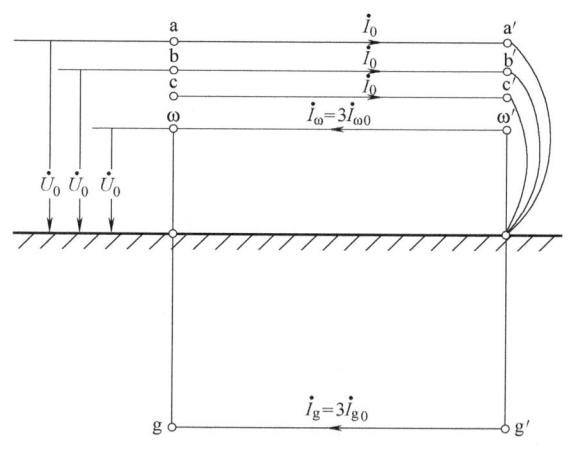

图 7-31　有架空地线的单回线路的零序电流回路

同理，有架空地线时双回输电线路的零序阻抗比无架空地线时小；用良导体作架空地线的双回输电线路的零序等效阻抗比用钢绞线作架空地线时小。

在工程实际中，对已建线路的零序阻抗，一般是通过实测得到；而对拟建线路的零序阻抗，在实用计算中通常忽略电阻，零序电抗一般采用表 7-3 所列数值。

表 7-3　架空输电线路的零序电抗

架空线路类型	x_0/x_1	架空线路类型	x_0/x_1
无架空地线单回线路	3.5	良导体架空地线单回线路	2.0
无架空地线双回线路	5.5	钢质架空地线双回线路	4.7
钢质架空地线单回线路	3.0	良导体架空地线双回线路	3.0

表 7-3 中的正序电抗平均值可取单导线 $x_1 = 0.4\Omega/\mathrm{km}$；双分裂导线 $x_1 = 0.31\Omega/\mathrm{km}$；四分裂导线 $x_1 = 0.29\Omega/\mathrm{km}$。

7.2.6　电缆线路的序网络及序参数

在敷设电缆时，通常都在电缆头处和中间一些点将电缆的铅（铝）包护层接地，因此当电缆芯线中通过零序电流时，大地和铅（铝）包护层都成了零序电流的通道，但零序电流在大地和包护层之间的分配则与包护层本身的阻抗和它的接地阻抗有关，而后者又因电缆的敷设方式等因素而异。因此，准确计算电缆线路的零序阻抗比较困难，通常只考虑以下两个极端情况：

1）铅（铝）包护层各处都有良好的接地，也就是认为沿线各处的接地阻抗都可以忽略不计，大地和包护层中都有零序电流流通，但在这种情况下，地中的电流达到可能的最大值，而包护层中的电流达到最小值。因此，包护层中电流的去磁作用最小，电缆的零序电抗为可能的最大值。

2）铅（铝）包护层在各处都经相当大的阻抗接地，从而可以认为零序电流只通过包护层返回。这种情况包护层的去磁作用最大，电缆的零序电抗为可能的最小值。

电缆线路的铅（铝）包护层相当于架空输电线路的避雷线，三芯电缆线路就相当于有避雷线的单回架空输电线路。因此，第一种极端情况的零序电流流通情况与图 7-24 相同。所不同的是包护层将三相芯线全部包围，其中流过的零序电流产生的磁通全部与芯线匝链。因此，包护层的零序自电抗也就是它和芯线间的零序互电抗，换言之，包护层没有漏电抗。第二种极端情况下地中无电流，其零序电流流通情况相当于图 7-24 中断开虚拟导线 gg' 的情况。

电缆线路的零序阻抗一般是通过实测确定的，在近似计算中，可取 $r_0 = 10r_1$，$x_0 = (3.5 \sim 4.6)x_1$，式中的正序电阻 r_1 和正序电抗 x_1 通常是由制造厂提供的。

在实用计算中，电缆的正、负、零序电抗可采用表 7-4 所列的平均值。

表 7-4　电缆电抗的平均值

电缆种类	电缆电抗平均值/(Ω/km)	
	$x_1 = x_2$	x_0
6~10kV 三芯电缆	0.08	$3.5x_1$
20kV 三芯电缆	0.11	$3.5x_1$
35kV 三芯电缆	0.12	$3.5x_1$
110kV 和 220kV 单芯电缆	0.18	$(0.8 \sim 1.0)x_1$

7.3　电力系统的序网络

正确制订电力系统的各序等效网络，是不对称短路计算的重要环节。

应用对称分量法分析计算不对称故障时，首先必须做出电力系统的各序网络。为此，应根据电力系统的接线图、中性点接地情况等原始资料，在故障点分别施加各序电动势，从故障点出发,逐步画出各序电流流通的序网络。需要注意的是,凡是某一序电流能够流通的元件,都必须包括在该序网络中,并用相应的序参数和等效电路表示。根据以上原则,结合图 7-32 来说明正、负序网络的制订。

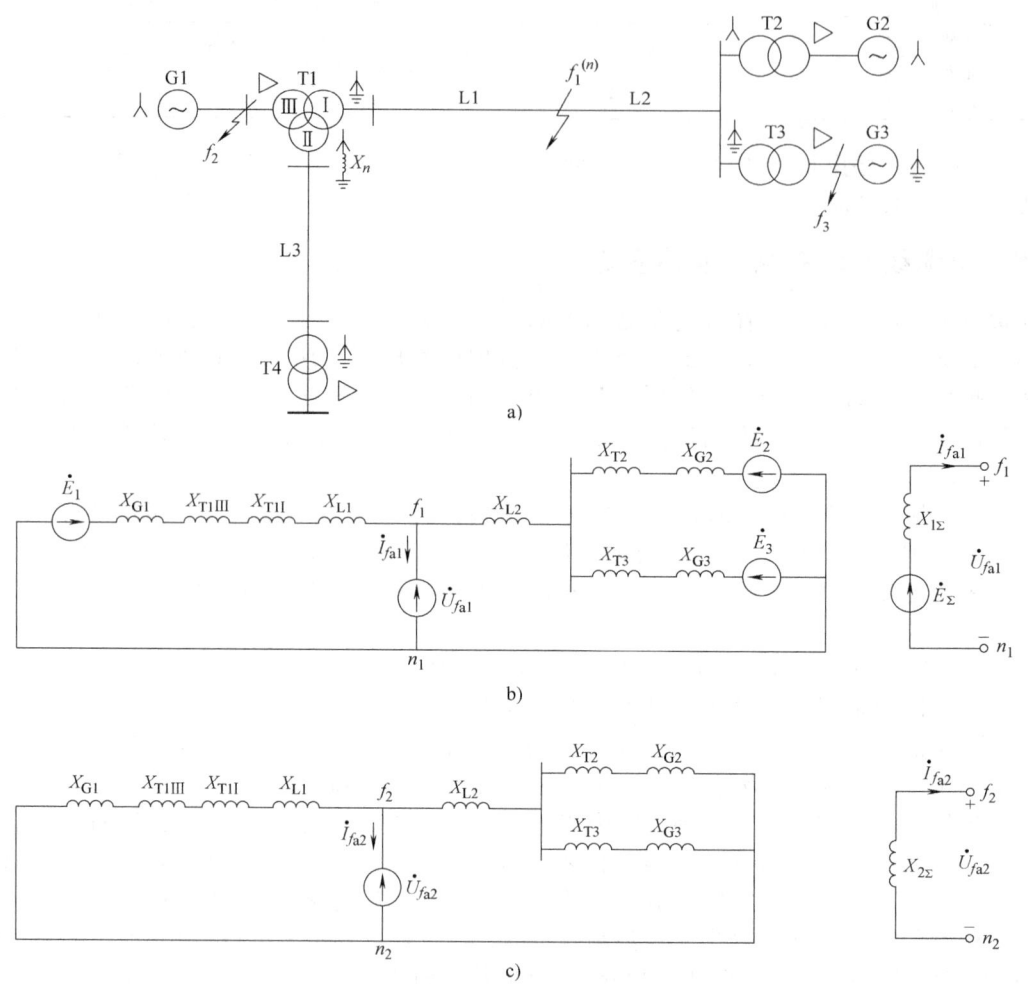

图 7-32 正、负序网络的制订
a)电力系统接线图 b)正序网络及简化网络 c)负序网络及简化网络

1. 正序网络

正序网络与三相短路时的等效网络基本相同,但须在短路点引入代替故障条件的正序电动势,即短路点的电压不为零而等于 $\dot{U}_{fa1}$。所有的同步发电机和调相机,以及用等效电源表示的综合负荷,都是正序网络的电源(一般用次暂态或暂态参数表示)。除中性点接地阻抗、空载线路(不计导纳时)以及空载变压器(不计励磁电流时)外,电力系统各元件均应包括在正序网络中,并用正序参数和等效电路表示。

图 7-32b 为图 7-32a 所示系统在 f_1 点发生不对称短路时的正序网络,图中不包括空载线路 L3、空载变压器 T4 以及变压器 T1 的 Ⅱ 侧电抗及其中性点接地电抗 X_n。

从故障端口看正序网络,它是一个有源网络,可以简化为戴维南等效电路。

2. 负序网络

负序电流流通情况和正序电流的相同,因此,同一电力系统的负序网络与正序网络基本相同，但是所有电源的负序电动势为零，在短路点须引入代替故障条件的负序电动势 $\dot{U}_{fa2}$，各元件的电抗应为负序电抗，如图 7-32c 所示。即只须把正序网络中的电源电动势短接并在短路点施加负序电压 $\dot{U}_{fa2}$，各元件用负序电抗表示，就得到了负序网络。

从故障端口看负序网络，它是一个无源网络，也可以简化为戴维南等效电路。

3. 零序网络

发生接地短路后，有无零序网络和零序网络的结构取决于网络中零序电流的流通情况，而零序电流的流通情况与短路点的位置和变压器绕组的连接方式以及中性点是否接地有关。因此，零序网络与正、负序网络不同。

（1）零序电流与系统结构的关系

零序网络中，电源无零序电动势而被短接，短路点的零序电压为 $\dot{U}_{fa0}$，各元件用零序电抗表示。在不对称短路点施加代表故障边界条件的零序电动势 $\dot{U}_{fa0}$ 时，由于三相零序电流的大小及相位相同，它们必须经大地或架空地线（电缆包护层等）才能构成通路，因此零序电流的流通与网络的结构，特别是变压器的连接方式及中性点的接地方式有关。

图 7-33a 为图 7-32a 所示系统在 f_1 点发生不对称接地短路时的三相零序电流回路图，图中箭头表示零序电流流通的方向。由图可见，由于三相零序电流大小相等、方向相同，它们必须经大地才能形成回路。因此，系统中至少要有两个接地点，方能形成零序电流的通路，如图中的回路 I 和回路 II；此外，空载线路和空载变压器也可能有零序电流流通，如图中的变压器 T4 及其相连线路 L3 就有零序电流通路。图 7-33b 为相应的零序网络。

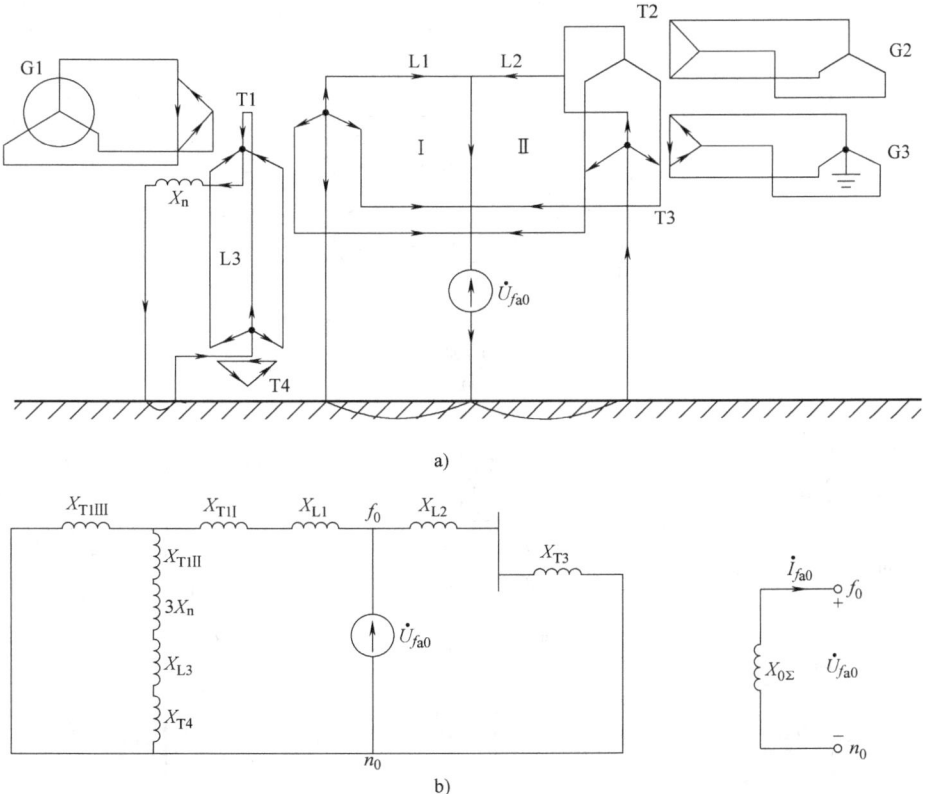

图 7-33　零序网络的制订
a）零序网络回路　b）零序网络及简化网络

比较正（负）序和零序网络可以看到，虽然发电机 G1、G2、G3 和变压器 T2 均包括在正（负）序网络中，但因靠近发电机的变压器绕组均为三角形联结且 T2 的中性点未接地，不能流通零序电流，所以这些元件均不包括在零序网络中。相反，线路 L3 和变压器 T4 因为空载不能流通正（负）电流而不包括在正（负）序网络中，但由于 T1 中性点经电抗 X_n 接地，T4 的中性点接地而能够流通零序电流，所以它们包括在零序网络中。

同样，从故障端口看零序网络，它是一个无源网络，也可以简化为戴维南等效电路。

（2）零序电流与短路点位置的关系

零序网络的结构与短路点的位置密切相关。如图 7-32a 所示系统中，在 f_2 点无论发生何种短路，由于全网无零序电流通路，故无零序网络。又如在 f_3 点短路，零序网络仅由发电机 G3 的零序电抗组成。

正确制订已知系统的零序网络并不困难。一般的方法是，从短路点着手，在短路点与地间接入零序电动势，然后从短路点出发，由近及远地观察与短路点连接的所有支路中零序电流流通的路径，把有零序电流流通的元件的零序阻抗按系统接线顺序连接起来，没有零序电流流通的元件不反映在零序网络中，这样就得到了该系统的零序等效网络。

正确制订零序网络的关键是注意变压器绕组的连接方式和中性点的接地情况。当变压器的中性点经电抗 X_n 接地时，在以一相表示的零序等效网络中，该电抗应与变压器同侧绕组的电抗相串联，并以 $3X_n$ 表示。

例 7-1 试制订图 7-34a 所示系统在 f 点发生不对称接地短路时的各序网络。

其正序网络、负序网络、零序网络如图 7-34b、c、d 所示。

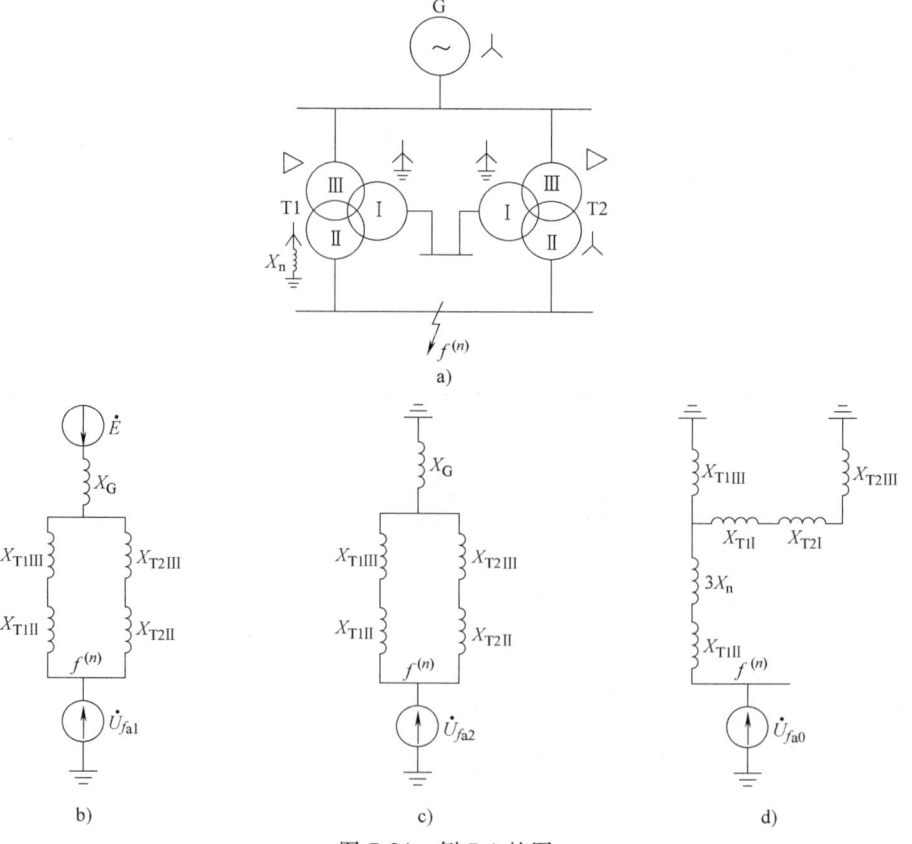

图 7-34 例 7-1 的图
a) 系统图　b) 正序网络　c) 负序网络　d) 零序网络

例 7-2 试制订图 7-35a 所示系统在 f 点发生不对称接地短路时的零序网络。

其零序网络如图 7-35b 所示。

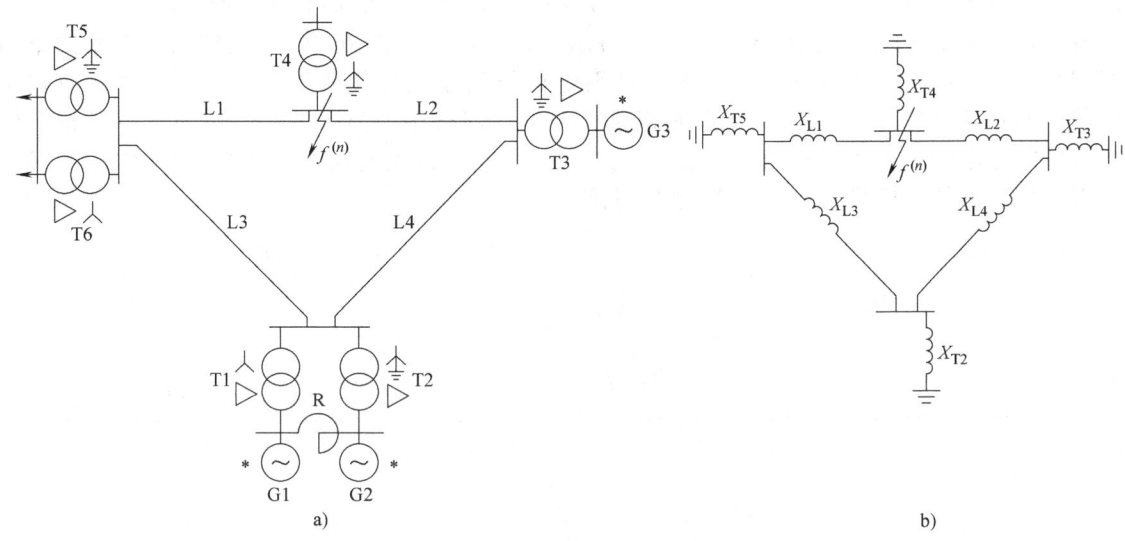

图 7-35 例 7-2 的图

a）系统图　b）零序网络

7.4 简单不对称短路故障分析

对称分量法计算
单相接地故障

在中性点接地的电力系统中，简单不对称短路故障有单相接地短路、两相短路以及两相接地短路。无论是哪一种短路，利用对称分量法分析时，都可以制订出正、负、零序网络，并经化简后从简化序网列写出各序网络故障点的电压平衡方程式，如式（7-16）。如果略去正常分量只计故障分量，并忽略各元件电阻，可将式（7-16）改写为

$$\begin{cases} \dot{U}_{fa1} = \dot{U}_{fa[0]} - j\dot{I}_{fa1}X_{1\Sigma} \\ \dot{U}_{fa2} = -j\dot{I}_{fa2}X_{2\Sigma} \\ \dot{U}_{fa0} = -j\dot{I}_{fa0}X_{0\Sigma} \end{cases} \quad (7-59)$$

式中，$\dot{U}_{fa[0]} = \dot{E}_\Sigma$，即是短路发生前故障点的电压。

要求解出上式中的三个电流序分量和三个电压序分量，应根据不对称短路的边界条件补充三个方程式。由于短路类型不同，短路点的边界条件不同，补充的方程亦不同。

例 7-3 例 6-4 的电力系统单线图如图 7-36 所示，其中正序、负序、零序电抗均已经给出。并且发电机和变压器均直接接地，电动机中性点经标幺值为 $X_n = 0.05$（以电动机额定值

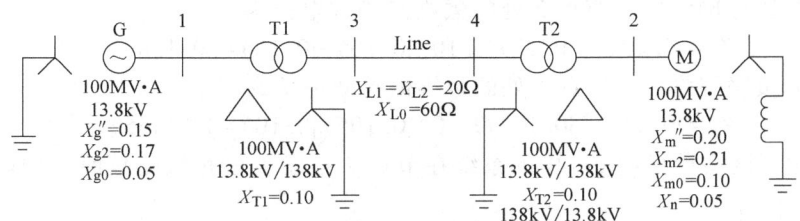

图 7-36 例 7-3 的单线图

为基准值）的电抗接地。（a）以发电机的额定值 100MV·A、13.8kV 为基准值，画出系统的标幺零序、正序和负序等效网络；（b）从节点 2 看进去，将序网络化简为对应的戴维南等效电路。已知故障前电压均为 $1.05\angle0°$，忽略故障前的负荷电流和 D-Y 变压器的相移。

解：（a）画出的各个序网络如图 7-37 所示。正序网络与图 6-22a 完全相同，负序网络与正序网络相似，区别在于内部没有电源，且用电机的负序电抗代替正序电抗。该算例忽略了负序网络和正序网络中 D-Y 联结导致的相移。在零序网络中，显示的是发电机、电动机和输电线路的零序电抗。因为电动机中性点经电抗 X_n 接地，因此电动机的零序网络中包含 $3X_n$。D-Y 联结变压器的零序模型由图 7-26 推导得到。

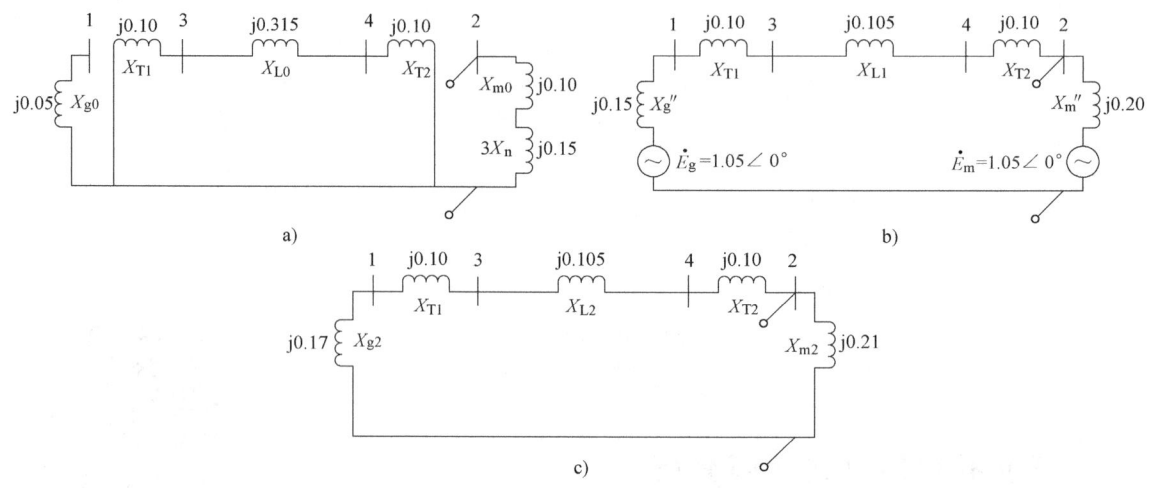

图 7-37 例 7-3 的各序网络
a）零序网络 b）正序网络 c）负序网络

（b）假设节点 2 发生短路故障，则上述三序网的戴维南等效电路如图 7-38 所示。

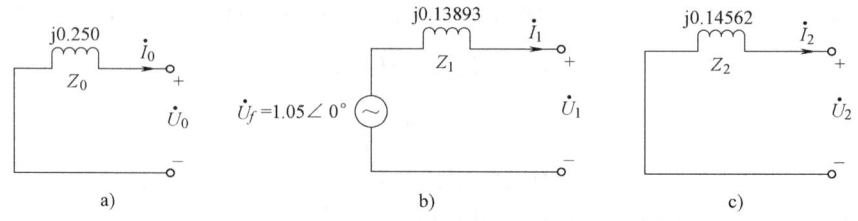

图 7-38 例 7-3 各序网络的戴维南等效电路
a）零序网络 b）正序网络 c）负序网络

在图 7-38a 的零序网络中，节点 2 处的戴维南等效电抗为
$$Z_0 = j(0.10+0.15) = j0.25$$
在图 7-38b 的正序网络中，节点 2 处的戴维南等效电抗为
$$Z_1 = j0.20 // (j0.15+j0.10+j0.105+j0.10) = j0.13893$$
在图 7-38c 的负序网络中，节点 2 处的戴维南等效电抗为
$$Z_2 = j0.21 // (j0.17+j0.10+j0.105+j0.10) = j0.14562$$

例 7-4 利用序网络计算例 7-3 中的系统在节点 2 处发生三相短路故障后的电压及短路电流，设故障前电压为 $\dot{U}_{fa[0]} = \dot{U}_f = 1.05\angle0°$。

解： 当发生三相接地短路时，利用对称分量法，有

$$\begin{pmatrix} \dot{U}_0 \\ \dot{U}_1 \\ \dot{U}_2 \end{pmatrix} = \frac{1}{3} \begin{pmatrix} 1 & 1 & 1 \\ 1 & \alpha & \alpha^2 \\ 1 & \alpha^2 & \alpha \end{pmatrix} \begin{pmatrix} \dot{U}_a \\ \dot{U}_b \\ \dot{U}_c \end{pmatrix} = \frac{1}{3} \begin{pmatrix} 1 & 1 & 1 \\ 1 & \alpha & \alpha^2 \\ 1 & \alpha^2 & \alpha \end{pmatrix} \begin{pmatrix} 0 \\ 0 \\ 0 \end{pmatrix} = \begin{pmatrix} 0 \\ 0 \\ 0 \end{pmatrix}$$

各序网络端口直接短路,可以看出只有正序网络中有短路电流,如图 7-39 所示。

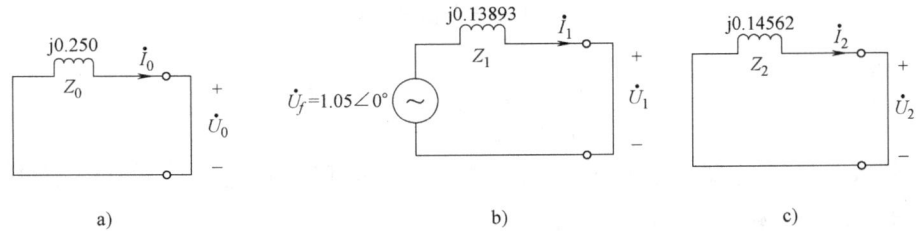

图 7-39 例 7-4 节点 2 处发生三相接地短路
a) 零序网络 b) 正序网络 c) 负序网络

则正序网的短路电流为(默认以 a 相三序量表示)

$$\dot{I}_f = \dot{I}_{fa1} = \frac{\dot{U}_{fa[0]}}{jX_{1\Sigma}} = \frac{\dot{U}_f}{Z_1} = \frac{1.05\angle 0°}{j0.13893} = -j7.5578$$

这与例 6-5c 部分所得结果是相同的。需要注意的是,因为图 7-36~图 7-39 使用的是发电机次暂态电抗,上述计算所得的电流是节点 2 处的正序次暂态短路电流。同样地,零序电流和负序电流都为 0。因此利用对称分量法,可得每一相的次暂态短路电流为

$$\begin{pmatrix} \dot{I}_{fa} \\ \dot{I}_{fb} \\ \dot{I}_{fc} \end{pmatrix} = \begin{pmatrix} 1 & 1 & 1 \\ 1 & \alpha^2 & \alpha \\ 1 & \alpha & \alpha^2 \end{pmatrix} \begin{pmatrix} \dot{I}_{fa0} \\ \dot{I}_{fa1} \\ \dot{I}_{fa2} \end{pmatrix} = \begin{pmatrix} 1 & 1 & 1 \\ 1 & \alpha^2 & \alpha \\ 1 & \alpha & \alpha^2 \end{pmatrix} \begin{pmatrix} 0 \\ -j7.558 \\ 0 \end{pmatrix} = \begin{pmatrix} 7.558\angle 90° \\ 7.558\angle 150° \\ 7.558\angle 30° \end{pmatrix}$$

在发生三相金属性接地短路时,短路电流的各序分量为

$$\dot{I}_{fa0} = \dot{I}_{fa2} = 0, \quad \dot{I}_f = \dot{I}_{fa1} = \frac{\dot{U}_{fa[0]}}{jX_{1\Sigma}} = \frac{\dot{U}_f}{Z_1}$$

因此,故障电压的各序分量均为零(三相电压均为零)。

$$\begin{pmatrix} \dot{U}_{ia0} \\ \dot{U}_{ia1} \\ \dot{U}_{ia2} \end{pmatrix} = \begin{pmatrix} 0 \\ \dot{U}_{i[0]} \\ 0 \end{pmatrix} - \begin{pmatrix} Z_0 & 0 & 0 \\ 0 & Z_1 & 0 \\ 0 & 0 & Z_2 \end{pmatrix} \begin{pmatrix} \dot{I}_{fa0} \\ \dot{I}_{fa1} \\ \dot{I}_{fa2} \end{pmatrix} = \begin{pmatrix} 0 \\ 0 \\ 0 \end{pmatrix}$$

下面对三种不对称短路分别进行讨论。

7.4.1 单相接地短路

设在中性点接地的电力系统中 a 相接地短路,如图 7-40 所示,由图可列出短路点 f 的边界条件

$$\begin{cases} \dot{I}_{fb} = \dot{I}_{fc} = 0 \\ \dot{U}_{fa} = \dot{I}_{fa} Z_f \end{cases} \quad (7-60)$$

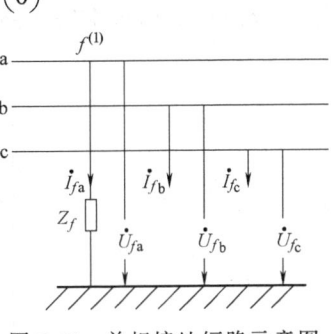

图 7-40 单相接地短路示意图

将上述边界条件转化为正、负、零序分量表示（以下略去角标 a）为

由 $\dot{I}_{fb} = \dot{I}_{fc} = 0$ 有

$$\begin{pmatrix} \dot{I}_{fa0} \\ \dot{I}_{fa1} \\ \dot{I}_{fa2} \end{pmatrix} = \frac{1}{3}\begin{pmatrix} 1 & 1 & 1 \\ 1 & \alpha & \alpha^2 \\ 1 & \alpha^2 & \alpha \end{pmatrix}\begin{pmatrix} \dot{I}_f \\ 0 \\ 0 \end{pmatrix} = \frac{\dot{I}_f}{3}\begin{pmatrix} 1 \\ 1 \\ 1 \end{pmatrix}$$

即

$$\dot{I}_{fa0} = \dot{I}_{fa1} = \dot{I}_{fa2} = \frac{1}{3}\dot{I}_{fa} \tag{7-61}$$

由 $\dot{U}_{fa} = \dot{I}_{fa}Z_f$ 有

$$\dot{U}_{fa0} + \dot{U}_{fa1} + \dot{U}_{fa2} = \dot{I}_{fa}Z_f \tag{7-62}$$

联立求解式（7-59）、式（7-61）和式（7-62），即可解出 $\dot{I}_{fa0}$、$\dot{I}_{fa1}$、$\dot{I}_{fa2}$ 和 $\dot{U}_{fa0}$、$\dot{U}_{fa1}$、$\dot{U}_{fa2}$，但这种解析法较繁，工程中不适用。

若按照边界条件以及式（7-61）和式（7-62），可知正、负、零序网串联，如图 7-41 所示，也可求出单相接地短路时短路点电流和电压的各序分量。这种由三个序网按不同的边界条件组合成的网络称复合序网。在复合序网中，同时满足了序网方程和边界条件，因此复合序网中的电流和电压各序分量就是要求解的未知量。

从复合序网中直接可得

$$\dot{I}_{fa0} = \dot{I}_{fa1} = \dot{I}_{fa2} = \frac{\dot{U}_{fa[0]}}{j(X_{1\Sigma}+X_{2\Sigma}+X_{0\Sigma})+3Z_f} \tag{7-63}$$

则短路点的故障相电流为

$$\dot{I}_{fa} = \dot{I}_{fa0} + \dot{I}_{fa1} + \dot{I}_{fa2} = \frac{3\dot{U}_{fa[0]}}{j(X_{1\Sigma}+X_{2\Sigma}+X_{0\Sigma})+3Z_f} \tag{7-64}$$

同样地，利用对称分量法有

$$\begin{pmatrix} \dot{I}_{fa} \\ \dot{I}_{fb} \\ \dot{I}_{fc} \end{pmatrix} = \begin{pmatrix} 1 & 1 & 1 \\ 1 & \alpha^2 & \alpha \\ 1 & \alpha & \alpha^2 \end{pmatrix}\begin{pmatrix} \dot{I}_{fa0} \\ \dot{I}_{fa1} \\ \dot{I}_{fa2} \end{pmatrix} = \begin{pmatrix} 3\dot{I}_{fa0} \\ 0 \\ 0 \end{pmatrix} \tag{7-65}$$

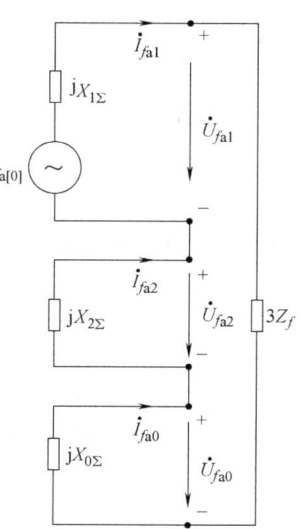

图 7-41 单相接地短路复合序网

在近似计算中，一般有 $X_{1\Sigma} = X_{2\Sigma}$，从式（7-64）看出，当 $X_{0\Sigma} < X_{1\Sigma}$ 时，则单相接地短路电流大于同一地点的三相短路电流，反之则单相接地短路电流小于三相短路电流。

从序网方程式（7-59）可求出短路点电压的各序分量 $\dot{U}_{fa1}$、$\dot{U}_{fa2}$、$\dot{U}_{fa0}$，然后利用对称分量法的合成算式即可求得短路点非故障相电压为

$$\begin{cases} \dot{U}_{fa1} = \dfrac{j(X_{2\Sigma}+X_{0\Sigma}+3Z_f)\dot{U}_{fa[0]}}{j(X_{1\Sigma}+X_{2\Sigma}+X_{0\Sigma})+3Z_f} \\ \dot{U}_{fa2} = -\dfrac{jX_{2\Sigma}\dot{U}_{fa[0]}}{j(X_{1\Sigma}+X_{2\Sigma}+X_{0\Sigma})+3Z_f} \\ \dot{U}_{fa0} = -\dfrac{jX_{0\Sigma}\dot{U}_{fa[0]}}{j(X_{1\Sigma}+X_{2\Sigma}+X_{0\Sigma})+3Z_f} \end{cases} \tag{7-66}$$

利用对称分量法有

$$\begin{pmatrix}\dot{U}_{fa}\\\dot{U}_{fb}\\\dot{U}_{fc}\end{pmatrix}=\begin{pmatrix}1&1&1\\1&\alpha^2&\alpha\\1&\alpha&\alpha^2\end{pmatrix}\begin{pmatrix}\dot{U}_{fa0}\\\dot{U}_{fa1}\\\dot{U}_{fa2}\end{pmatrix}=\begin{pmatrix}1&1&1\\1&\alpha^2&\alpha\\1&\alpha&\alpha^2\end{pmatrix}\begin{pmatrix}-\dfrac{jX_{0\Sigma}\dot{U}_{fa[0]}}{j(X_{1\Sigma}+X_{2\Sigma}+X_{0\Sigma})+3Z_f}\\\dfrac{\dot{U}_{fa[0]}j(X_{2\Sigma}+X_{0\Sigma})+3Z_f}{j(X_{1\Sigma}+X_{2\Sigma}+X_{0\Sigma})+3Z_f}\\-\dfrac{\dot{U}_{fa[0]}jX_{2\Sigma}}{j(X_{1\Sigma}+X_{2\Sigma}+X_{0\Sigma})+3Z_f}\end{pmatrix}$$

$$=\begin{pmatrix}0\\\dfrac{\dot{U}_{fa[0]}(-jX_{0\Sigma}+\alpha^2(jX_{2\Sigma}+jX_{0\Sigma})-\alpha jX_{2\Sigma})}{j(X_{1\Sigma}+X_{2\Sigma}+X_{0\Sigma})+3Z_f}\\\dfrac{\dot{U}_{fa[0]}(-jX_{0\Sigma}+\alpha(jX_{2\Sigma}+jX_{0\Sigma})-\alpha^2 jX_{2\Sigma})}{j(X_{1\Sigma}+X_{2\Sigma}+X_{0\Sigma})+3Z_f}\end{pmatrix}$$

$$=\begin{pmatrix}0\\\dfrac{\dot{U}_{fa[0]}[(\alpha^2-1)jX_{0\Sigma}+(\alpha^2-\alpha)jX_{2\Sigma}]}{j(X_{1\Sigma}+X_{2\Sigma}+X_{0\Sigma})+3Z_f}\\\dfrac{\dot{U}_{fa[0]}[(\alpha-1)jX_{0\Sigma}+(\alpha-\alpha^2)jX_{2\Sigma}]}{j(X_{1\Sigma}+X_{2\Sigma}+X_{0\Sigma})+3Z_f}\end{pmatrix}=\begin{pmatrix}0\\\dfrac{\dot{U}_{fa[0]}\left[\left(-j\dfrac{3}{2}+\dfrac{\sqrt{3}}{2}\right)X_{0\Sigma}+\sqrt{3}X_{2\Sigma}\right]}{j(X_{1\Sigma}+X_{2\Sigma}+X_{0\Sigma})+3Z_f}\\\dfrac{\dot{U}_{fa[0]}\left[\left(-j\dfrac{3}{2}-\dfrac{\sqrt{3}}{2}\right)X_{0\Sigma}-\sqrt{3}X_{2\Sigma}\right]}{j(X_{1\Sigma}+X_{2\Sigma}+X_{0\Sigma})+3Z_f}\end{pmatrix}$$

(7-67)

代入 $X_{1\Sigma}=X_{2\Sigma}$ 和 $\dot{I}_{fa0}=\dot{I}_{fa1}=\dot{I}_{fa2}$，则

$$\dot{U}_{fb}=\alpha^2\dot{U}_{fa[0]}-j(\alpha^2+\alpha)X_{1\Sigma}\dot{I}_{fa1}-jX_{0\Sigma}\dot{I}_{fa1}=\dot{U}_{fb[0]}-j(X_{0\Sigma}-X_{1\Sigma})\dot{I}_{fa1}$$
$$=\dot{U}_{fb[0]}-\frac{X_{0\Sigma}-X_{1\Sigma}}{2X_{1\Sigma}+X_{0\Sigma}}\dot{U}_{fa[0]}$$

(7-68)

同理可得

$$\dot{U}_{fc}=\dot{U}_{fc[0]}-\frac{X_{0\Sigma}-X_{1\Sigma}}{2X_{1\Sigma}+X_{0\Sigma}}\dot{U}_{fa[0]}$$

(7-69)

从式 (7-68) 和式 (7-69) 看出，单相接地故障时，非故障相电压 $\dot{U}_{fb}$ 和 $\dot{U}_{fc}$ 的绝对值总是相等的。

当 $X_{0\Sigma}<X_{1\Sigma}$，非故障相电压较正常运行时低，极限情况 $X_{0\Sigma}=0$ 时，相当于短路发生在直接接地的中性点附近，$\dot{U}_{fb}$ 和 $\dot{U}_{fc}$ 相位差为 $180°$。

$$\dot{U}_{fb}=\dot{U}_{fb[0]}+\frac{1}{2}\dot{U}_{fa[0]}=\frac{\sqrt{3}}{2}\dot{U}_{fb[0]}e^{j30°}、\dot{U}_{fc}=\frac{\sqrt{3}}{2}\dot{U}_{fc[0]}e^{-j30°}。$$

当 $X_{0\Sigma}=X_{1\Sigma}$ 时，则 $\dot{U}_{fb}=\dot{U}_{fb[0]}$、$\dot{U}_{fc}=\dot{U}_{fc[0]}$，故障后非故障相电压不变。

当 $X_{0\Sigma}>X_{1\Sigma}$，非故障相电压较正常运行时高，极限情况 $X_{0\Sigma}=\infty$ 时，$\dot{U}_{fb}=\dot{U}_{fb[0]}-\dot{U}_{fa[0]}=\sqrt{3}\dot{U}_{fb[0]}e^{-j30°}、\dot{U}_{fc}=\dot{U}_{fc[0]}-\dot{U}_{fa[0]}=\sqrt{3}\dot{U}_{fc[0]}e^{j30°}$，相当于中性点不接地系统发生单相接地短路时，中性点电位升高至相电压，而非故障相电压升高为线电压的情况，$\dot{U}_{fb}$ 和 $\dot{U}_{fc}$ 相位差为

60°。一般情况下 $\dot{U}_{fb}$ 和 $\dot{U}_{fc}$ 的相位差介于 60°~180°之间。

综上所述，非故障相电压随 X_0 变化的轨迹，如图 7-42 所示。

在求得短路点电流和电压的对称分量以后，还可以根据各对称分量之间的相位关系用图解法求取各相电流和电压。

（1）画电流相量图，求短路点各相短路电流

1）任意假设 $\dot{I}_{fa1}$ 的正方向，设为 x 轴正半轴方向根据边界条件画 $\dot{I}_{fa1} = \dot{I}_{fa2} = \dot{I}_{fa0}$。

2）以 $\dot{I}_{fa1}$ 为基准，画出各相电流的正序分量 $\dot{I}_{fb1}$、$\dot{I}_{fc1}$（相序 a→b→c 为顺时针方向）。

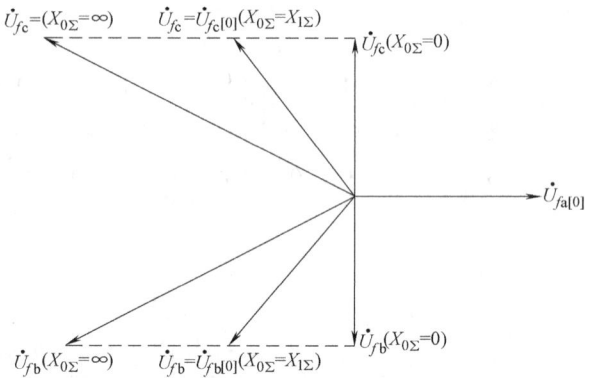

图 7-42 单相（a 相）接地短路时非故障相电压变化轨迹

3）以 $\dot{I}_{fa2}$ 为基准，画出各相电流的负序分量 $\dot{I}_{fb2}$、$\dot{I}_{fc2}$（相序 a→b→c 为逆时针方向）。

4）以 $\dot{I}_{fa0}$ 为基准，画出各相电流的零序分量 $\dot{I}_{fb0}$、$\dot{I}_{fc0}$，它们大小相等、方向相同。

5）求各相电流 $\dot{I}_{fa} = \dot{I}_{fa1} + \dot{I}_{fa2} + \dot{I}_{fa0} = 3\dot{I}_{fa1}$，$\dot{I}_{fb} = \dot{I}_{fb1} + \dot{I}_{fb2} + \dot{I}_{fb0} = 0$，$\dot{I}_{fc} = \dot{I}_{fc1} + \dot{I}_{fc2} + \dot{I}_{fc0} = 0$。

按上述步骤画出的单相（a 相）接地短路电流相量图如图 7-43a 所示。

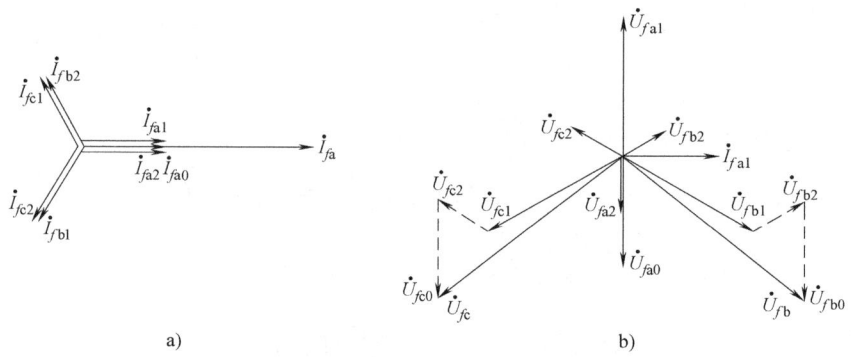

图 7-43 单相（a 相）接地短路时短路点电流、电压相量图
a）电流相量图 b）电压相量图

（2）画电压相量图，求短路点各相电压

1）画 $\dot{U}_{fa1}$ 超前 $\dot{I}_{fa1}$ 90°，并在反方向上画 $\dot{U}_{fa2}$ 和 $\dot{U}_{fa0}$，它们的关系应满足边界条件 $(\dot{U}_{fa2} + \dot{U}_{fa0}) = -\dot{U}_{fa1}$。

2）以 $\dot{U}_{fa1}$ 为基准，画出各相电压的正序分量 $\dot{U}_{fb1}$、$\dot{U}_{fc1}$。

3）以 $\dot{U}_{fa2}$ 为基准，画出各相电压的负序分量 $\dot{U}_{fb2}$、$\dot{U}_{fc2}$。

4）以 $\dot{U}_{fa0}$ 为基准，画出各相电压的零序分量 $\dot{U}_{fb0}$、$\dot{U}_{fc0}$。

5）由序分量合成三相电压 $\dot{U}_{fa}$、$\dot{U}_{fb}$、$\dot{U}_{fc}$。

按上述步骤画出的单相（a 相）接地短路电压相量图如图 7-43b 所示。

7.4.2 两相短路

设电力系统在 f 点发生了两相（b、c 相）短路，如图 7-44 所示，短路点的边界条件为

对称分量法计算两相
及两相接地故障

$$\begin{cases} \dot{I}_{fa} = 0 \\ \dot{I}_{fb} = -\dot{I}_{fc} \\ \dot{U}_{fb} - \dot{U}_{fc} = \dot{I}_{fb} Z_f \end{cases} \tag{7-70}$$

上述边界条件转换为短路点电流和电压的对称分量表示：

由 $\dot{I}_{fa} = 0$、$\dot{I}_{fb} = -\dot{I}_{fc}$ 有

$$\begin{pmatrix} \dot{I}_{fa0} \\ \dot{I}_{fa1} \\ \dot{I}_{fa2} \end{pmatrix} = \frac{1}{3} \begin{pmatrix} 1 & 1 & 1 \\ 1 & \alpha & \alpha^2 \\ 1 & \alpha^2 & \alpha \end{pmatrix} \begin{pmatrix} 0 \\ \dot{I}_{fb} \\ -\dot{I}_{fb} \end{pmatrix} = \frac{j\dot{I}_{fb}}{\sqrt{3}} \begin{pmatrix} 0 \\ 1 \\ -1 \end{pmatrix} \tag{7-71}$$

即

$$\begin{cases} \dot{I}_{fa1} = -\dot{I}_{fa2} \\ \dot{I}_{fa0} = 0 \end{cases}$$

说明两相短路故障时，故障点不与大地相连，零序电流无通路，因此无零序网络。

由 $\dot{U}_{fb} - \dot{U}_{fc} = \dot{I}_{fb} Z_f$

有 $(\alpha^2 \dot{U}_{fa1} + \alpha \dot{U}_{fa2} + \dot{U}_{fa0}) - (\alpha \dot{U}_{fa1} + \alpha^2 \dot{U}_{fa2} + \dot{U}_{fa0}) = (\dot{I}_{fa0} + \alpha^2 \dot{I}_{fa1} + \alpha \dot{I}_{fa2}) Z_f$

即 $\dot{U}_{fa1} - \dot{U}_{fa2} = \dot{I}_{fa1} Z_f$

则两相短路的序边界条件为

$$\begin{cases} \dot{I}_{fa1} = -\dot{I}_{fa2} \\ \dot{I}_{fa0} = 0 \\ \dot{U}_{fa1} = \dot{U}_{fa2} + \dot{I}_{fa1} Z_f \end{cases} \tag{7-72}$$

满足序网方程式（7-59）和边界条件式（7-72）的复合序网，是正、负序网并联后的网络，如图 7-45 所示。

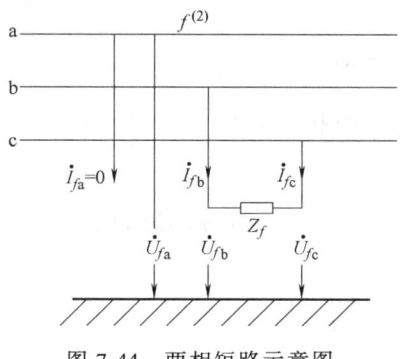

图 7-44 两相短路示意图

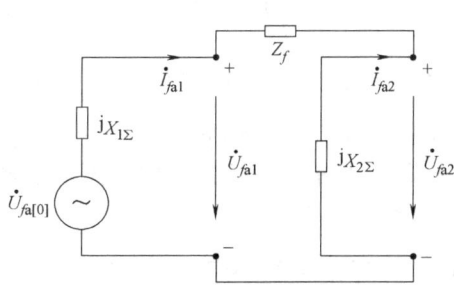

图 7-45 两相短路复合序网

从复合序网中可直接求得正、负序电流分量为

$$\dot{I}_{fa1} = -\dot{I}_{fa2} = \frac{\dot{U}_{fa[0]}}{j(X_{1\Sigma} + X_{2\Sigma}) + Z_f} \tag{7-73}$$

短路点各相电流为

$$\begin{pmatrix}\dot{I}_a\\\dot{I}_b\\\dot{I}_c\end{pmatrix}=\begin{pmatrix}1&1&1\\1&\alpha^2&\alpha\\1&\alpha&\alpha^2\end{pmatrix}\begin{pmatrix}\dot{I}_{f0}\\\dot{I}_{f1}\\\dot{I}_{f2}\end{pmatrix}=\begin{pmatrix}1&1&1\\1&\alpha^2&\alpha\\1&\alpha&\alpha^2\end{pmatrix}\begin{pmatrix}0\\\dot{I}_{f1}\\-\dot{I}_{f1}\end{pmatrix}=\begin{pmatrix}0\\-\mathrm{j}\sqrt{3}\dfrac{\dot{U}_{fa[0]}}{\mathrm{j}(X_{1\Sigma}+X_{2\Sigma})+Z_f}\\\mathrm{j}\sqrt{3}\dfrac{\dot{U}_{fa[0]}}{\mathrm{j}(X_{1\Sigma}+X_{2\Sigma})+Z_f}\end{pmatrix}=\begin{pmatrix}0\\-\dfrac{\mathrm{j}\sqrt{3}\,\dot{U}_{fa[0]}}{\mathrm{j}(X_{1\Sigma}+X_{2\Sigma})+Z_f}\\\dfrac{\mathrm{j}\sqrt{3}\,\dot{U}_{fa[0]}}{\mathrm{j}(X_{1\Sigma}+X_{2\Sigma})+Z_f}\end{pmatrix} \quad (7\text{-}74)$$

从式（7-74）看出，当 $X_{1\Sigma}=X_{2\Sigma}$ 时，两相短路电流是同一点三相短路电流的 $\sqrt{3}/2$ 倍，因此在一般网络中，两相短路电流小于三相短路电流。

短路点的各相电压对称分量为

$$\begin{cases}\dot{U}_{fa1}=\dot{U}_{fa[0]}-\mathrm{j}X_{1\Sigma}\dot{I}_{fa1}=\dot{U}_{fa[0]}-\dfrac{\mathrm{j}X_{1\Sigma}\dot{U}_{fa[0]}}{\mathrm{j}(X_{1\Sigma}+X_{2\Sigma})+Z_f}=\dfrac{(\mathrm{j}X_{2\Sigma}+Z_f)\dot{U}_{fa[0]}}{\mathrm{j}(X_{1\Sigma}+X_{2\Sigma})+Z_f}\\[2mm]\dot{U}_{fa2}=-\mathrm{j}X_{2\Sigma}\dot{I}_{fa2}=\dfrac{\mathrm{j}X_{2\Sigma}\dot{U}_{fa[0]}}{\mathrm{j}(X_{1\Sigma}+X_{2\Sigma})+Z_f}\\[2mm]\dot{U}_{fa0}=0\end{cases} \quad (7\text{-}75)$$

若 $Z_f=0$，当 $X_{1\Sigma}=X_{2\Sigma}$ 时，$\dot{U}_{fa1}=\dot{U}_{fa2}=\dfrac{1}{2}\dot{U}_{fa[0]}$、$\dot{U}_{fa0}=0$；由式（7-75）可求得短路点各相电压为

$$\begin{pmatrix}\dot{U}_{fa}\\\dot{U}_{fb}\\\dot{U}_{fc}\end{pmatrix}=\begin{pmatrix}1&1&1\\1&\alpha^2&\alpha\\1&\alpha&\alpha^2\end{pmatrix}\begin{pmatrix}\dot{U}_{fa0}\\\dot{U}_{fa1}\\\dot{U}_{fa2}\end{pmatrix}=\begin{pmatrix}1&1&1\\1&\alpha^2&\alpha\\1&\alpha&\alpha^2\end{pmatrix}\begin{pmatrix}0\\\dot{U}_{fa1}\\\dot{U}_{fa1}\end{pmatrix}=\begin{pmatrix}2\dot{U}_{fa1}\\-\dot{U}_{fa1}\\-\dot{U}_{fa1}\end{pmatrix} \quad (7\text{-}76)$$

即当 $X_{1\Sigma}=X_{2\Sigma}$ 时，有 $\dot{U}_{fa}=\dot{U}_{fa[0]}$，$\dot{U}_{fb}=\dot{U}_{fc}=-\dfrac{1}{2}\dot{U}_{fa[0]}$，说明两相短路后，非故障相电压不变，故障相电压幅值降低二分之一。

按照绘制单相接地短路相量图的步骤，可画出两相（b、c 相）短路时，短路点的电流、电压相量图，如图 7-46 所示。

7.4.3 两相接地短路

设在中性点接地的电力系统中 f 点发生两相（b、c 相）接地短路，如图 7-47 所示。短路点的边界条件为

$$\begin{cases}\dot{I}_{fa}=0\\\dot{U}_{fb}=\dot{U}_{fc}=(\dot{I}_{fb}+\dot{I}_{fc})Z_f\end{cases} \quad (7\text{-}77)$$

两相接地短路时用对称分量表示的边界条件为

$$\begin{cases} \dot{I}_{fa1} + \dot{I}_{fa2} + \dot{I}_{fa0} = 0 \\ \dot{U}_{fa1} = \dot{U}_{fa2} = \dot{U}_{fa0} - \dot{I}_{fa0} 3Z_f \end{cases} \quad (7\text{-}78)$$

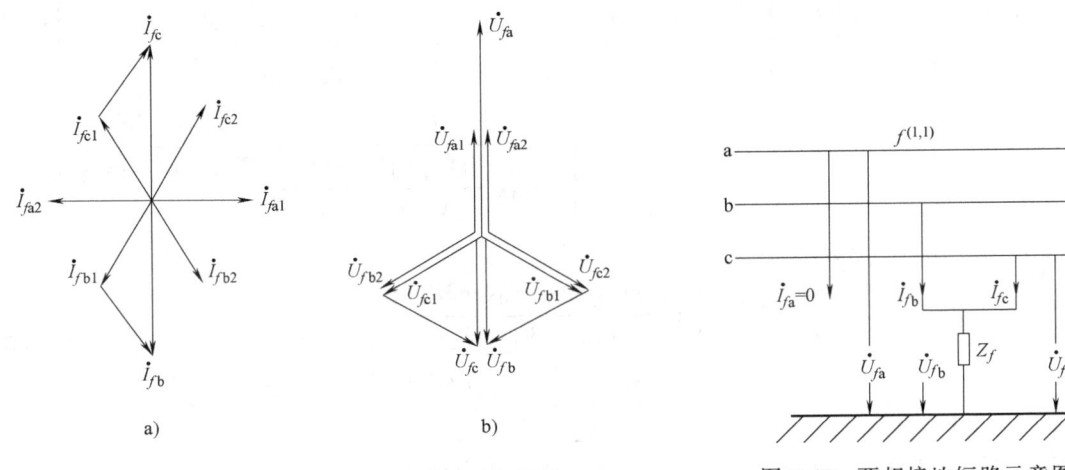

图 7-46 两相短路的短路点电流、电压相量图
a）电流相量图 b）电压相量图

图 7-47 两相接地短路示意图

同时满足序网方程式又满足边界条件的复合序网是三个序网并联后的网络，如图 7-48 所示。

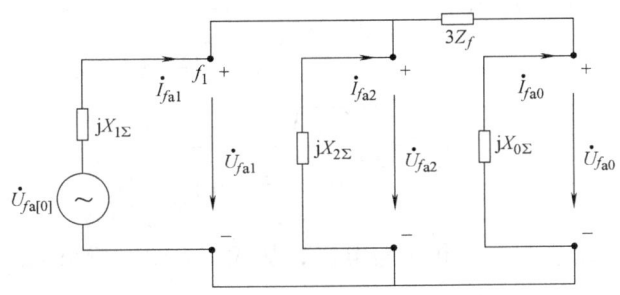

图 7-48 两相接地短路复合序网

从复合序网中直接求得

$$\begin{cases} \dot{I}_{fa1} = \dfrac{\dot{U}_{fa[0]}}{jX_{1\Sigma} + jX_{2\Sigma} // (jX_{0\Sigma} + 3Z_f)} = \dfrac{\dot{U}_{fa[0]}}{jX_{1\Sigma} + \dfrac{jX_{2\Sigma}(jX_{0\Sigma} + 3Z_f)}{jX_{2\Sigma} + jX_{0\Sigma} + 3Z_f}} \\ \dot{I}_{fa2} = (-\dot{I}_{fa1}) \dfrac{jX_{0\Sigma} + 3Z_f}{jX_{0\Sigma} + 3Z_f + jX_{2\Sigma}} \\ \dot{I}_{fa0} = (-\dot{I}_{fa1}) \dfrac{jX_{2\Sigma}}{jX_{0\Sigma} + 3Z_f + jX_{2\Sigma}} \end{cases} \quad (7\text{-}79)$$

则短路点各相电流为

$$\begin{pmatrix}\dot{I}_{fa}\\ \dot{I}_{fb}\\ \dot{I}_{fc}\end{pmatrix}=\begin{pmatrix}1&1&1\\1&\alpha^2&\alpha\\1&\alpha&\alpha^2\end{pmatrix}\begin{pmatrix}\dot{I}_{fa0}\\ \dot{I}_{fa1}\\ \dot{I}_{fa2}\end{pmatrix}=\begin{pmatrix}1&1&1\\1&\alpha^2&\alpha\\1&\alpha&\alpha^2\end{pmatrix}\begin{pmatrix}-\dfrac{\dot{U}_{fa[0]}}{jX_{1\Sigma}+\dfrac{jX_{2\Sigma}(jX_{0\Sigma}+3Z_f)}{jX_{2\Sigma}+jX_{0\Sigma}+3Z_f}}\dfrac{jX_{2\Sigma}}{jX_{0\Sigma}+3Z_f+jX_{2\Sigma}}\\ \dfrac{\dot{U}_{fa[0]}}{jX_{1\Sigma}+\dfrac{jX_{2\Sigma}(jX_{0\Sigma}+3Z_f)}{jX_{2\Sigma}+jX_{0\Sigma}+3Z_f}}\\ -\dfrac{\dot{U}_{fa[0]}}{jX_{1\Sigma}+\dfrac{jX_{2\Sigma}(jX_{0\Sigma}+3Z_f)}{jX_{2\Sigma}+jX_{0\Sigma}+3Z_f}}\dfrac{jX_{0\Sigma}+3Z_f}{jX_{0\Sigma}+3Z_f+jX_{2\Sigma}}\end{pmatrix}=$$

$$\begin{pmatrix}0\\ \dot{I}_{fa1}\left[\alpha^2-\dfrac{jX_{2\Sigma}+\alpha(jX_{0\Sigma}+3Z_f)}{jX_{0\Sigma}+3Z_f+jX_{2\Sigma}}\right]\\ \dot{I}_{fa1}\left[\alpha-\dfrac{jX_{2\Sigma}+\alpha^2(jX_{0\Sigma}+3Z_f)}{jX_{0\Sigma}+3Z_f+jX_{2\Sigma}}\right]\end{pmatrix} \quad (7\text{-}80)$$

若 $Z_f=0$，对式（7-80）求取模值，得短路点的故障相电流为

$$I_{fb}=I_{fc}=\sqrt{3}\sqrt{1-\dfrac{X_{2\Sigma}X_{0\Sigma}}{(X_{2\Sigma}+X_{0\Sigma})^2}}I_{fa1} \quad (7\text{-}81)$$

近似计算取 $X_{1\Sigma}=X_{2\Sigma}$，有

$$I_{fb}=I_{fc}=\sqrt{3}\sqrt{1-\dfrac{X_{1\Sigma}X_{0\Sigma}}{(X_{1\Sigma}+X_{0\Sigma})^2}}\dfrac{U_{fa[0]}}{X_{1\Sigma}+\dfrac{X_{1\Sigma}X_{0\Sigma}}{X_{1\Sigma}+X_{0\Sigma}}}=\\ \sqrt{3}\sqrt{1-\dfrac{X_{1\Sigma}X_{0\Sigma}}{(X_{1\Sigma}+X_{0\Sigma})^2}}\dfrac{1}{1+\dfrac{X_{0\Sigma}}{X_{1\Sigma}+X_{0\Sigma}}}I_f^{(3)} \quad (7\text{-}82)$$

式中，$I_f^{(3)}=U_{fa[0]}/X_{1\Sigma}$，是 f 点的三相短路电流，从式（7-82）看出 $X_{0\Sigma}$ 的值也影响短路电流的大小。由上式可见：

当 $X_{0\Sigma}<X_{1\Sigma}$ 时，则两相接地短路电流较同一点的三相短路电流大，极限情况 $X_{0\Sigma}=0$ 时，两相接地短路电流最大，为 $I_{fb}=I_{fc}=\sqrt{3}I_f^{(3)}$。

当 $X_{0\Sigma}>X_{1\Sigma}$ 时，则两相接地短路电流小于同一点的三相短路电流，极限情况 $X_{0\Sigma}=\infty$ 时，两相接地短路电流最小，为 $I_{fb}=I_{fc}=\dfrac{\sqrt{3}}{2}I_f^{(3)}$。

而两相接地短路时从短路点流入地中的电流为

$$\dot{I}_g=\dot{I}_{fb}+\dot{I}_{fc}=\dot{I}_{fa1}\left(\alpha^2-\dfrac{X_{2\Sigma}+\alpha X_{0\Sigma}}{X_{2\Sigma}+X_{0\Sigma}}\right)+\dot{I}_{fa1}\left(\alpha-\dfrac{X_{2\Sigma}+\alpha^2 X_{0\Sigma}}{X_{2\Sigma}+X_{0\Sigma}}\right)\\ =-3\dfrac{X_{2\Sigma}}{X_{2\Sigma}+X_{0\Sigma}}\dot{I}_{fa1}=3\dot{I}_{fa0} \quad (7\text{-}83)$$

式（7-83）说明从 f 点流入地中的电流是三相的零序电流，因为只有零序电流才通过大地形成回路。

从复合序网也可求得短路点电压各序分量，即

$$\begin{cases} \dot{U}_{fa1} = \dot{U}_{fa[0]} - jX_{1\Sigma}\dot{I}_{fa1} = \dot{U}_{fa[0]} - \dfrac{jX_{1\Sigma}\dot{U}_{fa[0]}}{jX_{1\Sigma} + \dfrac{jX_{2\Sigma}(jX_{0\Sigma}+3Z_f)}{jX_{2\Sigma}+jX_{0\Sigma}+3Z_f}} \\ \dot{U}_{fa2} = -jX_{2\Sigma}\dot{I}_{fa2} = \dfrac{jX_{2\Sigma}\dot{U}_{fa[0]}}{jX_{1\Sigma}+\dfrac{jX_{2\Sigma}(jX_{0\Sigma}+3Z_f)}{jX_{2\Sigma}+jX_{0\Sigma}+3Z_f}}\dfrac{jX_{0\Sigma}+3Z_f}{jX_{0\Sigma}+3Z_f+jX_{2\Sigma}} \\ \dot{U}_{fa0} = -jX_{0\Sigma}\dot{I}_{fa0} = \dfrac{jX_{0\Sigma}\dot{U}_{fa[0]}}{jX_{1\Sigma}+\dfrac{jX_{2\Sigma}(jX_{0\Sigma}+3Z_f)}{jX_{2\Sigma}+jX_{0\Sigma}+3Z_f}}\dfrac{jX_{2\Sigma}}{jX_{0\Sigma}+3Z_f+jX_{2\Sigma}} \end{cases} \quad (7\text{-}84)$$

短路点各相电压为

$$\begin{pmatrix}\dot{U}_{fa}\\ \dot{U}_{fb}\\ \dot{U}_{fc}\end{pmatrix} = \begin{pmatrix}1 & 1 & 1\\ 1 & \alpha^2 & \alpha\\ 1 & \alpha & \alpha^2\end{pmatrix}\begin{pmatrix}\dot{U}_{fa0}\\ \dot{U}_{fa1}\\ \dot{U}_{fa2}\end{pmatrix} = \begin{pmatrix}1 & 1 & 1\\ 1 & \alpha^2 & \alpha\\ 1 & \alpha & \alpha^2\end{pmatrix}\begin{pmatrix}-jX_{0\Sigma}\dot{I}_{f0a}\\ \dot{U}_{fa[0]}-jX_{1\Sigma}\dot{I}_{fa1}\\ -jX_{2\Sigma}\dot{I}_{fa2}\end{pmatrix} \quad (7\text{-}85)$$

若 $Z_f = 0$，有

$$\dot{U}_{fb} = \dot{U}_{fc} = 0$$

$$\dot{U}_{fa} = \dot{U}_{fa1} + \dot{U}_{fa2} + \dot{U}_{fa0} = 3\dot{U}_{fa1} = 3\dfrac{X_{2\Sigma}X_{0\Sigma}}{X_{1\Sigma}X_{2\Sigma}+X_{1\Sigma}X_{0\Sigma}+X_{2\Sigma}X_{0\Sigma}}\dot{U}_{fa[0]} \quad (7\text{-}86)$$

近似计算取 $X_{1\Sigma} = X_{2\Sigma}$，有

$$\dot{U}_{fa} = 3\dfrac{X_{0\Sigma}}{X_{1\Sigma}+2X_{0\Sigma}}\dot{U}_{fa[0]} \quad (7\text{-}87)$$

由上式可以看出：

当 $X_{0\Sigma} < X_{1\Sigma}$ 时，两相接地短路的非故障相电压低于正常值。极限情况 $X_{0\Sigma} = 0$ 时，非故障相电压为零，即 $\dot{U}_{fa} = 0$。

当 $X_{0\Sigma} = X_{1\Sigma}$ 时，两相接地短路后非故障相电压不变，即 $\dot{U}_{fa} = \dot{U}_{fa[0]}$。

当 $X_{0\Sigma} > X_{1\Sigma}$ 时，两相接地短路后非故障相电压升高。最大值出现在 $X_{0\Sigma} = \infty$ 时，$\dot{U}_{fa} = 1.5\dot{U}_{fa[0]}$，这说明在中性点不接地系统中发生两相接地短路后，非故障相电压比同一点发生单相接地短路时的非故障相电压低。

两相接地短路时的短路点电流和电压相量图如图 7-49 所示。

7.4.4 正序等效定则

各种短路故障特点总结于表 7-5 中。从表 7-5 中可看出，各种短路类型的正序电流计算式具有相同的形式，用上角标（n）表示任意短路类型，则

$$\dot{I}_{fa1}^{(n)} = \dfrac{\dot{U}_{fa[0]}}{j(X_{1\Sigma}+X_\Delta^{(n)})} \quad (7\text{-}88)$$

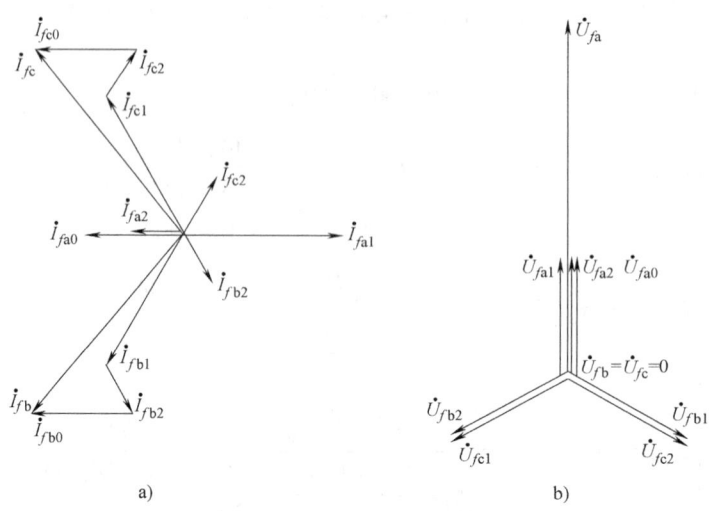

图 7-49 两相接地短路时的短路点电流、电压相量图
a) 电流相量图　b) 电压相量图

式中，$X_\Delta^{(n)}$ 为不对称短路的附加电抗。

表 7-5　各种短路类型特点总结

短路类型	正序电流	故障相电流
单相接地短路 $f^{(1)}$	$\dot{I}_{fa1} = \dfrac{\dot{U}_{fa[0]}}{j(X_{1\Sigma}+X_{2\Sigma}+X_{0\Sigma})}$	$I_{fa} = 3I_{fa1}$
两相短路 $f^{(2)}$	$\dot{I}_{fa1} = \dfrac{\dot{U}_{fa[0]}}{j(X_{1\Sigma}+X_{2\Sigma})}$	$I_{fb} = I_{fc} = \sqrt{3}\,I_{fa1}$
两相接地短路 $f^{(1,1)}$	$\dot{I}_{fa1}^{(1,1)} = \dfrac{\dot{U}_{fa[0]}}{j\left(X_{1\Sigma}+\dfrac{X_{2\Sigma}X_{0\Sigma}}{X_{2\Sigma}+X_{0\Sigma}}\right)}$	$I_{fb} = I_{fc} = \sqrt{3}\sqrt{1-\dfrac{X_{2\Sigma}X_{0\Sigma}}{(X_{2\Sigma}+X_{0\Sigma})^2}}\,I_{fa1}$
三相短路 $f^{(3)}$	$\dot{I}_{fa1}^{(3)} = \dfrac{\dot{U}_{fa[0]}}{jX_{1\Sigma}}$	$I_{fa} = I_{fb} = I_{fc} = I_{fa1}$
任意类型短路 $f^{(n)}$	$\dot{I}_{fa1}^{(n)} = \dfrac{\dot{U}_{fa[0]}}{j(X_{1\Sigma}+X_\Delta^{(n)})}$	$I_f^{(n)} = m^{(n)} I_{fa1}^{(n)}$

由表 7-5 可看出，故障相短路点的短路电流绝对值与它的正序分量的绝对值成正比，即

$$\boldsymbol{I}_f^{(n)} = \boldsymbol{m}^{(n)} \boldsymbol{I}_{fa1}^{(n)} \tag{7-89}$$

式（7-88）称为不对称短路计算的正序等效定则，它说明不对称短路电流的正序分量与在短路点 f 各相接入附加电抗 $X_\Delta^{(n)}$ 后发生三相短路的短路电流相等。所以，不对称短路电流的计算，可先求出附加电抗 $X_\Delta^{(n)}$，然后如计算三相短路电流那样计算出短路点的正序电流分量 $\dot{I}_{fa1}$，再用 $\dot{I}_{fa1}$ 乘以相应的系数 $m^{(n)}$，即得到短路点的故障相电流。综上所述，正序等效定则是应用计算三相短路电流的方法来求解不对称短路的故障相电流。

各种短路类型的 $X_\Delta^{(n)}$ 和 $m^{(n)}$ 值见表 7-6。

表 7-6 各种短路类型的 X_Δ 和 m

短路类型	X_Δ	m
单相接地短路 $f^{(1)}$	$X_{2\Sigma}+X_{0\Sigma}$	3
两相短路 $f^{(2)}$	$X_{2\Sigma}$	$\sqrt{3}$
两相接地短路 $f^{(1,1)}$	$\dfrac{X_{2\Sigma}X_{0\Sigma}}{X_{2\Sigma}+X_{0\Sigma}}$	$\sqrt{3}\sqrt{1-\dfrac{X_{2\Sigma}X_{0\Sigma}}{(X_{2\Sigma}+X_{0\Sigma})^2}}$
三相短路 $f^{(3)}$	0	1

例 7-5 利用序网络计算例 7-4 中的系统在节点 2 处发生不对称短路故障时的短路电流,设故障前电压为 $\dot{U}_{fa[0]}=\dot{U}_f=1.05\angle 0°$。

(a) 单相短路时的短路电流。(b) b、c 两相短路时的短路电流。(c) b、c 两相接地短路时的短路电流。

解:(a) 当节点 2 发生单相接地短路时(a 相接地):
当发生单相接地短路时,参看表 7-5,直接套用公式可得

$$\dot{I}_{fa1}=\frac{\dot{U}_{fa[0]}}{\mathrm{j}(X_{0\Sigma}+X_{1\Sigma}+X_{2\Sigma})}=\frac{\dot{U}_f}{Z_0+Z_1+Z_2}=\frac{1.05\angle 0°}{\mathrm{j}(0.250+0.13893+0.14562)}=-\mathrm{j}1.96427$$

$$\dot{I}_f=\dot{I}_{fa}=3\dot{I}_{fa1}=3\times(-\mathrm{j}1.96427)=-\mathrm{j}5.8928$$

(b) 当节点 2 发生两相短路时(b、c 两相短路):
当发生两相短路时,参看表 7-5,直接套用公式可得

$$\dot{I}_{fa1}=\frac{\dot{U}_{fa[0]}}{\mathrm{j}(X_{1\Sigma}+X_{2\Sigma})}=\frac{\dot{U}_f}{Z_1+Z_2}=\frac{1.05\angle 0°}{\mathrm{j}(0.13893+0.14562)}=-\mathrm{j}3.6900$$

$$\dot{I}_f=\dot{I}_{fb}=-\dot{I}_{fc}=-\mathrm{j}\sqrt{3}\dot{I}_{fa1}=-\mathrm{j}\sqrt{3}\times(-\mathrm{j}3.6900)=-6.3913$$

(c) 当节点 2 发生两相接地短路时(b、c 接地短路):
当发生两相接地短路时,参看表 7-5,直接套用公式可得

$$\dot{I}_{fa1}=\frac{\dot{U}_{fa[0]}}{\mathrm{j}\left(X_{1\Sigma}+\dfrac{X_{2\Sigma}X_{0\Sigma}}{X_{2\Sigma}+X_{0\Sigma}}\right)}=\frac{\dot{U}_f}{Z_1+\dfrac{Z_2Z_0}{Z_2+Z_0}}=\frac{1.05\angle 0°}{\mathrm{j}\left(0.13893+\dfrac{0.14562\times 0.250}{0.14562+0.250}\right)}=-\mathrm{j}4.5461$$

$$\dot{I}_{fa2}=-\frac{X_{0\Sigma}}{X_{2\Sigma}+X_{0\Sigma}}\dot{I}_{fa1}=-\frac{Z_0}{Z_2+Z_0}\dot{I}_{fa1}=-\frac{\mathrm{j}0.250}{\mathrm{j}0.14562+\mathrm{j}0.250}\times(-\mathrm{j}4.5461)=\mathrm{j}2.8724$$

$$\dot{I}_{fa0}=-\frac{X_{2\Sigma}}{X_{2\Sigma}+X_{0\Sigma}}\dot{I}_{fa1}=-\frac{Z_2}{Z_2+Z_0}\dot{I}_{fa1}=-\frac{\mathrm{j}0.14562}{\mathrm{j}0.14562+\mathrm{j}0.250}\times(-\mathrm{j}4.5461)=\mathrm{j}1.6737$$

$$\begin{pmatrix}\dot{I}_{fa}\\ \dot{I}_{fb}\\ \dot{I}_{fc}\end{pmatrix}=\begin{pmatrix}1&1&1\\1&\alpha^2&\alpha\\1&\alpha&\alpha^2\end{pmatrix}\begin{pmatrix}\dot{I}_{fa0}\\ \dot{I}_{fa1}\\ \dot{I}_{fa2}\end{pmatrix}=\begin{pmatrix}1&1&1\\1&\alpha^2&\alpha\\1&\alpha&\alpha^2\end{pmatrix}\begin{pmatrix}\mathrm{j}1.6737\\ -\mathrm{j}4.5461\\ \mathrm{j}2.8724\end{pmatrix}=\begin{pmatrix}0\\ -6.4246+\mathrm{j}2.5105\\ 6.4246+\mathrm{j}2.5105\end{pmatrix}$$

$$\dot{I}_f=\dot{I}_{fb}+\dot{I}_{fc}=(-6.4246+\mathrm{j}2.5105)+(6.4246+\mathrm{j}2.5105)=\mathrm{j}5.0210$$

例 7-6 已知系统接线如图 7-50a 所示,变压器 T2 高压母线发生 b、c 相金属性不对称接

地短路,试分别计算短路瞬间故障点的短路电流和各相电压。已知数据如下:发电机 G 为 100MV·A,10.5kV,$X_d'' = X_2 = 0.14$,$E' = 10.5$kV;变压器 T1 和 T2 参数相同,为 50MV·A,$U_k\% = 10.5$;线路 L 为平行双回线,200km,每回 $x_1 = 0.4\Omega/\text{km}$,$X_0 = 3X_1$;负荷 LD1 为 50MV·A,$X_1 = 1.2$,$X_2 = 0.35$;LD2 为 40MV·A,$X_1 = 1.2$,$X_2 = 0.35$;故障前 f 点电压 $U_{f[0]} = 115$kV。

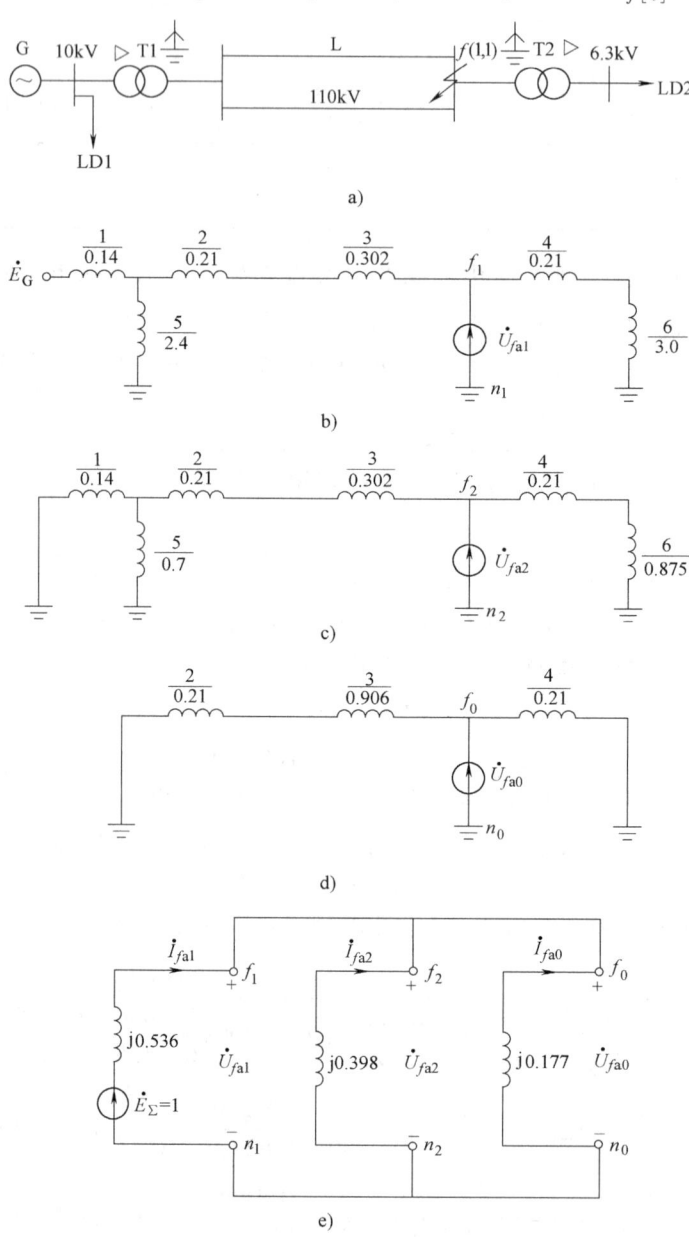

图 7-50 例 7-6 的图
a) 系统接线图　b) 正序网络　c) 负序网络　d) 零序网络　e) 复合序网络

解:取 $S_B = 100$MV·A,$U_B = U_{av}$。画出正、负、零序等效电路如图 7-50b、c、d 所示,计算各元件电抗标幺值(略)并标在各序网络图中。

正序网络对短路点的等效电抗为

$$X_{\Sigma 1} = [(X_1 // X_5) + X_2 + X_3] // (X_4 + X_6) = 0.536$$

负序网络对短路点的等效电抗为
$$X_{\Sigma 2} = [(X_1 // X_5) + X_2 + X_3] // (X_4 + X_6) = 0.398$$
零序网络对短路点的等效电抗为
$$X_{\Sigma 0} = (X_2 + X_3) // X_4 = 0.177$$
f 点正常时电压为
$$U_{f[0]} = E_\Sigma = 115/115 = 1$$
当 b、c 相发生两相接地短路时，复合序网如图 7-39e 所示。
$$X_\Delta = \frac{X_{\Sigma 2} X_{\Sigma 0}}{X_{\Sigma 2} + X_{\Sigma 0}} = \frac{0.398 \times 0.177}{0.398 + 0.177} = 0.123$$

$$\dot{I}_{fa1} = \frac{\dot{E}_\Sigma}{j(X_{\Sigma 1} + X_\Delta)} = \frac{1}{j(0.536 + 0.123)} = -j1.517$$

$$\dot{I}_{fa2} = -\frac{X_{\Sigma 0}}{X_{\Sigma 2} + X_{\Sigma 0}} \dot{I}_{fa1} = -\frac{0.177}{0.177 + 0.398}(-j1.157) = j0.467$$

$$\dot{I}_{fa0} = -\frac{X_{\Sigma 2}}{X_{\Sigma 2} + X_{\Sigma 0}} \dot{I}_{fa1} = -\frac{0.398}{0.177 + 0.398}(-j1.157) = j1.05$$

各序电压为
$$\dot{U}_{fa1} = \dot{U}_{fa2} = \dot{U}_{fa0} = j\dot{I}_{fa1} X_\Delta = (-j1.517)j0.123 = 0.187$$
故障处的短路电流为
$$\dot{I}_{fa} = \dot{I}_{fa1} + \dot{I}_{fa2} + \dot{I}_{fa0} = -j1.517 + j0.467 + j1.05 = 0$$
$$\dot{I}_{fb} = \alpha^2 \dot{I}_{fa1} + \alpha \dot{I}_{fa2} + \dot{I}_{fa0} = -e^{j240°} j1.517 + e^{j120°} j0.467 + j1.05$$
$$= -1.718 + j1.575 = 2.331 \angle 137.49°$$
$$\dot{I}_{fc} = \alpha \dot{I}_{fa1} + \alpha^2 \dot{I}_{fa2} + \dot{I}_{fa0} = -e^{j120°} j1.517 + e^{j240°} j0.467 + j1.05$$
$$= -1.718 + j1.575 = 2.331 \angle 24.51°$$
故障点各相电压为
$$\dot{U}_{fa} = \dot{U}_{fa1} + \dot{U}_{fa2} + \dot{U}_{fa0} = 3\dot{U}_{fa1} = 3 \times 0.187 = 0.561$$
$$\dot{U}_{fb} = \dot{U}_{fc} = 0$$
短路点电流、电压的有名值分别为
$$I_{fb} = I_{fc} = 2.331 \times \frac{100}{\sqrt{3} \times 115} \text{kA} = 1.17 \text{kA}$$
$$U_{fa} = 0.561 \times \frac{115}{\sqrt{3}} \text{kV} = 37.25 \text{kV}$$

7.5 不对称短路时网络中电流和电压的分布

电力系统在设计、运行分析，特别是继电保护的整定中，除了需要知道故障点的短路电流和电压以外，还需要知道网络中某些支路的电流和某些节点（母线）的电压，这可以通过对故障后各序网络的电流和电压分布计算得到。

7.5.1 不对称短路时网络中电流和电压的分布计算和规律

1. 各支路电流和各母线电压的计算

不对称短路时求取各支路电流和各节点电压的方法与三相短路不完全相同，通常可按以下步骤求解。

(1) 求各支路电流

1) 用正序等效定则求出短路点的正序电流分量 $\dot{I}_{fa1}$。

2) 根据边界条件求出 $\dot{I}_{fa2}$ 和 $\dot{I}_{fa0}$。

3) 将 $\dot{I}_{fa1}$、$\dot{I}_{fa2}$、$\dot{I}_{fa0}$ 分别在正、负、零序网络中进行分配,求出待求支路的各序电流分量。

4) 用待求支路的各序电流分量相量合成该支路的各相电流,即 $\boldsymbol{I}_{abc} = \boldsymbol{T}\boldsymbol{I}_{120}$。

(2) 求各母线电压

1) 求出短路点各序电流分量 $\dot{I}_{fa1}$、$\dot{I}_{fa2}$、$\dot{I}_{fa0}$。

2) 根据复合序网求出短路点各序电压分量 $\dot{U}_{fa1}$、$\dot{U}_{fa2}$、$\dot{U}_{fa0}$。

3) 分别在各序网中进行电流分配,求出待求母线 M 到短路点 f 间有关支路的各序电流分量,然后仍在各序网中求出待求母线 M 到短路点 f 间有关电抗上的各序电压降落 $\mathrm{d}\dot{U}_{La1}$、$\mathrm{d}\dot{U}_{La2}$、$\mathrm{d}\dot{U}_{La0}$。

4) 求出母线 M 的各序电压分量,即

$$\begin{cases} \dot{U}_{Ma1} = \dot{U}_{fa1} + \mathrm{d}\dot{U}_{La1} \\ \dot{U}_{Ma2} = \dot{U}_{fa2} + \mathrm{d}\dot{U}_{La2} \\ \dot{U}_{Ma0} = \dot{U}_{fa0} + \mathrm{d}\dot{U}_{La0} \end{cases} \tag{7-90}$$

5) 利用公式 $\boldsymbol{U}_{abc} = \boldsymbol{T}\boldsymbol{U}_{120}$ 求出母线 M 的各相电压。

2. 电流和电压的各序分量在序网中的分布规律

(1) 电流分布规律

与三相短路情况相同,正序电流的方向总是从电源流向短路点,因此,短路点的正序电流最大。求各支路的正序电流,就是求短路点的正序电流 $\dot{I}_{fa1}$ 在正序网络中的分配。

由于发电机没有负序和零序电动势,短路点的负序、零序电压 $\dot{U}_{fa2}$、$\dot{U}_{fa0}$ 就分别是负序、零序网络中唯一的电动势。因此,只有短路点才有节点电流 $\dot{I}_{fa2}$、$\dot{I}_{fa0}$,这两个节点电流分别在负序、零序网络中的分布,完全取决于负序、零序网络的结构和参数。但负序电流可以从短路点流到发电机绕组,而零序电流一般终止在 YNd 联结变压器的 d 侧绕组端点。

(2) 电压分布规律

各序电压分量在各序网络中的分布规律虽然也与具体网络的结构和参数有关,但具有以下的一般规律:

在正序网络中电源点的正序电压最高,短路点的正序电压最低,三相短路时短路点的电压为零。

在负序、零序网络中,短路点的负序、零序电压最高,离短路点越远,负序、零序电压越低,发电机中性点的负序电压为零。零序电压为零的点是零序电流的终止点,一般是 YNd 联结变压器的 d 绕组端点。

各序电压分量在序网中的分布规律如图 7-51 所示。

7.5.2 对称分量经变压器后的相位变化

电流和电压的序对称分量经变压器后,不但其大小要变化,而且相位也要改变,相位变化的多少与变压器绕组的联结组别有关。

设变压器一次侧线电压为 $\dot{U}_\mathrm{I}$，二次侧线电压为 $\dot{U}_\mathrm{II}$，则变压器的电压比是一复数，为

$$\dot{k} = \dot{U}_\mathrm{I} / \dot{U}_\mathrm{II} \quad (7\text{-}91)$$

只有当 $\dot{U}_\mathrm{I}$ 和 $\dot{U}_\mathrm{II}$ 同相时，电压比 $\dot{k}$ 才是实数，如 Yy12、Dd12 联结情况下，变压器两侧电流、电压的相位一致。而变压器绕组的其余联结组别，电压比均为复数。

如果变压器一次侧各量的下角标用大写字母 A、B、C 表示，二次侧各量的下角标用小写字 a、b、c 表示，以一次侧的相电压作时钟的分针，固定在 12 点的位置，而以二次侧的相电压作时钟的时针，每旋转 30° 为一个钟点计算，则变压器两侧电压之间的相位关系可用钟面定则来确定。

对正序电压有

$\dot{U}_\mathrm{A1}$ 的辐角 $-\dot{U}_\mathrm{a1}$ 的辐角 $= 30° N$

对负序电压有

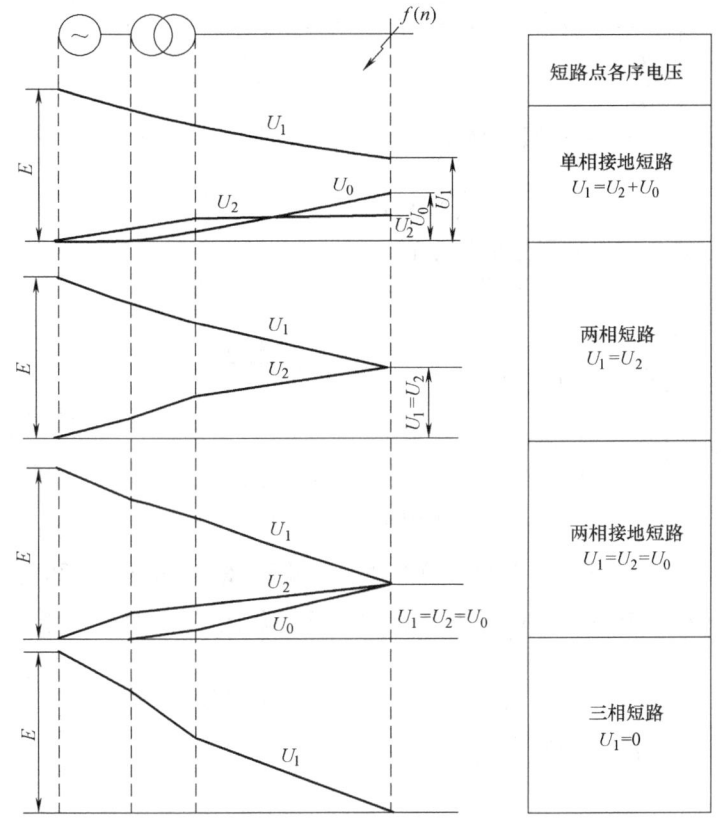

图 7-51 各种短路类型的各序电压分量分布规律

$\dot{U}_\mathrm{A2}$ 的辐角 $-\dot{U}_\mathrm{a2}$ 的辐角 $= -30° N$

式中，N 为钟点数，即变压器的联结组别。

则正序电压比和负序电压比分别为

$$\begin{cases} \dot{k}_1 = \dfrac{\dot{U}_\mathrm{A1}}{\dot{U}_\mathrm{a1}} = k\mathrm{e}^{\mathrm{j}30°N} \\ \dot{k}_2 = \dfrac{\dot{U}_\mathrm{A2}}{\dot{U}_\mathrm{a2}} = k\mathrm{e}^{-\mathrm{j}30°N} \end{cases} \quad (7\text{-}92)$$

式（7-92）说明，电压比 $\dot{k}$ 的辐角大小取决于变压器绕组的联结组别 N，对同一联结组别的变压器而言，正序、负序电压比互为共轭，即

$$\dot{k}_1 = \dot{k}_2^* \quad (7\text{-}93)$$

现以电力系统应用最普遍的 YNd11 联结变压器为例，具体讨论这种变压器两侧电流和电压对称分量的相位关系。

YNd11 联结变压器两侧电流和电压如图 7-52 所示。图中 $\dot{I}_\mathrm{A}$、$\dot{I}_\mathrm{B}$、$\dot{I}_\mathrm{C}$ 和 $\dot{U}_\mathrm{A}$、$\dot{U}_\mathrm{B}$、$\dot{U}_\mathrm{C}$ 分别为 YN 侧的线电流和相电压，$\dot{I}_\mathrm{a}$、$\dot{I}_\mathrm{b}$、$\dot{I}_\mathrm{c}$ 和 $\dot{U}_\mathrm{a}$、$\dot{U}_\mathrm{b}$、$\dot{U}_\mathrm{c}$ 分别为 d 侧的线电流和相电压。

当 $N = 11$ 时，式（7-92）为

$$\begin{cases} \dot{k}_1 = \dfrac{\dot{U}_{A1}}{\dot{U}_{a1}} = ke^{j330°} = ke^{-j30°} \\ \dot{k}_2 = \dfrac{\dot{U}_{A2}}{\dot{U}_{a2}} = ke^{-j330°} = ke^{j30°} \end{cases}$$

(7-94)

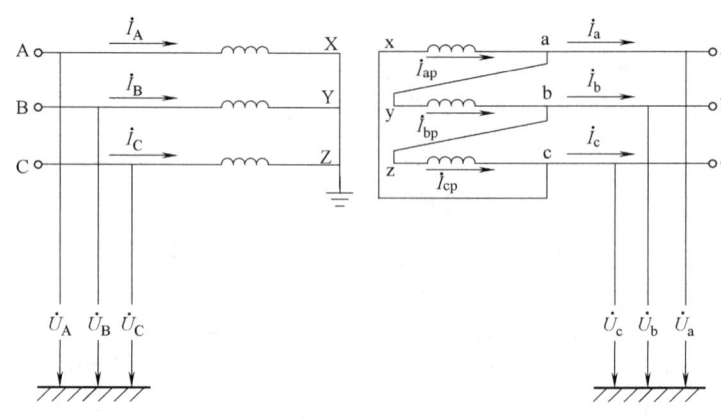

如果在 YN 侧分别加上正、负序电压，则在 d 侧得到的相电压为

$$\begin{cases} \dot{U}_{a1} = \dfrac{1}{k}\dot{U}_{A1}e^{j30°} \\ \dot{U}_{a2} = \dfrac{1}{k}\dot{U}_{A2}e^{-j30°} \end{cases}$$

图 7-52 YNd11 联结变压器两侧电流和电压

(7-95)

即 d 侧的正序电压大小是 YN 的 $1/k$ 倍，相位超前 $\dot{U}_{A1}$ 30°；而负序电压大小是 YN 侧的 $1/k$ 倍，相位滞后 $\dot{U}_{A2}$ 30°。这种相位变化可从图 7-53 的电压相量图看出。

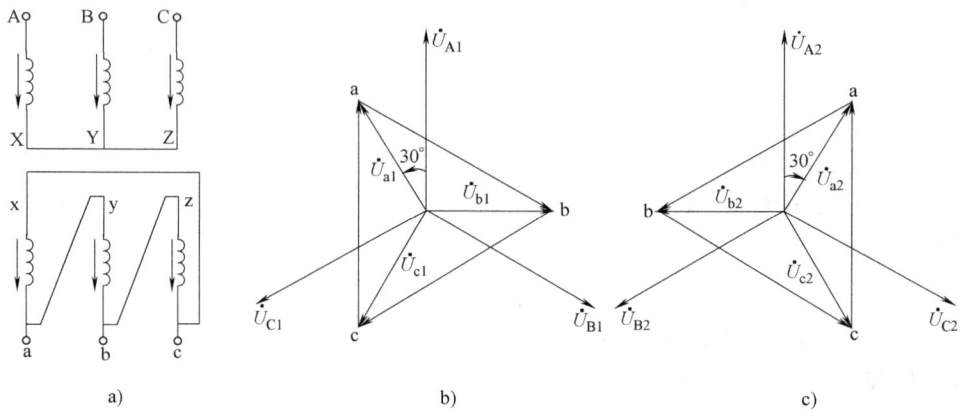

图 7-53 正、负序电压经 YNd11 变压器后的相位变化
a) YNd11 变压器接线图　b) 正序电压相量图　c) 负序电压相量图

下面讨论变压器两侧电流序分量的相位变化。如果忽略变压器的功率损耗，则输入与输出的功率相等，即

$$\dot{U}_A I_A^* = \dot{U}_a I_a^*$$

正序分量和负序分量分别为

$$\begin{cases} \dfrac{\dot{I}_{A1}}{\dot{I}_{a1}} = \dfrac{U_{a1}^*}{U_{A1}^*} = \dfrac{1}{k}e^{-j30°} \\ \dfrac{\dot{I}_{A2}}{\dot{I}_{a2}} = \dfrac{U_{a2}^*}{U_{A2}^*} = \dfrac{1}{k}e^{j30°} \end{cases}$$

(7-96)

则

$$\begin{cases} \dot{I}_{a1} = k\dot{I}_{A1} e^{j30°} \\ \dot{I}_{a2} = k\dot{I}_{A2} e^{-j30°} \end{cases} \quad (7\text{-}97)$$

式（7-97）说明，电流的正、负序分量经 YNd11 联结变压器后，一、二次电流的相位差等于一、二次电压的相位差。这种相位关系可从图 7-54 的电流相量图看出。

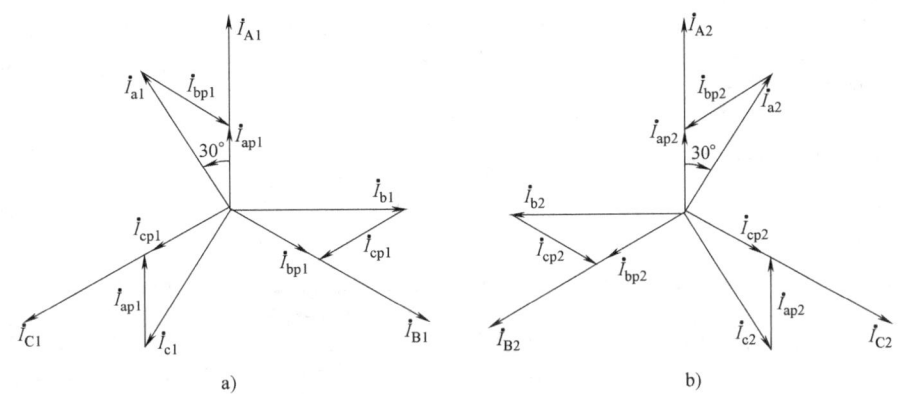

图 7-54　正、负序电流经 YNd11 变压器后的相位变化
a）正序电流相量图　b）负序电流相量图

在实用计算中，如果式（7-95）和式（7-97）中的电压、电流序分量都用标幺值表示，当 $k_* = 1$ 时，经变压器后各序分量的标幺值大小不变，只有相位变化。

综上所述，当电压或电流的对称分量由 YNd11 变压器的 YN 侧转换到 d 侧时，正序分量逆时针转 30°，负序分量顺时针转 30°，d 侧相线上无零序电流。如电压或电流的对称分量是由变压器的 d 侧转换到 YN 侧，其相位变化正好相反，即正序分量顺时针转 30°，负序分量逆时针转 30°，因 d 侧没有零序电流，故 YN 侧无零序电流。

实际的 Y-Y、Y-D、D-D 等联结的三相双绕组变压器标幺序网络如图 7-55 所示。

图 7-55a 所示实际的 Y-Y 联结变压器正序和负序阻抗的标幺值是相等的，而零序网络则取决于中性点的接地阻抗 Z_N 和 Z_n，若单线图中含有中性点接地阻抗，则在零序网络中就串联了阻抗（$3Z_N$ 和 $3Z_n$）。

图 7-55b 所示 Y-D 联结变压器的标幺序网络有如下特点：阻抗标幺值与绕组接法无关，即变压器的阻抗标幺值在 Y-Y、Y-D、D-D 等联结下是一致的，但是电压的基准值与接法有关。正序和负序网络中包含了相移，Y-D 联结变压器正序网络中，高压侧电压和电流超前于低压侧 30°，而在负序网络中，前者滞后 30°。零序电流可以在中性点接地的 Y 联结绕组中流通，而相应的零序电流在 D 联结绕组内部形成环流，因此，没有零序电流流入或流出 D 绕组。正序和负序网络的相移可以通过移相变压器电路来表示，同样地，零序网络在 Y 联结侧为零序电流的流动提供了回路，但是没有零序电流流入或流出 D 联结侧。

图 7-55c 所示 D-D 联结变压器的标幺序网络有如下特点：正序和负序阻抗标幺值是相等的，这与 Y-Y 联结变压器是一样的。假设绕组同名端一致，因此没有相移。同样地，阻抗标幺值与绕组接法无关，电压基准值与绕组接法有关。零序电流可以在 D 联结绕组内部循环，但是不能流入或流出两个 D 联结绕组。

例 7-7　试计算例 7-6f 点发生 b、c 两相接地短路时，发电机的各相电流及发电机机端母线的各相电压。

解：由例 7-6 已知短路处的 $\dot{I}_{fa1} = -j1.517$，$\dot{U}_{fa1} = 0.187$，由图 7-50b 正序网络可计算出发电机支路正序电流 $\dot{I}_{Ga1}$ 和发电机母线正序电压 $\dot{U}_{Ga1}$。

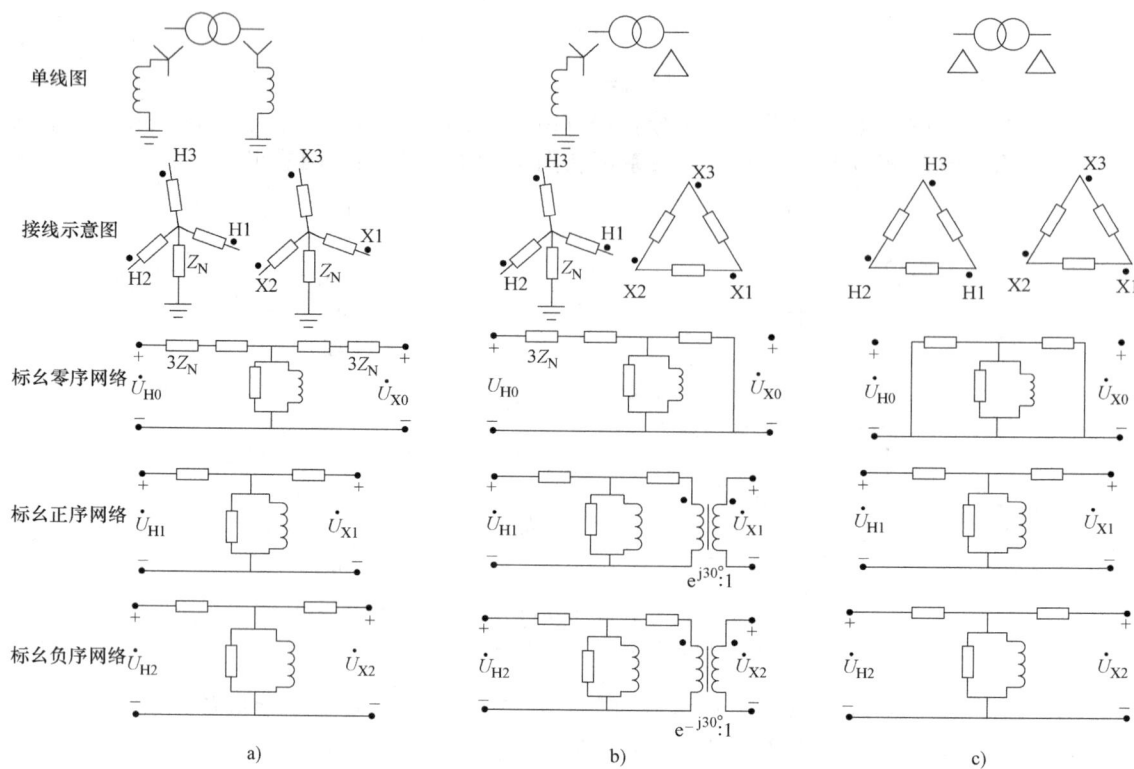

图 7-55 实际的 Y-Y、Y-D、D-D 联结变压器的标幺序网络
a) Y-Y b) Y-D c) D-D

流过变压器 T1 和线路 L 的正序电流为

$$\dot{I}_{La1} = \dot{I}'_{fa1} + \frac{\dot{U}_{fa1}}{\mathrm{j}(X_4+X_6)} = -\mathrm{j}1.517 + \frac{0.187}{\mathrm{j}3.21} = -\mathrm{j}1.575$$

发电机端正序电压为

$$\dot{U}_{Ga1} = \dot{U}_{fa1} + \dot{I}_{La1}\mathrm{j}(X_2+X_3) = 0.187 + (-\mathrm{j}1.517)\mathrm{j}0.512 = 0.993$$

流过发电机的正序电流为

$$\dot{I}_{Ga1} = \dot{I}_{La1} + \frac{\dot{U}_{Ga1}}{\mathrm{j}X_5} = -\mathrm{j}1.575 + \frac{0.993}{\mathrm{j}2.4} = -\mathrm{j}1.989$$

同理,由图 7-50c、d 可求出负序网络中的 $\dot{I}_{Ga2}$、$\dot{U}_{Ga2}$ 及零序网络中的 $\dot{I}_{Ga0}$、$\dot{U}_{Ga0}$,即

$$\dot{I}_{Ga2} = \mathrm{j}0.244,\ \dot{U}_{Ga2} = 0.036,\ \dot{I}_{Ga0} = 0,\ \dot{U}_{Ga0} = 0$$

发电机各相电流分别为

$$\dot{I}_{Ga} = \dot{I}_{Ga1}\mathrm{e}^{\mathrm{j}30°} + \dot{I}_{Ga2}\mathrm{e}^{-\mathrm{j}30°} = -\mathrm{j}1.989\mathrm{e}^{\mathrm{j}30°} + \mathrm{j}0.244\mathrm{e}^{-\mathrm{j}30°} = 1.117 - \mathrm{j}1.512 = 1.880\angle -53.55°$$

$$\dot{I}_{Gb} = \alpha^2 \dot{I}_{Ga1}\mathrm{e}^{\mathrm{j}30°} + \alpha \dot{I}_{Ga2}\mathrm{e}^{-\mathrm{j}30°} = \mathrm{e}^{\mathrm{j}240°}(-\mathrm{j}1.989)\mathrm{e}^{\mathrm{j}30°} + \mathrm{e}^{\mathrm{j}120°}(\mathrm{j}0.244)\mathrm{e}^{-\mathrm{j}30°} = 1.989 - 0.24 = 2.233$$

$$\dot{I}_{Gc} = \alpha \dot{I}_{Ga1}\mathrm{e}^{\mathrm{j}30°} + \alpha^2 \dot{I}_{Ga2}\mathrm{e}^{-\mathrm{j}30°} = \mathrm{e}^{\mathrm{j}120°}(-\mathrm{j}1.989)\mathrm{e}^{\mathrm{j}30°} + \mathrm{e}^{\mathrm{j}240°}(\mathrm{j}0.244)\mathrm{e}^{-\mathrm{j}30°}$$
$$= 1.117 + \mathrm{j}1.512 = 1.880\angle 53.55°$$

其有名值为

$$I_{Ga} = 1.88 \times \frac{100}{\sqrt{3}\times 10.5}\mathrm{kA} = 10.337\mathrm{kA},\ I_{Gb} = 12.278\mathrm{kA},\ I_{Gc} = 10.337\mathrm{kA}$$

发电机端三相电压分别为

$$\dot{U}_{Ga} = \dot{U}_{Ga1}e^{j30°} + \dot{U}_{Ga2}e^{-j30°} = 0.993e^{j30°} + 0.036e^{-j30°} = 0.891 + j0.479 = 1.012\angle 28.26°$$

$$\dot{U}_{Gb} = \alpha^2 \dot{U}_{Ga1}e^{j30°} + \alpha \dot{U}_{Ga2}e^{-j30°} = e^{j240°}0.993e^{j30°} + e^{j120°}0.036e^{-j30°} = -j0.993 + j0.036 = -j0.957$$

$$\dot{U}_{Gc} = \alpha \dot{U}_{Ga1}e^{j30°} + \alpha^2 \dot{U}_{Ga2}e^{-j30°} = e^{j120°}0.993e^{j30°} + e^{j240°}0.036e^{-j30°} = -0.891 + j0.479 = 1.012\angle 151.74°$$

其有名值为

$$U_{Ga} = 1.012 \times \frac{10.5}{\sqrt{3}} \text{kV} = 6.135 \text{kV}, \quad U_{Gb} = 5.802 \text{kV}, \quad U_{Gc} = 6.135 \text{kV}$$

7.6 不对称短路时运算曲线的应用

发生不对称短路后任意时刻的短路电流，仍然采用运算曲线来求取。

根据正序等效定则，不对称短路时短路点的正序电流等于在正序网络中短路点每相接入附加电抗 $X_\Delta^{(n)}$ 后发生三相短路的短路电流。显然，这个电流在任意时刻的值，是可以用运算曲线求得的，而短路点 t 时刻的故障相电流与同一时刻的正序电流成正比，与式（7-89）类似，为

$$\boldsymbol{I}_{ft}^{(n)} = m^{(n)} \boldsymbol{I}_{fa1t}^{(n)} \tag{7-98}$$

利用运算曲线求不对称短路时短路点任意 t 时刻故障相电流的主要步骤如下：

1) 根据不同的短路类型求出附加电抗 $X_\Delta^{(n)}$ 并接于正序网络中的短路点，正序网络可简化为一个和多个等效电源支路的形式，如图 7-56a、b 所示。

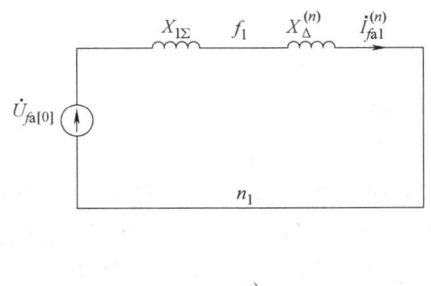
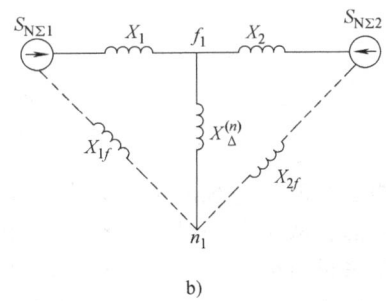

图 7-56 运算曲线法计算不对称短路
a) 正序网络简化为一个等效电源支路　b) 正序网络简化为多个等效电源支路

2) 计算转移电抗和计算电抗。

对图 7-56a 有

$$X_{Gf} = X_{1\Sigma} + X_\Delta^{(n)}, \quad X_{js} = (X_{1\Sigma} + X_\Delta^{(n)})\frac{S_{N\Sigma}}{S_B}$$

对图 7-56b 有

$$X_{1f} = X_1 + X_\Delta^{(n)} + \frac{X_1 X_\Delta^{(n)}}{X_2}, \quad X_{js1} = X_{1f}\frac{S_{N\Sigma 1}}{S_B}$$

$$X_{2f} = X_2 + X_\Delta^{(n)} + \frac{X_2 X_\Delta^{(n)}}{X_1}, \quad X_{js2} = X_{2f}\frac{S_{N\Sigma 2}}{S_B}$$

式中，$S_{N\Sigma}$ 为全网电源额定容量之和；$S_{N\Sigma 1}$、$S_{N\Sigma 2}$ 分别为第 1、2 个等效电源所包含的发电机额定容量之和。

3）查运算曲线得短路点正序电流标幺值 I_{fa1t*}。

4）计算故障相电流为

$$I_{ft}^{(n)} = m^{(n)} I_{fa1t*} I_{N\Sigma}$$

或

$$I_{ft}^{(n)} = m^{(n)} (I_{fa1t.1*} I_{N\Sigma 1} + I_{fa2t.2*} I_{N\Sigma 2} + \cdots)$$

用运算曲线法计算不对称短路电流时，由于 $X_\Delta^{(n)}$ 具有一定的数值，它的接入削弱了由于发电机的类型不同和各电源距短路点的电气距离不同对短路电流的影响。因此，一般情况下可以把所有有限容量电源合并为一个等效电源，只有无限大功率电源需要单独计算；如果要采用多个等效电源使用运算曲线，则等效电源的数目应比三相短路计算时少。

7.7 电力系统非全相运行的分析

电力系统非全相运行包括单相断线和两相断线两种，如图 7-57 所示。所谓断线，通常是发生一相或两相短路后，故障相开关跳开造成非全相运行的情况。

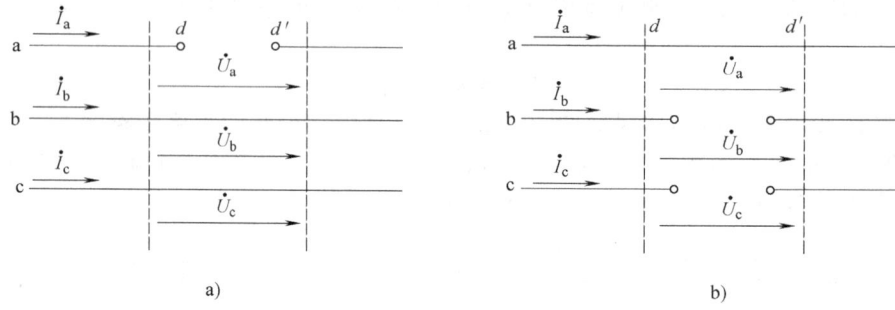

图 7-57 电力系统非全相运行
a）单相断线 b）两相断线

非全相运行时，系统的结构只在断口处出现了纵向三相不对称，其他部分的结构中三相仍然是对称的，故也称为纵向不对称故障。与不对称短路（横向不对称故障）相似，可以应用对称分量法进行分析，用插入在故障断口 dd' 的一组不对称电动势源来代替实际存在的不对称状态，然后将这组不对称电动势源分解成正序、负序和零序分量，它们分别作用在彼此间没有耦合的相互独立的正序、负序和零序网络中，如图 7-58 所示。

与不对称短路时一样，可以列出各序等效网络的序电压方程式为

$$\begin{cases} \dot{U}_{a1} = \dot{U}_{dd'[0]} - \dot{I}_{a1} Z_{1\Sigma} \\ \dot{U}_{a2} = -\dot{I}_{a2} Z_{2\Sigma} \\ \dot{U}_{a0} = -\dot{I}_{a0} Z_{0\Sigma} \end{cases} \quad (7\text{-}99)$$

式中，$\dot{U}_{dd'[0]}$ 为故障断口 dd' 的 a 相开路电压，即当 dd' 两点间三相断开时，由于电源的作用在端口 dd' 处产生的电压；$Z_{1\Sigma}$、$Z_{2\Sigma}$、$Z_{0\Sigma}$ 分别为正序、负序和零序网络从故障断口 dd' 看进去的等效阻抗。

对于图 7-59a 所示的两个电源并联的简单系统，当发生非全相运行时，其三序网络如图 7-59b 所示。这时有

$$Z_{1\Sigma} = Z_{1M} + Z_{1N}, \quad Z_{2\Sigma} = Z_{2M} + Z_{2N}, \quad Z_{0\Sigma} = Z_{0M} + Z_{0N}, \quad \dot{U}_{dd'[0]} = \dot{E}_M - \dot{E}_N$$

第7章 电力系统不对称故障分析计算

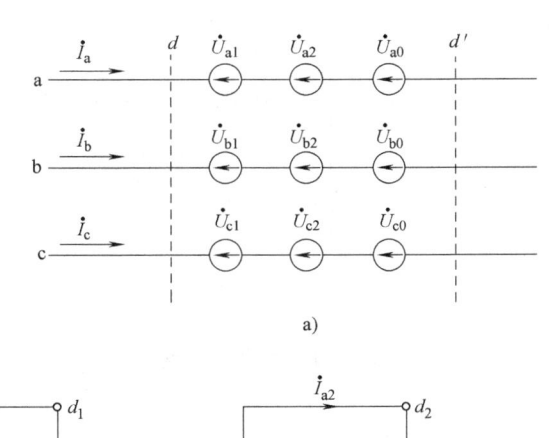

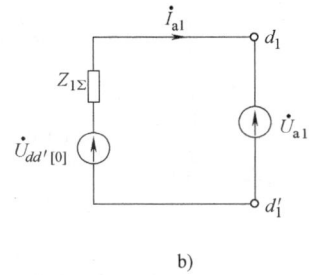

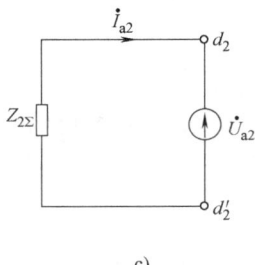

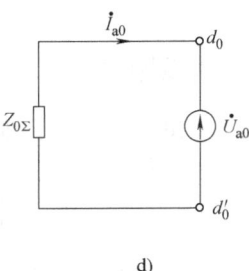

b)   c)   d)

图 7-58 非全相运行时各序等效网络

a) 断口处　b) 正序等效网络　c) 负序等效网络　d) 零序等效网络

方程式 (7-99) 包含了 6 个未知量, 还必须根据非全相运行的具体边界条件列出另外三个方程才能求解。以下分别讨论单相和两相断线。

7.7.1 单相断线

取 a 相为断开相, 如图 7-57a 所示。故障处的边界条件为

$$\begin{cases} \dot{I}_a = 0 \\ \dot{U}_b = \dot{U}_c = 0 \end{cases} \quad (7\text{-}100)$$

式 (7-100) 与两相接地短路的边界条件完全相同, 从而转化为用对称分量表示的边界条件为

$$\begin{cases} \dot{I}_{a1} + \dot{I}_{a2} + \dot{I}_{a0} = 0 \\ \dot{U}_{a1} = \dot{U}_{a2} = \dot{U}_{a0} \end{cases} \quad (7\text{-}101)$$

依此边界条件, 做出其复合序网如图 7-60 所示。其断口各序电流为

$$\begin{cases} \dot{I}_{a1} = \dfrac{\dot{U}_{dd'[0]}}{Z_{1\Sigma} + Z_{2\Sigma} // Z_{0\Sigma}} \\ \dot{I}_{a2} = -\dfrac{Z_{0\Sigma}}{Z_{2\Sigma} + Z_{0\Sigma}} \dot{I}_{a1} \\ \dot{I}_{a0} = -\dfrac{Z_{2\Sigma}}{Z_{2\Sigma} + Z_{0\Sigma}} \dot{I}_{a1} \end{cases} \quad (7\text{-}102)$$

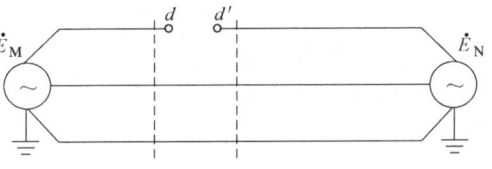

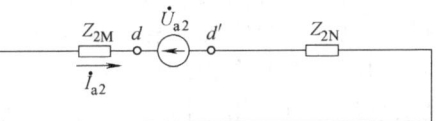

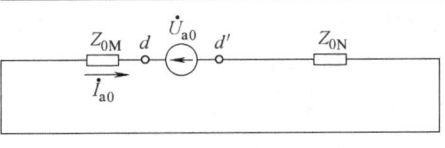

图 7-59 两个电源系统非全相运行

a) 系统图　b) 三序网络

断口各序电压可由式（7-99）求取。

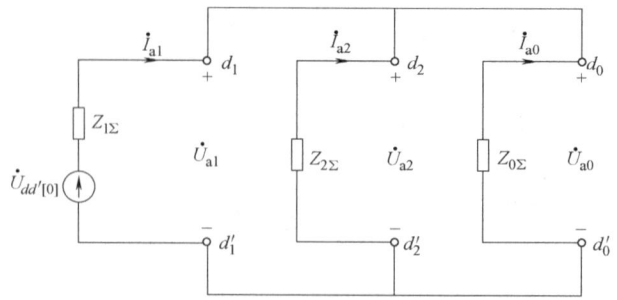

图 7-60　单相断线的复合序网

7.7.2　两相断线

取 b、c 相为断开相，如图 7-57b 所示。故障处的边界条件为

$$\begin{cases} \dot{U}_a = 0 \\ \dot{I}_b = \dot{I}_c = 0 \end{cases} \quad (7\text{-}103)$$

式（7-103）与短路点单相接地短路的边界条件完全相同，从而转化为用对称分量表示的边界条件为

$$\begin{cases} \dot{I}_{a1} = \dot{I}_{a2} = \dot{I}_{a0} \\ \dot{U}_{a1} + \dot{U}_{a2} + \dot{U}_{a0} = 0 \end{cases} \quad (7\text{-}104)$$

依此边界条件，做出其复合序网如图 7-61 所示。
其断口各序电流为

$$\dot{I}_{a1} = \dot{I}_{a2} = \dot{I}_{a0} = \frac{\dot{U}_{dd'[0]}}{Z_{1\Sigma} + Z_{2\Sigma} + Z_{0\Sigma}} \quad (7\text{-}105)$$

断口各序电压亦可由式（7-99）求取。

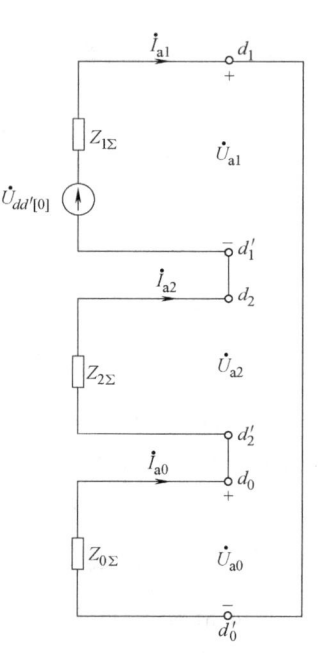

图 7-61　两相断线的复合序网

7.8　不对称故障的计算机算法

前面所介绍的内容是网络中只有一种故障的情况，这种情况称为简单故障。如果网络中有两处或两处以上同时发生不对称故障，这种情况称为复杂故障。电力系统常见的复杂故障是一处发生不对称短路时，而又有一处或两处的断路器非全相跳闸。

不对称短路故障的计算机解法

复杂故障也可应用对称分量法来分析。如两重故障时，将两个故障端口（短路处端口由短路点和零电位组成）的电流、电压共分解为 12 个序分量，每序的两端口可列出两个方程，3 序共 6 个方程，加上两个故障口的 6 个边界条件（方程），共 12 个方程来对 12 个序分量求解。当然，也可以用复合序网来代替网络方程和边界条件求解。

7.8.1　不对称故障的通用边界条件

前面的分析中，均是以 a 相为故障的特殊相，即单相故障都假定发生在 a 相，两相故障都假定发生在 b 相、c 相，该相的状态有别于另外两相。选取 a 相作为特殊相，同选取 a 相作为对称分量的基准相是一致的，在这种条件下，用对称分量表示的边界条件最为简单。

当网络中只有一处故障时，总可以把故障特殊相作为对称分量的基准相。当发生多处故障时，全网只能选定统一的基准相，这时就会在某些故障处出现特殊相和基准相不一致的情况。例如，单相接地短路，不管短路发生在哪一相，都以 a 相作为对称分量的基准相。当 a 相短路时，假定为金属性短路，序分量边界条件为

$$\begin{cases} \dot{U}_{fa1}+\dot{U}_{fa2}+\dot{U}_{fa0}=0 \\ \dot{I}_{fa1}=\dot{I}_{fa2}=\dot{I}_{fa0} \end{cases} \tag{7-106}$$

当 b 相接地短路时，故障处的边界条件为 $\dot{U}_b=0$、$\dot{I}_a=\dot{I}_c=0$，对应的序分量边界条件为

$$\begin{cases} \alpha^2\dot{U}_{fa1}+\alpha\dot{U}_{fa2}+\dot{U}_{fa0}=0 \\ \alpha^2\dot{I}_{fa1}=\alpha\dot{I}_{fa2}=\dot{I}_{fa0} \end{cases} \tag{7-107}$$

当 c 相接地短路时，故障处的边界条件为 $\dot{U}_c=0$、$\dot{I}_a=\dot{I}_b=0$，对应的序分量边界条件为

$$\begin{cases} \alpha\dot{U}_{fa1}+\alpha^2\dot{U}_{fa2}+\dot{U}_{fa0}=0 \\ \alpha\dot{I}_{fa1}=\alpha^2\dot{I}_{fa2}=\dot{I}_{fa0} \end{cases} \tag{7-108}$$

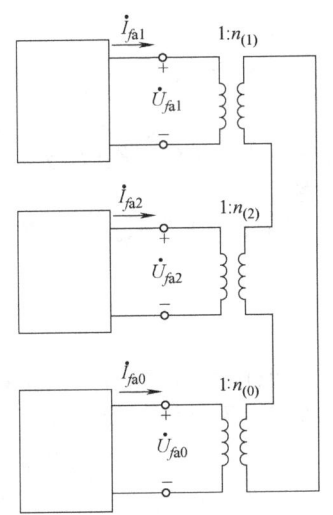

图 7-62 带有理想移相器的单相接地短路的复合序网

这种带有 α 的边界条件称为通用边界条件。显然，当特殊相不是 a 相时，计算过程会复杂些。在组成相应的复合序网时可以通过理想移相器来实现。所谓理想移相器，就是不改变电流和电压的大小，只改变其相位的理想变压器。图 7-62 为带有理想移相器的单相接地短路的复合序网。当 a 相接地短路时，$n_{(1)}=n_{(2)}=n_{(0)}=1$；b 相接地短路时，$n_{(1)}=\alpha^2$、$n_{(2)}=\alpha$、$n_{(0)}=1$；c 相接地短路时，$n_{(1)}=\alpha$、$n_{(2)}=\alpha^2$、$n_{(0)}=1$。这种带有理想移相器的复合序网称为通用复合序网。由此也可推出其他类型故障时的通用复合序网。

对于两相故障，当非故障相为 b 相或 c 相时，故障处的边界条件也发生类似的变化。因此，在组成复合序网时也必须借助于理想移相器。

7.8.2 计算机计算不对称故障的数学描述

在 6.5.2 节中，利用节点序阻抗矩阵计算三相对称故障的短路电流和短路电压，因不对称故障可用对称分量法分解为三个对称网络，算法在不对称故障中仍可以使用。在此，通过把每个序网络表示为节点阻抗等效电路，扩展这个方法用来处理不对称故障。通过转换相应的节点导纳网络，可计算出每个序网络的节点阻抗矩阵，为简化计算，忽略电阻、并联导纳、非旋转的阻抗负荷和故障前的负荷电流。

对称三相故障有（以 a 相为例）

$$\begin{cases} \dot{I}_{fa1}=\dfrac{\dot{U}_f}{Z_{ff}+Z_f} \\ \dot{I}_{fa0}=\dot{I}_{fa2}=0 \end{cases} \tag{7-109}$$

单相接地短路（a 相接地）时，有

$$\dot{I}_{fa0}=\dot{I}_{f1}=\dot{I}_{f2}=\dfrac{\dot{U}_f}{Z_0(f,f)+Z_1(f,f)+Z_2(f,f)+3Z_f} \tag{7-110}$$

两相短路（b 相和 c 相之间短路）时，有

$$\begin{cases} \dot{I}_{f1} = -\dot{I}_{f2} = \dfrac{\dot{U}_f}{Z_1(f,f) + Z_2(f,f) + Z_f} \\ \dot{I}_{f0} = 0 \end{cases} \tag{7-111}$$

两相接地短路（b 相和 c 相之间接地短路）时，有

$$\begin{cases} \dot{I}_{f1} = \dfrac{\dot{U}_f}{Z_1(f,f) + \dfrac{Z_2(f,f)(Z_0(f,f)+Z_f)}{Z_2(f,f)+Z_0(f,f)+3Z_f}} \\ \dot{I}_{f2} = -\dfrac{Z_0(f,f)+3Z_f}{Z_2(f,f)+Z_0(f,f)+3Z_f}\dot{I}_{f1} \\ \dot{I}_{f0} = -\dfrac{Z_2(f,f)}{Z_2(f,f)+Z_0(f,f)+3Z_f}\dot{I}_{f1} \end{cases} \tag{7-112}$$

式中，$Z_0(f,f)$、$Z_1(f,f)$、$Z_2(f,f)$ 分别为零序，正序、负序阻抗矩阵中 f 点短路时的对角元素。

同样，在节点 f 处发生短路故障时，电力系统各节点的电压方程为

$$\begin{cases} \dot{U}_i = \dot{U}_{i[0]} - Z_{if}\dot{I}_f \quad (i \neq f) \\ \dot{U}_f = \dot{U}_{f[0]} + \Delta \dot{U}_f = Z_f \dot{I}_f \end{cases} \tag{7-113}$$

而任意不对称短路网络都可以用对称分量法分解成三个对称序网络，再用各序短路电流代入式（7-113），任何节点 i 处的相电压分量为

$$\begin{pmatrix} \dot{U}_{i0} \\ \dot{U}_{i1} \\ \dot{U}_{i2} \end{pmatrix} = \begin{pmatrix} 0 \\ \dot{U}_{i[0]} \\ 0 \end{pmatrix} - \begin{pmatrix} Z_0(i,f) & 0 & 0 \\ 0 & Z_1(i,f) & 0 \\ 0 & 0 & Z_2(i,f) \end{pmatrix} \begin{pmatrix} \dot{I}_{f0} \\ \dot{I}_{f1} \\ \dot{I}_{f2} \end{pmatrix} \tag{7-114}$$

式中，$Z_0(i,f)$、$Z_1(i,f)$、$Z_2(i,f)$ 分别为三序阻抗矩阵中的非对角元素。

使用对称分量法求得各节点短路后的电压为

$$\begin{pmatrix} \dot{U}_{ia} \\ \dot{U}_{ib} \\ \dot{U}_{ic} \end{pmatrix} = \begin{pmatrix} 1 & 1 & 1 \\ 1 & \alpha^2 & \alpha \\ 1 & \alpha & \alpha^2 \end{pmatrix} \begin{pmatrix} \dot{U}_{ia0} \\ \dot{U}_{ia1} \\ \dot{U}_{ia2} \end{pmatrix} \tag{7-115}$$

任一支路 ij 的短路电流为 [Z_{ij} 为 ij 支路的阻抗（此阻抗可以用支路导纳倒数代替）]

$$\dot{I}_{ij} = \dfrac{\dot{U}_i - \dot{U}_j}{Z_{ij}} \approx \dfrac{\Delta \dot{U}_i - \Delta \dot{U}_j}{Z_{ij}} = (\Delta \dot{U}_i - \Delta \dot{U}_j)Y_{ij} \tag{7-116}$$

对于三相不对称短路，各支路 a、b、c 三相短路电流相角差不再为 120°，此时用支路序电压之差与支路序导纳之积分别计算出支路序电流为

$$\begin{cases} \dot{I}_{ij0} = (\dot{U}_{i0} - \dot{U}_{j0})Y_0(i,j) \\ \dot{I}_{ij1} = (\dot{U}_{i1} - \dot{U}_{j1})Y_1(i,j) \\ \dot{I}_{ij2} = (\dot{U}_{i2} - \dot{U}_{j2})Y_2(i,j) \end{cases} \tag{7-117}$$

式中，$Y_0(i,j)$、$Y_1(i,j)$、$Y_2(i,j)$ 分别为序导纳矩阵中的元素。

之后用对称分量法求出各支路短路电流为

$$\begin{pmatrix} \dot{I}_{ija} \\ \dot{I}_{ijb} \\ \dot{I}_{ijc} \end{pmatrix} = \begin{pmatrix} 1 & 1 & 1 \\ 1 & \alpha^2 & \alpha \\ 1 & \alpha & \alpha^2 \end{pmatrix} \begin{pmatrix} \dot{I}_{ija0} \\ \dot{I}_{ija1} \\ \dot{I}_{ija2} \end{pmatrix} \tag{7-118}$$

例 7-8 电力网络及参数如例 7-3，利用节点阻抗矩阵计算不对称短路故障后的短路电流和短路电压，设故障前电压为 $\dot{U}_{fa[0]} = \dot{U}_f = 1.05\angle 0°$，忽略故障前负荷电流。(a) 求解标幺零序、正序、负序节点阻抗矩阵；(b) 假设在节点 2 发生单相接地短路（a 相接地），计算短路电流、各节点短路电压以及流过各支路电流；(c) 当发生两相短路时（b、c 两相短路），计算短路电流、各节点短路电压以及流过各支路电流；(d) 当发生两相接地短路时（b、c 接地短路），计算短路电流、各节点短路电压以及流过各支路电流。

解：(a) 对于本例题，通过计算可以得到各序网络导纳矩阵：

$$Y_0 = \begin{pmatrix} -j20 & 0 & 0 & 0 \\ 0 & -j4 & 0 & 0 \\ 0 & 0 & -j13.17 & j3.17 \\ 0 & 0 & j3.17 & -j13.17 \end{pmatrix}$$

$$Y_1 = \begin{pmatrix} -j16.67 & 0 & j10 & 0 \\ 0 & -j15 & 0 & j10 \\ j10 & 0 & -j19.52 & j9.52 \\ 0 & j10 & j9.52 & -j19.52 \end{pmatrix}$$

$$Y_2 = \begin{pmatrix} -j15.88 & 0 & j10 & 0 \\ 0 & -j14.76 & 0 & j10 \\ j10 & 0 & -j19.52 & j9.52 \\ 0 & j10 & j9.52 & -j19.52 \end{pmatrix}$$

求逆矩阵得到各序网络阻抗矩阵为

$$Z_0 = Y_0^{-1} = \begin{pmatrix} j0.0500 & 0 & 0 & 0 \\ 0 & j0.2500 & 0 & 0 \\ 0 & 0 & j0.0806 & j0.0194 \\ 0 & 0 & j0.0194 & j0.0806 \end{pmatrix}$$

$$Z_1 = Y_1^{-1} = \begin{pmatrix} j0.1156 & j0.0458 & j0.0927 & j0.0687 \\ j0.0458 & j0.1389 & j0.0763 & j0.1084 \\ j0.0927 & j0.0763 & j0.1546 & j0.1145 \\ j0.0687 & j0.1084 & j0.1145 & j0.1626 \end{pmatrix}$$

$$Z_2 = Y_2^{-1} = \begin{pmatrix} j0.1279 & j0.0521 & j0.1030 & j0.0770 \\ j0.0521 & j0.1457 & j0.0828 & j0.1150 \\ j0.1030 & j0.0828 & j0.1636 & j0.1222 \\ j0.0770 & j0.1150 & j0.1222 & j0.1698 \end{pmatrix}$$

(b) 当发生单相接地短路时（a 相接地）

当发生单相接地短路时，由式 (7-110) 可得

$$\dot{I}_{fa0} = \dot{I}_{fa1} = \dot{I}_{fa2}$$

$$\dot{I}_{fa1} = \frac{\dot{U}_{fa[0]}}{j(X_{0\Sigma}+X_{1\Sigma}+X_{2\Sigma})} = \frac{\dot{U}_f}{Z_0(f,f)+Z_1(f,f)+Z_2(f,f)} = \frac{1.05\angle 0°}{j(0.250+0.1389+0.1457)} = -j1.9641$$

$$\begin{pmatrix}\dot{I}_{fa}\\ \dot{I}_{fb}\\ \dot{I}_{fc}\end{pmatrix} = \begin{pmatrix}1 & 1 & 1\\ 1 & \alpha^2 & \alpha\\ 1 & \alpha & \alpha^2\end{pmatrix}\begin{pmatrix}\dot{I}_{fa0}\\ \dot{I}_{fa1}\\ \dot{I}_{fa2}\end{pmatrix} = \begin{pmatrix}1 & 1 & 1\\ 1 & \alpha^2 & \alpha\\ 1 & \alpha & \alpha^2\end{pmatrix}\begin{pmatrix}1.9641\angle -90°\\ 1.9641\angle -90°\\ 1.9641\angle -90°\end{pmatrix} = \begin{pmatrix}5.8923\angle -90°\\ 0\\ 0\end{pmatrix}$$

$$\dot{I}_f = \dot{I}_{fa} = -j5.8923$$

将各序短路电流代入式（7-114），求得各个节点短路电压为

节点 1：

$$\begin{pmatrix}\dot{U}_{1a0}\\ \dot{U}_{1a1}\\ \dot{U}_{1a2}\end{pmatrix} = \begin{pmatrix}0\\ \dot{U}_{i[0]}\\ 0\end{pmatrix} - \begin{pmatrix}Z_0(i,f) & 0 & 0\\ 0 & Z_1(i,f) & 0\\ 0 & 0 & Z_2(i,f)\end{pmatrix}\begin{pmatrix}\dot{I}_{fa0}\\ \dot{I}_{fa1}\\ \dot{I}_{fa2}\end{pmatrix} =$$

$$\begin{pmatrix}0\\ 1.05\angle 0°\\ 0\end{pmatrix} - \begin{pmatrix}0 & & \\ & j0.0458 & \\ & & j0.0521\end{pmatrix}\begin{pmatrix}1.9641\angle -90°\\ 1.9641\angle -90°\\ 1.9641\angle -90°\end{pmatrix} = \begin{pmatrix}0\\ 0.9601\\ -0.1024\end{pmatrix}$$

$$\begin{pmatrix}\dot{U}_{1a}\\ \dot{U}_{1b}\\ \dot{U}_{1c}\end{pmatrix} = \begin{pmatrix}1 & 1 & 1\\ 1 & \alpha^2 & \alpha\\ 1 & \alpha & \alpha^2\end{pmatrix}\begin{pmatrix}\dot{U}_{1a0}\\ \dot{U}_{1a1}\\ \dot{U}_{1a2}\end{pmatrix} = \begin{pmatrix}1 & 1 & 1\\ 1 & \alpha^2 & \alpha\\ 1 & \alpha & \alpha^2\end{pmatrix}\begin{pmatrix}0\\ 0.9601\\ -0.1024\end{pmatrix} = \begin{pmatrix}0.8577\\ 1.0152\angle -114.9878°\\ 1.0152\angle 114.9878°\end{pmatrix}$$

节点 2：

$$\begin{pmatrix}\dot{U}_{2a0}\\ \dot{U}_{2a1}\\ \dot{U}_{2a2}\end{pmatrix} = \begin{pmatrix}0\\ \dot{U}_{i[0]}\\ 0\end{pmatrix} - \begin{pmatrix}Z_0(i,f) & 0 & 0\\ 0 & Z_1(i,f) & 0\\ 0 & 0 & Z_2(i,f)\end{pmatrix}\begin{pmatrix}\dot{I}_{fa0}\\ \dot{I}_{fa1}\\ \dot{I}_{fa2}\end{pmatrix} =$$

$$\begin{pmatrix}0\\ 1.05\angle 0°\\ 0\end{pmatrix} - \begin{pmatrix}j0.2500 & & \\ & j0.1389 & \\ & & j0.1457\end{pmatrix}\begin{pmatrix}1.9641\angle -90°\\ 1.9641\angle -90°\\ 1.9641\angle -90°\end{pmatrix} = \begin{pmatrix}-0.4910\\ 0.7771\\ -0.2861\end{pmatrix}$$

$$\begin{pmatrix}\dot{U}_{2a}\\ \dot{U}_{2b}\\ \dot{U}_{2c}\end{pmatrix} = \begin{pmatrix}1 & 1 & 1\\ 1 & \alpha^2 & \alpha\\ 1 & \alpha & \alpha^2\end{pmatrix}\begin{pmatrix}\dot{U}_{2a0}\\ \dot{U}_{2a1}\\ \dot{U}_{2a2}\end{pmatrix} = \begin{pmatrix}1 & 1 & 1\\ 1 & \alpha^2 & \alpha\\ 1 & \alpha & \alpha^2\end{pmatrix}\begin{pmatrix}-0.4910\\ 0.7771\\ -0.2861\end{pmatrix} = \begin{pmatrix}0\\ 1.1791\angle -128.6559°\\ 1.1791\angle 128.6559°\end{pmatrix}$$

节点 3：

$$\begin{pmatrix}\dot{U}_{3a0}\\ \dot{U}_{3a1}\\ \dot{U}_{3a2}\end{pmatrix} = \begin{pmatrix}0\\ \dot{U}_{i[0]}\\ 0\end{pmatrix} - \begin{pmatrix}Z_0(i,f) & 0 & 0\\ 0 & Z_1(i,f) & 0\\ 0 & 0 & Z_2(i,f)\end{pmatrix}\begin{pmatrix}\dot{I}_{fa0}\\ \dot{I}_{fa1}\\ \dot{I}_{fa2}\end{pmatrix} =$$

$$\begin{pmatrix}0\\ 1.05\angle 0°\\ 0\end{pmatrix} - \begin{pmatrix}0 & & \\ & j0.0763 & \\ & & j0.0828\end{pmatrix}\begin{pmatrix}1.9641\angle -90°\\ 1.9641\angle -90°\\ 1.9641\angle -90°\end{pmatrix} = \begin{pmatrix}0\\ 0.9001\\ -0.1626\end{pmatrix}$$

$$\begin{pmatrix} \dot{U}_{3a} \\ \dot{U}_{3b} \\ \dot{U}_{3c} \end{pmatrix} = \begin{pmatrix} 1 & 1 & 1 \\ 1 & \alpha^2 & \alpha \\ 1 & \alpha & \alpha^2 \end{pmatrix} \begin{pmatrix} \dot{U}_{3a0} \\ \dot{U}_{3a1} \\ \dot{U}_{3a2} \end{pmatrix} = \begin{pmatrix} 1 & 1 & 1 \\ 1 & \alpha^2 & \alpha \\ 1 & \alpha & \alpha^2 \end{pmatrix} \begin{pmatrix} 0 \\ 0.9001 \\ -0.1626 \end{pmatrix} = \begin{pmatrix} 0.7375 \\ 0.9915 \angle -111.8331° \\ 0.9915 \angle 111.8331° \end{pmatrix}$$

节点 4：

$$\begin{pmatrix} \dot{U}_{4a0} \\ \dot{U}_{4a1} \\ \dot{U}_{4a2} \end{pmatrix} = \begin{pmatrix} 0 \\ \dot{U}_{i[0]} \\ 0 \end{pmatrix} - \begin{pmatrix} Z_0(i,f) & 0 & 0 \\ 0 & Z_1(i,f) & 0 \\ 0 & 0 & Z_2(i,f) \end{pmatrix} \begin{pmatrix} \dot{I}_{fa0} \\ \dot{I}_{fa1} \\ \dot{I}_{fa2} \end{pmatrix} =$$

$$\begin{pmatrix} 0 \\ 1.05 \angle 0° \\ 0 \end{pmatrix} - \begin{pmatrix} 0 & & \\ & j0.1084 & \\ & & j0.1150 \end{pmatrix} \begin{pmatrix} 1.9641 \angle -90° \\ 1.9641 \angle -90° \\ 1.9641 \angle -90° \end{pmatrix} = \begin{pmatrix} 0 \\ 0.8371 \\ -0.2259 \end{pmatrix}$$

$$\begin{pmatrix} \dot{U}_{4a} \\ \dot{U}_{4b} \\ \dot{U}_{4c} \end{pmatrix} = \begin{pmatrix} 1 & 1 & 1 \\ 1 & \alpha^2 & \alpha \\ 1 & \alpha & \alpha^2 \end{pmatrix} \begin{pmatrix} \dot{U}_{4a0} \\ \dot{U}_{4a1} \\ \dot{U}_{4a2} \end{pmatrix} = \begin{pmatrix} 1 & 1 & 1 \\ 1 & \alpha^2 & \alpha \\ 1 & \alpha & \alpha^2 \end{pmatrix} \begin{pmatrix} 0 \\ 0.8371 \\ -0.2259 \end{pmatrix} = \begin{pmatrix} 0.6112 \\ 0.9700 \angle -108.3647° \\ 0.9700 \angle 108.3647° \end{pmatrix}$$

将各序短路电流代入式（7-117）、式（7-118）求得各支路短路电流为

支路 13 的短路电流：

$$\dot{I}_{13a0} = -(\dot{U}_{1a0} - \dot{U}_{3a0}) Y_0(1,3) = -(0-0) \times 0 = 0$$

$$\dot{I}_{13a1} = -(\dot{U}_{1a1} - \dot{U}_{3a1}) Y_1(1,3) = -(0.9601 - 0.9001) \times j10 = 0.5998 \angle -90°$$

$$\dot{I}_{13a2} = -(\dot{U}_{1a2} - \dot{U}_{3a2}) Y_2(1,3) = -(-0.1024 - (-0.1626)) \times j10 = 0.6022 \angle -90°$$

$$\begin{pmatrix} \dot{I}_{13a} \\ \dot{I}_{13b} \\ \dot{I}_{13c} \end{pmatrix} = \begin{pmatrix} 1 & 1 & 1 \\ 1 & \alpha^2 & \alpha \\ 1 & \alpha & \alpha^2 \end{pmatrix} \begin{pmatrix} \dot{I}_{13a0} \\ \dot{I}_{13a1} \\ \dot{I}_{13a2} \end{pmatrix} = \begin{pmatrix} 1 & 1 & 1 \\ 1 & \alpha^2 & \alpha \\ 1 & \alpha & \alpha^2 \end{pmatrix} \begin{pmatrix} 0 \\ 0.5998 \angle -90° \\ 0.6022 \angle -90° \end{pmatrix} = \begin{pmatrix} 1.2020 \angle -90° \\ 0.6010 \angle 89.7979° \\ 0.6010 \angle 90.2021° \end{pmatrix}$$

因支路 34、42 与 13 属于串联关系，所以

$$\begin{pmatrix} \dot{I}_{34a} \\ \dot{I}_{34b} \\ \dot{I}_{34c} \end{pmatrix} = \begin{pmatrix} \dot{I}_{42a} \\ \dot{I}_{42b} \\ \dot{I}_{42c} \end{pmatrix} = \begin{pmatrix} \dot{I}_{13a} \\ \dot{I}_{13b} \\ \dot{I}_{13c} \end{pmatrix} = \begin{pmatrix} 1.2020 \angle -90° \\ 0.6010 \angle 89.7979° \\ 0.6010 \angle 90.2021° \end{pmatrix}$$

(c) 当发生两相短路时（b、c 两相短路）

当发生两相短路时，由式（7-111）可得

$$\dot{I}_{fa1} = \frac{\dot{U}_{fa[0]}}{j(X_{1\Sigma} + X_{2\Sigma})} = \frac{\dot{U}_f}{Z_1(f,f) + Z_2(f,f)} = \frac{1.05 \angle 0°}{j(0.1389 + 0.1457)} = -j3.6894$$

$$\dot{I}_{fa1} = -\dot{I}_{fa2}$$

$$\dot{I}_{fa0} = 0$$

$$\begin{pmatrix} \dot{I}_{fa} \\ \dot{I}_{fb} \\ \dot{I}_{fc} \end{pmatrix} = \begin{pmatrix} 1 & 1 & 1 \\ 1 & \alpha^2 & \alpha \\ 1 & \alpha & \alpha^2 \end{pmatrix} \begin{pmatrix} \dot{I}_{fa0} \\ \dot{I}_{fa1} \\ \dot{I}_{fa2} \end{pmatrix} = \begin{pmatrix} 1 & 1 & 1 \\ 1 & \alpha^2 & \alpha \\ 1 & \alpha & \alpha^2 \end{pmatrix} \begin{pmatrix} 0 \\ 3.6894\angle -90° \\ 3.6894\angle 90° \end{pmatrix} = \begin{pmatrix} 0 \\ -6.3902 \\ 6.3902 \end{pmatrix}$$

$$\dot{I}_f = \dot{I}_{fb} = -\dot{I}_{fc} = -6.3902$$

将各序短路电流代入式（7-114），求得各个节点短路电压为

节点1：

$$\begin{pmatrix} \dot{U}_{1a0} \\ \dot{U}_{1a1} \\ \dot{U}_{1a2} \end{pmatrix} = \begin{pmatrix} 0 \\ \dot{U}_{i[0]} \\ 0 \end{pmatrix} - \begin{pmatrix} Z_0(i,f) & 0 & 0 \\ 0 & Z_1(i,f) & 0 \\ 0 & 0 & Z_2(i,f) \end{pmatrix} \begin{pmatrix} \dot{I}_{fa0} \\ \dot{I}_{fa1} \\ \dot{I}_{fa2} \end{pmatrix}$$

$$= \begin{pmatrix} 0 \\ 1.05\angle 0° \\ 0 \end{pmatrix} - \begin{pmatrix} 0 & & \\ & j0.0458 & \\ & & j0.0521 \end{pmatrix} \begin{pmatrix} 0 \\ 3.6894\angle -90° \\ 3.6894\angle 90° \end{pmatrix} = \begin{pmatrix} 0 \\ 0.8811 \\ 0.1924 \end{pmatrix}$$

$$\begin{pmatrix} \dot{U}_{1a} \\ \dot{U}_{1b} \\ \dot{U}_{1c} \end{pmatrix} = \begin{pmatrix} 1 & 1 & 1 \\ 1 & \alpha^2 & \alpha \\ 1 & \alpha & \alpha^2 \end{pmatrix} \begin{pmatrix} \dot{U}_{1a0} \\ \dot{U}_{1a1} \\ \dot{U}_{1a2} \end{pmatrix} = \begin{pmatrix} 1 & 1 & 1 \\ 1 & \alpha^2 & \alpha \\ 1 & \alpha & \alpha^2 \end{pmatrix} \begin{pmatrix} 0 \\ 0.8811 \\ 0.1924 \end{pmatrix} = \begin{pmatrix} 1.0735 \\ 0.8024\angle -131.9838° \\ 0.8024\angle 131.9838° \end{pmatrix}$$

节点2：

$$\begin{pmatrix} \dot{U}_{2a0} \\ \dot{U}_{2a1} \\ \dot{U}_{2a2} \end{pmatrix} = \begin{pmatrix} 0 \\ \dot{U}_{i[0]} \\ 0 \end{pmatrix} - \begin{pmatrix} Z_0(i,f) & 0 & 0 \\ 0 & Z_1(i,f) & 0 \\ 0 & 0 & Z_2(i,f) \end{pmatrix} \begin{pmatrix} \dot{I}_{fa0} \\ \dot{I}_{fa1} \\ \dot{I}_{fa2} \end{pmatrix}$$

$$= \begin{pmatrix} 0 \\ 1.05\angle 0° \\ 0 \end{pmatrix} - \begin{pmatrix} j0.2500 & & \\ & j0.1389 & \\ & & j0.1457 \end{pmatrix} \begin{pmatrix} 0 \\ 3.6894\angle -90° \\ 3.6894\angle 90° \end{pmatrix} = \begin{pmatrix} 0 \\ 0.5374 \\ 0.5374 \end{pmatrix}$$

$$\begin{pmatrix} \dot{U}_{2a} \\ \dot{U}_{2b} \\ \dot{U}_{2c} \end{pmatrix} = \begin{pmatrix} 1 & 1 & 1 \\ 1 & \alpha^2 & \alpha \\ 1 & \alpha & \alpha^2 \end{pmatrix} \begin{pmatrix} \dot{U}_{2a0} \\ \dot{U}_{2a1} \\ \dot{U}_{2a2} \end{pmatrix} = \begin{pmatrix} 1 & 1 & 1 \\ 1 & \alpha^2 & \alpha \\ 1 & \alpha & \alpha^2 \end{pmatrix} \begin{pmatrix} 0 \\ 0.5374 \\ 0.5374 \end{pmatrix} = \begin{pmatrix} 1.0749 \\ 0.5374\angle 180° \\ 0.5374\angle 180° \end{pmatrix}$$

节点3：

$$\begin{pmatrix} \dot{U}_{3a0} \\ \dot{U}_{3a1} \\ \dot{U}_{3a2} \end{pmatrix} = \begin{pmatrix} 0 \\ \dot{U}_{i[0]} \\ 0 \end{pmatrix} - \begin{pmatrix} Z_0(i,f) & 0 & 0 \\ 0 & Z_1(i,f) & 0 \\ 0 & 0 & Z_2(i,f) \end{pmatrix} \begin{pmatrix} \dot{I}_{fa0} \\ \dot{I}_{fa1} \\ \dot{I}_{fa2} \end{pmatrix}$$

$$= \begin{pmatrix} 0 \\ 1.05\angle 0° \\ 0 \end{pmatrix} - \begin{pmatrix} 0 & & \\ & j0.0763 & \\ & & j0.0828 \end{pmatrix} \begin{pmatrix} 0 \\ 3.6894\angle -90° \\ 3.6894\angle 90° \end{pmatrix} = \begin{pmatrix} 0 \\ 0.7684 \\ 0.3055 \end{pmatrix}$$

$$\begin{pmatrix} \dot{U}_{3a} \\ \dot{U}_{3b} \\ \dot{U}_{3c} \end{pmatrix} = \begin{pmatrix} 1 & 1 & 1 \\ 1 & \alpha^2 & \alpha \\ 1 & \alpha & \alpha^2 \end{pmatrix} \begin{pmatrix} \dot{U}_{3a0} \\ \dot{U}_{3a1} \\ \dot{U}_{3a2} \end{pmatrix} = \begin{pmatrix} 1 & 1 & 1 \\ 1 & \alpha^2 & \alpha \\ 1 & \alpha & \alpha^2 \end{pmatrix} \begin{pmatrix} 0 \\ 0.7684 \\ 0.3055 \end{pmatrix} = \begin{pmatrix} 1.0739 \\ 0.6701\angle -143.2538° \\ 0.6701\angle 143.2538° \end{pmatrix}$$

节点 4：

$$\begin{pmatrix} \dot{U}_{4a0} \\ \dot{U}_{4a1} \\ \dot{U}_{4a2} \end{pmatrix} = \begin{pmatrix} 0 \\ \dot{U}_{i[0]} \\ 0 \end{pmatrix} - \begin{pmatrix} Z_0(i,f) & 0 & 0 \\ 0 & Z_1(i,f) & 0 \\ 0 & 0 & Z_2(i,f) \end{pmatrix} \begin{pmatrix} \dot{I}_{fa0} \\ \dot{I}_{fa1} \\ \dot{I}_{fa2} \end{pmatrix}$$

$$= \begin{pmatrix} 0 \\ 1.05\angle 0° \\ 0 \end{pmatrix} - \begin{pmatrix} 0 & & \\ & j0.1084 & \\ & & j0.1150 \end{pmatrix} \begin{pmatrix} 0 \\ 3.6894\angle -90° \\ 3.6894\angle 90° \end{pmatrix} = \begin{pmatrix} 0 \\ 0.6501 \\ 0.4243 \end{pmatrix}$$

$$\begin{pmatrix} \dot{U}_{4a} \\ \dot{U}_{4b} \\ \dot{U}_{4c} \end{pmatrix} = \begin{pmatrix} 1 & 1 & 1 \\ 1 & \alpha^2 & \alpha \\ 1 & \alpha & \alpha^2 \end{pmatrix} \begin{pmatrix} \dot{U}_{4a0} \\ \dot{U}_{4a1} \\ \dot{U}_{4a2} \end{pmatrix} = \begin{pmatrix} 1 & 1 & 1 \\ 1 & \alpha^2 & \alpha \\ 1 & \alpha & \alpha^2 \end{pmatrix} \begin{pmatrix} 0 \\ 0.6501 \\ 0.4243 \end{pmatrix} = \begin{pmatrix} 1.0744 \\ 0.5717\angle -159.9999° \\ 0.5717\angle 159.9999° \end{pmatrix}$$

将各序短路电流代入式（7-117）、式（7-118）求得各支路短路电流为

支路 13 的短路电流：

$$\dot{I}_{13a0} = -(\dot{U}_{1a0} - \dot{U}_{3a0})Y_0(1,3) = -(0-0)\times 0 = 0$$

$$\dot{I}_{13a1} = -(\dot{U}_{1a1} - \dot{U}_{3a1})Y_1(1,3) = -(0.8811 - 0.7684)\times j10 = 1.1266\angle -90°$$

$$\dot{I}_{13a2} = -(\dot{U}_{1a2} - \dot{U}_{3a2})Y_2(1,3) = -(0.1924 - 0.3055)\times j10 = 1.1312\angle 90°$$

$$\begin{pmatrix} \dot{I}_{13a} \\ \dot{I}_{13b} \\ \dot{I}_{13c} \end{pmatrix} = \begin{pmatrix} 1 & 1 & 1 \\ 1 & \alpha^2 & \alpha \\ 1 & \alpha & \alpha^2 \end{pmatrix} \begin{pmatrix} \dot{I}_{13a0} \\ \dot{I}_{13a1} \\ \dot{I}_{13a2} \end{pmatrix} = \begin{pmatrix} 1 & 1 & 1 \\ 1 & \alpha^2 & \alpha \\ 1 & \alpha & \alpha^2 \end{pmatrix} \begin{pmatrix} 0 \\ 1.1266\angle -90° \\ 1.1312\angle 90° \end{pmatrix} = \begin{pmatrix} 0.0046\angle 90° \\ 1.9553\angle -179.9326° \\ 1.9553\angle -0.0674° \end{pmatrix}$$

因支路 34、42 与 13 属于串联关系，所以

$$\begin{pmatrix} \dot{I}_{34a} \\ \dot{I}_{34b} \\ \dot{I}_{34c} \end{pmatrix} = \begin{pmatrix} \dot{I}_{42a} \\ \dot{I}_{42b} \\ \dot{I}_{42c} \end{pmatrix} = \begin{pmatrix} \dot{I}_{13a} \\ \dot{I}_{13b} \\ \dot{I}_{13c} \end{pmatrix} = \begin{pmatrix} 0.0046\angle 90° \\ 1.9553\angle -179.9326° \\ 1.9553\angle -0.0674° \end{pmatrix}$$

（d）当发生两相接地短路时（b、c 接地短路）

当发生两相接地短路时，由式（7-112）可得

$$\dot{I}_{f1} = \frac{\dot{U}_{fa[0]}}{j(X_{1\Sigma} + \frac{X_{2\Sigma}X_{0\Sigma}}{X_{2\Sigma}+X_{0\Sigma}})} = \frac{\dot{U}_f}{Z_1(f,f) + \frac{Z_2(f,f)Z_0(f,f)}{Z_2(f,f)+Z_0(f,f)}} = \frac{1.05\angle 0°}{j\left(0.1389 + \frac{0.1457\times 0.250}{0.1457+0.250}\right)} = -j4.5461$$

$$\dot{I}_{f2} = -\frac{X_{0\Sigma}}{X_{2\Sigma}+X_{0\Sigma}}\dot{I}_{f1} = -\frac{Z_0(f,f)}{Z_2(f,f)+Z_0(f,f)}\dot{I}_{f1} = -\frac{j0.250}{j0.1457+j0.250}\times(-j4.5461) = j2.8724$$

$$\dot{I}_{f0} = -\frac{X_{2\Sigma}}{X_{2\Sigma}+X_{0\Sigma}}\dot{I}_{f1} = -\frac{Z_2(f,f)}{Z_2(f,f)+Z_0(f,f)}\dot{I}_{f1} = -\frac{j0.1457}{j0.1457+j0.250}\times(-j4.5461) = j1.6737$$

$$\begin{pmatrix} \dot{I}_{fa} \\ \dot{I}_{fb} \\ \dot{I}_{fc} \end{pmatrix} = \begin{pmatrix} 1 & 1 & 1 \\ 1 & \alpha^2 & \alpha \\ 1 & \alpha & \alpha^2 \end{pmatrix} \begin{pmatrix} \dot{I}_{f0} \\ \dot{I}_{f1} \\ \dot{I}_{f2} \end{pmatrix} = \begin{pmatrix} 1 & 1 & 1 \\ 1 & \alpha^2 & \alpha \\ 1 & \alpha & \alpha^2 \end{pmatrix} \begin{pmatrix} 1.6737\angle 90° \\ 4.5461\angle -90° \\ 2.8724\angle 90° \end{pmatrix} = \begin{pmatrix} 0 \\ -6.4246+j2.5105 \\ 6.4246+j2.5105 \end{pmatrix}$$

$$\dot{I}_f = \dot{I}_{fb} + \dot{I}_{fc} = (-6.4246+j2.5105) + (6.4246+j2.5105) = j5.0210$$

将各序短路电流代入式（7-114），求得各个节点短路电压为

节点 1：

$$\begin{pmatrix} \dot{U}_{1a0} \\ \dot{U}_{1a1} \\ \dot{U}_{1a2} \end{pmatrix} = \begin{pmatrix} 0 \\ \dot{U}_{i[0]} \\ 0 \end{pmatrix} - \begin{pmatrix} Z_0(i,f) & 0 & 0 \\ 0 & Z_1(i,f) & 0 \\ 0 & 0 & Z_2(i,f) \end{pmatrix} \begin{pmatrix} \dot{I}_{fa0} \\ \dot{I}_{fa1} \\ \dot{I}_{fa2} \end{pmatrix}$$

$$= \begin{pmatrix} 0 \\ 1.05\angle 0° \\ 0 \end{pmatrix} - \begin{pmatrix} 0 & & \\ & j0.0458 & \\ & & j0.0521 \end{pmatrix} \begin{pmatrix} 1.6737\angle 90° \\ 4.5461\angle -90° \\ 2.8724\angle 90° \end{pmatrix} = \begin{pmatrix} 0 \\ 0.8419 \\ 0.1498 \end{pmatrix}$$

$$\begin{pmatrix} \dot{U}_{1a} \\ \dot{U}_{1b} \\ \dot{U}_{1c} \end{pmatrix} = \begin{pmatrix} 1 & 1 & 1 \\ 1 & \alpha^2 & \alpha \\ 1 & \alpha & \alpha^2 \end{pmatrix} \begin{pmatrix} \dot{U}_{1a0} \\ \dot{U}_{1a1} \\ \dot{U}_{1a2} \end{pmatrix} = \begin{pmatrix} 1 & 1 & 1 \\ 1 & \alpha^2 & \alpha \\ 1 & \alpha & \alpha^2 \end{pmatrix} \begin{pmatrix} 0 \\ 0.8419 \\ 0.1498 \end{pmatrix} = \begin{pmatrix} 0.9917 \\ 0.7779\angle -129.5988° \\ 0.7779\angle 129.5988° \end{pmatrix}$$

节点 2：

$$\begin{pmatrix} \dot{U}_{2a0} \\ \dot{U}_{2a1} \\ \dot{U}_{2a2} \end{pmatrix} = \begin{pmatrix} 0 \\ \dot{U}_{i[0]} \\ 0 \end{pmatrix} - \begin{pmatrix} Z_0(i,f) & 0 & 0 \\ 0 & Z_1(i,f) & 0 \\ 0 & 0 & Z_2(i,f) \end{pmatrix} \begin{pmatrix} \dot{I}_{fa0} \\ \dot{I}_{fa1} \\ \dot{I}_{fa2} \end{pmatrix}$$

$$= \begin{pmatrix} 0 \\ 1.05\angle 0° \\ 0 \end{pmatrix} - \begin{pmatrix} j0.2500 & & \\ & j0.1389 & \\ & & j0.1457 \end{pmatrix} \begin{pmatrix} 1.6737\angle 90° \\ 4.5161\angle -90° \\ 2.8724\angle 90° \end{pmatrix} = \begin{pmatrix} 0.4184 \\ 0.4184 \\ 0.4184 \end{pmatrix}$$

$$\begin{pmatrix} \dot{U}_{2a} \\ \dot{U}_{2b} \\ \dot{U}_{2c} \end{pmatrix} = \begin{pmatrix} 1 & 1 & 1 \\ 1 & \alpha^2 & \alpha \\ 1 & \alpha & \alpha^2 \end{pmatrix} \begin{pmatrix} \dot{U}_{2a0} \\ \dot{U}_{2a1} \\ \dot{U}_{2a2} \end{pmatrix} = \begin{pmatrix} 1 & 1 & 1 \\ 1 & \alpha^2 & \alpha \\ 1 & \alpha & \alpha^2 \end{pmatrix} \begin{pmatrix} 0.4184 \\ 0.4184 \\ 0.4184 \end{pmatrix} = \begin{pmatrix} 1.2553 \\ 0 \\ 0 \end{pmatrix}$$

节点 3：

$$\begin{pmatrix} \dot{U}_{3a0} \\ \dot{U}_{3a1} \\ \dot{U}_{3a2} \end{pmatrix} = \begin{pmatrix} 0 \\ \dot{U}_{i[0]} \\ 0 \end{pmatrix} - \begin{pmatrix} Z_0(i,f) & 0 & 0 \\ 0 & Z_1(i,f) & 0 \\ 0 & 0 & Z_2(i,f) \end{pmatrix} \begin{pmatrix} \dot{I}_{fa0} \\ \dot{I}_{fa1} \\ \dot{I}_{fa2} \end{pmatrix}$$

$$= \begin{pmatrix} 0 \\ 1.05\angle 0° \\ 0 \end{pmatrix} - \begin{pmatrix} 0 & & \\ & j0.0763 & \\ & & j0.0828 \end{pmatrix} \begin{pmatrix} 1.6737\angle 90° \\ 4.5161\angle -90° \\ 2.8724\angle 90° \end{pmatrix} = \begin{pmatrix} 0 \\ 0.7031 \\ 0.2378 \end{pmatrix}$$

$$\begin{pmatrix}\dot{U}_{3a}\\\dot{U}_{3b}\\\dot{U}_{3c}\end{pmatrix}=\begin{pmatrix}1&1&1\\1&\alpha^2&\alpha\\1&\alpha&\alpha^2\end{pmatrix}\begin{pmatrix}\dot{U}_{3a0}\\\dot{U}_{3a1}\\\dot{U}_{3a2}\end{pmatrix}=\begin{pmatrix}1&1&1\\1&\alpha^2&\alpha\\1&\alpha&\alpha^2\end{pmatrix}\begin{pmatrix}0\\0.7031\\0.2378\end{pmatrix}=\begin{pmatrix}0.9409\\0.6194\angle-139.4238°\\0.6194\angle139.4238°\end{pmatrix}$$

节点 4：

$$\begin{pmatrix}\dot{U}_{4a0}\\\dot{U}_{4a1}\\\dot{U}_{4a2}\end{pmatrix}=\begin{pmatrix}0\\\dot{U}_{i[0]}\\0\end{pmatrix}-\begin{pmatrix}Z_0(i,f)&0&0\\0&Z_1(i,f)&0\\0&0&Z_2(i,f)\end{pmatrix}\begin{pmatrix}\dot{i}_{fa0}\\\dot{i}_{fa1}\\\dot{i}_{fa2}\end{pmatrix}$$

$$=\begin{pmatrix}0\\1.05\angle0°\\0\end{pmatrix}-\begin{pmatrix}0&&\\&j0.1084&\\&&j0.1150\end{pmatrix}\begin{pmatrix}1.6737\angle90°\\3.6894\angle-90°\\3.6894\angle90°\end{pmatrix}=\begin{pmatrix}0\\0.5572\\0.3304\end{pmatrix}$$

$$\begin{pmatrix}\dot{U}_{4a}\\\dot{U}_{4b}\\\dot{U}_{4c}\end{pmatrix}=\begin{pmatrix}1&1&1\\1&\alpha^2&\alpha\\1&\alpha&\alpha^2\end{pmatrix}\begin{pmatrix}\dot{U}_{4a0}\\\dot{U}_{4a1}\\\dot{U}_{4a2}\end{pmatrix}=\begin{pmatrix}1&1&1\\1&\alpha^2&\alpha\\1&\alpha&\alpha^2\end{pmatrix}\begin{pmatrix}0\\0.5572\\0.3304\end{pmatrix}=\begin{pmatrix}0.8876\\0.4853\angle-156.1188°\\0.4853\angle156.1188°\end{pmatrix}$$

将各序短路电流代入式（7-117）和式（7-118）求得各支路短路电流为

支路 13 的短路电流：

$$\dot{i}_{13a0}=-(\dot{U}_{1a0}-\dot{U}_{3a0})Y_0(1,3)=-(0-0)\times0=0$$

$$\dot{i}_{13a1}=-(\dot{U}_{1a1}-\dot{U}_{3a1})Y_1(1,3)=-(0.8419-0.7031)\times j10=1.3882\angle-90°$$

$$\dot{i}_{13a2}=-(\dot{U}_{1a2}-\dot{U}_{3a2})Y_2(1,3)=-(0.1498-0.2378)\times j10=0.8807\angle90°$$

$$\begin{pmatrix}\dot{i}_{13a}\\\dot{i}_{13b}\\\dot{i}_{13c}\end{pmatrix}=\begin{pmatrix}1&1&1\\1&\alpha^2&\alpha\\1&\alpha&\alpha^2\end{pmatrix}\begin{pmatrix}\dot{i}_{13a0}\\\dot{i}_{13a1}\\\dot{i}_{13a2}\end{pmatrix}=\begin{pmatrix}1&1&1\\1&\alpha^2&\alpha\\1&\alpha&\alpha^2\end{pmatrix}\begin{pmatrix}0\\1.3882\angle-90°\\0.8807\angle90°\end{pmatrix}=\begin{pmatrix}0.5075\angle-90°\\1.9812\angle172.6415°\\1.9812\angle7.3585°\end{pmatrix}$$

因支路 34、42 与 13 属于串联关系，所以

$$\begin{pmatrix}\dot{i}_{34a}\\\dot{i}_{34b}\\\dot{i}_{34c}\end{pmatrix}=\begin{pmatrix}\dot{i}_{42a}\\\dot{i}_{42b}\\\dot{i}_{42c}\end{pmatrix}=\begin{pmatrix}\dot{i}_{13a}\\\dot{i}_{13b}\\\dot{i}_{13c}\end{pmatrix}=\begin{pmatrix}0.5075\angle-90°\\1.9812\angle172.6415°\\1.9812\angle7.3585°\end{pmatrix}$$

本例题的网络参数取自英文教材，其电压等级与我国电力系统常用电压等级有稍许区别，但不影响算法的有效性。利用阻抗矩阵以及对称分量法，采用计算机求解不对称故障的方式，所有计算结果都是利用编程方式获得的，取小数点后四位有效数字，计算了一个四节点网络分别发生三种不对称短路故障时的短路电流、短路电压以及各支路电流。读者可以假设其他节点发生短路（或断路）故障（也可以是线路上的某处）或其他相的短路（或断路）故障，尝试利用计算和求解方式编程计算短路电流、短路电压等数据，验证算法有效性。

7.8.3　计算机计算程序原理框图

应用计算机计算各种不对称故障的计算程序框图，如图 7-63 所示。

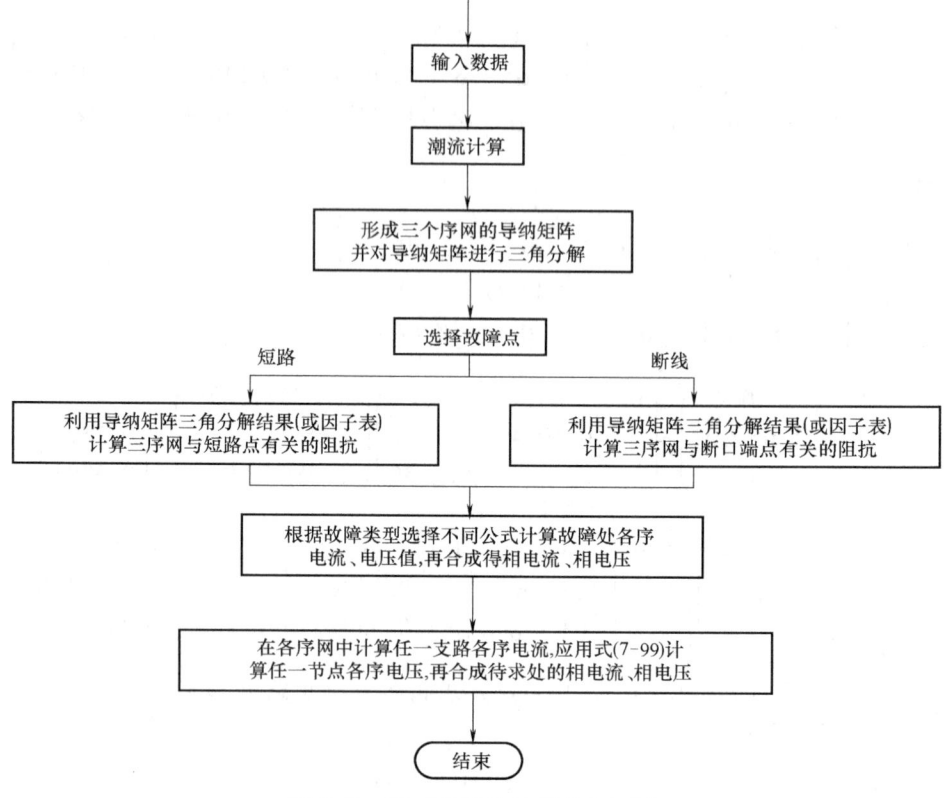

图 7-63 不对称故障计算程序框图

本 章 小 结

本章主要内容为电力系统不对称故障的分析和计算,通过本章学习,主要应掌握以下内容:了解对称分量法的概念,了解各序元件的序参数和等效电路,学会绘制系统序网络等效电路,学会利用对称分量法分析各种不对称故障,分析电流和电压各序分量在各序网络中的分布规律,学会不对称故障电流和电压的计算方法。了解利用三序阻抗矩阵计算简单网络不对称故障时的短路电流及短路电压的计算机解法。

习 题

7-1 什么是对称分量法?a、b、c 分量与正序、负序、零序分量具有怎样的关系?

7-2 如何应用对称分量法分析不对称短路故障?

7-3 对称分量法的物理意义是什么?它和 Park 变换有何不同?

7-4 电力系统元件序参数的基本概念如何?

7-5 变压器的零序参数主要由哪些因素决定?零序等效电路有何特点?

7-6 电力系统简单不对称故障的分析计算步骤如何?

7-7 为什么说短路故障通常比断线故障严重?

7-8 电力网络接线如图 7-64 所示,画出零序网络。

7-9 简单电力系统如图 7-65 所示,已知元件参数如下:发电机:$S_N = 60 \text{MV} \cdot \text{A}$,$x''_d = 0.16$,$x_2 = 0.19$;变压器:$S_N = 60 \text{MV} \cdot \text{A}$,$U_k\% = 10.5$。$k$ 点分别发生单相接地、两相短路、两相接地和三相短路时,试计算短路点短路电流的有名值,并进行比较分析。

7-10 例 3-3 所示 5 节点系统,其单线图如图 3-19 所示,发电机、线路、变压器的数据在表 7-7、表 7-8

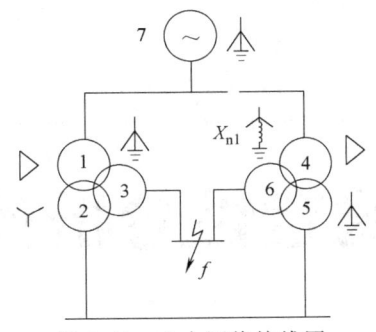

图 7-64 电力网络接线图

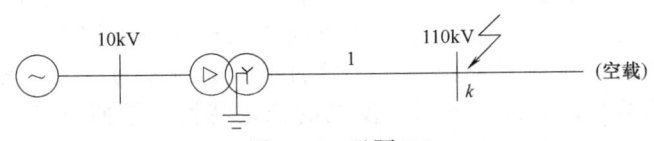

图 7-65 习题 7-9

和表 7-9 中给出。所有变压器和发电机 1 的中性点直接接地,即这些设备的中性电抗为 0。但是,一个标幺值为 0.0025 的电抗连接在发电机 2 的中性点上。故障前电压为 1.05(标幺值)。计算节点 2 分别发生单相接地、两相短路、两相接地短路后的故障电流和电压。

表 7-7 习题 7-10 同步发电机数据(均为标幺值)

节点	X_0	$X_1 = X_d$	X_2	中性点阻抗 X_n
1	0.0125	0.045	0.045	0
3	0.005	0.0225	0.0225	0.0225

表 7-8 习题 7-10 线路数据(均为标幺值)

节点-节点	X_0	$X_1 = X_2$
2-4	0.3	0.1
2-5	0.15	0.05
4-5	0.075	0.025

表 7-9 习题 7-10 变压器数据(均为标幺值)

低压侧节点(连接方式)	高压侧节点(连接方式)	漏电抗 $X_1 = X_2$	中性点电抗 X_n
1(D)	5(Y)	0.02	0
3 D)	4(Y)	0.01	0

7-11 力网络及参数如习题 3-15,分别计算某节点发生单相短路、两相短路以及两相接地短路时的短路电流及短路电压。

7-12 在电力系统运行与保障供电的过程中离不开各专业的配合以及团队的合作,如何理解团队意识、合作共赢?

第 8 章
电力系统的稳定性分析计算

本章提要

本章主要讲授电力系统稳定性分析的相关内容，最初的电力系统的稳定包括静态稳定和暂态稳定两类。随着电力系统的发展，电力系统稳定的概念延伸涵盖了热稳定、静态稳定、暂态稳定、动态稳定以及电压稳定和频率稳定等方面。通过本章学习主要应掌握以下内容：理解电力系统稳定性的基本概念，理解同步发电的稳定特性；掌握单机—无穷大系统静态稳定分析方法，学会利用小扰动法分析系统的静态稳定；掌握简单系统的暂态稳定计算与分析方法，了解提高系统稳定性的措施。

8.1 电力系统稳定的概念

最初的电力系统稳定概念是功角稳定，因为最初出现的电力系统稳定问题是功角失稳问题。电力系统稳定性是电力系统的重要属性，反映了电力系统中各同步发电机在受到扰动后保持或恢复同步运行的能力。电力系统稳定性分析的重点是旋转电机的机械运动。稳定控制问题就是当系统在某一正常运行状态下受到某种干扰以后，采取何种控制措施使得系统经过一定时间回到原运行状态或者过渡到一个新的稳态运行状态的问题。如果能恢复或过渡到新的运行状态，则认为系统在正常运行状态下是稳定的。反之，若系统的运行参数偏差随着时间不断增大或大幅度振荡，则系统是不稳定的。电力系统的稳定与扰动的大小、扰动时间的长短、系统结构、运行方式、系统参数、控制装置等很多因素有关。保证电力系统的稳定是电力系统正常运行的必要条件。电力系统只有在稳定运行情况下，才能持续为用户提供合格的电能。

电力系统稳定性问题的出现最早可追溯到 1920 年。自第一批发电（机）厂并列运行，以及远距离输电线路的出现，人们就开始研究电力系统稳定性问题，即同步发电机并列运行的稳定性问题。同步发电机只有在同步运行状态下，才能输送出稳定的电功率，系统中各节点电压及支路潮流才能保持稳定状态。反之，如果系统中各发电机不能保持同步，则发电机输出功率产生波动；若发电机不能恢复同步运行，则系统将处于失步状态，即系统将失去稳定状态。

电力系统在规模不大的联网初级阶段，可能出现的稳定问题一般可分为静态稳定和暂态稳定两大类。随着电网的发展，电力系统的稳定特性更加复杂，逐渐出现了热稳定、动态稳定、电压稳定、频率稳定等问题。电力系统两大国际组织——国际大电网会议（Conseil International des Grands Réseaux Electriques，CIGRE）和国际电气与电子工程师学会电力工程分会（Institute of Electrical and Electronic Engineers，Power Engineering Society；IEEE PES）曾将"动态稳定"定义为功角稳定的一种形式。但因为"动态稳定"在北美和欧洲分别表示不同的现象：在北美，动态稳定一般表示考虑控制（主要指发电机励磁控制）的小干扰稳定，以区别于不计发电机控制的经典"静态稳定"；而在欧洲却表示暂态稳定。2004 年，IEEE 和 CIGRE

稳定定义联合工作组给出了电力系统稳定的新定义，取消了"动态稳定"这一术语。

中华人民共和国电力行业标准（DL 38755—2019）《电力系统安全稳定导则》则是在以往的基础上对稳定定义进行了补充和细化，保留了动态稳定的概念。

根据动态过程的特征和参与动作的元件及控制系统的类型，行标 DL 38755—2019 将电力系统稳定分为功角稳定、频率稳定和电压稳定三大类以及众多子类，如图 8-1 所示。

其中，电力系统功角稳定性分为静态稳定、暂态稳定和动态稳定。

1）电力系统静态稳定指的是电力系统受到小的干扰后，不发生非同期性的失步，自动恢复到起始运行状态的能力，一般不计调节器的作用。

2）电力系统暂态稳定指的是电力系统受到大的干扰后，各发电机保

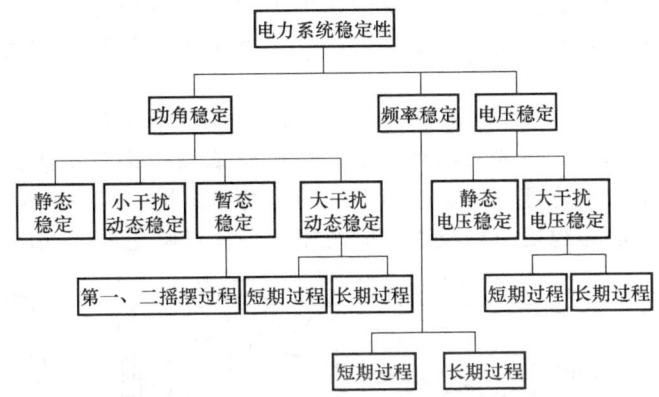

图 8-1 行标 DL 38755—2019 中电力系统稳定的分类

持同步运行并过渡到新的平衡状态或恢复到原来稳定运行状态的能力，通常指第一或第二振荡周期不失步。

3）电力系统动态稳定指的是电力系统受到小的或大的干扰后，在自动调节和控制装置的作用下，能够保持长过程的稳定运行，不发生振幅不断增大的振荡而失步。

和稳定性相对立的概念是不稳定性。电力系统的同步运行不稳定性有两类：一类是周期性不稳定，也叫周期失步；另一类是非周期性不稳定，也叫非周期失步。所谓周期失步，是指系统受扰后形成周期性振荡，振荡的幅值随时间越来越大，无法稳定运行而失步，也称为振荡失稳；非周期失步是指系统受扰后不形成振荡，但幅值随时间单调增大，同样无法稳定运行而失步，也称为滑行失步。可以通过求解系统特征值来判断系统是否稳定。

电压稳定性是电力系统在给定的运行条件下，遭受扰动后，系统中所有母线电压能继续保持在可接受的水平的能力。若电力系统发生扰动，如负荷变化或改变运行条件使系统中的母线或负荷节点形成不可控制的电压降落，则系统处于电压不稳定状态。

频率稳定性是指电力系统发生突然的有功功率扰动后，系统频率能够保持或恢复到允许的范围内不发生频率崩溃的能力。主要用于研究系统的旋转备用容量和低频减载配置的有效性与合理性，以及机网协调问题。

热稳定包括正常运行热稳定和短路热稳定两方面。正常运行热稳定是指电力系统正常运行时，导线弧垂不因运行中发热而导致破坏安全距离。短路热稳定是指电力系统发生故障时，短路电流引起的导体发热不会导致金属导体的熔化，或者固定件、绝缘件、绝缘层的明显劣化。

电力系统的稳定性可通过电力系统仿真软件进行分析和评估。中国常用的仿真分析软件主要是电力系统分析软件（Power System Department-Bonneville Power Administration Software，PSD-BPA）和电力系统综合分析软件（Power System Analysis Software Package，PSASP），软件的知识产权均属于中国电力科学研究院。

8.1.1 静态稳定

为了系统能够正常运行，系统中任一输电回路在正常情况和规定预想的事故后传输的有功功率必须低于静态稳定传输极限，并保留合理裕度。静态稳定的实质是由于同步转矩不足

或电压崩溃，发电机角度持续增大而引起系统非周期失去稳定。

电力系统的理想运行情况是在任何时候都能够以恒定的电压和频率连续不断地向负荷供电，然而实际上这种理想情况是不能长期存在的，因为电力系统运行过程中总是不可避免地存在小干扰，而电力系统受到小干扰后是否稳定和很多因素有关，因此进行电力系统静态稳定分析，判断系统在给定运行方式下是否满足静态稳定运行要求，是电力系统分析最基本的任务之一。

静态稳定定义中的小扰动是指系统正常运行时负荷的小波动或是运行点的正常调节。由于扰动小，一般采用线性化方法和简单模型来分析静态稳定性。通常利用李雅普诺夫非线性系统线性化理论分析电力系统的静态稳定性，从而判断其在小干扰下的行为特征。

静态稳定失稳过程对应的相关特征量响应曲线如图 8-2 所示。

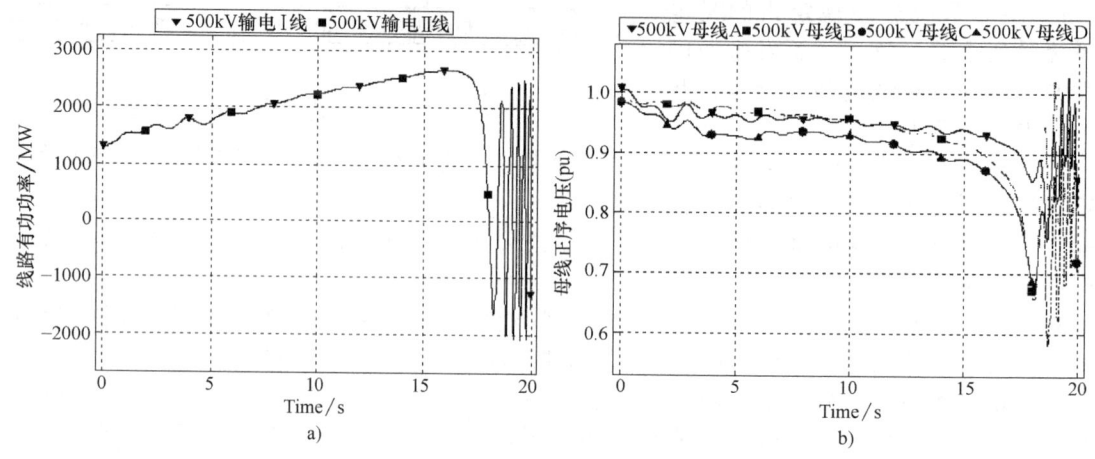

图 8-2 静态稳定失稳对应的响应曲线
a）功率曲线 b）电压曲线

8.1.2 暂态稳定

在稳态运行情况下，电力系统中各发电机组输出的电磁转矩和原动机输入的机械转矩相平衡，各机组的转速保持恒定。暂态稳定是指电力系统在某个运行情况下突然受到大的干扰后，能否经过暂态过程达到新的稳态运行状态或者恢复到原来的状态。这里所谓的大干扰，是相对静态稳定中所提到的小干扰而言的，一般指系统发生短路故障，线路或发电机突然断开等。若发生上述扰动后，继电保护装置会快速动作切除故障或自动重合闸以保证系统再建立稳定运行状态，则系统在这种运行情况下是暂态稳定的。但如果切除故障速度不够快，各发电机组转子间有较长时间的相对运动，相对角度不断变化，因而系统的功率、电流和电压都不断振荡，以致整个系统不能再继续运行下去，则系统不能保持暂态稳定，称为暂态失稳。

在遭受大的干扰后，由于系统的结构或参数发生了较大的变化，使得系统的潮流及发电机的输出功率也随之发生变化，从而打破了发电机和负荷之间的功率平衡，在发电机转轴上产生不平衡转矩，导致转子加速或减速。一般情况下，干扰后各发电机承担的功率不平衡状况并不尽相同，加之各发电机组的转动惯量也不相同，使得各机组转速变化的情况各不相同。这样，各发电机转子之间将产生相对运动，使得转子之间的相对角度发生变化，而转子之间相对角度的变化又反过来影响各发电机的输出功率，从而使各个发电机的功率、转速和转子之间的相对角度继续发生变化。与此同时，由于发电机端电压和定子电流的变化，将引起励磁调节系统的动作；由于机组转速发生的变化，将引起调速系统的协作；由于网络中母线电压的变化，将引起负荷功率的变化等。这些变化将直接或间接地影响发电机转轴上的功率平衡情况。上述各种变化过程既相互联系又相互影响，形成了一个以各发电机转子机械运动和电磁功率变化为主体的暂态过程。通过电力系统暂态稳定分析，判断系统在给定运行方式下是否满足暂态稳定运行要求，是电力系统分析最重要的任务之一。电力系统遭受大干扰后所发生的暂态过程可能有两种不同的结果。一种是各发电机转子之间的相对角度随时间的变化呈振荡（或称为摇摆）状态。如果振荡的幅值逐渐衰减，各发电机之间的相对运动将逐渐消失，使得系统过渡到一个新的稳态运行情况（或者恢复到干扰前的稳态运行情况），此时各发电机仍然保持同步运行。对于这种结果称电力系统是暂态稳定的。这里所说的过渡到新的稳态运行情况（或者恢复到干扰前的稳态运行情况）也称为无扰运动。另一种结果是在暂态过程中，某些发电机转子之间始终存在着相对运动，使得转子之间的相对角度随时间不断增大，导致这些发电机之间失去同步。这时称电力系统是暂态不稳定的。暂态稳定和暂态不稳定两种情况下的发电机转子之间相对角度的变化情况分别如图8-3a、b所示。发电机失去同步后，系统中的功率和电

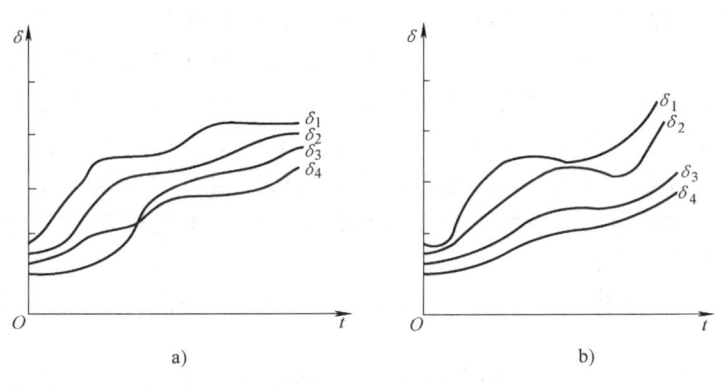

图 8-3 暂态过程中各发电机的功角曲线
a）稳定情况　b）不稳定情况

压将产生强烈的振荡，使得一些发电机和负荷被切除，严重情况下甚至导致系统的解列或瓦解。

8.1.3 动态稳定

动态稳定分析是电力系统最容易被忽略的任务之一。在实际系统中，往往都是动态失稳发生后才去认真分析并寻求对策。从物理机理看，动态稳定水平与阻尼力矩相关。动态稳定计算分析中必须考虑详细的动态元件和控制装置的模型，如励磁系统及其附加控制、原动机调速器、电力电子装置等。研究方法主要是在某一运行点上将描述动力系统动态特性的基本方程线性化，用特征方程根实部的正负来判定系统是否稳定。随着电力系统规模的增大，动态稳定问题越来越明显，越来越复杂。

动稳实用判据：正常运行方式下，各机电振荡模式的阻尼比应大于0.03；大扰动方式下，各机电振荡模式的阻尼比应大于0.01～0.015。

某输电断面在动稳极限方式下对应的功率曲线如图8-4所示，图中功率曲线反映系统大扰动后的阻尼比约为0.015。如果该断面功率继续增加，导致阻尼比小于0.015，工程上认为系统动态不稳定。

一般来说，系统的动态稳定水平低于暂态稳定水平，暂态稳定水平低于静

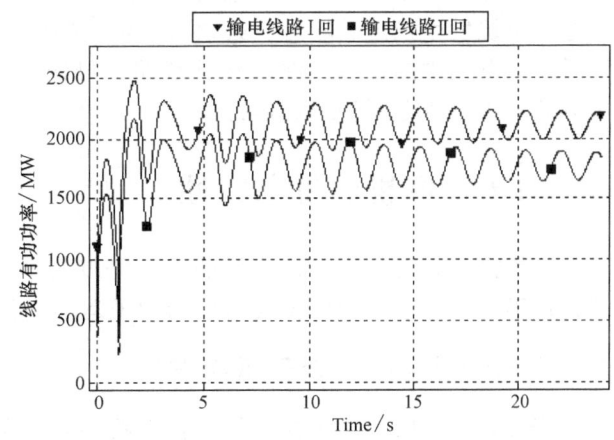

图 8-4 某输电断面动稳极限方式对应的功率曲线

态稳定水平。

8.1.4 电力系统稳定运行的基本要求

电力系统稳定的概念延伸涵盖了热稳定、静态稳定、暂态稳定、动态稳定以及电压稳定和频率稳定等方面。这些稳定特性的机理可以是相互独立的，在复杂的大型电力系统中也可以是相互交织、相互影响的。

为保证电力系统运行的稳定性，维持电网频率、电压的正常水平，系统应有足够的静态稳定储备和有功、无功备用容量。备用容量应分配合理，并有必要的调节手段。在正常负荷波动和调整有功、无功潮流时，均不应发生自发振荡。

对于一个电力系统，稳定水平高主要包括区域功率裕度较大，所有母线电压稳定裕度较大等方面；对于电力系统中的输电通道，稳定水平高主要包括热稳定裕度较大、静态稳定裕度较大、暂态稳定裕度较大、动态稳定裕度较大、两端母线电压稳定裕度较大等方面。

合理的电网结构是电力系统安全稳定运行的基础。在电网的规划设计阶段，应当统筹考虑、合理布局。电网运行方式的安排也要注重电网结构的合理性。合理的电网结构应满足如下基本要求：

1) 能够满足各种运行方式下潮流变化的需要，具有一定的灵活性，并能适应系统发展的要求。
2) 任一元件无故障断开，应能保持电力系统的稳定运行，且不致使其他元件超过规定的事故过负荷和电压允许偏差的要求。
3) 应有较大的抗扰动能力，并满足本导则中规定的有关各项安全稳定标准。
4) 满足分层和分区原则。
5) 合理控制系统短路电流。

正常运行方式下的电力系统中任一元件（如线路、发电机、变压器等）无故障或因故障断开，电力系统应能保持稳定运行和正常供电，其他元件不过负荷，电压和频率均在允许范围内。这通常称为电力系统"$N-1$"原则。

电力系统的 N 个元件中的任意两个独立元件（发电机、输电线路、变压器等）发生故障而被切除后，经采取适当控制措施，应不造成因其他线路过负荷跳闸而导致用户停电，不破坏系统的稳定性，不出现电压崩溃等事故。这通常被称为电力系统"$N-2$"原则。

在事故后经调整的运行方式下，电力系统仍应有规定的静态稳定储备，并满足再次发生单一元件故障后的暂态稳定和其他元件不超过规定事故过负荷能力的要求。

电力系统发生稳定破坏时，必须有预定的措施，以防止事故范围扩大，减少事故损失。

低一级电网中的任何元件（包括线路、母线、变压器等）发生各种类型的单一故障均不得影响高一级电压电网的稳定运行。

8.2 同步发电机的机电特性

在分析机电暂态过程中，分析的重点是旋转电机的机械运动，因此，不能再假设旋转电机的转速不变。本节将对同步发电机的转子运动方程、同步发电机的功角特性做详细的描述。

8.2.1 同步发电机的转子运动方程

根据旋转物体的力学定律，同步发电机组转子的机械角加速度与作用在转子轴上的不平衡转矩之间有如下关系：

$$J\alpha = J\frac{d\Omega}{dt} = \Delta M = M_T - M_E \tag{8-1}$$

式中，α 为转子机械角加速度（rad/s²）；Ω 为转子机械角速度（rad/s）；J 为转子的转动惯量（kg·m²）；ΔM 为作用在转子轴上的不平衡转矩（N·m），若略去转子转动时的风阻、摩擦等损耗，它就是原动机机械转矩 M_T 和发电机电磁转矩 M_E 之差；t 为时间（s）。

当转子以额定转速 Ω_0（即同步转速）旋转时，其动能为

$$E_k = \frac{1}{2}J\Omega_0^2 \tag{8-2}$$

式中，E_k 为转子在额定转速时的动能。由式（8-2）可得

$$J = \frac{2E_k}{\Omega_0^2}$$

代入式（8-1）得

$$\frac{2E_k}{\Omega_0^2}\frac{d\Omega}{dt} = \Delta M \tag{8-3}$$

如果转矩采用标幺值，将式（8-3）两端同时除以转矩基准值 M_B（即功率基准值除以同步转速——S_B/Ω_0），则得

$$\frac{\frac{2E_k}{\Omega_0^2}}{\frac{S_B}{\Omega_0}}\frac{d\Omega}{dt} = \frac{2E_k}{S_B\Omega_0}\frac{d\Omega}{dt} = \Delta M_* \tag{8-4}$$

式中，S_B 为功率基准值（V·A）。由于机械角加速度和电角加速度存在下列关系：

$$\Omega = \frac{\omega}{p}, \quad \Omega_0 = \frac{\omega_0}{p}$$

式中，p 为同步发电机转子的极对数；ω_0 为同步电角速度。则式（8-4）可改写为

$$\frac{2E_k}{S_B\omega_0}\frac{d\omega}{dt} = \frac{T_J}{\omega_0}\frac{d\omega}{dt} = \Delta M_* \tag{8-5}$$

式中，T_J 为发电机组的惯性时间常数（s），$T_J = \frac{2E_k}{S_B}$。一般手册上所给出的数据均以发电机本身的额定容量为功率基准值。

功角与电角速度之间有如下关系：

$$\begin{cases} \dfrac{d\delta}{dt} = \omega - \omega_0 \\ \dfrac{d^2\delta}{dt^2} = \dfrac{d\omega}{dt} \end{cases} \tag{8-6}$$

将式（8-6）代入式（8-5）得

$$\frac{T_J}{\omega_0}\frac{d^2\delta}{dt^2} = \Delta M_* \tag{8-7}$$

如果考虑到发电机组的惯性较大，一般机械角速度 Ω 的变化不是太大，故可以近似地认为转矩的标幺值等于功率的标幺值，即

$$\Delta M_* = \frac{\Delta M}{S_B/\Omega_0} = \frac{\Delta M\Omega_0}{S_B} \approx \frac{\Delta P}{S_B} = P_{T*} - P_{E*}$$

为了书写方便,略去下角标 *,则式 (8-7) 演变为

$$\frac{T_J}{\omega_0}\frac{d^2\delta}{dt^2}=P_T-P_E \tag{8-8}$$

将式 (8-8) 还原为状态方程的形式为

$$\begin{cases}\dfrac{d\delta}{dt}=\omega-\omega_0\\ \dfrac{d\omega}{dt}=\dfrac{\omega_0}{T_J}(P_T-P_E)\end{cases} \tag{8-9}$$

若将 ω 表示为标幺值,即用 $\omega_*=\omega/\omega_0$,再略去下角标 *,则得

$$\begin{cases}\dfrac{d\delta}{dt}=(\omega-1)\omega_0\\ \dfrac{d\omega}{dt}=\dfrac{1}{T_J}(P_T-P_E)\end{cases} \tag{8-10}$$

式中,除了 t、T_J 和 ω_0 为有名值外,其余均为标幺值。

以上给出的发电机几种形式的转子运动方程,表明了电的或机械的角速度和转子上不平衡转矩或功率的关系。在稳态运行时机械转矩或功率和发电机的电磁转矩或输出的电磁功率相等,在暂态过程中受调速器的控制。在近似分析较短时间内的暂态过程时,可以假设调速器不起作用,汽轮机的汽门或水轮机的导向叶片的开度不变,即机械转矩或功率不变。

8.2.2 发电机的电磁转矩和功率

严格地讲,分析同步发电机受到干扰后的机电暂态过程,必须将转子运动方程式和同步发电机回路基本方程联立求解。但是在解决工程实际问题时,往往针对要研究的问题进行某些简化,在稳定性分析时做以下简化:

1) 略去发电机定子绕组的电阻。
2) 假设发电机转速接近同步转速。
3) 不计定子绕组中的电磁暂态过程,不考虑直流,以及高次谐波电流产生的电磁功率。
4) 认为发电机暂态电动势在发电机受到干扰的瞬间是不变的,近似地认为自动调节励磁装置的作用能补偿暂态电动势的衰减,可用恒定的暂态电动势作为发电机的等效电动势。

在 E_q 为常数情况下,隐极式发电机有功功率和功角 δ 的关系曲线如图 2-4 所示。此曲线为一正弦曲线,有功功率最大值为 E_qU/x_d,也就是这种情况下的功率极限。

若用暂态电动势和暂态电抗表示发电机基本方程,则有

$$\begin{cases}E_q'=U_q+I_d x_{d\Sigma}'\\ 0=U_d-I_q x_{d\Sigma}\end{cases} \tag{8-11}$$

隐极式发电机的有功功率的表达式为

$$P=\mathrm{Re}(\dot{U}\dot{I}^*)=U_d I_d-U_q I_q \tag{8-12}$$

将式 (8-11) 代入式 (8-12),可得

$$P_{E_q'}=\left(\frac{E_q'-U_q}{x_{d\Sigma}'}\right)U_d+\frac{U_d}{x_{d\Sigma}}U_q=\frac{E_q'U}{x_{d\Sigma}'}\sin\delta-\frac{U^2}{2}\frac{x_{d\Sigma}-x_{d\Sigma}'}{x_{d\Sigma}x_{d\Sigma}'}\sin2\delta \tag{8-13}$$

如果近似地认为自动调节励磁装置能保持 E_q' 不变,则发电机的电磁功率也仅是功角 δ 的函数。绘制功角特性曲线如图 8-5 所示。由于暂态电抗和同步电抗不相等,出现了一个按两倍功角正弦变化的功率分量,它和凸极式发电机的磁阻功率相类似,可称为暂态磁阻功率。由于它的存在,功角特性曲线发生畸变,使功率极限略有增加,并且极限值出现在功角大于 90° 处。

由于暂态电动势 E_q' 必须通过 q、d 轴的分别计算才能得到，在近似工程计算中还采取进一步的简化，即用 x_d' 后的电动势 E' 代替 E_q'。则有

$$P_{E'} = \frac{E'U}{x_{d\Sigma}'}\sin\delta' \qquad (8\text{-}14)$$

式中，δ' 为 E' 和 U 之间的夹角。

隐极式发电机的无功功率的表达式为

$$Q = \text{Im}(\dot{U}\dot{I}^*) = U_q I_d - U_d I_q \qquad (8\text{-}15)$$

将式（8-11）代入式（8-15），可得

$$Q = E_q' I_d - (I_d^2 x_d' + I_q^2 x_d) \qquad (8\text{-}16)$$

不难看到，式（8-16）中的第二部分实际上仍是发电机内部的无功功率损耗，因此时发电机直轴等效定子绕组的电抗已改变为 x_d'。而式（8-16）中第一部分则仍是发电机交轴暂态电动势处的无功功率。这个无功功率为

$$Q = E_q'\left(\frac{E_q' - U_q}{x_d'}\right) = \frac{E_q'^2}{x_d'} - \frac{E_q' U}{x_d'}\cos\delta \qquad (8\text{-}17)$$

发电机端点输出的无功功率则为

$$Q_{E'_q} = \frac{E_q' U_q}{x_d'} - \left(\frac{U_q^2}{x_d'} + \frac{U_d^2}{x_d}\right) = \frac{E_q' U}{x_d'}\cos\delta - \frac{U^2}{2}\frac{x_d + x_d'}{x_d x_d'} - \frac{U^2}{2}\frac{x_d - x_d'}{x_d x_d'}\cos2\delta \qquad (8\text{-}18)$$

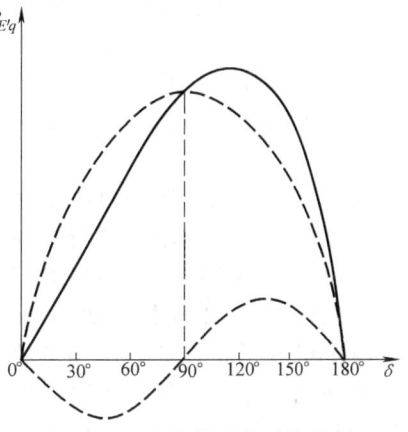

图 8-5　E_q' 为常数时的功角特性

8.3　电力系统的静态稳定分析

8.3.1　单机—无穷大系统的静态稳定

简单的单机—无穷大系统如图 8-6 所示。在给定的运行情况下，发电机输出的功率为 P_0，$\omega = \omega_N$；原动机的功率为 $P_{T0} = P$。假定：原动机的功率 $P_{T0} = P_0 = P_T =$ 常数，发电机为隐极机，且不计励磁调节作用，即 $E_q = E_{q0} =$ 常数。

当系统稳态运行时，E_q、U、$x_{d\Sigma}$ 不变，发电机输出的电磁功率随功角 δ 的变化而变化，当 $\delta = 90°$ 时，有功功率出现最大值。若不计原动机调速器的作用，则原动机机械功率 P_T 不变。假定发电机向无限大系统输送的功率为 P_0，忽略了电阻损耗及机组的摩擦、风阻等损耗，P_0 即等于原动机输出的机械功率 P_T，此时可能有两个运行点 a 和 b，相对应的功角为 δ_a 和 δ_b，如图 8-7 所示。在 a 点，若系统出现某种微小扰动，使功角增加微小增量 $\Delta\delta$，则发电机输出的电磁功率达到与图 8-7 中 a' 相对应的值。这时，由于原动机的机械功率 P_T 保持不变，仍为 P_0，因此，发电机输出的电磁功率大于原动机的机械功率，由式（8-9）可知，发电机转子将减速，功角 δ 将减小，经过一系列微小的振荡后运行点又回到 a 点，功角变化过程如图 8-8a 所示。同样，若微小扰动使功角减小 $\Delta\delta$，则发电机输出的电磁功率对应

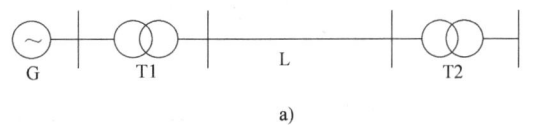

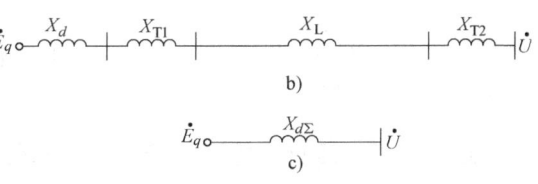

图 8-6　单机—无穷大系统
a）系统图　b）、c）等效电路

于图 8-7 中 a'' 相对应的值，这时输出的电磁功率小于输入的机械功率，发电机转子将加速，功角 δ 将增大，经过一系列微小的振荡后运行点又回到 a 点。因此，对 a 点而言，当受到微小的扰动以后，系统均能恢复到原先的平衡状态，故 a 点是静态稳定的。

在 b 点，若微小扰动使功角增加微小增量 $\Delta\delta$，则发电机输出的电磁功率达到与图 8-7 中 b' 相对应的值。这时，由于原动机的机械功率 P_T 保持不变，仍为 P_0，因此，发电机输出的电磁功率小于原动机的机械功率，发电机转子将加速，功角 δ 将进一步增大，运行点不再回到 b 点，功角变化过程如图 8-8b 所示。功角 δ 的不断增大标志着发电机与无限大系统非周期性地失去同步，系统中电流、电压、功率等大幅度波动，无法正常运行，最终可能导致系统瓦解。同样，若微小扰动使功角减小 $\Delta\delta$，则发电机输出的电磁功率对应于图 8-7 中 b'' 相对应的值，这时输出的电磁功率大于输入的机械功率，发电机转子将减速，功角 δ 将减小，一直减小到小于 δ_a，转子又获得加速，然后又经过一系列微小的振荡后，在 a 点达到新的平衡，运行点也不再回到 b 点。因此，对 b 点而言，当受到微小的扰动以后，系统可能到达一个新的运行点或失去同步，故 b 点是静态不稳定的。

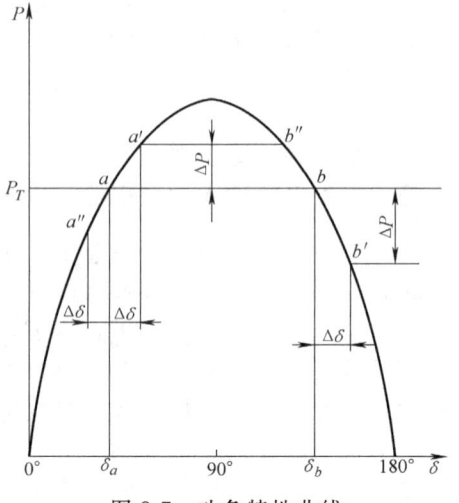

图 8-7 功角特性曲线

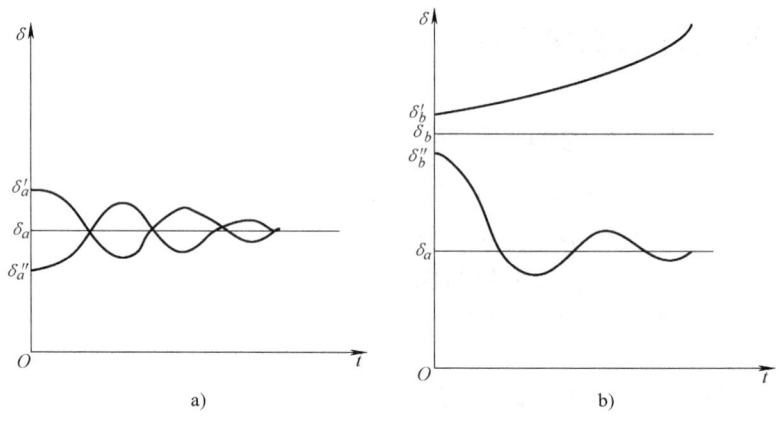

图 8-8 小扰动后功角变化过程
a）运行点 a b）运行点 b

通过以上两点运行分析可知静态稳定条件为

$$\frac{\mathrm{d}P_E}{\mathrm{d}\delta} > 0 \tag{8-19}$$

则有

$$\frac{\mathrm{d}P_E}{\mathrm{d}\delta} = \frac{E_q U}{x_{d\Sigma}} \cos\delta \tag{8-20}$$

式中，$\dfrac{\mathrm{d}P_E}{\mathrm{d}\delta}$ 为整步功率系数。当 $\delta < 90°$ 时，$\dfrac{\mathrm{d}P_E}{\mathrm{d}\delta} > 0$，在这个范围内，系统是稳定的。当 δ 越接

近90°时，整步功率系数越小，稳定的程度越低，当 $\dfrac{dP_E}{d\delta}=0$ 时，P_E 达到功率极限，称为静态稳定极限，故只有如图8-7所示 $\delta\leqslant 90°$ 的左半区域才是稳定运行区。通常，静态稳定极限所对应的功角正好与最大功率或称为功率极限的功角一致。

为了保证稳定，系统不应经常在稳定极限的情况下运行，应保持一定的储备，定义储备系数为

$$K_P = \frac{P_M - P_0}{P_0} \times 100\% \tag{8-21}$$

式中，P_M 为最大功率；P_0 为正常运行情况下的发电机输送功率。我国电力规程规定，正常运行方式下 K_P 不小于15%~20%，事故后的运行方式下 K_P 不小于10%。所谓事故后的运行方式，是指事故后系统尚未恢复到原始的正常运行方式的情况。

例8-1 简单电力系统如图8-6所示，发电机（隐极机）的同步电抗、变压器电抗、线路电抗标幺值分别为 $X_d = 1.0$、$X_{T1} = 0.1$、$X_{T2} = 0.1$、$X_L = 0.1$，均以发电机额定容量为基准值。无限大系统母线电压为 $1\angle 0°$。如果在发电机端电压为1.05时发电机向系统输送功率为0.8，试计算此时系统的静态储备系数。

解： 此系统的静态稳定极限即对应的功率极限为

$$P_M = \frac{E_q U}{X_{d\Sigma}} = \frac{E_q \times 1}{1.0+0.1+0.1+0.1} = \frac{E_q \times 1}{1.3}$$

需要计算出空载电动势 E_q，按下列步骤进行：

（1）计算发电机的功角

由图8-6可知发电机发出的电磁功率为

$$P_E = UI\cos\varphi = U\frac{U_G}{X_{T1}+X_L+X_{T2}}\sin\delta = \frac{1\times 1.05}{0.1+0.1+0.1}\sin\delta = 0.8$$

求得 $\delta = 13.21°$。

（2）计算电流 I

$$I = \frac{U_G - U}{j(X_{T1}+X_L+X_{T2})} = \frac{1.05\angle 13.21° - 1\angle 0°}{j0.3} = 0.803\angle -5.29°$$

计算 E_q 为

$$E_q = U + jI(Xd + X_{T1} + X_L + X_{T2}) = 1\angle 0° + j0.803\angle -5.29° \times 1.3 = 1.51\angle 43.5°$$

所以，静态稳定极限对应的功率为

$$P_M = \frac{E_q U}{X_{d\Sigma}} = \frac{1.51 \times 1}{1.3} = 1.16$$

储备系数为

$$K_P = \frac{P_M - P_0}{P_0} \times 100\% = \frac{1.16 - 0.8}{0.8} \times 100\% = 45\%$$

8.3.2 小扰动法分析电力系统的静态稳定

分析电力系统静态稳定的实用判据，方法简单，只能做定性分析，不能用于严格的定量计算。当需要对电力系统的静态稳定性问题做较严格的计算时，可应用小扰动法。

静态稳定属于动力学系统的范畴，所以静态稳定可以用李雅普诺夫奠定的运动稳定性的理论基础来解决。对一个动力学系统，通常是用一组微分方程来描述其运动状态的。设该动力学系统的状态方程为

$$\frac{dX(t)}{dt} = F[t, X(t)] \tag{8-22}$$

式中，$X(t)$ 为给定初值求解的微分方程。设给定初值 $X(t_0)$ 确定了式（8-22）的一组特解，则这组特解就描述了该动力学系统的一种运行状态。

对于电力系统，当其受到扰动时反应在动力学系统的数学描述上，就是改变了初值 $X(t_0)$ 使得式（8-22）在一新给定的不同于 $X(t_0)$ 的初值 $X(t_e)$ 的情况下求解微分方程，显然，此时式（8-22）的特解就改变了，相应的该动力学系统的运行状态也改变了。如果把初值为 $X(t_0)$ 时的状态方程称为未受扰运动，那么初值为 $X(t_e)$ 时的状态方程就是受扰运动了。

小扰动法是根据李雅普诺夫稳定性理论，将一个动态系统的稳定性分为稳定、渐近稳定和大范围渐近稳定三种主要形式。对于 n 维自治系统 $\dot{x} = f(x)$，其定义分别如图 8-9a、b、c 所示。

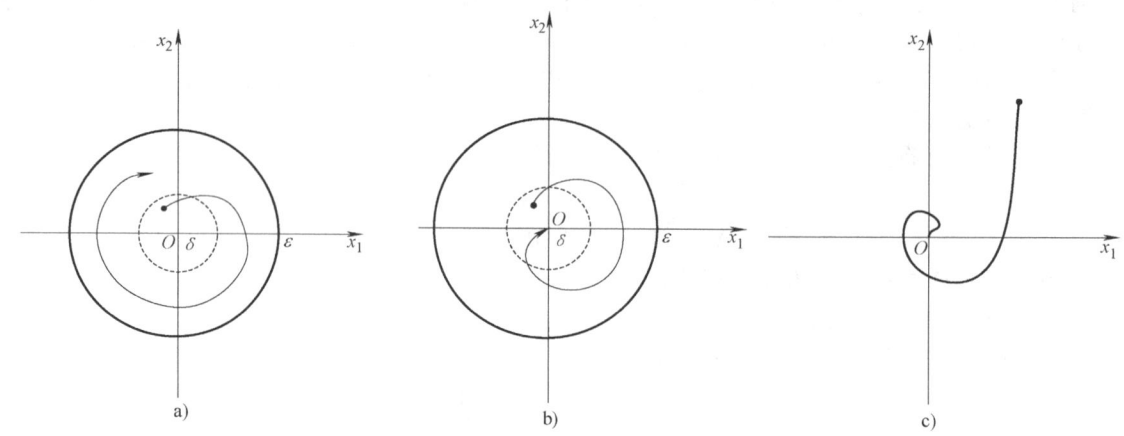

图 8-9 稳定的三种形式
a) 稳定 b) 渐近稳定 c) 大范围渐近稳定

电力系统静态稳定属于渐近稳定，为简化起见，在以下的叙述中省去渐近两字。

结合电力系统的情况，可将小扰动法分析计算电力系统静态稳定的步骤归纳如下：
1) 列写电力系统各元件的微分方程以及联系各元件间关系的代数方程（如网络方程）。
2) 分别对微分方程和代数方程线性化。
3) 消去方程中的非状态变量，求出线性化小扰动状态方程及矩阵 A。
4) 进行给定运行情况的初态计算，确定矩阵 A 各元素的值。
5) 确定或判断矩阵 A 的特征值是不是负号，判断系统在给定运行条件下是否具有静态稳定性。

对于不同系统而言，特征值有可能是实数或者复数，如果矩阵 A 是实矩阵，其复数特征值总是以共轭对形式出现的。当系统的全部特征值均位于复平面的左半部分时，则系统是稳定的。

1. 不计发电机组的阻尼作用

简单电力系统的状态方程为

$$\begin{cases} \dfrac{d\delta}{dt} = \omega - \omega_0 \\ \dfrac{d\omega}{dt} = \dfrac{\omega_0}{T_J}[P_{T0} - P_{Eq}(\delta)] \end{cases} \tag{8-23}$$

由于 $P_{Eq}(\delta)$ 含有 $\sin\delta$，所以方程组是非线性的。将 $P_{Eq}(\delta)$ 线性化，并令 $\Delta P_E = S_{Eq}\Delta\delta$，其中 $S_{Eq} = \dfrac{\mathrm{d}P_{Eq}}{\mathrm{d}\delta}\bigg|_{\delta=\delta_0} = \dfrac{E_{q0}U}{x_{d\Sigma}}\cos\delta_0$ 为整步功率系数，T_J 为惯性时间常数。对于简单系统，其状态变量为

$$\begin{cases}\delta = \delta_0 + \Delta\delta \\ \omega = \omega_0 + \Delta\omega\end{cases}$$

将上式代入式（8-23）得到线性化后的状态方程（写成矩阵形式）为

$$\begin{pmatrix}\dfrac{\mathrm{d}\Delta\delta}{\mathrm{d}t} \\ \dfrac{\mathrm{d}\Delta\omega}{\mathrm{d}t}\end{pmatrix} = \begin{pmatrix} 0 & \omega_0 \\ -\dfrac{S_{Eq}}{T_J} & 0 \end{pmatrix}\begin{pmatrix}\Delta\delta \\ \Delta\omega\end{pmatrix} \tag{8-24}$$

式（8-24）的系数矩阵即为雅可比矩阵 $\boldsymbol{A}$，为了确定矩阵 $\boldsymbol{A}$ 的元素，要进行给定方式的潮流计算。通常是已知系统电压 U、发电机送到系统的功率 P_0 和 Q_0，算出 E_{q0}、δ_0，代入整步功率系数中，即可求得 S_{Eq}。

确定了矩阵 $\boldsymbol{A}$ 的元素后，用直接求特征值的办法求其特征值，可得矩阵 $\boldsymbol{A}$ 的特征值为

$$p_{1,2} = \pm\sqrt{-\dfrac{\omega_0 S_{Eq}}{T_J}} \tag{8-25}$$

通常系统的惯性时间常数 T_J、转速 ω_0 均为正数，所以系统运行情况和整步功率系数 S_{Eq} 有关。

1）当 $S_{Eq}<0$ 时，特征值 p_1、p_2 为一个正实根和一个负实根，即 $\Delta\delta$ 和 $\Delta\omega$ 有随时间不断单调增加的趋势，发电机相对于无限大系统非周期性地失去同步，因此系统是不稳定的。

2）当 $S_{Eq}>0$ 时，特征值 p_1、p_2 为一对共轭虚数，电力系统受到扰动后，$\Delta\delta$ 和 $\Delta\omega$ 将做等幅振荡。从理论上来讲，系统不具有渐近稳定性，但是实际系统由于存在摩擦等原因产生的损耗，可以认为振荡会逐渐衰减，系统是稳定的。

综上所述，可以得到简单电力系统的静态稳定判据为 $S_{Eq}>0$，且一般静态稳定极限角 $\delta<90°$，这与式（8-23）是一致的。

2. 计及发电机组的阻尼作用

发电机组会有轴承摩擦和气体摩擦所产生的阻尼，因而发电机的转子运动方程和阻尼有关。

设阻尼功率系数为 D，则此时的阻尼转矩可表示为

$$M_D \approx P_D = D\Delta\omega = D(\omega - \omega_N) = D\dfrac{\mathrm{d}\Delta\delta}{\mathrm{d}t} \tag{8-26}$$

此时的发电机的转子运动方程为

$$\dfrac{T_J}{\omega_N}\dfrac{\mathrm{d}^2\delta}{\mathrm{d}t^2} = P_T - (P_E + P_D) \tag{8-27}$$

将式（8-9）和式（8-24）代入式（8-27），然后对状态方程线性化。线性化的状态方程为

$$\begin{pmatrix}\dfrac{\mathrm{d}\Delta\delta}{\mathrm{d}t} \\ \dfrac{\mathrm{d}\Delta\omega}{\mathrm{d}t}\end{pmatrix} = \begin{pmatrix} 0 & \omega_0 \\ -\dfrac{S_{Eq}}{T_J} & -\dfrac{D}{T_J} \end{pmatrix}\begin{pmatrix}\Delta\delta \\ \Delta\omega\end{pmatrix} \tag{8-28}$$

式（8-28）中的系数矩阵即为雅可比矩阵 $\boldsymbol{A}$，同样对 $\boldsymbol{A}$ 求取特征值，得到

$$p_{1,2} = -\dfrac{D}{2T_J} \pm \sqrt{\left(\dfrac{D}{2T_J}\right)^2 - \dfrac{\omega_0 S_{Eq}}{T_J}} \tag{8-29}$$

计及发电机组阻尼作用后的系统运行情况不仅和整步功率系数 S_{Eq} 有关，还和阻尼功率系数 D 有关。

1）$D>0$，即发电机组具有正阻尼作用。

当 $S_{Eq}>0$，且 $D^2>4\omega_0 T_J S_{Eq}$ 时，特征值 p_1、p_2 为两个负实根，在复平面的左半部分，因而系统是稳定的；当 $S_{Eq}>0$，且 $D^2<4\omega_0 T_J S_{Eq}$ 时，特征值 p_1、p_2 为一对共轭复数，其实部是与 D 成正比的负数，同样其也是在复平面的左半部分，因而系统也是稳定的。

同不计发电机组阻尼作用时的静态稳定判据对照，发现在发电机组具有正阻尼，即 $D>0$ 时，系统静态稳定判据与不计阻尼作用时的相同，仍然是 $S_{Eq}>0$。而阻尼功率系数 D 的大小只影响受扰动后状态量的衰减速度。

2）$D<0$，即发电机组具有负阻尼作用。

从式（8-29）可以看到，不论 S_{Eq} 正负如何，即不论系统运行在何种状态下，系统特征值的实部总是为正值，其总是在复平面的右半部分，因而系统是不稳定的。

3. 计及励磁调节作用对静态稳定的影响

现代电力系统的发电机装设了各种各样的励磁调节器。这样当发电机端电压因输出功率的增加而下降时，励磁调节器将自动进行调节，增大励磁电流使端电压提高。若发电机不装励磁调节器，其励磁电流和与之相应的电动势 E_q 保持不变，当输出功率增加时，发电机端电压将下降。

励磁调节能基本保持发电机的 E_q' 不变，即可以近似地把发电机看作是一个恒定暂态电动势的电源。此时用偏差量来表示发电机的转子运动方程为

$$\begin{cases} \dfrac{\mathrm{d}\delta}{\mathrm{d}t} = \Delta\omega \\ \dfrac{\mathrm{d}\omega}{\mathrm{d}t} = \dfrac{\omega_0}{T_J}\Delta P_E \end{cases} \tag{8-30}$$

已知发电机调节器的综合放大系数 K_v、直轴转矩 T_{d0}'、发电机电压 $U_{Gq}=U_{G0}+\Delta U_G$ 及 E_q 和 E_q'。

把不同电动势表示的功率特性写成一般函数形式，即

$$\begin{cases} P_{Eq} = P_{Eq}(E_q,\delta) \\ P_{E'q} = P_{E'q}(E_q',\delta) \\ P_{U_{Gq}} = P_{U_{Gq}}(U_{Gq},\delta) \end{cases} \tag{8-31}$$

将这些功率方程进行线性化处理，注意到这些功率函数是二元函数，所以有如下处理：

例如，对于 P_{Eq}，将其在平衡点展开成泰勒级数，有

$$P_{Eq} = P_{Eq}(E_{q0},\delta_0) + \left.\dfrac{\partial P_{Eq}}{\partial \delta}\right|_{\substack{E_{q0}=E_q \\ \delta=\delta_0}} + \dfrac{\partial P_{Eq}}{\partial \delta}\Delta E_q + \cdots \tag{8-32}$$

忽略二次及以上各项，得

$$\Delta P_{Eq} = S_{Eq}\Delta\delta + R_{Eq}\Delta E_q \tag{8-33}$$

式中，$S_{Eq} = \left.\dfrac{\partial P_{Eq}}{\partial \delta}\right|_{\substack{E_{q0}=E_q \\ \delta=\delta_0}}$；$R_{Eq} = \left.\dfrac{\partial P_{Eq}}{\partial E_q}\right|_{\substack{E_{q0}=E_q \\ \delta=\delta_0}}$。

考虑到扰动是微小的，所以假定

$$\begin{cases} \Delta P_{Eq} \approx \Delta P_{E'q} \approx \Delta P_{U_{Gq}} \approx \Delta P_E \\ \Delta U_G \approx \Delta U_{Gq} \end{cases}$$

消去代数方程及非状态变量，整理后得状态方程为

$$\begin{pmatrix} \dfrac{\mathrm{d}\Delta E_q}{\mathrm{d}t} \\ \dfrac{\mathrm{d}\Delta E_q'}{\mathrm{d}t} \\ \dfrac{\mathrm{d}\Delta \delta}{\mathrm{d}t} \\ \dfrac{\mathrm{d}\Delta \omega}{\mathrm{d}t} \end{pmatrix} = \begin{pmatrix} -\dfrac{1}{T_e} & -\dfrac{K_v R_{E'q}}{T_e R_{U_{Gq}}} & -\dfrac{K_v(S_{U_{Gq}}-S_{E'q})}{T_e R_{U_{Gq}}} & 0 \\ \dfrac{1}{T_{d0}'} & -\dfrac{R_{E'q}}{T_{d0}' R_{Eq}} & -\dfrac{(S_{E'q}-S_{Eq})}{T_{d0}' R_{Eq}} & 0 \\ 0 & 0 & 0 & 1 \\ 0 & -\dfrac{\omega_0}{T_J} & -\dfrac{\omega_0 S_{E'q}}{T_J} & 0 \end{pmatrix} \begin{pmatrix} \Delta E_q \\ \Delta E_q' \\ \Delta \delta \\ \Delta \omega \end{pmatrix} \quad (8\text{-}34)$$

式（8-34）的系数矩阵即为雅可比矩阵 A，根据给定运行情况及系统各参数求得矩阵 A 的各元素值，然后应用数值计算的方法求得矩阵 A 的全部特征值，或者根据代数判据来判定系统在给定运行条件下是否静态稳定。

综上所述，若发电机装设励磁调节器，系统的静态稳定极限可扩展到 $\delta>90°$。

8.3.3 多机系统的静态稳定近似分析

电力系统静态稳定分析的基本出发点，是将描述全系统各元件动态过程的微分方程组线性化，从而可以直接求解线性微分方程，关于简单电力系统的一些分析结论，可以推广到多机系统，但情况则要复杂得多。因此为了简便，必须进行一些合理的简化。

在发电机上装有励磁调节器，可以近似地采用 E_q'、x_d' 的发电机模型，并且还有以下几个简化条件：

1）原动机功率恒定。
2）用恒定阻抗代替负荷。
3）不考虑系统的阻尼，系统不会振荡失步。
4）不计电流、电压的次暂态分量，亦即不计阻尼绕组的影响。
5）电力网络内部电磁暂态过程和发电机的机电暂态过程相比，衰减得非常快，可以忽略不计。

实际电力系统，都是复杂（三机以上）的电力系统，虽然简单电力系统关于静态稳定的概念在性质上都能适用于复杂电力系统，但是有些则无法得出量值（如静态稳定极限 p_M）。

1. 参考轴的选择

以两机电力系统为例，两个发电机的功率方程为

$$\begin{cases} P_{E1} = \dfrac{E_1^2}{|Z_{11}|}\sin\alpha_{11} + \dfrac{E_1 E_2}{|Z_{12}|}\sin(\delta_{12}-\alpha_{12}) \\ P_{E2} = \dfrac{E_1^2}{|Z_{22}|}\sin\alpha_{22} - \dfrac{E_1 E_2}{|Z_{12}|}\sin(\delta_{12}+\alpha_{12}) \end{cases} \quad (8\text{-}35)$$

式中，δ_{12} 为电动势 E_1 和 E_2 之间的功角；Z_{11}、Z_{22} 为电源 1 和 2 对应的阻抗，ψ_{11}、ψ_{22} 为阻抗角，$\alpha_{11}=90°-\psi_{11}$，$\alpha_{22}=90°-\psi_{22}$；$Z_{12}$ 为电源 1 和 2 之间的转移阻抗；ψ_{12} 为阻抗 Z_{12} 对应的阻抗角，$\alpha_{12}=90°-\psi_{12}$。

1）将式（8-35）进行"绝对"角 δ_i 和"绝对"速度 $\Delta\omega_i$ 作为变量的线性化处理，得到线性化后的状态方程为

$$\begin{pmatrix} \dfrac{\mathrm{d}\delta_1}{\mathrm{d}t} \\ \dfrac{\mathrm{d}\Delta\omega_1}{\mathrm{d}t} \\ \dfrac{\mathrm{d}\delta_2}{\mathrm{d}t} \\ \dfrac{\mathrm{d}\Delta\omega_2}{\mathrm{d}t} \end{pmatrix} = \begin{pmatrix} 0 & \omega_0 & 0 & 0 \\ -\dfrac{1}{T_{J1}}S_{E1} & -\dfrac{1}{T_{J1}}D_1 & \dfrac{1}{T_{J1}}S_{E1} & 0 \\ 0 & 0 & \omega_0 & 0 \\ -\dfrac{1}{T_{J2}}S_{E2} & 0 & \dfrac{1}{T_{J2}}S_{E2} & -\dfrac{1}{T_{J2}}D_2 \end{pmatrix} \begin{pmatrix} \Delta\delta_1 \\ \Delta\omega_1 \\ \Delta\delta_2 \\ \Delta\omega_2 \end{pmatrix} \quad (8\text{-}36)$$

式（8-36）的系数矩阵即为雅可比矩阵 A，对矩阵 A 求特征值，发现其特征方程为

$$p\left[p^3 + \omega_0\left(\frac{D_1}{T_{J1}} + \frac{D_2}{T_{J2}}\right)p^2 + \omega_0\left(\frac{S_{E1}}{T_{J1}} - \frac{S_{E2}}{T_{J2}} + \frac{\omega_0 D_1 D_2}{T_{J1}T_{J2}}\right)p^2 + \frac{\omega_0^2}{T_{J1}T_{J2}}(S_{E1}D_2 - S_{E2}D_1) \right] = 0$$

显然，式中出现了一个零特征值。

2）令 $\Delta\delta_{12} = \Delta\delta_1 - \Delta\delta_2$、$\Delta\omega_{12} = \Delta\omega_1 - \Delta\omega_2$，即以"相对"角 δ_{12} 和"相对"速度 $\Delta\omega_{12}$ 作为变量，这样转子的运动方程变为

$$\begin{cases} \dfrac{\mathrm{d}\Delta\delta_{12}}{\mathrm{d}t} = \Delta\omega_{12} \\ \dfrac{\mathrm{d}\Delta\omega_{12}}{\mathrm{d}t} = \omega_0\left(\dfrac{P_{T1}-P_{E1}}{T_{J1}} - \dfrac{P_{T2}-P_{E2}}{T_{J2}}\right) \end{cases}$$

显然，这样处理后，状态方程降了两阶，此时的特征方程为

$$p^2 + \omega_0\left(\frac{S_{E1}}{T_{J1}} - \frac{S_{E2}}{T_{J2}}\right) = 0$$

由此得两个特征值为

$$p_{1,2} = \pm \mathrm{j}\sqrt{\omega_0\left(\frac{S_{E1}}{T_{J1}} - \frac{S_{E2}}{T_{J2}}\right)}$$

进而得到两机电力系统保持静态稳定的条件为 $\dfrac{S_{E1}}{T_{J1}} - \dfrac{S_{E2}}{T_{J2}} > 0$。

综上所述，为了消除零特征值，在复杂电力系统中，必须用相对角和相对速度作为变量，换言之，要以某一台发电机的转子作为参考轴来列写小扰动方程。

对有 n 台发电机的系统，若选择第 n 台发电机的转子作为参考轴，则第 i 台发电机的转子运动方程为

$$\begin{cases} \dfrac{\mathrm{d}\Delta\delta_{in}}{\mathrm{d}t} = \Delta\omega_{in} \\ \dfrac{\mathrm{d}\Delta\omega_{in}}{\mathrm{d}t} = \omega_0\left(\dfrac{P_{Ti}-P_{Ei}}{T_{Ji}} - \dfrac{P_{Tn}-P_{En}}{T_{Jn}}\right) \end{cases}$$

式中，电磁功率 P_{Ei} 是由网络方程确定的，它也应以同一参考轴的相对角表示。

2. 多机电力系统静态稳定计算的步骤

鉴于多机系统的假定条件以及简单电力系统的计算思路，可以将 F 台发电机、N 个节点的多机电力系统的静态稳定计算过程归结为以下几个步骤：

1）先对给定运行方式的电力系统进行潮流计算，得出各节点的电动势值 E_i 及其相位 δ_i。

2）对连有负荷的节点，根据给定的节点负荷 $S_i = P_i + \mathrm{j}Q_i$ 和节点电压 U_i，可求出等效负荷

的阻抗 $Z_{Li} = \dfrac{U_i^2}{S_i}$。

3）求解节点导纳矩阵（$N \times N$）Y_N，不计发电机次暂态电抗和与节点相连的等效负荷 Z_{Li}。

4）修正节点导纳矩阵 Y_N：

① 将连有等效负荷的节点 i 的自导纳加上等效负荷。

② 将连有发电机的节点 i 的自导纳加上发电机的次暂态电纳，此时记节点导纳矩阵为 Y_N'。

③ 设该系统有 F 台发电机，在原有规模的节点导纳矩阵 Y_N' 的基础上补充 F 行、F 列，此时 Y_N' 矩阵变为（$(N+F) \times (N+F)$）的矩阵，记此时的矩阵为 Y_N''。

④ 将矩阵 Y_N'' 分割成 $N \times N$、$N \times F$、$F \times N$、$F \times F$ 的四个矩阵，分别记为 Y_{nn}、Y_{nf}、Y_{fn}、Y_{ff}，其在矩阵中的位置为 $Y_N'' = \begin{pmatrix} Y_{nn} & Y_{nf} \\ Y_{fn} & Y_{ff} \end{pmatrix}$。

⑤ 作导纳阵收缩，只剩下发电机内电动势节点，得到一个 $F \times F$ 矩阵，记为 Y_{FF}，其元素值按下式求取：$Y_{FF} = Y_{ff} - Y_{fn} Y_{nn}^{-1} Y_{nf}$ 而有 $Y_{FFij} = G_{ij} + \mathrm{j} B_{ij}$。

⑥ 求各发电机的电磁功率为

$$P_i = \mathrm{Re}(\dot E_i \overset{*}{I}_i) = E_i^2 G_{ii} + \sum_{\substack{j=1 \\ j \neq i}}^{n} E_i E_j (B_{ij} \sin\delta_{ij} + G_{ij} \cos\delta_{ij}) \tag{8-37}$$

式中，$\delta_{ij} = \delta_i - \delta_j$。

⑦ 列写全系统的振荡方程为

$$\begin{cases} \dfrac{\mathrm{d}\Delta\delta_i}{\mathrm{d}t} = \omega_i - \omega_0 \\ \dfrac{T_i}{\omega_0} \dfrac{\mathrm{d}(\omega_i - \omega_0)}{\mathrm{d}t} = -\Delta P_i \end{cases}, \quad i = 1, 2, \cdots, F \tag{8-38}$$

由方程式（8-38）可得

$$\Delta P_i = K_{ii} \Delta \delta_i + \sum_{\substack{j=1 \\ j \neq i}}^{F} K_{ij} \Delta \delta_j$$

式中，$K_{ij}|_{j \neq i} = E_i E_j (G_{ij} \sin\delta_{ij} - B_{ij} \cos\delta_{ij})$；$K_{ii} = E_i \sum_{j \neq i} E_j (-G_{ij} \sin\delta_{ij} + B_{ij} \cos\delta_{ij})$。

⑧ 将式（8-38）写成矩阵形式为

$$\begin{pmatrix} \Delta\delta_1 \\ \Delta\delta_2 \\ \vdots \\ \Delta\delta_F \end{pmatrix} = - \begin{pmatrix} \dfrac{\omega_0}{T_{J1}} K_{11} & \cdots & \dfrac{\omega_0}{T_{J1}} K_{1F} \\ \vdots & & \vdots \\ \dfrac{\omega_0}{T_{JF}} K_{F1} & \cdots & \dfrac{\omega_0}{T_{JF}} K_{FF} \end{pmatrix} \begin{pmatrix} \Delta\delta_1 \\ \Delta\delta_2 \\ \vdots \\ \Delta\delta_F \end{pmatrix} \tag{8-39}$$

令 $p^2 = \lambda$，对式（8-39）的系数矩阵求解特征值，其特征方程为

$$(-1)^F \lambda^F + Q_1 \lambda^{F-1} + \cdots + a_F = 0 \tag{8-40}$$

式中，$a_F = |K_{ij}|$，因为 $\sum_{j=1}^{F} K_{ij} = 0$，所以 $|K_{ij}| = 0$，即 $a_F = 0$。所以该系统存在一零特征值，但这一零特征值的出现，并不代表系统已达稳定极限，首先除去这一零特征值，则式（8-40）实际上只有 $F-1$ 个根，根据这 $F-1$ 个根就可以判断系统的静态稳定性。

因为 $p^2 = \lambda$，所以每一个 λ 值对应两个 p 值，只有 λ 为负实根时，$p = \pm\sqrt{\lambda}$ 才是一对共轭虚

根，系统的绝对角偏移 $\Delta\delta_i$（$i = 1, 2, \cdots, F$）随时间做不衰减的等幅振荡（未考虑阻尼）；实际系统中，有自然阻尼，所以 $\Delta\delta_i$（$i = 1, 2, \cdots, F$）最终都衰减为零，因此系统是静态稳定的。若 λ 中有实根或是复根，则系统是不稳定的。

当系统阶次较高时，不容易直接求特征值，可用 Q-R 法求系数矩阵的全部特征值。

8.3.4 提高系统静态稳定性的措施

提高静态稳定的措施

若使电力系统静态稳定性提高，根本的方法是使电力系统具有较高的功率极限，由式（8-13）可知，尽可能增大 E_q、U 的值及尽量减小电抗的值都可以提高功率极限。以下是常用的几种提高静态稳定性的措施。

1. 发电机装设自动调节励磁装置

发电机装设先进的调节器，就相当于使发电机呈现的电抗由同步电抗减小为暂态电抗，此时发电机的功角特性曲线和无功功率静态电压特性分别从图 8-10 中的曲线 1 改变为曲线 2，从而提高了发电机并列运行的稳定性和系统电压的稳定性。另外，由于装设自动调节励磁装置价格低廉、效果显著，是提高静态稳定性的首选措施，几乎所有发电机都装设了自动调节励磁装置。

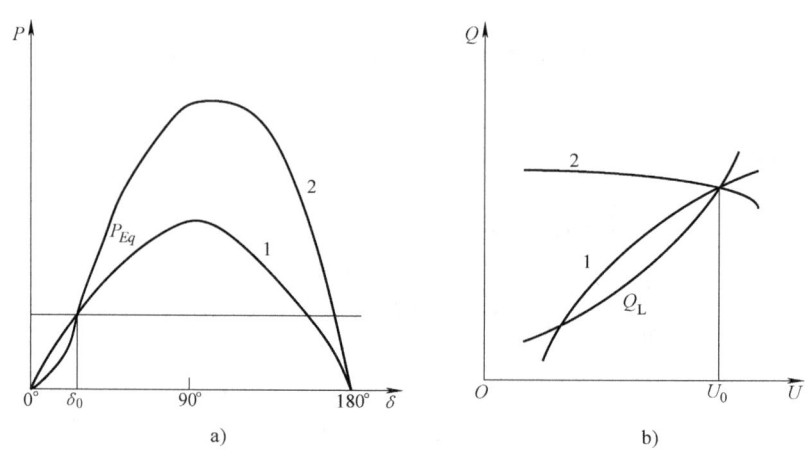

图 8-10 自动调节励磁装置在提高稳定性方面的作用
a) 功角特性 b) 无功功率静态电压特性

2. 减小元件电抗

（1）减小发电机和变压器的电抗

如图 8-11 所示，由系统中各元件电抗的相对值可见，发电机的同步电抗在输电系统总电抗中的比重较大，因此有效地减小这个电抗，可提高功率极限，增加输送能力，改善系统运行条件。一般发电机装设自动调节励磁装置，可起到减小发电机电抗的作用。变压器的电抗在系统总电抗中所占的比重不大，在选用时可尽量选用电抗较小的变压器。

（2）减小线路电抗

线路电抗在电力系统中所占的比重较大，特别是远距离输电线路所占比重更大，因此减小线路的电抗，对提高电

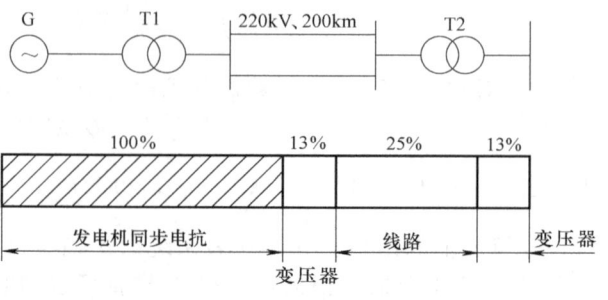

图 8-11 各元件电抗相对值

力系统的功率极限和稳定性有重要的作用。

直接减小线路电抗可采用以下方法：用电缆代替架空线；采用扩径导线；采用分裂导线。

高压输电线路采用分裂导线的主要目的是避免电晕，同时，分裂导线可以减小线路电抗，220kV 及以上的输电线路经常采用分裂导线减小线路电抗。采用分裂导线时，对其结构、分裂根数和分裂间距一般要进行综合考虑。一般来说，分裂导线间距为 0.2~5m，220kV 为 2 分裂，500kV 为 4 分裂，750kV 为 6 分裂，1000kV 为 8 分裂。分裂导线应用于低压配电网，可以减少电压降，有效地提高线路的自然功率因数，从而改善中低压电网的电能质量。

3. 提高线路的额定电压

功率极限和电压成正比，提高线路额定电压等级，可提高静态稳定极限，从而提高静态稳定的水平。另一方面，提高线路的额定电压也可以等效地看作减小线路电抗。提高线路电压后，也需要提高线路及设备的绝缘水平，加大铁塔及带电结构的尺寸，这样使系统的投资增加。对应一定的输送功率和输送距离，应有其对应的经济上合理的额定电压等级。

4. 采用串联电容器补偿

串联电容器补偿就是在线路上串联电容器以补偿线路电抗。一般在较低电压等级的线路上的串联电容器补偿主要用于调压，在较高电压等级的输电线路上串联电容器补偿，则主要是用来提高系统的稳定性。在后一种情况下，补偿度对系统的影响较大。所谓补偿度 K_C，是指电容器容抗和补偿前的线路电抗之比，即

$$K_C = X_C / X_L$$

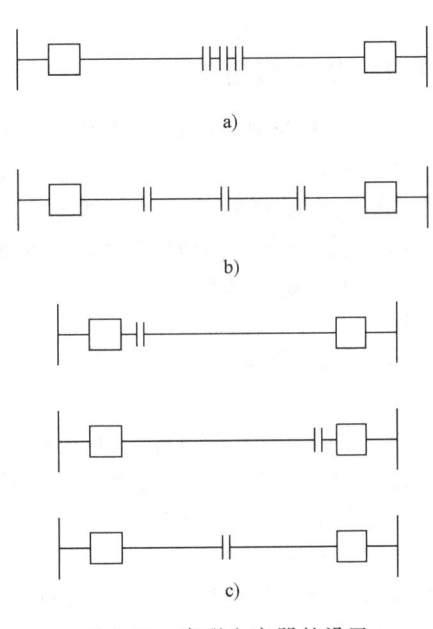

图 8-12 串联电容器的设置
a）集中补偿 b）分散补偿
c）集中补偿时电容器的设置地点

一般来讲，串联电容器补偿度越大，系统中总的等效电抗越小，系统的稳定性越高。但补偿度太大时，在某些情况下对系统运行也会产生不利影响。

1）K_C 过大时，可能使短路电流过大，短路电流还可能呈容性，某些继电保护装置可能会误动作。

2）K_C 过大时，系统中的等效电抗减小，阻尼功率系数 D 可能为负，则会使系统发生低频的自发振荡，破坏系统的稳定性。

3）由于 K_C 过大的补偿后，发电机的外部电路 X_L 可能呈容性，同步发电机的电枢反应可能起助磁作用，即同步发电机出现自励磁现象，使发电机的电流、电压迅速上升，直至产生具有破坏性的暂态转矩，对同步发电机及电站的电气设备产生大的危害。

串联电容器一般采用集中补偿。当线路两侧都有电源时，补偿电容器一般设置在中间变电所内；当只有一侧有电源时，补偿电容器一般设置在末端变电所内以避免产生过大的短路电流，如图 8-12 所示。一般补偿度 $K_C < 0.5$ 为宜。

5. 改善系统的结构

有多种方法可以改善系统结构，加强系统的联系。例如，增加输电线路的回路数，减小线路电抗，加强线路两端各自系统的内部联系，减小

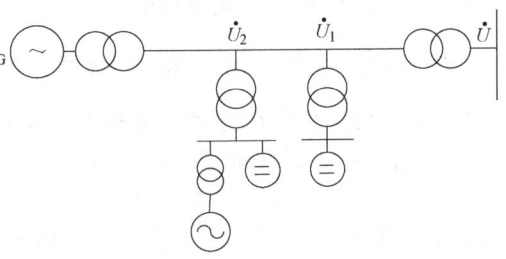

图 8-13 中间调相机和中间电力系统的接入

系统等效电抗。在系统中间接入中间调相机或接入中间电力系统（变电站），如图 8-13 所示，这样输电线路也就相当于分为两段，线路中间得到了电压支撑，系统的静态稳定性得到提高。

以上提高静态稳定性的措施主要是从减小电抗这一点入手，在正常运行时提高发电机和电网的运行电压也可以提高功率极限。为使电网具有较高的电压水平，必须在系统中设置足够的无功功率电源。

8.4 电力系统的暂态稳定分析

8.4.1 基本假定

电力系统受到大扰动，经过一段时间后或是趋向稳定运行或是趋向失去同步，一般持续时间的长短取决于系统本身状况，有的持续约 1s，有的则持续几秒钟甚至几分钟。因此，进行暂态分析时要针对系统实际情况在不同阶段进行分类。

1) 起始阶段：指故障后约 1s 内的时间段。在这期间系统中的保护和自动装置有一系列的动作，如切除故障线路和重合闸，切除发电机等。在这个时间段内发电机的调节系统还未起作用。

2) 中间阶段：在起始阶段后，大约持续 5s 左右的时间段。在此期间发电机的调节系统将发挥作用。

3) 后期阶段：在故障后几分钟内。这时热力设备（如锅炉等）中煤粉的燃烧过程将影响到电力系统的暂态过程，另外，系统中还将发生永久性的切除线路以及由于频率的下降自动装置切除部分负荷等操作。

本章只讨论故障发生后几秒钟内系统的稳定性。稳定分析的目的是确定系统在大扰动下发电机能否继续保持同步运行，即确定发电机组转子相对运动的功角随时间变化的特性，不必精确地确定电力系统所有电磁变量的机械变量在暂态过程中的变化。为了简化分析过程，一般考虑对机组转子转动起主要作用的因素，忽略或近似考虑一些次要因素，因此采用以下基本假定：

1) 忽略频率变化对系统参数的影响。由于发电机组惯性较大，在所研究的短暂时间里各机组的电角速度相对于同步角速度的偏离很小，所以认为系统在暂态过程中频率不变，发电机转速恒定。

2) 忽略发电机定子电流的非周期分量。定子电流的非周期分量衰减较快，对发电机的机电暂态过程影响很小，可忽略不计。

3) 发电机的参数用 E' 和 X'_d 表示。大扰动瞬间，发电机的交轴暂态电动势保持不变，对应的电抗为暂态电抗。

4) 当发生不对称短路时，忽略负序和零序分量电流对发电机转子运动的影响。

5) 忽略负荷的动态影响。

6) 在简化计算中，还忽略暂态过程中发电机的附加损耗。

8.4.2 简单电力系统的暂态稳定分析

1. 系统在各种运行方式下发电机的电磁功率计算

某一简单电力系统如图 8-14a 所示，正常运行时发电机经过变压器和双回线路向无限大系统送电。故障时，如图 8-14b 所示，一回线路始端发生不对称短路故障。故障后，继电保护装置动作，故障线路被切除，如图 8-14c 所示。根据正常、故障及故障切除后三种运行方式下的电路做出等效电路，并确定发电机输出的电磁功率。

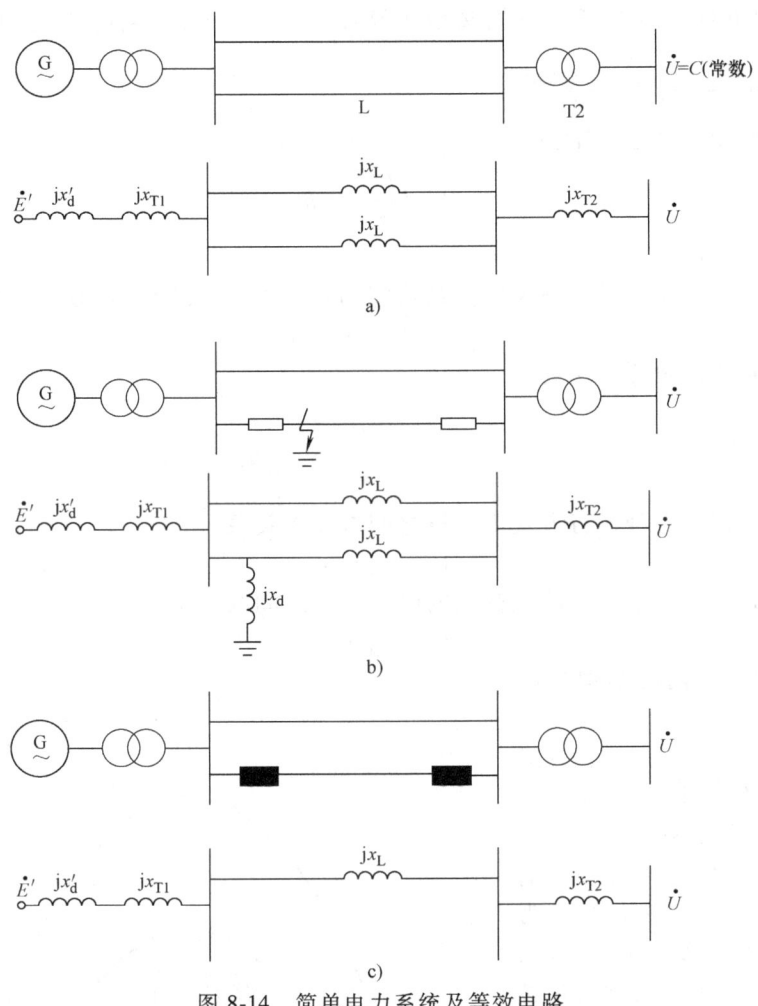

图 8-14 简单电力系统及等效电路
a) 正常运行时 b) 短路时 c) 短路切除后

(1) 正常运行方式

正常运行时,发电机用暂态电抗 x_d' 后的电动势 E' 作为等效电动势,则电动势与无限大系统间的电抗为

$$x_{\text{I}} = x_d' + x_{T1} + \frac{x_L}{2} + x_{T2} \tag{8-41}$$

这时发电机输出的电磁功率可表示为

$$P_{\text{I}} = \frac{E'U}{x_{\text{I}}}\sin\delta \tag{8-42}$$

(2) 故障运行方式

如果在一回输电线路始端发生不对称短路,如图 8-14b 所示,在正序网的故障点上接一附加电抗构成正序增广网络,这个正序增广网络即可用来计算不对称短路时的正序电流及相应的正序功率。此时发电机与无限大系统之间的电抗可由网络变换(星形网络变换成三角形网络)得到

$$x_{\text{II}} = (x_d' + x_{T1}) + \left(\frac{x_L}{2} + x_{T2}\right) + \frac{(x_d' + x_{T1})\left(\frac{x_L}{2} + x_{T2}\right)}{x_\Delta} \tag{8-43}$$

295

式中，x_Δ 为附加电抗。当故障是单相接地短路时，$x_\Delta = x_2 + x_0$；当故障是两相接地短路时，$x_\Delta = \dfrac{x_2 x_0}{x_2 + x_0}$；当故障是三相接地短路时，$x_\Delta = 0$。

这时发电机输出的电磁功率为

$$P_{II} = \frac{E'U}{x_{II}}\sin\delta \tag{8-44}$$

（3）故障切除后的运行方式

故障切除后，发电机电动势与无限大系统间的联系电抗如图 8-14c 所示，即

$$x_{III} = x_d' + x_{T1} + x_L + x_{T2} \tag{8-45}$$

这时发电机输出的电磁功率为

$$P_{III} = \frac{E'U}{x_{III}}\sin\delta \tag{8-46}$$

一般情况下，以上三种运行方式下电抗之间有如下关系：

$$x_{II} > x_{III} > x_I$$

则相应三种运行方式下，发电机输出的电磁功率之间的关系为

$$P_I > P_{III} > P_{II}$$

2. 系统受大干扰后的物理过程分析

发电机在正常运行（Ⅰ）、故障（Ⅱ）、故障切除后（Ⅲ）三种状态下的功角特性曲线如图 8-15 所示。正常运行状态时，发电机向系统输送的有功功率为 P_{Eq}，对应的功角为 δ_a，忽略各种损耗，发电机发出的电磁功率亦为 P_{Eq}，不计故障后几秒钟内调速器的作用，即认为机械功率始终保持不变，图中的 a 点表示正常运行时发电机的运行点。发生短路后功率特性立即降为 P_{II}，但由于转子惯性，转子角度不会立即变化，其相对于无限大系统母线的角度仍保持不变，因此发电机运行点由 a 点突变为 b 点，输出功率显著减少，而原动机机械功率 P_T 不变，故产生较大的过剩功率。故障越严重，P_{II} 曲线幅值越低（三相短路时为零），则过剩功率越大。在过剩转矩作用下发电机转子将加速，其相对速度（相对于同步转速）和相对角度 δ 逐渐增大，使运行点由 b 向 c

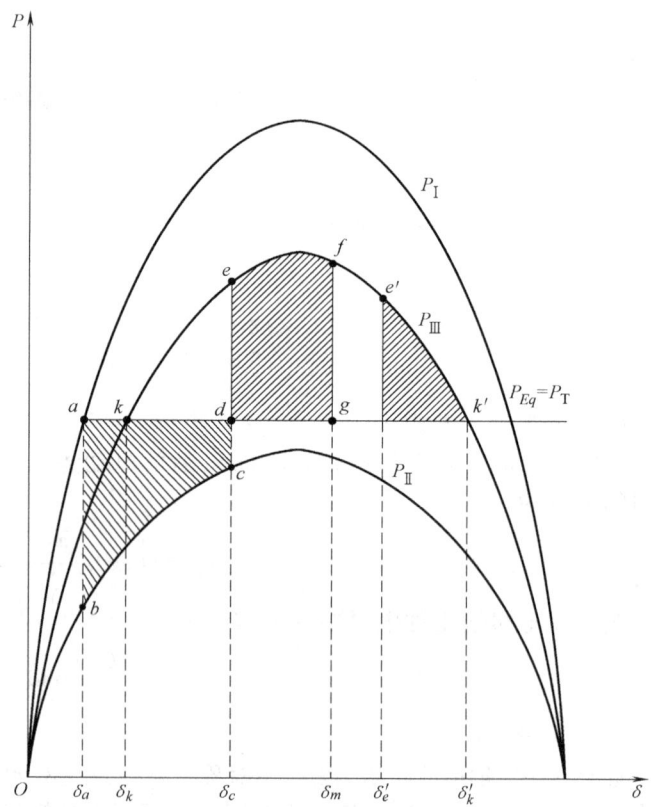

图 8-15　简单电力系统正常运行、故障及故障切除后的功角特性曲线

点移动。如果故障永久存在下去，则始终存在过剩转矩，发电机将不断加速，最终与无限大系统失去同步。实际上，短路后继电保护装置将迅速动作切除故障线路。假设在 c 点时将故障

切除，则发电机的功率特性变为 P_{III}，则发电机的运行点突变至 e 点（同样由于角度 δ 不能突变）。这时发电机输出功率比原动机的机械功率大，使转子受到制动转矩，转子速度逐渐减慢。但由于此时的速度已经大于同步转速，所以相对角度还要继续增大。假设制动过程延续到 f 点时转子转速才回到同步转速，角度 δ 不再增大。但是，在 f 点是不能持续运行的，因为此时机械功率和电磁功率仍不平衡，前者小于后者。转子将继续减速，角度 δ 开始减小，运行点沿功率特性曲线 P_{III} 由 f 点向 e、k 点转移。在达到 k 点以前一直减速，转子转速低于同步转速。在 k 点虽然机械功率与电磁功率平衡，但由于这时转子速度低于同步转速，角度 δ 继续减小。越过 k 点以后机械功率开始大于电磁功率，转子又加速，因而角度 δ 一直减小到转速恢复同步转速后又开始增大。此后运行点沿着 P_{III} 开始第二次振荡。如果振荡过程中没有能量损耗，则第二次角度 δ 将增大至 f 点对应的角度 δ_m，以后就一直沿着 P_{III} 往复振荡。实际上，振荡过程中总有能量损耗，或者说总存在阻尼作用，因而振荡会逐渐衰减，发电机最后会停留在一个新的运行点 k 上持续运行。k 点即故障切除后功率特性 P_{III} 与 P_T 的交点。功角随时间变化曲线如图 8-16a 所示。在这种情况下，该系统在受到此种扰动后是暂态稳定的。

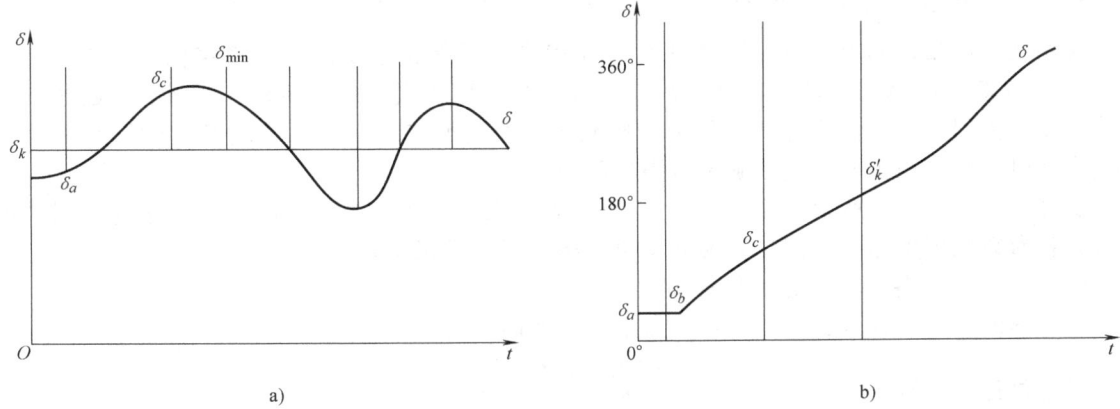

图 8-16 功角随时间变化曲线
a）振荡过程 b）失步过程

如果故障是在大于 δ_c 角度后才被切除，则系统将可能失去稳定性。设功角在 $\delta_{e'}$ 时故障被切除，切除故障后，运行点将由 e' 点沿着 P_{III} 曲线开始减速进入制动过程，但一直到达 k' 点时，这个过程还未结束，运行点就要越过 k' 点，在 k' 点之后，转子又被加速，功角进一步增大，发电机与系统将失去同步，这时功角随时间变化曲线如图 8-16b 所示。

由以上分析可见，线路故障切除的快慢，对系统的暂态稳定有较大影响，因此，快速切除故障是提高系统暂态稳定的一项有效措施。为了确切判断系统运行在某一种方式下，受到大扰动后能否保持暂态稳定，必须通过定量的分析计算，下面介绍一种常用方法。

3. 等面积定则

发电机在加速期间，功角由 δ_a 移到 δ_c 时过剩转矩对转子所做的功为

$$P_{(+)*} = \int_{\delta_a}^{\delta_c} \Delta M_* \mathrm{d}\delta = \int_{\delta_a}^{\delta_c} \Delta P_* \mathrm{d}\delta = \int_{\delta_a}^{\delta_c} (P_{0*} - P_{\text{II}*}) \mathrm{d}\delta = A_{abcd} \tag{8-47}$$

转子在加速期间所储藏的动能增量等于面积 A_{abcd}，这块面积称为加速面积。在减速期间，由 δ_c 移到 δ_m 过程中，转子克服制动转矩消耗的有功功率为

$$P_{(-)*} = \int_{\delta_c}^{\delta_m} \Delta M_* \mathrm{d}\delta = \int_{\delta_c}^{\delta_m} (P_{T*} - P_{\text{III}*}) \mathrm{d}\delta = A_{defg} \tag{8-48}$$

转子在减速期间所消耗的动能等于面积 A_{defg}，这块面积称为减速面积。

一个暂态稳定的系统，发电机转子在加速过程中所获得的动能必须在减速过程中全部释

放完,它的功角达到最大值 δ_m,这就是等面积定则。

$$\int_{\delta_a}^{\delta_c}(P_{T*} - P_{II*})\mathrm{d}\delta = -\int_{\delta_c}^{\delta_m}(P_{T*} - P_{III*})\mathrm{d}\delta \tag{8-49}$$

即

$$\int_{\delta_a}^{\delta_c}(P_{T*} - P_{IIM*}\sin\delta)\mathrm{d}\delta = \int_{\delta_c}^{\delta_m}(P_{IIIM*}\sin\delta - P_{T*})\mathrm{d}\delta \tag{8-50}$$

积分后得

$$P_{T*}(\delta_c - \delta_a) + P_{IIIM*}(\cos\delta_m - \cos\delta_a) = -P_{IIIM*}(\cos\delta_m - \cos\delta_c) - P_{T*}(\delta_m - \delta_c) \tag{8-51}$$

解方程后得

$$\cos\delta_m = \frac{P_{T*}(\delta_k' - \delta_a) + P_{IIIM*}\cos\delta_k' - P_{IIM*}\cos\delta_a}{P_{IIIM*} - P_{IIM*}} \tag{8-52}$$

式中,$\delta_a = \arcsin\dfrac{P_{T*}}{P_{IM*}}$;$\delta_k' = \pi - \arcsin\dfrac{P_{T*}}{P_{IIIM*}}$。

应用式(8-52)即可求极限切除角 δ_m。显然,为了保持系统的暂态稳定性,必须在功角 $\delta < \delta_m$ 前切除短路故障。如果切除角 $\delta > \delta_m$,意味着加速面积大于减速面积,运行点会越过 h 点而使系统失去同步。等面积定则只限于分析简单系统的暂态稳定性,当功角特性可在平面坐标上表示时,才可用等面积定则确定极限切除角。

例 8-2 如图 8-17 所示的简单电力系统,两相接地短路发生在双回输电线路的一回线的始端,各参数在图中标出。试计算为保持暂态稳定要求的极限切除角。

解:(1)计算各元件参数的标幺值

选基准值,选取 $S_B = 250 \text{MV·A}$,$U_{B(220)} = 220\text{kV}$。

发电机正序参数

$$X_d' = X_d' \times \left(\frac{U_{N2(T1)}}{U_{N1(T1)}}\right)^2 \times \left(\frac{U_{N(10)}}{U_{B(220)}}\right)^2 \times \frac{S_B}{S_N}$$

$$= 0.204 \times \left(\frac{242}{10.5}\right)^2 \times \left(\frac{10.5}{220}\right)^2 \times \frac{250}{400} = 0.154$$

发电机负序参数

$$X_2 = X_2 \times \left(\frac{U_{N2(T1)}}{U_{N1(T1)}}\right)^2 \times \left(\frac{U_{N(10)}}{U_{B(220)}}\right)^2 \times \frac{S_B}{S_N}$$

$$= 0.34 \times \left(\frac{242}{10.5}\right)^2 \times \left(\frac{10.5}{220}\right)^2 \times \frac{250}{400} = 0.257$$

线路正、负序参数 $X_{L1} = X_{L2} = X_L \cdot L\dfrac{S_B}{U_B^2} = 250 \times 0.4 \times \dfrac{250}{220^2} = 0.517$

线路零序参数 $X_{L0} = 3X_{L1} = 1.551$

变压器参数 $X_{T1} = \dfrac{U_{K\%}}{100} \times \left(\dfrac{U_{NT1}}{U_B}\right)^2 \times \dfrac{S_B}{S_{NT}} = 0.12 \times \left(\dfrac{242}{220}\right)^2 \times \dfrac{250}{400} = 0.091$

$X_{T2} = \dfrac{U_{K\%}}{100} \times \left(\dfrac{U_{NT2}}{U_B}\right)^2 \times \dfrac{S_B}{S_{NT2}} = 0.12 \times \left(\dfrac{220}{220}\right)^2 \times \dfrac{250}{340} = 0.088$

$T_J = 6 \times \dfrac{S_N}{S_B} = 7 \times \dfrac{400}{250} = 11.2$

$P_{T*} = \dfrac{250}{250} = 1$

$\varphi_0 = \arccos 0.9 = 25.84°$

$Q_0 = P_0 \tan\varphi_0 = 0.484$

$\dot{U} = \dfrac{U \times U_{N1(T2)}}{U_{N2(T2)} \times U_B} = \dfrac{115 \times 220}{121 \times 220} = 0.950$

$\dot{I} = \tilde{S}_0 / \dot{U} = (P_0 - jQ_0)/\dot{U} = (1 - j0.484)/0.950 = 1.169\angle -25.83°$

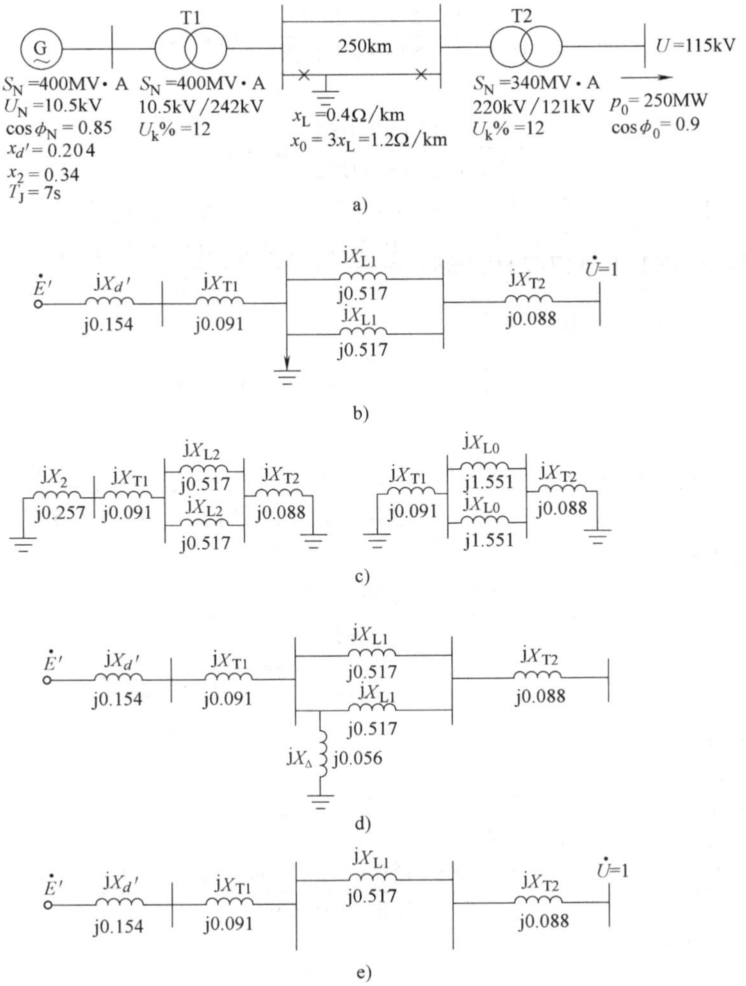

图 8-17 例 8-2 的图

a) 系统图 b) 正常运行等效电路 c) 负序、零序等效电路
d) 故障方式等效电路 e) 故障后等效电路

（2）系统正常运行时

发电机与无限大系统间电抗为

$$X_{\mathrm{I}} = X_d' + X_{T1} + X_{L1}/2 + X_{T2} = 0.154 + 0.091 + 0.517/2 + 0.088 = 0.592$$

发电机暂态电动势和初始运行功角为

$\dot{E}' = \dot{U} + j\dot{I}X_{\mathrm{I}} = 0.950 + j(1/0.950 - j0.484/0.950) \times 0.592 = 1.252 + j0.623 = 1.398\angle 26.46°$

$E' = 1.398$

$\delta_0 = 26.46°$

(3) 系统故障时

据正序等效定则，在正序网络的故障点 f 接入附加电抗 X_Δ，当发生两相短路接地故障时，附加电抗是负序、零序网络在故障点 f 的等效电抗 $X_{\Sigma 2}$ 与 $X_{\Sigma 0}$ 的并联，由图 8-17c 所示的负序、零序等效电路得

$$X_{\Sigma 2} = \frac{(0.257+0.091)\times(0.517/2+0.088)}{0.257+0.091+0.517/2+0.088} = 0.174$$

$$X_{\Sigma 0} = \frac{0.091\times(1.551/2+0.088)}{0.091+1.551/2+0.088} = 0.082$$

则附加电抗为

$$X_\Delta = \frac{0.174\times 0.082}{0.174+0.082} = 0.056$$

故障时的等效电路如图 8-17d 所示，发电机与系统间的等效电抗为

$$X_{\text{II}} = 0.154+0.091+0.517/2+0.088+\frac{(0.154+0.091)\times(0.517/2+0.088)}{0.056} = 2.107$$

故障时发电机输出的最大电磁功率为

$$P_{\text{II M}} = \frac{E'U}{X_{\text{II}}} = \frac{1.398\times 0.950}{2.107} = 0.630$$

(4) 故障切除后

故障线路切除后的等效电路如图 8-17e 所示，发电机与系统间的电抗为

$$X_{\text{III}} = X'_d + X_{T1} + X_{L1} + X_{T2} = 0.154+0.091+0.517+0.088 = 0.850$$

此时发电机输出的最大功率为

$$P_{\text{III M}} = \frac{E'U}{X_{\text{III}}} = \frac{1.398\times 0.950}{0.850} = 1.562$$

$$\delta'_k = 180°-\delta_k = 180°-\arcsin\frac{0.950}{1.562} = 142.54°$$

(5) 极限切除角

$$\cos\delta_m = \frac{P_{T*}(\delta'_k-\delta_a)+P_{\text{III M}*}\cos\delta'_k - P_{\text{II M}*}\cos\delta_a}{P_{\text{III M}*}-P_{\text{II M}*}}$$

$$= \frac{1\times(142.54°-26.46°)\times\pi/180+1.562\cos 142.54°-0.630\cos 26.46°}{1.562-0.630}$$

$$= 0.238$$

解得

$$\delta_m = 76.23°$$

8.4.3 暂态稳定计算的数学原理

1. 常微分方程的求解

电力系统暂态稳定计算就是把扰动发生时刻的同步发电机转子运行状态作为初始条件，计算扰动产生后同步发电机转子功角 δ 和转子旋转角速度 ω 随时间的变化规律，这在本质上属于高等数学课程里讲解的常微分方程初值求解问题，可表述为

$$\begin{cases}\dfrac{dx}{dt}=f(x(t),t)\\ x(t_0)=x_0\end{cases} \tag{8-53}$$

下面介绍两种求解类如式 (8-53) 方程常用的数值方法。

(1) 改进 Euler 法

改进 Euler 法是一种单步迭代法，在 Euler 法的基础上优化而来，具有更高的计算精度，它的显著优势是在求解过程中建立一个预估-校正系统，而且在保证较高精度时计算量不是太大。利用该方法由已知 x_k 求解未知 x_{k+1} 的过程如下：

以 $t_k \sim t_{k+1}$ 这个短小的时间区间为研究对象，初始时刻 t_k 处 $x(t)$ 的变化率为

$$\left.\frac{\mathrm{d}x}{\mathrm{d}t}\right|_k = f(x_k) \tag{8-54}$$

把这个变化率近似看成整个时间间隔内函数 $x(t)$ 的变化率，则可以预估在时间间隔终止时刻 t_{k+1} 处对应的函数 $x(t)$ 近似值为

$$x_{k+1}^{(0)} = x_k + \left.\frac{\mathrm{d}x}{\mathrm{d}t}\right|_k \Delta t, \Delta t = t_{k+1} - t_k \tag{8-55}$$

把按式（8-55）计算所得 t_{k+1} 时刻函数 $x(t)$ 的近似值代入式（8-53）描述的微分方程中，可以预估在时间间隔终止时刻 t_{k+1} 处 $x(t)$ 的近似变化率为

$$\left.\frac{\mathrm{d}x}{\mathrm{d}t}\right|_{k+1}^{(0)} = f(x_{k+1}^{(0)}) \tag{8-56}$$

把 $t_k \sim t_{k+1}$ 时间间隔初始时刻 t_k 处对应 $x(t)$ 变化率和预估的终止时刻 t_{k+1} 处 $x(t)$ 近似变化率的平均值作为整个时间段 $x(t)$ 的变化率，则时间间隔终止时刻 t_{k+1} 处对应的 $x(t)$ 迭代结果为

$$x_{k+1} = x_k + \frac{1}{2}\left(\left.\frac{\mathrm{d}x}{\mathrm{d}t}\right|_k + \left.\frac{\mathrm{d}x}{\mathrm{d}t}\right|_{k+1}^{(0)}\right)\Delta t \tag{8-57}$$

式（8-57）是改进 Euler 法的迭代格式，经该式计算所得在时间间隔终止时刻 t_{k+1} 处对应的函数 $x(t)$ 值已经被校正，具有较高的计算精度。

(2) 隐式梯形积分法

对于在式（8-53）中所描述的微分方程，在 $t_k \sim t_{k+1}$ 微小的时间间隔内由已知 x_k 求解未知 x_{k+1} 可用下式：

$$x_{k+1} = x_k + \int_{t_k}^{t_{k+1}} f(x(t), t) \mathrm{d}t \tag{8-58}$$

如果 $t_k \sim t_{k+1}$ 的时间间隔 Δt 足够小，可以将该时间间隔内的函数曲线 $f(x(t), t)$ 用直线替代，即用 $t_k \sim t_{k+1}$ 时间间隔初始时刻和终止时刻 $x(t)$ 变化率的平均值作为整个时间间隔 $t_k \sim t_{k+1}$ 里函数 $x(t)$ 的变化率，式（8-58）可由积分形式改写为差分形式，即

$$x_{k+1} = x_k + \frac{1}{2}[f(x_k, t_k) + f(x_{k+1}, t_k + \Delta t)]\Delta t \tag{8-59}$$

(3) 龙格—库塔法的数学描述

欧拉法利用了 $[t_{k-1}, t_k]$ 区间上一点的导数值（切线斜率）推算 x_k，而改进欧拉法利用了 $[t_{k-1}, t_k]$ 区间上两点的导数值，拟合泰勒级数的前三项，局部截断误差减小为 3 阶无穷小项 $O(\Delta t^3)$。从而推断利用 $[t_{k-1}, t_k]$ 区间上更多点的导数值可进一步提高计算精确度，由此而衍生出各阶龙格—库塔法。最常用的是 4 阶龙格—库塔法，利用 $[t_{k-1}, t_k]$ 区间上四点的导数值（切线斜率）推算 x_k，即

$$x_k = x_{k-1} + \frac{1}{6}(k_1 + 2k_2 + 2k_3 + k_4) \tag{8-60}$$

其中

$$k_1 = f(x_{k-1})\Delta t$$

$$k_2 = f\left(x_{k-1} + \frac{k_1}{2}\right)\Delta t$$

$$k_3 = f\left(x_{k-1} + \frac{k_2}{2}\right)\Delta t$$

$$k_4 = f(x_{k-1} + k_3)\Delta t$$
$$\Delta t = t_k - t_{k-1}$$

以上四个系数的物理意义如下：

$$k_1 = (时间步长始端斜率) \times \Delta t$$
$$k_2 = (步长中点处斜率的一次近似值) \times \Delta t$$
$$k_3 = (步长中点处斜率的二次近似值) \times \Delta t$$
$$k_4 = (时间步长末端斜率) \times \Delta t$$

因此，x 的增量值 Δx 是由 $[t_{k-1}, t_k]$ 区间的始端、中点和末端处斜率的估计值取加权平均所得。该方法相当于截取泰勒级数的前 5 项，即

$$x_k = x_{k-1} + f(x_{k-1})\Delta t + \frac{\Delta t^2}{2!}f'(x_{k-1}) + \frac{\Delta t^3}{3!}f''(x_{k-1}) + \frac{\Delta t^4}{4!}f'''(x_{k-1}) + O(\Delta t^5) \tag{8-61}$$

其局部截断误差为 5 阶无穷小项 $O(\Delta t^5)$。

龙格—库塔法的精度较高，但运算量较大，其运算量约是欧拉法的 4 倍。

2．线性方程组的快速求解

在电力网络暂态稳定求解过程中，往往需要循环求解高阶线性方程组，而且随着网络中节点和发电机数量的增加，描述网络运行变量关系的线性方程组的阶数将会成倍增长。目前，常用的线性方程组求解方法有三角分解法、高斯消去法、因子表法以及直观的矩阵求逆求积运算。

虽然利用矩阵的求逆求积运算通俗易懂，便于理解，但当线性方程组的阶数较高时，对方程组的系数矩阵进行求逆运算会比较复杂，即便采用计算机求解，也会占据大量内存并消耗较多计算时间，所以该方法主要适用于一些阶数较低的线性方程组求解，对于高阶情况，这里介绍三角分解法中的一种——LU 分解（也称为 Doolittle 分解）。

用 Doolittle 分解法求解类如式（8-62）n 阶线性方程组的计算过程如下：

$$\boldsymbol{Ax} = \boldsymbol{b} \tag{8-62}$$

先计算出上三角阵 $\boldsymbol{U}$ 的第一行和单位下三角阵 $\boldsymbol{L}$ 的第一列元素，即

$$\begin{cases} u_{1j} = a_{1j}, j = 1, 2, \cdots, n \\ l_{i1} = a_{i1}/u_{11}, i = 2, 3, \cdots, n \end{cases} \tag{8-63}$$

再计算上三角阵 $\boldsymbol{U}$ 的第 k 行和单位下三角阵 $\boldsymbol{L}$ 的第 k 列元素（$k = 2, 3, \cdots, n$），即

$$\begin{cases} u_{kj} = a_{kj} - \sum_{s=1}^{k-1} l_{ks} u_{sj}, j = k, k+1, \cdots, n \\ l_{ik} = (a_{ik} - \sum_{s=1}^{k-1} l_{is} u_{sk})/u_{kk}, i = k+1, \cdots, n \end{cases} \tag{8-64}$$

求解方程组 $\boldsymbol{Ly} = \boldsymbol{b}$，其计算公式为

$$\begin{cases} y_1 = b_1 \\ y_k = b_k - \sum_{s=1}^{k-1} l_{ks} y_s \ (k = 2, 3, \cdots, n) \end{cases} \tag{8-65}$$

求解方程组 $\boldsymbol{Ux} = \boldsymbol{y}$，其计算公式为

$$\begin{cases} x_n = y_n/u_{nn} \\ x_k = y_k - \sum_{s=k+1}^{n} u_{ks} x_s \ (k = n-1, n-2, \cdots, 1) \end{cases} \tag{8-66}$$

从计算步骤中可以看出，不存在矩阵求逆运算，只有乘积与求和运算，占用计算机内存较少，经过这一系列运算，最终可以得到式（8-62）所述高阶线性方程组的解。

8.4.4 暂态稳定计算模型选择与描述

1. 发电机模型

电力系统暂态稳定性分析中，根据实际计算与仿真要求的不同可以选择不同的同步发电机模型，其复杂程度一般用描述发电机的微分方程阶次来说明，常用的二阶模型仅包含描述转子运动过程的两个微分方程，而三阶模型还包括描述同步机励磁绕组电磁暂态过程的一个微分方程。

同步发电机的转子运动方程为

$$\begin{cases} \dfrac{\partial \delta}{\partial t} = \Delta\omega \cdot \omega_B = (\omega-1)\omega_B \\ \dfrac{\partial \Delta\omega}{\partial t} = \dfrac{1}{T_J}(P_m - P_e) \end{cases} \quad (8\text{-}67)$$

同步发电机励磁绕组方程为

$$T'_{d0}\dfrac{\mathrm{d}E'_q}{\mathrm{d}t} = E_{qe} - [E'_q + I_d(X_d - X'_d)] \quad (8\text{-}68)$$

式中，T'_{d0} 为在同步机定子绕组开路的情况下励磁绕组自身的时间常数（s）；E_{qe} 为空载电动势的强制分量，是标幺值。在同步电机暂态过程中，电动势 E'_q 受控于 E_{qe}，即受控于发电机励磁电动势 E_f，故可认为

$$E_{qe} \approx E_f \quad (8\text{-}69)$$

2. 励磁系统模型

励磁系统一般包括量测滤波、综合放大、移相触发以及晶闸管输出等单元，关于发电机励磁系统原理及模型等内容请参看电机学、电力拖动等相关教材。该发电机励磁系统经过简化处理，传递函数框图如图 8-18 所示。

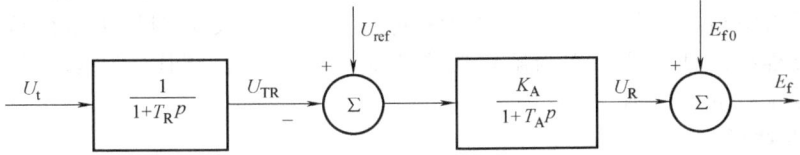

图 8-18 同步发电机励磁系统传递函数框图

从图 8-18 可得到如下数学表达式：

$$\begin{cases} U_t \dfrac{1}{1+T_R p} = U_{TR} \\ (U_{ref} - U_{TR})\dfrac{K_A}{1+T_A p} = U_R \\ E_{f0} + U_R = E_f \end{cases} \quad (8\text{-}70)$$

对其稍加整理可得

$$\begin{cases} U_t - U_{TR} = T_R p U_{TR} \\ T_A p U_R = K_A(U_{ref} - U_{TR}) - U_R \\ E_f = E_{f0} + U_R \end{cases} \quad (8\text{-}71)$$

将式（8-71）改写成微分方程为

$$\begin{cases} T_R \dfrac{dU_{TR}}{dt} = U_t - U_{TR} \\ T_A \dfrac{dU_R}{dt} = K_A(U_{ref} - U_{TR}) - U_R \\ E_f = E_{f0} + U_R \end{cases}$$

式中，T_R 为量测滤波单元的时间常数，综合放大、移相触发及晶闸管输出等单元近似合并为一个惯性环节；K_A 为该惯性环节的放大倍数；T_A 为该惯性环节的时间常数。

3. 负荷模型

在实际电力网络中，分布着不同种类的负荷，如照明设备、家用生活电器、工业生产电动机等，正是负荷类型的多样以及变化趋势毫无规律，使得对其建立准确的模型非常复杂。此处旨在分析系统的暂态稳定性，而不是对负荷进行精准建模，可以选择简化的负荷模型——恒定导纳（恒阻抗）模型。

暂态稳定计算给定的初始运行条件一般可由先前的稳态潮流计算获得，根据负荷所在母线的电压 $\dot{U}_{L0}$ 和负荷功率 $S_{L0} = P_{L0} + jQ_{L0}$，可计算负荷的恒定导纳为

$$Y_L = \frac{S_{L0}^*}{|\dot{U}_{L0}|^2} = \frac{P_{L0} - jQ_{L0}}{U_{L0}^2} = G_L + jB_L \tag{8-72}$$

8.4.5 暂态稳定性计算算法推导

暂态稳定性求解的核心任务就是求解由各同步发电机转子运动方程和电力网络代数方程构成的混合方程组，如果需要进行更符合实际的仿真计算，还需要求解励磁绕组电磁暂态方程。这个求解过程中既包含微分方程，也包含代数方程，直接求解具有较大难度。在工程应用中，通常可采用数值求解法，获得待求量的近似解。在这一过程中常用的数值处理方法已经在 8.4.3 节介绍过，这里不再赘述，下面推导暂态稳定计算的交替求解法。

所谓交替求解法就是在每一个微小时间间隔 $t_k \sim t_{k+1}$ 中，交替切换求解微分方程组与代数方程组，微分方程组的计算结果作为解代数方程组的已知值，同样，代数方程组的计算结果作为求解微分方程组的已知值。

1. 初始条件计算

在进行第一个微小时间间隔 $t_0 \sim t_1$ 的交替计算之前，必须根据稳态潮流计算结果计算 t_0 时刻各发电机的初始条件。发电机所在节点 t_0 时刻的电压（即端电压）为 $\dot{U}_{(0)} = U_{x(0)} + jU_{y(0)}$ 和注入功率 $\dot{S}_{(0)} = P_{(0)} + jQ_{(0)}$，则该节点 t_0 时刻的注入电流为

$$\dot{I}_{(0)} = \frac{\dot{S}_{(0)}^*}{\dot{U}_{(0)}^*} = I_{x(0)} + jI_{y(0)} \tag{8-73}$$

为方便计算功角构建的虚拟电动势为

$$\dot{E}_{Q(0)} = E_{Qx(0)} + jE_{Qy(0)} = \dot{U}_{(0)} + (R_a + jX_q)\dot{I}_{(0)} \tag{8-74}$$

功角初始条件为

$$\delta_{(0)} = \arctan \frac{E_{Qy(0)}}{E_{Qx(0)}} \tag{8-75}$$

旋转角速度初始条件为

$$\omega_{(0)} = 1 \tag{8-76}$$

为方便求得发电机 q 轴的暂态电动势，需要将上述 xy 坐标系中节点电压和电流转换到 dq 坐标系中，两矢量坐标系的关系如图 8-19 所示。根据图 8-19，可推导出发电机端口电压和电流从 xy 坐标系变换到 dq 坐标系的变换公式为

$$\begin{bmatrix} U_d \\ U_q \end{bmatrix} = \begin{bmatrix} \sin\delta & -\cos\delta \\ \cos\delta & \sin\delta \end{bmatrix} \begin{bmatrix} U_x \\ U_y \end{bmatrix} \quad (8\text{-}77)$$

$$\begin{bmatrix} I_d \\ I_q \end{bmatrix} = \begin{bmatrix} \sin\delta & -\cos\delta \\ \cos\delta & \sin\delta \end{bmatrix} \begin{bmatrix} I_x \\ I_y \end{bmatrix} \quad (8\text{-}78)$$

现给出发电机 q 轴暂态电动势初始值的计算表达式 (8-79)，在整个计算过程中可以认为发电机励磁系统的励磁很强，使 q 轴暂态电动势一直为恒定的初始值。

$$E'_{q(0)} = U_{q(0)} + R_a I_{q(0)} + X'_d I_{d(0)} \quad (8\text{-}79)$$

输入到发电机的机械功率（即原动机的输出功率）按式（8-80）计算，在整个计算过程中，由于仿真计算时间不是太长，可认为该机械功率一直保持初始值不变。

$$P_{m(0)} = P_{e(0)} = P_{(0)} + (I^2_{x(0)} + I^2_{y(0)}) R_a \quad (8\text{-}80)$$

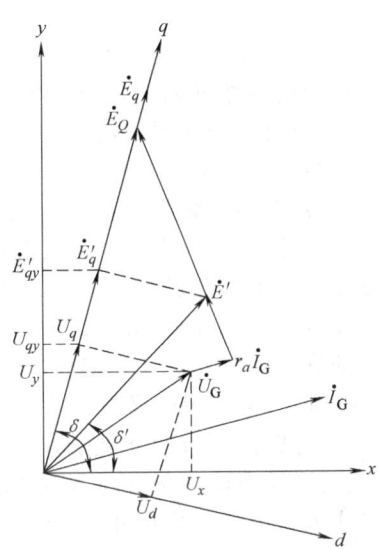

图 8-19 xy 坐标系与 dq 坐标系矢量关系

2. 求解网络代数方程

设某台发电机所在节点的编号为 i，若采用 $E'_q = C$ 模型来描述同步发电机，则定子电压平衡方程式为

$$\begin{bmatrix} E'_{qi} \\ 0 \end{bmatrix} = \begin{bmatrix} U_{qi} \\ U_{di} \end{bmatrix} + \begin{bmatrix} R_a & X'_d \\ -X_q & R_a \end{bmatrix} \begin{bmatrix} I_{qi} \\ I_{di} \end{bmatrix} \quad (8\text{-}81)$$

结合变换公式（8-77）和式（8-78），将式（8-81）转化到 xy 坐标下可得

$$\begin{bmatrix} I_{xi} \\ I_{yi} \end{bmatrix} = \begin{bmatrix} b_{xi} \\ g_{yi} \end{bmatrix} E'_{qi} - \begin{bmatrix} G_{xi} & B_{xi} \\ B_{yi} & G_{yi} \end{bmatrix} \begin{bmatrix} U_{xi} \\ U_{yi} \end{bmatrix} \quad (8\text{-}82)$$

式（8-82）中各参数的具体表达式为

$$\begin{cases} b_{xi} = \dfrac{R_{ai}\cos\delta_i + X_{qi}\sin\delta_i}{R^2_{ai} + X'_{di}X_{qi}}, \; g_{yi} = \dfrac{R_{ai}\sin\delta_i - X_{qi}\cos\delta_i}{R^2_{ai} + X'_{di}X_{qi}} \\ G_{xi} = \dfrac{R_{ai} - (X'_{di} - X_{qi})\sin\delta_i\cos\delta_i}{R^2_{ai} + X'_{di}X_{qi}}, \; B_{xi} = \dfrac{X'_{di}\cos^2\delta_i + X_{qi}\sin^2\delta_i}{R^2_{ai} + X'_{di}X_{qi}} \\ B_{yi} = \dfrac{-X'_{di}\sin^2\delta_i - X_{qi}\cos^2\delta_i}{R^2_{ai} + X'_{di}X_{qi}}, \; G_{yi} = \dfrac{R_{ai} + (X'_{di} - X_{qi})\sin\delta_i\cos\delta_i}{R^2_{ai} + X'_{di}X_{qi}} \end{cases} \quad (8\text{-}83)$$

不考虑发电机，描述电力网络运行状态的代数方程如式（8-84）所示，等号左边为网络中节点的注入电流。

$$\begin{bmatrix} I_{xi} \\ I_{yi} \end{bmatrix} = \sum_{j=1}^{n} \begin{bmatrix} G_{ij} & -B_{ij} \\ B_{ij} & G_{ij} \end{bmatrix} \begin{bmatrix} U_{xj} \\ U_{yj} \end{bmatrix} \quad (8\text{-}84)$$

联合式（8-82）与式（8-84），消去发电机所在节点注入电流可得网络方程

$$\begin{bmatrix} I'_{xi} \\ I'_{yi} \end{bmatrix} = \sum_{\substack{j=1 \\ j \neq i}}^{n} \begin{bmatrix} G_{ij} & -B_{ij} \\ B_{ij} & G_{ij} \end{bmatrix} \begin{bmatrix} U_{xj} \\ U_{yj} \end{bmatrix} + \begin{bmatrix} G_{ii} + G_{xi} & -B_{ii} + B_{xi} \\ B_{ii} + B_{yi} & G_{ii} + G_{yi} \end{bmatrix} \begin{bmatrix} U_{xi} \\ U_{yi} \end{bmatrix} \quad (8\text{-}85)$$

方程式等号左端是方便计算用的假想电流，它的计算公式为

$$\begin{bmatrix} I'_{xi} \\ I'_{yi} \end{bmatrix} = \begin{bmatrix} b_{xi} \\ g_{yi} \end{bmatrix} E'_{qi} \tag{8-86}$$

在求解整个网络的代数方程时，求解式（8-82）~式（8-86）必须按照一定的顺序：

① 利用微分方程的数值计算结果，按式（8-83）计算将会用到的参数，如果是首次求解网络代数方程，δ 值按式（8-75）计算。

② 将①中计算出的系数代入式（8-86）计算各发电机节点注入的假想电流。

③ 根据电网的实际运行状况按式（8-84）列出除发电机以外网络的代数方程（如果发生故障或为清除故障的断线操作，式中导纳矩阵应该是短路或断线时电力网络的导纳矩阵）。

④ 利用①中计算出的系数，按式（8-85）给出的规则修改③中求得的网络导纳矩阵，修改后的导纳矩阵实际上已经包含了负荷和发电机的等效导纳。

⑤ 将②中求得的发电机节点假想电流代入式（8-85）左端，可利用在 8.4.3 节中讲述的 LU 三角分解法，求解此高阶线性方程组，得到系统中所有节点电压的 x 分量和 y 分量。

⑥ 将⑤中计算所得的节点电压代入式（8-82），结合①中计算出的参数，求得系统中所有节点注入电流的 x 分量和 y 分量。

⑦ 按式（8-87）计算发电机的功率输出。

$$P_{ei} = U_{xi}I_{xi} + U_{yi}I_{yi} + (I_{xi}^2 + I_{yi}^2)R_a \tag{8-87}$$

3. 用改进 Euler 法求解微分方程

网络代数方程求解结束以后，便可以用改进 Euler 法求解描述同步电机转子运动状态的微分方程式（8-67），下面推导其求解的具体过程：

1) 根据式（8-54），可以得到在微小时间间隔 $t_k \sim t_{k+1}$ 初始时刻 t_k 处状态变量 δ 和 ω 的变化率为

$$\begin{cases} \left.\dfrac{\partial \delta_i}{\partial t}\right|_{t_k} = (\omega_i - 1)\omega_B \\ \left.\dfrac{\partial \omega_i}{\partial t}\right|_{t_k} = \dfrac{1}{T_j}(P_{mi} - P_{ei}) \end{cases} \tag{8-88}$$

其中，发电机的电磁功率在求解网络代数方程时已给出，按式（8-88）计算即可。

2) 按式（8-55）可以得到在时间间隔 $t_k \sim t_{k+1}$ 的终止时刻 t_{k+1} 处状态变量 δ 和 ω 的预估值为

$$\begin{cases} \delta_{i(t_{k+1})}^{[0]} = \delta_{i(t_k)} + \left.\dfrac{\partial \delta_i}{\partial t}\right|_{t_k} \cdot \Delta t \\ \omega_{i(t_{k+1})}^{[0]} = \omega_{i(t_k)} + \left.\dfrac{\partial \omega_i}{\partial t}\right|_{t_k} \cdot \Delta t \end{cases} \tag{8-89}$$

3) 将按式（8-89）计算得到的 δ 预估值 $\delta_{i(t_{k+1})}^{[0]}$ 作为已知量，按本小节第 2 小部分中的方法重新求解整个网络的代数方程，最后得到按预估值 $\delta_{i(t_{k+1})}^{[0]}$ 计算所得的发电机端口电压和电流的预估值 $U_{xi(t_{k+1})}^{[0]}$、$U_{yi(t_{k+1})}^{[0]}$、$I_{xi(t_{k+1})}^{[0]}$ 和 $I_{yi(t_{k+1})}^{[0]}$，进而，按式（8-87）计算发电机电磁功率的预估值 $P_{ei(t_{k+1})}^{[0]}$。

4) 类比步骤 1），根据式（8-56）可以求得在时间间隔 $t_k \sim t_{k+1}$ 终止时刻 t_{k+1} 处状态变量 δ 和 ω 变化率的预估值为

$$\begin{cases} \left.\dfrac{\partial \delta_i^{[0]}}{\partial t}\right|_{t_{k+1}} = (\omega_i^{[0]} - 1)\omega_B \\ \left.\dfrac{\partial \omega_i^{[0]}}{\partial t}\right|_{t_{k+1}} = \dfrac{1}{T_j}(P_{mi} - P_{ei}^{[0]}) \end{cases} \tag{8-90}$$

5) 根据式 (8-57) 可以求得在时间间隔 $t_k \sim t_{k+1}$ 终止时刻 t_{k+1} 处状态变量 δ 和 ω 变化率的校正值为

$$\begin{cases} \delta_{i(t_{k+1})} = \delta_{i(t_k)} + \dfrac{1}{2}\left[\left.\dfrac{\partial \delta_i}{\partial t}\right|_{t_k} + \left.\dfrac{\partial \delta_i^{[0]}}{\partial t}\right|_{t_{k+1}}\right] \cdot \Delta t \\ \omega_{i(t_{k+1})} = \omega_{i(t_k)} + \dfrac{1}{2}\left[\left.\dfrac{\partial \omega_i}{\partial t}\right|_{t_k} + \left.\dfrac{\partial \omega_i^{[0]}}{\partial t}\right|_{t_{k+1}}\right] \cdot \Delta t \end{cases} \quad (8-91)$$

至此，在时间间隔 $t_k \sim t_{k+1}$ 内微分方程的求解已经完成，所求状态变量 δ 的值可作为下一时间间隔求解代数方程的已知条件，如此循环，便可完成整个仿真时段的计算。交替法暂态稳定求解程序流程如图 8-20 所示。

例 8-3 用改进 Euler 法计算例 8-2 的摇摆曲线，已知系统短路故障后的电磁功率特性表示式为 $P_E = P_{IIM}\sin\delta_0 = 0.612\sin26.9°$，$P_T = P_0 = 1$，$\delta_0 = 26.9°$，计算三个时段，取 $h = 0.05\text{s}$。

解： 令 $\Delta\omega = \dfrac{\mathrm{d}\delta}{\mathrm{d}t}$，$a = \dfrac{\mathrm{d}\omega}{\mathrm{d}t}$，已知 $t = 0$ 时，$\omega = \omega_{(0)} = 1$

(1) 计算第一时段末 ($t = 0.05\text{s}$) 时的角度

第一时段开始时的 δ 和 ω 的变化率为

$$\Delta\omega_0 = (\omega_{(0)} - 1) \times 2\pi f = 0$$

$$a_0 = \dfrac{1}{T_J}(P_T - P_{IIM}\sin\delta_0) = \dfrac{1}{11.2}(1 - 0.612\sin26.9°) = 0.0646$$

第一时段末 δ 和 ω 的预报值为

$$\delta_1^{(0)} = \delta_0 + \Delta\omega_0 h = 26.9° + 0 = 26.9°$$

$$\omega_1^{(0)} = \omega_0 + a_0 h = 1 + 0.0646 \times 0.05 = 1.00323$$

相应于 $\delta_1^{(0)}$ 和 $\omega_1^{(0)}$ 时的变化率为

$$\Delta\omega_1^{(0)} = (\omega_1^{(0)} - 1) \times 2\pi f = (1.00323 - 1) \times 18000 = 58.14$$

$$a_1^{(0)} = \dfrac{1}{T_J}[P_T - P_{IIM}\sin\delta_1^{(0)}] = \dfrac{1}{11.2}(1 - 0.612\sin26.9°) = 0.0646$$

第一时段中 δ 和 ω 的平均变化率为

$$\Delta\omega_1^{(a)} = \dfrac{1}{2}(\Delta\omega_0 + \Delta\omega_1^{(0)}) = \dfrac{1}{2}(0 + 58.14) = 29.07$$

$$a_1^{(a)} = \dfrac{1}{2}(a_0 + a_1^{(0)}) = \dfrac{1}{2}(0.0646 + 0.0646) = 0.0646$$

所以第一时段末 δ 和 ω 的校正值为

$$\delta_1 = \delta_0 + \Delta\omega_1^{(a)} h = 26.9° + 29.07 \times 0.05 = 28.35°$$

$$\omega_1 = \omega_0 + a_1^{(a)} h = 1 + 0.0646 \times 0.05 = 1.00323$$

(2) 计算第二时段末 ($t = 0.05\text{s}$) 时的角度

第二时段开始时的 δ 和 ω 的变化率为

$$\Delta\omega_1 = (\omega_1 - 1) \times 2\pi f = (1.00323 - 1) \times 18000 = 58.14$$

$$a_1 = \dfrac{1}{T_J}(P_T - P_{IIM}\sin\delta_1) = \dfrac{1}{11.2}(1 - 0.612\sin28.35°) = 0.0633$$

第二时段末 δ 和 ω 的预报值为

$$\delta_2^{(0)} = \delta_1 + \Delta\omega_1 h = 28.35° + 58.14 \times 0.05 = 31.257°$$

$$\omega_2^{(0)} = \omega_1 + a_1 h = 1.00323 + 0.0633 \times 0.05 = 1.006395$$

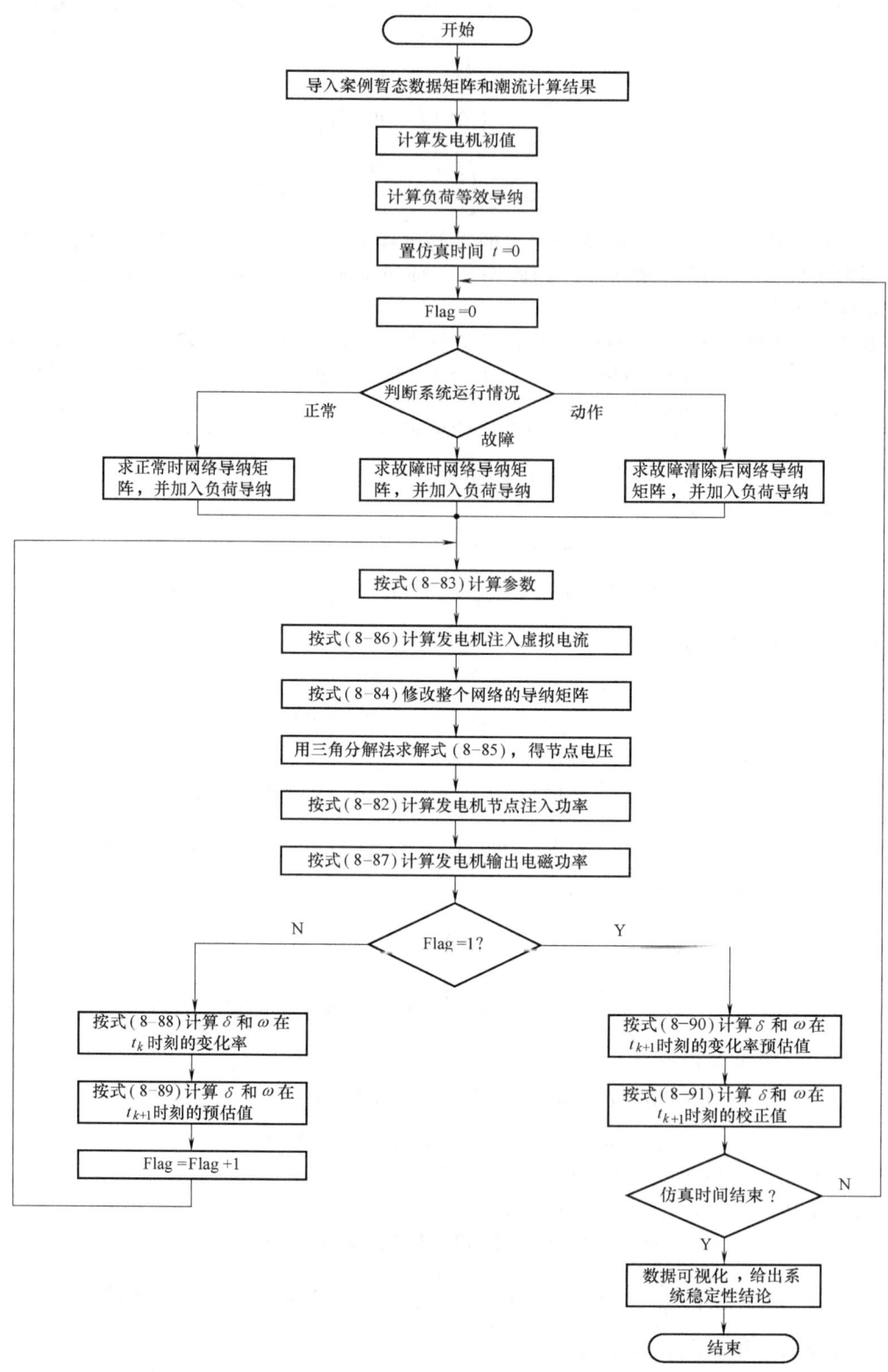

图 8-20 交替法暂态稳定求解程序流程

相应于 $\delta_2^{(0)}$ 和 $\omega_2^{(0)}$ 时的变化率为

$$\Delta\omega_2^{(0)} = (\omega_2^{(0)} - 1) \times 2\pi f = (1.006395 - 1) \times 18000 = 115.11$$

$$a_2^{(0)} = \frac{1}{T_J}[P_T - P_{IIM}\sin\delta_2^{(0)}] = \frac{1}{11.2}(1 - 0.612\sin31.257°) = 0.0609$$

第二时段中 δ 和 ω 的平均变化率为

$$\Delta\omega_2^{(a)} = \frac{1}{2}(\Delta\omega_1 + \Delta\omega_2^{(0)}) = \frac{1}{2}(58.14 + 115.11) = 86.625$$

$$a_2^{(a)} = \frac{1}{2}(a_1 + a_2^{(0)}) = \frac{1}{2}(0.0633 + 0.0609) = 0.0621$$

所以第二时段末 δ 和 ω 的校正值为

$$\delta_2 = \delta_1 + \Delta\omega_2^{(a)} h = 28.35° + 86.625 \times 0.05 = 32.681°$$

$$\omega_2 = \omega_1 + a_2^{(a)} h = 1.00323 + 0.0621 \times 0.05 = 1.006335$$

（3）计算第三时段末（$t = 0.05$s）时的角度

第三时段开始时的 δ 和 ω 的变化率为

$$\Delta\omega_2 = (\omega_2 - 1) \times 2\pi f = (1.006335 - 1) \times 18000 = 114.03$$

$$a_2 = \frac{1}{T_J}(P_T - P_{IIM}\sin\delta_2) = \frac{1}{11.2}(1 - 0.612\sin32.681°) = 0.0598$$

第三时段末 δ 和 ω 的预报值为

$$\delta_3^{(0)} = \delta_2 + \Delta\omega_2 h = 32.681° + 114.03 \times 0.05 = 38.383°$$

$$\omega_3^{(0)} = \omega_2 + a_2 h = 1.006335 + 0.0598 \times 0.05 = 1.0093$$

相应于 $\delta_3^{(0)}$ 和 $\omega_3^{(0)}$ 时的变化率为

$$\Delta\omega_3^{(0)} = (\omega_3^{(0)} - 1) \times 2\pi f = (1.0093 - 1) \times 18000 = 167.4$$

$$a_3^{(0)} = \frac{1}{T_J}(P_T - P_{IIM}\sin\delta_3^{(0)}) = \frac{1}{11.2}[1 - 0.612\sin38.383°] = 0.0553$$

第三时段中 δ 和 ω 的平均变化率为

$$\Delta\omega_3^{(a)} = \frac{1}{2}(\Delta\omega_2 + \Delta\omega_3^{(0)}) = \frac{1}{2}(114.03 + 167.4) = 140.715$$

$$a_3^{(a)} = \frac{1}{2}(a_2 + a_3^{(0)}) = \frac{1}{2}(0.0598 + 0.0553) = 0.05755$$

所以第三时段末 δ 和 ω 的校正值为

$$\delta_3 = \delta_2 + \Delta\omega_3^{(a)} h = 32.681° + 140.715 \times 0.05 = 39.717°$$

$$\omega_3 = \omega_2 + a_3^{(a)} h = 1.006335 + 0.05755 \times 0.05 = 1.009213$$

例 8-4 用改进 Euler 法的交替法求解电力网络暂态稳定，网络如图 3-19 所示，为改善 2 号节点电压幅值，在其上添加容量为 286.7Mvar 的无功补偿电容，系统中发电机、节点和支路的已知条件分别见表 8-1～表 8-3。加入无功补偿电容后系统的节点导纳矩阵见表 8-4。采用牛顿拉夫逊算法，计算精度取为 10^{-7}，经 21 次迭代计算，所得各节点电压幅值和相位列于表 8-5。同步发电机暂态参数见表 8-6。利用改进 Euler 法的交替法求解，现假设系统 1 号节点在 0s 发生三相金属性接地故障，经 0.05s 后切除故障（系统频率 60Hz，0.05s 为 3 个周期），迭代计算在本次扰动中各同步发电机功角随时间的变化情况。

说明：本例参数取自英文教材，利用 MATLAB 编程进行潮流计算以及暂态稳定性分析数据，所得结果取小数点后四位有效数字；根据实际功角的取值范围，当数值计算中的功角为负数时应将其看作在第二象限,取正值。

表 8-1 同步发电机稳态参数(参数均为标幺值)

发电机节点	节点电压	有功功率 (P_G)	无功功率 (Q_G)	有功上限 (P_{GMAX})	有功下限 (P_{GMIN})	无功上限 (Q_{GMAX})	无功下限 (Q_{GMIN})
1	1	0	0	0	0	0	0
3	1.05	5.2	0	0	0	4	-2.8

表 8-2 节点参数(节点类型中 1 代表平衡节点、2 代表 PQ 节点、3 代表 PV 节点;表格中右侧 8 列数字均为标幺值)

节点	节点类型	基准值/kV	电压初始值	相位初始值	电压上限	电压下限	负荷有功	负荷无功	电导	电纳
1	1	15	1	0	1.1	0.9	0	0	0	0
2	2	345	1	0	1.1	0.9	8	2.8	0	2.867
3	3	15	1.05	0	1.1	0.9	0.8	0.4	0	0
4	2	345	1	0	1.1	0.9	0	0	0	0
5	2	345	1	0	1.1	0.9	0	0	0	0

表 8-3 支路参数(参数均为标幺值)

首端节点	末端节点	电阻	电抗	电导	电纳	标幺电压比
1	5	0.0015	0.02	0	0	1
2	4	0.009	0.1	0	1.72	0
2	5	0.0045	0.05	0	0.88	0
3	4	0.00075	0.01	0	0	1
4	5	0.00225	0.025	0	0.44	0

表 8-4 加入无功补偿电容后系统的节点导纳矩阵

	1	2	3	4	5
1	3.7290-j49.7203	0	0	0	-3.7290+j49.7203
2	0	2.6783-j25.6640	0	-0.8928+j9.9197	-1.7855+j19.8393
3	0	0	7.4580-j99.4406	-7.4580+j99.4406	0
4	0	-0.8928+j9.9197	-7.4580+j99.4406	11.9219-j147.9589	-3.5711+j39.6786
5	-3.7290+j49.7203	-1.7855+j19.8393	0	-3.5711+j39.6786	9.0856-j108.5782

表 8-5 Newton-Raphson 迭代计算结果

节点编号	1	2	3	4	5
电压幅值(标幺)	1.0000	1.0128	1.0500	1.0433	1.0173
相位/(°)	0.0000	-18.9294	-0.3779	-2.6618	-4.4108

表 8-6 系统中同步发电机暂态参数

发电机节点	直轴暂态电抗 X'_d	交轴电抗 X_q	惯性时间常数 T_J	电枢电阻 R_a
1	0.1198	0.8645	12.8	0
3	0.1813	1.2578	6.02	0

解:基于改进 Euler 法的交替法求解流程如下。

现假设系统 1 号节点在 0s 发生三相金属性接地故障,经 0.05s 后切除故障(系统频率 60Hz,0.05s 为 3 个周期),迭代计算在本次扰动中各同步发电机功角随时间的变化情况。

(1)初值计算

由表 8-5 知,发电机端电压

$$\dot{U}_{1(0)} = 1+j0$$

$$\dot{U}_{3(0)} = 1.05 - j0.0069$$

发电机输出电磁功率

$$\dot{S}_{1(0)} = \dot{U}_{1(0)}\left(\sum_{j=1}^{5} Y_{1j}\dot{U}_{j(0)}\right)^* + \dot{S}_{L1} = 3.8367 - j1.0021$$

$$\dot{S}_{3(0)} = \dot{U}_{3(0)}\left(\sum_{j=1}^{5} Y_{3j}\dot{U}_{j(0)}\right)^* + \dot{S}_{L3} = 5.2000 + j0.8556$$

由式（8-73）计算发电机注入网络的电流

$$\dot{I}_{1(0)} = \frac{\dot{S}_{1(0)}^*}{\dot{U}_{1(0)}^*} = \left(\frac{3.8367 - j1.0021}{1 + j0}\right)^* = 3.8367 + j1.0021$$

$$\dot{I}_{3(0)} = \frac{\dot{S}_{3(0)}^*}{\dot{U}_{3(0)}^*} = \left(\frac{5.2000 + j0.8556}{1.05 - j0.0069}\right)^* = 4.9468 - j0.8474$$

由式（8-74）计算功角构建的虚拟电动势

$$\dot{E}_{Q1(0)} = \dot{U}_{1(0)} + (R_{a1} + jX_{q1})\dot{I}_{1(0)} = 1 + j0 + (0 + j0.8645)(3.8367 + j1.0021) = 0.1337 + j3.3168$$

$$\dot{E}_{Q3(0)} = \dot{U}_{3(0)} + (R_{a3} + jX_{q3})\dot{I}_{3(0)} = 1.05 - j0.0069 + (0 + j1.2578)(4.9468 - j0.8474) = 2.1159 + j6.2152$$

由式（8-75）计算功角初始条件

$$\delta_{1(0)} = \arctan\frac{E_{Q1y(0)}}{E_{Q1x(0)}} = \arctan\frac{3.3168}{0.1337} = 1.5305 \text{ rad}$$

$$\delta_{3(0)} = \arctan\frac{E_{Q3y(0)}}{E_{Q3x(0)}} = \arctan\frac{6.2152}{2.1159} = 1.2427 \text{ rad}$$

旋转角速度初始条件

$$\omega_{1(0)} = 1$$
$$\omega_{3(0)} = 1$$

根据从 xy 坐标系变换到 dq 坐标系的变换公式（8-77）和式（8-78），得到

$$\begin{bmatrix} U_{d1} \\ U_{q1} \end{bmatrix} = \begin{bmatrix} \sin\delta_1 & -\cos\delta_1 \\ \cos\delta_1 & \sin\delta_1 \end{bmatrix} \begin{bmatrix} U_{1x} \\ U_{1y} \end{bmatrix} = \begin{bmatrix} \sin 1.5305 & -\cos 1.5305 \\ \cos 1.5305 & \sin 1.5305 \end{bmatrix} \begin{bmatrix} 1 \\ 0 \end{bmatrix} = \begin{bmatrix} 0.9992 \\ 0.0403 \end{bmatrix}$$

$$\begin{bmatrix} U_{d3} \\ U_{q3} \end{bmatrix} = \begin{bmatrix} \sin\delta_3 & -\cos\delta_3 \\ \cos\delta_3 & \sin\delta_3 \end{bmatrix} \begin{bmatrix} U_{3x} \\ U_{3y} \end{bmatrix} = \begin{bmatrix} \sin 1.2427 & -\cos 1.2427 \\ \cos 1.2427 & \sin 1.2427 \end{bmatrix} \begin{bmatrix} 1.05 \\ -0.0069 \end{bmatrix} = \begin{bmatrix} 0.9962 \\ 0.3318 \end{bmatrix}$$

$$\begin{bmatrix} I_{d1} \\ I_{q1} \end{bmatrix} = \begin{bmatrix} \sin\delta_1 & -\cos\delta_1 \\ \cos\delta_1 & \sin\delta_1 \end{bmatrix} \begin{bmatrix} I_{1x} \\ I_{1y} \end{bmatrix} = \begin{bmatrix} \sin 1.5305 & -\cos 1.5305 \\ \cos 1.5305 & \sin 1.5305 \end{bmatrix} \begin{bmatrix} 3.8367 \\ 1.0021 \end{bmatrix} = \begin{bmatrix} 3.7932 \\ 1.1558 \end{bmatrix}$$

$$\begin{bmatrix} I_{d3} \\ I_{q3} \end{bmatrix} = \begin{bmatrix} \sin\delta_3 & -\cos\delta_3 \\ \cos\delta_3 & \sin\delta_3 \end{bmatrix} \begin{bmatrix} I_{3x} \\ I_{3y} \end{bmatrix} = \begin{bmatrix} \sin 1.2427 & -\cos 1.2427 \\ \cos 1.2427 & \sin 1.2427 \end{bmatrix} \begin{bmatrix} 4.9468 \\ -0.8474 \end{bmatrix} = \begin{bmatrix} 4.9560 \\ 0.7919 \end{bmatrix}$$

由式（8-79）知，现给出发电机 q 轴暂态电动势初始值的计算表达式，即

$$E'_{q(0)} = U_{q(0)} + R_a I_{q(0)} + X'_d I_{d(0)}$$

在整个计算过程中可以认为发电机励磁系统的励磁很强，使 q 轴暂态电动势一直为恒定的初始值，所以

$$E'_{q1(0)} = U_{q1(0)} + R_{a1} I_{q1(0)} + X'_{d1} I_{d1(0)} = 0.0403 + 0 \times 1.1558 + 0.1198 \times 3.7932 = 0.4947$$

$$E'_{q3(0)} = U_{q3(0)} + R_{a3} I_{q3(0)} + X'_{d3} I_{d3(0)} = 0.3318 + 0 \times 0.7919 + 0.1813 \times 4.9560 = 1.2303$$

在整个计算过程中，由于仿真计算时间不是太长，可认为该机械功率一直保持初始值不变，由式（8-80）可知，输入到发电机的机械功率

$$P_{m1(0)} = P_{e1(0)} = P_{1(0)} + (I_{1x(0)}^2 + I_{1y(0)}^2) R_{a1} = 3.8367$$

$$P_{m3(0)} = P_{e3(0)} = P_{3(0)} + (I_{3x(0)}^2 + I_{3y(0)}^2) R_{a3} = 5.2000$$

（2）解代数方程组计算发电机输出电磁功率 P_e

由式（8-83）求参数

$$\begin{cases} b_{x1} = \dfrac{R_{a1}\cos\delta_1 + X_{q1}\sin\delta_1}{R_{a1}^2 + X'_{d1}X_{q1}} = \dfrac{0.8645 \times \sin 1.5305}{0.1198 \times 0.8645} = 8.3405 \\[2mm] g_{y1} = \dfrac{R_{a1}\sin\delta_1 - X_{q1}\cos\delta_1}{R_{a1}^2 + X'_{d1}X_{q1}} = \dfrac{-0.8645 \times \cos 1.5305}{0.1198 \times 0.8645} = -0.3363 \\[2mm] b_{x3} = \dfrac{R_{a3}\cos\delta_3 + X_{q3}\sin\delta_3}{R_{a3}^2 + X'_{d3}X_{q3}} = \dfrac{1.2578 \times \sin 1.2427}{0.1813 \times 1.2578} = 5.2215 \\[2mm] g_{y3} = \dfrac{R_{a3}\sin\delta_3 - X_{q3}\cos\delta_3}{R_{a3}^2 + X'_{d3}X_{q3}} = \dfrac{-1.2578 \times \cos 1.2427}{0.1813 \times 1.2578} = -1.7774 \end{cases}$$

由式（8-86）知，发电机节点虚拟注入电流

$$\begin{bmatrix} I'_{x1} \\ I'_{y1} \end{bmatrix} = \begin{bmatrix} b_{x1} \\ g_{y1} \end{bmatrix} E'_{q1} = \begin{bmatrix} 8.3405 \\ -0.3363 \end{bmatrix} \times 0.4947 = \begin{bmatrix} 4.1260 \\ -0.1664 \end{bmatrix}$$

$$\begin{bmatrix} I'_{x3} \\ I'_{y3} \end{bmatrix} = \begin{bmatrix} b_{x3} \\ g_{y3} \end{bmatrix} E'_{q3} = \begin{bmatrix} 5.2215 \\ -1.7774 \end{bmatrix} \times 1.2303 = \begin{bmatrix} 6.4240 \\ -2.1867 \end{bmatrix}$$

其余节点虚拟注入电流为零，所以系统所有节点虚拟电流向量

$$\begin{bmatrix} I'_{x1} \\ I'_{y1} \\ I'_{x2} \\ I'_{y2} \\ I'_{x3} \\ I'_{y3} \\ I'_{x4} \\ I'_{y4} \\ I'_{x5} \\ I'_{y5} \end{bmatrix} = \begin{bmatrix} 4.1260 \\ -0.1664 \\ 0 \\ 0 \\ 6.4240 \\ -2.1867 \\ 0 \\ 0 \\ 0 \\ 0 \end{bmatrix}$$

当系统发生故障时，需要修改节点导纳矩阵：

a. 对于发电机节点，其自导纳需加上发电机次暂态电纳，故

节点 1 发电机补偿的自导纳为 $Y_{G1} = \dfrac{1}{jX'_{d1}} = \dfrac{1}{j0.1198} = -j8.3472$，但因节点 1 发生金属短路，则自导纳直接视为无穷大。

节点 3 发电机补偿的自导纳为 $Y_{G3} = \dfrac{1}{X'_{d3}} = \dfrac{1}{j0.1813} = -j5.5157$

b. 对于负荷节点，其自导纳需加上等效负荷导纳，故

节点 2 负荷补偿的自导纳为 $Y_{L2} = \dfrac{\dot{S}_{L2}{}^*}{|\dot{U}_2|^2} = \dfrac{(8+j2.8)^*}{1.0128^2} = 7.7991-j2.7297$

节点 3 负荷补偿的自导纳为 $Y_{L3} = \dfrac{\dot{S}_{L3}{}^*}{|\dot{U}_3|^2} = \dfrac{(0.8+j0.4)^*}{1.05^2} = 0.7256-j0.3628$

将上述补偿的自导纳与原导纳矩阵相加，得故障期间网络的节点导纳矩阵见表 8-7。

表 8-7 故障期间网络的节点导纳矩阵

	1	2	3	4	5
1	$1.0000e^{+10}+j0.0000e^{+10}$	0.0000+j0.0000	0.0000+j0.0000	0.0000+j0.0000	-3.7290+j49.7203
2	0.0000+j0.0000	10.4774-j28.3937	0.0000+j0.0000	-0.8928+j9.9197	-1.7855+j19.8393
3	0.0000+j0.0000	0.0000+j0.0000	8.1836-j105.3191	-7.4580+j99.4406	0.0000+j0.0000
4	0.0000+j0.0000	-0.8928+j9.9197	-7.4580+j99.4406	11.9219-j147.9589	-3.5711+j39.6786
5	-3.7290+j49.7203	-1.7855+j19.8393	0.0000+j0.0000	-3.5711+j39.6786	9.0856-j108.5782

将节点导纳矩阵拆分成电导和电纳的形式见表 8-8。

表 8-8 节点导纳矩阵拆分成电导和电纳的形式

	1	2	3	4	5	6	7	8	9	10
1	$1.0000e^{+10}$	0	0	0	0	0	0	0	-3.7290	-49.7203
2	0	$1.0000e^{+10}$	0	0	0	0	0	0	49.7203	-3.7290
3	0	0	10.4774	28.3937	0	0	-0.8928	-9.9197	-1.7855	-19.8393
4	0	0	-28.3937	10.4774	0	0	9.9197	-0.8928	19.8393	-1.7855
5	0	0	0	0	8.1836	105.3191	-7.4580	-99.4406	0	0
6	0	0	0	0	-105.3191	8.1836	99.4406	-7.4580	0	0
7	0	0	-0.8928	-9.9197	-7.4580	-99.4406	11.9219	147.9589	-3.5711	-39.6786
8	0	0	9.9197	-0.8928	99.4406	-7.4580	-147.9589	11.9219	39.6786	-3.5711
9	-3.7290	-49.7203	-1.7855	-19.8393	0	0	-3.5711	-39.6786	9.0856	108.5782
10	49.7203	-3.7290	19.8393	-1.7855	0	0	39.6786	-3.5711	-108.5782	9.0856

由式（8-82）求参数，得

$$G_{x1} = \dfrac{R_{a1}-(X'_{d1}-X_{q1})\sin\delta_1\cos\delta_1}{R_{a1}^2+X'_{d1}X_{q1}} = \dfrac{0-(0.1198-0.8645)\sin1.5305\cos1.5305}{0^2+0.1198\times0.8645} = 0.2894$$

$$B_{x1} = \dfrac{X'_{d1}\cos^2\delta_1+X_{q1}\sin^2\delta_1}{R_{a1}^2+X'_{d1}X_{q1}} = \dfrac{0.1198\cos^2 1.5305+0.8645\sin^2 1.5305}{0^2+0.1198\times0.8645} = 8.3356$$

$$B_{y1} = \dfrac{-X'_{d1}\sin^2\delta_1-X_{q1}\cos^2\delta_1}{R_{a1}^2+X'_{d1}X_{q1}} = \dfrac{-0.1198\sin^2 1.5305-0.8645\cos^2 1.5305}{0^2+0.1198\times0.8645} = -1.1684$$

$$G_{y1} = \dfrac{R_{a1}+(X'_{d1}-X_{q1})\sin\delta_1\cos\delta_1}{R_{a1}^2+X'_{d1}X_{q1}} = \dfrac{0+(0.1198-0.8645)\sin1.5305\cos1.5305}{0^2+0.1198\times0.8645} = -0.2894$$

$$G_{x3} = \dfrac{R_{a3}-(X'_{d3}-X_{q3})\sin\delta_3\cos\delta_3}{R_{a3}^2+X'_{d3}X_{q3}} = \dfrac{0-(0.1813-1.2578)\sin1.2427\cos1.2427}{0^2+0.1813\times1.2578} = 1.4401$$

$$B_{x3} = \dfrac{X'_{d3}\cos^2\delta_3+X_{q3}\sin^2\delta_3}{R_{a3}^2+X'_{d3}X_{q3}} = \dfrac{0.1813\cos^2 1.2427+1.2578\sin^2 1.2427}{0^2+0.1813\times1.2578} = 5.0255$$

$$B_{y3} = \dfrac{-X'_{d3}\sin^2\delta_3-X_{q3}\cos^2\delta_3}{R_{a3}^2+X'_{d3}X_{q3}} = \dfrac{-0.1813\sin^2 1.2427-1.2578\cos^2 1.2427}{0^2+0.1813\times1.2578} = -1.2852$$

$$G_{y3} = \frac{R_{a3} + (X'_{d3} - X_{q3})\sin\delta_3\cos\delta_3}{R_{a3}^2 + X'_{d3}X_{q3}} = \frac{0 + (0.1813 - 1.2578)\sin 1.2427\cos 1.2427}{0^2 + 0.1813 \times 1.2578} = -1.4401$$

将节点导纳矩阵对角线上的矩阵做此修改：$\begin{bmatrix} G_{ii} + G_{xi} & -B_{ii} + B_{xi} \\ B_{ii} + B_{yi} & G_{ii} + G_{yi} \end{bmatrix}$

得

$Y_{ope} =$

$$\begin{bmatrix}
1.0000e^{+10} & 8.3356 & 0 & 0 & 0 & 0 & 0 & 0 & -3.7290 & -49.7203 \\
-1.1684 & 1.0000e^{+10} & 0 & 0 & 0 & 0 & 0 & 0 & 49.7203 & -3.7290 \\
0 & 0 & 10.4774 & 28.3937 & 0 & 0 & -0.8928 & -9.9197 & -1.7855 & -19.8393 \\
0 & 0 & -28.3937 & 10.4774 & 0 & 0 & 9.9197 & -0.8928 & 19.8393 & -1.7855 \\
0 & 0 & 0 & 0 & 9.6237 & 110.3446 & -7.4580 & -99.4406 & 0 & 0 \\
0 & 0 & 0 & 0 & -106.6043 & 6.7435 & 99.4406 & -7.4580 & 0 & 0 \\
0 & 0 & -0.8928 & -9.9197 & -7.4580 & -99.4406 & 11.9219 & 147.9589 & -3.5711 & -39.6786 \\
0 & 0 & 9.9197 & -0.8928 & 99.4406 & -7.4580 & -147.9589 & 11.9219 & 39.6786 & -3.5711 \\
-3.7290 & -49.7203 & -1.7855 & -19.8393 & 0 & 0 & -3.5711 & -39.6786 & 9.0856 & 108.5782 \\
49.7203 & -3.7290 & 19.8393 & -1.7855 & 0 & 0 & 39.6786 & -3.5711 & -108.5782 & 9.0856
\end{bmatrix}$$

解方程组即可求得各节点电压实部和虚部

$$\begin{bmatrix} I'_{x1} \\ I'_{y1} \\ I'_{x2} \\ I'_{y2} \\ I'_{x3} \\ I'_{y3} \\ I'_{x4} \\ I'_{y4} \\ I'_{x5} \\ I'_{y5} \end{bmatrix} = Y_{ope} \begin{bmatrix} U_{x1} \\ U_{y1} \\ U_{x2} \\ U_{y2} \\ U_{x3} \\ U_{y3} \\ U_{x4} \\ U_{y4} \\ U_{x5} \\ U_{y5} \end{bmatrix}$$

$$\begin{bmatrix} U_{x1} \\ U_{y1} \\ U_{x2} \\ U_{y2} \\ U_{x3} \\ U_{y3} \\ U_{x4} \\ U_{y4} \\ U_{x5} \\ U_{y5} \end{bmatrix} = Y_{ope}^{-1} \begin{bmatrix} I'_{x1} \\ I'_{y1} \\ I'_{x2} \\ I'_{y2} \\ I'_{x3} \\ I'_{y3} \\ I'_{x4} \\ I'_{y4} \\ I'_{x5} \\ I'_{y5} \end{bmatrix} = \begin{bmatrix} 0.0000 \\ -0.0000 \\ 0.0852 \\ 0.0784 \\ 0.1069 \\ 0.1947 \\ 0.0910 \\ 0.1550 \\ 0.0484 \\ 0.0713 \end{bmatrix}$$

将各节点电压代入式（8-84），即可求得各发电机注入网络的电流

$$\begin{bmatrix} I_{x1} \\ I_{y1} \end{bmatrix} = \sum_{j=1}^{n} \begin{bmatrix} G_{1j} & -B_{1j} \\ B_{1j} & G_{1j} \end{bmatrix} \begin{bmatrix} U_{xj} \\ U_{yj} \end{bmatrix} = \sum_{j=1}^{n} \begin{bmatrix} G_{1j} & -B_{1j} \\ B_{1j} & G_{1j} \end{bmatrix} \begin{bmatrix} U_{xj} \\ U_{yj} \end{bmatrix} = \begin{bmatrix} 4.1260 \\ -0.1664 \end{bmatrix}$$

$$\begin{bmatrix} I_{x3} \\ I_{y3} \end{bmatrix} = \sum_{j=1}^{n} \begin{bmatrix} G_{3j} & -B_{3j} \\ B_{3j} & G_{3j} \end{bmatrix} \begin{bmatrix} U_{xj} \\ U_{yj} \end{bmatrix} = \sum_{j=1}^{n} \begin{bmatrix} G_{3j} & -B_{3j} \\ B_{3j} & G_{3j} \end{bmatrix} \begin{bmatrix} U_{xj} \\ U_{yj} \end{bmatrix} = \begin{bmatrix} 5.2915 \\ -1.7689 \end{bmatrix}$$

由式（8-87）可知，发电机电磁功率

$$P_{e1} = U_{x1}I_{x1} + U_{y1}I_{y1} + (I_{x1}^2 + I_{y1}^2)R_{a1} = 3.2783\mathrm{e}^{-9}$$
$$P_{e3} = U_{x3}I_{x3} + U_{y3}I_{y3} + (I_{x3}^2 + I_{y3}^2)R_{a3} = 0.2210$$

（3）解微分方程组计算功角 δ 和转速 ω

由式（8-88）知，在微小时间间隔 $0\sim0.001\mathrm{s}$ 的初始时刻 $0\mathrm{s}$ 处状态变量 δ 和 ω 的变化率为

$$\begin{cases} \left.\dfrac{\partial \delta_1}{\partial t}\right|_{0\mathrm{s}} = (\omega_1-1)\omega_B = 0 \\ \left.\dfrac{\partial \omega_1}{\partial t}\right|_{0\mathrm{s}} = \dfrac{1}{T_{J1}}(P_{m1}-P_{e1}) = \dfrac{1}{12.8}\times(3.8367-3.2783\mathrm{e}^{-9}) = 0.2997 \end{cases}$$

$$\begin{cases} \left.\dfrac{\partial \delta_3}{\partial t}\right|_{0\mathrm{s}} = (\omega_3-1)\omega_B = 0 \\ \left.\dfrac{\partial \omega_3}{\partial t}\right|_{0\mathrm{s}} = \dfrac{1}{T_{J3}}(P_{m3}-P_{e3}) = \dfrac{1}{6.02}\times(5.2000-0.2210) = 0.8271 \end{cases}$$

由式（8-89）知，在时间间隔 $0\sim0.001\mathrm{s}$ 的终止时刻 $0.001\mathrm{s}$ 处状态变量 δ 和 ω 的预估值为

$$\begin{cases} \delta_{1(0.001s)}^{[0]} = \delta_{1(0s)} + \left.\dfrac{\partial \delta_1}{\partial t}\right|_{0\mathrm{s}} \cdot \Delta t = 1.5305 + 0\times0.001 = 1.5305 \\ \omega_{1(0.001s)}^{[0]} = \omega_{1(0s)} + \left.\dfrac{\partial \omega_1}{\partial t}\right|_{0\mathrm{s}} \cdot \Delta t = 1 + 0.2997\times0.001 = 1.0003 \\ \delta_{3(0.001s)}^{[0]} = \delta_{3(0s)} + \left.\dfrac{\partial \delta_3}{\partial t}\right|_{0\mathrm{s}} \cdot \Delta t = 1.2427 + 0\times0.001 = 1.2427 \\ \omega_{3(0.001s)}^{[0]} = \omega_{3(0s)} + \left.\dfrac{\partial \omega_3}{\partial t}\right|_{0\mathrm{s}} \cdot \Delta t = 1 + 0.8271\times0.001 = 1.0008 \end{cases}$$

将按上式计算得到的 δ 预估值 $\delta_{1(0.001s)}^{[0]}$ 和 $\delta_{3(0.001s)}^{[0]}$ 作为已知量，按第（2）小部分中的方法重新求解整个网络的代数方程，最后得到按预估值 $\delta_{1(0.001s)}^{[0]}$ 和 $\delta_{3(0.001s)}^{[0]}$ 计算所得的发电机端口电压和电流的预估值 $U_{x1(0.001s)}^{[0]}$ 和 $U_{x3(0.001s)}^{[0]}$、$U_{y1(0.001s)}^{[0]}$ 和 $U_{y3(0.001s)}^{[0]}$、$I_{x1(0.001s)}^{[0]}$ 和 $I_{x3(0.001s)}^{[0]}$、$I_{y1(0.001s)}^{[0]}$ 和 $I_{y3(0.001s)}^{[0]}$，进而，按式（8-80）计算发电机电磁功率的预估值，即

$$P_{e1(0.001s)}^{[0]} = 3.2783\mathrm{e}^{-9}$$
$$P_{e3(0.001s)}^{[0]} = 0.2210$$

由式（8-90）可知，在时间间隔 $0\sim0.001\mathrm{s}$ 的终止时刻 $0.001\mathrm{s}$ 处状态变量 δ 和 ω 变化率的预估值为

$$\begin{cases} \left.\dfrac{\partial \delta_1^{[0]}}{\partial t}\right|_{0.001\mathrm{s}} = (\omega_1^{[0]}-1)\omega_B = (1.0003-1)\omega_B = (1.0003-1)\times120\pi = 0.1131 \\ \left.\dfrac{\partial \omega_1^{[0]}}{\partial t}\right|_{0.001\mathrm{s}} = \dfrac{1}{T_{J1}}(P_{m1}-P_{e1}^{[0]}) = \dfrac{1}{12.8}(3.8367-3.7283\mathrm{e}^{-9}) = 0.2997 \end{cases}$$

$$\begin{cases} \left.\dfrac{\partial \delta_3^{[0]}}{\partial t}\right|_{0.001\text{s}} = (\omega_3^{[0]}-1)\omega_B = (1.0008-1)\omega_B = (1.0008-1)\times 120\pi = 0.3118 \\ \left.\dfrac{\partial \omega_3^{[0]}}{\partial t}\right|_{0.001\text{s}} = \dfrac{1}{T_{J3}}(P_{m3}-P_{e3}^{[0]}) = \dfrac{1}{6.02}(5.2000-0.2210) = 0.8271 \\ \qquad\qquad\qquad \omega_B = 2\pi f = 120\pi \end{cases}$$

由式（8-91）可知，在时间间隔 $0\sim 0.001\text{s}$ 的终止时刻 0.001s 处状态变量 δ 和 ω 的校正值为

$$\begin{cases} \delta_{1(0.001\text{s})} = \delta_{1(0\text{s})} + \dfrac{1}{2}\left[\left.\dfrac{\partial \delta_1}{\partial t}\right|_{0\text{s}} + \left.\dfrac{\partial \delta_1^{[0]}}{\partial t}\right|_{0.001\text{s}}\right]\cdot \Delta t = 1.5305 + \dfrac{1}{2}(0+0.1131)\times 0.001 = 1.5306\text{rad} \\ \omega_{1(0.001\text{s})} = \omega_{1(0\text{s})} + \dfrac{1}{2}\left[\left.\dfrac{\partial \omega_1}{\partial t}\right|_{0\text{s}} + \left.\dfrac{\partial \omega_1^{[0]}}{\partial t}\right|_{0.001\text{s}}\right]\cdot \Delta t = 1 + \dfrac{1}{2}(0.2997+0.2997)\times 0.001 = 1.0003\text{rad/s} \\ \delta_{3(0.001\text{s})} = \delta_{3(0\text{s})} + \dfrac{1}{2}\left[\left.\dfrac{\partial \delta_3}{\partial t}\right|_{0\text{s}} + \left.\dfrac{\partial \delta_3^{[0]}}{\partial t}\right|_{0.001\text{s}}\right]\cdot \Delta t = 1.2427 + \dfrac{1}{2}(0+0.3118)\times 0.001 = 1.2429\text{rad} \\ \omega_{3(0.001\text{s})} = \omega_{3(0\text{s})} + \dfrac{1}{2}\left[\left.\dfrac{\partial \omega_3}{\partial t}\right|_{0\text{s}} + \left.\dfrac{\partial \omega_3^{[0]}}{\partial t}\right|_{0.001\text{s}}\right]\cdot \Delta t = 1 + \dfrac{1}{2}(0.8271+0.8271)\times 0.001 = 1.0008\text{rad/s} \end{cases}$$

至此，在时间间隔 $0\sim 0.001\text{s}$ 内微分方程的求解已经完成，所求状态变量 δ 的值可作为下一时间间隔求解代数方程的已知条件，如此循环，便可完成整个仿真时段的计算。读者可尝试进行整个仿真时间段的计算过程，此处暂略。

需要注意的是，在求解代数方程时，系统的节点导纳矩阵必须与当前系统的运行状态相对应，具体言之：当系统没有发生短路故障时，该节点导纳矩阵应该是系统正常运行时的导纳矩阵；当系统发生故障时，该节点导纳矩阵应该是系统故障时的导纳矩阵，如果是母线短路，可认为该节点的自导纳无穷大，本次仿真计算采用 e^{10}，如果是支路短路，可在短路点添加一个节点，该节点自导纳为无穷大；当故障清除后，该节点导纳矩阵应该是故障清除后系统的节点导纳矩阵。

8.4.6 提高系统暂态稳定性的措施

电力系统从设计到运行必须保证运行的安全可靠性、稳定性和经济性。由于电力系统的不断扩大，大容量发电厂的建设和远距离输电格局的形成，提高系统的输送容量以及保证系统的静态稳定和暂态稳定，是一项重要任务，提高系统暂态稳定性一般采取以下几方面措施。

提高电力系统暂态稳定性的措施

1. 快速切除短路故障

快速切除故障对于提高系统稳定性有决定性作用。由于快速切除故障减小了加速面积，增加了减速面积，从而提高了发电机之间并列运行的稳定性，如图 8-21 所示。另一方面，快速切除故障，还可使负荷中电动机的端电压迅速回升，减小了电动机失速和停顿的危险，因而也提高了负荷运行的稳定性。切除故障时间是继电保护装置动作时间和断路器动作时间的总和。目前，一般短路后 0.06s 切除线路故障，其中 0.02s 为保护装置动作时间，0.04s 为断路器动作时间，甚至可以更快。

2. 采用自动重合闸装置

电力系统的故障特别是高压输电线路的故障大多是短路故障，这些故障一般是暂时性的。采用自动重合闸装置，就是当线路发生故障后，断路器将故障线路断开，经过一定时间后自动重合闸装置将线路恢复正常运行。若短路故障是瞬时性的，则当断路器重合后系统将恢复正常运行，即重合闸成功。这不仅提高了供电可靠性，而且对暂态稳定也是有利的。重合闸

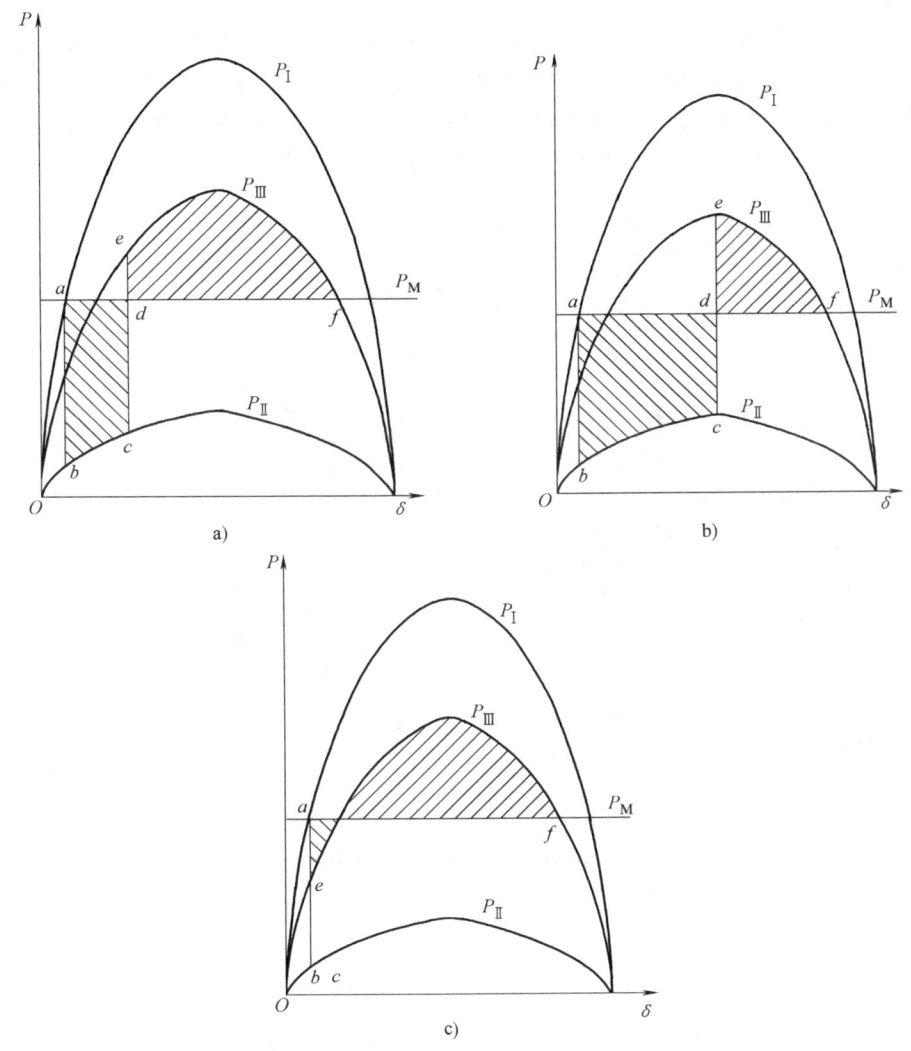

图 8-21 快速切除故障对于提高系统稳定性的作用
a) 切除快—稳定 b) 切除慢—不稳定 c) 瞬时切除

的成功率,可达 70%~90%以上。

图 8-21 中,P_{I}、P_{II}、P_{III} 分别表示正常工作时、故障时及故障切除后的功角特性曲线(以下同)。比较图 8-22b、c 可见,装设自动重合闸后,在运行点转移到 k 点时自动重合成功,重合成功时运行点将从功角特性曲线上的 k 点跃升到功角特性曲线上的 g 点,使减速面积增大,系统可以保持暂态稳定;该状态下,不装设自动重合闸时,系统不能保持暂态稳定。

通常,超高压输电线路故障的 90%以上是单相接地故障,故障发生时只切除故障相,在切除故障向后至合闸前的一段时间里,送端发电厂和受端系统没有完全失去联系,这样可大大提高系统的暂态稳定性,单回输电线路按三相和按故障相重合时功角特性曲线如图 8-23 所示,表明发电机仍能向系统供电($P_{\mathrm{III}} \neq 0$)。由图可知,采用按单相重合闸时,加速面积大大减少,按故障相切除故障可使系统暂态稳定性提高。

值得注意的是,采用单相重合闸时,去游离的时间比采用三相重合闸时略长,因为切除一相后其余两相仍处于带电状态,尽管故障电流被切断,但带电的两相仍将通过导线之间的耦合向故障点继续提供电流（即潜供电流），对电弧起维持作用，对去游离不利。

3. 强行励磁

发电机自动调节系统都具有强行励磁装置，如图 8-24 所示。当外部短路而使发电机端电压 U_G 低于额定电压的 85%~90%时，欠电压继电器动作，并通过一中间继电器将励磁装置的调节电阻强行短接，使励磁机的励磁电流大大增加，提高了发电机电动势，增加了发电机输出的电磁功率，减少了转子的不平衡功率，提高了暂态稳定性。

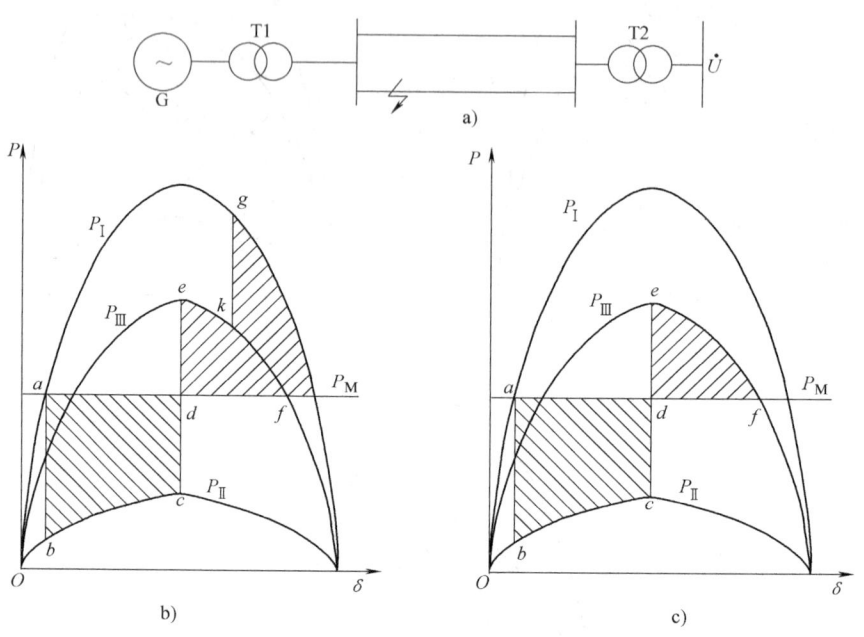

图 8-22 自动重合闸提高系统运行稳定性
a）系统图　b）有重合闸　c）无重合闸

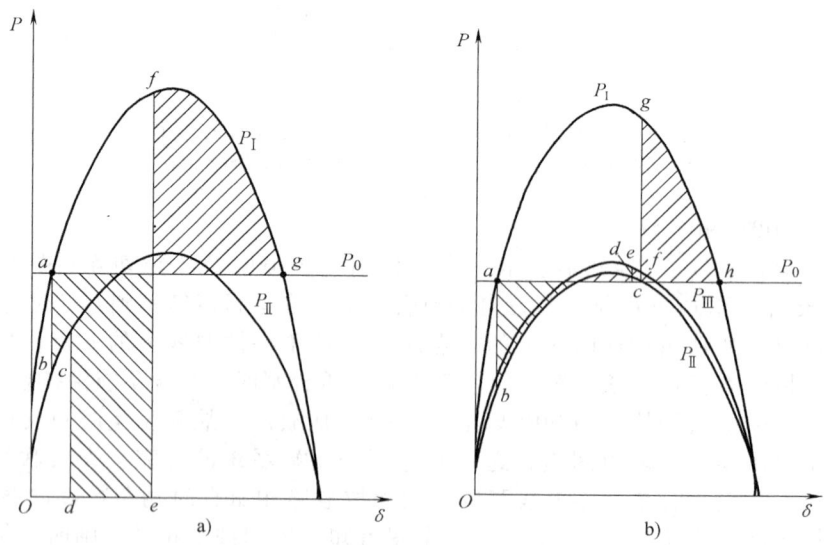

图 8-23 单回线路按相和三相重合闸的比较
a）三相重合闸　b）按相重合闸

4. 快速减小原动机功率

对于汽轮机，一般采用快速的自动调速系统或者快速关闭进汽门，联锁切机，即在切除故障的同时联锁切除送端发电厂中的一台或两台发电机，以及机械制动，或转子直接制动等方法。采用上述方法，都是利用当发生故障电磁功率减小时，通过减小原动机输出的机械功率减小作用在转子上的剩余功率，提高其暂态稳定性。快速关闭汽门和联锁切机对暂态稳定性的影响，如图8-25 所示。

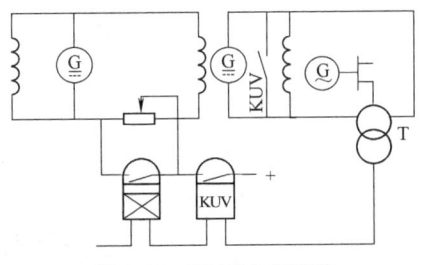

图 8-24 强行励磁装置

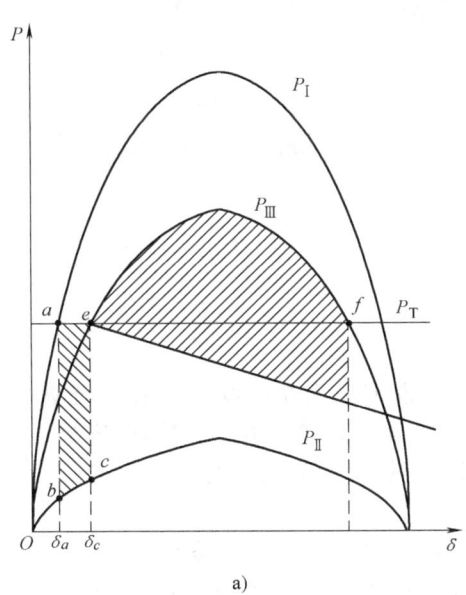
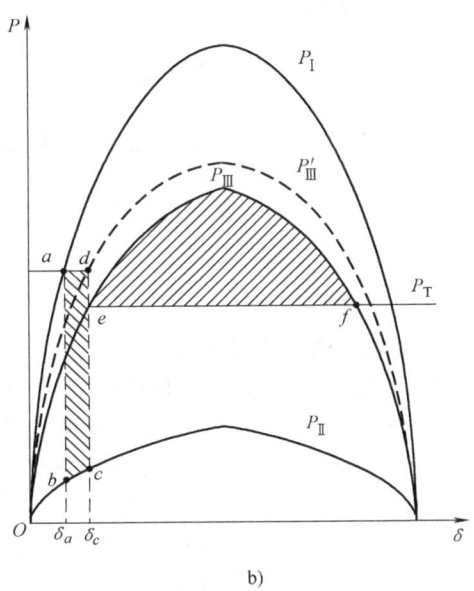

图 8-25 减少原动机输出机械功率对暂态稳定性的影响
a) 快速关闭汽门　b) 联锁切机

5. 采用电气制动

电气制动就是当系统发生故障后，在送端发电机上迅速投入电阻，以消耗发电机发出的有功功率，减小发电机转子上的过剩功率。制动电阻接入方式如图 8-26 所示。当电阻串联接入时，旁路开关正常时是闭合的，投入制动电阻时将旁路开关断开。当并联接入时，旁路开关正常时是断开的，投入制动电阻时将其闭合。如果系统中有自动重合闸装置，则当线路开关

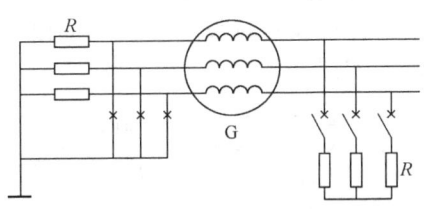

图 8-26 制动电阻接入方式

重合时应将制动电阻短路（串联接入时）或切除（并联接入时）。可用等面积定则解释电气制动的作用，有无电气制动情况比较如图 8-27a、b 所示。假设故障发生后瞬时投入制动电阻，切除故障线路的同时切除制动电阻，由图 8-27b 可知，若切除故障角 δ_c 不变，由于采用了电气制动，加速面积减少的部分是 bb_1c_1c，使暂态稳定得到改善。

运用电气制动提高暂态稳定性时，制动电阻的大小以及投切时间要选择合适，否则，可能会发生所谓欠制动，即制动作用过小，发电机仍要失步，或者发生过制动，即制动作用过大。发电机虽然在第一次振荡中没有失步，却在切除故障和切除制动电阻的第二次振荡中失步。因此，在考虑某一系统采用电气制动时，应通过计算选择适当的制动电阻。

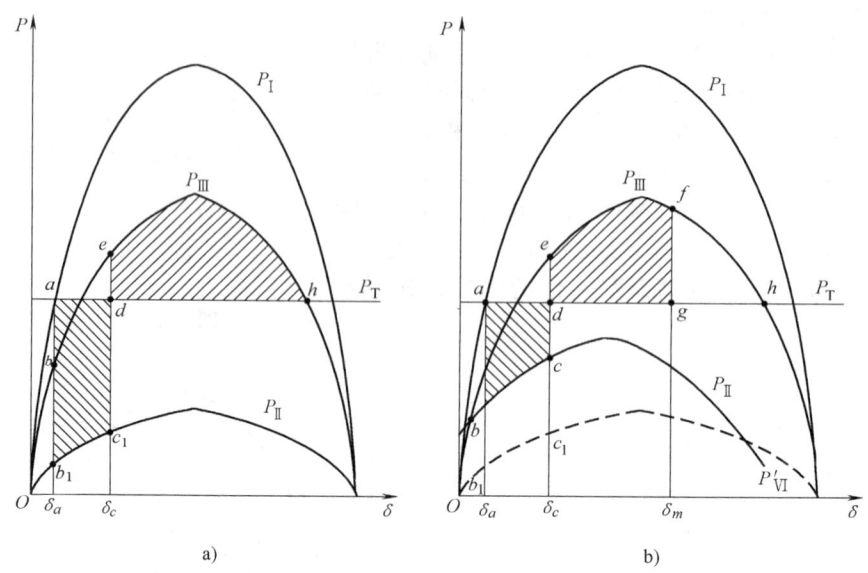

图 8-27 电气制动的作用
a) 无电气制动，失稳 b) 有电气制动，稳定

6. 串联电容器的强行补偿

为提高系统的暂态稳定性和故障后的静态稳定性，也可采用在串联电容补偿装置中附加强行补偿，即在切除故障线路的同时增加串联补偿电容器，以增大串联补偿电容器的容抗，以抵偿由于切除故障线路而增加的线路电抗。强补偿时容抗值约为正常时的 2.5 倍。

7. 变压器中性点以小电阻接地

在变压器中性点接地的电力系统中发生不对称接地短路时，将产生零序电流分量。若此时在系统中 YN 联结的变压器中性点以一小电阻接地，则零序电流将在这一电阻中产生功率损耗，这种功率损耗与发电机的电气制动一样可以减少转子的不平衡功率，有利于系统的暂态稳定，如图 8-28 所示。与电气制动类似，必须经过计算来确定接地电阻的电阻值。

8. 设置中间开关站

当输电线路较长（如 500km 以上），且经过的地区也没有变电所时，可以考虑设置中间开关站，如图 8-29 所示。

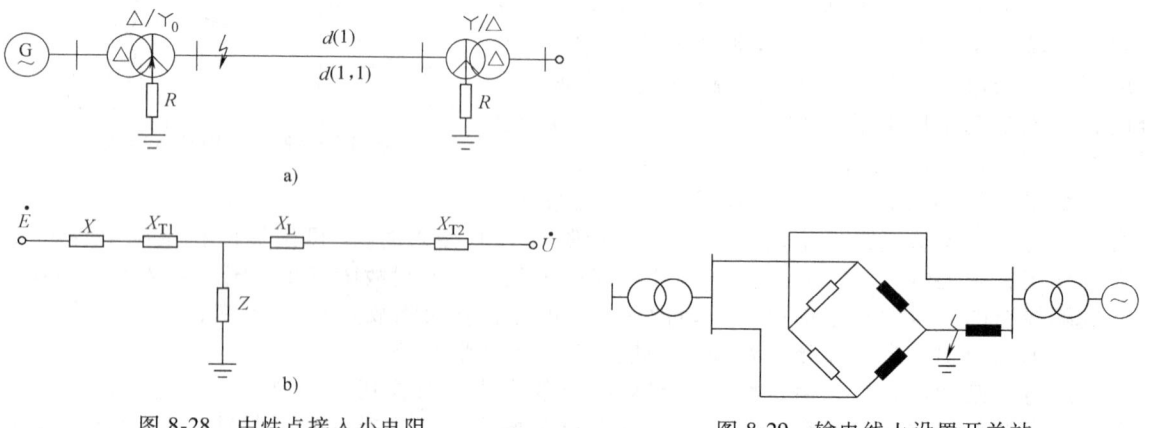

图 8-28 中性点接入小电阻
a) 系统图 b) 正序增广网络

图 8-29 输电线上设置开关站

设置开关站后,输电线路上发生永久性故障而必须切除线路时,可不必切除整条线路而只要切除故障段线路。在图 8-29 中,故障后线路的总阻抗降低,因此,不仅提高了故障后的静态稳定性,也提高了发生故障时的暂态稳定性。一般设置中间开关站或将中间变电所与串联电容器强行补偿统一考虑,以防止谐振,提高系统的稳定性。

本 章 小 结

提高电力系统稳定性的具体方法有:发电机装设自动调节励磁装置;减小元件电抗;提高线路的额定电压;增加热备用机组;采用功率控制减小不平衡功率;改善无功分布;采用串联电容器补偿;改善系统的结构等。

在暂态稳定中,若能尽快减小发电机过剩转矩、减小转子相对加速度及减小转子动能等可提高暂态稳定性,常用方法有:快速切除短路故障;采用自动重合闸装置;增加强行励磁,快速减小原动机功率如快关汽门、联锁切机或机械制动;采用电气制动;串联电容器的强行补偿;变压器中性点以小电阻接地;设置中间开关站等。

了解暂态稳定分析的基本原理和计算方法。

习 题

8-1 什么叫电力系统的运行稳定性?如何分类?研究的主要内容是什么?

8-2 简单电力系统的功角 δ 具有怎样的含义?

8-3 发电机组的惯性时间常数及物理意义是什么?

8-4 发电机转子运动方程的基本形式如何?

8-5 E_q 为常数时功角特性方程的基本形式如何(隐极机和凸极机)?

8-6 自动调节励磁装置对功角特性影响如何?E_q' 为常数时的功角特性与 E' 为常数时有什么区别?

8-7 简单电力系统的静态稳定性的基本概念是怎样的?

8-8 简单电力系统的静态稳定性的实用判据是什么?

8-9 简单电力系统的静态稳定的储备系数和整步功率系数指的是什么?

8-10 如何用小干扰法分析简单电力系统的静态稳定性?

8-11 如何用小干扰法分析电力系统动态稳定性?

8-12 提高电力系统静态稳定性的措施主要有哪些?

8-13 提高电力系统暂态稳定性的措施主要有哪些?

8-14 什么是等面积法则?它有何用途?

8-15 简单电力系统如图 8-30 所示。各元件参数如下。

发电机 G:$P_{GN} = 250\text{MW}$,$\cos\varphi_{GN} = 0.85$,$U_{GN} = 10.5\text{kV}$,$x_d = x_q = 1.7\Omega$,$x_d' = 0.25\Omega$;

变压器 T1:$S_{T1N} = 300\text{MV} \cdot \text{A}$,$U_k\% = 15$,$k_{T1} = 10.5/242$;

变压器 T2:$S_{T2N} = 3000\text{MV} \cdot \text{A}$,$U_k\% = 15$,$k_{T2} = 220/121$;

线路:$l = 250\text{km}$,$U_{LN} = 220\text{kV}$,$x_L = 0.42\Omega/\text{km}$。

运行初始状态为 $U_0 = 115\text{kV}$,$P_0 = 220\text{MW}$,$\cos\varphi_0 = 0.98$,发电机无励磁调节,$E_q = E_{q0} = $ 常数,试求功角特性 $P_{Eq} = f(\delta)$、功率极限 P_{Eqm}、δ_{Eqm},并求此时的静态稳定储备系数 K_p。

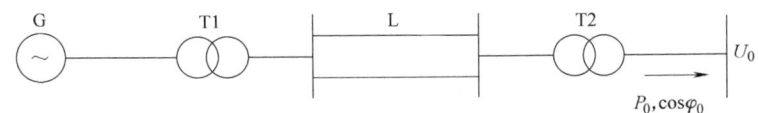

图 8-30 简单电力系统

8-16 如图 8-31 所示,一发电机经变压器通过双回线向无限大系统供电,输送功率为 1.0,元件参数见图中所示(都已归算到同一基准值),试分析系统的功角特性。

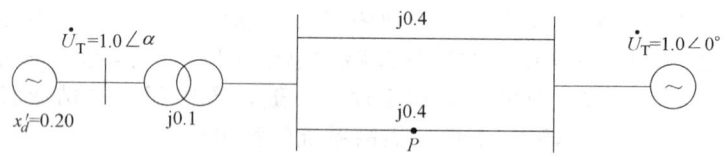

图 8-31 习题 8-16 的图

8-17 习题 8-16 系统中的 P 点发生三相短路时,分析系统的功角特性(取 $H=5MJ/MV \cdot A$)。

8-18 习题 8-16 系统故障后,线路两侧的断路器动作,将故障切除,分析故障切除后发电机的相角特性及转子运动特性。

8-19 电力网络所有已知参数与例 8-4 同,现假设系统 2 号节点和 5 号节点之间靠近 5 号节点 40% 位置在 0s 发生三相金属性接地故障,经 0.05s 后切除故障(系统频率 60Hz,0.05s 为 3 个周期),迭代计算在本次扰动中各同步发电机功角随时间的变化情况。

8-20 IEEE6 台发电机 30 节点电力系统基本参数及图见习题 3-15,设暂态参数见表 8-9~表 8-10,假设系统中某节点发生短路故障并在几个周期内切除,迭代计算在本次扰动中各同步发电机功角随时间的变化情况。

表 8-9 发电机暂态参数

发电机节点	X_d	X_d'	X_d''	T_{d0}'	T_d''	X_q	X_q'	X_q''	T_{q0}'	T_q''	T_J
1	0.146	0.0608	0.01	8.96	1	0.0969	0.0169	0.01	0.5	0.1	47.28
2	0.8958	0.1198	0.02	6	1	0.8645	0.1969	0.02	0.535	0.1	12.8
5	1.3125	0.1813	0.02	5.89	1	1.2578	0.25	0.02	0.6	0.1	6.02
8	0.146	0.0608	0.01	8.96	1	0.0969	0.0169	0.01	0.5	0.1	47.28
11	0.8958	0.1198	0.02	6	1	0.8645	0.1969	0.02	0.535	0.1	12.8
13	1.3125	0.1813	0.02	5.89	1	1.2578	0.25	0.02	0.6	0.1	6.02

表 8-10 发电机励磁系统参数

发电机节点	T_R	K_A	T_A	励磁电动势上限 E_{fmax}	励磁电动势下限 E_{fmin}
1	0.01	100	0.3	10	-5
2	0.01	100	0.3	10	-5
5	0.01	100	0.3	10	-5
8	0.01	100	0.3	10	-5
11	0.01	100	0.3	10	-5
13	0.01	100	0.3	10	-5

8-21 稳定性问题是保障系统安全运行的重要任务,传统的分析方法是否存在不足,你在学习过程中是否有敢于质疑的精神?如何提高自己的创新能力?

8-22 你对课程学习是否满意?你的知识目标、能力目标、情感价值观目标等是否达成?你是否勇于追求卓越?为自己打分。

参 考 文 献

[1] 陈珩. 电力系统稳态分析 [M]. 3 版. 北京：中国电力出版社，2007.
[2] 南京工学院. 电力系统 [M]. 北京：电力工业出版社，1980.
[3] 孟祥萍. 电力系统分析 [M]. 北京：高等教育出版社，2005.
[4] 韩桢祥. 电力系统分析 [M]. 杭州：浙江大学出版社，2005.
[5] 李光琦. 电力系统暂态分析 [M]. 3 版. 北京：中国电力出版社，2007.
[6] 马大强. 电力系统机电暂态过程 [M]. 北京：水利电力出版社，1988.
[7] 倪以信，陈寿孙，张宝霖. 动态电力系统的理论和分析 [M]. 北京：清华大学出版社，2002.
[8] 褚骏伟. 电力系统分析 [M]. 北京：中国电力出版社，1998.
[9] 刘笙. 电气工程基础：上册，下册 [M]. 北京：科学出版社，2004.
[10] 刘涤尘. 电气工程基础 [M]. 武汉：武汉理工大学出版社，2003.
[11] 张伯明，陈寿孙，严正. 高等电力网络分析 [M]. 北京：清华大学出版社，2007.
[12] 泰勒. 电力系统电压稳定 [M]. 北京：中国电力出版社，2001.
[13] 伯尔根. 电力系统分析 [M]. 2 版. 北京：机械工业出版社，2005.
[14] 徐政. 电力系统分析学习指导 [M]. 北京：机械工业出版社，2004.
[15] 房俊龙，等. 电力系统分析 [M]. 北京：中国水利水电出版社，2007.
[16] 于永源. 电力系统分析 [M]. 2 版. 北京：中国电力出版社，2007.
[17] 夏道止. 电力系统分析 [M]. 北京：中国电力出版社，2004.
[18] 王锡凡. 现代电力系统分析 [M]. 北京：科学出版社，2003.
[19] 张炜. 电力系统分析 [M]. 北京：中国水利水电出版社，1999.
[20] 刘天琪，邱晓燕. 电力系统分析理论 [M]. 北京：科学出版社，2005.
[21] 吴天明，赵新力，刘建存. MATLAB 电力系统设计与分析 [M]. 2 版. 北京：国防工业出版社，2007.
[22] 何仰赞，温增银. 电力系统分析：上册，下册 [M]. 3 版. 武汉：华中科技大学出版社，2002.
[23] 刘天琪. 现代电力系统分析理论与方法 [M]. 北京：中国电力出版社，2007.
[24] 昆德. 电力系统稳定与控制：影印版 [M]. 北京：中国电力出版社，2001.
[25] 杨建华. 电力系统稳态分析与经济运行 [M]. 北京：中国电力出版社，2015.
[26] ANDERSON P M，FOUAD A A. 电力系统控制与稳定 [M]. 王奔，译. 2 版. 北京：电子工业出版社，2012.